DEUTSCHE LUFT HANSA
HAMBURG
B
LUFTHANSA
JNSELSBERG
UCHS

Jochen K. Beeck
Verkehrsflugzeuge der Welt

Jochen K. Beeck

Verkehrsflugzeuge der Welt 1919–2000

Geschichte · Klassen · Typen

Motor
buch
Verlag

Der Aufbau dieses Buches richtet sich alphabetisch nach den Namen der Flugzeughersteller und der Musterbeschreibung der vorgestellten Flugzeuge.

- Der erste Teil behandelt Flugzeuge, die zwischen den beiden Weltkriegen zum Einsatz kamen.
- Im zweiten Teil sind die großen Propellerflugzeuge mit Kolbenmotoren und Propellerturbinenantrieb aufgeführt, während
- im dritten Teil die strahlgetriebenen Verkehrsflugzeuge behandelt werden.
- Der vierte Teil des Buches beschäftigt sich mit den Regionalverkehrsflugzeugen und den Zivil-Hubschraubern.
- Im fünften und letzten Teil sind schließlich die bekanntesten Wasserflugzeuge und Flugboote beschrieben.

Einbandgestaltung: Andreas Pflaum unter Verwendung von Vorlagen aus dem Archiv des Verfassers.

Die Abbildungen auf der Titelseite zeigen (großes Bild): Airbus A310-200 der LUFTHANSA; (kleine Bilder, von links nach rechts): Douglas DC-2 der TWA; Boeing 777 der AMERICAN AIRLINES; deHavilland DH.84 der CHRISAIR; Boeing 377 der PAN AMERICAN.

Bildnachweis: Der Herausgeber dankt folgenden Fluggesellschaften, Flugzeugherstellern und anderen Unternehmen, die für dieses Buch Photographien und Dias zur Verfügung gestellt haben: Airbus Industrie, Boeing Commercial Airplane Company, British Aerospace Corp., Fairchild/Dornier Aerospace Corp., General Dynamics, Lockheed Aircraft (California) Corp., McDonnell-Douglas Corp., British Airways, Deutsche Lufthansa AG, Japan Air Lines, Japan Air System, KLM Royal Dutch Airlines, Northwest Airlines, Swissair, Trans World Airlines, United Air Lines, Aeroworld International, Archiv Luftfahrt International, Luftfahrtarchiv J.K. Beeck, National Geographic Society, S. Nason, The Sky Gallery Archives, Rißzeichnungen & Flugzeuggrafiken: Aeroworld International, Federal Clipart Inc.

ISBN 3-613-02008-4

1. Auflage 2000

Lektor: Martin Benz M. A.
Innengestaltung: Marit Wolff
Reproduktion: digi bild reinhardt, 73037 Göppingen
Druck: TC Druck, 72072 Tübingen
Bindung: Heinrich Koch, 72072 Tübingen
Printed in Germany

Inhalt

1. Kapitel

Der Beginn des zivilen Luftverkehrs

2. Kapitel

Wiederaufbau – Das goldene Zeitalter des Luftverkehrs

3. Kapitel

Das Jet-Zeitalter

4. Kapitel

Die Regionalflugzeuge und Helikopter

5. Kapitel

Die große Zeit der Flugboote

1. Kapitel

Der Beginn des zivilen Luftverkehrs

D 580

Als der Erste Weltkrieg zu Ende ging, wurde der enormen Expansion der Flugzeugindustrie, die während der vier Kriegsjahre einen beispiellosen Aufschwung genommen hatte, ein jähes Ende gesetzt. Die auf ein Minimum reduzierte Flugzeugproduktion erreichte nun nahezu einen Leerlauf. Inzwischen waren die Flugzeugkonstruktionen aber ausgereifter und hatten sich einen festen Platz als eigenes Transportsystem gesichert. Vor dem Ersten Weltkrieg hatte es keine planmäßigen Luftlinien gegeben, außer denen, die in Deutschland mit Zeppelin-Luftschiffen zeitweilig betrieben wurden. Bis zu Beginn des Ersten Weltkrieges hatten die sieben Zeppeline der **DELAG (Deutsche Luftschiffahrt Aktiengesellschaft)** in 1.588 Fahrten über 172.535 Kilometer zurückgelegt und dabei 34.228 Fluggäste und Besatzungsmitglieder befördert. Schon 1919 wurde mit dem Aufbau des Luftverkehrs als Geschäftszweig begonnen, doch kamen hierbei ausschließlich improvisierte Verkehrsflugzeuge zum Einsatz, die ursprünglich als Kampfflugzeuge entworfen worden waren und nur eine geringfügige Modifikation erfuhren. In einigen dieser primitiven Umbauten waren die Passagiere den Elementen ebenso ausgesetzt wie die Piloten und mußten wie diese mit Lederbekleidung, Kopfhauben, Handschuhen, Fliegerbrillen und - im Winter - mit heißen Wärmflaschen ausgestattet werden.

Deshalb bestand für die jungen Fluggesellschaften zunächst die dringende Notwendigkeit, ihren Passagieren einen gewissen Komfort zu bieten. Als Ergebnis ihrer Bemühungen ging die Flugzeugentwicklung langsam aber stetig weiter, und in den ersten zehn Nachkriegsjahren wurden in Europa die Fundamente für die große zivile Luftfahrtindustrie der kommenden Jahre gelegt. Wie vor dem Ersten Weltkrieg, spielte Deutschland wieder die Hauptrolle und eröffnete den ersten planmäßigen Passagierflugdienst der Welt und kam damit der ersten Luftverkehrsgesellschaft Frankreichs um einen Monat zuvor. Das historische Ereignis fand am 5. Februar 1919 statt, als die **Deutsche Luft-Reederei (DLR)** ihre erste regelmäßige tägliche Verbindung auf der fast 200 Kilometer langen Strecke zwischen Berlin und Weimar, dem Sitz der Nationalversammlung, mit **AEG JII** Doppeldeckern eröffnete. Diese umgebauten Kriegsflugzeuge waren für die Beförderung von zwei Passagieren mit einem Kabinenaufsatz versehen worden. Frankreich reagierte schnell auf die deutsche Initiative und am 22. März 1919 eröffnete die **Lignes Aérienne Farman** zwischen Paris und Brüssel den ersten planmäßigen internationalen Passagierluftverkehr in Europa. Hier kamen erstmals Großflugzeuge vom Typ **Farman F.60 *Goliath*** zum Einsatz und gleichzeitig wurde die Bewirtung der Passagiere eingeführt.

In Großbritannien begann die Verkehrsluftfahrt im Februar 1919 mit Lebensmitteltransporten und anderen wichtigen Gütern in belgische kriegsbedingte Notstandsgebiete. Am 25. August 1919 eröffnete **Aircraft Transport & Travel** den linienmäßig betriebenen Passagierluftverkehr zwischen London und Paris, wofür anfangs umgerüstete, mit einer Kabine ausgestattete **Airco DH.4A** zum Einsatz kamen.

Einem wirtschaftlichen Betrieb wurde zunächst noch keine große Bedeutung beigemessen, zumindest nicht auf dem europäischen Festland, wo die meisten frühen Fluggesellschaften erhebliche staatliche Hilfe erhielten. Das Fehlen einer solchen Unterstützung wurde in Großbritannien als sehr schmerzlich empfunden, wo die vier größeren Fluggesellschaften der frühen 20er Jahre hart um ihr Bestehen kämpfen mußten, bis die Regierung am 3. November 1923 entschied, sie zu den **Imperial Airways** zusammenzuschließen, dem auserwählten Instrument einer neuen britischen Luftverkehrspolitik. Diese Fluggesellschaft übernahm am 22. März 1924 alle Routen und von diesem Jahr an begann die britische Zivilluftfahrt langsam an zu erstarken. In den ersten Jahren wurde vorrangig das europäische Streckennetz ausgebaut und dabei die Qualität der Dienstleistungen erheblich verbessert. Kontinuierlich weitete die Gesellschaft ihr Streckennetz nach Afrika, Indien, Fernost und Australien aus, die berühmten *Empire-Routes* waren geboren.

In Frankreich hatte sich inzwischen die Verkehrsfliegerei auf Intervention seitens der Regierung konsolidiert und breitete sich in den 20er Jahren stark aus. Die verbliebenen Luftverkehrsgesellschaften nutzten die offizielle Ermutigung zum Wachstum voll aus, bereiteten ihren Unternehmungen eine gesunde Basis und erweiterten ihr Streckennetz. Als stärkste Kraft etablierte sich am 1. Januar 1923 die aus zwei der führenden Fluggesellschaften hervorgegangene **Air Union**, welche als mächtigste Konkurrenz zu den britischen Airlines die Strecke Paris-London beflog, mit Verbindungen nach Lyon, Marseille und Genua.

Frankreichs schärfster Rivale um die Vorherrschaft in der Luft, Deutschland, besaß - trotz des verlorenen Krieges und der ihm von den Siegermächten auferlegten Unsummen an Reparationen - bereits eine äußerst konkurrenzfähige Zivilluftfahrt. Der historischen Eröffnung des ersten regelmäßigen Linienluftverkehrs durch die **Deutsche Luft-Reederei** waren andere Unternehmen gefolgt, so daß sich bereits Mitte 1919 ein dichtes Netz von Flugverbindungen über Deutschland erstreckte. Das Interesse der Behörden an dem Flugzeug als Transportmittel nahm ständig zu, und die Entwicklung einer nationalen Luftfahrtindustrie wurde als so bedeutend erachtet, daß man mit großem Geschick versuchte, die Begriffsbestimmungen des Versailler Vertrages zu umgehen. Es entstanden Verkehrsflugzeuge, die denen der anderen europäischen Nationen teilweise weit voraus waren.

Die meisten der zahlreichen privaten deutschen Fluggesellschaften fusionierten im Februar 1923 zum **Deutscher Aero Lloyd AG**. Daneben blieb noch der **Junkers Luftverkehr** bestehen. Diese beiden wichtigsten Fluggesellschaften bedienten aufgrund eines Abkommens mit anderen führenden europäischen Airlines nationale und internationale Dienste innerhalb Europas. Am 6. Januar 1926 wurde durch staatliche Initiative der Zusammenschluß von Aero Lloyd und Junkers betrieben und die **Deutsche Luft Hansa AG** ins Leben gerufen, welche sich in der Folgezeit als das aktivste und erfolgreichste Luftverkehrsunternehmen in Europa eine hohe Anerkennung verschaffte.

Unter den führenden europäischen Luftfahrtnationen war Italien die letzte, die eine eigene Luftverkehrsindustrie gründete. Obwohl die ersten Fluggesellschaften bereits 1923 operierten, wurden regelmäßige Passagierflüge erst ab 1926 aufgenommen als am 1. Februar dieses Jahres **Transadriatica** eine regelmäßige Verbindung zwischen Rom und Venedig einrichtete. Während der nächsten zwei Jahre wurden die beiden später führenden italienischen Fluggesellschaften gegründet, **Società Aerea Mediterranea (SAM)** und **Avio Linee Italiane (ALI)**. Bis zum Ende der 20er Jahre erstreckte sich das Streckennetz bis nach Rhodos, Konstantinopel (Istanbul), Tripolis und Berlin.

Die niederländische Luftfahrtgeschichte wurde maßgeblich geprägt vom Flugzeugkonstrukteur *Anthony Fokker* und der Fluggesellschaft **Koninklijke Luchtvaart Maatschappij**, kurz und besser bekannt als **KLM**. Das Unternehmen war am 7. Oktober 1919 gegründet worden und begann seinen Flugbetrieb mit einer von **AT & T** gecharterten **Airco DH.16** über die Strecke Amsterdam-London. Am 30. September 1920 konnte KLM schließlich mit einer eigenen Fokker F.II diese Route bedienen, und dies war der Anfang einer langen Zusammenarbeit zwischen dem großartigen holländischen Flugzeugkonstrukteur und der KLM, die bis 1934 anhalten sollte. Mit dem wohl seinerzeit bekanntesten und leistungsfähigsten Produkt aus dem Hause Fokker, der F.VII/3m, konnte die KLM am 12. September 1929 den regelmäßigen Passagierdienst zu den ostindischen Kolonien (heute Indonesien) aufnehmen.

Komfort, Sicherheit und Geschwindigkeit waren die Anziehungspunkte mit denen die Fluggesellschaften um Akzeptanz bei Passagieren warben. Ein Flugzeug komfortabel einzurichten war das kleinste Problem. Die Flugunfallrate waren jedoch in den ersten Einsatzjahren unerträglich hoch. Teilweise waren die Einsatzbedingungen und die Notwendigkeit, bei oft ungünstigem Wetter den Flugplan einzuhalten, dafür verantwortlich. Doch wurden Flugzeuge auch oft Opfer von Umständen, die mit stärkeren oder zuverlässigeren Triebwerken hätten vermieden werden können. Verbesserungen die mit luftgekühlten Sternmotoren hinsichtlich Triebwerkkonstruktion und -leistung erzielt wurden, spielten im Laufe der Jahre bei der Verbesserung der allgemeinen Flugsicherheit eine maßgebliche Rolle. *Anthony Fokker*, einer der klügsten Köpfe im Luftfahrtgeschäft, erkannte schon bald, daß die Triebwerkswahl für einen Flugzeugentwurf häufig dafür verantwortlich war, ob sich ein Kunde für oder gegen den Kauf eines besonderen Flugzeugtyps entschied. Seine Geschäftstaktik bestand deshalb darin, seine Flugzeuge mit Triebwerken nach Wahl des Kunden auszurüsten. Dies machte sich insbesondere bei der **F.VIIb-3m** bezahlt, dem bekanntesten Produkt aus dem Hause Fokker. Dieselbe Anpassungsfähigkeit beeinflußte zweifellos auch die Beliebtheit vieler anderer Flugzeugtypen, besonders der **Junkers F.13** und der **Ford Tri-Motor**.

Die Geschwindigkeit des Flugzeugs, das wesentliche Werbeargument gegenüber landgebundenen Verkehrsmitteln, wurde in der Verkehrsluftfahrt nur langsam erreicht. Paradoxerweise begann diese Entwicklung in den USA, wo sich die Verkehrsfliegerei verhältnismäßig langsam entwickelte. Den ersten Fortschritt machte der Luftpostdienst mit Hilfe des US-Postministeriums. Die erste, von der Armee geflogene, Route wurde am 15. Mai 1918 zwischen New York und Washington D.C. mit veralteten militärischen **Curtiss JN-4H *Jenny*** Schulflugzeugen eröffnet. Als am 12. August das Postministerium diese Route übernahm, wurden die alten Doppeldecker durch neue, eigens für diesen Zweck gebaute Maschinen ersetzt, und Anfang 1919 bestand die Luftpost-Flotte bereits aus 120 Flugzeugen. Nach und nach wurde das Luftpostnetz weiter ausgedehnt und erstreckte sich 1920 bereits bis nach San Francisco. Trotz vielfacher Rückschläge was das Unternehmen dennoch ein Erfolg und 1927 kam der Wendepunkt, als das Postministerium die Luftpostbeförderung privaten Fluglinien übertrug. Durch den Luftpostdienst war die Flugbegeisterung in den USA gewachsen, und die Haltung gegenüber dem Luftverkehr hatte sich grundlegend zum positiven gewendet. **Transcontinental Air Transport (TAT)** war die erste bedeutende Luftverkehrsgesellschaft, die in diesem neuen Klima der Begeisterung, zumal nach *Charles Lindbergh's* spektakulärem Transatlantikflug, gegründet wurde. Andere wichtige Fluggesellschaften dieser Zeit waren neben der **TAT** die **Boeing Air Transport, National Air Transport** und **Western Air Express**, wobei letztere, wenn auch nur auf Versuchsbasis, erste planmäßige Passagierflüge entlang der Pazifikküste durchführte. Von diesem Zeitpunkt an begann sich die amerikanische zivile Luftfahrtindustrie ständig weiterzuentwickeln um schließlich ihre führende Position auf dem Weltmarkt zu erlangen. Doch bis dahin war es noch ein langer Weg.

Anfang der 30er Jahre hatten die Fluggesellschaften in aller Welt das Problem zu lösen, wie sie den Luftverkehr hinsichtlich der Betriebskosten für sich selbst attraktiver gestalten konnten. Die Flugzeuge, die eine lohnende Nutzlast über eine nennenswerte Entfernung befördern konnten, waren veraltet und langsam, während schnellere Typen wie die als revolutionär geltende **Lockheed Vega** nur geringe Nutzlasten über kürzere Entfernungen transportieren konnten. So war die Zeit reif für Flugzeuge, welche die Anforderungen an Bequemlichkeit, Sicherheit und Geschwindigkeit mit den besten Nutzlast/Reichweite-Leistungen vorhandener Typen vereinte. Hier waren zwei Entwürfe richtungsweisend: die deutsche **Junkers Ju-52/3m** (1932) und die amerikanische **Boeing 247** (1933). Auch in fertigungstechnischer Hinsicht wurde mit diesen Flugzeugen Neuland betreten. Diese freitragenden Tiefdecker in Ganzmetallkonstruktion wurden von einer Anzahl von Fluggesellschaften erstmals in größeren Stückzahlen bestellt und als Flotteneinheit betrieben, so daß sich die Herstellerfirmen gezwungen sahen völlig neue Fertigungs- und Montageverfahren zu entwickeln und einzuführen. Das Großserien-Verkehrsflugzeug war geboren. In technischer Hinsicht war die Boeing 247 der Ju-52/3m jedoch eindeutig überlegen. Neben einer vollständigen Glattmetall-Beplankung und Einziehfahrwerk wurden bei ihr noch viele andere kleinere Neuerungen eingeführt. So wurden zum erstenmal bei einem Serien-Verkehrsflugzeug Kompressormotoren und Trimmklappen an den Leitwerksflächen verwendet. In endgültiger Form, als **Modell 247D**, stand jetzt ein Flugzeug zur Verfügung, das mit einer Reisegeschwindigkeit von 304 km/h zehn Passagiere und Gepäck über eine Entfernung von 1.200 Kilometer befördern konnte und bei voller Beladung mit nur einem Triebwerk steigen konnte.

Damit war auch das wirtschaftliche moderne Verkehrsflugzeug in Sicht. Die Boeing 247 behauptete ihre führende Position über nur verhältnismäßig kurze Zeit. Etwas über ein Jahr nach ihrem ersten Einsatz bei **United Air Lines** wurde sie von der neuen **Douglas DC-2** übertroffen. Im Gegensatz zur Boeing 247 hatte die DC-2 eine um 56 km/h höhere Reisegeschwindigkeit und eine beträchtlich größere Reichweite. Das Flugzeug wurde im September 1933 an **TWA** geliefert und stellte am 19. Februar 1934 einen neuen US-Transkontinental-Geschwindigkeitsrekord zwischen Los Angeles und Newark (New York) auf.

Auf Anregung der **American Airlines**, deren schwerfällige **Curtiss Condor** und **Ford Tri-Motor** Flugzeuge einen Vergleich mit den Boeing 247 und DC-2 ihrer Konkurrenz nicht aushielten, entwickelte Douglas ein Schlafverkehrsflugzeug, die **DST (Douglas Sleeper Transport)**. Zur Unterbringung von 14 Liegeplätzen wurde aber ein geräumigerer Rumpf als der einer DC-2 benötigt. Bei Douglas erkannte man sofort, daß in einer großräumigen Kabine die einfache Sitzkapazität der DC-2 um 50% erhöht werden konnte, und damit war die **DC-3** geboren. Schon 1934 veranlaßte die Existenz der DC-2 **United Air Lines**, ihre Boeing 247-Maschinen auf Nebenstrecken einzusetzen, wo sie keiner Konkurrenz ausgesetzt waren. Die **DST/DC-3** wurde von **American Airlines** im Juni 1936 auf der Linie New York-Chicago in Dienst gestellt, gefolgt im Juni 1937 von den **DC-3** der Konkurrenz-fluggesellschaft **United Air Lines (UAL)**. Seit diesem Zeitpunkt standen die Boeing-Flugzeuge vollkommen in ihrem Schatten. Bis zum Ausbruch des Zweiten Weltkrieges bestellten Fluggesellschaften aus aller Welt so viele DC-3 Maschinen, wie die Douglas-Werke bauen konnten und ihr Einfluß auf den Luftverkehr war beispiellos. Sogar das Erscheinen der schnelleren zweimotorigen Lockheed-Flugzeuge der Typen **L.10** und **L.14** hatte wenig Einfluß auf den Erfolg der

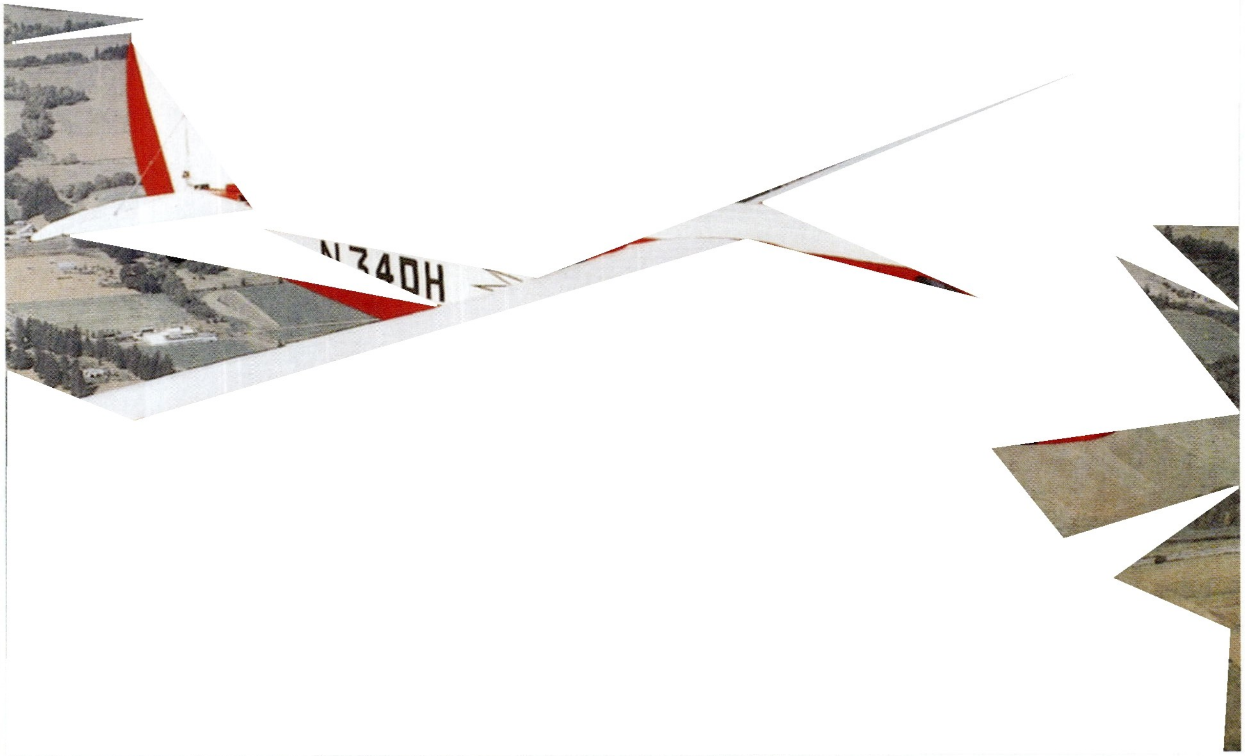

DC-3. Auf Betreiben von **United Air Lines** entwickelte Douglas 1936 die **DC-4**, ein Langstreckenflugzeug mit Bugrad und vier Triebwerken für 40 Passagiere, die aber dann mit einer Kapazität für 52 Fluggäste deutlich größer wurde als geplant. Der Prototyp mit der Bezeichnung **DC-4E** absolvierte am 7. Juni 1938 seinen Erstflug und kam ab März 1939 bei United probeweise zum Linieneinsatz. Eine Vielzahl von Problemen verhinderten jedoch die endgültige Übernahme durch die Fluggesellschaft und die DC-4E wurde nach Japan verkauft.

Neue Maßstäbe setzte **Imperial Airways** mit der Einführung der **Short S.23 C-Class *Empire*** Flugboote. Die erste Maschine flog ab dem 30. Oktober 1936 auf der Strecke Alexandria-Brindisi, welche ab dem 12. Januar 1937 bis nach Hythe (Southampton) verlängert wurde. Imperial Airways nahm in Zusammenarbeit mit **Pan American World Airways** auf der Nordatlantikstrecke die Verbindung zwischen den Bermudas und New York auf. Pan Am bediente die Strecke mit **Sikorsky S-42** Flugbooten und bei Imperial Airways kamen wiederum die Short S.23 C-Class Flugboote zum Einsatz. Der erste offizielle Linienflug fand am 16. Juni 1937 statt. Auch die Streckenerprobung zwischen den USA und Großbritannien wurde mit diesen beiden Flugzeugtypen durchgeführt, die sich aber als nicht einsatzfähig erwiesen. Speziell für die Nordatlantikstrecke gab die **Pan Am** bei Boeing das Flugboot **Model 314 *Clipper*** in Auftrag, welches am 7. Juni 1938 seinen Erstflug ausführte. Insgesamt baute Boeing zwölf dieser Maschinen, die bei Pan Am und **BOAC** zum Einsatz kamen. Auf den langen Transpazifikstrecken der Pan Am löste es die älteren **Martin M-130** Flugboote ab.

Nach dem Fehlschlag mit der DC-4E überarbeitete Douglas den Entwurf grundlegend und es entstand die **DC-4A** mit einer Kapazität von 42 Sitzen, wie von **United Air Lines** gefordert, und einem maximalen Startgewicht von 22.680 kg. Der Prototyp absolvierte am 26. März 1942 erfolgreich seinen Erstflug, doch durch den Eintritt der USA in den Zweiten Weltkrieg kam es nicht mehr zur Auslieferung der bestellten zehn zivilen DC-4A an die Fluggesellschaft, sondern die **United States Army Air Force (USAAF)** übernahm die Maschinen als militärische Transporter unter der Bezeichnung **C-54 *Skymaster***.

Wie bei der DC-4 wurde auch die Lockheed **L-049 *Constellation*** auf Anregung einer Fluggesellschaft, diesmal der **Transcontinental & Western Air** (später **Trans World Airlines, TWA**) und ihres Besitzers, dem Milliardär *Howard Hughes*, entwickelt. TWA benötigte ein Flugzeug, das nonstop die Strecke Los Angeles-New York in einer Flugzeit von acht bis neun Stunden bewältigen konnte. Aber auch hier gingen die ersten Maschinen als Transporter unter der Bezeichnung **C-69** an die **USAAF**, die anschließend 260 eigene Exemplare bestellte. Der Erstflug fand am 9. Januar 1943 statt. Der Prototyp mit der zivilen Kennung NX25600 hatte schon einen Tarnanstrich und erhielt kurze Zeit später die militärische Zulassung 43-10309. Der zweite Prototyp mit der Registrierung 43-10310 flog im August 1943. Am 17. April 1944 flog diese Maschine in den Farben der TWA von Burbank nach Washington D.C. mit einer Durchschnittsgeschwindigkeit von 531,3 km/h und benötigte für die 3.700 Kilometer lange Strecke eine Flugzeit von 6 Stunden 57 Minuten. Das war neuer Transkontinental-Rekord.

Man sollte sich tatsächlich einmal überlegen, wie sich der Weltluftverkehr entwickelt hätte, wenn vor nahezu einem dreiviertel Jahrhundert nicht Weltreiche den Anreiz geboten hätten, globale und transkontinentale Flugstrecken zu erschließen, die wir nunmehr als selbstverständlich hinnehmen. Die heute als abenteuerlich anmutende Verkehrsfliegerei der 20er und 30er Jahre hätte wahrscheinlich ohne die Initiative der führenden europäischen Staaten, die zum Ziel die schnelle Erreichbarkeit ihrer nationalen Interessengebiete hatten, andere Wege genommen. Großbritannien eröffnete Langstrecken nach Afrika, Mittelost, Indien und Australien; Frankreich und Italien nach Nordafrika und in den Orient; Belgien zum Kongo und innerhalb Zentralafrikas; die Niederlande nach Ost- und Westindien und Deutschland nach Fernost, China und Südamerika.

Airco DH.4A, DH.9, DH.16 und DH.18

Großbritannien, Baujahr: 1919

Die britische Regierung genehmigte die Wiederaufnahme des zivilen Luftverkehrs mit Wirkung vom 15. Juli 1919. Noch am gleichen Tag beförderte Englands erste Fluggesellschaft, **Air Transport & Travel Ltd. (AT & T)**, ihren ersten zahlenden Passagier auf einem Charterflug von London nach Paris, wobei eine **deHavilland DH.9B** zum Einsatz kam. Der wirkliche Erstflug von AT & T, der ersten täglich fliegenden internationalen Fluglinie, erfolgte mit einem anderen de Havilland-Typ, einer **DH.16**. Der Pilot, *Major Cyril Patterson*, startete am 25. August 1919 um 12.30 Uhr mit vier Passagieren von London nach Paris. Die AT & T besaß, bevor sie Ende 1920 infolge wirtschaftlicher Probleme ihren Betrieb einstellen mußte, zwei **DH.4**, vier **DH.4A**, 16 **DH.9/DH.9B**, acht **DH.16** und drei **DH.18**.

Die **DH.4** waren ehemalige RAF-Maschinen, deren Bewaffnung ausgebaut worden war und in deren hinteres Cockpit zwei Passagiersitze eingebaut waren. Dagegen war die **DH.4A** ein echter Zivilumbau mit einer geschlossenen Passagierkabine für zwei Fluggäste hinter dem vorderen Cockpit. Neben den für **AT & T** umgebauten Maschinen wurden noch zwei Einheiten für **Handley Page Transport Ltd.** für ihre Routen nach Paris und Amsterdam fertiggestellt, sowie eine weitere für **The Instone Air Line Ltd**. Dieses Flugzeug mit der Zulassung G-EAMU war eine ehemalige DH.4 der RAF und trug, als es den Flugbetrieb am 12.Oktober 1919 aufnahm, den Instone-Flottennamen *City of Cardiff*. 16 Monate später wurde sie bei **Airco (Aircraft Manufacturing Company Ltd.)** zur DH.4A umgebaut und als *City of York* zwischen London (Croydon) und Paris (Le Bourget) linienmäßig eingesetzt. Sie wurde 1924 von **Imperial Airways übernommen**, gelangte dort aber nicht mehr zum Einsatz. Zehn **DH.9** bildeten 1920 einen großen Teil der Handley Page Transport Flugzeug-Flotte, die neben den großen **HP 0/400** hauptsächlich zum Einsatz kamen. Bei den anderen britischen Fluggesellschaften war der Typ nicht so erfolgreich, und AT & T verkaufte vier ihrer DH.9 an die niederländische **KLM**, in deren Auftrag sie schon zuvor nach Amsterdam geflogen waren. Eine weitere Umbau-Version mit zweisitziger Kabine war die **DH.9C**, erkennbar an ihren gepfeilten Tragflächen. Fünf dieser Maschinen wurden vom **deHavilland Aeroplane Hire Service** für Charter- und Taxiflüge eingesetzt. Eine weitere Verbesserung im Kabinenumbau erfolgte bei der **DH.16**, der Flugzeugzelle und Triebwerk aus dem Krieg zugrunde lagen, die aber zur Unterbringung von vier Passagieren in einer durchgängigen Kabine einen verlängerten Rumpf erhielt. Insgesamt acht der neun gebauten Maschinen erhielt die AT & T, von denen fünf dieser mit 320 PS Rolls-Royce Eagle VIII Motoren ausgerüstet waren, die restlichen drei wurden mit 450 PS Napier Lion Triebwerken versehen. Die neunte Maschine wurde an die argentinische **Compania Rioplatense de Aviacion** verkauft.

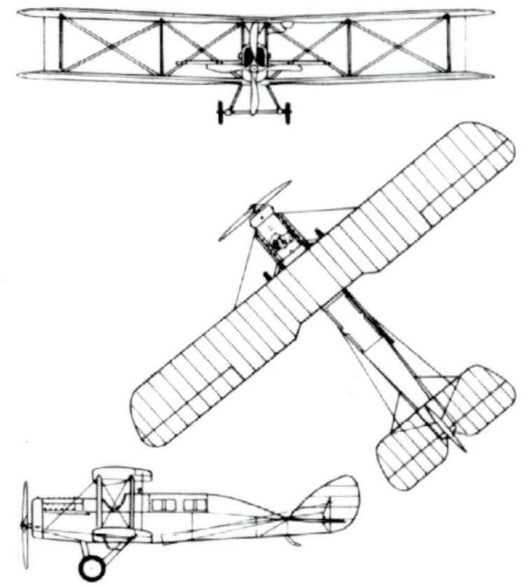

Die **DH.18** wurde als erster deHavilland-Typ von Anfang an für den zivilen Luftverkehr entworfen und der Prototyp, G-EARI, flog erstmals Anfang 1920. Er wurde ebenfalls von einem Napier Lion Motor angetrieben und besaß ein maximales Startgewicht von 3.228 kg. Die Passagierkabine faßte bis zu acht Fluggäste. Der Pilot saß in einem offenen Cockpit hinter der Kabine. Das Flugzeug hatte eine Spannweite von 15,62 m, eine Gesamtlänge von 11,89 m und erreichte eine Reichweite von 644 km. 1921 verkaufte AT & T ihre drei DH.18 an Instone, die noch eine vierte Maschine erwarb. Dieses Flugzeug, Registrierung G-EAWO wurde 1922 an **The Daimler Airway** verchartert, aber bereits beim ersten Flug für den neuen Besitzer Opfer eines Frontalzusammenstoßes mit einer **Farman Goliath**. Die verbliebenen drei DH.18 wurden 1923 aus dem Verkehr gezogen und verschrottet.

Daten (DH.4A)

Antrieb: Rolls-Royce Eagle VIII, flüssigkeitsgekühlter 12-Zylinder-Reihenmotor, 350 PS (257,4 kW)
Spannweite: 12,93 m; Länge: 9,30 m; Höhe 3,35 m; max. Startgewicht: 1.685 kg; ökon. Reisegeschwindigkeit: 195 km/h; Gipfelhöhe: 5.000 m; Reichweite: 485 km; Besatzung: 1; Passagiere: 2

Die G-EAMU war ursprünglich eine DH.4 der Royal Air Force und trug, als sie den Flugbetrieb am 12. Oktober 1919 aufnahm, den Instone-Flottennamen City of Cardiff. 16 Monate später wurde sie zur DH.4A umgebaut und flog als City of York zwischen Croydon und Paris. Sie wurde 1924 von der Imperial Airways übernommen, allerdings nicht mehr eingesetzt.

Armstrong Whitworth Argosy

Großbritannien, Baujahr: 1926

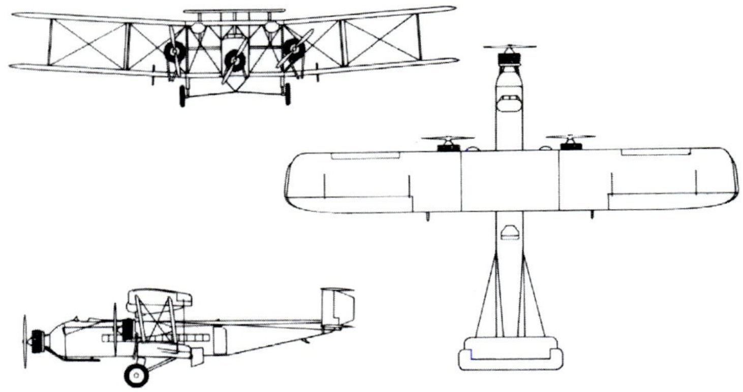

Nach ihrer Gründung am 1. April 1924 übernahm **Imperial Airways** eine Flotte, in der sich auch eine beachtliche Anzahl einmotoriger Flugzeuge befand. Gleich zu Beginn beschloß das neue Luftfahrtunternehmen, künftig nur noch mehrmotorige Flugzeugtypen anzuschaffen und brachte damit zum Ausdruck, daß die Flugsicherheit die vorrangigste Stellung einnahm. Diese Beschaffungspolitik kam erstmals mit den Entwürfen der **DH.66 *Hercules*** und der **AW *Argosy*** zur Anwendung. Die Argosy war das erste Produkt von Armstrong Whitworth auf dem Verkehrsflugzeugmarkt. Dieses Flugzeugmuster wurde speziell für überseeische Teilstücke der *Empire*-Routen von **Imperial Airways** entwickelt, von dem die Fluggesellschaft sieben Maschinen erwarb. Als erste Argosy flog im Frühjahr 1926 G-EBLF aus einer Vorserie von drei Maschinen. Sie erhielt später den Namen *City of Glasgow* und wurde im folgenden September an die Fluggesellschaft abgeliefert. Schon vorher, am 5. August 1926, kam das zweite Flugzeug, G-EBLO *City of Birmingham*, auf der Prestige-Route London-Paris zum Einsatz. Später wurde das Flugzeugmuster probeweise auf Strecken nach Basel, Köln und Brüssel eingesetzt. Die dritte Argosy, G-EBOZ, erhielt bei Imperial Airways den Namen *City of Wellington*, später *City of Arundel*. Diese ersten drei Flugzeuge wurden als **Argosy I** bezeichnet und waren mit drei 385 PS (283 kW) Jaguar III-Sternmotoren ausgerüstet. Die zweiköpfige Besatzung saß nebeneinander in einem offenen Cockpit, die durchgängige Kabine faßte bis zu 20 Passagiere. Im Rumpfhinterteil waren eine Toilette und der Gepäckraum untergebracht. Am 1. Mai 1927 eröffnete Imperial Airways mit Argosy-Flugzeugen eine Flugverbindung, die erstmals einen Namen – *Silver Wing* – trug und bei der ein Flugbegleiter mitflog. Hierfür wurden die beiden hinteren Passagiersitze entfernt und eine Bar eingebaut.

Im ersten Halbjahr 1929 erhielt die Fluggesellschaft das zweite Baulos von drei Argosy-Flugzeugen, die als **Argosy II** bezeichnet wurden. Sie waren mit drei 420 PS (308,8 kW) Jaguar IVA-Getriebemotoren mit Townend-Haubenringen ausgerüstet, die in konischen Gondeln untergebracht waren. Zur Stabilitätsverbesserung erhielten die Tragflächen Handley Page-Schlitze, und die Passagierzahl konnte auf bis zu 28 in enger Bestuhlung (Europa-Dienste) gesteigert werden. Bei den drei Maschinen handelte es sich um G-AACH *City of Edinburgh*, G-AACI *City of Liverpool* und G-AACH *City of Manchester*. Als vierte Maschine kam später noch G-AAEJ *City of Coventry* hinzu. 1930 wurden alle Argosy I durch Motorumrüstung auf den Standard der Argosy II gebracht. Zwei dieser Maschinen beflogen in Übersee die Teilstrecke Kairo-Khartoum der Südafrikalinie; G-EBLO ging im Juni 1931 durch Absturz in Aswan verloren, zuvor war bereits im April 1931 G-AACH in Croydon abgestürzt. G-EBLF flog dann als Ersatz für G-EBLO, aber Ende 1931 wurde diese Maschine, zusammen mit G-EBOZ, wieder auf europäischen Strecken eingesetzt. Im März 1933 ereignete sich noch ein Argosy-Unfall, als G-AACI bei Dixmude abstürzte. Zu dieser Zeit tauchten auf den europäischen Hauptstrecken (Trunk-Routes) schon die neuen **HP.42** auf und die vier verbliebenen Argosy's wurden Ende 1934 außer Dienst gestellt. 1935 wurden drei dieser Flugzeuge abgewrackt, die vierte folgte im Spätsommer 1936, nachdem sie für kurze Zeit von **United Airways** in Blackpool für Vergnügungsflüge zum Einsatz kam.

Daten

Antrieb: 3 Armstrong-Siddeley Jaguar III, luftgekühlte 14-Zylinder-Doppelsternmotoren, 385 PS (283,1 kW). Spannweite: 27,63 m; Länge: 20,07 m; Höhe 6,05 m; max. Startgewicht: 8 164 kg; ökon. Reisegeschwindigkeit: 145 km/h; Gipfelhöhe: 4.000 m; Reichweite: 530 km; Besatzung: 2; Passagiere: 18-20

Armstrong Whitworth Argosy I G-EBLF City of Glasgow war der Prototyp aus einer Vorserie von drei Einheiten dieses Flugzeugmusters. Sie wurde im September 1926 an Imperial Airways abgeliefert und stand ununterbrochen bis zu ihrer Außerdienststellung im Jahre 1934 im Einsatz. 1935 wurde das Flugzeug abgewrackt.

G-ABTL Astraea war die siebte und damit vorletzte gebaute AW.15 Atalanta. Dieses Flugzeug startete am 29. Mai 1933 zum Streckenerprobungsflug von Croydon nach Australien. Bei Kriegsausbruch 1939 wurde G-ABTL von der Royal Air Force übernommen und im April 1941 an die indische Luftwaffe verkauft.

Armstrong Whitworth AW.15 Atalanta

Großbritannien, Baujahr: 1932

Die ***Atalanta*** wurde 1931 für die speziellen Bedürfnisse der Afrika- und Fernost-Linien der **Imperial Airways** entworfen. Für den Einsatz in heißen und hochgelegenen Gebieten legte die Fluggesellschaft besonderen Wert auf ausreichende Motorisierung und Geschwindigkeit, sowie auf Wirtschaftlichkeit und hohen Komfort für die Passagiere bei langen Flügen unter tropischen Bedingungen. Die Besatzung bestand aus drei Mann und in verschiedenen Kombinationen von Passagieren, Post und Fracht wurden in der Regel 9 bis 12 Fluggäste befördert. In der reinen Passagierausführung fanden bis zu 17 Personen in der geräumigen Kabine Platz. Der Prototyp G-ABPI *Atalanta* startete am 20. Juni 1932 zu seinem Erstflug und das Lufttüchtigkeitszeugnis wurde im August 1932 erteilt. Kurz darauf wurde das Flugzeug in *Arethusa* umbenannt und eine später gebaute Maschine, G-ABTI, erhielt ihren Namen. Dieses Flugzeug startete am 31. Dezember 1932 unter dem Kommando von *H.G. Brackley* von Croydon in Richtung Kairo, um von dort einen Streckenerprobungsflug nach Südafrika zu unternehmen. Am 5. Januar 1933 verließ das Flugzeug Kairo und erreichte am 14. Februar 1933 sein Ziel, Kapstadt. Ende April 1933 waren alle acht Flugzeuge an **Imperial Airways** ausgeliefert. Die siebte Maschine, G-ABTL *Astraea*, startete am 29. Mai 1933 zum ersten Streckenerkundungsflug nach Australien. Sie war dazu mit Zusatztanks ausgerüstet und erreichte Melbourne am 30. Juni 1933. In den Jahren bis zum Ausbruch des Zweiten Weltkriegs kamen die Atalantas vorwiegend auf den südafrikanischen (Nairobi-Kapstadt) und fernöstlichen (Karatschi-Singapur) Teilstrecken der *Empire*-Routen von Imperial Airways zum Einsatz. Die Fernost-Teilstrecke wurde am 7. Juli 1933 mit G-ABPI *Arethusa* (Prototyp) eröffnet. Von Singapur aus wurden Passagiere und Post mit **QANTAS**-Flugzeugen nach Australien weiterbefördert. Die Linie Karatschi-Singapur wurde bis zum 1. März 1938 beflogen, endete dann in Kalkutta und wurde schließlich im Juni 1939 völlig eingestellt. Eine der vier in Fernost eingesetzten Atalantas, G-ABTK *Athena*, wurde bei einem Hangarbrand in Delhi im September 1936 durch Feuer zerstört. G-ABTH *Andromeda* wurde im Juni 1939 außer Dienst gestellt. Die anderen beiden Flugzeuge, G-ABPI *Arethusa* und G-ABTM *Aurora*, standen schon ab August 1933 als VT-AEF und VT-AEG bei **Indian Transcontinental Airways (ITCA)** im Einsatz. An dieser, am 21. Juni 1933 gegründeten Fluggesellschaft, war Imperial Airways mit 51% beteiligt. Von den vier auf den afrikanischen Strecken eingesetzten Atalantas war G-ABTG *Amalthea* schon im Juli 1938 bei Kisumu durch Absturz verloren gegangen. Die verbliebenen drei Einheiten, G-ABTI *Atalanta*, G-ABTJ *Artemis* und G-ABTL *Astraea*, wurden nach Kriegsausbruch 1939 von der Royal Air Force übernommen und 1941 an die indische Luftwaffe verkauft, welche auch VT-AEF und VT-AEG übernahm. Die letzte AW.15 wurde erst im Jahre 1948 aus den Beständen gestrichen.

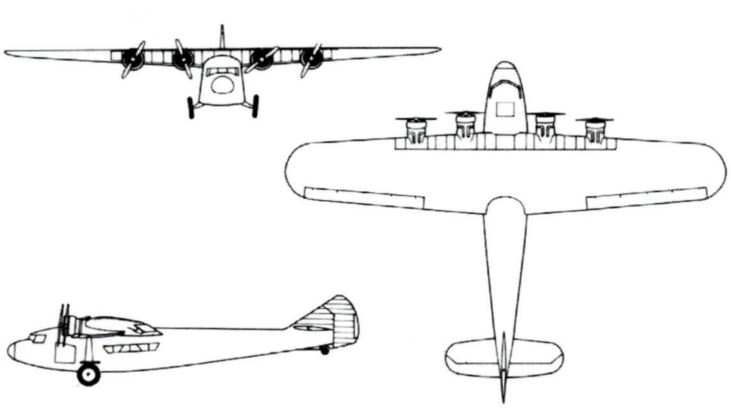

Daten

Antrieb: 4 Armstrong Siddeley Serval III, luftgekühlte 10-Zylinder-Doppelsternmotoren, 340 PS (250 kW). Spannweite: 27,43 m; Länge: 21,79 m; Höhe 4,27 m; max. Startgewicht 9.520 kg; ökon. Reisegeschwindigkeit: 209km/h; Gipfelhöhe: 2.100 m; Reichweite: 1.030 km; Besatzung: 3; Passagiere: 9-17

Armstrong Whitworth AW.27 Ensign

Großbritannien, Baujahr: 1938

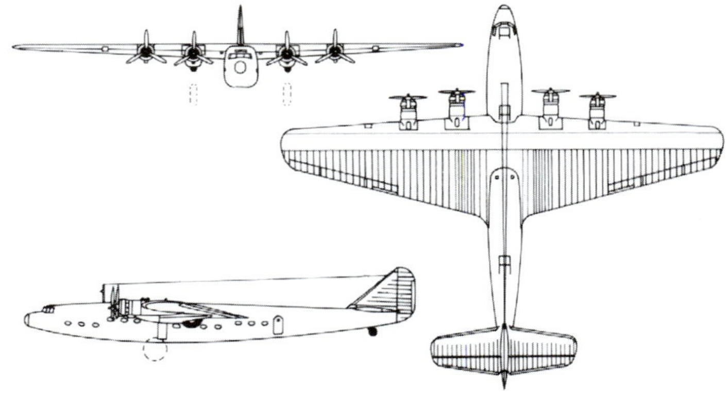

Das Projekt **AW.27** war 1934 auf Veranlassung der britischen Regierung in Angriff genommen worden, die im Empire-Luftpostplan angeordnet hatte, daß die gesamte Post zwischen den Ländern des britischen Weltreiches ausschließlich auf dem Luftweg zu befördern sei, und zwar ohne Aufschlag. Dementsprechend begann man bei **Imperial Airways** mit dem Aufbau einer Flotte von neuen, für den Passagier- ebenso wie für den Frachtdienst geeigneten Langstreckenmaschinen. Die Fluggesellschaft legte besonderen Wert darauf, daß Reichweite und Nutzlast größer waren als bei den Flugzeugen, die sie zu diesem Zeitpunkt im Einsatz hatte. Für drei Flugzeugentwürfe erteilte Imperial Airways Bauaufträge, bei denen es sich um ein Flugboot- und zwei Landflugzeugmuster handelte – die **Short S.23 C-Class**, die **DH.91 Albatros**, und die **AW.27 Ensign**. Ohne Frage war von den drei Flugzeugtypen das Short C-Class Flugboot am erfolgreichsten. Die DH.91 war ein schnittiges Schnellverkehrsflugzeug, während die AW.27 das größte britische Landflugzeug ihrer Zeit war und in das wegen seiner hohen Transportkapazität große Hoffnungen gesetzt wurden. Das Flugzeugmuster erwies sich allerdings als Enttäuschung und leistete vor Ausbruch des Zweiten Weltkriegs nur bescheidene nützliche Dienste.

Armstrong Whitworth hatte als letzten Vorkriegs-Verkehrsflugzeugentwurf die **AW.27** geschaffen, einem dem neuesten Stand technischer Entwicklung entsprechenden viermotorigen Schulterdecker mit dicker, freitragender Tragfläche, der im aerodynamische geformten Rumpf bis zu 40 Passagiere befördern konnte. Zum Zeitpunkt seiner Indienststellung war die AW.27 der größte, jemals bei **Imperial Airways** eingesetzte Flugzeugtyp. 1935 gab die Fluggesellschaft zwölf Maschinen in Auftrag. Es dauerte aber nahezu drei Jahre, bis der Prototyp (G-ADSR) in Hamble am 24. Januar 1938 seinen Erstflug durchführte. Die zweite, ebenfalls zur Flugerprobung vorgesehene Maschine, flog erstmals am 26. Mai desselben Jahres. Die Testflüge ergaben Mängel an Steuerung und am Treibstoffleitungssystem, das Hauptproblem lag jedoch in der Unzuverlässigkeit der vier 850 PS (625,1 kW) Armstrong Siddeley Tiger IX-Motoren. Trotzdem nahm **Imperial Airways** im Oktober 1938 die Streckenerprobungsflüge auf. Zwischen Februar und März 1939 wurden alle fertiggestellten Ensigns einer Umrüstung der Triebwerksanlage unterzogen,

Daten

Antrieb: 4 Armstrong Siddeley Tiger IX, luftgekühlte 14-Zylinder-Doppelsternmotoren, 850 PS (625,1 kW). Spannweite: 37,49 m; Länge: 34,75 m; Höhe 7,01 m; max. Startgewicht 22.000 kg; ökon. Reisegeschwindigkeit: 274 km/h; Gipfelhöhe: 5.500 m; Reichweite: 1.290 km; Besatzung: 5; Passagiere: 27-40

A pre-war photograph of Elsinore *at Hamble.*

Elsinore *in company with* Ettrick, Euturpe, Egeria *and* Empyrean.

Die viermotorige AW.27 Ensign war zum Zeitpunkt ihrer Indienststellung am 20. Oktober 1938 das größte, jemals bei Imperial Airways geflogene Flugzeugmuster. Armstrong Whitworth stellte insgesamt zwölf Maschinen her, die ausschließlich auf den Empire-Routen nach Australien und Südafrika zum Einsatz kommen sollten.

wobei sie 920 PS (676,6 kW) Tiger VIII oder IXc-Motoren und deHavilland-Luftschrauben mit gleichbleibender Drehzahl erhielten. Ab Mitte Juni 1939 erhielt **Imperial Airways** die Maschinen zurück und setzte sie bis zum Ausbruch des Zweiten Weltkriegs auf europäischen Flugstrecken, vorzugsweise nach Paris, ein. Zwei Einheiten waren in Kairo stationiert, von wo aus sie die Routen nach Bagdad und Karatschi beflogen.

Im Oktober 1939 waren alle zwölf Ensigns wieder zurück in Großbritannien und wurden der **Royal Air Force** überstellt. Im Verlauf des Jahres 1940 gingen vier Maschinen verloren, davon zwei durch Feindeinwirkung und eine bei einer Notlandung. Eine weitere AW.27 wurde als Ersatzteillager ausgeschlachtet und anschließend verschrottet.

Schon 1936 war die ursprüngliche Bestellung auf zwölf Flugzeuge um zwei erhöht worden, die bei Kriegsausbruch noch nicht ausgeliefert waren. Diese beiden letzten Maschinen erhielten als Antrieb 1.100 PS (809 kW) Wright GR-1820-G102A Cyclone Motoren und der Erstflug erfolgte durch G-AFZU als Prototyp der nunmehr als ***Ensign II*** bezeichneten Serie am 20. Juni 1941. Anschließend wurden die noch vorhandenen ursprünglichen Ensigns auf Mk.II-Standard umgerüstet. Diese Maschinen dieser sogenannten *Empire*-Klasse wurden von der **BOAC**, dem Nachfolger der Imperial Airways, bis zum Mai 1945 auf deren Afrika- und Indienstrecken eingesetzt.

Vier der ersten zwölf Ensigns erhielten eine Einrichtung für 40 Passagiere und waren zur Bedienung stark frequentierter europäischen Routen vorgesehen. Die *Empire*-Version verfügte über eine Einrichtung zum Transport von 27 Passagieren. Die Besatzung bestand aus drei Mann im Cockpit und zwei Kabinenstewards. Unter dem Flächenmittelstück, zwischen der ersten und zweiten Kabine, befand sich auf der linken Seite ein Promenadedeck, von dem rechts die Bordküche und zwei Toiletten abzweigten. Die vier *Empire*-Flugzeuge sollten ab Mitte 1939 von **Indian Transcontinental Airways (ITCA)** übernommen werden, doch der Ausbruch des Zweiten Weltkriegs verhinderte diese Pläne.

Bloch 220

Frankreich, Baujahr: 1935

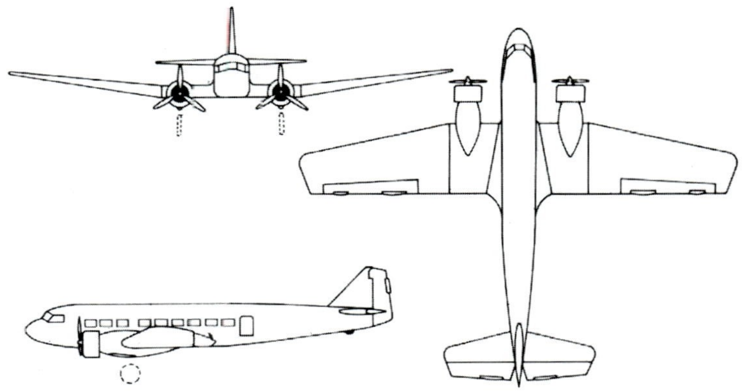

Das Flugzeugwerk von *Marcel Bloch*, heute bekannt als *Marcel Dassault*, stellte auf Anforderung der **Air France** 1935 zwei Verkehrsflugzeugentwürfe fertig. Das größere Flugzeug, die **Bloch 300 *Pacifique*** für 30 Passagiere, wurde von Air France zwar erprobt, aber aufgrund mangelhafter Flugleistungen nicht angenommen. Weit beeindruckender war der zweite, kleinere Entwurf mit der Typenbezeichnung **Bloch 220**. Das neue Flugzeug konnte in einer geräumigen Kabine bis zu 16 Passagiere befördern, erwies sich als sehr leistungsfähig und wurde deshalb das Standard-Flugzeug für die europäischen Mittelstrecken der Air France, auf denen es die **Potez 62** und die **Wibault 282** ablöste. Bei der **Bloch 220** wurden Tragflächen und Höhenleitwerk von dem Bomber **Bloch 210** übernommen, der schon etwa ein Jahr früher geflogen war und nun für die *Armée de l'Air* (Luftwaffe) in Serie hergestellt wurde. Der Prototyp Bloch 220 (F-AOHA) flog erstmals im Dezember 1935, kam aber nicht zum Verkehrseinsatz. Die Besatzung bestand aus zwei Piloten, einem Funker und einem Steward. Der Rumpf umfaßte eine sechssitzige vordere und eine zehnsitzige hintere Passagierkabine. Im Anschluß daran befanden sich Toilette und Bar und im Rumpfheck waren der Gepäck- und Frachtraum untergebracht. Am 11. August 1936 wurde die französische Luftfahrtindustrie verstaatlicht und die Bloch-Werke am 16. November des gleichen Jahres in die neue Société Nationale de Constructions Aéronautiques du Sud-Ouest (SNCASO) eingegliedert. Diese verwaltungstechnische Umgruppierung war der Hautgrund dafür, daß **Air France** ihre ersten fünf Bloch 220-Flugzeuge erst im Dezember 1937 erhielt und diese nicht vor Januar 1938 in den Liniendienst stellen konnte. Die fünf ersten Maschinen waren F-AOHB *Gascogne*, F-AOHC *Guyenne*, F-AOHD *Auvergne*, F-AOHE *Aunis* und F-AOHF *Saintogne*. Sie bedienten zuerst die Route Paris-Marseille, ab dem 27. März 1938 kamen die Flugzeuge auch auf der Paris-London Strecke zum Einsatz. Im Sommer 1938 lieferte die SNCASO fünf weitere Bloch 220 an die Air France, dies waren F-AOHG *Flandre*, F-AOHH *Savoie*, F-AOHI *Berry*, F-AOHJ *Poitou* und F-AQNK *Anjou*. Jetzt übernahmen die Bloch 220 auch die Verbindungen von Paris nach Amsterdam, Bukarest, Prag, Stockholm und Zürich. In der Zeit zwischen August und Oktober 1938 kam das dritte und letzte Baulos der Bloch 220 zur Auslieferung und umfaßte F-AQNL *Languedoc*, F-AQNM *Provence*, F-AQNN *Champagne*, F-AQNO *Alsace*, F-AQNP *Lorraine* und F-ARIQ *Roussillon*. Mit der Verfügbarkeit der gesamten Bloch 220-Flotte war es Air France möglich, ab Ende 1938 die **Potez 62** und **Wibault 282** auf allen europäischen Hauptstrecken durch den neuen Flugzeugtyp zu ersetzen. Auf den längeren Strecken konnte die Reisezeit um mehr als ein Drittel reduziert werden. Im Sommer 1939 richteten **Air France** und **British Airways** einen Shuttle-Service zwischen Paris und London ein, der stündliche Abflüge zur jeweils vollen Stunde vorsah und bei dem exklusiv die **Bloch 220** bzw. die **Armstrong Whitworth AW.27 *Ensign*** zum Einsatz kamen. Nach dem siegreichen Frankreichfeldzug im Mai/Juni 1940 beschlag-

Daten

Antrieb: 2 Gnome-Rhône 14N, luftgekühlte 14-Zylinder-Doppelsternmotoren, 915 PS (673 kW).
Spannweite: 22,83 m; Länge: 19,25 m; Höhe 3,90 m;
max. Startgewicht: 9.500 kg; ökon. Reisegeschwindigkeit: 280 km/h; Gipfelhöhe: 7.000 m; Reichweite: 1.400 km;
Besatzung: 3-4; Passagiere: 16

Der Prototyp der Bloch 220 flog erstmals im Dezember 1935. Die 16 für die AIR FRANCE gebauten Serienmaschinen kamen erst zwischen 1937 und 1938 zur Ablieferung. Die Bloch 220 war eines der modernsten Flugzeugmuster in der Air France-Flotte unmittelbar vor dem Zweiten Weltkrieg. Einige Maschinen standen bis 1951 im Einsatz.

nahmten die deutschen Besatzungsbehörden die verbliebene Air France-Flotte und gliederten u.a. drei Bloch 220 in die **Lufthansa**-Flotte ein. Nach Beendigung des Zweiten Weltkriegs bildeten die restlichen Bloch 220 wieder einen wichtigen Bestandteil der Air France-Flotte und wurden erst mit dem Erscheinen modernerer Muster zwischen 1948 und 1951 ausgemustert.

Boeing 220 / 221 Monomail

USA, Baujahr: 1930

Ein indirekter Einfluß auf die Entwicklung im Flugzeugbau ging von der technisch fortschrittlichen Boeing ***Monomail*** aus. Beim Bau der beiden fertiggestellten Maschinen wurden bereits zahlreiche neue Konstruktionstechniken angewandt, die Boeing später bei der Entwicklung der revolutionären zweimotorigen **Boeing 247** zugute kommen sollten. Ursprungsmodell war die ***200 Monomail*** (NX725W), welches am 6. Mai 1930 seinen Erstflug absolvierte und von einem 575 PS (422,9 kW) Pratt & Whitney Hornet B-Sternmotor angetrieben wurde. In der Zeit der herrschenden wirtschaftlichen Depression forderte die Entscheidung des Herstellers, mit der sicheren Tradition der aus Holz hergestellten und mit Stoff bespannten Doppeldecker zu brechen und statt dessen einen glattbeplankten, freitragenden Ganzmetall-Tiefdecker zu bauen, viel Mut. Die Monomail war ihrer Zeit zu weit voraus, denn zur vollen Ausnützung ihres starken Triebwerks hätte sie eine Verstell-Luftschraube benötigt, die zu diesem Zeitpunkt

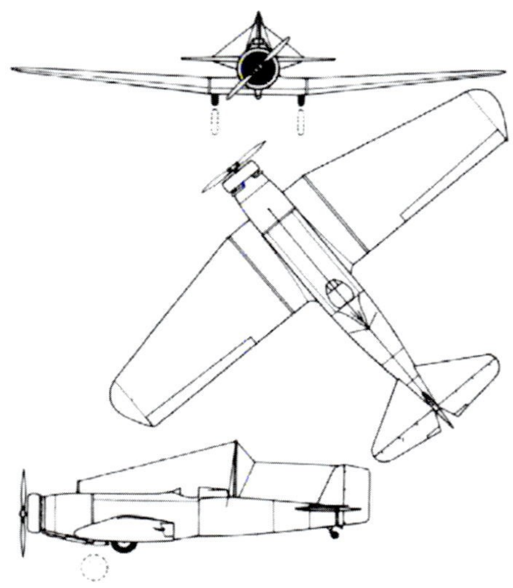

Daten

Antrieb: Pratt & Whitney Hornet B, luftgekühlter 9-Zylinder-Sternmotor, 575 PS (422,9 kW).
Spannweite: 18,03 m; Länge: 12,55 m; Höhe 3,81 m; max. Startgewicht: 3.629 kg; ökon. Reisegeschwindigkeit: 220 km/h; Gipfelhöhe: 4.480 m; Reichweite: 925 km; Besatzung: 1; Passagiere: 8

aber noch nicht zur Verfügung stand. Als die Verstell-Luftschrauben schließlich zur Verfügung standen, war die Monomail bereits technisch veraltet. Der Pilot saß in einem offenen Cockpit hinter den Tragflächen hinter dem in der Rumpfmitte gelegenen 6,23 mΔ großen Post- und Frachtabteil.

Kurz nach dem **Modell 200** baute Boeing die zweite Monomail, das **Modell 221**, das mit der Registrierung NC10225 am 18. August 1930 zu seinem Erstflug startete. Es glich weitestgehend dem Vorgängermodell, doch durch die Verlängerung des Rumpfes um 20,3 cm und gleichzeitiger Verkleinerung des Post- und Frachtabteils konnte eine Passagierkabine für sechs Fluggäste eingerichtet werden. Auf jeder Rumpfseite wurden vier große ovale Fenster eingelassen, der Zugang erfolgte auf der linken Seite durch eine kleine Tür oberhalb der Flächenwurzel. Beide Monomail-Flugzeuge wurden bei Boeing's eigener Fluggesellschaft, **Boeing Air Transport (BAT)**, eingesetzt.

1931 erfolgte der Umbau beider Flugzeuge, bei dem der Rumpf um

weitere 69 cm verlängert wurde, so daß acht Passagiere und 340 kg Post oder Fracht befördert werden konnten. In dieser Form wurden die Maschinen als **Modell 221A** bezeichnet und waren noch für einige Zeit bei BAT im Einsatz, bevor zumindest eines der Flugzeuge von der neugegründeten **United Air Lines** übernommen wurden.

Obwohl die Boeing 200 / 221 Monomail nicht in Serienfertigung ging, stellte sie beim damaligen Stand der Flugzeugbautechnik einen echten Fortschritt dar. Der Entwurf war seiner Zeit zu weit voraus und wichtige Bauteile, wie z.B. eine Verstell-Luftschraube, noch nicht einsatzfähig. So wurden von der Monomail nur zwei Exemplare gebaut. Der Erstflug des Modells 200 fand am 6. Mai 1930 statt, gefolgt vom Modell 221 am 18. August 1930. Beide Maschinen wurden später zum Modell 221A umgebaut.

Boeing 247

USA, Baujahr: 1933

Das Erscheinen der fortschrittlichen **Boeing 247** leitete eine neue Ära der Verkehrsluftfahrt ein. Die erste Maschine, ein Prototyp wurde nicht gebaut, startete am 8. Februar 1933 zum Erstflug und erregte sofort weltweites Aufsehen. Dieses neue Flugzeug war als Tiefdecker in Ganzmetallbauweise und einziehbarem Fahrwerk konzipiert. Hinzu kamen eine betonte Stromlinienfomgebung, und einige spezielle Neuerungen, die Boeing bereits bei dem **Modell 221 *Monomail*** eingeführt hatte. Als technisches Novum erhielt die B247 eine Flächen- und Leitwerk-Enteisungsanlage und Trimmkklappen an Quer- und Höhenrudern. Eine starke Motorisierung machte das Flugzeugmuster um bis zu 80 km/h schneller als alle damals fliegenden Standard-Verkehrsflugzeuge. Ferner zeichneten exzellente Flugleistungen, gepaart mit niedrigen Betriebskosten, den Entwurf aus.

Die **B247** beruhte auf dem Entwurf des Mittelstreckenbombers **B-9** aus dem Jahre 1931, welcher aber nur in geringer Stückzahl hergestellt wurde, um dann als zivile Version zur B247 weiterentwickelt zu werden. Die in der **United Aircraft & Transport Corporation (UATC)** zusammengeschlossenen Fluggesellschaften **(Boeing Air Transport, Pacific Air Transport, National Air Transport** und **Varney Air Lines)** hatten Anfang 1932 bereits 59 Flugzeuge bestellt, obwohl das Projekt erst bis zum Mock-up (Attrappe) gediehen war. Die erste Lieferung an ein Mitglied der UATC, **Boeing Air Transport**, erfolgte am 30. März 1933. Die vier einzelnen Fluggesellschaften schlossen sich mit Wirkung des 1. Mai 1934 zu den **United Air Lines** zusammen.

UNITED AIR LINES, eine der fortschrittlichsten und unternehmungsfreudigsten Fluggesellschaften in den 30er Jahren, sicherte sich die gesamte Boeing-247-Fertigung, was ihr gegenüber allen Konkurrenten einen entscheidenden Vorsprung einbrachte. Die erste Boeing 247 wurde von UAL am 30. März 1933 in Dienst gestellt. Die abgebildete NC13347 George Juneau ist ein restauriertes Exemplar und ist in den zeitgenössischen Farben der UAL gehalten.

Bereits am 1. Januar 1934 waren 54 der bestellten 59 Maschinen ausgeliefert. Das 60. Flugzeug erhielt im November 1933 der Triebwerkhersteller **Pratt & Whitney**, der es als Geschäftsflugzeug und auch zur Triebwerkserprobung verwendete. Diese Maschine wurde als **Boeing 247A** bezeichnet und war mit zwei 625 PS (459,7 kW) Twin Wasp Junior-Sternmotoren ausgerüstet. Die NACA Motorhauben hatten den geringstmöglichen Durchmesser.
Die **Deutsche Luft Hansa** bestellte ebenfalls zwei B247, die 1934 geliefert wurden und die die Registrierungen D-AGAR und D-AKIN erhielten. Diese Maschinen kamen gelegentlich auf kürzeren Strecken (Berlin-Amsterdam; Berlin-Brüssel) zum Einsatz, wurden aber vorwiegend zu Testzwecken für das Reichsluftfahrtministerium (RLM) verwendet. Die nächste und einzige größere Version war das **Modell 247D**, von dem 13 Maschinen gebaut wurden. Zehn dieser Flugzeuge erhielt **United Air Lines**. Nachdem die Lieferung im November 1934 zum Abschluß kam, verkaufte die Fluggesellschaft eine Anzahl der ursprünglichen B247 an andere amerikanische Airlines. Die B274D war mit Wasp S1H1-G-Getriebemotoren und Verstell-Luftschrauben unter enganliegenden NACA-Motorhauben ausgerüstet, Seiten- und Höhenruder waren nicht mehr metallbeplankt, sondern stoffbespannt. Die in der ersten Serie nach vorn geneigte Cockpit-Windschutzscheibe war jetzt konventionell nach hinten abgeschrägt. Diese Änderungen ergaben eine bemerkenswerte Verbesserung der Gesamtflugleistungen und wurden anschließend auch an den meisten anderen Maschinen

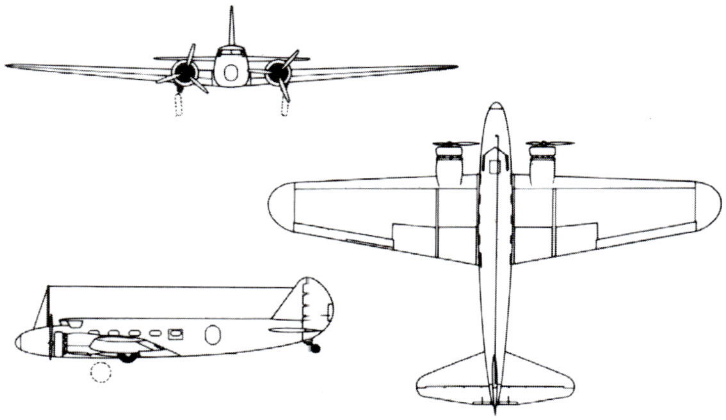

Daten

Antrieb: 2 Pratt & Whitney Wasp S1D1, luftgekühlte 9-Zylinder-Sternmotoren, 532 PS (391,2 kW).
Spannweite: 22,54 m; Länge: 15,65 m; Höhe 3,70 m; max. Startgewicht: 5.940 kg; ökon. Reisegeschwindigkeit: 280-320 km/h; Gipfelhöhe: 5.300 m; Reichweite: 800-1.200 km; Besatzung: 2; Passagiere: 10

der ursprünglichen Serie vorgenommen. Nur die Windschutzscheibe blieb in einigen Fällen unverändert. Die Besatzung bestand aus zwei Piloten und einem Steward, die zehn Passagiere saßen auf beiden Seiten des Mittelgangs in Einzelsesseln mit Armlehnen, die im komfortablen Abstand von 103 cm angeordnet waren. Bordküche und Toilette befanden sich am hinteren Ende der Kabine. In den Gepäckräumen in der Rumpfspitze und im hinteren Rumpfteil konnten 181 kg Gepäck und Post befördert werden. Die UAL bediente mit ihren Maschinen Routen entlang der US-Westküste (Vancouver-San Francisco-Los Angeles-Aguascalientes, Mexiko), aber auch in den Osten der USA über Salt Lake City, Cheyenne, Omaha, Chicago und Cleveland nach New York und Philadelphia. Zwischenzeitlich war ein noch moderneres Verkehrsflugzeug, die **Douglas DC-2**, erschienen, welches die B247 sofort veralten ließ. Deswegen beschaffte auch UAL die DC-2 und verkaufte zwischen 1935 und 1937 nicht weniger als 36 ihrer B247 an andere Flugunternehmen. Bis 1938 war die UAL-Flotte auf 24 B247/247D geschwunden. Sie flogen in den USA bei **National Parks Airlines, Penn-Central Airlines, Western Air Lines, Wyoming Air Service** und **Zimmerley Airlines**. In Kolumbien hatte **SCADTA** mehrere dieser Maschinen im Einsatz. Eine der drei nicht für UAL fliegenden B247D war als sechssitziges Reiseflugzeug an die chinesische Regierung geliefert worden. Im Januar 1937 kaufte Boeing eine B247D von United zurück und lieferte sie ebenfalls nach China. Diese Maschine war bewaffnet und wurde als **Modell 247Y** bezeichnet. UAL verwendete ihre Boeing 247/247D bis Anfang 1942 weiter, als sie von der US-Luftwaffe (USAAC) unter der Bezeichnung **C-73** übernommen wurden. Einige dieser Maschinen überlebten den Krieg und waren bei kleinen Fluggesellschaften noch bis in die 60er Jahre hinein eingesetzt.

Boeing 307 Stratoliner

USA, Baujahr: 1939

Die Boeing **307 *Stratoliner*** war das erste viermotorige Verkehrsflugzeug mit Druckkabine. Obwohl nur zehn Exemplare gebaut wurden – die Produktion mußte auf den Bomber **B-17 *Flying Fortress*** konzentriert werden – war der ***Stratoliner*** sichtbarer Beweis dafür, daß in der Entwicklung der Zivilluftfahrt ein neuer Meilenstein erreicht war und Verkehrsflugzeuge von nun an in großen Höhen oberhalb der meisten Wolkenschichten fliegen konnten. Dadurch wurde das Reisen schneller und bequemer.

Der ***Stratoliner*** entstand im Dezember 1935 als Parallelentwicklung zum Bomber Modell 299 unter der Bezeichnung Modell 300, wurde aber ab 1937 als Modell 307 weiterentwickelt. Dieser Entwurf sah die Verwendung der kompletten Tragflächen, der Triebwerke und des Leitwerks der **B-17C** vor. Die einzige größere Änderung war die Einführung von sogenannten Briefkastenschlitzen hinter den Vorderkanten der Außenflächen. Ein völlig neuer Rumpf, der einen um 1,07 m größeren Durchmesser hatte als der des Bombers, konnte eine Besatzung von fünf Mann und 33 Passagiere aufnehmen. Bei Bedarf konnte die Kabine mit einer Schlafeinrichtung von 16 Betten und neun klappbaren Schlafsesseln ausgerüstet werden. **Pan American World Airways** und **TWA** hatten ein großes Interesse an der Verwirklichung des Projektes und bestellten 1937 jeweils sechs Flugzeuge. TWA reduzierte ihre Bestellung später auf fünf Maschinen. Boeing errichtete für das Modell 307 eine Montagestraße für zehn Einheiten. Ein Prototyp der B307 wurde nicht gebaut, so daß der Erstflug am 31. Dezember 1938 mit NX19901, dem ersten Pan American-Flugzeug, durchgeführt wurde. Diese Maschine wurde im März 1939 bei einem Erprobungsflug zerstört. Als Folge dieses Unfalls wurde an allen im Bau befindlichen Flugzeugen die Vergrößerung des Seitenleitwerks vorgenommen. Die zweite für Pan American bestimmte B307, NX19902, flog Anfang 1939 mit einem langen, geraden Leitwerk. Dennoch zeigte das Flugzeug instabile Flugeigenschaften, so daß die schließlich bei den Serienflugzeugen eingeführte Leitwerksform stark verändert war. Sie bestand aus einem kleineren Seitenruder mit größerer Seitenflosse und einer rundbogenförmigen Rückenverkleidung. Diese Konstruktion erwies sich als so effizient, daß sie auch bei der B-17 eingeführt und diese Version dann als **B-17E** bezeichnet wurde.

Nach Erteilung des Lufttüchtigkeits-Zertifikats wurden drei ***Stratoliner*** 1940 an die **Pan American** ausgeliefert. Es waren NC19902 (ex.-NX19902) *Clipper Rainbow*, NC19903 *Clipper Flying Cloud* und NC19910 *Clipper Comet*. Ihre offizielle Bezeichnung lautete **Modell S-307**, doch wurden sie zumeist als **PAA-307** bezeichnet. Die Flugzeuge wurden von vier 1.100 PS (809 kW) Wright GR-1820-G102A Cyclone-Motoren angetrieben und zunächst auf den Strecken von Brownsville und Los Angeles nach Mexico City eingesetzt.

Die **TWA**-Flugzeuge mit der Typenbezeichnung **SA-307B** waren im wesentlichen baugleich, hatten leistungsschwächere Wright GR-1820-G105A Cyclone-Triebwerke und verfügten über dreieckige Klappenscharnier-Verkleidungen unter den inneren Tragflächen. Alle fünf Exemplare kamen 1940 zur Ablieferung und wurden auf den aufkommensstarken transkontinentalen Langstrecken zwischen der West- und Ostküste eingesetzt. Registrierungen und Namen waren: NC19905 *Comanche*, NC19906 *Cherokee*, NC19907 *Zuni*, NC19908

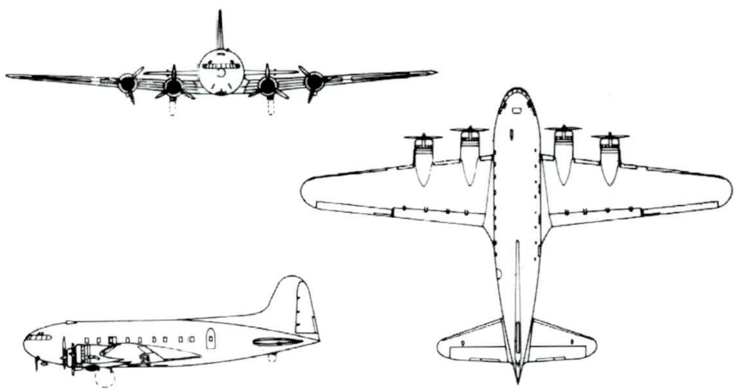

Daten (SA-307B)

Antrieb: 4 Wright GR-1820-G105A Cyclone, luftgekühlte 9-Zylinder-Sternmotoren, 900 PS (661,9 kW).
Spannweite: 32,69 m; Länge: 22,66 m; Höhe 6,33 m;
max. Startgewicht: 19.051 kg; ökon. Reisegeschwindigkeit: 357 km/h; Gipfelhöhe: 8.000 m; Reichweite: 3.700 km;
Besatzung: 5; Passagiere: 33

Apache und NC19909 *Navajo*. Vor dem Eintritt der USA in den Zweiten Weltkrieg 1941 wurden die ***Stratoliner*** von ihren Besitzern intensiv eingesetzt.
Allein die fünf TWA-Maschinen hatten zum Zeitpunkt des Angriffs auf Pearl Harbor bereits 7.278 210 Kilometer ohne jeden Zwischenfall zurückgelegt. Ab 1942 waren die drei PAA-Maschinen, geflogen von ihren Zivilbesatzungen und unter Beibehaltung der ursprünglichen Registrierungen, für militärische Transportaufgaben zwischen den USA und Lateinamerika eingesetzt. Sie wurden im Herbst 1944 wieder an Pan American zurückgegeben und standen bis 1948 im Liniendienst. Die fünf TWA-Flugzeuge wurden für das Air Transport Command der US-Luftwaffe requiriert und erhielten die militärische Bezeichnung **C-75**, obwohl auch sie von ihren Zivilbesatzungen geflogen wurden.
Diese Maschinen wurden im Sommer 1944 an TWA retourniert, doch bei Boeing komplett umgebaut, bevor sie wieder in den Liniendienst kamen. Sie wurden als SA-307B-1 bezeichnet und erhielten einen aerodynamisch verbesserten Flügel, stärkere Motoren mit nunmehr 1.200 PS (882 kW) Leistung, und ein verstärktes Fahrwerk für das auf 24.494 kg erhöhte Startgewicht. Die Passagierkapazität wurde auf 38 Personen erhöht. Im April kehrten diese fünf Flugzeuge in den Liniendienst zurück, wo sie bis zum Frühjahr 1951 eingesetzt wurden. Dann wurden sie ausgemustert und zum Verkauf ausgeschrieben.

Die Maschinen wurden von der französischen Fluggesellschaft **Aigle Azur** erworben, die sie auf ihrem Streckennetz nach Afrika und Indochina (Vietnam, Laos, Kambodscha) einsetzte. 1955 wurden sie an die Tochtergesellschaft **Aigle Azur Extreme Orient** für den Einsatz innerhalb Indochinas übergeben, wo sie bis 1961 ihren Dienst versahen. Nachdem Frankreich Indochina verloren hatte, flogen die Boeing 307 ausschließlich Pendeldienste für die UNO. Dann wurden die Flugzeuge von **Air Vietnam** und **Royal Air Lao** übernommen und dort noch bis 1965 bzw. 1968 verwendet. Mindestens eine Maschine flog eine zeitlang in den Farben der **Royal Air Cambodge**. Ein weiterer französischer Betreiber der ***Stratoliner*** war **Airnautic**, bei der sie auf Routen nach Französisch-Westafrika flogen, bevor sie von den moderneren **DC-4 (C-54)** abgelöst wurden.
Noch eine weitere Stratoliner wurde als **SB-307B** gebaut und im Juli 1939 an den Millionär *Howard Hughes* geliefert. Mit diesem Flugzeug wollte er seinen eigenen, im Juli 1938 mit einer **Lockheed Modell 14** aufgestellten, rund-um-die-Welt-Rekord brechen, doch der Ausbruch des Zweiten Weltkriegs verhinderte dieses Unternehmen. 1942 wurde das Flugzeug von dem texanischen Millionär *McCarthy* erworben, der es zum luxuriösen Reiseflugzeug umbaute. Ab 1960 wechselte es mehrfach die Besitzer, bevor es 1968 aus dem Luftfahrtregister gestrichen wurde. Zuletzt diente es, minus Flügel und Leitwerk, als schwimmendes Apartment in Florida.

Von der Boeing 307 Stratoliner wurden nur zehn Exemplare gebaut, von denen fünf im Jahre 1940 unter der Bezeichnung SA-307B an TWA geliefert wurden. Die Maschinen standen bei der Fluggesellschaft zwischen 1940 und 1941 sowie von 1945 bis 1951 im Liniendienst. Dann wurden sie ausgemustert und später weiterverkauft.

Die erste Serienmaschine der Boeing 40A startete am 20. Mai 1927 zu ihrem erfolgreichen Erstflug. Mit diesem Flugzeugmuster eröffnete Boeing Air Transport (BAT) am 1. Juli 1927 ihre Luftpoststrecke zwischen San Francisco und Chicago.

Boeing Model 40

USA, Baujahr: 1925

In der ersten Hälfte der 1920er Jahre befaßten sich in den USA die meisten planmäßigen Fluglinien im Auftrag der Regierung (Postministerium) mit der Beförderung von Post. *William Boeing* stieg schon im März 1919 in dieses Geschäft ein. Standardtyp auf den meisten Strecken des US Post Office Department war viele Jahre lang die in Großbritannien entworfene und in den USA gebaute deHavilland **DH./JN-4 *Jenny***. 1925 führte das US Post Office Department einen Entwurfswettbewerb durch, mit dem Ziel eines Nachfolgermodells für die JN-4. Die noch junge Boeing Company beteiligte sich mit dem Entwurf eines eleganten Doppeldeckers, das, wie gefordert, mit einem aerodynamisch sauberen 400 PS (294 kW) Liberty-Motor ausgestattet war. Das Postministerium kaufte den noch nicht zugelassenen Prototypen des **Model 40** genannten Flugzeugs, der am 7. Juli 1925 seinen Erstflug durchführte, erteilte jedoch keinen Produktionsauftrag. Da in den USA zu diesem Zeitpunkt noch kein anderer potentieller Käufer für das Flugzeug in Sicht war, wurde das Projekt vorläufig zurückgestellt. Im weiteren Verlauf des Jahres 1925 wurde jedoch angekündigt, daß ab Juli 1927 alle Luftpostverträge mit privaten Luftverkehrsgesellschaften abgeschlossen würden. Deshalb entwickelte Boeing unter der Leitung von *Phil G. Johnson* den ursprünglichen Entwurf zum **Model 40A** weiter, ersetzte die glatte holzfurnierte Rumpfbeplankung durch eine Stoffbespannung und tauschte den Liberty-Motor gegen einen unverkleideten 420 PS (308,9 kW) Pratt & Whitney Wasp-Sternmotor aus. Damit verlor das Flugzeug zwar viel von seiner äußerlichen Eleganz, war jedoch wesentlich wirtschaftlicher einsetzbar. Im langgezogenen Rumpf befanden sich zwei Postabteile, zwischen ihnen war Platz für eine kleine Ka-

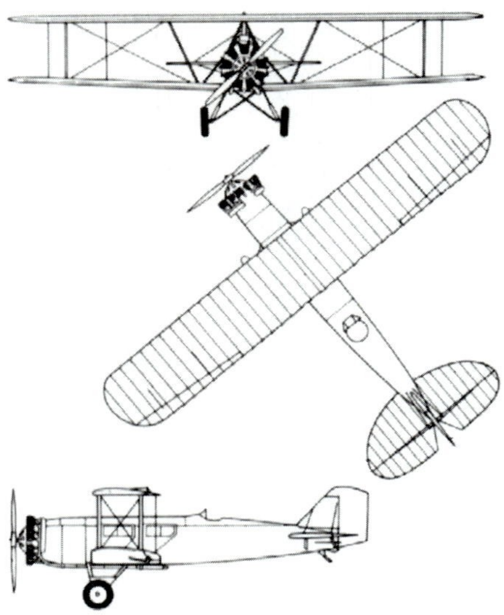

Daten (Model 40A)

Antrieb: Pratt & Whitney Wasp, luftgekühlte 9-Zylinder-Sternmotor, 420 PS (308,9 kW).
Spannweite: 13,46 m; Länge: 10,06 m; Höhe 3,73 m; max. Startgewicht: 2.718 kg; ökon. Reisegeschwindigkeit: 170 km/h; Gipfelhöhe: 4.420 m; Reichweite: 1.046 km; Besatzung: 1; Passagiere: 2 und 544 kg Postgut

bine in der zwei Fluggäste untergebracht werden konnten. Der Pilot saß in einem offenen Cockpit hinter den Tragflächen, vor dem hinteren Postabteil. Aufgrund der überzeugenden Leistung der 40A erhielt Boeing einen Luftpostvertrag und übernahm die Linie San Francisco-Chicago. Dadurch war die Firma in der Lage, mit der Produktion von 25 Flugzeugen des Models 40A zu beginnen und zum Betrieb dieser Postlinie eine eigene Betriebsgesellschaft, die **Boeing Air Transport Inc. (BAT)**, zu gründen. Die erste 40A-Serienmaschine flog am 20. Mai 1927, die BAT-Linie begann ihren Dienstbetrieb am 1. Juli 1927 mit einer aus 24 Flugzeugen bestehenden Flotte. Die 25. Maschine des Models 40A wurde als fliegender Triebwerkprüfstand an Pratt & Whitney geliefert. Als Anfang 1928 der neue 525 PS (385,98 kW) Hornet-Sternmotor verfügbar war, wurden 19 noch vorhandene 40A mit diesen Triebwerken ausgerüstet und unter der Bezeichnung **Model 40B** an die BAT geliefert. Zwei Flugzeuge erhielten hinter dem ersten ein zweites Cockpit und Doppelsteuerung. Mitte 1928 produzierte Boeing die Version **40C** mit einem 450 PS (330,85 kW) Wasp-Motor und vergrößerter Kabine für vier Passagiere. Neun dieser Flugzeuge wurden für **Pacific Air Transport** gebaut und eine zehnte an **National Park Airways** geliefert. Zwei Spezialmaschinen wurden mit der Bezeichnung **40X** und **40Y** für Associated Oil und Standard Oil gebaut. Im Juli 1929 erhielt das letzte Serienmodell, eine verbesserte Version der 40B für 4 Passagiere, die Typenzulassung. Das Flugzeug war mit dem 525 PS (385,98 kW) Hornet-Motor ausgerüstet und erhielt die Bezeichnung **40B-4**. Die ursprüngliche Version für zwei Passagiere trug ab diesem Zeitpunkt die Bezeichnung **40B-2**. Die erste 40B-4 flog am 5. Oktober 1929, von der insgesamt 38 Maschinen gebaut wurden. Davon waren 20 mit Townend-Haubenring, Funkanlage und steuerbarem Spornrad ausgerüstet und wieder wurde eines dieser Flugzeuge als Motorenprüfstand an Pratt & Whitney geliefert. Neben **Boeing Air Transport** flogen noch **Varney Air Lines** und **Western Air Lines** die 40B-4. Das kanadische Boeing-Werk baute vier **40H-4** für den kanadischen Markt, wo sie von **Western Canada Airways** betrieben wurden.

Boeing Model 80

USA, Baujahr: 1928

Wie die langsam wachsende Passagierkapazität der Serien des **Model 40** verdeutlicht, erhöhte sich seit Ende der 1920er Jahre auch langsam die Leistungsfähigkeit des US-Passagierflugverkehrs. Der Anstieg dieser Verkehrszahlen ermutigte die Firma Boeing, einen neuen und viel größeren, vorwiegend für den Passagiertransport ausgerichteten Doppeldecker zu konstruieren. Das Ergebnis war das **Model 80**, welches mit drei 410 PS (301,5 kW) Wasp-Motoren ausgerüstet war und zwölf Passagiere befördern konnte. Die zweiköpfige Besatzung saß in einem geschlossenen Cockpit dicht hinter dem Mittelmotor über der Rumpfnase. Die erste von vier Maschinen der Vorserie flog Anfang August 1928. 1929 folgten zehn Maschinen des **Model 80A**, einer verbesserten Version mit Hornet B-Motoren, größerer Treibstoffkapazität, geänderter Form des Seitenleitwerks und einer größeren Kabine für 18 Passagiere. Im Rumpfbug, unter dem Cockpitboden, befand sich ein 1,10 m³

Die erste Boeing Model 80 hatte im August 1928 seinen Erstflug und konnte zwölf Fluggäste befördern. Das abgebildete Model 80A war eine verbesserte Ausführung des Model 80 und flog im Jahre 1929. In der verlängerten Passagierkabine fanden nunmehr 18 Fluggäste Platz. Gemeinsam mit dem Vorgängermuster Model 40 flogen sie auf der BAT-Linie zwischen San Francisco und Chicago Passagiere und Post.

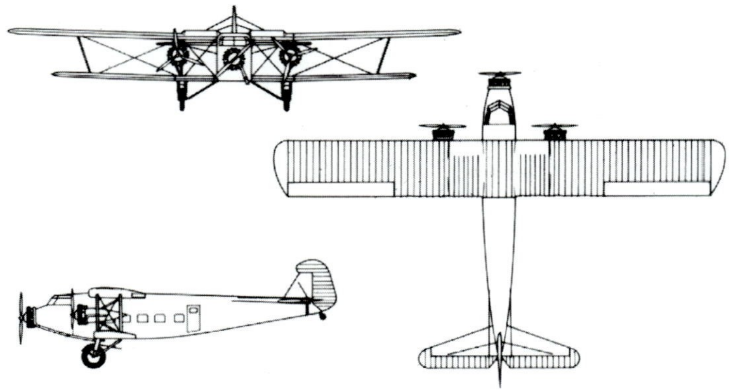

Daten (Model 80A)

Antrieb: 3 Pratt & Whitney Hornet-B, luftgekühlte 9-Zylinder-Sternmotoren, 525 PS (386,1 kW).
Spannweite: 24,38 m; Länge: 17,22 m; Höhe 4,65 m;
max. Startgewicht: 7.928 kg; ökon. Reisegeschwindigkeit: 200 km/h; Gipfelhöhe: 4.270 m; Reichweite: 740 km;
Besatzung: 2-3; Passagiere: 18

großer Gepäckraum. Die Modelle 80 und 80A waren ausschließ ich bei **Boeing Air Transport (BAT)** eingesetzt und flogen ab Mitte 1930 eine tägliche Verbindung zwischen San Francisco und Chicago. Anfangs kümmerten sich männliche Flugbegleiter um das Wohl der Passagiere, später flogen auf derselben Linie, die schon bald bis nach New York verlängert wurde, ausgebildete Krankenschwestern mit. Sie waren damit die ersten Stewardessen der Welt. Ab 1931 wurden die Flugzeuge des **Model 80A** zur **80A-1** weiterentwickelt, einer kombinierten Passagier- und Frachtversion für zwölf Passagiere und 519 kg Post oder Fracht. Dadurch verringerte sich jedoch die Treibstoffkapazität, so daß sie nur auf kürzeren Routen zum Einsatz kamen. Mit diesen Flugzeugen eröffnete BAT eine planmäßige Nachtpostlinie zwischen Salt Lake City, Utah und Oakland, Kalifornien. Nach dem Ausbau der Passagiersitze wurde die Kabine als fliegendes Postsortieramt eingerichtet. Für BAT wurde noch ein einzelnes Flugzeug unter der Bezeichnung **80B-1** mit Hornet-Triebwerken gebaut. Da die Besatzungen zunächst von den geschlossenen Pilotensitzen nicht begeistert waren, erhielt diese Maschine ein offenes, erhöhtes Cockpit über der mit einem Aufbau versehenen Rumpfnase, so daß die Besatzung nach hinten über die obere Tragfläche sehen konnte. Später, als die Piloten zunehmend die Vorzüge eines geschlossenen Flugdecks erkannten, wurde das Flugzeug zur 80A-1 umgebaut. Aus dem Model 80A entwickelte Boeing für die Standard Oil Company of California ein sechssitziges Geschäftsreiseflugzeug unter der Bezeichnung **Model 226**.

Als reine Frachtversion entstand das **Model 80C** auf dem Reißbrett, wurde aber nie gebaut. Nach der Indienststellung des sehr fortschrittlichen Flugzeugmusters **Boeing 247** zog die inzwischen zur **United Air Lines** fusionierte BAT alle Flugzeuge der Serien 80 und 80A/80A-1 aus dem Liniendienst.

Breguet 14T

Frankreich, Baujahr: 1919

Die Breguet 14, eines der besten französischen Kampfflugzeuge im Ersten Weltkrieg, blieb bis 1926 in Produktion. Bis zu diesem Zeitpunkt waren etwa 8.000 Maschinen gebaut worden und vorwiegend für militärische Zwecke bestimmt. Nach dem Krieg wurden etwa 150 Maschinen auch zivil eingesetzt, die zum Post-, Passagier- oder Frachttransport umgebaut wurden. **Lignes Aériennes Latécoère**, das erste und bei weitem größte Unternehmen, das die Breguet 14 einsetzte, eröffnete die erste Route von Toulouse nach Barcelona am 25. Dezember 1918. Dies war nur der erste Schritt zur visionären Errichtung eines planmäßigen Flugbetriebs zwischen Frankreich und Afrika, später auch Südamerika. Im September 1919 wurde die Linie nach Rabat ausgedehnt, im April des gleichen Jahres nach Casablanca. Aufgrund der teils sehr anspruchsvollen klimatischen und navigatorischen Anforderungen an Mensch und Maschine konnte das vorerst letzte Etappenziel zur Erreichung Südamerikas, Dakar im afrikanischen Senegal, erst im Juni 1925 erreicht werden. Insgesamt erwarb die Fluggesellschaft nicht weniger als 106 Breguet 14, vorwiegend Standardtypen Br.14A2 (zweisitziger Aufklärer) und Br.14B2 (Bomber). Die Latécoère-Flotte besaß aber auch einige zivile Br.14T und Br.14Tbis.

Mit 25 zivilen Br.14T/14Tbis war das zweitgrößte Unternehmen die **Compagnie des Messagerie Aériennes (CMA)**. Diese Fluggesellschaft wurde Anfang 1919 von einem Konsortium gegründet, dem einige der berühmtesten Namen der französischen Luftfahrtgeschichte angehörten – *Louis Blériot, Louis Breguet, René Caudron, Henry Farman, Robert Morane, Louis Renault und L. Saulnier*. Der Flugbetrieb begann am 18. April 1919 mit einem Frachtdienst zwischen Paris und Lille, auf der ab dem 19. September 1919 auch Passagiere und Post befördert wurden. Kontinuierlich wurden weitere Strecken eröffnet auf denen die Br.14T die Hauptarbeit leistete, im wesentlichen von Paris nach

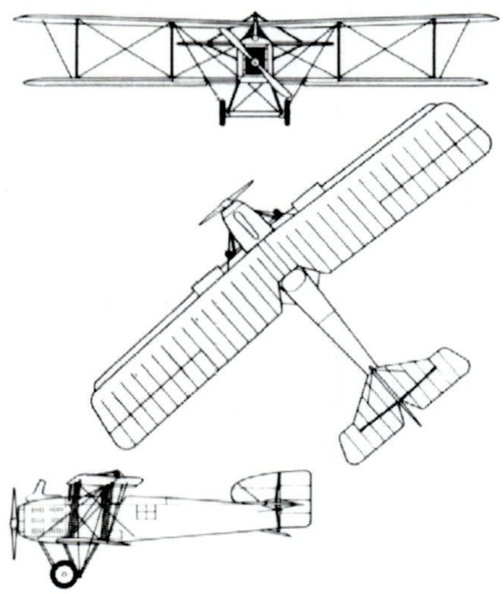

Daten (Br.14T2)

Antrieb: Renault 12 FCX, flüssiggekühlter 12-Zylinder-Reihenmotor, 300 PS (220,65 kW).
Spannweite: 14,36 m; Länge: 8,99 m; Höhe 3,30 m;
max. Startgewicht: 1.980 kg; ökon. Reisegeschwindigkeit: 125 km/h: Gipfelhöhe: 4.500 m; Reichweite: 460 km;
Besatzung: 1; Passagiere: 2

Die Breguet 14T2 entstand als ziviler Umbau des militärischen Ursprungsmusters Br.14 und wurde erstmals im Jahre 1919 auf Routen innerhalb Frankreichs, aber auch nach Nordafrika, eingesetzt.

Brüssel (August 1919), London (September 1919), Amsterdam (Juni 1921) und Marseille (Mai 1922). Nach 1920 verkaufte CMA mehrere Br.14T an Latécoère, mindestens zehn wurden aber in die Flotte der **Air Union** übernommen, die im Januar 1923 durch die Fusion der Fluglinien **CMA und CGEA** entstanden war.
Auch im Ausland flogen Breguet 14 in kleiner Zahl. Die belgische Fluggesellschaft **SNETA** hatte drei Br.14A2 mit Fiat-Motoren im Einsatz und in Italien flog 1925 eine Maschine für die **SA Navigazione Aerea**. In Argentinien bediente die **Compania Rioplatense de Aviacion** ab 1922 für kurze Zeit die Strecke Buenos Aires-Montevideo mit Br.14T, ebenso 1928 **Aeroposta Argentinas**, eine Tochtergesellschaft des Latécoère-Nachfolgers **Aéropostale**. Zwei Br.14Tbis wurden als Sanitätsflugzeuge an das Schwedische Rote Kreuz geliefert.
Die genauen Bezeichnungen der zivilen Breguet 14-Versionen sind nicht eindeutig zuzuordnen. Es gab mindestens fünf Maschinen einer *Torpédo* genannten Version. Dieser Name wurde vermutlich für die zivile Version der Br.14A2 verwendet. Mindestens zwei Flugzeuge wurden unter der Bezeichnung *Limousin* verwendet. Hierbei handelt es sich um einen von Latécoère durchgeführten Umbau, der eine primitive Kabinenhaube über dem hinteren Cockpit erhalten hatte. Die bedeutendsten Änderungen der Br.14A2 und Br.14B2 erfolgten für den Posttransport. Für diese Einsätze wurden die Flugzeuge als Einsitzer geflogen. Die Post wurde in zwei stromlinienförmigen Behältern, die unter den Flügeln befestigt waren, befördert. Auf dem Liniennetz nach Nord- und Westafrika wurde die Post häufig im hinteren Rumpfteil verstaut.
Echte Kabinenversionen der Breguet 14 entstanden mit der Br.14T2 *Salon*, die für den Transport von zwei Passagieren ausgelegt war und mit der Registrierung F-CMAA 1919 ihren Erstflug hatte. Die Passagiere waren im vorderen Rumpfteil untergebracht und zur Sicht befanden sich in der oberen Rumpfhälfte kleine rechteckige Fenster. Mindestens drei dieser Flugzeuge kamen vorwiegend auf den CMA-Routen nach Brüssel, Amsterdam und Marseille zum Einsatz.
Während ihrer Einsatzzeit waren viele Br.14-Maschinen mit Schwimmern ausgerüstet und bei den schwedischen Sanitätsflugzeugen wurden zeitweise Schneekufen verwendet.

Clark (General Aviation Corp.) G. A. 43

USA, Baujahr: 1933

Das Verkehrsflugzeug **G. A. 43** konnte trotz seiner Fortschrittlichkeit nur begrenzten Erfolg erzielen, obwohl es Anfang der 30er Jahre zu den ersten freitragenden Ganzmetall-Tiefdeckern mit Einziehfahrwerk gehörte, die auf den Markt kamen und auch über ausreichende Flugleistungen verfügte. Die Entwurfsarbeiten an dem Flugzeugmuster begannen zwischen 1929 und 1930. Nach einer überlangen Entwicklungsphase startete der Prototyp X775N 1933 zu seinem Erstflug.
Nur vier Serienmaschinen wurden gebaut, und der Prototyp wurde Ende 1933 auf den Standard der Serienflugzeuge gebracht. Während der Prototyp mit einem 575 PS (422,9 kW) Pratt & Whitney Hornet C-Sternmotor ausgerüstet war, kamen bei den Serienmaschinen verschiedene Versionen des Wright Cyclone-Triebwerks mit unterschiedlichen Leistungen zum Einbau. Die zweiköpfige Besatzung saß nebeneinander in einem geschlossenen Cockpit mit Doppelsteuerung. Die Passagierkabine faßte zehn Fluggäste in Einzelsitzen, die auf beiden Seiten des Mittelgangs angeordnet waren. Dahinter befand sich die Toilette.

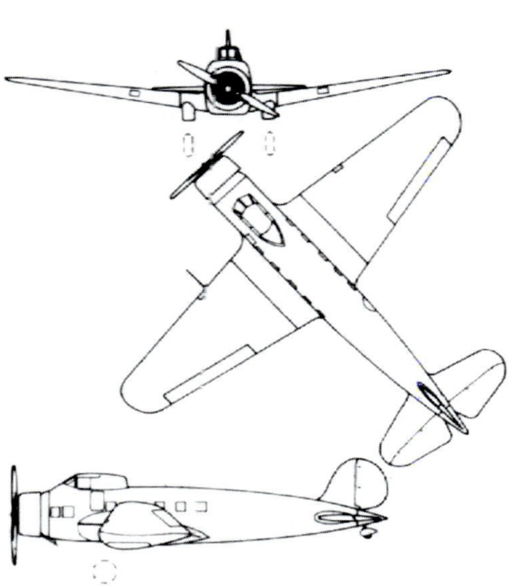

1934 wurde der Prototyp nach Japan exportiert, wo er die Registrierung J-BAEP erhielt und bei der **Nakajima**-Fluggesellschaft in Dienst gestellt wurde. Später wurde das Flugzeug der halbmilitärischen Transportflotte der besetzten Mandschurei (Mandschuko) überstellt. Nur die vier Serienmaschinen gelangten zum regulären Verkehrseinsatz. Baunummer 1 wurde im März 1934 an die **Swissair** geliefert, die sie mit der Registrierung CH-169 auf der Nachtpoststrecke Zürich-Frankfurt und im Passagierdienst von Zürich nach Basel, Genf und Wien einsetzte. Im März 1935 erwarb die Swissair Baunummer 4, die als HB-ITU zum Einsatz kam. Bereits im April 1936 ging dieses Flugzeug durch Unfall verloren, als es in der Zentralschweiz gegen einen Berghang prallte. Glücklicherweise befanden sich zu diesem Zeitpunkt keine Passagiere an Bord. Noch im gleichen Jahr verkaufte Swissair die Baunummer 1 an eine französische Organisation, die sie im Spanischen Bürgerkrieg den republikanischen Streitkräften zur Verfügung stellte. Die restlichen beiden G.A.43 wurden in den USA verkauft. **Western Air Express** setzte die Baunummer 2 als NC13903 auf der Strecke zwischen Cheyenne und Albuquerque ein. Baunummer 3 wurde von der **Pan American Aviation Supply Corporation** erworben und erhielt die Registrierung NC13904. Es wurde der kolumbianischen Fluggesellschaft **SCADTA**, an der die **Pan American** beteiligt war, überstellt und auf einer Route entlang des Magdalena-Flusses eingesetzt. Diese mit dem Hornet-Motor ausgerüstete Maschine unterschied sich von den anderen Flugzeugen durch ein größeres Seitenleitwerk und zwei Edo-Schwimmern. Sie trug den Namen *Bolivar* und wurde als **G. A. 43-J** bezeichnet.

Daten

Antrieb: Wright R-1820-F1 Cyclone, luftgekühlter 9-Zylinder-Sternmotor, 715 PS (525,8 kW).
Spannweite: 16,15 m; Länge: 13,13 m; Höhe 3,81 m; max. Startgewicht: 3.975 kg; ökon. Reisegeschwindigkeit: 275 km/h; Gipfelhöhe: 5.500 m; Reichweite: 800 km; Besatzung: 2; Passagiere: 10

Trotz seiner Fortschrittlichkeit konnte die G. A. 43 nur einen bescheidenen Erfolg erzielen. Von dem Muster wurden neben dem Prototypen nur vier Serienmaschinen gebaut.

Consolidated 17 und 20 Fleetster

USA, Baujahr: 1929/1932

Die ***Fleetster*** entstand zur gleichen Zeit wie die Lockheed-Flugzeuge **Vega** und **Air Express**, denen sie sehr ähnelte, aber nicht dieselbe Bedeutung erlangte. Trotzdem waren die etwa 20 gebauten Maschinen bei Piloten und Passagieren gleichermaßen beliebt. Die Fleetster verdankte ihre Entwicklung und ihren Namen dem Präsidenten und Generaldirektor der Consolidated Aircraft Corporation, *Rueben H. Fleet*. Auch bei der Gründung der Fluggesellschaft **New York, Rio and Buenos Aires Line (NYRBA)**, die Flugrouten zwischen Nord- und Südamerika unterhielt, war er die treibende Kraft. Die langen Hauptstrecken des NYRBA-Streckennetzes wurden vorwiegend von Flugbooten des Typs **Consolidated Commodore** beflogen. *Fleet* wünschte jedoch ein kleines, schnelles Flugzeug, um zwischen den wichtigsten südamerikanischen Zielorten und den im Hinterland verstreuten Flugplätzen eine verläßliche Zubringerverbindung herzustellen.

Daten (Mod. 20-A)

Antrieb: Pratt & Whitney R-1860 Hornet B1, luftgekühlter 9-Zylinder-Sternmotor, 575 PS (422,9 kW).
Spannweite: 13,71 m; Länge: 9,67 m; Höhe 3,10 m; max. Startgewicht: 2.676 kg; ökon. Reisegeschwindigkeit: 240 km/h; Gipfelhöhe: 5.335 m; Reichweite: 1.125 km; Besatzung: 1; Passagiere: 7

Der Prototyp der **Conso 17** (NX657M) flog erstmals im Oktober 1929 und wurde von einem 575 PS (422,9 kW) Hornet-B Motor angetrieben. Nach der Erteilung der Flugzulassung wurden im Januar drei dieser Maschinen an **NYRBA** geliefert: NC657M (Prototyp), sowie NC671M und NC672M.

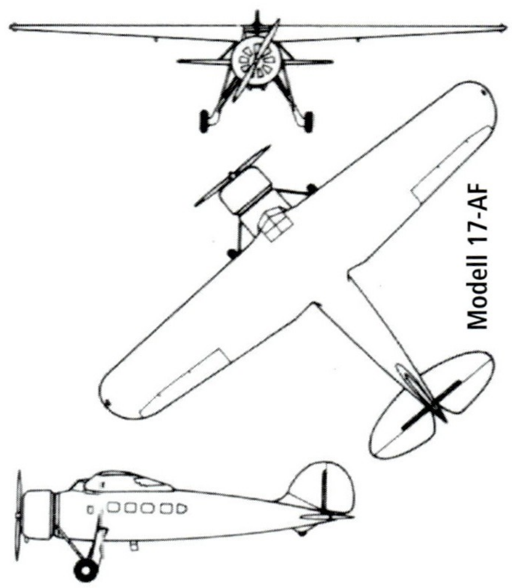

Sie beflogen die Strecken von Rio de Janeiro nach Puerto Allegre (Brasilien) und sternförmig von Buenos Aires (Argentinien) zu Zielen in Bolivien, Paraguay, Uruguay und Chile. Der Prototyp war zeitweise mit zwei Schwimmern ausgerüstet. In der Kabine fanden fünf Passagiere Platz, ein weiterer Passagier saß neben dem Piloten im offenen Cockpit. Die Einrichtung der Kabine konnte zum Frachttransport entfernt wer-

Transcontinental & Western Air (TWA) erhielt ab Oktober 1932 sieben Fleetster Modell 20-A, die bis Februar 1935 auf der Linie Detroit-Indianapolis im Einsatz standen.

den. Als die NYRBA im September 1930 von Pan American übernommen wurde, rangierte sie den Prototypen umgehend aus, die beiden anderen Flugzeuge folgten im Oktober 1934. Eine weitere **Conso 17** wurde als persönliches Flugzeug des stellvertretenden US-Verteidigungsministers gebaut. Es gab zwei Varianten der ursprünglichen *Fleetster*. Eine **Conso 17-2C** wurde 1930 für einen Privatmann gebaut, kam aber 1933 zu **Pacific International Airways**, die sie in Alaska einsetzte. Sie bot sieben Passagieren Platz und wurde von einem 575 PS (422,9 kW) Wright Cyclone-Motor angetrieben. Die letzte Variante, das **Modell 17-AF**, war wahlweise mit einem 575 PS (422,9 kW) R-1820-E Cyclone oder mit dem 650 PS (478 kW) R-1820-F Cyclone-Motor lieferbar. Dieses Modell hatte ein geschlossenes Cockpit vor der Tragfläche, konnte neun Passagiere befördern, besaß ein neuentwickeltes Fahrwerk sowie vergrößerte Tragflächen mit einer Spannweite von 15,24 m. Drei dieser Maschinen (NC703Y bis NC705Y) wurden ab Juni 1932 an die **Ludington Airlines** geliefert und kamen im Pendelverkehr zwischen New York und Washington D. C. zum Einsatz. **Pan American** erwarb im Juni 1933 alle drei Flugzeuge, verkaufte jedoch 1934 eines an **Pacific Alaska Airways**.

Consolidated hatte 1930 unter der Bezeichnung **Modell 20** eine weitere Version der Fleetster entwickelt, welche zunächst ebenfalls bei der **NYRBA** zum Einsatz kamen. Um die Transportkapazität zu erhöhen, wurde das Modell 20 als Parasol-Flugzeug ausgelegt. Das offene Cockpit lag hinter der Tragfläche, so daß zwischen der Passagierkabine und dem Triebwerk ein 1,7 m³ großer Gepäckraum entstand. Auch das Modell 20 konnte als gemischtes Passagier/Frachtflugzeug oder als reines Frachtflugzeug eingesetzt werden. Für **NYRBA** wurden zwei Conso 20 gebaut (NC673M und NC674M), die Ende 1930 an **Pan American** übergingen. Diese Fluggesellschaft erwarb noch eine dritte Conso 20 mit der Registrierung NC675M. Eine vierte Maschine dieser Variante flog bei einer kanadischen Fluggesellschaft als CF-AIP.

Die letzte *Fleetster* **Modell 20-A** war eigentlich eine Verbindung des Parasolflugzeuges Modell 20 mit den größeren Tragflächen und anderen Verbesserungen des Modells 17-AF für sieben Pasagiere und Fracht oder Post. **Transcontinental & Western Air (TWA)** erhielt ab Oktober 1932 sieben Fleetster Modell 20-A (NC13208 bis NC13214), die bis Februar 1935 auf der Linie Detroit-Toledo-Fort Wayne-Indianapolis im Einsatz standen und eine Verbindung zu den nach Westen führenden Hauptstrecken herstellten. Während ihrer Einsatzzeit bei TWA ging nur eine Maschine durch Absturz verloren. Drei dieser Flugzeuge wurden an Privatpersonen verkauft, die übrigen drei Einheiten (NC13208/211/213) gelangten 1937 nach Spanien und flogen während des Bürgerkriegs für die republikanischen Streitkräfte als Transportflugzeuge.

Curtiss T-32 Condor

USA, Baujahr: 1933

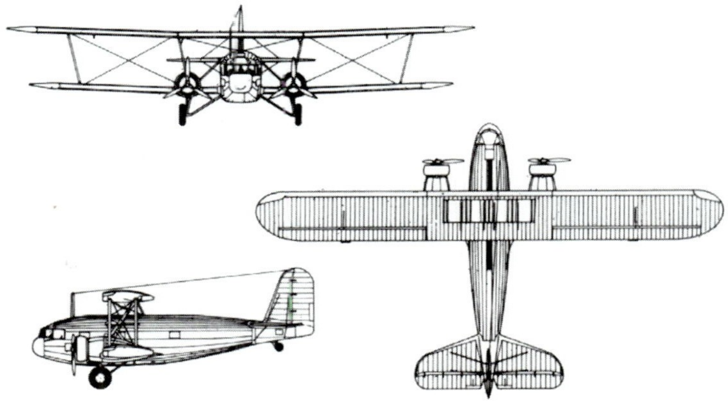

Curtiss baute zwei verschiedene Verkehrsflugzeugtypen mit dem Namen *Condor*. Das erste, das **Model 18**, war eine Ableitung aus dem Bomber **XB-2 *Condor*** des Jahres 1927. Das **Model 18 *Condor***, das im Juli 1929 seinen Erstflug absolviert hatte, war mit zwei 600 PS (441,2 kW) Curtiss GV-1570 Conqueror 12-Zylinder V-Motoren ausgerüstet und konnte neben drei Mann Besatzung 18 Passagiere befördern. Insgesamt wurden nur sechs Model 18 gebaut und 1930 von **Eastern Air Transport** und **Transcontinental Air Transport (TAT)** in Dienst gestellt. Der Flugzeugtyp hatte eine Spannweite von 27,94 m, eine Länge von 17,40 m und ein maximales Startgewicht von 7.882 kg. Die ökonomische Reisegeschwindigkeit lag bei 187 km/h.

1932 benötigte die amerikanische Luftfahrtindustrie dringend ein neues und kurzfristig zur Verfügung stehendes Verkehrsflugzeug, um die gestiegene Nachfrage für Flugreisen nach der vorangegangenen wirtschaftlichen Depression zu befriedigen. So erhielt bei Curtiss der Chefkonstrukteur *George Page* und sein Team den Auftrag ein neues, preiswertes und schnell zu fertigendes Verkehrsflugzeug für zehn bis 18 Passagiere zu entwerfen. Als Grundlage für dieses neue Flugzeug diente das frühere Projekt **XT-32**. Daraus entstand die **T-32**, die ebenfalls den Namen *Condor* erhielt und eine Zeitlang als ***Condor II*** bezeichnet wurde. Abgesehen von einer oberflächlichen Ähnlichkeit hatte dieser Entwurf mit dem Model 18 nur wenig gemeinsam. Die neue **T-32** hatte einen Rumpf mit größerem Querschnitt, ein einfaches, gerades Seitenleitwerk und Triebwerksgondeln, in die das Hauptfahrwerk nahezu völlig eingezogen werden konnte. Als Antrieb dienten zwei 750 PS (551,4 kW) Wright SGR-1820-3 Cyclone-Sternmotoren. Als erste Betreiber bestellten **Eastern Air Transport** und **American Airways** zunächst je fünf T-32; beide Fluggesellschaften erhöhten ihre Bestellungen später auf je neun Maschinen. Die Lieferung der T-32 begann im Frühjahr 1933 und sie nahmen unmittelbar nach der Erteilung ihrer Typenzulassung im März 1933 den Flugbetrieb auf. Insgesamt wurden 21 Einheiten des Typs **T-32 *Condor*** gebaut. Zwei davon erhielt das US-Armeefliegerkorps als Transporter **YC-30** und eine *Condor* wurde für die Antarktis-Expedition Byrds 1933-1935 mit einem Kufenfahrwerk und einer speziellen Ausrüstung versehen. Die potentiell guten Leistungen der T-32 wurden durch den Umstand beeinträchtigt, daß Luftschrauben zur Verwendung kamen, deren Ein-

Daten

Antrieb: 2 Wright Cyclone, luftgekühlte 9-Zylinder-Sternmotoren, 760 PS (558,9 kW)
Spannweite 25,00 m; Länge: 14,80 m; Höhe 4,98 m;
max. Startgewicht: 7.927 kg; ökon. Reisegeschwindigkeit: 260 km/h; Gipfelhöhe: 7.000 m; Reichweite: 1.150 km;
Besatzung: 2; Passagiere: 12

Die schweizerische Fluggesellschaft Swissair war der erste Betreiber einer Curtiss Condor in Europa, als sie im Frühjahr 1934 eine AT-32-C erhielt. Die Maschine kam zumeist auf der Strecke Zürich-Berlin zum Einsatz, ging jedoch noch im Juli desselben Jahres durch Absturz verloren.

stellung nur am Boden vorgenommen werden konnte. Als ab 1934 aber Verstell-Luftschrauben verfügbar waren, nahm Curtiss die Gelegenheit wahr, ein neues Modell mit wesentlichen Leistungsverbesserungen, die **AT-32 *Condor***, zu fertigen. Dieser Typ erhielt als Antrieb leistungsstärkere Wright Cyclone-Kompressor-Motoren die in stromlinienförmigen Triebwerksgondeln untergebracht waren. Durch den Einbau eines zusätzlichen Tanks konnte die Treibstoffkapazität deutlich erhöht werden, so daß die AT-32 auch auf Langstrecken wirtschaftlich einsetzbar war. Insgesamt wurden 13 AT-32 gebaut, von denen zehn Maschinen an die **American Airways** (ab 1934 **American Airlines**) geliefert wurden. Ferner wurden drei **AT-32-A**, drei **AT-32-B** und vier **AT-32-D** gefertigt. Diese Untertypen waren in der genannten Reihenfolge Tages- oder Nachtverkehrsflugzeuge für zwölf Passagiere und mit 710 PS (522 kW) Wright SGR-1820-F3 oder 720 PS (529,4 kW) SGR-1820-F2 Cyclone-Sternmotoren ausgerüstet. Die **AT-32-D** konnte 15 Passagiere befördern. **American Airlines** ließ 1934 acht ihrer ursprünglichen **T-32** auf den Standard **AT-32** bringen, die dann die Bezeichnung **T-32-C** erhielten. Eine AT-32-C für die schweizerische Fluglinie **Swissair** entsprach weitgehend dem D-Modell. Sie wurde im Frühjahr 1934 geliefert und ausschließlich auf der Route zwischen Zürich und Berlin eingesetzt, ging jedoch schon im Juli desselben Jahres durch Absturz verloren. Die restlichen zwei Maschinen waren zwölfsitzige Tagesverkehrsflugzeuge **AT-32-E**, die an die US-Marine als **R4C-1** geliefert wurden.

Die Produktion der *Condor* endete im September 1934. Unter den insgesamt 45 gebauten Maschinen waren auch fünf Bomber **BT-32**, drei Marine-Transporter **CT-32** und drei Luftwaffen-Transporter **T-32**. Obwohl die *Condor* aus den Flotten der **Eastern Air Transport** und **American Airlines** schon bald von den neuen Douglas- und Lockheed-Eindeckern verdrängt wurde, war sie in Alaska, Kanada, und in Mittel-und Südamerika noch lange im Einsatz. Einige Maschinen überstanden den Zweiten Weltkrieg und die letzte flugfähige *Condor* gehörte der peruanischen Luftwaffe, die sie erst im Herbst 1956 außer Dienst stellte und anschließend verschrottete. In Europa flogen neben der einzelnen *Condor* der **Swissair** nur noch vier weitere *Condor*, die das britische Unternehmen **International Air Freight Ltd.** 1937 von **Eastern Air Transport** erwarb. Sie erhielten die Registrierungen G-AEWD/WE/WF/ZE und standen bis zum Herbst 1938 als Frachtflugzeuge auf Strecken von Croydon nach Brüssel, Amsterdam und anderen Zielen in Europa im Einsatz. Nach dem Erwerb durch das Luftfahrtministerium wurden sie bis November 1939 eingelagert und dann verschrottet.

Dewoitine D332, D333 und D338

Frankreich, Baujahr: 1933 / 1934 / 1935

Die von der Société Aéronautique Francais gebauten dreimotorigen Verkehrsflugzeuge der ***Dewoitine***-Baureihe gehörten zu den elegantesten Flugzeugen ihrer Zeit und bildeten ab Mitte der 30er Jahre einen wichtigen Bestandteil der **Air France**-Langstreckenflotte.

Die Dewoitine-Entwicklung begann mit der Rekordmaschine **D332** (F-AMMY *Emeraude*), die ihren Erstflug am 11. Juli 1933 absolvierte und anschließend viele aufsehenerregende Flüge in Europa, Nord- und Westafrika, in die UdSSR und nach Französisch-Indochina (Vietnam) durchführte. Die Maschine wurde im November 1933 der **Air France** übergeben und konnte neben einer dreiköpfigen Besatzung acht Passagiere und 400 kg Gepäck oder Post befördern. Sie wurde von drei 575 PS (422,9 kW) Hispano-Suiza 9V-Motoren angetrieben und hatte ein starres Fahrwerk mit Hosenbeinverkleidungen. Im Januar 1934 stürzte sie kurz vor ihrem Ziel, Saigon/Vietnam, ab.

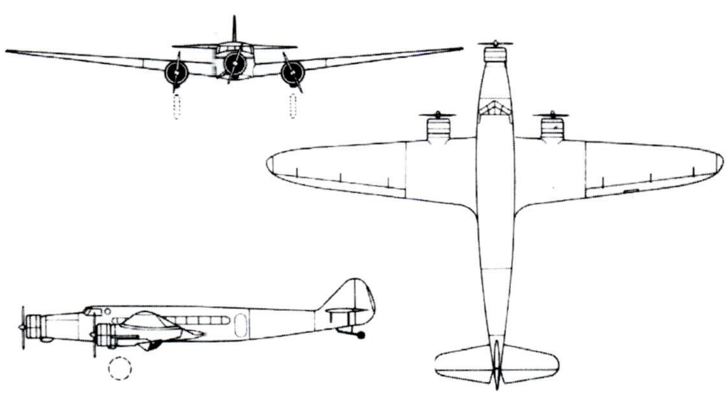

Der D332 folgten drei Maschinen der größeren Dewoitine **D333**, die 1935 an **Air France** geliefert wurden und die Kennungen F-AKHA *Antares*, F-ANQB *Cassiopée* und F-ANQC *Altair* erhielten. Nach Abschluß der Flugerprobung wurde F-AKHA in F-ANQA umregistriert. In der verlängerten Kabine fanden nunmehr zehn Passagiere Platz. Am 17. Mai 1935 eröffnete Air France mit diesen Flugzeugen die Verbindung Toulouse-Dakar als Teilstrecke Route nach Südamerika. Mit der Verfügbarkeit der **D338** kamen die D333 ab Mitte 1936 auch in Südamerika auf der Teilstrecke zwischen Natal (Brasilien) und Buenos Aires zum Einsatz.

Das größte und eleganteste Dewoitine-Muster stellte die **D338** dar, welches ihre Vorgänger an Größe, Gewicht und Motorleistung übertraf. Die Passagierkapazität der D338 war doppelt so groß wie die der D332 und die Rumpfform war aerodynamischer gestaltet. Demzufolge, aber auch dank des Einziehfahrwerks, konnten die Flugeigenschaften erheblich verbessert werden. Die D338 hatte 1935 ihren Erstflug und **Air France** bestellte zunächst 21 Maschinen. Mit 29 eigenen Flugzeugen erreichte die Air France D338-Flotte 1937 ihren Höchststand. Außerdem war die Fluggesellschaft für den Einsatz einer von zwei an die französische Regierung gelieferten D338 verantwortlich. Die Sitzplatzkapazität an Bord der Air France-Maschinen wechselte je nach den beflogenen Strecken von 22 Passagieren auf europäischen Kurzstrecken und nach Nordafrika, 15 bis 18 Passagieren auf den Mittelost-Routen (Paris-Damaskus, Paris-Beirut) und zwölf Passagieren bei

Daten (D338)

Antrieb: 3 Hispano-Suiza 9V-16/17, luftgekühlte V9-Zylinder-Sternmotoren, 650 PS (478 kW).
Spannweite: 29,35 m; Länge: 22,13 m; Höhe 5,57 m; max. Startgewicht: 11.150 kg; ökon. Reisegeschwindigkeit: 260 km/h; Gipfelhöhe: 4.900 m; Reichweite: 1.950 km; Besatzung: 3; Passagiere: 12-22

Von der Dewoitine D338, die 1935 erstmals flog, bestellte Air France zunächst 21 Maschinen. Bis 1937 wuchs die Flotte auf 29 Einheiten. Die D338 wurde vorzugsweise auf Langstrecken nach Afrika und in den Nahen und Fernen Osten eingesetzt. Einige der Flugzeuge überstanden den Zweiten Weltkrieg und fand bis 1948 auf innerfranzösischen Routen Verwendung.

Langstreckenflügen, davon sechs in Schlafkojen. Der Liniendienst begann Mitte 1936, zuerst probeweise auf den Strecken Paris-Cannes und Paris-Marseille. Ab März 1937 kamen die D338 auch zwischen Paris und Damaskus sowie zwischen Paris und Dakar zum Einsatz. Ab Januar 1938 flog die D338 die planmäßige Flugverbindung Damaskus-Hanoi, die ab dem 10. August des gleichen Jahres bis Hongkong ausgedehnt wurde. In den ersten Monaten des Zweiten Weltkriegs war die D338 nur noch auf der Strecke zwischen Paris und Heston (für London) im Einsatz. Nach der Kapitulation Frankreichs flogen mindestens vier Maschinen für die **LAM (Lignes Aériennes Militaires)** zwischen Beirut und Brazzaville (Französisch-Kongo). Sieben in Frankreich von den deutschen Truppen beschlagnahmte D338 wurden der **Lufthansa** übergeben.

Von den neun nach dem Kriege noch einsatzfähigen D338 flogen acht Maschinen bis 1948 für Air France auf der Route Paris-Nizza. Das neunte Flugzeug diente als Ersatzteilspender.

DeHavilland DH.50

Großbritannien, Baujahr: 1923

Die zufriedenstellenden Dienste, welche die zivile **DH.9** bei planmäßigen Kurzstrecken- und Lufttaxidiensten leistete, führte zur Entwicklung der **DH.50**. Sie war der DH.9 sehr ähnlich, hatte ebenfalls einen 230 PS Siddeley Puma-Motor und konnte in einer geschlossenen Kabine vier Passagiere befördern. Der Pilot saß in einem offenen Cockpit hinter der Kabine. Das Flugzeug erwies sich als außerordentlich wirtschaftlich und zuverlässig und wurde in drei Ländern in Lizenz gebaut. *Sir Alan Cobham* erschloß mit diesem Flugzeugtyp einige Langstrecken für die Imperial Airways.

Der Prototyp der **DH.50** mit der Kennung G-EBFN *Galatea* flog erstmals im frühen August des Jahres 1923 und war über zwei Jahre beim **deHavilland Hire Service** im Einsatz, bevor er im Februar 1926 als G-AUEY an die **West Australian Airways** verkauft wurde. Die zweite DH.50, G-EBFO, verwendete *Sir Alan Cobham* für die Empire-Streckenerkundungsflüge. Die erste Strecke führte von Croydon nach Rangun (Burma) und dauerte vom 20. November 1924 bis zum

Die berühmte G-EBFO war die zweite gebaute DH.50, mit der Sir Alan Cobham in den Jahren 1924 bis 1926 drei aufsehenerregende Streckenerkundungs-Reisen für die Imperial Airways durchführte. Die Maschine wurde im Januar 1929 von West Australian Airways gekauft und stand bis in die 1930er Jahre hinein im regulären Liniendienst.

Anfang 1925 folgte der Lizenzbau von sieben DH.50A (L-BALA bis L-BALG) durch die tschechische Firma Aero. Diese Maschinen erhielten als Antrieb 240 PS Walter W-4 Reihenmotoren und wurden von CLS (Ceskoslovenskà Letecka Spolecnost) auf europäischen Diensten eingesetzt.

18. März 1925, wobei eine Distanz von 27.360 Kilometer zurückgelegt wurde. Vor dem 25.750 km langen Flug von Croydon nach Kapstadt vom 16. November 1925 bis 17. Februar 1926 wurde das Flugzeug auf einen unverkleideten 385 PS starken Armstrong-Siddeley Jaguar III-Sternmotor umgerüstet und erhielt deswegen die Bezeichnung **DH.50J**. Für den dritten Flug von Rochester nach Melbourne wurde die Maschine zum Wasserflugzeug (mit Stufenschwimmern) umgebaut. Die Gesamtlänge aller drei Flüge beträgt fast 100.000 Kilometer. 14 der restlichen 15 von deHavilland gebauten Flugzeugen waren **DH.50A** mit verlängerter Kabine, größerer Kühlfläche für den Puma-Motor und Änderungen an Flügelverstrebung und Fahrwerk. Im Einzelnen wurden gebaut: G-EBFP und G-EBKZ für **Imperial Airways** zum Chartereinsatz; G-EBQI für **Air Taxis**; G-AUEL und G-AUEM für **West Australian Airways**, sie kamen ausschließlich auf der Route Wyndham-Perth-Adelaide zum Einsatz; G-AUER für **QANTAS (Queensland And Northern Aerial Services)**; G-AUEI, G-AUEJ und G-AUEK für die **Australian Aerial Services**, zum Einsatz auf der Luftpoststrecke Adelaide-Sydney; G-AUAB und A8-1 für die **Royal Australian Air Force (RAAF)**; G-AUAY für die Australische Zivilluftfahrtbehörde; No. 135 für die **Royal New Zealand Air Force (RNZAF)** und L-BAHG für die tschechoslowakische Regierung. Als letzte britische Maschine wurde G-EBOP *Pelican* als DH.50J Wasserflugzeug für **North Sea Aerial and General Transport Company** fertiggestellt. Der Kennbuchstabe J bezeichnet die Installation eines 420 PS starken Bristol Jupiter IV-Motors. West Australian Airways vergrößerte ihre DH.50-Flotte im Januar 1929 durch die berühmte G-EBFO, die sie aus britischen Beständen erwarb. In Lizenz baute diese Fluggesellschaft drei DH.50A, G-AUFD, G-AUFE und G-AUFN. Insgesamt wurden 21 DH.50 in Lizenz gebaut, so daß die Gesamtproduktion des Typs aus 38 Flugzeugen bestand. QANTAS verkaufte 1926 G-AUER an den **Australian Flying Doctor Service**, der dort als erstes Flugzeug dieses Dienstes unter dem Namen *Hermes* (später *Victory*) in Dienst gestellt wurde. QANTAS baute zwischen 1926 und 1929 in Longreach vier DH.50A-Maschinen mit Puma Motoren (G-AUFA, G-AUFW, G-AUGD, G-AUHE) und drei DH.50J (G-AUHI, G-AUJS und VH-ULG) mit 450 PS Bristol Jupiter VI-Motoren. Nur noch eine weitere DH.50A wurde in Australien gebaut, VH-AUN, die Larkin Aircraft Supply Company für die **Australian Aerial Services** fertigstellte. Einige der in Australien fliegenden DH.50A wurden in den 1930er Jahren mit Jupiter-Triebwerken ausgerüstet, behielten aber ihre ursprüngliche Typenbezeichnung.

Der Lieferung von L-BAHG in die Tschechoslowakei Anfang 1925 folgte der Lizenzbau von sieben DH.50A (L-BALA bis L-BALG) durch die Firma Aero. Diese Maschinen erhielten als Antrieb 240 PS Walter W-4 Reihenmotoren und wurden von **CLS (Ceskoslovenskà Letecka Spolecnost** auf europäischen Diensten eingesetzt. Weitere drei Einheiten (O-BAHV, O-BAHW, O-BAHX) wurden 1925 in Belgien von SABCA gebaut und auf der Kongolinie der **SABENA** zwischen Leopoldville (Kinshasa) und Stanleyville eingesetzt.

Viele DH.50 blieben bis weit in die 1930er Jahre im Einsatz, die SABENA-Maschinen flogen sogar noch nach Ausbruch des Zweiten Weltkriegs.

Daten (DH.50A)

Antrieb: Bristol Jupiter VI, flüssiggekühlter 12-Zylinder-Reihenmotor, 450 PS (331 kW).
Spannweite: 12,85 m; Länge: 9,05 m; Höhe 3,75 m; max. Startgewicht: 2.300 kg; ökon. Reisegeschwindigkeit: 165 km/h; Gipfelhöhe: 5.050 m; Reichweite: 800 km; Besatzung: 1; Passagiere: 4

DeHavilland DH.66 Hercules

Großbritannien, Baujahr: 1926

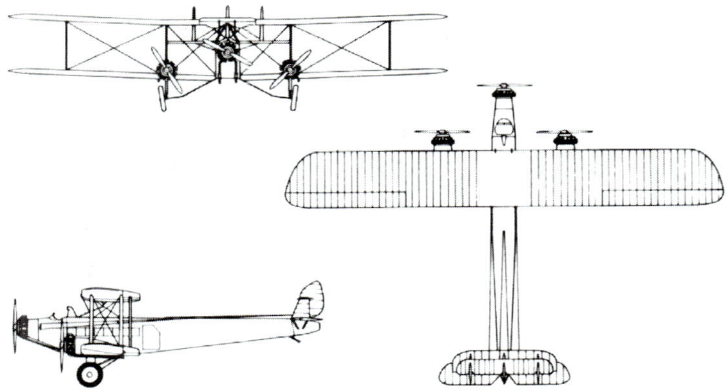

Die Gründung der **Imperial Airways** am 1. April 1924 war ein wichtiger Schritt zur Vereinheitlichung der nationalen britischen Luftverkehrspolitik. Eine der wichtigsten Aufgaben der neuen Fluggesellschaft war die Beförderung der gesamten Post des Empire auf dem Luftwege. Dieses Vorhaben konnte wegen entwicklungstechnischer Unzulänglichkeiten allerdings erst Mitte der 1930er Jahre voll verwirklicht werden, obwohl die ersten Schritte hierfür schon kurz nach dem Ersten Weltkrieg unternommen wurden. Im Mittleren Osten baute die **RAF** zwischen Kairo und Bagdad einen äußerst erfolgreichen Wüstenluftpostdienst auf, welcher 1920 eröffnet und bis 1926 fortgeführt wurde. Es war jedoch schon 1925 beschlossen worden, daß die Verantwortung für diesen Dienst auf **Imperial Airways** übertragen werden sollte. Ferner war vorgesehen, die Strecke von Bagdad aus ostwärts zunächst bis nach Karachi, später bis Delhi, auszudehnen.

Kein Flugzeug im Flottenpark der Imperial Airways war zu diesem Zeitpunkt für den mühsamen Einsatz über so schwierigem Terrain und tropischen Klima geeignet, so daß die Entwicklung eines solchen Flugzeuges dringend erforderlich war. Aufgrund des erstellten Pflichtenheftes konstruierte deHavilland die **DH.66 *Hercules***, von der Imperial Airways im ersten Baulos zunächst fünf Maschinen bestellte. Das erste Flugzeug (G-EBMW) flog, von drei 420 PS (308,9 kW) Bristol Jupiter VI-Sternmotoren angetrieben, erstmals am 30. September 1926. Die beiden Piloten saßen nebeneinander in einem Cockpit vor den Tragflächen. In der Kabine befanden sich Plätze für den Funker und sieben Passagiere. Außerdem waren im hinteren Rumpf ein 13,2 mΔ großer Post- und Frachtraum sowie ein zusätzlicher Transportraum von 4,4 mΔ vorhanden. Mitte Dezember 1926 flog G-EBMW nach Kairo, wo sie auf den Namen *City of Cairo* getauft wurde. Am 12. Januar 1927 flog diese Maschine den ersten planmäßigen Einsatz auf der neuen Route in Richtung Osten. Schon kurz zuvor, am 8. Januar 1927, war die zweite DH.66, G-EBMX *City of Delhi*, in Delhi angekommen, wo die offizielle Übergabe des Luftpostdienstes von der RAF an Imperial Airways erfolgte. Im Frühjahr 1927 waren auch die drei anderen DH.66, G-EBMY *City of Baghdad*, G-EBMZ *City of Jerusalem* und

DeHavilland DH.66 G-EBMX City of Delhi war das zweite Flugzeug dieses Baumusters welches vorwiegend auf dem Streckenabschnitt Kairo-Bagdad-Delhi der Empire-Route nach Australien zum Einsatz kam. G-EBMX wurde im Dezember 1935 außer Dienst gestellt und an die südafrikanische Luftwaffe verkauft.

Daten

Antrieb: 3 Bristol Jupiter VI, luftgekühlte 9-Zylinder-Sternmotoren, 420 PS (308,9 kW).
Spannweite: 24,23 m; Länge: 16,91 m; Höhe 5,56 m; max. Startgewicht: 7 067 kg; ökon. Reisegeschwindigkeit: 177 km/h; Gipfelhöhe: 4.000 m; Reichweite: 643 km; Besatzung: 3; Passagiere: 7-14

G-EBNA *City of Teheran* ausgeliefert, doch in den ersten zwei Betriebsjahren flog die Wüstenlinie nur bis Basra. Im April 1929 wurde sie bis Karachi und im weiteren Verlauf des Jahres bis Jodhpur und Delhi ausgedehnt.

1928 fand sich ein weiterer Interessent für die DH.66. Es war die **West Australian Airways**, die mit der Errichtung einer neuen Passagier- und Luftpostlinie zwischen Perth und Adelaide beauftragt worden war. Die Betriebsbedingungen dieser Strecke entsprachen in etwa denen der Wüstenlinie zwischen Kairo und Basra, so daß man die **DH.66** für das geeignete Fluggerät ansah. WAA bestellte vier Maschinen, die alle im Frühjahr 1929 geliefert wurden (G-AUJO *City of Perth*, G-AUJF *City of Adelaide*, G-AUJQ und G-AUJR). Die australischen DH.66 besaßen - verglichen mit den Maschinen der Imperial Airways – einige Änderungen, von denen die auffallendste das geschlossene und verglaste Cockpit für die beiden Piloten war. Auch das Postabteil wurde verkleinert, so daß in der Kabine nunmehr bis zu 14 Passagiere untergebracht werden konnten. Der erste WAA-Linienflug von Perth nach Adelaide erfolgte am 2. Juni 1929 mit G-AUJO. Neben den üblichen Honoratioren wurden auch 388 Kilogramm Post befördert.

Imperial Airways bestellte eine sechste DH.66, die im Juni 1929 als G-AAJH *City of Basra* zur Flotte stieß und von Kairo aus eingesetzt wurde. Sie war wie die australischen Maschinen mit einem geschlossenen Cockpit ausgestattet, und auch die übrigen DH.66 wurden entsprechend umgebaut. Die sehr schwierigen Flugbedingungen der Wüstenfliegerei forderten aber schon bald ihren Tribut, als nacheinander drei Maschinen durch Abstürze verloren gingen, G-EBMZ im September 1929, G-EBNA im Februar 1930 und G-EBMW am 13. April 1931. G-EBMW wurde allerdings schlechtes Wetter auf einem nicht planmäßig beflogenen Streckenabschnitt zwischen Karachi und Darwin zum Verhängnis. Als Ersatz für G-EBMZ bestellte die Fluggesellschaft bei deHavilland ein siebtes Flugzeug, welches als G-AARY *City of Karachi* zur Flotte stieß. Insgesamt wurden 11 DH.66 gebaut. Als G-EBNA und G-EBMW verlorengingen, war die Serienproduktion bereits ausgelaufen. Imperial Airways konnte die entstandene Lücke jedoch durch den Ankauf der dritten und vierten an die WAA gelieferten Maschinen schließen, welche als G-ABMT *City of Cape Town* und G-ABCP *City of Jodhpur* in britische Dienste traten.

Zur vorbereitenden Erprobung der neuen Südafrikalinie (Verlängerung der Ostafrikalinie von Entebbe nach Kapstadt) flogen Ende 1931 die beiden DH.66 G-ABMT und G-AARY wechselweise zwischen Kairo und Kapstadt.

Im November 1935 verlor Imperial Airways G-ABCP durch Absturz, doch zu dieser Zeit hatte die DH.66-Flotte den Höhepunkt eines wirtschaftlichen Einsatzes bereits überschritten, da fortschrittlichere Flugzeugmuster zur Verfügung standen. So wurden im Dezember 1935 G-EBMY und G-AARY außer Dienst gestellt und abgewrackt, während G-AAJH, G-ABMT und G-EBMX an die südafrikanische Luftwaffe verkauft wurden.

DeHavilland DH.84 Dragon

Großbritannien, Baujahr: 1932

Es erscheint unwahrscheinlich, daß ein leichter Wüstenbomber und ein wirtschaftliches Zubringerflugzeug gemeinsame Wurzeln haben und doch entstand 1932 aufgrund so verschiedenartiger Anforderungen die deHavilland **DH.84 *Dragon***.

Auf der einen Seite hatte die irakische Regierung deHavilland mit der Konstruktion eines zweimotorigen Militärflugzeuges beauftragt, das mit drei Maschinengewehren bewaffnet und in der Lage sein sollte, 16 9-kg-Bomben zu tragen. Auf der anderen Seite wünschte Edward Hillman von **Hillman's Airways**, beeindruckt von der Wirtschaftlichkeit der einmotorigen **Fox Moth** für vier Passagiere, ein zweimotoriges Verkehrsflugzeug für sechs Passagiere, mit dem er im Frühjahr 1933 eine Luftverbindung nach Paris eröffnen wollte. Zur Erfüllung dieser beiden Anforderungen entwarf ein deHavilland-Team unter Leitung von *A. E. Hagg* die **DH.84 *Dragon***. Der Prototyp wurde am 12. November 1932 fertiggestellt und flog erstmals am 24. November 1932. Im Dezember desselben Jahres wurde er mit der Registrierung G-ACAN an **Hillman's Airways** geliefert und erhielt den Namen *Maylands*. Die Hillman-Linie Romford-Paris wurde am 1. April 1933 eröffnet. Zu diesem Zeitpunkt besaß Hillman bereits drei weitere DH.84, G-ACAO/ACAP/ACBW. Sie erwiesen sich bei den Passagieren als so beliebt, das Hillman zwei weitere Einheiten (G-ACEU und G-ACEV) beschaffte und alle sechs Flugzeuge zu Achtsitzern umbauen ließ.

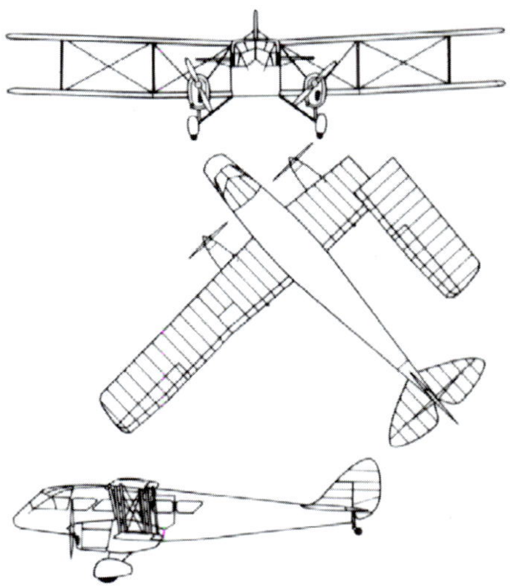

Die acht Militärmaschinen für den Irak, die MG-Lafetten und ein bogen-

Daten

Antrieb: 2 deHavilland Gipsy Major Reihenmotoren, 130 PS (97 kW).
Spannweite: 14,43 m; Länge: 10,52 m; Höhe 3,30 m; max. Startgewicht: 2.041 kg; ökon. Reisegeschwindigkeit: 183 km/h; Gipfelhöhe: 4.420 m; Reichweite: 877 km; Besatzung: 1; Passagiere: 6

Das erste Flugzeug der Aer Lingus – Irish Airlines war diese DH.84 Mk.2 Dragon mit der Registrierung EI-ABI Iolar. Sie wurde auf Strecken über die Irische See zwischen Irland und Großbritannien eingesetzt. Lange Jahre war sie im Passagierterminal des Dubliner Flughafens ausgestellt, bevor sie in den 1980er Jahren grundlegend restauriert und wieder in flugfähigen Zustand versetzt wurde.

förmiges Seitenleitwerk besaßen, gelangten im Mai 1933 zur Ablieferung.

Die *Dragon* erwies sich sofort als wirtschaftlicher Erfolg. Ihre Wirtschaftlichkeit war noch größer als die der **Fox Moth** und ihre Reisegeschwindigkeit lag etwa 15 km/h höher. Sehr schnell trafen Bestellungen von kleinen Fluggesellschaften, Lufttaxi- und Charterunternehmen aus allen Teilen der Welt ein, so daß die Produktion der DH.84 bis 1936 ununterbrochen andauerte. In dem britischen Flugzeugregister wurden 68 DH.84 eingetragen. Besonders häufig war der Flugzeugtyp in Schottland und Nordengland anzutreffen. Insgesamt baute deHavilland 115 DH.84, die sich aus 62 Maschinen **Mk.1** und 53 **Mk.2** zusammensetzten. Die Unterschiede beider Serien waren recht gering. Die Mk.2 war an einzeln gerahmten Kabinenfenstern und größeren Fahrwerksverkleidungen zu erkennen. Die erste Mk.2 (G-ACKU) flog im Herbst 1933. Folgende Maschinen der Serie **Mk.1** wurden geliefert an: Highland Airways (1), Hillman's Airways (6), Jersey Airways (1), The King's Flight (1), Midland & Scottish Airways (2), Railway Air Services (1) und die Scottish Motor Traction Company (3). Im Ausland flogen Mk.1 bei African Air Transport, Südafrika (3), Automobiles Fernandez, Spanien (1), Canadian Airways (1), Indian National Airways (2), Misr Airwork, Ägypten (3), West Australian Airways (1) und Wilson Airways, Kenia (2).

Die **Mk.2** kauften in Großbritannien Aberdeen Airways (2), Blackpool & West Coast Air Services (2), Highland Airways (1), Jersey Airways (6), Portsmouth, Southsea & Isle of Wight Aviation (1) und Railway Air Services (7). Einige dieser Unternehmen vergrößerten später ihre DH.84-Flotten durch den Kauf von Gebrauchtflugzeugen. Exportiert wurde die Mk.2 an Aer Lingus (1), Canadian Airways (1), East Coast Airways, Neuseeland (2), Indian National Airways (1), McRobertson-Miller Aviation, Australien (3), VASP, Brasilien (1) und West Australian Airways (1). Zusätzlich wurden zwei Militärmaschinen Mk.1 an die Königlich Dänische Armeeluftwaffe und drei Mk.2 an die portugiesische Luftwaffe verkauft. 1942 wurde die Produktion der Dragon im australischen deHavilland-Werk nochmals aufgenommen, das für die **Royal Australian Air Force** 87 Maschinen als Funk- und Navigationstrainer und Verbindungsflugzeuge herstellte.

DeHavilland DH.86

Großbritannien, Baujahr: 1933

Als Reaktion auf die Anforderung der australischen Regierung nach einem mehrmotorigen Flugzeug, das von **QANTAS** im Dienst zwischen Singapur und Australien eingesetzt werden konnte, konstruierte die Firma deHavilland das viermotorige Flugzeugmuster **DH.86**, welches nach nur viermonatiger Projektierungs- und Bauzeit am 14. Januar 1934 zu seinem Erstflug startete. Die Maschine war eine Holzkonstruktion mit Stoffbespannung und als Triebwerke dienten deHavilland Gipsy Six-Motoren. Die Betriebszulassung erfolgte am 30. Januar 1934. Der Prototyp und zwei weitere, baugleiche, Maschinen aus der Vorserie wurden für den Betrieb durch einen Piloten ausgelegt und gelangten ab dem 21. August 1934 bei den **Railway Air Services** auf den Strecken von Croydon nach Birmingham, Manchester, Glasgow und Belfast zum Einsatz. Ein zweites Besatzungsmitglied (Funker/Navigator) saß hinter dem Piloten. **QANTAS** und **Imperial Airways** stellten allerdings die Anforderung an zwei nebeneinander sitzende Piloten, so daß der Prototyp im August 1934 mit dem dafür erforderlichen längeren und breiteren Rumpfbug versehen wurde. Die erste von 29 Serienmaschinen flog für die **Holyman Airways** in Australien und weitere Maschinen erhielten **QANTAS** (6), **Imperial Airways** (5), **Jersey Airways** (6), **Misr Airways** (Ägypten) (4), **Hillman's Airways** (3) und **Wrightways** (1).

Die **DH.86A** wurde Ende 1935 vorgestellt. Diese Version hatte eine geänderte Cockpitscheiben, Metallruder, pneumatische Fahrwerkbeine, stärkere Bremsen und ein Heckrad anstelle eines Hecksporns. Insgesamt wurden 20 Maschinen gebaut, wovon die meisten im Jahre 1937 auf **DH.86B** Standard umgerüstet wurden.

Bei der **DH.86B** handelt es sich um eine Umbauversion der **DH.86A** mit strukturellen Verbesserungen im hinteren Rumpfbereich und des Seitenleitwerks sowie der Querruderaufhängung. Diese Verbesserungen wurden nach einem Flugunfall im September 1936 erforderlich.

Daten

Antrieb: 4 deHavilland Gipsy Six Reihenmotoren, 200 PS (149 kW).
Spannweite: 19,66 m; Länge: 14,05 m; Höhe 3,96 m; max. Startgewicht: 4.649 kg; ökon. Reisegeschwindigkeit: 229 km/h; Gipfelhöhe: 5.305 m; Reichweite: 1.287 km; Besatzung: 1-2; Passagiere: 10-12.

Bei dieser deHavilland DH.86B, G-ADCN Daedalus, der Imperial Airways handelt es sich um den Umbau einer ursprünglichen DH.86. Die Maschine war eine von fünf baugleichen Einheiten die ab 1935 vorwiegend im Mittleren Osten zum Einsatz kamen.

In den 1950er Jahren war eine größere Anzahl von DH.89A bei British European Airways (BEA) auf deren sogenannten Islands & Highlands-Routen im Einsatz. Das Bild zeigt eine wunderschön restaurierte Maschine in BEA-Farben bei einem Flug über Dorset im Juni 1989.

DeHavilland DH.89 Dragon Rapide

Großbritannien, Baujahr: 1934

Die **DH.89** ist eine modernisierte **DH.84** mit höherer Geschwindigkeit und verbessertem Passagierkomfort. Als Triebwerke wurden Sechszylinder-Gipsy Six-Motoren verwendet, die ursprünglich bei der **DH.86** zum Einbau vorgesehen waren. Der neue Entwurf entstand, wie sein Vorgänger, unter der Leitung von *A. E. Hagg*. Zur Unterscheidung hinsichtlich des Triebwerkwechsels hieß das neue Flugzeugmuster ursprünglich ***Dragon Six***. Anfang 1935 wurde der Name in ***Dragon Rapide*** geändert, als Bezug zur deutlich erhöhten Reisegeschwindigkeit. Nach kurzer Zeit entfiel im täglichen Sprachgebrauch der Namensbestandteil *Dragon* und das Flugzeugmuster wurde als ***Rapide*** bezeichnet.

Der Erstflug der **DH.89** erfolgte am 17. April 1934. Wie die DH.84 wurde die DH.89 nur von einem Piloten geflogen, aber die größere Kabine konnte acht Passagiere aufnehmen, obwohl in der Standardausführung nur sechs Personen befördert wurden.

Die erste Bestellung für die DH.89 kam von **Hillman's Airways**, auf deren Forderung die Entwicklung für diesen Flugzeugtyp beruhte. Die Fluggesellschaft wurde mit einer Flotte von sieben DH.89 vor dem Krieg einer der größten Betreiber dieses Musters. Über ein Dutzend Linienfluggesellschaften und viele Charter- und Lufttaxi-Unternehmen waren vor 1939 Käufer der Rapide. Zu den wichtigsten britischen Betreibern, neben Hillman's Airways, zählten: Aberdeen Airways (2); Blackpool & West Coast Air Services (3); British Continental Airways (3); Jersey Airways (2); North Eastern Airways (4); Personal Airways (3); Railway Air Services (8); Scottish Airways (2); United Airways (2) und Wrightways (2). Exportiert wurden an: Canadian Airways (3); Quebec

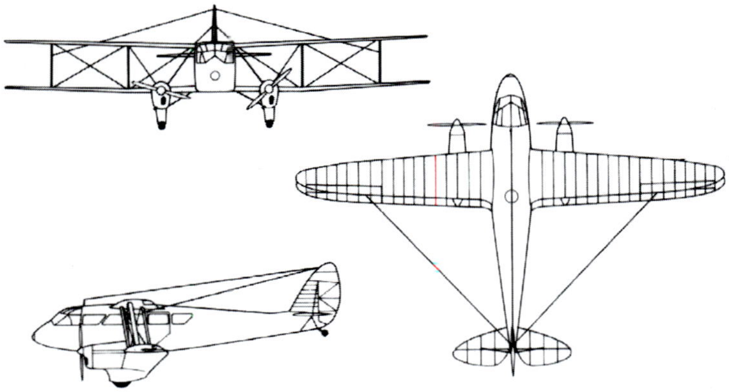

Airways (4); Misr Airwork, Ägypten (5); Société de Transports du Proche-Orient (2); Tata Airlines, Indien (3); Ala Littoria, Italien (1); Wilson Airways, Kenia (5); Rhodesia and Nyasaland Airways (4); LARES, Rumänien (4); Wearne's Air Services, Singapur (2); LAPE, Spanien (1); Alpar, Schweiz (2) und Devlet Hava Yollari, Türkei (4).
Die Produktion dauerte bis zum Ausbruch des Zweiten Weltkrieges an. In Hatfield wurden in diesem Zeitraum 205 Maschinen fertiggestellt, von denen viele zum Kriegsdienst bei der RAF, RAAF und Air Transport Auxiliary Command eingezogen wurden. Während des Krieges lief die Produktion mit den Militärversionen ***Dominie*** Mk.1 und Mk.2 weiter, von denen 186 von deHavilland und 335 von British Coachworks Ltd. hergestellt wurden. 1947 entstanden aus Ersatzteilen noch zwei weitere Einheiten, so daß die Gesamtproduktion der DH.89 aus 728 Maschinen bestand.
Vor dem Krieg, 1936, erhielt die Rapide nach dem Bau von 58 Maschinen eine größere Anzahl an Verbesserungen einzelner Bauteile und der Formgebung. Dazu gehörten längere hintere Kabinenfenster, der Einbau eines Landescheinwerfers in der Rumpfspitze, geänderte Tragflächenspitzen, sowie eine geänderte Einrichtung für fünf Passagiere mit Toilette und einem Kabinenheizsystem. Ab November 1936 wurden zur Verbesserung der Landeeigenschaften kleine Spreizklappen auf beiden Seiten der Motorgondeln eingebaut. Auch dieses Merkmal wurde für die Produktion aller folgenden Rapide-Flugzeuge übernommen und die Maschinen erhielten die Bezeichnung **DH.89A**. Auch die meisten der früheren DH.89 wurden auf den entsprechenden Standard gebracht. Nach 1945 wurden viele Dominie-Militärmaschinen ausgemustert und auf dem zivilen Markt, zumeist als Privatflugzeuge, verkauft. Nach entsprechender Umrüstung, u. a. mit neuer Avionik, erhielten diese Flugzeuge die zivile Bezeichnung **DH.89B**.

Daten

Antrieb: 2 deHavilland Gipsy Six I, luftgekühlte 6-Zylinder-Reihenmotoren, 200 PS (147,1 kW).
Spannweite: 14,63 m; Länge: 10,52 m; Höhe 3,12 m; max. Startgewicht: 2.500 kg; ökon. Reisegeschwindigkeit: 212 km/h; Gipfelhöhe: 6.000 m; Reichweite: 930 km; Besatzung: 1; Passagiere: 6-8

DeHavilland DH.91 Albatross

Großbritannien, Baujahr: 1937

Auch über 60 Jahre nach ihrem Erscheinen kann die **DH.91 *Albatross*** immer noch als eines der formschönsten Flugzeuge gelten. Der Entwurf war eigentlich als Passagierflugzeug mit einer Reisegeschwindigkeit von 320 km/h für den Einsatz auf den *Empire*-Routes der **Imperial Airways** geplant worden, wurde aber zunächst als Langstrecken-Postflugzeug bestellt, das 450 kg Nutzlast nonstop über den Nordatlantik befördern sollte. Das britische Luftfahrtministerium erteilte im Januar 1936 entsprechend der Spezifikation 36/35 einen Bauauftrag für zwei Prototypen. Das Entwurfsteam stand unter der Führung von *A.E. Hagg*, der schon für die Konstruktionen der Doppeldecker-Verkehrsflugzeuge **DH.84, DH.86** und **DH.89** verantwortlich war. Auch trug er maßgeblich zum Erfolg des Rennflugzeuges **DH.88 *Comet***, Gewinner des berühmten *MacRobertson* Rennens von Großbritannien nach Australien, bei. Für die ***Comet*** hatte er eine spezielle Schalenbauweise (Holzkonstruktion mit tragender Außenhaut) entwickelt, die ebenfalls beim Bau der neuen DH.91 zur Anwendung kam. Weitere besondere Merkmale des Entwurfs waren das Einziehfahrwerk, dessen Technik ebenfalls weitgehend von der DH.88 übernommen worden war, sowie die elektrische Betätigung der Landeklappen. Absolutes Novum war die Triebwerkanlage, bei der zwei 6-Zylinder Gipsy Six Reihenmotoren zu einem 12-Zylinder-V-Motor kombiniert wurden. Der erste Prototyp (K8618) startete am 20. Mai 1937 zu seinem Erstflug, gefolgt von K8619. Da beide Maschinen für die Flugerprobung der **Imperial Airways** zugewiesen wurden, erfolgte ihre Aufnahme in das britische Zivilregister mit den Registrierungen G-AEVV und G-AEVW. Bei diesen Flugzeugen war das Doppelleitwerk verstrebt und nach innen versetzt auf dem Höhenleitwerk angebracht. Bei den ersten Probeflügen traten allerdings Stabilitätsprobleme auf die es erforderlich machten, das Doppelleitwerk an die Flügelenden des Höhenleitwerks zu verlegen. Der Treibstoff befand sich in vier Rumpftanks über dem Flächenmittelstück mit einer Gesamtkapazität von 6.000 Litern. Aufgrund seiner exzellenten Aerodynamik verfügte die DH.91 über hervorragende Flugeigenschaften, die dem Postflugzeug eine Reichweite von maximal 5.198 km verliehen. Das Postabteil befand sich im

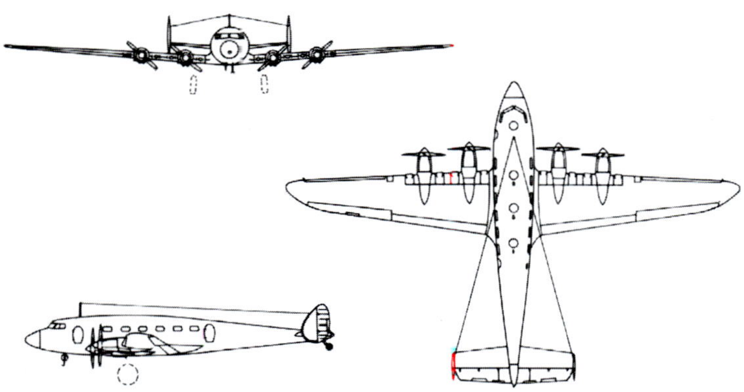

Imperial Airways bestellte 1937 fünf Exemplare der DeHavilland DH.91 Albatross, welche ab Oktober 1938 zur Auslieferung kamen. Nach Ausbruch des Zweiten Weltkriegs gingen sie 1940 in den Besitz der neugegründeten BOAC über und flogen weiterhin mit ihren zivilen Registrierungen, aber mit Tarnanstrich, ab dem 6. Juni 1940 zwischen Heston (London), Shannon (Irland) und Lissabon.

hinteren Rumpfsegment unmittelbar hinter der Tragfläche und konnte durch eine Tür in der rechten Rumpfseite betreten werden. **Imperial Airways** erkannte sehr schnell die wirtschaftlichen Vorzüge der **DH.91** als Passagierflugzeug und bestellte eine Flotte von fünf Maschinen mit einer Einrichtung für 22 Fluggäste. Die Passagiermaschinen erhielten offiziell die Versions-Kennung **DH.91A** und wurden sämtlich auf mit dem Buchstaben ‚F' beginnende Namen getauft, so daß die DH.91 oftmals auch als *F-Class* oder *Frobisher-Class* bezeichnet wurde. Ab Oktober 1938 kamen die fünf Maschinen zur Auslieferung, in der Reihenfolge G-AFDI *Frobisher* (als Flaggschiff), G-AFDJ *Falcon*, G-AFDK *Fortuna*, G-AFDL *Fingal* und G-AFDM *Fiona*. 1939 wurden auch die beiden Prototypen zu Verkehrsflugzeugen DH.91A umgebaut und wurden als *Faraday* (G-AEVV) und *Franklin* (G-AEVW) in die bestehende Flotte integriert. Die Treibstoffkapazität/Reichweite der Passagiermaschinen betrug 1.227 Liter/1.670 km (G-AFDI bis G-AFDM), bzw. 773 Liter/965 km (G-AEVV und G-AEVW).
Zwischen Oktober und Dezember 1938 kamen die DH.91 vorzugsweise auf der Zubringerstrecke der *Imperial*-Routes zwischen Croydon und Kairo zum Einsatz. Ab Januar 1939 flogen sie ausschließlich auf europäischen Hauptstrecken.
Nach Ausbruch des Zweiten Weltkriegs wurden G-AEVV und G-AEVW zu kombinierten Passagier- und Postflugzeugen umgebaut und flogen kurze Zeit für die **BOAC**, dann wurden sie an die **Royal Air Force (RAF)** abgegeben. Die ursprünglichen fünf DH.91A der Imperial Airways behielten ihre zivilen Kennzeichen und wurden im Mai 1940 von der BOAC übernommen. Am 6. Juni 1940 wurde mit G-AFDL *Fingal* die neue Flugverbindung von Heston (London) nach Shannon und Lissabon eröffnet.

Daten (DH.91A)

Antrieb: 4 DeHavilland Gipsy Twelve I, luftgekühlte V12-Zylinder-Reihenmotoren, 525 PS (386,1 kW).
Spannweite: 32,00 m; Länge: 21,80 m; Höhe 6,78 m; max. Startgewicht: 13.381 kg; ökon. Reisegeschwindigkeit: 338 km/h; Gipfelhöhe: 5.060 m; Reichweite: 1.670 km (Postflugzeug 5.198 km); Besatzung: 4; Passagiere: 22

DeHavilland DH.95 Flamingo

Großbritannien, Baujahr: 1938

Das erste selbsttragende Ganzmetallflugzeug der Firma deHavilland war die **DH.95 *Flamingo*** und wurde von *R. E. Bishop* als Mittelstreckenflugzeug für zwölf bis 17 Passagiere und drei Besatzungsmitglieder entwickelt. Es verfügte über ein hydraulisch einziehbares Fahrwerk, geschlitzte Landeklappen und als Triebwerk zunächst zwei 890 PS (664 kW) Bristol Perseus XIIc Sternmotoren. Der Prototyp absolvierte am 28. Dezember 1938 in Hatfield seinen Erstflug, und während der sich anschließenden Testflugreihe wurde zeitweilig ein drittes, zentrales Seitenleitwerk angebracht. Im Mai 1939 wurde die Maschine der **Guernsey & Jersey Airways Ltd.** zur Streckenerprobung auf den Routen zwischen den Kanalinseln und Southampton, sowie Heston, überstellt.

Daten

Antrieb: 2 Bristol Perseus XVI Sternmotoren, 930 PS (694 kW). Spannweite: 21,34 m; Länge: 15,72 m; Höhe 4,65 m; max. Startgewicht: 7.983 kg; ökon. Reisegeschwindigkeit: 296 km/h; Gipfelhöhe: 6.370 m; Reichweite: 1.947 km; Besatzung: 3; Passagiere: 12-17

Der Kriegsausbruch verhinderte den kommerziellen Einsatz des Flugzeugmusters, jedoch hatte die **Royal Air Force** zwei DH.95 als Verbindungsflugzeuge bestellt. Von der *Flamingo* wurden insgesamt nur 16 Einheiten gebaut, welche ausschließlich mit Triebwerken des Typs Bristol Perseus XVI ausgerüstet waren. In den 1940er Jahren flogen acht DH.95 für die **BOAC** von Kairo aus auf Nahoststrecken, so nach Alexandria, Khartoum und Tripolis.

Die fünfte DH.95 Flamingo, G-AFUE, während eines Testfluges.

Die Deutsche Luft Hansa erwarb bei ihrer Gründung im Jahre 1926 etwa zehn Dornier Komet III. Die meisten Komet III wurden zwischen 1933 und 1934 außer Dienst gestellt. Die hier abgebildete D-580 flog auf der Linie Berlin-Köln-Berlin.

Dornier C.III Komet

Deutschland, Baujahr: 1921

Das einmotorige Verkehrsflugzeug Dornier **Do C.III *Komet I***, das im Jahre 1921 erstmals flog, hatte eine deutliche Ähnlichkeit mit dem Flugboot **Cs.II *Delphin***. Bemerkenswert an der Komet I war ihre sehr große Tragfläche mit über 17 Metern Spannweite und deren gleichbleibende Profiltiefe vom 3 Metern fast ein Drittel der Gesamtlänge des Rumpfes (9,10 m) ausmachte. Die Komet I hatte ein offenes Cockpit für einen Piloten und eine geschlossene Kabine für vier Passagiere in je zwei nach vorn und hinten gerichteten Sitzen. Die Serien-Komet I-Flugzeuge wurden mit 180 PS (132,4 kW) BMW III oder 185 PS (136 kW) BMW IIIa-Motoren in kleiner Zahl an die **Deutsche Luft-Reederei** geliefert, gingen im Jahre 1924 an den **Deutschen Aero Lloyd** und wurden 1926 von der **Deutsche Luft Hansa** übernommen. Inzwischen hatte Dornier eine als ***Komet II*** bezeichnete, geänderte Version hergestellt. Unter Verwendung derselben Tragfläche hatte sie eine Rumpflänge von 10,30 m und war mit einem BMW IV-Motor von 250 PS (183,8 kW) ausgerüstet. Der Erstflug erfolgte am 9. Oktober 1922. Trotz des längeren Rumpfes blieb die ursprüngliche Sitzplatzkapazität erhalten. Die ukrainische Fluggesellschaft **Ukrozdukhput** bestellte sechs dieser Komet II, die alle 1923 geliefert wurden. Auch in Spanien, bei der **Union Aérea Espanola** und in der Schweiz, bei **Ad Astra Aero**, kamen Komet II zum Einsatz. Einige dieser Maschinen fanden auch den Weg in die UdSSR. Auch die Flotte der **Deutsche Luft Hansa** umfaßte einige Komet II, von der einige aber Komet I Umbauten waren. Diese Maschinen waren bei der Fluggesellschaft nicht sonderlich beliebt und wurden bereits 1928 außer Dienst gestellt.

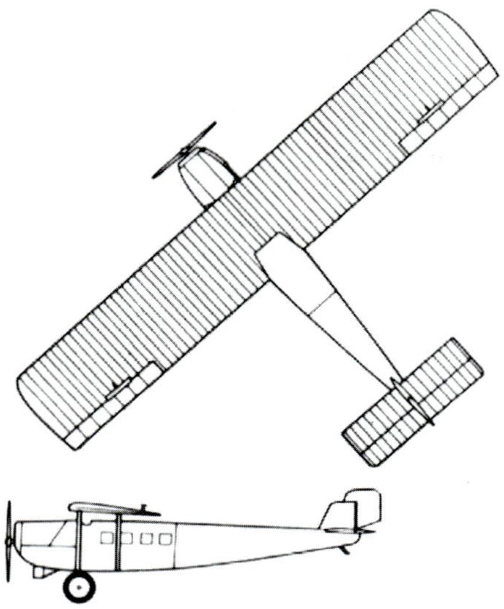

Die Hauptversion, als ***Komet III*** bezeichnet, erschien bereits einige Jahre früher und hatte am 7. Dezember 1924 ihren Erstflug. Das Flugzeug hatte eine Besatzung von ein oder zwei Piloten, die in einem offenen Cockpit Platz fanden. In der nochmals verlängerten Passagierkabine konnten nunmehr sechs Personen befördert werden. Die Maschinen wurden ursprünglich mit einem 360 PS (264,7 kW) Rolls-Royce Eagle IX-Motor ausgerüstet, später standen aber auch 400 PS (294 kW) Liberty oder 450 PS (330,9 kW) Napier Lion Motoren zur Auswahl.

Die wenigen erhalten gebliebenen Unterlagen machen es unmöglich, die genaue Fertigungszahl der Komet III zu bestimmen, da viele Maschinen in den späten 1920er Jahren in **Merkur**-Flugzeuge umgebaut wurden. Es ist jedoch sicher, daß 1925 an **Ukrozdukhput** sieben Komet III geliefert wurden, die auf den Linien Moskau-Charkow-Odessa-Kiew-Rostow zum Einsatz kamen. Von diesen Maschinen wurde eines an die dänische **DDL** verkauft und mindestens zwei gingen an einen Käufer in der Schweiz. Elf in Deutschland zugelassene Komet III waren im Besitz der **Aero Lloyd**, der **DVL** und der **DVS**. Eine kleine Lizenz-Serie baute Kawasaki in Japan, von denen drei die Fluggesellschaft **Tozai Teiki Kokukai** der Route Tokio-Osaka einsetzte.

Daten (Komet III)

Antrieb: Rolls-Royce Eagle IX, flüssiggekühlte V12-Zylinder-Reihenmotoren, 360 PS (264,7 kW).
Spannweite: 19,60 m; Länge: 12,40 m; Höhe 3,50 m; max. Startgewicht: 3.220 kg; ökon. Reisegeschwindigkeit: 150 km/h; Gipfelhöhe: 3.500 m; Reichweite: 1.050 km; Besatzung: 2; Passagiere: 6

Douglas DC-1

USA, Baujahr: 1933

Daten

Antrieb: 2 Wright Cyclone F3, luftgekühlte 9-Zylinder-Sternmotoren, 710 PS (522,2 kW).
Spannweite: 25,90 m; Länge: 18,30 m; Höhe 4,97 m; max. Startgewicht: 7.930 kg; ökon. Reisegeschwindigkeit: 300 km/h; Gipfelhöhe: 4.010 m; Reichweite: 1.600 km; Besatzung: 2; Passagiere: 12

In den frühen 30er Jahren war die Verkehrsluftfahrt in den USA durch große, unwirtschaftliche und im allgemeinen veraltete Typen wie die **Fokker F.VII/3m, Ford TriMotor** oder dem zweimotorigen Doppeldecker **Curtiss Condor** geprägt. In dieser Situation führte das Erscheinen eines fortschrittlichen Ganzmetallflugzeugs wie die **Boeing 247**, welches sich in ausschließlichem Eigentum der **United Air Lines** befand, bei der Konkurrenz zu heftiger Unruhe. Bereits 1932 forderte der für Beschaffung und Flugbetrieb zuständige Vizepräsident der **Transcontinental & Western Air (TWA)**, *Jack Frye*, fünf US-Hersteller auf, Flugzeugentwürfe einzureichen, die mit der Boeing 247 ernsthaft konkurrieren könnten. Das TWA-Pflichtenheft schrieb ein dreimotoriges Flugzeug vor, um den bei der Fluggesellschaft üblichen Sicherheitsfaktor bei einem ausgefallenen Triebwerk gewährleisten zu können. Nach mehrwöchigen Verhandlungen wurde der Entwurf der nur zweimotorigen **DC-1** (Douglas Commercial No.1) trotzdem von TWA akzeptiert. Am 20. September bestellte die TWA den Prototyp und verband mit dieser Order eine Option auf 60 Serienmaschinen. Der von *James ‚Dutch' Kindelberger* und *Arthur Raymond* ausgearbeitete Grundentwurf wurde von *John K. Northrop* für die Serienfertigung verfeinert. Er verwendete dabei dasselbe Vielzellenkonstruktionssystem, das sich schon bei seinen früheren Eindeckern **Alpha, Gamma** und **Delta** als erfolgreich erwiesen hatte.

Der Bau der **DC-1** begann Anfang 1933 und der von zwei 700 PS (514,83 kW) Pratt & Whitney Hornet-Sternmotoren angetriebene Prototyp X223Y flog erstmals am 1. Juli 1933. Die DC-1 mit Hornet-Motoren erhielt die FAA-Typenzulassung im November 1933, im darauffolgenden Februar wurde diese auch auf den Einbau von zwei 710 PS (522,2 kW) Wright SGR-1820-R3 Cyclone-Sternmotoren ausgedehnt. In dieser Form konnte die **DC-1** zwölf Passagiere befördern, zwei mehr als die B247. Auch hinsichtlich Reisegeschwindigkeit und Reichweite übertraf die DC-1 bei weitem die von der TWA geforderten Leistungen.

Das Flugzeug wurde im September 1933 an **TWA** geliefert und stellte am 19. Februar 1934 einen neuen US-Transkontinental-Geschwindigkeitsrekord zwischen Los Angeles und Newark auf. Innerhalb der nächsten Monate erflog die DC-1 zehn weitere Geschwindigkeits- und Flugstreckenrekorde.

Bei diesem Leistungsvorsprung gegenüber der B247 war es eindeutig klar, daß der DC-1 Entwurf vergrößert werden konnte, ohne die Leistungsreserven des Musters nennenswert zu beeinflussen. Deshalb beschloß man bei TWA, die DC-1 nicht in Serie fertigen zu lassen, sondern auf ihrer Grundlage die **DC-2** zu entwickeln.

Mit der DC-2 gelang Douglas der Durchbruch an die Spitze des zivilen Flugzeugmarktes, den die Firma bis in die 50er Jahre mit Flugzeugen wie der DC-3, DC-4, DC-6 und DC-7 erfolgreich verteidigte. Von der DC-2, die 1934 ihren Erstflug absolvierte, wurden 198 Einheiten gebaut. Nur wenige Maschinen überlebten den Zweiten Weltkrieg und die Jahre danach, als das Muster als veraltet galt. Die hier im Flug entlang der Big Sur, Kalifornien, abgebildete Maschine wurde liebevoll restauriert und befindet sich im Eigentum der Stiftung Foundation of Flight.

Douglas DC-2

USA, Baujahr: 1934

Als den TWA-Managern klargeworden war, über welch überlegenes Flugzeugmuster sie nun im Konkurrenzkampf mit der **B247** verfügten, beschlossen sie, die **DC-1** überarbeiten zu lassen um deren Überlegenheit nachhaltig zu gewährleisten. So konstruierte Douglas auf Grundlage der DC-1 eine größere Version, die **DC-2**, welche über eine höhere Passagierkapazität und stärkere Triebwerke verfügte und aufgrund der vorgenommenen aerodynamischen Verbesserungen an Rumpf und Tragwerk abermals verbesserte Flugleistungen aufwies. Die 20 sich bereits im Fertigungsstadium befindlichen DC-1 wurden entsprechend umgebaut. Das auffälligste Unterscheidungsmerkmal zur DC-1 war neben dem verlängerten Rumpf das neugestaltete Seitenruder. Auch wurde das Hauptfahrwerk erstmals mit Bremsen ausgerüstet.

Die **DC-2** flog erstmals am 11. Mai 1934 und wurde von **TWA** eine Woche später auf der Strecke Columbus-Pittsburgh-Newark eingesetzt. Diese Maschine erhielt die Registrierung NC13711 und trug den Namen *City of Chicago*. Das neue Flugzeugmuster unterbot auf Anhieb deutlich die Flugzeiten der konkurrierenden Boeing 247. Am 1. August 1934 stellte TWA die DC-2 auf der längsten und zugleich wichtigsten inneramerikanischen Route, der Transkontinentalverbindung zwischen New York und Los Angeles, in Dienst. Die DC-2 bewältigte diese Strecke in einer Gesamtflugzeit von nur 18 Stunden und dieser für die gesamte Konkurrenz verheerende Erfolg veränderte augenblicklich die Verhältnisse auf dem US-Luftfahrtmarkt, auf dem TWA jetzt deutlich an der Spitze lag. Sowohl **United Air Lines** als auch die anderen großen US-Fluggesellschaften wie **American, Eastern** und auch **Pan American** waren gezwungen, die **DC-2** zu beschaffen. Dies betraf vor allem UAL, die ihre eben noch revolutionären Boeing 247 auf Nebenstrecken einsetzen mußte. Allerdings wurden zuerst die 32 von TWA georderten DC-2 ausgeliefert.

Auch in Europa wurde die DC-2 ungewöhnlich populär. Die niederländische **KLM** kaufte als erste nicht-amerikanische Fluggesellschaft das Flugzeugmuster und meldete die erste Maschine, PH-AJU *Uiver*, zu dem im Oktober 1934 veranstalteten *McRobertson*-Luftrennen von London nach Melbourne an. Mit einer Nutzlast von drei Passagieren

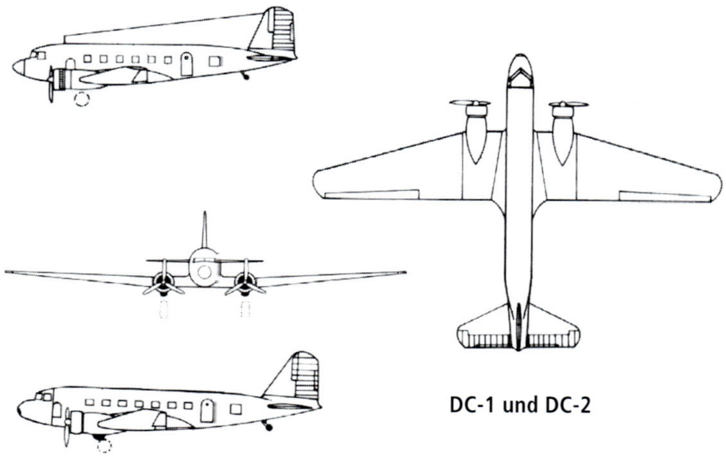

DC-1 und DC-2

In den USA diente der DC-2-Entwurf als Grundlage für den Bomber **Douglas B-18 *Bolo***. In Europa erwarben Airspeed und Fokker die Herstellungslizenzen für die DC-2. Der Lizenzbau wurde allerdings von keiner der beiden Firmen aufgenommen. Allerdings fungierte Fokker auf dem europäischen Markt als Generalagent für den Vertrieb der DC-2 und ihrer Nachfolgerin, der **DC-3**. Insgesamt fertigte Douglas 198 DC-2, davon erhielten zivile Abnehmer 132 Maschinen, 55 das USAAC (US-Army Air Command) und fünf die US-Marine. Sechs weitere Maschinen wurden aus Ersatzteilen montiert. Folgende **Fluggesellschaften** betrieben die **DC-2**: TWA (32), American Airlines (18), Eastern Air Lines (10), General Air Lines (4), Pan American (10) und Panagra (3), sowie KLM (19), KNILM (3), Australian National Airways (2), Avio Linee Italiane (1), CNAC (3), Canton Airlines (3), CLS (5), Deutsche Luft-Hansa (1), Hollyman's Airways (2), Iberia (1), Japan Domestic (6), LAPE (3), LOT (2) und Swissair (4). Weitere Kunden waren die sowjetische Beschaffungsorganisation AMTORG (1), Österreich (1) und Frankreich (1).

und 30.000 Luftpostbriefen belegte die Maschine den 1. Platz in der Transportklasse und den 2. Platz nach dem Rennflugzeug **DeHavilland DH.88 *Comet*** in der Gesamtwertung. Insgesamt kaufte KLM 19 DC-2, die vorwiegend auf den wichtigen europäischen Strecken, aber auch auf der Langstreckenroute Amsterdam-Batavia (Jakarta) zum Einsatz gelangten. Ihre Tochtergesellschaft **KNILM** verwendete drei weitere DC-2 auf ihren Flugstrecken in Niederländisch-Ostindien (Indonesien).

Daten

Antrieb: 2 Wright Cyclone SGR-1820-F3, luftgekühlte 9-Zylinder-Sternmotoren, 725 PS (533,2 kW).
Spannweite: 25,90 m; Länge: 18,90 m; Höhe 4,97 m; max. Startgewicht: 8.110 kg; ökon. Reisegeschwindigkeit: 300 km/h; Gipfelhöhe: 7.000 m; Reichweite: 1.930 km; Besatzung: 2; Passagiere: 14

Douglas DC-3

USA, Baujahr: 1935

Die Entstehung der **DC-3** ähnelte in vieler Hinsicht der des Typs **DC-1**. Diesmal jedoch ging der Anstoß von *C. R. Smith*, dem Präsidenten der **American Airlines**, aus. 1934 erhielt Douglas von der Fluggesellschaft den Auftrag, ein neues Flugzeug zu entwickeln, welches in der Lage sein sollte, die veralteten dreimotorigen **Fokker F.VII/3m** und zweimotorigen Doppeldecker **Curtiss Condor** insbesondere auf den transkontinentalen Nachtstrecken abzulösen. Mit dem Ziel der Wettbewerbsfähigkeit galt die Suche der American Airlines nach einem der **DC-2** ähnlichen Flugzeug, das in Schlafkojen die gleiche Anzahl Passagiere befördern konnte, wie die DC-2 mit Tagessitzbestuhlung. *John K. Northrop* von Douglas löste das Problem in enger Zusammenarbeit mit *William Littlewood*, dem Chefingenieur der American, durch eine weitere Vergrößerung seines ursprünglichen DC-1/DC-2-Entwurfs. Hierbei wurde nicht nur der Rumpf verlängert, sondern gegenüber den Vorgängermustern auch um 7,6 cm höher und um 66 cm breiter. Das Ergebnis war die **DC-3**, wurde aber zunächst unter der Bezeichnung **DST** (Douglas Sleeper Transport) bekannt und war mit 14 Doppelstockbetten eingerichtet. Im vorderen Teil der Kabine befand sich sogar eine sogenannte ‚Flitterwochen-Suite'. Weitere äußerliche Unterscheidungsmerkmale zur DC-2 waren eine vergrößerte Spannweite und ein überarbeitetes Seitenleitwerk. Auch erhielt das neue Modell eine seiner Größe entsprechende Motorisierung. Der Prototyp mit der Registrierung X14988 flog erstmals am 17. Dezember 1935. **American Airlines** stellte die erste **DST** ihrer neuen Flotte am 25. Juni 1936 auf

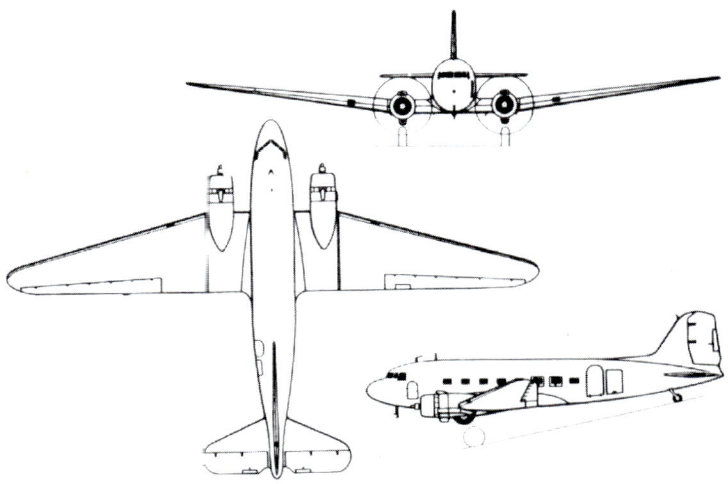

Daten

Antrieb: 2 Wright Cyclone SGR-1820-G102, luftgekühlte 9-Zylinder-Sternmotoren, 1.100 PS (809 kW) oder 2 Pratt & Whitney R-1830-SB3G Twin Wasp, luftgekühlte 14-Zylinder-Sternmotoren, 1.200 PS (882,6 kW).
Spannweite: 28,96 m; Länge: 19,65 m; Höhe 5,15 m; max. Startgewicht11.415 kg; ökon. Reisegeschwindigkeit: 310 km/h; Gipfelhöhe: 7.070 m; Reichweite: 2.100 km; Besatzung: 2-3; Passagiere: 14-32

Die abgebildete DC-3 NC21798 Flagship Knoxville der AMERICAN AIRLINES ist ein restauriertes Exemplar dieses unverwüstlichen Flugzeugtyps und zeigt die zeitgenössische Bemalung der Fluggesellschaft während der 30er und frühen 40er Jahre.

der Nonstop-Strecke New York-Chicago in Dienst. Sehr schnell erkannten die Entwicklungsingenieure bei Douglas das in der DST schlummernde enorme wirtschaftliche Potential. Bei einer Auslegung zum Transport von 21 Passagieren in Standard-Airline-Version bedeutete dies eine Zunahme der Transportkapazität von 50 % gegenüber der DC-2. Verbunden mit einem stärkeren Antrieb und verbesserten Flugleistungen lagen die Betriebskosten dieses Flugzeuges um fast ein Drittel unter denen der DC-2. Die wirtschaftlichen Vorteile der DC-3 überzeugten auch die Verantwortlichen bei den wichtigsten Fluggesellschaften, sodaß Douglas mit Bestellungen überhäuft wurde. Die DC-3 erwies sich als derart erfolgreich, daß bereits 1938 95 % des gesamten US-Luftverkehrs mit diesem Flugzeugtyp bewältigt wurde und das Muster bei 30 ausländischen Fluggesellschaften im Einsatz stand. 1939 wurden schon 90 % des Weltluftverkehrs mit DC-3-Flugzeugen abgewickelt.

Bis zum Zeitpunkt des Eintritts der USA in den Zweiten Weltkrieg im Dezember 1941 hatte Douglas insgesamt 455 Maschinen gebaut, von denen aber nur 38 DST waren. Im Zweiten Weltkrieg wurde die DC-3 als **C-47** und ihrer Abwandlungen **C-49/C-53** zum Standard-Transportflugzeug der US-Luftstreitkräfte und setzte nach Beendigung der Feindseligkeiten 1945 ihren Siegeszug als preiswertes, unverwüstliches ‚Arbeitstier' fort (siehe Seite 125).

Farman F.50P und F.60 Goliath

Frankreich, Baujahr: 1919

Die Farman ***Goliath***, eines der robustesten Flugzeuge der frühen französischen Verkehrsluftfahrt, entstand als zweimotoriger Nachtbomber, der jedoch nicht rechtzeitig fertiggestellt werden konnte, um noch im Ersten Weltkrieg eingesetzt zu werden. Ihr Vorläufer war die **F.50**, ein kleinerer Bomber, von ähnlichem Aussehen, das noch 1918 bei den französischen und amerikanischen Armee-Luftstreitkräften in begrenztem Umfang zum Einsatz kam. Nach dem Krieg wurden drei dieser Maschinen zu Verkehrsflugzeugen des Typs **F.50P** umgebaut, die von zwei 275 PS (202,27 kW) Lorraine-Dietrich 8Bd 8-Zylinder V-Motoren angetrieben wurden. Sie hatten eine Spannweite von 22,85 m und konnten mit einem Gesamtfluggewicht von 3.110 kg eine Reisefluggeschwindigkeit von 100 km/h erreichen. Der Prototyp mit der Registrierung VF-HMFO verblieb als Transport-Versuchsflugzeug bei der Firma Avions H. & M. Farman. Die **Compagnie des Grands Express Aériens** setzte 1920 eine einzelne F.50P, F-GEAV, auf ihren Fluglinien Paris-Brüssel und Paris-Amsterdam ein. Diese Maschine kam 1923 beim Zusammenschluß von **CMA** und **CGEA** in den Besitz von **Air Union**, die auch die dritte F.50P, F-AECK, besaß.

Die größere *Goliath* erschien 1918 als Bomber-Prototyp **FF.60** mit zwei wassergekühlten 230 PS (169,17 kW) Salmson 9Z-Sternmotoren. Nach Aufgabe des Bomber-Projekts kurz nach dem Waffenstillstand wurde der Vorderrumpf verlängert und in eine sehr helle, mit vielen Fenstern versehene, Passagierkabine umgebaut. Zu diesem Zeitpunkt hatte das Flugzeug noch die ursprünglich überstehenden, ausgeglichenen Querruder. Die späteren Serienmaschinen erhielten eckige Flächen mit eingesetzten Querrudern und wurden mit 260 PS

Air Union übernahm nach ihrer Gründung im Jahre 1923 mindestens 15 Farman Goliath von den Fluggesellschaften CMA und CGEA, von denen 1931 immer noch vier Maschinen im Einsatz standen. Der Rumpf des Air Union-Flugzeuges F-HMFU Jle de France ist noch heute im Musée de l'Air in Paris (Le Bourget) ausgestellt.

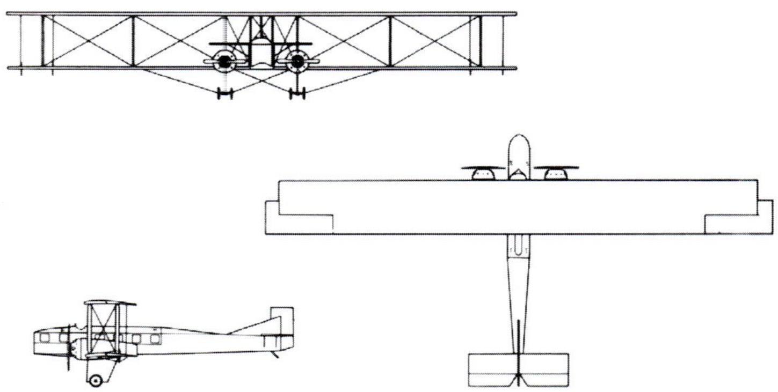

(191,23 kW) Salmson 9Cm-Sternmotoren ausgerüstet. Die zweiköpfige Besatzung saß nebeneinander in einem erhöhten, offenen Cockpit zwischen der vorderen Kabine mit vier Sitzen und dem hinteren Passagierraum mit acht Sitzen.
In größerem Umfang setzten folgende Luftverkehrsunternehmen die ***Goliath*** ein: Farmans eigene Fluglinie **Lignes Aériennes Farman** (zirka 18), **CMA** (etwa 16) und **CGEA** (12). Weitere Maschinen wurden an die belgische **SNETA** (6) geliefert, die tschechische **CSA** ließ sechs Flugzeuge bei Avia und Letov in Lizenz bauen. Außer in Europa kam der Flugzeugtyp auch in Lateinamerika zum Einsatz. **Air Union** übernahm mindestens 15 Maschinen von CMA und CGEA, die noch bis Anfang 1934 im Liniendienst standen, nach 1931 allerdings nur noch als Frachtflugzeuge eingesetzt wurden.
Wahrscheinlich waren um die 60 Goliath-Maschinen weltweit im Luftverkehr eingesetzt. Während ihrer Einsatzzeit erschienen Versionen mit unterschiedlichen Triebwerken, einige davon Flugzeuge waren aber Umbauten. Nachfolgend eine kleine Tabelle mit den wichtigsten Versionen:

Version	Triebwerk	Leistung
F.60	2 Salmson CM. 9Cm	260 PS (191,23 kW)
F.60bis	2 Salmson 9Az	300 PS (272,14 kW)
F.62, F.63, F.63bis	2 Gnome-Rhône Jupiter 9A	380 PS (279,50 kW)
F.63ter	2 Gnome-Rhône Jupiter 9Ab	420 PS (308,91 kW)

Die nachträglich umgebauten Flugzeuge flogen teilweise mit Lorraine-Dietrich oder Maybach-Motoren. Die in der Tschechoslowakei gebauten *Goliath* erhielten Lorraine-Dietrich oder Jupiter-Motoren, die bei Skoda und Walter in Lizenz gefertigt wurden. Durch die Zusammenfassung von ziviler und militärischer Produktion stellt sich die Erstellung einer vollständigen Produktionsliste als sehr schwierig dar.
Eine *Goliath* stellte 1919 drei Höhenweltrekorde mit Nutzlast auf, als mit 25 Passagieren an Bord eine Höhe von 5.100 m erreicht wurde. Im weiteren Verlauf des Jahres wurde bei einem Flug von Paris nach Casablanca mit 2.050 km ein Nonstop-Langstreckenrekord aufgestellt.
Farman produzierte 1923 auch eine viermotorige **F.140 *Super Goliath***, die im November 1925 insgesamt zwölf Höhenweltrekorde und Langstreckenrekorde mit bis zu 6.000 kg Nutzlast errang. Sechs Maschinen wurden von **Air Union** für Versuchsflüge bestellt, kamen aber nie zum Verkehrseinsatz.

Daten (F.60)

Antrieb: 2 Salmson CM. 9Cm, flüssiggekühlte 9-Zylinder-Sternmotoren, 260 PS (191,23 kW).
Spannweite: 26,50 m; Länge: 14,33 m; Höhe 5,00 m; max. Startgewicht: 4.770 kg; ökon. Reisegeschwindigkeit: 120 km/h; Gipfelhöhe: 4.000 m; Reichweite: 400 km; Besatzung: 2; Passagiere: 12

Fokker F.II und F.III

Deutschland / Niederlande, Baujahr: 1919 / 1921

Die **F.II** wurde hergestellt, kurz bevor die Fokker-Gesellschaft sich in den Niederlanden niederließ. Gegen Ende des Ersten Weltkrieges entwarf Fokkers Chefkonstrukteur, *Reinhold Platz*, die beiden einmotorigen Verkehrsflugzeuge V44 und V45. Der Entwurf V44, ein sechssitziger Hochdecker mit offenem Cockpit, wurde nicht gebaut, aber der Prototyp der V45, später F.II genannt, flog erstmals im Oktober 1919 mit einem 185 PS BMW IIIa-Reihenmotor. Ihm folgten zwei weitere Maschinen, die in Schwerin gebaut wurden. Der Prototyp und eines dieser Flugzeuge gingen mit den Registrierungen H-NABC und H-NABD an die **KLM**, die dritte Maschine an die **Deutsche Luft Reederei**. Insgesamt wurden etwa 24 F.II fertiggestellt, die meisten davon in Staaken unter Aufsicht von *Dr. Ing. Karl Grulich*, dem technischen Direktor der DLR. Ihre Bezeichnung war **Fokker-Grulich F.II**. Die DLR erwarb 19 dieser Flugzeuge, welche im Jahre 1924 an den **Deutscher Aero Lloyd** und schließlich 1926 in den Besitz der **Deutsche Luft Hansa** übergingen. Abgesehen von einer Maschine, die an die schweizerische **Balair** verkauft wurde, blieben sie bis 1935 im Einsatz. Die beiden an die

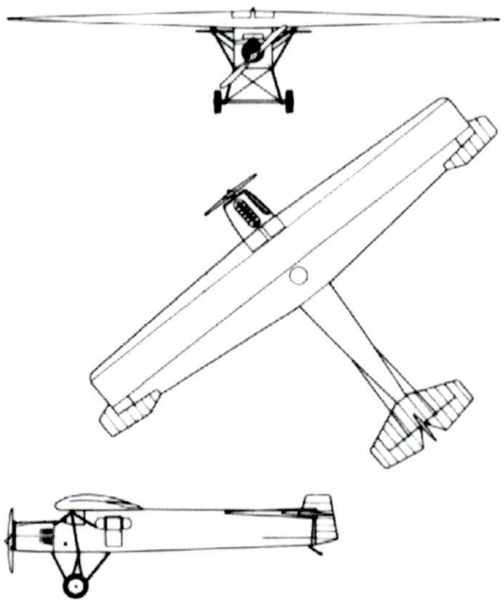

Daten (F.II)

Antrieb: BMW IIIa, flüssigkeitsgekühlter 6-Zylinder-Reihenmotor, 185 PS (136 kW)
Spannweite: 17,10 m; Länge: 11,65 m; Höhe 3,17 m; max. Startgewicht: 1.900 kg; ökon. Reisegeschwindigkeit: 120 km/h; Gipfelhöhe: 3.000 m; Reichweite: 1.200 km; Besatzung: 1; Passagiere: 4-5

Daten (F.III)

Antrieb: Armstrong Siddeley Puma, flüssigkeitsgekühlter 6-Zylinder-Reihenmotor, 240 PS (176,5 kW)
Spannweite: 17,60 m; Länge: 11,07 m; Höhe 3,65 m; max. Startgewicht: 1.900 kg; ökon. Reisegeschwindigkeit: 135 km/h; Gipfelhöhe: 3.500 m; Reichweite: 675 km; Besatzung: 1; Passagiere: 5

Die F.II und F.III waren Anthony Fokkers erste Verkehrsflugzeuge und entstanden unmittelbar nach dem Ersten Weltkrieg. Sie kamen vorwiegend bei der niederländischen KLM und verschiedenen deutschen Luftverkehrsgesellschaften zum Einsatz.

KLM gelieferten F.II, die im September 1920 in Dienst gestellt worden waren, gingen 1927 an die belgische **Sabena**. Fokkers ursprüngliche F.II hatte eine geschlossene Kabine für vier Passagiere und davor ein offenes Cockpit, in dem der Pilot und im Bedarfsfalle ein weiterer Passagier nebeneinander saßen. Die Fokker-Grulich F.II war mit einem 230 PS (169,1 kW) BMW IV-Motor ausgerüstet und unterschied sich durch Änderungen an den Sitzen, Kabinenfenstern und dem Fahrwerk von den Fokker-Maschinen.

Die **Fokker F.III** war eine leicht vergrößerte Version der F.II. In der größeren Kabine konnten nunmehr alle fünf Passagiere befördert werden, das Cockpit war einsitzig. Die Spannweite wurde vergrößert, die Tragflächen waren freitragend und weitere Verbesserungen wurden an der hinteren Rumpfkonstruktion und am Seitenruder vorgenommen. Der Prototyp flog im April 1921 und war ebenfalls mit dem BMW IIIa-Motor ausgerüstet. 1921-1922 wurden für **KLM** zwölf F.III mit 240 PS (176,51 kW) Siddeley Puma-Reihenmotoren gebaut. Zwei weitere Maschinen setzte die Fluggesellschaft aus Ersatzteilen selbst zusammen. Fünf der KLM-Flugzeuge wurden später an die **Balair** veräußert, die zwei nach Italien weiterverkaufte. Weitere sechs F.III wurden an die **Malert** abgeliefert, vier davon mit BMW IIIa und zwei mit 230 PS (169,1 kW) Hiero IVH-Motoren. Mindestens zehn Flugzeuge wurden für die **Deruluft** hergestellt, alle mit 360 PS (264,77 kW) Rolls-Royce Eagle VIII-Motoren. Einige dieser Maschinen waren Parasol-Eindecker *(Schirmhochdecker oder gestielter Hochdecker; im Gegensatz zum normalen Hochdecker ist dabei außer dem Baldachingerüst zusätzlich ein Strebenpaar vom Rumpf zum äußeren Flächendrittel vorhanden).* Zwei F.III Parasol mit Eagle-Motoren wurden 1922 an KLM geliefert. Dies waren die letzten von etwa 31 F.III, die Fokker baute. Die **Deutsche Luft-Reederei (DLR)** und **Deutscher Aero Lloyd** bauten den Typ aber gemeinsam in Staaken als **Fokker-Grulich F.III** weiter. Standardtriebwerk für diese Flugzeuge war der 250 PS (183,87 kW) BMW IV. Einige Flugzeuge erhielten jedoch den Siddeley Puma-Motor, andere wurden später auf den 320 PS (235,35 kW) BMW Va umgerüstet. Mit etwa 20 Fokker-Grulich F.III besaß der Deutsche Aero Lloyd die größte Flotte, von denen 16 Einheiten 1926 in den Besitz der **Deutsche Luft Hansa (DLH)** übergingen.

Die Gesamtproduktion der F.III betrug etwa 60 Flugzeuge. Sie waren in ganz Europa im Einsatz, aber zwei kamen in die USA, sowie zwei weitere nach Großbritannien. Nach 1927 gelangten einige wenige Exemplare nach Kanada und Neu-Guinea.

Fokker F.VII und F.VII/3m

Niederlande, Baujahr: 1924

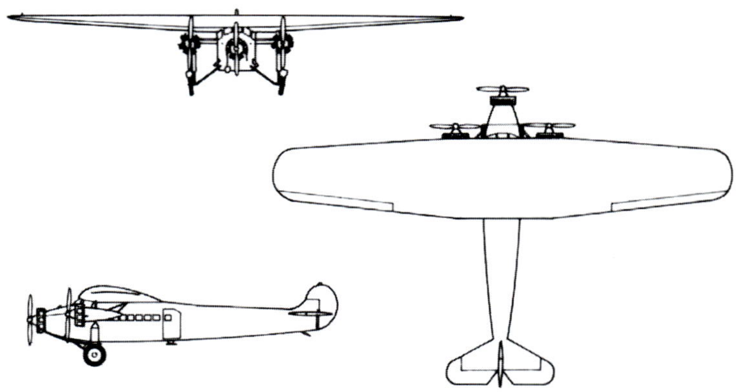

Aus der bescheidenen, für **KLM** 1924-1925 gebauten Anfangsserie von fünf einmotorigen **F.VII** entstand eine Familie von ein- und dreimotorigen Verkehrsflugzeugen in Hochdeckerbauweise, die Weltruhm erlangten. Die Gesamtproduktion erreichte mehr als 250 Flugzeuge, eine für damalige Verhältnisse unvorstellbar große Fertigung. Die **F.VII** mit der Kennung H-NACC, deren Erstflug 1924 erfolgte, verfügte über einen 360 PS (264,8 kW) Rolls-Royce Eagle IX-Motor und konnte zwei Mann Besatzung und acht Passagiere befördern. Von der F.VII wurden fünf Maschinen gebaut, von denen nur die letzte einen 450 PS (331 kW) Napier Lion-Motor erhielt. Drei dieser Maschinen erhielten zu einem späteren Zeitpunkt Bristol-Jupiter-Motoren. Die F.VII flog überwiegend auf den europäischen Linien der KLM. Zwei Maschinen gingen 1926 durch Unfälle verloren, eine wurde 1927 über den Hersteller an **Standard Air Lines** in den USA verkauft, und eine weitere ging 1931 nach Neu-Guinea zur **Pacific Aerial Transport**.

Ein Jahr nach dem Erscheinen der F.VII stellte Fokker die verbesserte Version **F.VIIa** vor, die mit einem 400 PS (294,2 kW) Packard Liberty-Motor ausgerüstet war, und deren Prototyp (H-NACZ) am 12. März 1925 zu seinem Erstflug startete. In dieser Form wurde das Flugzeug in den USA vorgestellt, doch die einmotorige Maschine erschien den potentiellen Airline-Betreibern nicht zuverlässig genug. Der naheliegendste und schnellste Weg, die Zuverlässigkeit zu verbessern war, die F.VIIa mit mehreren Triebwerken auszurüsten. Schnell wurden in das Flugzeug drei 200 PS (147,1 kW) Wright J-4 Whirlwind-Motoren eingebaut, einer in den Rumpfbug und zwei in Aufhängungen in Gondeln unter den Tragflächen. Das erste dreimotorige Fokker-Flugzeug flog in dieser Form erstmals am 4. September 1925 und gewann sodann die in dem Jahre durchgeführte Ford-Zuverlässigkeitstour durch die USA. Von den etwa 63 gebauten **F.VIIa** und **F.VIIa/3m** wurden 18 Maschinen in die Vereinigten Staaten geliefert. Die *Byrd*-Arktisexpedition erwarb die ursprüngliche F.VIIa/3m und nannte sie *Josephine Ford*. Am 9. Mai 1926 überquerte sie als erstes Flugzeug den Nordpol. Eine weitere berühmte F.VIIa/3m ist die *Southern Cross*, mit der im Mai und Juni 1928 *Charles Kingsford Smith* erstmals den Pazifik von Oakland (Kalifornien) nach Brisbane (Australien) überquerte.

Daten (F.VIIb/3m)

Antrieb: 3 Wright Whirlwind J-6, luftgekühlte 9-Zylinder-Sternmotoren, 300 PS (220,6 kW)
Spannweite: 21,71 m; Länge: 14,50 m; Höhe 3,90 m; max. Startgewicht: 5.300 kg; ökon. Reisegeschwindigkeit: 180 km/h; Gipfelhöhe: 4.400 m; Reichweite: 1.200 km; Besatzung: 2; Passagiere: 8-10

Fokker F.VIIa H-NADP der KLM (Koninklijke Luchtvaart Maatschappij). Diese Maschine wurde von einem 400 PS (294,2 kW) Gnome-Rhône Jupiter-Sternmotor angetrieben und erreichte eine Reisegeschwindigkeit von bis zu 165 km/h.

Einmotorige **F.VIIa** wurden für **Balair** (2), **CIDNA** (7), **DDL** (2), **KLM** (11), **LOT** (6), **Malert** (2) und **STAR** (3) gebaut. Die Maschinen für Balair und KLM erhielten einen 400 PS (294,2 kW) Gnome-Rhône Jupiter-Sternmotor, während die LOT und STAR-Maschinen von Lorraine-Motoren angetrieben wurden. Dreimotorige **F.VIIa/3m** wurden vorwiegend in den USA verkauft. *Anthony Fokkers* amerikanische Gesellschaft, die Atlantic Aircraft Corporation, baute sie dort für zivile und militärische Abnehmer. Zu den wichtigsten Kunden gehörten: **Pan American** (5), **Reynolds Airways** (2) und **Western Air Express** (1).
Die Produktionszahlen der F.VIIa und F.VIIa/3m wurden von der Folgeversion, der vergrößerten **F.VIIb/3m**, um mehr als das Doppelte übertroffen und vor dem Zweiten Weltkrieg das mit Abstand meistgebaute Verkehrsflugzeug Fokkers. Die F.VIIb/3m flog mit wenigstens zwölf verschiedenen Triebwerkstypen unterschiedlicher Leistung, vom 215 PS (158,13 kW) Armstrong-Siddeley Lynx bis zum 365 PS (268,45 kW) Gnome-Rhône Titan Major. Die Zelle der F.VIIb/3m unterschied sich von der des Vorgängermusters im wesentlichen durch eine größere Spannweite mit einer veränderten Flächenform, sowie einer erhöhten Passagierkapazität. Die Gesamtbauzahl betrug ohne die US-Fertigung etwa 150 Maschinen, von denen bei Fokker in den Niederlanden zirka 60 Einheiten gebaut wurden. Das Unternehmen vergab zum Bau der Maschinen in verschiedene Länder Lizenzverträge, so an Avia (14), Avro (13 Avro Ten), Meridionali (2+), Plage & Laskiewicz (18) und SABCA (28). Wichtige Erstkunden waren **Air Orient** (2), **Avio Linee Italiane** (6+), **Balair** (5), **CIDNA** (6), **CLASSA** (4), **CLS** (8), **CSA** (5), **Japan Air Transport** (10), **KLM** (8), **KNILM** (7), **LAPE** (3), **LOT** (18), **SABENA** (39), **Swissair** (3) und **Western Canada Airways** (1). Durch Second-Hand-Verkäufe war die Anzahl der Betreibergesellschaften natürlich erheblich größer. Die F.VIIb/3m hatte normalerweise zwei bis drei Besatzungsmitglieder und beförderte acht bis zehn Passagiere.
In den USA wurden 1928-1929 die für den inneramerikanischen Markt bestimmte verbesserten Versionen der F.VIIb/3m, die **F.10** und **F.10A** gebaut. Die **F.10** entstand auf Anregung der **Western Air Express (WAE)**. Sie hatte die von der F.VIIb/3m übernommenen Tragflächen und einen modifizierten Rumpf, in dem nunmehr zwölf Passagiere Platz fanden. Als Antrieb kamen drei 420 PS (308,9 kW) Wasp-Motoren zum Einbau. Von den sieben gebauten Maschinen wurden fünf Einheiten an **WAE** geliefert, die im Mai 1928 in Dienst gestellt wurden. Vier dieser F.10 übernahm später die **Transcontinental & Western Air (TWA)**. Die verbliebenen zwei F.10 wurden aufgrund einer erneuten Anregung seitens WAE zur **F.10A** umgebaut. Diese Ausführung erhielt Tragflächen in reiner Trapezform mit einer größeren Spannweite und verfügte über ein höheres Startgewicht aufgrund verbesserter aerodynamischer und Triebwerksleistungen. Die F.10A war in der Regel mit 450 PS Wasp-Motoren ausgerüstet. Es wurden etwa 60 zivile F.10A gebaut, sowie mindestens 20 weitere auf militärische Bestellung für das **US Army Air Corps**. Die größten zivilen Betreiber waren **Pan American** (12), **Standard Air Lines** (6), **Universal Airlines** (15), **West Coast Air Transport** (3) und **Western Air Express** (21). Sechs F.10A verkaufte WAE zwischen 1930-1931 an die **TWA**. **American Airways** erwarb 16 Maschinen von Standard Air Lines und Universal Airlines.

Fokker F.VIIb/3m OO-AIE der Sabena. Die belgische Fluggesellschaft war mit 30 Maschinen der weltweit größte Betreiber dieses Typs. Fokker F.VIIb/3m beflogen nahezu alle europäischen Routen sowie die nach Afrika und innerhalb Belgisch-Kongos.

Ford 4-AT und 5-AT Tri-Motor

USA, Baujahr: 1926

Vom Augenblick ihres Erscheinens an übte die **Fokker F.VIIa/3m** einen starken Eindruck auf den Entwurf und die Konstruktion anderer Verkehrsflugzeuge aus, und *Henry Ford* war einer der ersten Hersteller, die sich hiervon anregen ließen. Im August 1925 übernahm er die kleine Flugzeugfabrik Stout Metal Airplane Company, die sich seit den frühen 1920er Jahren mit dem Bau von einmotorigen freitragenden Hochdeckern in Ganzmetallbauweise einen Namen gemacht hatte. Diese Kleinverkehrsflugzeuge kamen unter der Bezeichnung 2-AT und 3-AT als Passagierflugzeuge für vier Passagiere oder als Postflugzeuge zum Einsatz und waren in Wellblechbauweise gefertigt. Unter der Leitung von *Harold Hicks* und *Thomas Towle* wurde der Entwurf 3-AT grundlegend überarbeitet und 1926 entstand die dreimotorige **Ford 4-AT Tri-Motor**. Der Prototyp hatte am 11. Juni 1926 seinen Erstflug und wurde von drei unverkleideten 200 PS (147,1 kW) Wright J-4 Whirlwind-Motoren angetrieben. Das offene Cockpit war für zwei nebeneinander sitzende Piloten ausgelegt, und in der geräumigen Fluggastkabine fanden acht Passagiere Platz. Das erste Serienmodell, von dem 14 Einheiten gebaut wurden, trug die Bezeichnung **4-AT-A**. 1927 folgte die **4-AT-B**, ein verbessertes Modell mit 220 PS (161,8 kW) Wright J-5 Whirlwind-Motoren, vergrößerter Spannweite und einer Kapazität für zwölf Fluggäste. Von dieser Version wurden 35 Maschinen gebaut. Mit verschiedenen Triebwerken und anderen kleineren Änderungen entstanden bis 1929 einige weitere 4-AT-Versionen. Mit einer auf den Namen *Floyd Bennett* getauften 4-AT flogen *Richard E.* Byrd und seine drei Begleiter am 28.-29. November 1929 über den Südpol. Auch bei der Erforschung der Nordpolarregion wurden Tri-

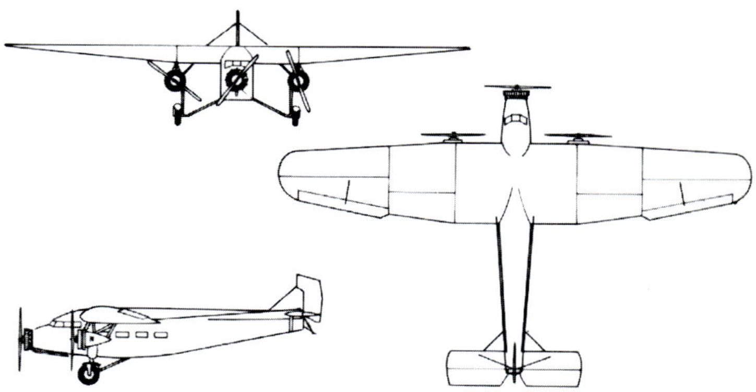

Motor Flugzeuge eingesetzt. Die gesamte Fertigungszahl aller **4-AT** Serien beträgt 78 Flugzeuge.

Schon 1928 lag mit dem **Modell 5-AT** ein neues Grundmodell der Tri-Motor vor. Die Spannweite wurde auf 23,72 m vergrößert und in der Passagierkabine konnten nunmehr 13 Fluggäste befördert werden. Als Triebwerke fanden drei 420 PS (308,9 kW) Pratt & Whitney Wasp-Sternmotoren Verwendung. Von dieser als **5-AT-A** bezeichneten Version wurden drei Maschinen gebaut. Es folgten die 15-sitzige **5-AT-B** (42 Flugzeuge), die 17-sitzige **5-AT-C** (48 Flugzeuge) und die 21-sitzige **5-AT-D** (24 Flugzeuge). Die Produktion der Tri-Motor endete am 7. Juni 1933, nachdem 192 AT-4 und AT-5 Serienmaschinen und zwei Prototypen gefertigt worden waren. Die Entwicklung der Tri-Motor endete aber keineswegs mit den 5-AT-Serien. Durch Umbauten entstanden immer neue Versionen, auch Frachtflugzeuge, und sogar einmotorige Modelle wie die aus einer 5-AT-C entstandene **8-AT**, die bei **Pacific Alaska Airways** im Einsatz stand. Als letzte Weiterentwicklung entstand im Februar 1932 das **Modell 14-A**, ein Verkehrsflugzeug mit Hispano-Suiza-Triebwerken (insgesamt 2.530 PS, 1.860,74 kW) für 40 Passagiere. Diese Maschine flog jedoch nicht.

Die auch gern als *Tin Lizzie* oder *Tin Goose* bezeichneten Tri-Motor Modelle wurden von fast allen bekannten Luftverkehrsunternehmen der USA und Mexikos eingesetzt und spielten bis zu ihrer Ablösung durch die moderneren Flugzeuge der Typen **Boeing 247** und **Douglas DC-2** im Jahre 1934 eine maßgebliche Rolle bei der Entwicklung des sich weit ausdehnenden Streckennetzes der nordamerikanischen Inlandsrouten. Die wichtigsten Betreiber in alphabetischer Reihenfolge waren: **Colonial Air Transport** (drei 5-AT-B), **Compania Mexicana de Aviacion** (fünf 5-AT-B), **Curtiss Flying Service** (vier 4-AT-B), **Eastern Air Transport** (zwei 4-AT-E), **Maddux Air Lines** (zwei 4-AT-A, sechs 4-AT-B, sechs 5-AT-B und zwei 5-AT-C), **National Air Transport** (eine 4-AT-A, acht 5-AT-C und drei 5-AT-D), **Northwest Airways** (zwei 5-AT-A und zwei 5-AT-C), **NYRBA** (eine 4-AT-A und drei 5-AT-C), **Pacific Air Transport** (sechs 5-AT-D), **Pan American World Airways** (sechs 5-AT-B, eine 5-AT-C und zwei 5-AT-D), **PANAGRA** (drei 5-AT-C und eine 5-AT-D), **Southwest Air Fast Express** (sechs 5-AT-B und zwei 5-AT-C), **Stout Air Services** (zwei 4-AT-A, drei 4-AT-B, zwei 5-AT-B und zwei 5-AT-C) und **Transcontinental Air Transport** (zehn 5-AT-B und eine 5-AT-C). Die Tri-Motor flog während ihrer fast 40jährigen Einsatzzeit bei über 100 Fluggesellschaften in den USA, Mexiko, Kanada, Australien, China und Mittel- und Südamerika.

Die letzte flugfähige Tri-Motor stand noch 1997 im Einsatz bei der in Las Vegas beheimateten **Scenic Airlines**, von wo aus sie Touristenrundflüge über der Stadt und zum Grand Canyon durchführte.

Daten (4-AT)

Antrieb: 3 Wright J-6 Whirlwind, luftgekühlte 9-Zylinder-Sternmotoren, 330 PS (220,6 kW).
Spannweite: 22,56 m; Länge: 15,19 m; Höhe 3,58 m; max. Startgewicht: 4.598 kg; ökon. Reisegeschwindigkeit: 172 km/h; Gipfelhöhe: 5.000 m; Reichweite: 917 km; Besatzung: 2; Passagiere: 10-11

Bei der Ford 5-AT Tri-Motor mit der Registrierung N414H handelt es sich um das letzte einsatzfähige Exemplar dieses Typs. Sie wurde bis 1997 von der US-Fluggesellschaft Scenic Airlines für Rundflüge über Las Vegas und zum Grand Canyon eingesetzt.

Focke-Wulf FW-200 Condor

Deutschland, Baujahr: 1937

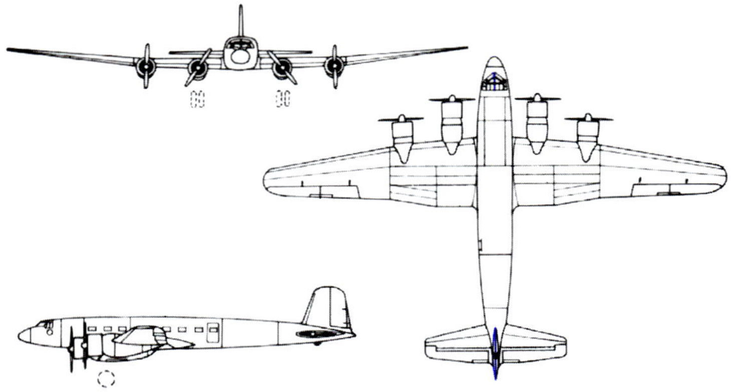

Die **FW-200** entstand aufgrund einer Forderung der **Lufthansa** nach einer der **Junkers Ju-52/3m** an Flugleistung und Kapazität überlegenen Verkehrsmaschine. Die Entwurfsarbeiten begannen im Frühjahr 1936 unter der Leitung von *Prof. Dipl.-Ing. Kurt Tank* für einen eleganten Tiefdecker in Ganzmetallbauweise mit Einziehfahrwerk. Der Entwicklungsauftrag wurde im Juli desselben Jahres erteilt. Im Herbst 1936 begann Focke-Wulf mit dem Bau von drei Prototypen. Bereits während der Fertigstellung dieser Maschinen wurde ein Montageband für die Fertigung der Vorserie eingerichtet. Der erste Prototyp **FW-200V1**, der am 27. Juli 1937 seinen Erstflug ausführte, wurde von vier 876 PS (643,54 kW) Pratt & Whitney Hornet SIEG-Sternmotoren angetrieben. Kurz nach diesem Flug erhielt er die Registrierung D-AERE und den Namen *Saarland*. Der zweite Prototyp **FW-200V2** D-AETA *Westfalen* war baugleich, aber mit 720 PS (529,5 kW) BMW 132G-1 Motoren ausgerüstet. Der dritte Prototyp **FW-200V3** wurde der **Luftwaffe** als persönliches Flugzeug für *Adolf Hitler* übergeben. Diese Maschine war ebenfalls mit den BMW-Motoren ausgestattet und erhielt die Kennung D-2600 *Immelmann III*. Im Verlauf des Krieges wurde die Markierung in WL+2600 und später in 26+00 geändert. Zuerst war das Flugzeug in grauer, ab 1941 in grüner Tarnfarbe gehalten. Wenig später folgte das erste Vorserienmodell **FW-200A-0**, von dem neun Einheiten gebaut wurden. Sieben dieser Flugzeuge erhielten BMW 132-G1, die beiden anderen Pratt & Whitney Hornet-Motoren. Fünf dieser FW-200A-0 erhielt die **Lufthansa**, dort bekamen sie Versuchsnummern. Dies waren die **V4** D-ADHR *Saarland* (im Sommer 1938 wurde die **V1** in *Branden-*

Die abgebildete D-AMHC Nordmark ist die Versuchsmaschine V5, einer aus neun Einheiten bestehenden Vorserie mit der Bezeichnung Focke-Wulf FW-200A-0. Als Antrieb verfügte die Maschine über vier Triebwerke vom Typ BMW 132G-1 mit je 720 PS (529,5 kW) Leistung. Von der FW-200A-0 wurden der Lufthansa für Langstrecken-Erprobungsflüge 1938 vom RLM fünf Flugzeuge zugeteilt.

burg umbenannt und ihr ursprünglicher Name auf die **V4** übertragen), **V5** D-AMHC *Nordmark*, **V6** D-ACVH *Grenzmark*, **V7** D-ARHW *Friesland* und **V9** D-AXFO *Pommern*. V6 und V7 wurden von 750 PS (551,6 kW) BMW 132L-Motoren angetrieben. Zwei mit BMW 132G-1 Motoren ausgerüstete FW-200A-0 wurden in der Version **KA-1** an die dänische Fluggesellschaft **DDL (Det Danske Luftfartselskap)** geliefert, OY-DAM *Dania* im Juli 1938 und OY-DEM *Jutlandia* im November 1938. Die anderen beiden Vorserienmaschinen waren mit Hornet-Motoren ausgerüstet und wurden im August 1939 als PP-CBI *Abaitara* und PP-CBJ *Arumani* an das **Sindicato Condor SA** nach Brasilien geliefert.
Die Standardeinrichtung der ***Condor*** bestand aus einem Rauchsalon für neun Passagiere in der vorderen Kabine und die Hauptkabine konnte 16 bis 17 Fluggäste aufnehmen. Zur ersten Demonstration ihrer Langstreckentauglichkeit flog die V4 am 27. Juni 1938 von Berlin über Saloniki nach Kairo. Zu den eindrucksvollsten Versuchsflügen dieses neuen Flugzeugtyps gehörte der Nonstop-Flug Berlin-New York am 10./11. August 1938 mit der **V1**. Die 6.371 km lange Strecke wurde in Ost-West-Richtung in 24 Stunden, 36 Minuten und zwölf Sekunden, in West-Ost-Richtung in 19 Stunden, 47 Minuten und 1 Sekunde zurückgelegt. Dies bedeutete rekordverdächtige Durchschnittsgeschwindigkeiten von 255,49 km/h bzw. 320,92 km/h. Für diesen Flug wurden im der Fluggastkabine Zusatztanks installiert und das Flugzeug nunmehr als **FW-200S1** bezeichnet. Es wurde in D-ACON umregistriert und erhielt den Namen *Brandenburg*. Am 28. November desselben Jahres startete die Maschine zu einem Langstrecken-Erkundungsflug von Berlin nach Tokio, das nach einer reinen Flugzeit von 42 Stunden und 18 Minuten erreicht wurde. Die Route führte über Basra, Karatschi und Hanoi. Die Maschine ging auf dem Rückweg verloren, als die Besatzung das Flugzeug infolge Triebwerksproblemen kurz vor dem Etappenziel Manila/Philippinen notwassern mußte.
Den Liniendienst mit der ***Condor*** nahm als erste Fluggesellschaft die **DDL** im Juli 1938 zwischen Kopenhagen und London auf, gefolgt von der **Lufthansa** im August desselben Jahres.
Ab Ende 1938 wurde die ***Condor*** in Serie hergestellt und erhielt die Bezeichnung **FW-200B**. Dieses Modell hatte konstruktive Detailverbesserungen erfahren und war stärker motorisiert. Neben den Bestellungen der **Lufthansa** lagen Aufträge von **Aero O/Y** (2) und **Dai Nippon Koku K.K.** (5) vor. Die Kaiserlich-Japanische Marine bestellte eine FW-200B als militärischen Aufklärungsbomber. Während die Lufthansa vier ihrer georderten Flugzeuge erhielt, konnten die anderen Aufträge wegen des Kriegsausbruchs nicht mehr ausgeführt werden. Die Lufthansa-200B-Flotte bestand aus der **B1** D-ASBR *Holstein* mit 850 PS (625,15 kW) BMW 132Dc-Motoren und drei **B2** D-ABOD *Kurmark*, D-ASHH *Hessen* und D-AMHL *Pommern* mit 850 PS (643,54 kW) BMW 132H-1-Motoren. Die neue *Pommern* diente als Ersatz für D-AXFO, die bereits kurz nach Kriegsausbruch verloren ging. Für die **Lufthansa** wurde noch eine weitere ***Condor*** fertiggestellt, die erste **FW-200C-0** D-ASVX *Thüringen*, doch vor der Ablieferung wurde sie und die übrigen Maschinen der Lufthansa-Flotte im Frühjahr 1940 von der Luftwaffe übernommen und als Truppentransporter bei der Besetzung Norwegens eingesetzt. Im weiteren Verlauf des Krieges wurden, mit zwei Ausnahmen, alle Condor-Maschinen militärisch eingesetzt. Der letzte Flug einer Lufthansa-Maschine dieses Typs führte am 14. April 1945 von Barcelona nach Berlin. Unmittelbar danach stellte die Lufthansa den Flugbetrieb ein.
Die beiden dänischen Condor-Maschinen beflogen noch einige Monate nach Kriegsausbruch die Linie Kopenhagen-Amsterdam-Heston (London), bis OY-DAM Anfang April 1940 in Großbritannien beschlagnahmt wurde. Anschließend flog dieses Flugzeug für einige Zeit bei der **BOAC** als G-AGAY *Wolf*.

Daten (FW-200 KA-1)

Antrieb: 4 BMW 132G-1, luftgekühlte 9-Zylinder-Sternmotoren, 720 PS (529,5 kW).
Spannweite: 32,84 m; Länge: 23,85 m; Höhe 6,00 m; max. Startgewicht: 14.000 kg; ökon. Reisegeschwindigkeit: 320 km/h; Gipfelhöhe: 6.000 m; Reichweite: 1.250 km; Besatzung: 4; Passagiere: 26

Heinkel He-70, He-111 und He-116

Deutschland, Baujahr: 1932-1938

In den frühen 30er Jahren erlebte Deutschlands Zivilluftfahrt einen gewaltigen Aufschwung, auch mit dem heimlichen Ziel des Wiederaufbaus einer schlagkräftigen Luftwaffe. Zu diesem Zweck galt es, zunächst die **Luft-Hansa** mit einer Generation völlig neuer Flugzeugmuster auszustatten. Die erste dieser Maschinen war die einmotorige **He-70 *Blitz***, ein eleganter, stromlinienförmig konstruierter freitragender Tiefdecker mit Einziehfahrwerk und einer Kabine für vier Passagiere. Der Prototyp mit der Registrierung D-3 absolvierte am 1. Dezember 1932 seinen Erstflug. Die Testpiloten *Junck* und *Untucht* stellten mit der He-70 acht Geschwindigkeitsweltrekorde auf und machten das Flugzeugmu-

Daten (He-70)

Antrieb: BMW VI, flüssigkeitsgekühlter 12-Zylinder-Reihenmotor, 630 PS (463,3 kW).
Spannweite: 14,80 m; Länge: 12,00 m; Höhe 3,10 m; max. Startgewicht: 3.310 kg; ökon. Reisegeschwindigkeit: 320 km/h; Gipfelhöhe: 5.500 m; Reichweite: 1.000 km; Besatzung: 1-2; Passagiere: 4

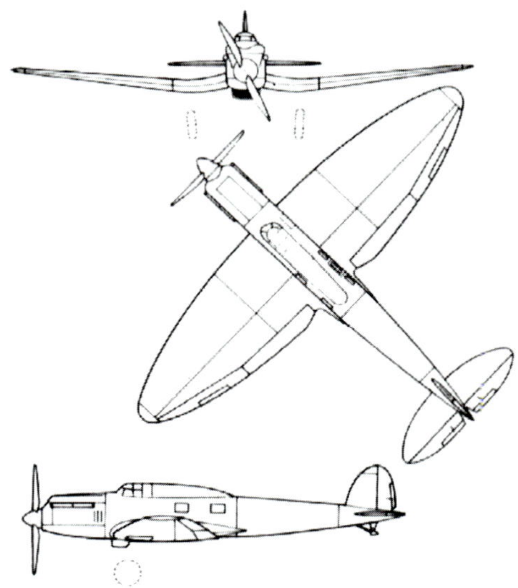

ster damit zum schnellsten Verkehrsflugzeug seiner Zeit. Die Produktion belief sich auf 28 zivile und 296 militärische Maschinen der verschiedensten Versionen. Die Luft-Hansa – seit 1934 Lufthansa – war der einzige zivile Betreiber der He-70 und setzte die Flugzeuge vorwiegend im innerdeutschen Dienst auf ‚Schnellverkehrsstrecken' ein, sowie im Postzubringerdienst für die Südatlantikstrecke. Hierbei flogen die He-70 das Teilstück bis nach Sevilla in Spanien.

Als konsequente Weiterentwicklung der **He-70** schuf Heinkel gemäß einer 1934 gemeinsam von Lufthansa und Reichsluftfahrtministerium (RLM) erarbeiteten Ausschreibung die zweimotorige **He-111**, die als Bomber, aber auch als Verkehrsflugzeug Verwendung finden sollte. Rumpf und Tragflächen der He-111 waren aus Glattblech und sogar das Spornrad konnte eingezogen werden, um den Luftwiderstand weiter zu verringern. In der Kabine dieses Schnellverkehrs-Flugzeuges fanden zehn Passagiere Platz. Der Prototyp **He-111 V1** machte in der Kampfflugzeug-Version seinen Erstflug am 24. Februar 1935 in Marienehe unter dem Kommando des Testpiloten *Gerhard Nitschke*. Von Ende 1935 bis zum Sommer 1936 erhielt die **Lufthansa** insgesamt zwölf He-

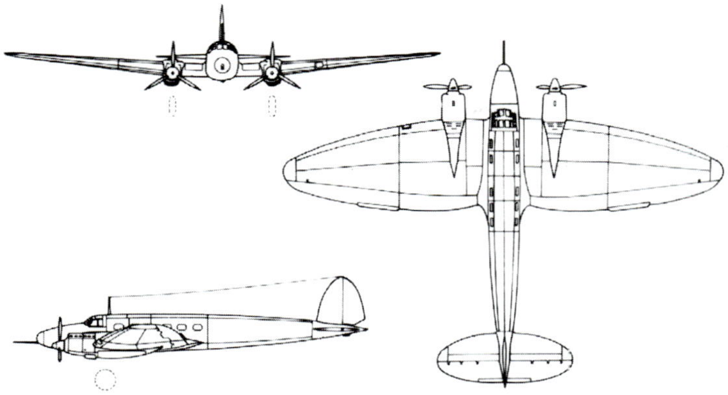

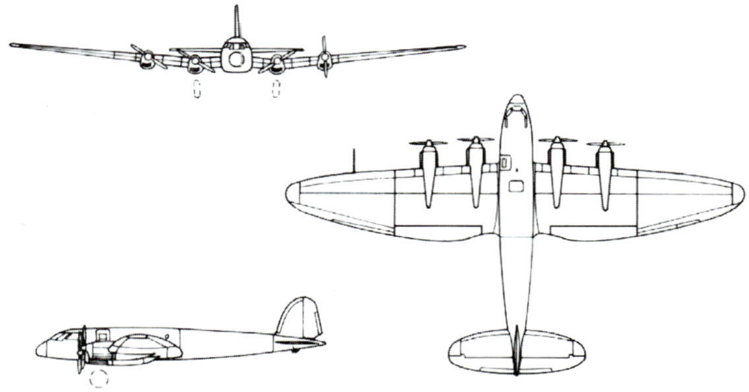

Daten (He-111)

Antrieb: 2 BMW VI, flüssigkeitsgekühlte 12-Zylinder-Reihenmotoren, 660 PS (485,4 kW).
Spannweite: 22,60 m; Länge: 17,10 m; Höhe 3,90 m; max. Startgewicht: 7.750 kg; ökon. Reisegeschwindigkeit: 305 km/h; Gipfelhöhe: 4.800 m; Reichweite: 1.000 km; Besatzung: 2; Passagiere: 10

Daten (He-116A)

Antrieb: 4 Hirth HM501D/J, luftgekühlte V8-Zylinder-Reihenmotoren, 280/260 PS (205,9/191,2 kW).
Spannweite: 22,00 m; Länge: 13,70 m; Höhe 3,30 m; max. Startgewicht: 7.130 kg; ökon. Reisegeschwindigkeit: 310 km/h; Gipfelhöhe: 6.600 m; Reichweite: 4.500 km; Besatzung: 4; Nutzlast: 550 kg

111, davon zwei **V-**Muster, sechs der Baureihe **C-0**, zwei **G-** und zwei **L-**Muster. Die Maschinen kamen ab Mai oder Juni 1936 auf innerdeutschen und europäischen Schnellverkehrsstrecken von Berlin nach München, Mailand, Amsterdam, Brüssel und Kopenhagen zum Einsatz. Im Weihnachtsverkehr 1936 wurden zwei Maschinen erstmals auf der Südatlantik-Zubringerstrecke als Postflugzeug eingesetzt und pendelten zwischen Berlin und Sevilla. Dort lösten sie die He-70 ab. Zwischen 1939 und 1940 wurden alle zivilen He-111 der Luftwaffe zum Kriegseinsatz übergeben. In der militärischen Ausführung war die He-111 der Standardbomber der Luftwaffe und während des Zweiten Weltkriegs eines der meisteingesetzten Kampfflugzeuge überhaupt.

Die **Deutsche Lufthansa**, eine der größten und bekanntesten Fluggesellschaften der 30er Jahre, meldete 1936 beim RLM dringenden Bedarf für ein Langstrecken-Postflugzeug für ihre geplanten Fernostrouten an. Außerdem sollte das neue Muster die gerade erst in Dienst gestellte **He-111** auf der Südatlantik-Zubringerstrecke ablösen und durchgehend auch das letzte Zwischenstück bis nach Bathurst (Gambia) befliegen. Die Ausschreibung gewann wieder das Heinkel-Konstruktionsteam und erhielt einen Entwicklungsauftrag für zunächst vier Flugzeuge. Das Ergebnis des auf der He-111 basierenden neuen Flugzeugmusters war die ungewöhnlich moderne und schnelle **He-116**. Die ersten Versuchsflüge wurden 1937/1938 durchgeführt und es zeigte sich sehr bald, daß die He-116 die in sie gesteckten Erwartungen nicht erfüllen konnte. Hauptursache dieses Mißerfolgs lag im Mangel der Verfügbarkeit an einem geeigneten Triebwerk, welches in großen Höhen genug Leistung entwickelte um mit voller Nutzlast das bis zu 8.000 m hohe Pamirgebirge zu überqueren. Trotzdem gelang der He-116, bevor ihre Fertigung zugunsten militärischer He-111 eingestellt wurde, noch eine eindrucksvolle Demonstration ihrer außerordentlichen Leistungsfähigkeit. Am 30. Juli 1938 stellte sie einen Streckenrekord auf geschlossener Bahn über eine Distanz von 10.000 km auf, die in 46 Sunden 18 Minuten mit einer Durchschnittsgeschwindigkeit von 215,9 km/h bewältigt wurde. Zwei **He-116A** (V1 und V2) flogen versuchsweise für die **Lufthansa**, die beiden anderen Maschinen wurden unter der Bezeichnung **He-116J** (mit verkürztem Rumpf) nach Japan geliefert.

Handley Page HP.42

Großbritannien, Baujahr: 1930

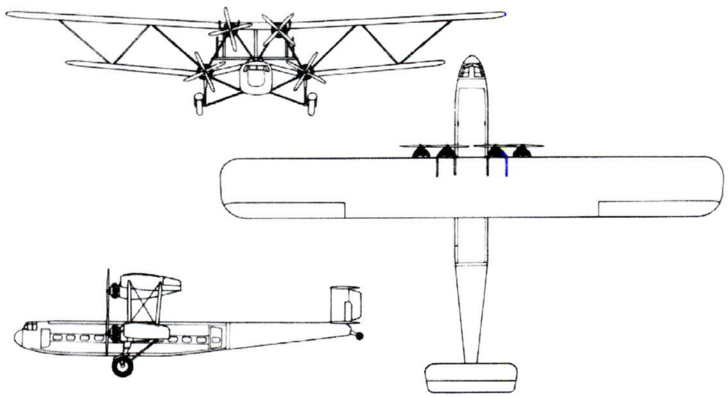

Die Handley Page **HP.42** wurde als erstes viermotoriges Verkehrsflugzeug der Welt für den planmäßigen Passagierverkehr entwickelt und in Dienst gestellt. Die HP.42 ist einer der wenigen Flugzeugtypen, die schon während ihrer Einsatzzeit zur Legende wurden. Es ist kein schönes, sondern ein eher unförmiges und schwerfälliges Flugzeug und gerade dieses Erscheinungsbild verlieh der HP.42 ihren typischen, sympathischen Charme. Der Ruf der HP.42 war gleichbedeutend mit dem der Imperial Airways zu dieser Zeit: Sicher, zuverlässig – und behäbig.

Die HP.42 wurde für **Imperial Airways** zum Einsatz auf europäischen und östlichen Flugrouten der *Empire*-Strecken entworfen. Auf der Olympia-Luftfahrtschau im Juli 1929 war bereits eine Kabinenattrappe ausgestellt, doch dauerte es noch bis zum 17. November 1930, bevor sich der Prototyp G-AAGX *Hannibal* erstmals in die Luft erhob. Beim Entwurf der HP.42 wurde von Anfang an nicht auf Geschwindigkeit, sondern vielmehr auf die Bequemlichkeit für die Passagiere Wert gelegt. Der Einbau der Jupiter-Sternmotoren – zwei in der oberen Fläche und je einer in den Winkeln der geknickten unteren Flächen – erfolgte bewußt unkonventionell, um Lärm und Vibration in den Passagierkabinen auf ein Minimum zu verringern. Diese Kabinen lagen vor und hinter den Tragflächen. Sie waren durch einen großen Bereich getrennt, in dem sich das Post- und Gepäckabteil, die Bordküche und

Handley Page HP.42W G-AAXE Hengist. Diese Maschine wurde Anfang 1935 zur HP.42E umgebaut. Die Laufbahn des Flugzeuges endete am 31. Mai 1937, als es beim Brand einer Flugzeughalle in Karatschi zerstört wurde.

Handley Page HP.42W G-AAXD Horatius bei der Landung in Croydon, Sommer 1934. Bis zum Ausbruch des Zweiten Weltkrieges flog diese Maschine über 1.800.000 Kilometer und beförderte nahezu 150.000 Passagiere. Zu Kriegsbeginn wurde G-AAXD von der Royal Air Force in den Militärdienst übernommen und am 7. November 1939 bei einer Bruchlandung irreparabel beschädigt.

die Toiletten befanden. Die Besatzung bestand in der Regel aus zwei Piloten, einem Funkoffizier und zwei Kabinenstewards. Es wurden zwei Grundmodelle gefertigt, die **HP.42E** für östliche Linien (Mittlerer Osten) und die **HP.42W** für westliche Linien (Europa). Beide Ausführungen unterschieden sich nur durch Triebwerke und Kabineneinrichtung voneinander, von denen jeweils vier Einheiten gebaut wurden. Die Maschinen der Version **HP.42E** (G-AAGX *Hannibal*, G-AAUC *Horsa*, G-AAUD *Hanno* und G-AAUE *Hadrian*) wurden von Bristol Jupiter XI.F-Motoren angetrieben und faßten sechs (später zwölf) Fluggäste in der vorderen und zwölf in der hinteren Kabine. Dazwischen lagen Post- und Gepäckräume mit einem Volumen von 14,2mΔ. Die Flugzeuge der Version **HP.42W** waren G-AAXC *Heracles*, G-AAXD *Horatius*, G-AAXE *Hengist* und G-AAXF *Helena*. Sie waren mit Jupiter X.FBM-Triebwerken ausgerüstet. In der vorderen Kabine hatten 18 Passagiere, in der hinteren Kabine 20 Passagiere Platz. Der dazwischen liegende Post- und Gepäckraum war nur halb so groß wie bei der HP.42E und verfügte über ein Volumen von 7,1 mΔ. Auch die Tankkapazität der HP.42W war geringer als bei ihrem östlichen Gegenstück.

G-AAGX startete am 9. Juni 1931 zum ersten Probeflug von London nach Paris, zwei Tage später begann das Flugzeug auf dieser Strecke den linienmäßigen Flugbetrieb. Im August 1931 wurde es nach Kairo verlegt, um dort seine eigentliche Aufgabe auf der Empire-Route nach Indien zu übernehmen. Bis zum Ende des Jahres 1931 trafen in Kairo auch die restlichen HP.42E ein. Im Januar 1932 war auch die letzte HP.42W ausgeliefert und am 20. Januar 1932 flog G-AAXF *Helena* von London nach Paris, der ersten Etappe einer lange geplanten durchgehenden Luftpostlinie nach Kapstadt. Die HP.42W kamen schließlich von Croydon aus auf den Routen nach Paris, Brüssel, Köln, Le Touquet, Basel und Zürich zum Einsatz, während die HP.42E, oft irrtümlich als HP.45 bezeichnet, von Kairo aus auf der Südafrika-Route bis Kisumu flogen. Auf der Indien-Route, die ab dem 8. Dezember 1934 bis nach Australien geführt wurde, flogen die HP.42E die Abschnitte nach Bagdad, Karachi und Delhi. Der Gebrauchswert der acht Flugzeuge war hoch, die Gesamtflugleistung lag bei nahezu 100.000 Stunden und die Gesamtflugstrecke überschritt 16 Millionen Kilometer.

Um den zusätzlichen Transportbedarf auf der Australien-Route zu decken, wurde G-AAXE *Hengist* Anfang 1935 zur HP.42E umgebaut. Die Laufbahn dieses Flugzeuges endete jedoch am 31. Mai 1937, als es beim Brand einer Flugzeughalle in Karatschi zerstört wurde. Zwischen 1937 und 1938 wurde G-AAUD zur HP.42W umgebaut, G-AAXF im Gegenzug zur HP.42E. Bis 1939 blieb G-AAXE von allen acht Flugzeugen der einzige Verlust. Als die verbliebenen sieben Maschinen von der **Royal Air Force** in den Kriegsdienst übernommen wurden, häuften sich die Abstürze. Am 7. November 1939 wurde G-AAXD irreparabel beschädigt und im Laufe des Jahres 1940 gingen auch fünf der restlichen sechs Flugzeuge durch Absturz verloren, nachdem sie in Friedenszeiten zuverlässig ihren Dienst versehen hatten. Die letzte Maschine, G-AAXF *Helena*, wurde im August 1941 auf dem Marinestützpunkt Donibristle demontiert.

Daten (HP.42E)

Antrieb: 4 Bristol Jupiter XIF, luftgekühlte 9-Zylinder-Sternmotoren, 550 PS (404,5 kW).
Spannweite: 39,62 m; Länge: 28,10 m; Höhe 8,23 m; max. Startgewicht: 12.700 kg; ökon. Reisegeschwindigkeit: 160 km/h; Gipfelhöhe: 4.500 m; Reichweite: 800 km; Besatzung: 4; Passagiere: 24

Handley Page W8b G-EBBI Prince Henry wurde als dritte Maschine dieses Musters im Mai 1922 an die Handley Page Transport Ltd. geliefert. Sie wurde am 1. April 1924 von Imperial Airways übernommen und im Oktober 1932 verschrottet, nachdem ab 1931 das Nachfolgemuster HP.42 zum Einsatz kam.

Handley Page W8, W9 und W10

Großbritannien, Baujahr: 1919

Handley Page war schon an den Anfängen der Transportflugzeugentwicklung in Großbritannien beteiligt. Bereits 1918 wurden zwei Bomber **HP O/400** zum Rücktransport von Überführungspiloten aus Frankreich eingesetzt. Acht umgebaute HP O/400 der ersten Verbindungsstaffel der **RAF** flogen während der Friedensgespräche im Jahre 1919 einen planmäßigen Liniendienst zwischen London und Paris. Handley Page gründete am 14. Juni 1919 eine eigene Fluggesellschaft, die **Handley Page Transport Ltd.**, die später ein wichtiger Bestandteil der **Imperial Airways Ltd.** werden sollte. Am 1. Mai 1919 erhielten vier **HP O/400** die ersten Zulassungen zum Verkehrseinsatz, welche das britische Luftfahrtministerium überhaupt erteilte. Maschinen dieses Typs flogen auf den frühen Routen der Fluggesellschaft – vorwiegend nach Paris, Brüssel oder Amsterdam – entweder mit geringfügigen Änderungen des ursprünglichen Bombers oder als umgebaute reine Passagierflugzeuge **O/7** und **O/10** oder als kombinierte Passagier/Frachtflugzeuge **O/11**. Diese Maschinen waren jedoch alle weit von der Wettbewerbsfähigkeit entfernt und wurden 1923, sofern sie nicht inzwischen durch Abstürze oder andere Unfälle verlorengegangen waren, verkauft oder abgewrackt.

Bereits vor dem Ersten Weltkrieg hatte Handley Page den künftigen Bedarf für ein spezielles Verkehrsflugzeug erkannt und schon früh mit entsprechenden Entwurfsarbeiten begonnen. So entstand die **W8**, die mit der Registrierung G-EAPJ am 4. Dezember 1919 erstmals flog. Die Maschine wurde zunächst von zwei je 450 PS (330,9 kW) leistenden Napier Lion-Motoren angetrieben. Am 4. Mai 1920 stellte die W8 einen britischen Höhenrekord mit Nutzlast auf, indem sie 1.674 kg auf eine Höhe von 4.267 m brachte. Im folgenden August erklärte das Luftfahrtministerium die W8 aufgrund ihres Komforts, ihrer Geschwindigkeit und technischen Zuverlässigkeit zum besten bis dahin entwickelten schweren Verkehrsflugzeug. Ab dem 21. Oktober 1921 beflog die Maschine regelmäßig die Route zwischen London und Paris, wurde aber zwei Jahre später bei einer Schlechtwetterlandung irreparabel beschädigt. Eine verbesserte Ausführung **W8a** wurde nicht gebaut, obwohl für den Prototyp schon die Registrierung G-EAVJ reserviert war. Von der nächsten Version **W8b**, die gemäß Plichtenheft 16/21 gebaut wurde, bestellte das Luftfahrtministerium drei Maschinen, welche mit 360 PS (264,7 kW) Rolls-Royce Eagle VIII-Motoren ausgerüstet waren. Auch die Transportkapazität wurde aufgrund der Forderungen des Pflichtenheftes auf zwölf Fluggäste begrenzt (ursprünglich 15) und die Kraftstofftanks befanden sich statt in den nach hinten verlängerten Motorgondeln über der oberen Tragfläche. Die erste W8b war G-EBBG *Bombay*. Dieses Flugzeug wurde im Mai 1922, als **Handley Page Transport** auch die Flugzeuge G-EBBH *Prince George* und G-EBBI *Prince Henry* erhielt, in *Princess Mary* umgetauft. Dieses Trio flog auf der HPT-Linie Paris-Brüssel bis zur Übernahme durch **Imperial Airways** am 1. April 1924. G-EBBG ging im Februar 1928 durch Absturz verloren, G-EBBH wurde im Februar 1931, G-EBBI im Oktober 1932 verschrottet.

Weitere zivile Varianten der **W8** waren dreimotorig. Als erste erschien die **W8e** mit einem 360 PS (264,7 kW) Eagle IX in der Rumpfnase und zwei 240 PS (176,5 kW) Siddeley-Puma-Motoren zwischen den Tragflächen. Die erste und einzige in Großbritannien gefertigte Maschine wurde im Mai 1924 an **SABENA** geliefert und erhielt dort die Kennung O-BAHG. Im gleichen Jahr fertigte SABCA in Belgien vier baugleiche Flugzeuge, die alle an SABENA abgeliefert wurden. Derweil entstand in Großbritannien die **W8f** ***Hamilton*** (G-EBIX), welche am 20. Juni 1924 zu ihrem Erstflug startete und als *City of Washington* an **Imperial Airways** abgeliefert wurde. Sie glich weitgehend der W8e, erhielt

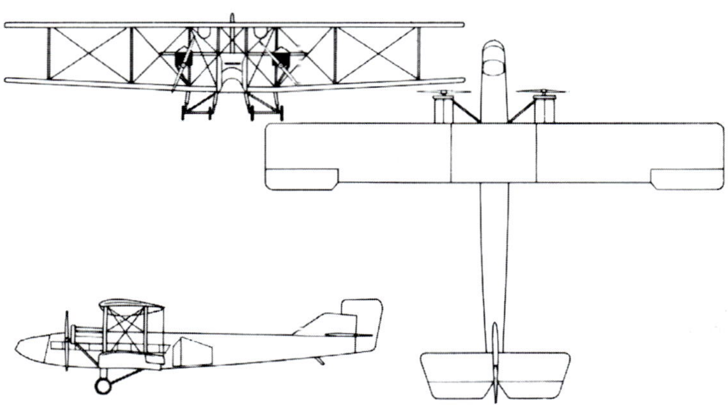

Daten (W8b)

Antrieb: 2 Rolls-Royce Eagle VIII, flüssiggekühlte 12-Zylinder-V-Reihenmotoren, 360 PS (264,7 kW).
Spannweite: 22,86 m; Länge: 18,31 m; Höhe 5,18 m; max. Startgewicht: 5.436 kg; ökon. Reisegeschwindigkeit: 145 km/h; Gipfelhöhe: 3.200 m; Reichweite: 650 km; Besatzung: 2; Passagiere: 12

Die dreimotorige Handley Page W.8f der Sabena (O-BAHU) im Flug über Belgien. Diese Maschine kam 1925 zur Auslieferung. Ab 1929 wurden die W.8 bei der Fluggesellschaft durch neue Flugzeugtypen ersetzt.

aber ein Heizsystem für die Kabine. Zehn Maschinen desselben Typs baute SABCA für SABENA, die sie ab April 1925 viele Jahre lang auf ihren Linien in Belgisch-Kongo einsetzte. G-EBIX wurde im November 1929 auf den Standard der **W10** umgebaut und erhielt die Bezeichnung **W8g**, nachdem das mittlere Triebwerk entfernt und die Außenmotoren durch Rolls-Royce F.IX ersetzt worden waren. Diese Versuche mit verschiedenen Motorauslegungen waren kennzeichnend für die Hauptschwäche der W-Typen, die Triebwerke. Die nächste Ausführung, die dreimotorige **W9a *Hampstead***, war als einziges Flugzeug in der Lage, mit einem ausgefallenem Triebwerk Höhe zu halten. Die 14-sitzige W9a war zunächst mit drei 385 PS (283 kW) Armstrong Siddeley-Jaguar IV-Sternmotoren ausgerüstet und flog erstmals am 1. Oktober 1925. Es wurde nur diese eine W9a gefertigt und als G-EBLE *City of New York* von **Imperial Airways** am 3. November 1925 in Dienst gestellt. Im April 1926 wurde sie auf 450 PS (330,9 kW) Bristol Jupiter VI-Sternmotoren umgerüstet und schließlich 1929 als VH-ULK an eine Minengesellschaft nach Neuguinea verkauft.

Der letzte W-Typ war die **W10** für 14 Passagiere. Sie war wieder zweimotorig und erhielt 450 PS (330,9 kW) Napier Lion-Motoren. Während der Entwicklung der W8-Serie entstand die Bomberversion **W8d *Hyderabadh***, die an einer fast rechteckigen Form des Seitenleitwerks zu erkennen war. Dieses Seitenleitwerk und andere wesentliche Konstruktionsmerkmale der W8d wurden auf die **W10** übertragen, von der **Imperial Airways** vier Maschinen bestellte. Der Erstflug erfolgte durch G-EBMM *City of Melbourne* am 10. Februar 1926, gefolgt von G-EBMR *City of Pretoria*, G-EBMS *City of London* und G-EBMT *City of Ottawa*. Alle vier Flugzeuge waren bis April 1926 ausgeliefert, jedoch mußte G-EBMS bereits im Oktober 1926 nach Triebwerkausfall als Totalverlust abgeschrieben werden und G-EBMT ereilte im Juni 1929 ein ähnliches Schicksal. Gemeinsam mit G-EBBI blieben die restlichen W10 bis 1931 im Einsatz und wurden dann durch **HP.42** ersetzt. G-ABMM ging im September 1934 durch Absturz verloren und die verbliebenen Maschinen wurden bis 1936 abgewrackt.

Junkers F.13

Deutschland, Baujahr: 1919

Die Ursprünge der **F.13** können bis zur Junkers **J.10** zurückverfolgt werden, einem Ganzmetall-Kampfeindecker, der unter seiner militärischen Bezeichnung **CL.1** im Ersten Weltkrieg eine gewisse Bekanntheit erlangte. Unmittelbar nach Kriegsende 1919 entwickelte der Junkers-Chefkonstrukteur Dipl.-Ing. *Otto Reuter* unter Verwendung derselben Bautechnik und Werkstoffe zwei Verkehrsflugzeug-Entwürfe, die **J.12**, die eigentlich eine nur wenig veränderte J.10 war und nicht gebaut wurde, und die **J.13**, die später die Bezeichnung **F.13** erhielt. Die F.13 war der erste freitragende Ganzmetall-Eindecker mit geschlossener Kabine. Trotz den einschneidenden Auflagen der alliierten Kontrollkommission gelang den Junkers-Werken Bau und Verkauf dieses kleinen, einmotorigen Flugzeuges. Insgesamt wurden über 320 Maschinen gebaut, die bei vielen Luftverkehrsgesellschaften der Welt in der Zeit zwischen den beiden Weltkriegen im Einsatz standen. Der Prototyp der **F.13** (D-183 *Herta*) war mit einem 160 PS (117,68 kW) Mercedes D.IIIa-Motor ausgerüstet und führte am 25. Juni 1919 seinen erfolgreichen Erstflug durch. Am 13. September des gleichen Jahres stellte das Flugzeugmuster mit acht Personen an Bord einen Höhenweltrekord über 6.750 m auf. Da Deutschland zu diesem Zeitpunkt aber von der Mitgliedschaft bei der FAI ausgeschlossen war, wurde dieser Flug nicht als internationaler Klassenrekord anerkannt. Trotz dieses vielversprechenden Erfolges gelang der F.13 aber erst

Die Junkers F.13, das erste Ganzmetall-Verkehrsflugzeug mit freitragender Tragfläche, bildete zwischen 1926 und 1932 mit anfangs 40 Maschinen das Rückgrat der Luft-Hansa-Flotte. In der geschlossenen und beheizbaren Fluggastkabine waren vier Passagiersitze untergebracht, die bereits mit Sicherheitsgurten versehen waren.

1921 der Durchbruch, als Junkers seine eigene Fluggesellschaft, den **Junkers-Luftverkehr**, eröffnete und regelmäßige Flugverbindungen zwischen Deutschland und Österreich, Ungarn und der Schweiz aufnahm. Zur Sicherstellung des reibungslosen Flugbetriebes standen rund 60 F.13 bereit. Bis 1926 hatten diese Flugzeuge 281.748 Passagiere befördert und dabei 15 Millionen Kilometer zurückgelegt. Dann übernahm die neugegründete **Deutsche Luft-Hansa** 55 Maschinen, von denen an die 40 in den Liniendienst gelangten. Dort begannen die F.13 eine zweite, ebenso erfolgreiche Karriere, bis sie 1932 ausgemustert wurden. Der letzte DLH-Flug mit einer F.13 fand 1938 statt.

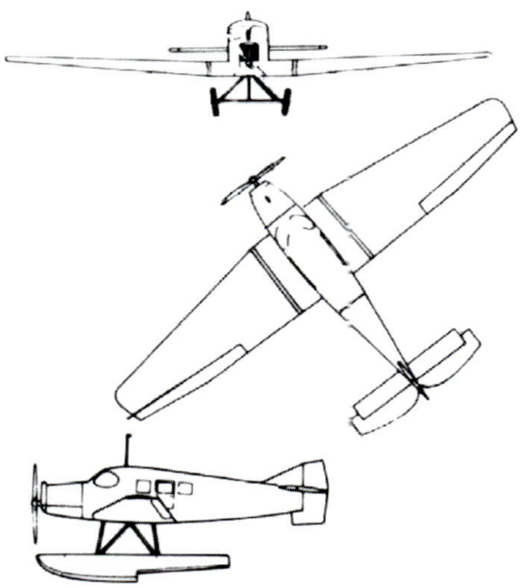

Das Metall-Rumpfgerippe und die mehrholmigen Metalltragflächen waren einschließlich der Steuerruder mit Dural-Wellblech beplankt. In der geschlossenen und beheizbaren Passagierkabine fanden vier Fluggäste in Einzelsitzen Platz. Die beiden Piloten saßen in einem halb geschlossenen Cockpit mit kleinen Windschutzscheiben. Bei späteren Umbauten erhielten viele F.13 eine geschlossene Kanzel und ein eckiges Seitenleitwerk und sahen der **W33/W34** sehr ähnlich. Insgesamt wurden über 60 verschiedene Ausführungen der F.13 gebaut, da jede Veränderung an Zelle oder Triebwerk zu einer neuen Bezeichnung führte. Daneben waren, je nach Ausrüstung, die Bezeichnungen **F.13L** (Fahrwerk), **F.13S** (Schnee) oder **F.13W** (Wasser, Schwimmer) üblich. Die erste Serienversion wurde als **F.13a** bezeichnet und war mit einem 185 PS (136 kW) BMW IIIa-Motor ausgerüstet. Bei späteren Versionen kamen eine Vielzahl verschiedener Motoren zum Einbau, neben Junkers und BMW-Triebwerken flog die F.13 auch mit Motoren von Armstrong-Siddeley, Pratt & Whitney, Gnome-Rhône und Siemens.

Die **F.13** flog bei folgenden größeren **Fluggesellschaften**: AB Aerotransport (Schweden), Ad Astra Aero (Schweiz), Aerolot (Polen), Aero O/Y (Finnland), CSA (Tschechoslowakei), Deruluft (Deutschland/UdSSR), Deutscher Aero Lloyd, Deutsche Luft-Hansa, Dobrolet (UdSSR), Eurasia, Junkers Luftverkehr, LARES (Rumänien), Lloyd Aereo Boliviano (Bolivien), ÖLAG (Österreich), SABENA (Belgien), SAM (Italien), Sindicato Condor/Varig (Brasilien), Union Airways/South African Airways (Republik Südafrika) und Western Canada Airways (Kanada). Ferner flogen acht Maschinen für das US Post Office Department.

Daten

Antrieb: BMW IIIa, flüssigkeitsgekühlter 6-Zylinder-Reihenmotor, 185 PS (136 kW).
Spannweite: 17,75 m; Länge: 9,60 m; Höhe 4,10 m; max. Startgewicht 1.815 kg; ökon. Reisegeschwindigkeit: 140 km/h; Gipfelhöhe: 4.300 m; Reichweite: 725 km; Besatzung: 2; Passagiere: 4

Junkers G-23 und G-24

Deutschland, Baujahr: 1924/1925

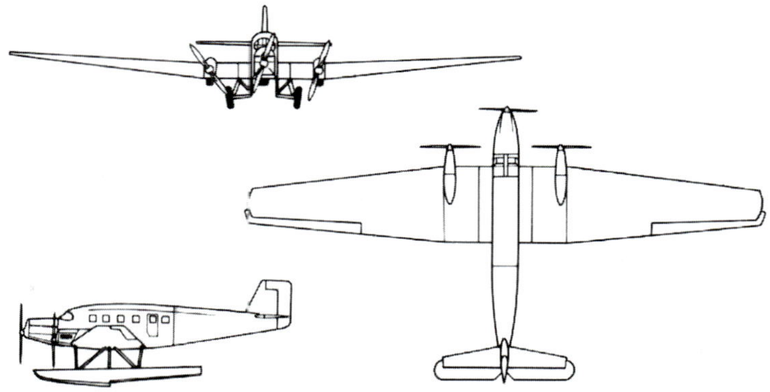

Diese beiden einander sehr ähnlichen dreimotorigen Verkehrsflugzeuge waren genau genommen vergrößerte Weiterentwicklungen der einmotorigen Junkers **F-13**. Auch hier verwendete Junkers dasselbe Grundsystem zur Bezeichnung der unterschiedlichen Versionen, bei dem kleine Kennbuchstaben hinter der eigentlichen Typenbezeichnung einen Wechsel in Ausrüstung, Startgewicht und Triebwerkstyp anzeigten. Die **G-23**, die 1924 erstmals flog, hatte unter den Beschränkungen des Versailler Vertrages zu leiden, da die Leistungsfähigkeiten aufgrund zu schwacher Motorisierung nicht sehr zufriedenstellend waren. Die größere und ausgewogener motorisierte **G-24** war zweifelsfrei der erfolgreichere Typ.

Die **G-23** hatte eine Spannweite von 28,50 m, eine Flügelfläche von 89,00 m^2 und eine Länge von 15,23 m. Der Prototyp war mit einem 195 PS (143,4 kW) Junkers L2-Mitteltriebwerk und je einem 100 PS (73,6 kW) Mercedes D.IIIa in den Tragflächen stark untermotorisiert. Mit dem etwas leistungsstärkeren 230 PS (169,2 kW) L2a in den Flächen und einem 110 PS (80,9 kW) L5 als Mitteltriebwerk erreichte die G-23 bei einem max. Startgewicht von 5.450 kg eine Reisegeschwindigkeit von 150 km/h. Die G-23 war eindeutig eine Zwischenlösung, trotzdem wurden zehn bis zwölf Maschinen gebaut, von denen jedoch mindestens sechs Exemplare in Schweden von der AB Flygindustri gefertigt wurden. Die meisten dieser Flugzeuge waren in Schweden bei der **AB Aerotransport (ABA)** und in der Schweiz bei **Ad Astra Aero** eingesetzt, die je vier Einheiten besaßen. Zwei der in Schweden gefertigten G-23 flogen in den frühen dreißiger Jahren bei der **UAE** in Spanien, in Polen kam eine **G-23W** (Schwimmerflugzeug) bei der **Aero Lloyd** zum Einsatz. **ABA** stellte die G-23 im Mai 1925 auf der Strecke Malmö-Hamburg-Amsterdam in Dienst, verwendete sie jedoch später ausschließlich für Nachtpostflüge.

Die **G-24** flog erstmals im Sommer 1925. Im Unterschied zur G-23 besaß sie Tragflächen mit größerer Spannweite und Flügelfläche, war

Daten (G-24)

Antrieb: 3 Junkers L5, flüssigkeitsgekühlte 6-Zylinder-Reihenmotoren, 310 PS (228 kW).
Spannweite: 29,37 m; Länge: 15,80 m; Höhe 5,90 m; max. Startgewicht: 7.000 kg; ökon. Reisegeschwindigkeit: 175 km/h; Gipfelhöhe: 4.700 m; Reichweite: 1.300 km; Besatzung: 2; Passagiere: 9

Die Deutsche Luft-Hansa erhielt zwischen 1926 und 1927 insgesamt 23 Maschinen der dreimotorigen Junkers G.24 und war damit der mit Abstand größte Betreiber dieses Flugzeugtyps. Die Fluggesellschaft setzte die G.24 bis 1933 vorwiegend auf ihren europäischen Flugstrecken ein. Ab 1933 wurden sie von der Ju-52/3m abgelöst und 1935 hatte die letzte G.24 die DLH-Flotte verlassen.

ihr äußerlich aber sehr ähnlich. Die Besatzung bestand aus zwei Piloten und einem Funker, und in der Passagierkabine konnten neun Fluggäste in Einzelsitzen mit Armlehnen untergebracht werden. Hinter der Kabine befand sich eine Toilette und ein kleiner Gepäckraum, im Rumpfende war ein Frachtraum in voller Rumpfbreite verfügbar. Weiteres Passagiergepäck konnte in den Tragflächen verstaut werden. Die G-24 wurde ursprünglich von drei 230 PS (169,2 kW) Junkers L2a-Motoren angetrieben, später fanden normalerweise drei 310 PS (228 kW) L5 oder ein L5 Mittelmotor und zwei L2a Tragflächenmotoren Verwendung. Außerdem wurde die G-24 wahlweise mit folgenden Triebwerkstypen angeboten: Isotta-Fraschini, Bristol Jupiter-Sternmotoren, BMW Va, Pratt & Whitney Wasp oder Hornet-Sternmotoren. Bei AB Flygindustrie wurden mindestens siebzehn G-24 gebaut, davon waren drei G-23-Umbauten. Auch die Werksnummern von 28 bei Junkers gefertigten G-24 sind bekannt, doch sind wahrscheinlich insgesamt zirka 60 Maschinen hergestellt worden. Größter Betreiber der G-24 war die **Deutsche Luft-Hansa**, die in den Jahren 1926 und 1927 28 Flugzeuge erhielt und den Typ auf ihren europäischen Flugstrecken bis 1933 in großem Umfang einsetzte. Weitere Betreiber waren: **AB Aerotransport** (1); **Aero O/Y** (1), **Helleniki Eteria Enaerion Synghinonion** (4), **Ölag** (2), **Sindicato Condor** (3), **Transadriatica** (3) und **Union Aerea Espanola UAE** (5). Weitere G-24 flogen, wenn auch nicht im Liniendienst, in Afghanistan (1), Chile (3) und der Türkei (1). Zwischen 1927 und 1928 wurden neun G-24 der DLH und eine G-24 der UAE mit verkleinerter Spannweite in einmotorige **F-24** umgebaut und erhielten zunächst 750 PS (551,6 kW) BMW VIu-Motoren. Junkers baute noch eine elfte F-24 und verwendete sie zur Flugerprobung der Jumo-Triebwerke.

Junkers G38

Deutschland, Baujahr: 1929

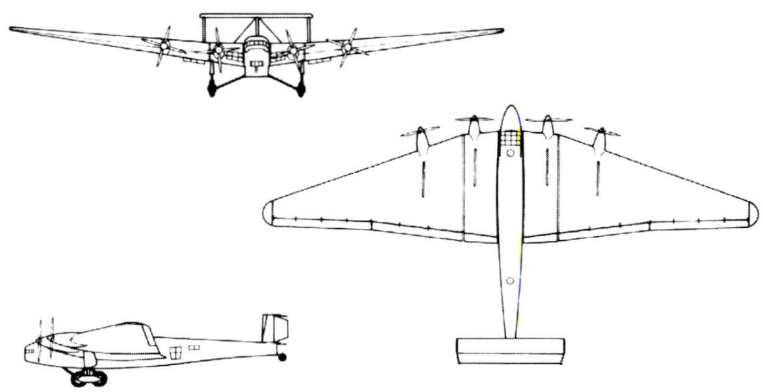

Am 12. Dezember 1915 fand der Erstflug der **Junkers J1**, eines freitragenden Ganzmetall-Eindeckers, statt. Bei diesem Entwurf wandte Prof. *Hugo Junkers* erstmals das Patent an, welches er fünf Jahre zuvor für ein dickes Flügelprofil mit selbsttragender Metallbeplankung erhalten hatte. Viele Jahre lang beschäftigte er sich mit Studien über große Verkehrsflugzeuge, die auf dem Nurflügelprinzip basierten. Hierbei sollten Triebwerke, Kraftstoff und Passagiere fast ausschließlich in den Tragflächen untergebracht werden. Entwicklung und Bau der G38 waren ein erster Schritt in dieser Richtung. Mit der viermotorigen **G38** wurde bei den Junkers-Flugzeugwerken ein markanter Schlußstrich unter die Fertigung sogenannter Großflugzeuge gesetzt, welche 1924 mit der **G23** begonnen hatte. Die **G38** wurde 1928 von einem Team unter der Leitung von Dipl.-Ing. *Ernst Zindel* entworfen und startete am 6. November 1929 mit der Registrierung D-2000 in Dessau zu ihrem Erstflug.

An der G38 war alles riesig dimensioniert. Die Tragflächen hatten an der Flügelwurzel eine Profilhöhe von 2,02 m. Die Flächentiefe betrug am Rumpfübergang 10,80 m und nahm zum Flächenende hin auf 2,89 m ab. Die größte Rumpfhöhe war 3,60 m und das Doppeldeckerleitwerk hatte eine Spannweite von 9,38 m. In den mehrholmigen Tragflächen waren Triebwerke, Kraftstoff, einige Passagiersitze und große Frachträume untergebracht. Die beiden Innenmotoren (Junkers L-55 Zwölfzylinder V-Motoren von je 650 PS/478,1 kW) trieben je eine Vierblatt-Luftschraube an, während die beiden Außenmotoren (Junkers L-8 Sechszylinder-Reihenmotoren von je 400 PS/294,2 kW) je eine Zweiblatt-Luftschraube antrieben. Alle Luftschrauben hatten einen Durchmesser von 4,50 m und waren mit den Motoren über Getriebe und Fernwellen verbunden. Ein kleines Diesel-Hilfstrieb-

Kanzel der gewaltigen viermotorigen G38, die zu einem Meilenstein in der Geschichte der Verkehrsluftfahrt wurde.

Daten (G38ce)

Antrieb: 4 Junkers L88a, flüssigkeitsgekühlte V12-Zylinder-Reihennmotoren, 800 PS (588,4 kW).
Spannweite: 44,00 m; Länge: 23,20 m; Höhe 7,20 m; max. Startgewicht 24.000 kg; ökon. Reisegeschwindigkeit: 185 km/h; Gipfelhöhe: 2.500 m; Reichweite: 3.000 km; Besatzung: 7; Passagiere: 34

Die viermotorige Junkers G38 war das größte Landflugzeug ihrer Zeit. Diese gewaltige Maschine war im Grunde ein Nurflügelflugzeug, das aufgrund seiner eigenwilligen Konstruktion allgemeines Aufsehen erregte. Die zweite Maschine, D-2500 (später D-APIS) stand ab Frühjahr 1932 bei der Luft-Hansa im Streckendienst.

werk in der linken Tragfläche lieferte Druckluft für die Fahrwerksbremsen, die Motorenanlasser und das Feuerlöschsystem. Alle Triebwerke waren während des Fluges voll zugänglich. Zwischen den beiden Triebwerken jeder Tragfläche befand sich ein Maschinenraum, in den die Unterflächenkühler eingezogen werden konnten. Der Kraftstoff war in 28 miteinander verbundenen Tanks untergebracht und reichte für eine Flugzeit von bis zu zwanzig Stunden. In den Flächenwurzeln und im unteren Rumpfteil konnten 3.000 kg Fracht befördert werden. Die Kabineneinrichtung war für den Transport von 30 Fluggästen ausgelegt. Davon saßen 26 in hintereinander liegenden Kabinen des einstöckigen Rumpfes und je zwei in den Flächenvorderkanten zwischen Rumpf und Innentriebwerken. Die vordere Kabine, im Flächenmittelstück gelegen, hatte in der Decke auf der Rumpfoberseite vier runde Fenster. Diese Kabine konnte bei Langstreckenflügen in ein Schlafabteil umgewandelt werden. 1932 wurden alle Triebwerke durch 800 PS (588,4 kW) Junkers L-88a Motoren ersetzt, die je eine Vierblattluftschraube antrieben. Die Bezeichnung des Flugzeuges lautete nunmehr **G38a**.

Junkers baute eine zweite G38, welche die Registrierung D-2500 erhielt. Diese Maschine wurde von Beginn an mit der Triebwerkskombination L8/L88 ausgerüstet, erhielt jedoch 1932 nach der Umrüstung auf vier L88a Motoren die Bezeichnung **G38ce**. Von der ersten Maschine unterschied sie sich durch einige bauliche Veränderungen, vorwiegend an den Leitwerksflächen und den Passagierkabinen. Die Tragflächen der ersten G38 besaßen keine Klappen, waren jedoch mit langen Querrudern ausgerüstet. Die zweite G38 dagegen besaß ein komplettes Junkers-Doppelflügelsystem mit dreiteiligen beweglichen Flächen. Dadurch verbesserten sich die Start- und Landeeigenschaften erheblich (575 m/765 m, bzw. 455 m/615 m). Das Seitenleitwerk bestand aus drei Flossen und Rudern, während die erste G38 nur eine mittlere Seitenflosse und drei Ruder besaß. Der vordere Rumpfteil ragte über das Flügelmittelstück hinaus und gestattete den Einbau einer größeren Zahl von Seitenfenstern. Die erhöhte vordere und die niedrigere mittlere Kabine waren für je elf Passagiere eingerichtet. Eine weitere, kleinere, Kabine mit vier Sitzen war der Rauchsalon. Dahinter befand sich eine Toilette, eine zweite war in der rechten Flächenwurzel untergebracht. Auf der linken Rumpfseite vor der vorderen Kabinenseite lag die Bordküche. In jeder der zwei Kabinen in den Flächenvorderkanten konnten drei Passagiere befördert werden. Ferner gab es noch die Möglichkeit zur Unterbringung von zwei weiteren Passagieren in der Rumpfspitze, so daß insgesamt 34 Fluggäste befördert werden konnten. Die siebenköpfige Besatzung bestand aus dem Flugkapitän, zwei Piloten, zwei Bordmechanikern, einem Funker und einem Steward. 1931 wurde D-2000 auf denselben Standard gebracht und entsprechend umgebaut Die Deutsche **Luft Hansa** erwarb beide G38, 1930 die D-2000 *Deutschland* und 1931 die D-2500 *Hindenburg*. Sie wurden am 1. Juli 1931, bzw. im Frühjahr 1932 in Dienst gestellt und flogen vorwiegend auf den Linien von Berlin nach Frankfurt, Königsberg, München, London, Rom und Stockholm.

Als das deutsche Luftfahrtregister die Buchstabenkennung einführte, erhielten die beiden Flugzeuge die Registrierungen D-AZUR (D-2000) und D-APIS (D-2500). 1934 wurden sie auf je vier 750 PS (551,6 kW) Junkers Jumo 204-Motoren umgerüstet.

D-AZUR *Deutschland* wurde 1936 nach einem Startunfall in Dessau als Totalverlust abgeschrieben, D-APIS bei Kriegsausbruch 1939 von der **Luftwaffe** übernommen.

Bei den Junkers W.33 und W.34 handelte es sich um Weiterentwicklungen der F.13. Die Deutsche Luft-Hansa hatte zwischen 1928 und 1942 15 W.33 und mehr als zehn W.34 im Einsatz, die vorwiegend als gemischte Passagier-/Frachtmaschinen oder als reine Frachtflugzeuge zum Einsatz kamen. Die abgebildete W.34 D-2394 war mit einem 600 PS (441,3 kW) BMW Hornet C-Sternmotor ausgerüstet.

Junkers W.33 und W.34

Deutschland, Baujahr: 1926

Bei der **W.33** und **W.34** *(W steht für Werksflugzeug)* handelte es sich um den Entwurf eines freitragenden Tiefdeckers in der bekannten Wellblechbauweise, der eine mit Reihen- bzw. Sternmotor ausgerüstete direkte Weiterentwicklung des Verkehrsflugzeugs **F.13** darstellte. Beide Typen wurden in großer Zahl hergestellt und waren für eine Vielzahl von zivilen und militärischen Aufgaben vorgesehen. Zwischen 1927 und 1934 entstanden 199 W.33, von der W.34 und ihres militärischen Gegenstücks, der **K.43**, wurden sogar 1.791 Einheiten hergestellt.

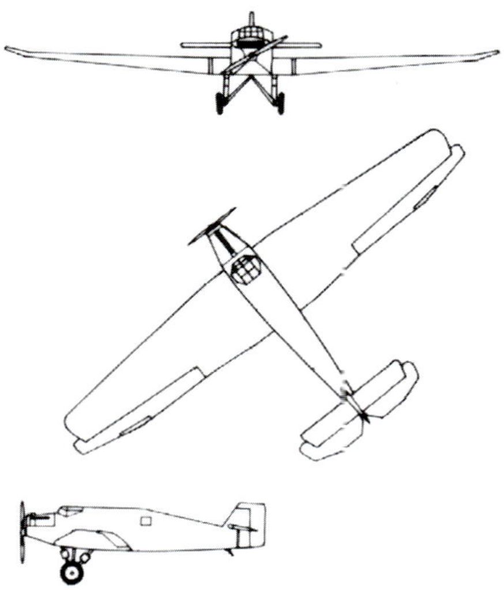

Der Prototyp der **W.33** (D-921) flog erstmals 1926 und war eine umgebaute F.13 mit einem 310 PS (228 kW) Junkers L.5 Reihenmotor, der auch zum Standardtriebwerk der meisten Serienmaschinen wurde. Die damals noch getarnte Luftwaffe verwendete die W.33 als Verbindungs- und Seeüberwachungsflugzeug. Zivilmaschinen der **Deutschen Luft-Hansa** flogen mit sechs Passagieren oder 1.000 kg Fracht und wurden auch zur Luftbildvermessung und -fotografie eingesetzt. Die **W.33** flog bei folgenden **Fluggesellschaften**: AB Aerotransport (2), Deruluft (1), Deutsche Luft-Hansa (15), Junkers Luftverkehr Persien (4-5), LOT (2, umgebaute F.13), Pacific Aerial Transport (1) und SCADTA (1). Anfang 1927 wurden zwei Landausführungen der W.33 (**W.33L**), D-1167 *Bremen* und D-1197 *Europa*, speziell ausgerüstet, um die erste Überquerung des Nordatlantik in ost-westlicher Richtung zu versuchen. Für diesen Zweck kamen modifizierte L.5G Ladermotoren zum Einbau und der Kraftstoffvorrat wurde durch vier in der Kabine eingebaute Zusatztanks auf 3.000 Liter erhöht. Beide Maschinen starteten am 14. August 1927 in Dessau, mußten den Versuch aber wegen schlechten Wetters abbrechen. Ein weiterer, ein Jahr später unternommener Versuch verlief dagegen erfolgreich. Am 12. April 1928 startete die D-1167 *Bremen* mit *Hermann Köhl*, *Ehrenfried Günther Freiherr von Hünefeld* und dem Iren *James C. Fitzmaurice* an Bord, um 05:38 Uhr Ortszeit, von Baldonnel (in der Nähe von Dublin) aus, in Richtung Westen. Nach einem stürmischen Flug und zeitweiliger Orientierungslosigkeit landeten sie am 13. April gegen Mittag, Ortszeit, auf Greenly Island (Neufundland).

Daten (W.33L)

Antrieb: Junkers L.5, flüssigkeitsgekühlter 6-Zylinder-Reihenmotor, 280-360 PS (205,9-264,7 kW).
Spannweite: 18,35 m; Länge: 10,90 m; Höhe 3,50 m; max. Startgewicht 3.700 kg; ökon. Reisegeschwindigkeit: 150 km/h; Gipfelhöhe: 4.000 m; Reichweite: 1.046 km; Besatzung: 2; Passagiere: 6 oder 1.000 kg Nutzlast.

Der Prototyp der **W.34** (D-922) flog erstmals 1926 und war mit einem 420 PS (308,9 kW) Gnome-Rhône Jupiter VI-Sternmotor ausgerüstet. Die Serienfertigung begann Anfang 1927. Bei späteren Ausführungen fanden Triebwerke vom Typ Siemens Sh.20, BMW Hornet C, Armstrong-Siddeley Panther und Bristol Mercury VI Verwendung.
Obwohl die W.34/K.43 in viel größerem Umfang von Fluggesellschaften eingesetzt wurde als die W.33, überwog die militärische die zivile Nutzung bei weitem. Die **W.34** flog bei folgenden **Fluggesellschaften**: AB Aerotransport (2), Canadian Airways (5), Canadian Pacific Air Lines (3), Deutsche Luft-Hansa (10+), DNL (1), Eurasia (1), Guinea Airways (4-5), Lloyd Aereo Boliviano (2-4), Pacific Western Airlines (4), SCADTA (1), SETA (1), Sindicato Condor (5), Transadriatica (1), Union Airways/South African Airways (1) und Western Canada Airways (1).

Junkers Ju-52 / Ju-52/3m

Deutschland, Baujahr: 1930 / 1932

Aufgrund der langjährigen Erfahrungen mit einmotorigen Verkehrsflugzeugen entwickelten die Junkers-Flugzeugwerke die **Ju-52** zunächst als einmotoriges Frachtflugzeug, welches in seiner 16,7 mΔ großen Kabine eine Nutzlast von 1.845 kg befördern konnte. Der mit einem 800 PS (588,4 kW) Junkers L-88 Motor ausgerüstete Prototyp (D-1974) startete am 13. Oktober 1930 zu seinem Erstflug. Insgesamt wurden 19 Maschinen der Ju-52 gebaut. Die Leistungen dieses Musters überzeugten die Luft-Hansa nicht, und außerdem benötigte die Fluggesellschaft ein neues, geräumiges, Standard-Passagierflugzeug. Unter der Leitung von Dipl.-Ing. *Ernst Zindel* wurde die **Ju-52** mit der Baunummer 7 in ein dreimotoriges Passagierflugzeug umkonstruiert, das die Bezeichnung **Ju-52/3m** erhielt. Das mit nunmehr drei 575 PS (422,9 kW) BMW (Pratt & Whitney) Hornet-Sternmotoren ausgerüstete Flugzeug startete am 7. März 1932 zu seinem erfolgreichen Erstflug. Die Serienfertigung der Ju-52/3m begann im April 1932 zunächst mit dem Umbau der meisten Ju-52 und die ersten beiden Maschinen wurden an Lloyd Aereo Boliviano geliefert. Von dem ursprünglichen Muster **Ju-52** blieben nur fünf Maschinen erhalten, davon flog ein Exemplar bei der **Canadian Airways**, ein zweites wurde von der **Deutschen Verkehrsfliegerschule (DVS)** eingesetzt. Die **Ju-52/3m** hatte eine Besatzung von drei Mann und konnte bis zu 17 Passagiere befördern. Die Toilette und der Gepäck- und Frachtraum befanden sich im Rumpfheck hinter der Passagierkabine. Zu den wichtigsten Eigenschaften des Musters gehörten die operationelle Zuverlässigkeit, Wirtschaftlichkeit und hervorragende Wartungseigenschaften. Selbst bei Ausfall eines der drei Triebwerke konnte die Ju-52/3m in einer Flughöhe von 2.500 m immer noch mit 85 % der Horizontalflugleistung ihren Flug fortsetzen. Dank der Junkers-Hilfsflügel – je eine Spaltklappe an jeder Flügelhinterseite – betrug die Landegeschwindigkeit nur 95 km/h, was auch einen Betrieb von kurzen Startflächen ermöglichte. Die meisten Maschinen wurden von verschiedenen Ausführungen des Hornet-Motors oder seines deutschen Gegenstücks, des BMW 132, angetrieben. Es kamen aber auch Pratt & Whitney Wasp- oder Bristol Pegasus-Sternmotoren, sowie vereinzelt auch Hispano Suiza-V Motoren zum Einbau. Einige wenige Maschinen waren probeweise mit Reihenmotoren des Typs Junkers Jumo 5 ausgerüstet. Bis zum Kriegsausbruch 1939 stellte Junkers 231 zivile Ju-52/3m her. Über die größte Flotte verfügte die **Luft-Hansa** – ab 1934 **Lufthansa** – mit 59 Maschinen, die ab Mitte 1932 erst versuchsweise und ab April 1933 auf nahezu allen wichtigen Routen regulär im Liniendienst standen. Diese Flugzeuge wurden bei Kriegsausbruch 1939 von der Luftwaffe übernommen, allerdings von der Lufthansa weitergeflogen.

Die Ju-52/3m kam aufgrund ihrer außerordentlichen Leistungsfähigkeit weltweit zum Einsatz, auch in Gegenden, in denen ein zuverlässiger Flugbetrieb mit anderen Flugzeugtypen, der geographischen Verhältnisse wegen, problematisch gewesen wäre. Hierzu zählen die eisigen Weiten der Tundra, die Wüsten Afrikas und die hohen Gebirgszüge Zentralasiens und Südamerikas. Zu den Betreibern gehörten folgende **Fluggesellschaften:**
Europa: AB Aerotransport (7), Aero O/Y (5), AGO Estland (1), ALA Littoria (5), British Airways (3), DDL (3), Deruluft (5+), DNL (8), Iberia (5), LARES (1), LOT (1), Lufthansa (59), Malert (5), Ölag (3), Sabena (9), Servicios Aereos Portugueses (1), SHCA, Griechenland (3); **Asien:** Eurasia Aviation Corporation, China (5); **Afrika:** DETA Mocambique (3), South African Airways (15); **Südamerika:** Aeroposta Argentina (4), CAUSA (2), Kolumbien, Regierung (3), Lloyd Aereo Boliviano (7), SEDTA, Ekuador (2), Sindicato Condor (17), VARIG (1), VASP (1).
Während des Zweiten Weltkriegs wurde die Ju-52/3m zum Standard-Transportflugzeug der Luftwaffe und als »Tante Ju« berühmt. Auch einige dieser militärischen Exemplare tauchten in den Bestandslisten der Lufthansa auf. Der letzte offizielle Ju-52/3m-Flug der Lufthansa fand Anfang April 1945 statt. Insgesamt wurden bis zum Kriegsende etwa 4.000 Ju-52/3m gebaut, von denen mehr als zwei Drittel im Dienst der Luftwaffe standen.
Nach dem Krieg wurden nur noch wenige Exemplare der Ju-52/3m im zivilen Luftverkehr eingesetzt (siehe Seite 142).

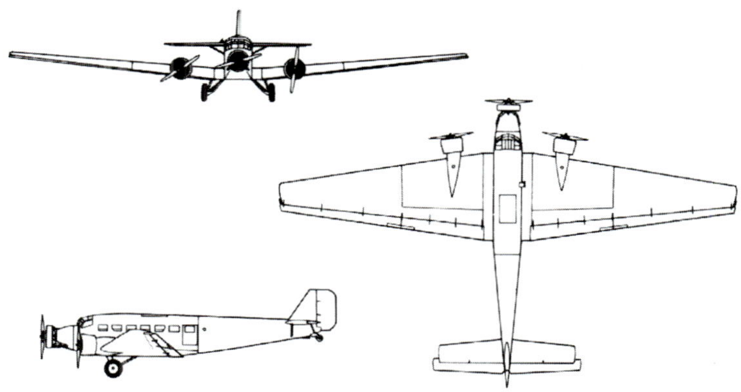

Daten (Ju-52/3m)

Antrieb: 3 BMW (Pratt & Whitney) Hornet, luftgekühlte 9-Zylinder-Sternmotoren, 575 PS (422,9 kW).
Spannweite: 29,25 m; Länge: 18,90 m; Höhe 5,55 m; max. Startgewicht: 9.500 kg; ökon. Reisegeschwindigkeit: 245 km/h; Gipfelhöhe: 5.200 m; Reichweite: 915 km; Besatzung: 3; Passagiere: 15-17

In der Entwicklung der Zivilluftfahrt zwischen den beiden Weltkriegen gab es drei herausragende dreimotorige Flugzeugtypen: die Fokker F.VIIb/3m, die Ford TriMotor und die Junkers Ju-52/3m. Von der Ju-52/3m wurden die meisten Maschinen gebaut, bis 1945 rund 4.000 in allen zivilen und militärischen Ausführungen. 231 dieser Flugzeuge standen bei nahezu 30 Fluggesellschaften weltweit im Einsatz. In der Zeit vor Kriegsausbruch verfügte

die Lufthansa mit 59 Einheiten über die größte Ju-52/3m-Flotte. Einige wenige Maschinen (siehe Abbildung) waren probeweise mit Reihenmotoren des Typs Junkers Jumo 5 ausgerüstet.

Eine außerordentlich erfolgreiche Entwicklung gelang Junkers mit dem zweimotorigen Verkehrsflugzeug-Muster Ju-86. Obwohl die Militärversion eine größere Bedeutung erlangte, war die Ju-86 in den 1930er Jahren auch als Verkehrsflugzeug ziemlich verbreitet. Die Deutsche Lufthansa war mit 16 Maschinen verschiedener Ausführungen einer der größten Betreiber der Ju-86. 1940 wurde die gesamte Flotte von der Luftwaffe übernommen.

Junkers Ju-86

Deutschland, Baujahr: 1936

Eine außerordentlich erfolgreiche Entwicklung gelang den Junkers Flugzeugwerken im Jahre 1934 mit der **Ju-86**, einem fortschrittlich konzipierten, zweimotorigen Verkehrsflugzeug. Obwohl die Ju-86 in der Militärversion eine größere Bedeutung erlangte, war sie in den 1930er Jahren auch als Verkehrsflugzeug ziemlich verbreitet. Bei acht Fluggesellschaften waren fast 50 Maschinen im Einsatz. Wie ihre Zeitgenossin, die **Heinkel He-111**, wurde auch die **Ju-86** 1934 aufgrund einer gemeinsamen Ausschreibung der Deutschen Lufthansa und des Reichsluftfahrtministeriums (RLM) entwickelt. In dieser Ausschreibung wurde ein mehrmotoriges Flugzeug verlangt, das sowohl als Bomber als auch als Verkehrsflugzeug eingesetzt werden konnte. Das Junkers-Entwurfsteam stand unter der Leitung von Dipl. Ing. *Ernst Zindel*. Zwei zivile Prototypen, **Ju-86 V2** (D-ABUK) und **V4** (D-AREV), führten ihre Erstflüge am 22. März und 24. August 1935 durch. Von Anfang an war die Entwicklung des Musters durch Schwierigkeiten mit den Jumo-Motoren behindert, die als Triebwerke ausgewählt worden waren. Trotzdem lief 1935 die Fertigung der ersten Verkehrsversion, der **Ju-86B**, an. Von der Vorserie **Ju-86B-0** wurden acht Maschinen gebaut. Im April 1936 konnte die erste dieser Maschinen an eine Luftverkehrsgesellschaft abgeliefert werden. Das als Ju-86B-01 bezeichnete Flugzeug ging als HB-IXI an die schweizerische **Swissair**. Fünf Maschinen (Ju-86B-02 / B-06) erhielt die **Lufthansa**, die sie ab Mitte 1936 auf den Routen von Berlin nach Bremen, Gleiwitz und Köln und von Köln nach Breslau einsetzte. Die Swissair-Maschine, die vorwiegend im Nachtpostdienst zwischen Zürich und Frankfurt/Main flog, wurde schon im August 1936 bei einer Bruchlandung irreparabel beschädigt und sechs Monate später durch die **Ju-86Z-1** HB-IXE ersetzt. Nach der Umrüstung auf die verläßlicheren BMW-132 Motoren erhielt dieses Flugzeug die neue Registrierung HB-IXA. Es war für 10 Fluggäste in Einzelsitzen eingerichtet und flog auf den Strecken von Zürich nach Basel, Genf und Wien. Die Ju-86 gab bei der Swissair nur ein recht kurzes Gastspiel, bevor sie von der wirtschaftlicheren **DC-2** abgelöst

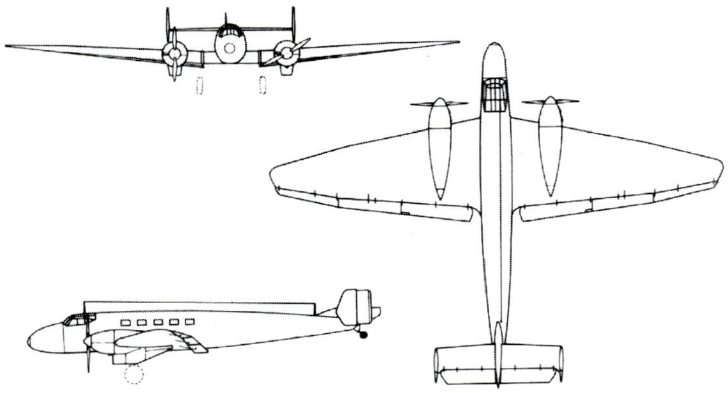

wurde. Neben der **South African Airways (SAA)**, die 18 Maschinen besaß, setzte die **Deutsche Lufthansa** mit 16 Flugzeugen die meisten Ju-86 ein. Außer der V2, V4 und den bereits erwähnten fünf B-0 erhielt die DLH auch sechs **Ju-86C-1**, zwei **Ju-86Z-2** und die **Ju-86 V24**. Die Lieferung der Flotte war 1937 abgeschlossen und die Maschinen flogen auf 18 Linien des DLH-Streckennetzes. Das Muster blieb bis 1940 im Einsatz, dann wurde die gesamte Flotte von der **Luftwaffe** übernommen.
Die Version **Ju-86C-1** behielt die Jumo 205C-Triebwerke bei, unterschied sich von den anderen Versionen durch einen verlängerten Hinterrumpf. Die Kennung **Ju-86Z**, für Zivilversion, wurde 1936 eingeführt. Die Z-1 mit Jumo-Motoren entsprach den früheren Versionen B-0 oder C-1. Neben der **Swissair** flogen Z-1 bei **Airlines of Australia** (1) und **LAN Chile** (3). Die Version Z-2 mit BMW 132H-Motoren flog bei der **Lufthansa** (2) und der halbmilitärischen **Mandschuria Air Transport** (5+). Die letzte Zivilversion, die Z-7 lieferte Junkers an die **SAA** (17), **Lloyd Aereo Boliviano - LAB** (3) und an die schwedische **AB Aerotransport – ABA** (1). Das ABA-Flugzeug wurde ausschließlich zum Postdienst verwendet und 1940 der schwedischen Luftwaffe übergeben, die es unter der Bezeichnung Tp9 bis 1958 verwendete. Auf Bestellung der Großjapanischen Luftlinien, **Dai Nippon Koku K. K.**, gelangten mindestens vier Ju-86 nach Japan. Sie kamen aber nie in den Verkehrsdienst, sondern dienten der Entwicklung des Musters **Mitsubishi G3**. Zwei dieser Ju-86 wurden zu bewaffneten Militärtransportern umgebaut und kamen in der Mandschurei zum Einsatz.
South African Airways wollte ihre Ju-86 ursprünglich mit 745 PS (547,9 kW) Rolls-Royce Kestrel V-Motoren ausrüsten lassen, aber nur sechs Maschinen flogen vorübergehend mit diesen Triebwerken. Vor Ablieferung wurden alle SAA-Maschinen auf Hornet-Motoren umgerüstet. Bei Kriegsausbruch 1939 wurde die gesamte Flotte von der **South African Air Force (SAAF)** beschlagnahmt. Eine achtzehnte Maschine, einen Bomber der Version Ju-86K-1, hatte die SAAF zuvor zur Erprobung erworben.
Neben den zuvor beschriebenen 48 Verkehrsflugzeugen trugen noch mindestens zehn weitere Ju-86 vorübergehend deutsche Zivilregistrierungen. Die meisten davon waren militärische Entwicklungsflugzeuge der K-Version (K = Krieg), drei Maschinen besaß jedoch die Hansa Luftbild, eine offiziell zivile Firma für Luftbildfotografie (Luftaufklärung). Die letzte Ju-86, D-AXEQ, war eine Junkers-Vorführmaschine der Version Ju-86A.

Daten (Ju-86B)

Antrieb: 2 Junkers Jumo 205-C-4, flüssigkeitsgekühlte 12-Zylinder-Reihenmotoren, 600 PS (441,3 kW).
Spannweite: 22,50 m; Länge: 17,42 m; Höhe 4,80 m; max. Startgewicht: 7 700 kg; ökon. Reisegeschwindigkeit: 255 km/h; Gipfelhöhe: 6.100 m; Reichweite: 1.100 km; Besatzung: 2; Passagiere: 10

Junkers Ju-90

Deutschland, Baujahr: 1937

Die ersten Entwurfsstudien, die zur Verkehrsflugzeugversion der **Ju-90** führten, erfolgten im Frühjahr 1936. Als Grundlage diente der bereits vorhandene Entwurf für den Langstreckenbomber **Ju-89**. Dieser wurde nicht gebaut, und so verwendete die Entwicklungsmannschaft unter Dipl.-Ing. *Ernst Zindel* die Tragflächen, Triebwerke, sowie das Leitwerk und Fahrwerk der Ju-89V3 für den Bau des Prototyps Junkers Ju-90. Diese Maschine, **Ju-90V1** D-AALU *Der große Dessauer*, absolvierte ihren Erstflug am 28. August 1937 und wurde von vier flüssigkeitsgekühlten 1.050 PS (772,2 kW) Daimler-Benz DB 600A-Motoren angetrieben. Am 6. Februar 1939 brach D-AALU bei der Durchführung von Flatterschwingungsversuchen in der Luft auseinander. Die Laufbahn der **Ju-90V2** D-AIVI *Preußen* ist ebenso kurz. Sie stürzte bei Tropentauglichkeitsversuchen für die **Lufthansa** im Dezember 1938 in Bathurst/Gambia ab. Die V2 war die erste Maschine von drei weiteren Prototypen, die mit luftgekühlten 800 PS (588,4 kW) BMW 132H-Sternmotoren ausgerüstet waren. Wegen des frühen Verlustes der beiden Prototypen wurden nahezu alle Werbe- und Streckenerprobungsflüge von der **Ju-90V3** D-AURE *Bayern* durchgeführt. Diese Maschine war Anfang 1938 fertiggestellt worden und wurde von der **Lufthansa** im weiteren Verlauf des Jahres auf den Strecken Berlin-München und Berlin-Wien eingesetzt. Die **Ju-90V4** D-ADLH *Sachsen* war Prototyp für die Serienversion **Ju-90B1**, von der die **DLH** acht Maschinen bestellte. Dies waren D-ABDG *Württemberg*, D-AEDS *Preußen*, D-ADFL *Baden*, D-ASND *Mecklenburg*, D-AFHG *Oldenburg*,

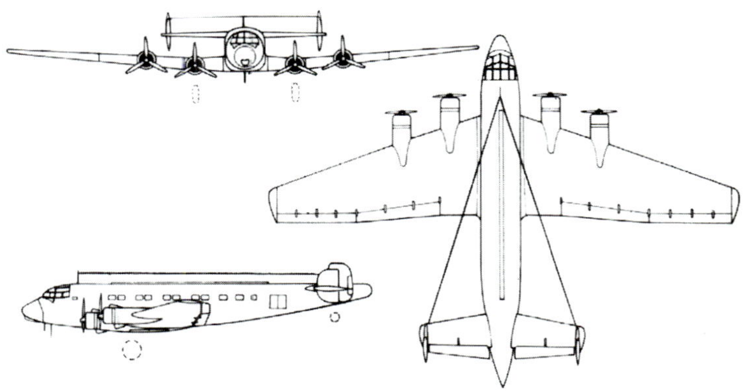

Die Ju-90V3 D-AURE Bayern mußte wegen des Verlustes der ersten beiden Prototypen fast alle Werbe- und Streckenerprobungsflüge durchführen. Diese Maschine war Anfang 1938 fertiggestellt worden und wurde von der Lufthansa im Verlauf des gleichen Jahres auf den Strecken von Berlin nach München und Wien eingesetzt. Im Frühjahr 1940 wurde D-AURE, ebenso wie die übrigen Ju-90, von der Luftwaffe übernommen und als Truppentransporter eingesetzt. Insgesamt wurden 14 Ju-90 aller Versionen gebaut.

D-ATDC *Hessen*, D-AJHB *Thüringen* und D-AVMF *Brandenburg*. Kurz vor Kriegsausbruch kamen zumindest noch die vier ersten Maschinen zum Linieneinsatz, u. a. auf den Strecken von Berlin nach London, Paris und Amsterdam und konnten bis zu 40 Fluggäste befördern. Die Inneneinrichtung der Langstrecken-Serie **Ju-90B2**, die wegen des Zweiten Weltkriegs nicht mehr gebaut wurde, war für 22 bis 24 Passagiere vorgesehen. Die Ju-90 galt als bequemes und geräumiges Flugzeug, das insbesondere der passagierfreundlichen Ausgestaltung neue Wege wies.

Einziger Auslandskunde für die **Ju-90** war **South African Airways** mit einer Bestellung über zwei Maschinen, welche unter der Bezeichnung **Ju-90Z-1** und **Z-2** gebaut wurden und die Registrierungen ZS-ANG und ZS-ANH erhalten sollten. Diese Flugzeuge wurden wegen Kriegsausbruchs nicht mehr abgeliefert, sondern erhielten Versuchsnummern und wurden Anfang 1940 an die Luftwaffe abgegeben. Die Ju-90 blieb noch bis März/April 1940 auf der Lufthansa-Route von Berlin nach Belgrad im Einsatz, bevor alle Maschinen von der Luftwaffe übernommen wurden. Schon 1937 plante plante Junkers eine leistungsstärkere Ausführung, die **Ju-90S**. Nach Kriegsbeginn und dem Ende des Polenfeldzuges wurde das Konstruktionsteam für die Ju-90S in die Letow-Werke nach Prag-Letnany verlegt, wo die Entwicklung allerdings nicht zu einem neuen Verkehrsflugzeug, sondern zum Militärtransporter **Ju-290** führte. Hierfür diente die **Ju-90B1** D-AFHG als Prototyp.

Daten (Ju-90V3)

Antrieb: 4 BMW 132H, luftgekühlte 9-Zylinder-Sternmotoren, 830 PS (610,4 kW).
Spannweite: 35,05 m; Länge: 26,30 m; Höhe 7,50 m; max. Startgewicht: 23.000 kg; ökon. Reisegeschwindigkeit: 320 km/h; Gipfelhöhe: 5.500 m; Reichweite: 2.000 km; Besatzung: 3-4; Passagiere: 32-40

Lioré et Olivier LeO 21

Frankreich, Baujahr: 1926

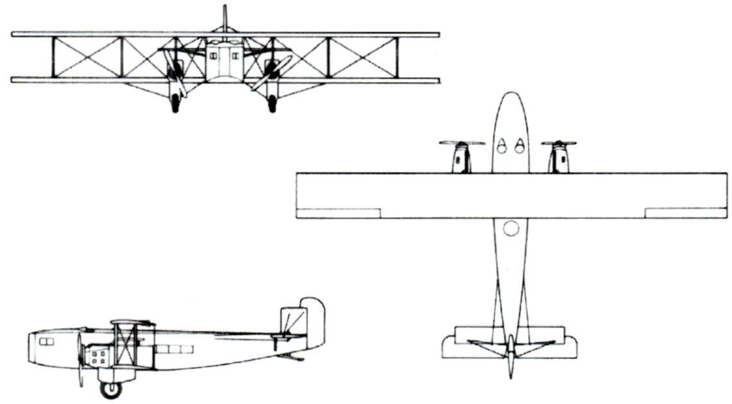

Aus dem zweimotorigen Bomber **LeO 12**, der erstmals im Juni 1924 flog, entwickelten Lioré et Olivier zwischen 1925 und 1926 zwei geänderte Versionen mit Gnome-Rhône (Bristol) Jupiter-Motoren anstelle der ursprünglichen Lorraine-Dietrich-Triebwerke. Dies waren das Verkehrsflugzeug **LeO 121** und der Bomber **LeO 122**. Aus der LeO 122 entstand die **LeO 20**, ein fünfsitziger Nachtbomber und in ähnlicher Weise wurde der Entwurf LeO 121 zum größeren Passagierflugzeug **LeO 21** weiterentwickelt.
Zwei Prototypen der **LeO 21** wurden gebaut. Sie erhielten die Zulassungen F-AIFD und F-AIFE und waren zunächst mit je zwei unverkleideten 420 PS (309 kW) Gnome-Rhône Jupiter 9Ab-Sternmotoren ausgerüstet. Die Flugzulassung wurde im August 1926 erteilt und im folgenden Monat gewann die LeO 21 einen vom Service Technique Aéronautique veranstalteten Wettbewerb für Verkehrsflugzeuge. Beide Maschinen nahmen am 30. Juli 1927 bei der **Air Union** auf der Strecke Paris-London den Flugbetrieb auf. Später wurde F-AIFE auf zwei 450 PS (330,9 kW) Renault 12Ja Zwölfzylinder V-Reihenmotoren umgerüstet und erhielt daraufhin die Bezeichnung **LeO 212**. Diese Motoren wurden auch die Standardtriebwerke der Serienversion **LeO 213**, deren erste Maschine, F-AIVG, 1928 entstand. Die LeO 21 hatte zwei Mann Besatzung, die nebeneinander in einem offenen Cockpit dicht vor den Tragflächen saßen. Die vordere Kabine in der Rumpfspitze war für sechs Passagiere eingerichtet und durch einen Gang mit der Hauptkabine für zwölf Passagiere im Mittelrumpf verbunden. 1929 wurde der erste Prototyp LeO 21 umgebaut und erhielt die Bezeichnung **LeO 211** und verfügte jetzt über eine Bar mit Mixer. Die Hauptkabine der **LeO 212** wurde in Zusammenarbeit mit der Compagnie des Wagon-Lits in ein zwölfsitziges Restaurant, ebenfalls mit Bar und Mixer, umgebaut.
Zwischen 1929 und 1931 wurden zehn weitere **LeO 213** gebaut und mit den Registrierungen F-AIZN und F-AIZO, F-AJBE und F-AJNS, sowie F-ALCS/CY/GF/GG/GH/GI versehen. Sämtliche dieser Maschinen wurden an die **Air Union** abgeliefert. Im Unterschied zu den ersten zwei Flugzeugen erhielten die Serienmaschinen keine individuellen Namen.

Daten (LeO 213)

Antrieb: 2 Renault 12Ja, flüssiggekühlte 12-Zylinder-V-Reihenmotoren, 450 PS (330,9 kW).
Spannweite: 23,43 m; Länge: 15,95 m; Höhe 4,30 m; max. Startgewicht: 5.700 kg; ökon. Reisegeschwindigkeit: 175 km/h; Gipfelhöhe: 4.500 m; Reichweite: 560 km; Besatzung: 2-3; Passagiere: 12

Alle 13 bei Air Union eingesetzten Einheiten trugen jedoch den Flottennamen *le Rayon d'Or / The Golden Ray (Goldener Strahl)*. Die LeO 213 hatte eine größere Spannweite und Flügelfläche und einen längeren Rumpf mit entsprechend größerer Hauptkabine als die ursprüngliche LeO 21. Die vordere Kabine wurde von da an als zusätzlicher Gepäckraum verwendet, die Fenster im Rumpfbug entfielen. Die beiden Piloten saßen nunmehr in getrennten, offenen Kanzeln, die mit Doppelsteuerung ausgestattet waren. **Air Union** setzte diese Flugzeuge auf ihren Linien Paris-London, Paris-Lyon-Marseille und Paris-Genf ein. 1931 und 1932 wurden die beiden Prototypen LeO 21 nochmals umgebaut, diesmal zu reinen Frachtflugzeugen. 1933 wurden auch F-AIZN und F-AIZO entsprechend umgebaut. Spätere LeO 213 wurden nach 1933 unter der Bezeichnung **LeO 213N** speziell für Nachtflüge

Bei Air Union standen zwischen 1927 und 1933 insgesamt 13 Verkehrsflugzeuge vom Typ LeO 21/213 im Einsatz. Unter dem Flottennamen le Rayon D'Or/The Golden Ray pendelten sie hauptsächlich zwischen Paris (Le Bourget) und London (Croydon). In der luxuriösen Passagierkabine fanden je zwölf Fluggäste Platz.

umgerüstet und mit zusätzlicher Navigationsausrüstung versehen. Ferner erhielten sie eine größere Kabinentür, einen verstärkten Kabinenboden und ein geändertes Treibstoffsystem. Im August 1933 wurden alle elf im Einsatz stehende LeO 213 von der neugegründeten Air France übernommen. Am 31. Mai 1934 wurde F-AIVC nach 1.461 Flugstunden zerstört, als sie auf einem Post-Nachtflug von Paris nach London (Croydon) während des Anflugs in mit einem Leitungsmast kollidierte. 1932 wurde F-AJNS mit zwei 500 PS (367,7 kW) Renault 12Jb-Motoren mit Untersetzungsgetrieben ausgerüstet. Einen weiteren Versuch zur Leistungsverbesserung der Flugzeugserie stellte die geplante **LeO 214** dar. Sie sollte mit zwei 500 PS (367,7 kW) Renault 12Jc-Motoren ausgerüstet werden und 16 Fluggäste befördern können. Doch weder diese noch die vorgesehene Sanitätsausführung **LeO 21S** wurden gebaut.

1934 übergab die **Air France** neun ihrer veralteten LeO 213-Maschinen der **Armée de l'Air** und ersetzte sie durch die **Potez 62**.

Lockheed Modell 10/12 Electra

USA, Baujahr: 1934

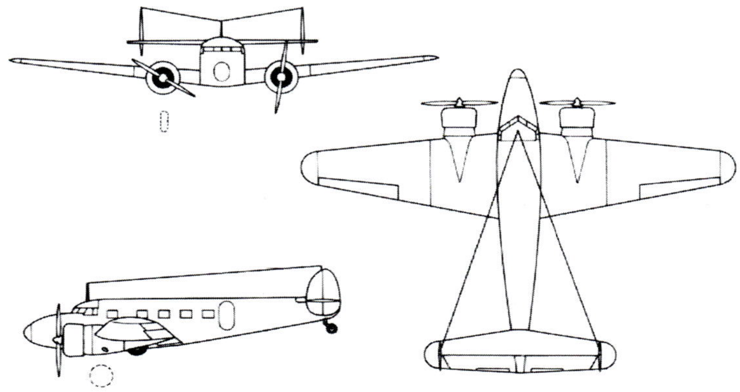

Lockheed war in den schweren Jahren der Weltwirtschaftskrise von 1929 bis 1932 in der Existenz bedroht und sah sich nach dem Erscheinen der **Boeing 247** und **Douglas DC-2** gezwungen, alle noch verfügbaren Mittel in die Entwicklung einer neuen, der Konkurrenz gleichwertigen, Flugzeuggeneration zu investieren. Als erster der neuen Entwürfe erschien Ende 1933 ein zweimotoriger, glattbeplankter und mit einem doppelten Seitenleitwerk versehene Entwurf mit der Bezeichnung **Lockheed 10** und dem Namen ***Electra***. Das neue Modell war zur schnellen und wirtschaftlichen Beförderung von zehn Passagieren und Gepäck vorgesehen. Es ähnelte in seiner Erscheinung der Boeing 247, konnte auch die gleiche Anzahl Passagiere befördern wie das Konkurrenzmuster, war aber kleiner in den Abmessungen. Dafür war die *Electra* aber schneller, Reichweite und Dienstgipfelhöhe waren größer, und vor allem war sie preiswerter. Der geschäftliche Erfolg stellte sich umgehend ein und noch vor dem Erstflug lagen Bestellungen für sieben Maschinen von **Northwest Airlines** und **Pan American World Airways** vor. Der Prototyp mit der Registrierung X233Y startete in Burbank (Kalifornien) am 23. Februar 1934 zu seinem erfolgreichen Erstflug. Als erster Kunde stellte Northwest Airlines die *Electra* im August 1934 in Dienst, nachdem seit Juni 1934 Streckenerprobungsflüge mit dem neuen Muster durchgeführt worden waren. Zu diesem Zeitpunkt lagen bereits Bestellungen für 22 Maschinen vor. Einschließlich einer kleinen Zahl für das **US Army Air Corps (USAAC)** und die **US Navy (USN)** wurden insgesamt 149 **L-10** gebaut. Nicht nur die meisten der großen amerikanischen Fluggesellschaften erwarben die *Electra*, sondern auch Fluggesellschaften in Großbritannien und dem Commonwealth, Kontinentaleuropa, und Südamerika hatten dieses Flugzeug in ihren Flottenbeständen. Auch konnte das Muster mehrere Rekordflüge verzeichnen.

Von der *Electra* gab es drei Grundausführungen: Das **Modell 10A** war mit 400 PS (294,2 kW) Pratt & Whitney Wasp Junior SB2-Motoren, das **Modell 10B** mit 420 PS (308,9 kW) Wright R-975-E3 Whirlwind-Motoren ausgerüstet. Die letzte Version, das **Modell 10E**, erhielt als Antrieb 450 PS (331 kW) R-1340-S3H1 Wasp-Motoren und zusätzliche Treibstofftanks für eine größere Reichweite.

Die Erstbetreiber der **L-10** waren folgende **Fluggesellschaften:**
USA: Northeast Airlines, Delta Air Lines, Eastern Air Lines, Mid-Continent Airlines, National Airways, Northwest Airlines, Pan American World Airways und Pacific Alaska Airlines;
Kanada: Trans Canada Air Lines;
Lateinamerika: Compania Mexicana de Aviación, Linea Aeropostal Venezolana, Panair do Brasil und KLM Westindies;
Australien & Pazifik: MacRobertson-Miller Aviation (MMA), Guinea Airways und Union Airways;
Europa: British Airways (7), LOT (10), LARES (11) und Aeroput (4).

British Airways stellte ihre Maschinen im März 1937 auf der Wiking-Postlinie Croydon-Hamburg-Kopenhagen-Malmö-Stockholm in Dienst, setzte sie aber auch zwischen Croydon und Le Bourget ein. Viele der zivilen L-10 wurden während des Zweiten Weltkriegs beschlagnahmt und flogen für das UAAC und die **Royal Air Force (RAF)**. Einige nach Rumänien entkommene Maschinen der polnischen LOT wurden später von der rumänischen Regierung dem Bündnispartner Deutschland zur Verfügung gestellt, der es in verschiedene Transportverbände der Luftwaffe eingliederte.

1936 wandte sich Lockheed der Entwicklung einer verkleinerten Electra-Version zu, die für den Zubringer- und Geschäftsflugzeugmarkt bestimmt war und als **Modell 12** bezeichnet wurde. Dieses Muster besaß als Antrieb dieselben Triebwerke wie das **Modell 10A**, konnte in der verkürzten Kabine aber nur noch sechs Fluggäste befördern. Der Prototyp flog erstmals am 27. Juni 1936, aber die L-12 wurde kein großer kommerzieller Erfolg. Insgesamt wurden von der Serienversion **L-12A** 114 Maschinen gebaut.

Daten (L-10A)

Antrieb: 2 Pratt & Whitney Wasp Junior SB2, luftgekühlte 9-Zylinder-Sternmotoren, 400 PS (294,2 kW).
Spannweite: 16,75 m; Länge: 11,75 m; Höhe 3,05 m; max. Startgewicht: 4.670 kg; ökon. Reisegeschwindigkeit: 300 km/h; Gipfelhöhe: 6.100 m; Reichweite: 1.300 km; Besatzung: 2; Passagiere: 12

Eines der schönsten restaurierten Flugzeuge ist diese Lockheed L.10 Electra, die sich im Besitz der Canadian Aircraft Heritage befindet. Die Maschine trägt die zeitgenössische Bemalung der Trans-Canada Air Lines (TCA).

Lockheed Modell 14 Super Electra

USA, Baujahr: 1934

Beim **Modell L-14 *Super Electra*** handelt es sich um eine größere Weiterentwicklung der **Lockheed L-10**, aus der sie unmittelbar abgeleitet worden war. Obwohl nur die gleiche Anzahl Fluggäste wie bei der L-10 befördert werden konnte, konnte die Nutzlast für Fracht und Post erheblich gesteigert werden und das Muster war vielseitiger verwendbar. Die L-14 war für Routen mit geringerem Passagieraufkommen konzipiert, für welche die **DC-3** zu groß war. Technische Neuerungen, wie die Verwendung von Fowlerklappen und sogenannter ‚Briefkastenschlitzen' hinter den Außenkanten der Vorderflächen, bestimmten die aerodynamisch ausgefeilte Konstruktion, weswegen ihrem Konstrukteur *Clarence L. Johnson* 1937 der *Lawrence Sperry-Award* verliehen wurde. Die erste **L-14** startete am 29. Juli 1937 zu ihrem Erstflug. Zu diesem Zeitpunkt lagen bereits eine beachtliche Anzahl von Bestellungen vor, allen voran die von **Northwest Airlines** und **Continental Air Lines**. Lockheed baute von der zivilen L-14 eine Stückzahl von 112 Flugzeugen. Dies waren die 14-H2 mit 750 PS (551,6 kW) Hornet S1E2G-Motoren, die 14-F62 mit 760 PS (558,9 kW) Cyclone GR-1820-F62 und die 14-G3B mit 820 PS (603,1 kW) Cyclone GR-1820-G3B-Motoren. Im Oktober 1937 stellte Northwest Airlines ihre ersten L-14 in Dienst, gefolgt von Continental. Erster ausländischer Kunde für das Muster war die niederländische **KLM** und ihre Tochtergesellschaft **KNILM**. In schneller Folge kamen Bestellungen von **British Airways, Aer Lingus - Irish Airlines, Sabena** und **LOT** hinzu. Bald darauf trugen sich noch **Flugfelag Islands, DNL** und **Wideroe's** in die Kundenliste ein. Die meisten Bestellungen kamen aber von **Trans-Canada Air Lines, Guinea Airways** und **Dai Nippon Koku K. K.**. Die meisten Flugzeuge konnten noch vor Kriegsausbruch 1939 an die Kunden abgeliefert werden. Ein Höhepunkt in der langen und vielseitigen Karriere der Super Electra war die Rekord-Weltumrundung, die *Howard Hughes* mit diesem Flugzeugtyp (NX18973)

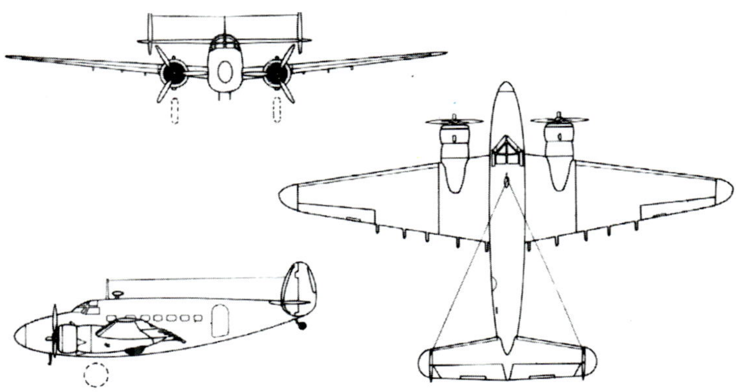

Lockheed L.14 G-AFGN der British Airways Ltd. über East Anglia, Sommer 1939. Flugzeuge dieses Typs flogen regelmäßig von Croydon die Skandinavian-Routen nach Oslo und Stockholm.

im Juli 1938 durchführte. Die 23.804 km lange Strecke bewältigte er in einer Flugzeit von drei Tagen, 19 Stunden und 14 Minuten, wobei die Durchschnittsgeschwindigkeit 265 km/h betrug. 1938 wurden 30 Modell 14-G3B nach Japan exportiert, wo Kawasaki und Tachikawa in Lizenz weitere 119 Maschinen für die japanische Armeeluftwaffe bauten. Ab 1939 fertigte Kawasaki mindestens 120 abgewandelte Nachbauten der L-14, die unter der Bezeichnung **Ki-56** im Krieg wertvolle Dienste leisteten. In den USA wurden drei L-14 noch auf dem Montageband für das US Army Air Corps beschlagnahmt und kamen als **C-111** zum Einsatz. Eine Maschine wurde als **R40** für die US Navy gebaut. Die neugegründete britische **BOAC** übernahm 1940 sechs L-14 von British Airways, sowie zwei von der LOT und eine von der KLM. Die LOT und KLM-Maschinen waren zu Kriegsbeginn nach Großbritannien in Sicherheit gebracht worden, bzw. waren dort ‚gestrandet'. Diese Maschinen kamen dann hauptsächlich in Nordostafrika zum Einsatz. Sabena evakuierte ihre L-14 / L-18-Flotte in den Kongo, wo sie ihr Liniennetz erheblich ausbaute. Die im zivilen Einsatz von der L-14 erbrachten Leistungen waren nahezu bedeutungslos hinsichtlich der militärischen Karriere dieses Flugzeugtyps und ihres Schwestermodells, der **L-18**, von denen unter den Bezeichnungen ***Hudson*** und ***Ventura*** nicht weniger als 2.941 Einheiten gebaut wurden.
Die Fertigung der L-14 lief im Jahre 1942 aus.

Daten (L-14-F62)

Antrieb: 2 Wright GR-1820-F62 Cyclone, luftgekühlte 9-Zylinder-Sternmotoren, 760 PS (558,9 kW).
Spannweite: 19,95 m; Länge: 13,40 m; Höhe 3,50 m; max. Startgewicht: 7.938 kg; ökon. Reisegeschwindigkeit: 360 km/h; Gipfelhöhe: 6.500 m; Reichweite: 1.500 km; Besatzung: 2; Passagiere: 12

Lockheed Modell 18 Lodestar

USA, Baujahr: 1939

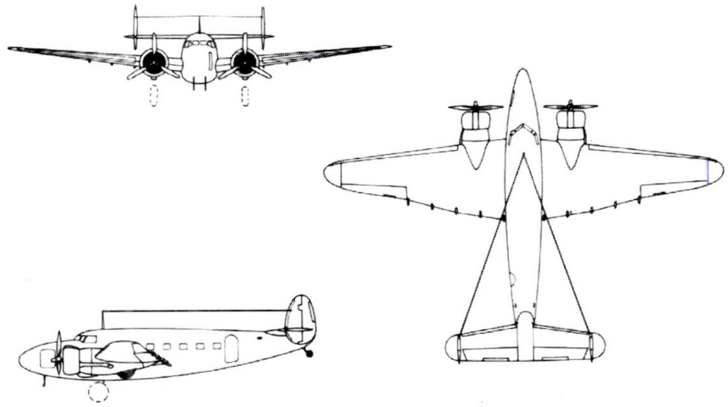

Der Prototyp **Lockheed Modell 18 *Lodestar***, ein umgebautes **Modell 14 *Super Electra***, führte seinen Erstflug am 21. September 1939 durch. Die **L-18** war das dritte und letzte Muster einer Familie von zweimotorigen Verkehrsflugzeugen, die mit der Entwicklung der **L-10 *Electra*** im Jahre 1934 begonnen hatte. Die *Lodestar* setzte den Erfolg ihrer Vorgänger fort, sowohl auf dem zivilen wie auch auf dem militärischen Markt. Sie war moderner, hatte stärkere Triebwerke und im verlängerten Rumpf konnten jetzt 14-15 Passagiere befördert werden. Zur Auftriebsverbesserung wurde bei der L-18 der Tragflächenumriß geändert, mit einer innerhalb der Querruder – im Bereich der Landeklappen – vergrößerten Flügelfläche. Auch eine kleinere Anzahl Modell 14 wurde später entsprechend umgebaut. Insgesamt stellte Lockheed 625 Lodestars her, davon entfielen 480 auf Militäraufträge für die US-Luftwaffe und -Marine. Hier tat das Muster unter der Bezeichnung ***Ventura*** Dienst und kam als Transporter, Patroullienflugzeug und Torpedobomber zum Einsatz. Die zivile *Lodestar* wurde in sechs Hauptversionen gebaut: **Modell 18-07** mit 750 PS (551,6 kW) Hornet S1E3G-Motoren, **18-08** mit 900 PS (661,9 kW) Twin Wasp SC3G, **18-14** mit 1.050 PS (772,25 kW) Twin Wasp S4C4G, **18-40** mit 900 PS (661,9 kW) GR-1820-G102A Cyclone, **18-50** mit 1.000 PS (735,5 kW) GR-1820-G202A und **18-56** mit 1.200 PS (882,6 kW) Cyclone GR-1820-G205A. Bei enger Bestuhlung konnte die Ausführung 18-56 bis zu 18 Passagiere befördern. Erstkunden für die L-18 waren **Continental Air Lines** und **Mid-Continent Air Lines**, gefolgt von **National Airlines, United Air Lines** und **Western Air Express**. Die ersten Maschinen erhielt Mid-Continent. In Südamerika stand die ***Lodestar*** bei **Panair do Brasil** und **Linea Aeropostal de Venezuela (LAV)** im Einsatz. Ein größerer Auftrag über 29 Maschinen erfolgte auch von **South African Airways (SAA)**, welche das Flugzeugmuster bis 1955 im regulären Passagierdienst verwendete. Trotz des Kriegsausbruchs erhielt auch die **Sabena** ihre sieben bestellten L-18 *Lodestar*, die mit der aus L-14 und L-18 bestehenden gemischten Flotte ab Oktober 1942 ihr Liniennetz im Kongo erheblich ausweitete. Die meisten Lodestars flogen aber bei der **BOAC**, die insgesamt 38 Maschinen besaß, wenn auch nicht gleichzeitig. Die Flotte bestand aus 15 Modell 18-07 und 23 Modell 18-08. Diese Flugzeuge übernahmen zusammen mit den aus **British Airways**-Beständen erworbenen L-14 den gesamten BOAC-Linienverkehr in Afrika und im Nahen Osten.

Unmittelbar nach Beendigung des Zweiten Weltkriegs wurden fast alle der militärisch gefertigten L-18 aus den Beständen der US Air Force und der US Navy preiswert auf dem Zivilflugzeugmarkt verkauft, wo sie sich besonders bei kleineren Fluggesellschaften einer großen Beliebtheit erfreuten und bis Mitte der 1950er Jahre im Regionalverkehr verwendet wurden. In den USA und Kanada war die L-18 noch bis 1965 im Passagierdienst anzutreffen. Einzelne Exemplare fanden noch bis Anfang der 1970er Jahre als Frachter Verwendung.

Die BOAC-Flotte wurde bis 1948 ausgemustert und der einzige nennenswerte Betreiber der L-18 in Europa nach dem Kriege war die schwedische **Linjeflyg**.

Daten

Antrieb: 2 Wright GR-1820-G205A Cyclone, luftgekühlte 9-Zylinder-Sternmotoren, 1.200 PS (882,6 kW). Spannweite: 19,96 m; Länge: 15,18 m; Höhe 3,65 m; max. Startgewicht: 8.000 kg; ökon. Reisegeschwindigkeit: 322 km/h; Gipfelhöhe: 9.200 m; Reichweite: 1.530 km; Besatzung: 2-3; Passagiere: 15-18

Lockheed L.18 N7001 Spirit of J & B in Köln/Bonn, anläßlich eines Rund-um-die-Welt-Fluges.

Lockheed 9 Orion

USA, Baujahr: 1931

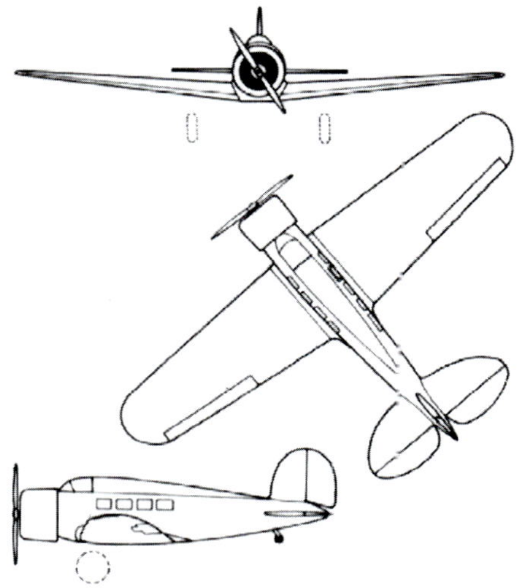

Die Lockheed **Modell 9 *Orion*** stellte den letzten Typ dar, der aus *J. K. Northrops* ursprünglichem ***Vega***-Hochdecker-Entwurf abgeleitet worden war. Die Tiefdeckerentwicklung begann 1929 mit den einsitzigen Rennflugzeugen **Modell 4** und **Modell 7 *Explorer***, aus denen der Entwicklungsingenieur *Gerard Vultee* das zweisitzige Langstreckenflugzeug **Modell 8 *Sirius*** entwickelte. Die erste ***Sirius*** kaufte *Charles Lindbergh*, der mit seiner Frau in diesem Flugzeug am 20.April 1930 einen neuen US-Transkontinental-Rekord in West-Ost-Richtung aufstellte. Für die Strecke von Glendale (Kalifornien) nach New York benötigte er 14 Sunden und 45 Minuten. Zwischen 1931 und 1933 verwendete *Lindbergh* das Flugzeug, nunmehr mit Schwimmern ausgerüstet, im Auftrag der **Pan American World Airways** bei vielen Erkundungsflügen über den Nord- und Südatlantik und den Nordpazifik. Lockheed baute insgesamt 14 ***Sirius***, davon fünf **Modell 8**, acht **Modell 8A** und eine **Modell DL-2** mit Metallrumpf. **Bowen Airways** und **Wedell-Williams Air Service** besaßen je eine Maschine. Die Sirius-Entwicklung wurde mit der ***Altair*** fortgesetzt, von der sechs Maschinen gebaut wurden. Sechs weitere ***Altair*** entstanden durch den Umbau von Sirius-Zellen.

Von der vierten und letzten Tiefdecker-Variante, der ***Orion***, wurden 35 Maschinen hergestellt, fünf weitere entstanden durch Umbauten aus Altair-Flugzeugen. Hauptversionen waren das **Modell 9** (18) mit einem 450PS (331 kW) Wasp SC-Motor und sechs Passagiersitzen, sowie das **Modell 9D** (13) mit derselben Sitzplatzkapazität, jedoch mit Flächenklappen und einem 55PS (404,51 kW) Wasp S1D1-Motor ausgerüstet. Andere ***Orion***-Bezeichnungen bedeuten hauptsächlich einen Triebwerkwechsel: **Modell 9B** (575 PS/422,9 kW Cyclone R-1820-E), **9E** (450 PS/331 kW Wasp SC1), **9F** (645 PS/474,4 kW Cyclone R-1820-F2) und **9F-1** (650 PS/478,1 kW Cyclone SR-1820-F2).

Als erster Betreiber stellte **Bowen Airways** die ***Orion*** 1931 in den Liniendienst. Auf US-Inlandrouten flog die ***Orion*** bei folgenden **Fluggesellschaften:** Air Express (2), American Airways (6), Bowen Airways (2), Continental Airways (2), Inland Airlines (2), New York Airways (1), New York & Western Airlines (2), Northwest Airways (3), Pan American (2), Philadelphia & Washington Airways (1), Transcontinental & Western Air (3), Varney Air Service (6) und Wyoming Air Service (3). Außerhalb der USA flog die ***Orion*** in Mexiko bei **Transportes Aéreos de Chiapas** (5), **Aerovias Centrales** (3) und **Compania Mexicana de Aviación** (2). In Europa wurden zwei ***Orion*** bei der **Swissair**, vorwiegend auf der Schnellverkehrsstrecke zwischen Zürich und Berlin, eingesetzt.

Daten (Modell 9D)

Antrieb: Pratt & Whitney Wasp S1D1, luftgekühlter 9-Zylinder-Sternmotor, 550 PS (404,5 kW).
Spannweite: 13,04 m; Länge: 8,55 m; Höhe 2,74 m; max. Startgewicht: 2.360 kg; ökon. Reisegeschwindigkeit: 320-330 km/h; Gipfelhöhe: 6.700 m; Reichweite: 1.060 km; Besatzung: 1; Passagiere: 6

Die Lockheed Orion erreichte als erstes Flugzeugmuster eine Geschwindigkeit von 320 km/h und war damit das schnellste Verkehrsflugzeug ihrer Zeit. Von der Orion wurden 35 Exemplare gebaut, weitere fünf entstanden durch Umbau. Der erste Einsatz im Linienverkehr erfolgte 1931. American Airways und Varney Speed Lines waren mit einer Flotte von sechs Maschinen die größten Betreiber der Orion.

Mit dieser Vega 5B, der berühmten Winnie Mae, machten im Juni und Juli 1931 Wiley Post und Harold Gatty ihren Flug rund um die Welt. Zum erstenmal wurde ein solcher Flug mit einem Verkehrsflugzeug durchgeführt.

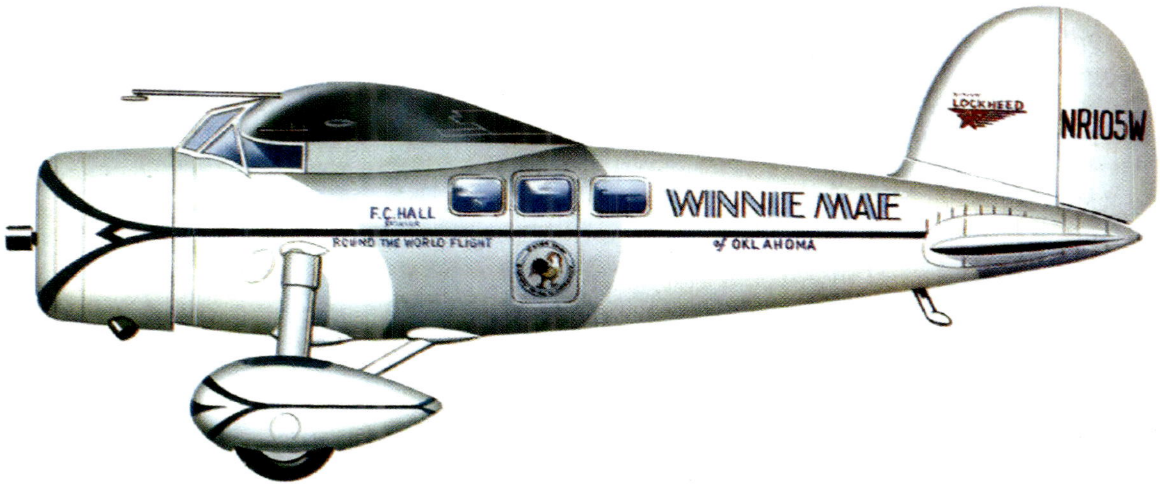

Lockheed Vega

USA, Baujahr: 1927

Die Konstrukteure *Allan* und *Malcolm Laughead* bauten im Jahre 1926 in einer Garage in Hollywood einen kleinen Hochdecker, die **Vega**, entwickelt von *John K. Northrop*. Als die Produktion acht Jahre später auslief, waren 128 Vega-Flugzeuge verschiedener Versionen gebaut und verkauft und sie bildeten die Grundlage für die zukünftigen Erfolge der neuen Lockheed Aircraft Company.
Die erste Vega absolvierte ihren Erstflug am 4. Juli 1927 und wurde anschließend an den amerikanischen Zeitungsmogul *George Hearst Jr.* verkauft, der sie *Golden Eagle* nannte und zum *Dole*-Rennen von Oakland (Kalifornien) nach Hawaii anmeldete. Am 16. August 1927 verließ die Maschine Oakland, kam aber nie auf den Hawaii-Inseln an und blieb verschollen. Trotz dieses Rückschlags zu Beginn ihrer Laufbahn wurde die Vega sehr schnell ein Erfolg. Das Geheimnis lag an den ausgezeichneten Flugleistungen und dem für die damalige Zeit fortschrittlichen, stromlinienförmigen Rumpf in glatter Halbschalenbauweise. Von der ersten Version der **Vega**, dem **Modell 1**, wurden 28 Maschinen gebaut. Das Muster war mit einem 220 PS (161,8 kW) Wright J-5 Whirlwind-Sternmotor ausgerüstet und bot einem Flugzeugführer und vier Fluggästen Platz. Das Gesamtfluggewicht betrug 1.574 kg und die Höchstgeschwindigkeit lag bei 217 km/h. Mit den gleichen Abmessungen und derselben Sitzplatzkapazität erschien dann die **Vega Modell 5**, ausgerüstet mit einem 450 PS (330,96 kW) Pratt & Whitney Wasp-B Motor. Als Landflugzeug hatte sie ein Gesamtfluggewicht von 1.829 kg, die Höchstgeschwindigkeit betrug 298 km/h. Einschließlich der sieben aus anderen Modellen umgebauten Maschinen wurden 42 Einheiten gebaut, davon fünf Wasserflugzeuge mit zwei Schwimmern, 2.131 kg Gesamtfluggewicht und einer Höchstgeschwindigkeit von 277 km/h. Für den Einsatz bei **Pan American-Grace Airways (PANAGRA)** wurden zwei **Vega 5** in Sechssitzer umgebaut. Neun weitere Einheiten wurden als Geschäftsflugzeuge unter der Bezeichnung **Vega 5A** hergestellt.

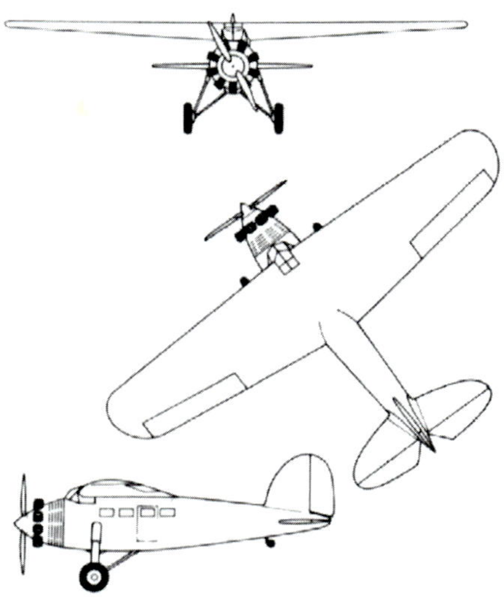

Die nächste Version war die fünfsitzige **Vega 2** mit einem 300 PS J-6 Whirlwind-Motor, von der sechs Maschinen gebaut wurden, davon ein Vega 1 Umbau. Eine weitere Maschine entstand als sechssitzige **Vega 2A**. Die erfolgreichste Ausführung war die **Vega 5B** für sechs Fluggäste, von der 34 Maschinen gefertigt wurden. Als Antrieb diente ein 450 PS (330,96 kW) Wasp C-Motor und einer Kabinenauslegung. Die Vega 5B war in großem Umfang bei Fluggesellschaften in den USA und Mexiko eingesetzt.
Mit einer Vega 5B, der berühmten *Winnie Mae*, machten im Juni und Juli 1931 *Wiley Post* und *Harold Gatty* ihren Flug rund um die Welt. Zum erstenmal wurde ein solcher Flug mit einem Verkehrsflugzeug durchgeführt. Nach dem Umbau in eine **Vega 5C** (Wasp C1-Motor und größere Leitwerksflächen) führte *Wiley Post* zwei Jahre später den ersten Alleinflug um die Welt durch. Ab Oktober 1931 wurden sechs **Vega 5C** gebaut und 27 Maschinen früherer Serien auf diesen Standard gebracht.
Schon bald nach der Entstehung der Vega wurde bei Lockheed auf Wunsch der Fluggesellschaft **Western Air Express** auf der Grundlage des Vega 5C-Entwurfs ein ähnliches Flugzeug, das **Modell 3 *Air Express***, entwickelt und davon sieben Einheiten gebaut. Western Air Express erhielt die ersten Maschinen im März 1928. Auch **NYRBA** (2) und **Pan American** (2), **American Airways** (1) und **Texas Air Trans-**

Daten (Vega 1)

Antrieb: Wright Whirlwind J-5, luftgekühlter 9-Zylinder-Sternmotor, 220 PS (161,8 kW).
Spannweite: 12,50 m; Länge: 8,38 m; Höhe 2,54 m; max. Startgewicht: 1.315 kg; ökon. Reisegeschwindigkeit: 190 km/h; Gipfelhöhe: 4.570 m; Reichweite: 1.450 km; Besatzung: 1; Passagiere: 4

port (1) verwendeten dieses Flugzeug. Anfang der 30er Jahre setzten etwa 36 Flugunternehmen in den USA die Vega planmäßig ein. Die meisten hatten aber nur vier oder weniger Maschinen. Über größere Flotten verfügten: **Braniff Airways** (10), **Alaska-Washington Airways** (7), **Hanford Tri-State Airlines** (6), **Varney Speed Lines** (5) und **Wedell-Williams Air Service** (5). Zu dieser Zeit flogen in Mexiko 31 Vega-Flugzeuge. Größte Betreiber waren hier **Lineas Aéreas Mineras** (11) und **Corporatión Aéronautica de Transportes** (10). Ferner kam die Vega auch in Mittelamerika, Argentinien, Kanada und Großbritannien zum Einsatz.

Northrop Alpha

USA, Baujahr: 1930

Die Northrop **Alpha** stellte einen ebenso fortschrittlichen Entwurf dar wie die **Boeing 200/221 Monomail**, mit der sie zeitgleich entwickelt wurde. Im April 1929 entwarf *John K. Northrop* die **Alpha** als freitragenden Ganzmetall-Tiefdecker, dessen Prototyp (X-2W) im Mai 1930 seinen erfolgreichen Erstflug absolvierte. Die Maschine wurde von einem 420 PS (308,9 kW) angetrieben. Das erste Serienmodell **Alpha 2** konnte in der vorderen Rumpfhälfte in einer geschlossenen Kabine sechs Passagiere aufnehmen. Der Pilot saß in einem offenen Cockpit hinter den Tragflächen. Das nächste Modell **Alpha 3** war eine Version für gemischte Nutzlast, bei der drei Passagiere und 211 kg Post oder Fracht befördert werden konnten. Die Fertigung begann im Oktober 1930 und die Typenzulassung wurde im November des Jahres erteilt. Der Alpha-Prototyp wurde an **National Air Transport** geliefert und ein anderes Flugzeug des Basismodells wurde mit der Registrierung NS-1 für das US-Luftverkehrsministerium gebaut. Der Hauptabnehmer für die Alpha war jedoch **Transcontinental & Western Air (TWA)**, die drei **Alpha 2** (NC127W, NC11Y und NC966Y) und sechs **Alpha 3** erwarb (NC933Y, NC942Y, NC947Y, NC961Y, NC993Y und NC999Y. TWA stellte diese Flugzeuge 1931 in Dienst. Von einer reinen Postversion, der **Alpha 4**, kaufte TWA vier Maschinen (NC985Y, NC986Y, NC992Y und NC994Y). Von den anderen Alpha-Versionen unterschieden sie sich dadurch, daß in jeder Rumpfseite nur ein einzelnes Kabinenfenster eingebaut war und das freitragende, starre Fahrwerk erhielt Hosenbeinverkleidungen. In der Frachtkabine konnten bis zu 480 kg Nutzlast transportiert werden. Zwischen 1932 und 1934 ließ TWA alle Alpha-Flugzeuge, mit Ausnahme einer Alpha 3, auf den Standard der Alpha 4 oder die fast gleiche **Alpha 4A** bringen. Als am 19. Februar 1935 TWA den letzten **Alpha**-Flug durchführte, hatte die kleine Flotte in ihren vier Einsatzjahren eine Gesamtflugstrecke von 8.712.545 km unfallfrei hinter sich gebracht.

Northrop lieferte drei Alpha-Maschinen an das **US Army Air Corps**, das sie unter den Bezeichnungen YC-19 (1) und Y1C (2) erprobte. Ein militärischer Auftrag erfolgte aber nicht.

Daten (Alpha 3)

Antrieb: Pratt & Whitney R-1340-C Wasp C, luftgekühlter 9-Zylinder-Sternmotor 420 PS (308,9 kW)
Spannweite: 12,75 m; Länge: 8,66 m; Höhe 3,15 m; max. Startgewicht: 2.041 kg; ökon. Reisegeschwindigkeit: 233 km/h; Gipfelhöhe: 4.900 m; Reichweite: 965 km; Besatzung: 1; Passagiere: 3-6

Das Verkehrsflugzeug Potez 62 wurde aus dem Bomber Potez 540 abgeleitet. Die Anordnung der Tragflächen, der Triebwerke und des Fahrwerks entsprachen der Potez 540. Die Potez 62-0 F-ANPI Cigogne war die dritte Maschine ihres Typs, von denen zwölf Einheiten bei AIR FRANCE ab Juni 1935 im Liniendienst standen. Sie wurden später durch elf Potez 62-1 ergänzt. Potez 62-Flugzeuge wurden vorwiegend auf Routen innerhalb Südeuropas, aber auch nach Nordafrika und Skandinavien, eingesetzt.

Potez 62

Frankreich, Baujahr: 1935

Das bemerkenswerteste äußere Merkmal der **Potez 62** war ihr Rumpf, der sorgfältig in Form eines Tragflächenprofils gestaltet war. Die Entwicklungsarbeiten an dem Typ begannen 1934, und der Erstflug erfolgte am 28. Januar 1935. Der Prototyp (F-ANPG) wurde von zwei 870 PS (639,8 kW) Gnome-Rhône 14Kirs Mistral Major 14-Zylinder-Doppelsternmotoren angetrieben. Die Anordnung von Tragflächen, Triebwerksaufhängungen und des Fahrwerks entsprachen der des Bombers **Potez 540**, aus dem die Potez 62 abgeleitet worden war. Die Räder wurden nach hinten in die Motorgondeln eingezogen. Die zweiköpfige Besatzung fand in einer geschlossenen Kanzel mit großen Windschutzscheiben Platz, der Rumpf war in zwei Kabinen unterteilt, die sechs und acht Fluggäste in Einzelsitzen aufnehmen konnten. Toilette und Bordküche waren zwischen Cockpit und der Vorderkabine installiert. Der Frachtraum befand sich im Rumpfheck hinter der Passagierkabine. Kleinere Fracht- und Postsendungen konnten zusätzlich in einem kleinen Raum in der Rumpfnase untergebracht werden.

Air France erhielt den Prototyp und elf baugleiche Serienmaschinen **Potez 62-0** ab Juni 1935 (F-ANPG *Albatros*, F-ANPH *Cormoran*, F-ANPI *Cigogne*, F-ANPJ *Courlis*, F-ANQK *Gypaété*, F-ANQL *Ramier*, F-ANQM *Martinet*, F-ANQO *La Berceuse*, F-AOTU *La Séduisante*, F-AOUA *Flamant* und F-AOUE *Ibis*. Zunächst wurden die Flugzeuge vorwiegend auf den südeuropäischen Routen von Paris nach Madrid, Marseille, Nizza und Rom eingesetzt. 1937 wurden neun Maschinen mit neuen 900 PS (661,92 kW) Gnome-Rhône 14N 16/17 Triebwerken ausgerüstet.

Schon 1935 wurde die verbesserte Version **Potez 62-1** an **Air France** ausgeliefert. Sie wurde von 720 PS (529,54 kW) Hispano-Suiza 12Xrs-Motoren angetrieben und die Tragflächen waren leicht gepfeilt. In den beiden Fluggastkabinen konnten jeweils acht Fluggäste untergebracht werden, so daß die Transportkapazität auf 16 Personen anstieg. Air France erhielt den Prototyp, *Flamant*, sowie zehn weitere Einheiten (F-ANQP *L'Etourdie*, F-ANQQ *Falcon*, F-ANQR *La Tapageuse*, F-ANQS *La Fidèle*, F-AOTT *L'Entreprenante*, F-AOTV *Alcyon*, F-AOTX *La Capricieuse*, F-AOTY *Magoary*, F-APOC *Héron* und F-APOD *Pluvier*. Außerdem wurden drei Potez 62-0 auf den Standard 62-1 gebracht.

Bei Air France wurde die Potez 62-Flotte zum bevorzugten Mittelstreckentyp. Die Maschinen flogen nach Skandinavien und andere europäische Staaten, aber auch nach Nordafrika und auf den Fernost-Linien, welche Air France von der früheren **Air Orient** übernommen hatte. 1936 kamen auch südamerikanische Routen über die Anden, von Buenos Aires nach Santiago de Chile, hinzu. Hier waren vorwiegend die drei zur 62-1 umgebauten 62-0 als gemischte Fracht- und Passagierflugzeuge im Einsatz. Die Einsatzdauer der Potez 62 war verhältnismäßig kurz, schon bald galt dieses Muster als veraltet. Bei Ausbruch des Zweiten Weltkriegs waren die meisten Maschinen bereits außer Dienst gestellt und abgewrackt. Allerdings flog mindestens eine 62-1 als Verbindungsflugzeug des Generalstabes bei den sogenannten Freien Französischen Streitkräften.

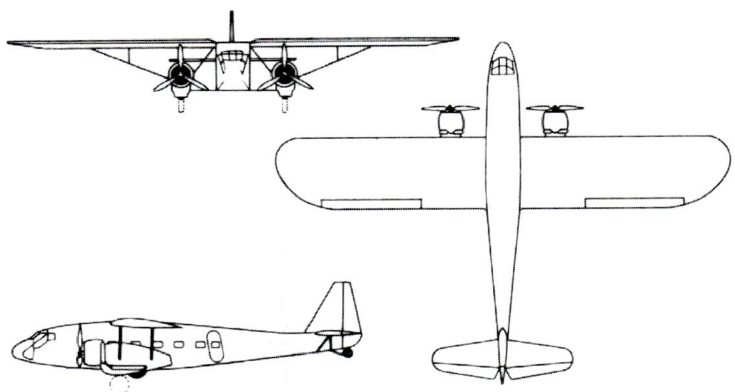

Daten

Antrieb: 2 Gnome-Rhône 14Kirs Mistral Major, luftgekühlte 14-Zylinder-Doppelsternmotoren, 870 PS (639,8 kW). Spannweite: 22,45 m; Länge: 17,32 m; Höhe 3,90 m; max. Startgewicht 7.500 kg; ökon. Reisegeschwindigkeit: 280 km/h; Gipfelhöhe: 7.500 m; Reichweite: 1.000 km; Besatzung: 2; Passagiere: 14-16

Die dreimotorige Rohrbach Roland II war von 1929 bis 1935 bei der Luft-Hansa im Einsatz. Am 1. April 1931 wurden mit diesen Flugzeugen, die zehn Fluggästen Platz boten und eine Reisegeschwindigkeit von 215 km/h erreichten, der planmäßige Passagierluftverkehr über die Alpen von München über Mailand nach Rom eröffnet.

Rohrbach Ro VIII Roland

Deutschland, Baujahr: 1929

Die **Roland** wurde von der Rohrbach-Metall-Flugzeugbau GmbH gebaut, die im Jahre 1922 in Berlin von *Dr.-Ing. Adolf Rohrbach* gegründet wurde. *Dr. Rohrbach* war wie *Prof. Hugo Junkers* ein früher Vorkämpfer des Ganzmetall-Flugzeugbaus und freitragender Flächen. Diese Merkmale besaß der Roland-Prototyp der, mit dem Kennzeichen D-991, 1926 seinen Erstflug absolvierte. Er wurde von drei 230 PS (169,16 kW) BMW IV 6-Zylinder-Reihenmotoren angetrieben. Das Cockpit mit nebeneinander angeordneten Sitzen war beim Prototyp geschlossen, die erste Serienversion **Roland I** erhielt jedoch eine offene Kanzel. Die zehn Passagiersitze waren einzeln auf beiden Seiten des Mittelgangs angeordnet, dahinter befanden sich der Post- und Gepäckraum und die Toilette. Zwischen 1926 und 1927 erhielt die **Deutsche Luft Hansa (DLH)** neben dem Prototyp mit dem Namen *Zugspitze* fünf Serienflugzeuge Roland I (D-999 *Watzmann*, D-1124 *Schneekoppe*, D-1280 *Feldberg*, D-1292 *Brocken* und D-1297 *Wasserkuppe*) Diese Maschinen kamen vorwiegend auf den Strecken Berlin-Hannover-Amsterdam und Berlin-London zum Einsatz. Da diese Maschinen nicht die an sie gestellten Anforderungen erfüllten, wurden zwischen 1927 und 1928 drei Einheiten (D-999, D-1280 und D-1292) an die spanische **Iberia** verkauft, die sie mit den Registrierungen M-CBBB, M-CAEE und M-CCCC zwischen Madrid und Barcelona einsetzte.

Daten (Roland II)

Antrieb: 3 BMW Va, flüssigkeitsgekühlte 6-Zylinder-Reihenmotoren, 320 PS (235,3 kW).
Spannweite: 26,30 m; Länge: 16,40 m; Höhe 4,50 m; max. Startgewicht: 7.400 kg; ökon. Reisegeschwindigkeit: 177 km/h; Gipfelhöhe: 5.000 m; Reichweite: 1.300 km; Besatzung: 2; Passagiere: 10

Ihren Platz in der DLH-Flotte übernahmen 1928 drei Roland-Maschinen der verbesserten Ausführung **Ro VIIIa**: D-1314 *Inselberg*, D-1327 *Hohentwiel* und D-1338 *Zugspitze*. Die Wiederverwendung des Namens *Zugspitze* bedeutet, daß der Roland-Prototyp seit spätestens 1928 nicht mehr im Besitz der **Luft Hansa** war. D-1338 wurde später als M-CADD ebenfalls an **Iberia** verkauft. Die **Ro VIIIa** hatte gegenüber der **Ro VIII** einen um 0,30 m verlängerten Rumpf und ein höheres Gesamtfluggewicht. Das Hauptmerkmal der Ro VIIIa war die Verwendung der verbesserten BMW Va-Motoren, die 320 PS (235,3 kW) Leistung lieferten. Die bei der **Luft Hansa** noch vorhandenen **Roland I**-Maschinen waren inzwischen auf 250 PS (183,87 kW) BMW IVa-Motoren umgerüstet worden, ab 1928 erhielten sie aber ebenfalls die

BMW Va-Triebwerke. Inzwischen hatten auch die Besatzungen die Vorteile geschlossener Kanzeln erkannt, weshalb die Roland VIIIa entsprechend gebaut wurden. Wiederum wurden die früheren Modelle auch mit geschlossenen Cockpits versehen.
Einen völlig neu überarbeiteten Rumpfbug und modifizierte Tragflächen zeichnete die letzte Serienversion, die **Roland II**, aus. Auch bei der Roland II kamen die bewährten BMW Va-Triebwerke zum Einbau. Die **DLH** erhielt 1929 neun dieser neuen Maschinen: D-1692 *Stolzenfels*, D-1710 *Rheinstein*, D-1712 *Schönburg*, D-1720 *Niederwald*, D-1727 *Freienfels*, D-1729 *Drachenfels*, D-1735 *Marksburg*, D-1745 *Siegburg* und D-1756 *Rolandseck*. 1931, auf dem Höhepunkt ihrer Einsatzzeit, beflogen die Roland-Maschinen sieben Strecken des großen mitteleuropäischen Liniennetzes. Mit diesem Flugzeugtyp eröffnete die **Luft Hansa** 1931 ihre planmäßigen Flüge über die Alpen nach Mailand und Rom. Noch 1936 standen **Roland II**-Maschinen auf den Linien Berlin-München und Hamburg-Malmö im Einsatz, allerdings waren die meisten Einheiten zu diesem Zeitpunkt schon an andere Betreiber verkauft oder verschrottet. D-1712, D-1729 und D-1735 wurden an die **Deruluft** abgegeben, bei der sie bis mindestens Mitte 1938 auf der Strecke Berlin-Königsberg-Moskau eingesetzt waren. Als einzige **Ro VIIIa** wurde 1934 D-1314 *Inselberg* auf 280 PS (205,93 kW) Junkers L-5-Motoren umgerüstet.

Savoia-Marchetti S.73 und SM.83

Italien, Baujahr: 1934 / 1937

Nach den mit seinen Flugbooten der Typen **S.55** und **S.66** erzielten Erfolgen, wandte sich die italienische Firma Società Idrovolanti Alta Italia – bekannter unter dem Namen Savoia-Marchetti – dem Bau von zivilen Landflugzeugen zu. Erste in einer langen Reihe zu Bekanntheit gelangten dreimotorigen Maschinen war die **S.71**, ein freitragender Schulterdecker in Mischbauweise (Stahlrohr, Holz und Stoff). Der Typ jedoch, dem die Savoia-Flugzeuge ihren guten Ruf verdankten, war die **S.73**, aus der viele leistungsfähige Zivil- und Militärmaschinen abgeleitet wurden. Der Prototyp, im Auftrag des italienischen Luftfahrtministeriums gebaut, flog erstmals am 4. Juni

Daten (S.73)

Antrieb: 3 Wright GR-1820 Cyclone, luftgekühlte 9-Zylinder-Sternmotoren, 760 PS (559 kW).
Spannweite: 24,00 m; Länge: 17,45 m; Höhe 4,45 m; max. Startgewicht: 10.430 kg; ökon. Reisegeschwindigkeit: 280 km/h; Gipfelhöhe: 7.000 m; Reichweite: 1.020 km; Besatzung: 4-5; Passagiere: 18

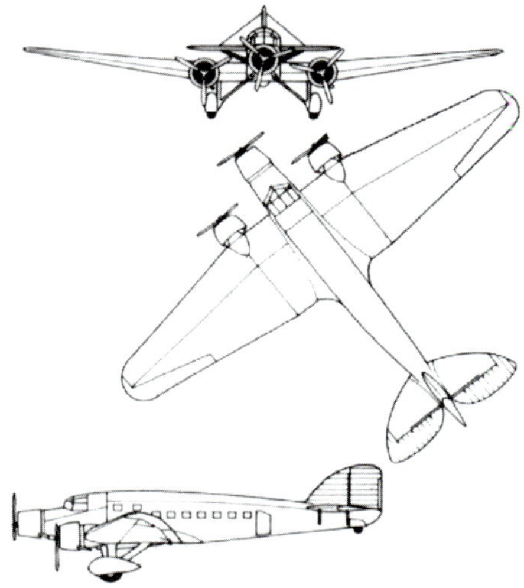

Die SM.73 OO-AGY wurde für die Sabena bei SABCA in Lizenz gebaut. Dieses Flugzeugmuster war der Wegbereiter für einen verläßlichen Linienflugbetrieb auf den Routen zwischen Belgien und dem Belgisch-Kongo. Nach 1940 kamen die Maschinen innerhalb Afrikas zum Einsatz.

Die SM.83 OO-AUE war die fünfte Sabena-Maschine dieses Typs und gelangte im Herbst 1939 zur Ablieferung. Dieses Flugzeugmuster löste ihr Vorgängermuster, die S.73, auf den Routen zwischen Belgien und dem Belgisch-Kongo ab. Nach 1940 kamen die Maschinen innerhalb Afrikas zum Einsatz.

1934. Die Maschine war ein in Mischbauweise ausgeführter Tiefdecker mit starrem Fahrwerk und wurde von drei 600 PS (441,3 kW) Gnome-Rhône Mistral Major 9kfr-Motoren angetrieben. Er besaß ein von dem Entwurf S.71 übernommenes hohes Seitenleitwerk und durchgehende, nur durch vertikale Streben geteilte, Fenster. Die Serienmaschinen **S.73** unterschieden sich durch ein breiteres und niedrigeres Seitenleitwerk, getrennte Kabinenfenster und eine längere Rumpfnase. Diese Bauform blieb fast zehn Jahre lang unverändert und lediglich die Triebwerke wechselten mehrfach. So wurden Motoren der Typen Piaggio-Stella X.RC, Wright GR-1820 Cyclone, Gnome-Rhône Mistral Major, Alfa Romeo 126-RC10 und Walter (Bristol) Pegasus IIM2 verwendet, ohne daß sich jedoch die exzellenten Flugeigenschaften der S.73 erheblich verändert hätten. Die ersten fünf Maschinen wurden an die belgische **Sabena** geliefert, die später über insgesamt zwölf Flugzeuge verfügte. Sieben dieser Maschinen wurden bei SABCA in Lizenz gefertigt. Alle Sabena-Maschinen wurden von 600 PS (441,3 kW) Gnome-Rhône Mistral Major 9kfr-Motoren angetrieben. Sie kamen auf zentral- und nordeuropäischen Routen zum Einsatz und flogen die Strecken nach und innerhalb Afrikas, speziell in Belgisch-Kongo. Die Sitzkapazität wechselte je nach den beflogenen Strecken, 15 bis 18 Fluggäste auf europäischen Strecken und in Afrika und zwölf Passagiere auf Langstreckenflügen. Gepäck- und Frachträume befanden sich unterhalb der Kanzel und unter dem Kabinenboden.

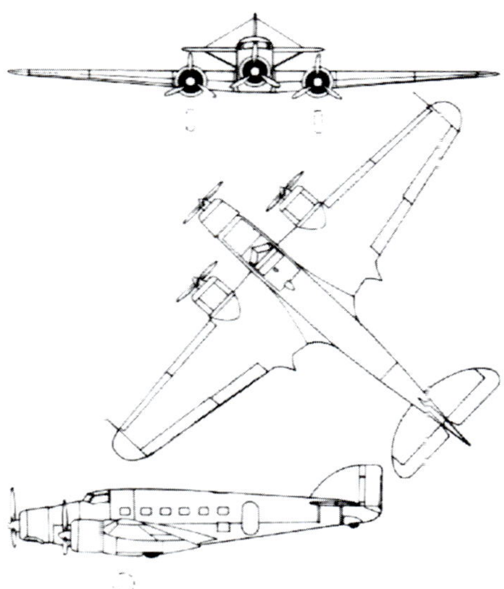

Weitere Betreiber der S.73 waren die italienischen Fluggesellschaften **ALA Littoria** (20) und **Avio Linee Italiane**(6), sowie die tschechische **CSA** (6). Die Lieferungen kamen 1937 zum Abschluß, und als Italien im Juni 1940 ebenfalls in den Krieg eintrat, übernahm das Commando Servizi Aerei Speziale der **Regia Aeronautica** (italienische Luftwaffe) 13 Maschinen der ALA Littoria-Flotte.

Das direkte Nachfolge-Modell der **S.73** war die im Aussehen und in den Abmessungen nahezu identische **SM.83**, ein Ableger des Bombers **SM.79**. Die SM.83 verfügte über ein Einziehfahrwerk und erschien im Oktober 1937. Sie war als Transatlantik-Langstreckenflugzeug (**SM.83A**) für zehn Fluggäste oder als Langstrecken-Postflugzeug (**SM.83T**) vorgesehen, doch der Zweite Weltkrieg verhinderte den weiteren Einsatz dieses vielversprechenden Flugzeugmusters. Insgesamt wurden nur 23 Maschinen der eigentlichen Grundversion gebaut, die ab Dezember 1939 bei der italienischen Fluglinie **LATI** im Dienst standen. Die ersten fünf Flugzeuge erhielten die Registrierungen I-LUCA, I-LUCE, I-LUCI, I-LUCO und I-LUCU. Zwölf dieser Maschinen wurden Mitte 1940 für militärische Zwecke beschlagnahmt. Ausländische Kunden waren **Sabena** und die rumänische **LARES**. Standard-Triebwerke für alle Maschinen waren 750 PS (551,6 kW) Alfa Romeo 126-RC34 Motoren.

Daten (SM.83)

Antrieb: 3 Alfa Romeo 126-RC34, luftgekühlte 9-Zylinder-Sternmotoren, 750 PS (551,6 kW).
Spannweite: 21,20 m; Länge: 16,20 m; Höhe 4,60 m; max. Startgewicht: 10.300 kg; ökon. Reisegeschwindigkeit: 400 km/h; Gipfelhöhe: 8.400 m; Reichweite: 1.600 km; Besatzung: 4; Passagiere: 10

Tupolew ANT-9

UdSSR/Russland, Baujahr: 1929

1920 war *Andrej N. Tupolew* Leiter der Entwurfsabteilung des TsGI (Aero- und Hydrodynamisches Zentralinstitut) und Vorsitzender des sowjetischen Luftfahrtkomitees, das gebildet worden war, um die Entwicklung von Ganzmetallflugzeugen zu fördern. So war es naheliegend, daß er als der führende sowjetische Konstrukteur bei seinen eigenen Entwürfen die neuesten Fertigungsverfahren einführte. In der Sowjetunion wurde mit der Produktion von Aluminium (Kolchugaluminium) und Duraluminium im Jahre 1922 begonnen. 1929 erschien der Prototyp des dreimotorigen Passagierflugzeugs **ANT-9**, welches mit der Registrierung URSS-308 am 28. April 1929 seinen Erstflug absolvierte. Der ausgereifte und richtungsweisende Entwurf machte die ANT-9 zum erfolgreichsten sowjetischen Verkehrsflugzeug zwischen den Kriegen.

Es gab zwei Serienversionen der ANT-9. Die erste entsprach in den Abmessungen dem Prototyp und war mit drei 300 PS (220,64 kW) **M-26**-Sternmotoren ausgerüstet. Die zweite Ausführung wurde von drei 300 PS (220,64 kW) Wright J-6 **Whirlwind**-Motoren angetrieben, die dem Flugzeug eine Höchstgeschwindigkeit von 205 km/h verliehen, 20 km/h mehr, als die **M-26** Version fliegen konnte. Allerdings verringerte sich dann die Reichweite von 1.000 auf 700 km. Die **Whirlwind**-Version verfügte über eine größere Spannweite (23,85 m), aber die Rumpflänge wurde leicht verkürzt (16,65 m). Beide Versionen waren für zwei Piloten in einer geschlossenen Kanzel und neun Passagiere in der Fluggastkabine eingerichtet. Im hinteren Rumpfabschnitt befanden sich der Gepäckraum und eine Toilette. Das Fahrwerk konnte zum Wintereinsatz gegen Kufen ausgetauscht werden. Insgesamt wurden rund 60 ANT-9 gefertigt, darunter neun Maschinen mit Whirlwind-Motoren, die von der **Deruluft** auf Routen von Moskau nach Odessa, Kiew und Berlin zum Einsatz kamen. Ab 1933 wurde die Bezeichnung **PS-9** für die ANT-9 verwendet. Das nunmehr nur noch zweimotorige Flugzeug wurde in zwei Versionen hergestellt; als Passagierflugzeug (Passazhirskij) und Postflugzeug (Pochtowij Samolet). Durch die sehr viel stärkeren je 680 PS (500,12 kW) M-17 V-Motoren, BMW VI-Lizenzbauten, konnte auf den Einbau des dritten Triebwerks verzichtet werden. Dadurch stieg das Gesamtfluggewicht auf 6.200 kg, die Höchstgeschwindigkeit betrug immerhin 215 km/h. Die Flugzeugabmessungen entsprachen denen der ANT-9 mit Whirlwind-Motoren. **Dobrolet** und **Aeroflot** besaßen insgesamt etwa 70 ANT-9 Flugzeuge, überwiegend die zweimotorige Version PS-9. Spätestens ab Ende 1942 waren alle Maschinen bei den sowjetischen Fliegerverbänden im Einsatz.

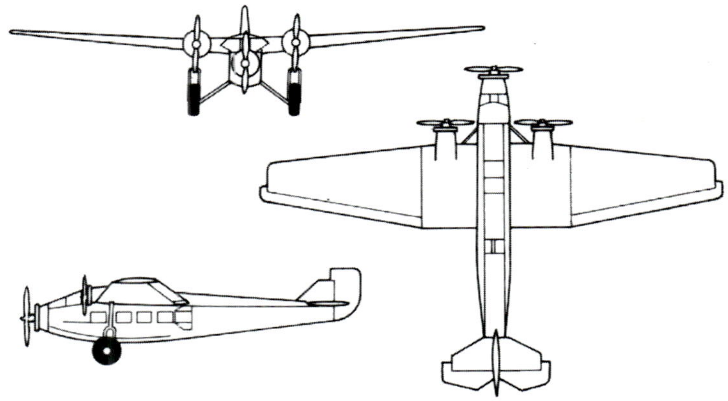

Daten (Prototyp)

Antrieb: 3 Gnome-Rhône Titan, luftgekühlte 7-Zylinder-Sternmotoren, 230 PS (169,1 kW).
Spannweite: 23,73 m; Länge: 17,00 m; Höhe 4,86 m; max. Startgewicht: 5.040 kg; ökon. Reisegeschwindigkeit: 170 km/h; Gipfelhöhe: 3.810 m; Reichweite: 1.000 km; Besatzung: 2; Passagiere: 9

Bei der URSS-D308 handelt es sich um den am 28. April 1929 fertiggestellten und von drei Gnome-Rhône Titan-Motoren angetriebenen Prototypen der ANT-9. Von der dreimotorigen Ausführung wurden bis 1933 zirka 60 Maschinen gebaut, bevor die als PS-9 bezeichnete zweimotorige Version zum Einsatz gelangte.

Vickers FB.28 Vimy Commercial

Großbritannien, Baujahr: 1920

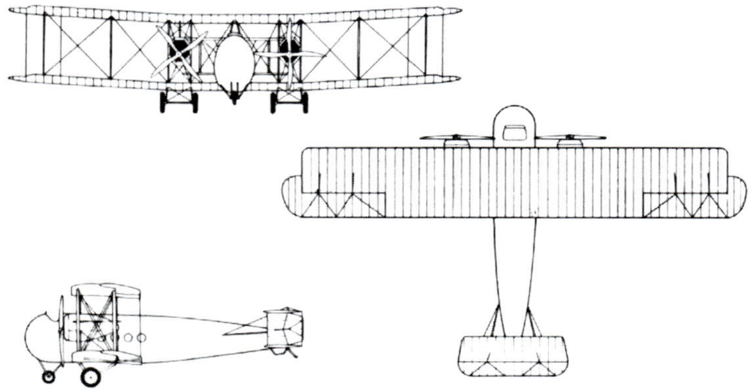

Der schwere zweimotorige Bomber Vickers **FB.27 *Vimy*** wurde zu spät für einen Einsatz im Ersten Weltkrieg entwickelt. Er war allerdings bis in die früher 1930er Jahre ein Standardtyp im Bomberkommando der **Royal Air Force (RAF)** und kam zumeist im Mittleren Osten zum Einsatz. Die Vimy wurde Mitte 1919, nur einige Monate nach dem Waffenstillstand, geradezu weltberühmt. Zuerst fand am 14. und 15. Juni 1919 der erste Nonstop-Transatlantikflug von St. Johns auf Neufundland nach Clifden an der irischen Westküste statt, dann erfolgte zwischen dem 12. November und dem 10. Dezember 1919 der erste Flug von England (Hounslow, London) nach Australien (Fanny Bay, Darwin). Auch in Afrika leistete die ausdauernde Vimy im November 1920 bei der Erkundung einer über Britisch-Ostafrika geführten Route von Kairo nach Kapstadt wertvolle Dienste.

Der Prototyp der **FB.28 *Vimy Commercial*** mit der Kennung K-107 flog erstmals am 13. April 1919, erhielt aber im Februar 1920 für einen von der Londoner Zeitung *The Times* gesponsorten, aber erfolglosen, Trans-Afrikaflug von Kairo nach Kapstadt die Registrierung G-EAAV. Für die FB.28 wurden Tragflächen, Triebwerke, Fahrwerke und Leitwerke der Standard-Vimy FB.27 übernommen, der Rumpf war jedoch eine völlig neue geräumige Konstruktion, in der neben zwei Mann Besatzung in offener Kanzel auch zehn Fluggäste in der Kabine Platz fanden. Der Verlust des Protoyps beim Start in Tabora, Tanganjika, beeinflußte aber nicht den ersten größeren Auftrag für 40 Flugzeuge für die chinesische Regierung. Diese Flugzeuge wurden ab April 1920 in Weybridge gebaut, es ist aber zweifelhaft ob alle Flugzeuge nach ihrem Transport auf dem Seewege auch tatsächlich zusammengebaut und in China geflogen wurden. Mindestens zwei dieser Maschinen kamen ab dem 1. Juli 1921 auf der Luftpostlinie Peking-Tsinan zum Einsatz. Die wohl berühmteste Vimy Commercial war jedoch die G-EASI *City of London*, die für **Instone Air Line** gebaut und ab dem 9. Mai 1920 auf dem Liniendienst Croydon-Brüssel zum Einsatz kam. Wenig später konnten auch Paris und Köln in das Instone-Streckennetz aufgenommen werden. Auch diese Ziele wurden von der im nahezu ununterbrochenen Einsatz stehenden G-EASI bedient, bis sie am 1. April 1924 in die Flotte der **Imperial Airways** integriert wurde. Bis zu diesem Zeitpunkt hatte das Flugzeug 173.728 Flugkilometer absolviert. Es blieb bei Imperial Airways im Liniendienst über den Ärmelkanal im Einsatz, bis es 1926 abgewrackt wurde.

Nur noch von zwei weiteren Vimy Commercials sind operative Einzelheiten bekannt. Eine Maschine kam in Frankreich als F-ADER von **Grands Express Aériens** zum Einsatz, das zweite Flugzeug wurde 1922 in die UdSSR (Rußland) geliefert und stand dort ab 1924 für einige Jahre bei der **Dobrolet** im Liniendienst.

Bei der **Royal Air Force (RAF)** standen fünf Vimy Commercial unter der Bezeichnung ***Vimy Ambulance*** im Einsatz. Ferner beschaffte die RAF eine größere Anzahl des Transporters Vickers ***Vernon***, der direkt aus der Vimy Commercial abgeleitet und mit einem Schwerlastboden und stärkeren Triebwerken ausgerüstet wurde. Die Vernon wurde von der RAF ab 1926 auch auf der Luftpostlinie Kairo-Bagdad eingesetzt.

Daten

Antrieb: 2 Rolls-Royce Eagle VIII, flüssiggekühlte 12-Zylinder-Reihenmotoren, 360 PS (264,7 kW).
Spannweite: 20,47 m; Länge: 13,00 m; Höhe 4,65 m; max. Startgewicht: 5.663 kg; ökon. Reisegeschwindigkeit: 135 km/h; Gipfelhöhe: 3.200 m; Reichweite: 724 km; Besatzung: 3; Passagiere: 10

Die Vickers Vimy Commercial G-EBCP war die zweite Vorführmaschine der Vickers-Werke, wurde aber nicht verwendet. Stattdessen entstand aus ihr der militärische Prototyp Vernon, der Standard-Transporter der Royal Air Force im Mittleren Osten.

Die abgebildete Wibault-Penhoet W.283.T12 F-AMYE L'Intrigant wurde 1934 an Air France geliefert und stand bis 1938 im Liniendienst auf den europäischen Hauptstrecken der Fluggesellschaft.

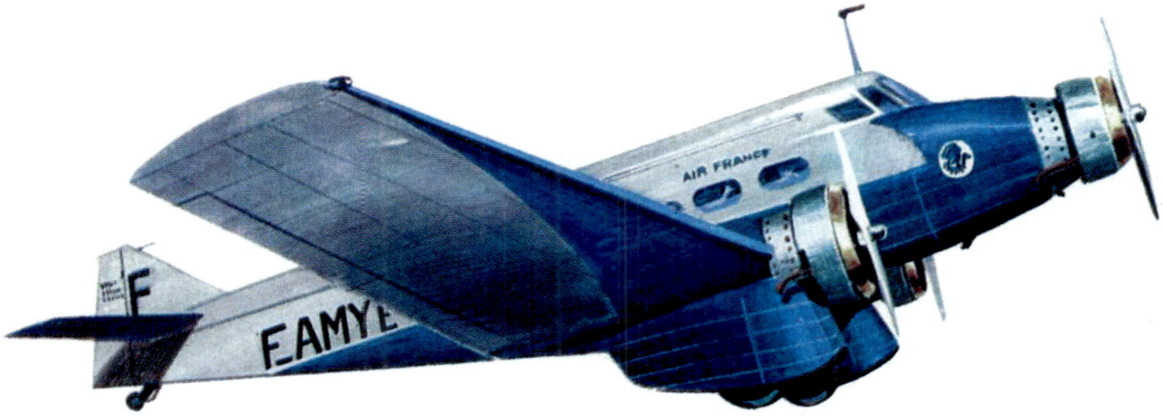

Wibault-Penhoet 280

Frankreich, Baujahr: 1930

Zu den besten Mehrzweckmaschinen für Kurz- und Mittelstrecken, die von **Air France** geflogen wurden, gehörte die **Wibault 280T**. Dieses kompakte und zuverlässige dreimotorige Flugzeug bot in seiner ursprünglichen Form als **Wibault 280** einer zweiköpfigen Besatzung und acht Passagieren Platz. Der Prototyp mit der inoffiziellen Registrierung F-ADEK flog erstmals im November 1930 und wurde von unverkleideten 300 PS (220,64 kW) Hispano-Suiza 9Qa-Sternmotoren angetrieben. Nach Umrüstung auf Gnome-Rhône 7kb-Sternmotoren gleicher Leistungsstärke erhielt das Flugzeug die Bezeichnung **Wibault 281.T10**. Der inzwischen fertiggestellte zweite Prototyp war mit 350 PS (257,4 kW) Gnome-Rhône 7kd Titan Major-Sternmotoren ausgerüstet und wurde als **Wibault 282.T10** bezeichnet. Mit diesen leistungsfähigeren Triebwerken und engerer Bestuhlung konnten nunmehr zehn Fluggäste befördert werden. Toilette und Gepäckraum lagen hinter der Fluggastkabine im Rumpfheck. Nach Aufnahme der Zulassungsflüge Anfang 1931 erhielt die W.281.T10 die Kennung F-AKEK, die W.282.T10 F-AKEL. Das jeweilige Lufttüchtigkeitszertifikat wurde im März bzw. Juli 1932 erteilt. Beide Maschinen erwarb die französische Regierung.

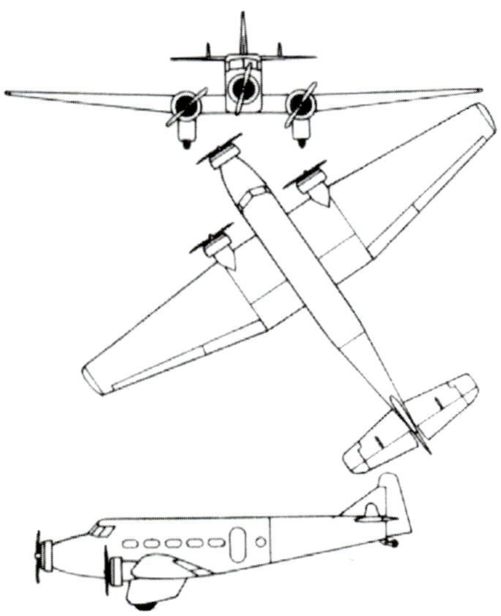

1931 fusionierte Avions Wibault mit Chantiers de Saint Nazaire Penhoet zu der neuen Firma Chantiers Aéronautique Wibault-Penhoet. 1933 fertigte diese Firma die ersten sechs Serienmaschinen **W.282.T12**. Eine dieser Maschinen, F-AMHK, wurde an die Fluggesellschaft **CIDNA** geliefert, die vom französischen Transportministerium auch F-AKEK erwarb und beide Flugzeuge auf der Route Paris-Prag-Warschau einsetzte. Zwei andere Serienmaschinen, F-AMHN und F-AMHO, wurden von **Air Union** auf ihrer Golden-Clipper-Linie (*la Voile d'Or*) zwischen Paris und London eingesetzt, wo sie die veralteten **LeO 213** ablösten. Andere von der W.282 beflogene Routen waren Paris-Belgrad und Paris-Istanbul. Als im August 1933 die **Air France** gegründet wurde, gingen die vier Maschinen, sowie der verbliebene Prototyp, in ihren Besitz über und erhielten Flottennamen: F-AKEK *Le Frondeur*, F-AKEL *Le Rapide*, F-AMHN *Le Vaillant*, F-AMHK *Le Diligent* und F-AMHO *Le Téméraire*. Die sechste Maschine wurde der französischen Luftwaffe zu Testzwecken überlassen. Drei weitere W.282.T12 wurden Ende 1933 als F-AMHL *Le Fougueux*, F-AMHM *L'Intrépide* und F-AMHP *La Voile d'Or* direkt an **Air France** abgeliefert. Nach Indienststellung der W.282 wurden an den Maschinen verschiedene Verbesserungen vorgenommen, so erhielten sie Ringhauben für die beiden Außenmotoren, später auch für den Mittelmotor.

Die nächste Serienausführung war die **Wibault-Penhoet 283.T12**. Die Motoren dieser Serie waren von Beginn an mit NACA-Hauben verkleidet. Das Hauptfahrwerk war mit Hosenbeinverkleidungen versehen worden, die jedoch Strömungsprobleme am Leitwerk verursachten. Um dieses Problem in den Griff zu bekommen, wurden die Ruder vergrößert und Hilfsflossen auf dem Höhenleitwerk eingeführt. 1934 wurde Wibault-Penhoet von der Firma Breguet übernommen. In diesem Jahr kamen zehn W.283 für die **Air France** zur Ablieferung. Dies waren im einzelnen der Prototyp F-AMTS *L'Infatigable*, der seinen Erstflug im Januar 1934 absolvierte, dann folgten in kurzen Abständen F-AMTT *L'Imbattable*, F-AMYD *Le Glorieux*, F-AMYE *L'Intrigant*, F-AMYF *Le Vengeur*, F-ANBK *L'Ambitieux*, F-ANBL *L'Aventureux*, F-ANBM *Le Conquérant*, F-ANBN *L'Invulnérable* und F-ANBO *Le Merveilleux*. Außerdem wurden F-AKEK und F-AMHO auf W.283-Standard gebracht. Diese Flotte versah ihren Dienst fünf Jahre lang auf den wichtigsten europäischen Routen, bevor das Muster 1938 von der neuen **Bloch 220** abgelöst wurde.

Daten (283.T12)

Antrieb: 3 Gnome-Rhône 7kd Titan Major, luftgekühlte 7-Zylinder-Sternmotoren, 350 PS (257,4 kW).
Spannweite: 22,60 m; Länge: 17,00 m; Höhe 5,75 m; max. Startgewicht: 6.350 kg; ökon. Reisegeschwindigkeit: 230 km/h; Gipfelhöhe: 5.200 m; Reichweite: 1.000 km; Besatzung: 2; Passagiere: 10

2. Kapitel

Wiederaufbau – Das goldene Zeitalter des Luftverkehrs

AIR LINES
HB-ILI

Der Zweite Weltkrieg bewirkte in der Verkehrsfliegerei drei wesentliche Veränderungen: die Konstruktion von leistungsfähigen Langstreckenflugzeugen, dann weltweit den Bau von zahlreichen Landflugplätzen und ferner eine globale Ausdehnung des Streckennetzes, insbesondere das der amerikanischen Fluggesellschaften. Ein weiterer tiefgreifender Wandel vollzog sich einige Jahre später, als viele Kolonien europäischer Staaten ihre Unabhängigkeit erhielten und ihre eigenen Fluggesellschaften gründeten.

Die Mehrzahl der ersten Nachkriegsflüge wurde mit ausgemusterten Douglas-Militärmaschinen der Muster **C-47 *Skytrain/Dakota* (DC-3)** und für den transatlantischen Flugverkehr mit **C-54 *Skymaster* (DC-4A)** durchgeführt. Während die amerikanischen Fluggesellschaften im Kriegsverlauf wertvolle Flugerfahrungen auf interkontinentalen Routen sammeln konnten, war der Neubeginn für die europäischen Luftverkehrsunternehmen weitaus schwieriger.

In Großbritannien wurde beschlossen, den planmäßigen zivilen Flugbetrieb weiterhin staatlicher Kontrolle zu unterwerfen und dabei eine aktive Luftverkehrspolitik zu betreiben. Hierzu wurden drei Luftverkehrsgesellschaften jeweils eigene Aufgabengebiete übertragen. Die aus der **Imperial Airways** und **British Airways** hervorgegangene **BOAC** existierte schon seit September 1941, und nach Verabschiedung des Civil Aviation Act (Zivilluftfahrtgesetzt) von 1946 erfolgte am 1. August desselben Jahres die Gründung der **British European Airways Corporation (BEA)**, welche die europäischen Strecken zu bedienen hatte. BOAC erhielt das Langstreckenmonopol nach Afrika, Australien, Mittel- und Fernost, sowie nach Nordamerika. Der privaten, 1944 gegründeten, **British South American Airways Corporation (BSAA)** wurden alle Routen nach Südamerika zugewiesen. Die BSAA wurde 1949 von der BOAC übernommen, und im Jahre 1972 erfolgte ein weiterer Zusammenschluss von BOAC und BEA zur neuen **British Airways**. Da die Briten viele überzählige Bomber besaßen, wurden viele umgebaut und im Zivilverkehr der ersten Nachkriegsjahre eingesetzt. Aus dem ***Halifax***-Bomber entstand die **HP.70 *Halton***, von der BOAC zwölf Maschinen auf der Linie London-Accra einsetzte. Für den Liniendienst nach Südamerika kam bei BSAA ab 1947 die fortschrittliche Neukonstruktion **Avro 688 *Tudor*** zum Einsatz, welche die robusten, aber veralteten **Avro *York*** ablöste. Das unaufgeklärte Verschwinden von zwei Tudor-Maschinen in der Gegend der Bermuda-Inseln im Januar 1948 bzw. 1949 führte zu einem Flugverbot der Tudor. Bei der Berliner Luftbrücke wurde das Muster aber erfolgreich als Frachtflugzeug eingesetzt. Das erste neue, für Kurz- und Mittelstrecken entworfene Flugzeugmuster war die 21sitzige **Vickers *Viking I***, die am 1. September 1946 erstmals von der BEA auf der Strecke zwischen London (Northolt) und Kopenhagen eingesetzt wurde. Bis Ende der 40er Jahre ersetzte sie die DC-3 auf allen wichtigen Strecken der Gesellschaft.

Am 26. Juni 1945 wurde **Air France** verstaatlicht, und am 1. Januar 1946 übernahm sie das gesamte französische Streckennetz mit einer gemischten, aus 130 Flugzeugen bestehenden Flotte. Dazu gehörten neben den allgegenwärtigen DC-3 und DC-4 auch die einheimischen Vorkriegsmuster **Dewoitine D.338** und **Bloch 220/221**. Als erster neuer Flugzeugtyp aus französischer Produktion wurde die **SNCASE S. E. 161 *Languedoc*** eingeführt. Der Prototyp der *Languedoc*, die **Bloch 160**, flog bereits im September 1939. Nach dem Waffenstillstand im Juni 1940 wurde die Arbeit an dem Flugzeug unter der Vichy-Regierung fortgesetzt, doch die erste Serienmaschine konnte erst am 17. September 1945 zu ihrem Erstflug starten. Air France benutzte 40 dieser 33sitzigen Flugzeuge auf ihren europäischen und nordafrikanischen Strecken. Die letzte französische Kolbenmotor-Maschine, die von der nationalen Luftverkehrsgesellschaft eingesetzt werden sollte, war die **Breguet Br.761/763 *Deux Ponts*** aus dem Jahre 1949. Die erste von zwölf bestellten Maschinen wurde im August 1952 ausgeliefert und erstmals am 16. März 1953 auf der Strecke Lyon-Algier eingesetzt.

Weitere Fluggesellschaften der ersten Stunde waren die belgische **Sabena**, die niederländische **KLM** und die schweizerische **Swissair**. In Nordeuropa entstand am 21. August 1946 aus den nationalen Vorkriegs-Fluggesellschaften Dänemarks, Norwegens und Schwedens ein Konsortium mit dem Namen **Scandinavian Airlines System (SAS)**. In den 50er Jahren leistete diese Airline wertvolle Pionierarbeit bei der Erkundung und Durchführung von planmäßigen Transpolarflügen zwischen Europa und Nordamerika, welche die Reisezeit zwischen den Kontinenten um mehrere Stunden verringerten. Einige andere Nachkriegsfluggesellschaften waren am Anfang auf fremde Hilfe angewiesen, wie zum Beispiel die italienische **Alitalia**, die mit Unterstützung der BEA entstanden war. Alitalia begann im April 1947 mit Inlandflügen, bei denen das einheimische Flugzeugmuster **SM.95** zum Einsatz kam. Mit demselben Muster, allerdings mit der für Langstrecken optimierten Version **SM.95C**, eröffnete die Gesellschaft am 6. August 1947 mit einer Verbindung zwischen Rom und Oslo ihre erste internationale Route. Am 3. April 1948 folgte die Verbindung Rom-London.

In Osteuropa nahmen die tschechische **CSA** und die polnische **LOT** ihre schon vor dem Kriege durchgeführten Flüge wieder auf, und in Bulgarien, Ungarn, Rumänien und Jugoslawien entstanden mit russischer Beteiligung nationale Luftverkehrsgesellschaften. Das Standard-Verkehrsflugzeug der **Aeroflot** war in den ersten Nachkriegsjahren die in Lizenz gebaute DC-3, welche die Typenbezeichnung **Lisunow Li-2** trug. Die neue **Iljuschin IL-12** sollte diese ersetzen. Die IL-12 wurde am 18. August 1946 auf der Ausstellung zum Sowjetischen Tag der Luftfahrt der Öffentlichkeit vorgestellt und begann ihren Liniendienst bei Aeroflot am 22. August 1947.

Die führende Luftfahrtnation der Nachkriegszeit wurden die USA. Dort erneuerten und erweiterten die großen Fluggesellschaften, *The Big Five* genannt, ihr inneramerikanisches Streckennetz und begannen mit dem Aufbau von internationalen Langstrecken-Verbindungen. **Pan American** nahm ihre durch den Krieg unterbrochenen Nordatlantikflüge wieder auf, gefolgt von **TWA** und **American Overseas Airlines (AOA)**. Während Pan American die AOA übernahm und allmählich einen *Round-The-World-Service* einrichtete, erschloß TWA Routen nach Mittel- und Fernost. **United Air Lines** und Pan American teilten sich den lukrativen Verkehr zwischen den USA und den Hawaii-Inseln. **Northwest Airlines** nutzte ihre im Krieg gesammelten Langstrecken-Erfahrungen nach Alaska und baute eine nördliche Pazifikroute nach Japan auf. Neben Pan American führte ein Neueinsteiger, **Braniff Airways**, erfolgreich Flüge zwischen den südlichen Staaten der USA und Lateinamerika durch.

In Kanada waren **Trans-Canada Air Lines** und **Canadian Pacific Air Lines** sehr erfolgreich mit dem Aufbau eines innerkanadischen Streckennetzes, aber auch internationaler Routen nach Europa, Australien und Japan. Beide Gesellschaften fliegen heute unter den Namen **Air Canada** und **Canadian Airlines International (CAI)**. Derzeit findet im kanadischen Markt eine Konsolidierung statt, und zum Jahreswechsel 1999/2000 wurde CAI von Air Canada übernommen.

Die führende australische Luftverkehrsgesellschaft **Qantas** hatte lange Zeit das Monopol für internationale Dienste und erschloß ein Streckennetz in Neuguinea, führte einen Flugdienst rund um die Welt ein und errichtete als erste Fluggesellschaft eine Ultra-Langstreckenverbindung über den Indischen Ozean nach Südafrika.
Auf dem indischen Subkontinent wurde im Juli 1946 die staatliche **Air-India** als Nachfolger der **Tata Air Lines** gegründet und erhielt im März 1948 das Monopol für internationale Dienste, mußte sich dafür aber vom Inlandsmarkt zurückziehen. Die erste internationale Verbindung wurde am 8. Juni 1948 mit Flugzeugen vom Typ **Lockheed *Constellation*** eingerichtet. Sie führte von Bombay nach London, mit Zwischenlandungen in Kairo und Genf. Indiens größte Inlands-Gesellschaft war **Indian National Airways**, die neben verschiedenen deHavilland-Modellen als nicht-britischer Erstkunde die ***Viking IB*** einsetzte. Bis 1953 flogen acht Fluggesellschaften mit fast 100 Flugzeugen auf den indischen Inlandsrouten. Mit Wirkung des 1. August 1953 wurden sie zur – wiederum staatlichen – **Indian Airlines** zusammengeschlossen.
In Asien wurde bis in die 50er Jahre hinein der internationale Flugbetrieb zumeist von europäischen oder amerikanischen Luftverkehrsgesellschaften durchgeführt und in den einzelnen Staaten entwickelte sich eine nationale Luftfahrtindustrie nur sehr zögerlich. Vorreiter dieser Entwicklung war Japan, wo im Jahre 1951 mit Hilfe der Northwest Airlines die **Japan Air Lines (JAL)** ins Leben gerufen wurde. In der Anfangszeit stellte die amerikanische Gesellschaft der JAL Flugzeuge und Besatzungen zur Verfügung, da es damals japanischen Staatsangehörigen noch verboten war, als Piloten zu fliegen.
Ähnliches widerfuhr den Deutschen, denn erst im Jahre 1955 erlangte die Bundesrepublik ihre Lufthoheit zurück. Die **Deutsche Lufthansa** ging erneut an den Start und hat sich bis heute zu einer der bedeutendsten Fluggesellschaften der Welt entwickelt. Schon wenige Monate nach Aufnahme des Deutschland- und Europaverkehrs nahm die Lufthansa die Flüge auf der konkurrenzreichsten Fernstrecke, der Nordatlantikroute nach New York, auf. Im August 1956 folgte die traditionsreiche Südatlantikstrecke nach Rio de Janeiro und im September desselben Jahres wurden Zielorte im Nahen Osten in das Streckennetz eingebunden. Während auf Kurz- und Mittelstrecken die zweimotorigen Convairliner **CV-340/440** zum Einsatz kamen, wurden die Fernstrecken von **Lockheed L.1049G *Super Constellation*** beflogen. Als Übergangslösung zum Jet-Zeitalter flogen ab 1957 vier der eleganten **L.1649A *Starliner*** in Lufthansa-Farben. In der DDR war 1954 ebenfalls eine **Deutsche Lufthansa** gegründet worden, die ihren Flugbetrieb mit Flugzeugen des sowjetischen Musters **IL-14P** begann. Auf Fernstrecken kam ab 1960 die **IL-18D** zum Einsatz. Ein Gerichtsbeschluss untersagte der DDR den Gebrauch des Lufthansa-Namens, weshalb die Gesellschaft ab 1963 als **Interflug** firmierte. Im Zuge der deutschen Wiedervereinigung wurde die Interflug im Jahre 1992 aufgelöst.

Langstreckenflugzeuge

Im Jahre 1946 betrug die Gesamtzahl der im planmäßigen Luftverkehr beförderten Fluggäste über drei Millionen. Das waren schon doppelt soviel wie ein Jahr zuvor. 1949 stieg die Zahl bereits auf jährlich 27 Millionen an, und während der 50er Jahre sollte sich diese Ziffer alle fünf Jahre mehr oder minder verdoppeln. Das Luftfrachtaufkommen wuchs im gleichen Zeitraum sogar noch rasanter.
Dieses enorme Wachstum der zivilen Luftfahrt lag in der Hauptsache in den damals neu auf den Markt kommenden Verkehrsflugzeugen begründet, die zum größten Teil in den USA entwickelt und hergestellt worden waren. Vor Kriegsausbruch hatte die **DC-3** neue Wege gewiesen, doch schon Anfang der 40er Jahre wurde deutlich, dass größere Flugzeuge mit gesteigerter Reichweite benötigt wurden. Aufgrund solcher Anforderungen entwarf Douglas die **DC-4A**, einen viermotorigen Tiefdecker mit Bugradfahrwerk für 44 Passagiere. Dieses Flugzeugmuster verfügte aber über keine Druckkabine, da es überstürzt als Militärtransporter in Betrieb gehen musste und unter der Bezeichnung **C-54A *Skymaster*** bekannt wurde. Amerikanische Fluggesellschaften, die während des Zweiten Weltkriegs in militärischem Auftrag flogen, konnten Erfahrungen mit diesem Flugzeugmuster sammeln, die sie nach Kriegsende verwerten konnten. Als erste Fluggesellschaft setzten **American Overseas Airlines** die DC-4 erstmals Ende Oktober 1945 von New York aus auf ihrer Transatlantikverbindung nach London ein. Mit zwei Zwischenlandungen betrug die planmäßige Flugzeit 23 Stunden:43 Minuten.
Die DC-4 war ein großartiges Flugzeug und wurde weltweit von vielen Fluggesellschaften verwendet, lag mit ihren Leistungen aber weit hinter der zweiten US-Transportmaschine der Kriegszeit, der **Lockheed *Constellation***, zurück. Die Constellation war ursprünglich als Langstreckenflugzeug für die TWA entwickelt worden, verfügte über eine Druckkabine, und war um mehr als 120 km/h schneller als die DC-4. Nach ihrem Erstflug im Januar 1943 wurden alle bereits hergestellten Constellation-Flugzeuge von der USAAF übernommen und ab April 1944 als **C-69** in den Militärdienst gestellt. Nach Kriegsende wurde die zivile Produktion der Constellation wieder aufgenommen. **Pan American** eröffnete am 3. Februar 1946 mit diesem Flugzeugtyp die Route zwischen New York und den Bermudas, und im gleichen Monat setzte die **TWA** dieses Flugzeugmuster auf ihren Strecken New York-Los Angeles und New York-Paris ein.
Der überragende Erfolg der Constellation veranlasste Douglas zum Bau der gleichwertigen **DC-6**, die mit einer Druckkabine ausgestattet war und die Reisegeschwindigkeit der Constellation überbot. In ihrem längeren Rumpf fanden nunmehr bis zu 86 Fluggäste Platz. **American Airlines** und **United Air Lines** verwendeten als erste Fluggesellschaften die DC-6, zuerst auf der inneramerikanischen Route New York-Chicago. Die verbesserte Ausführung **DC-6B *Liftmaster*** fand weltweite, zivile wie militärische Verwendung. Der erste Einsatz einer DC-6B erfolgte am 29. April 1951 auf den Transkontinentalrouten der American Airlines. Durch Änderung der Sitzanordnung konnte die Passagierkapazität auf 102 Plätze gesteigert werden. Die Reisegeschwindigkeit der DC-6B lag bei 500 km/h, ihre Reichweite übertraf 4.500 km.
Als Konkurrenzmodell entwickelte Lockheed aus der **L.749A *Constellation*** die um 5,48 m verlängerte **L.1049 *Super Constellation***, die am 17. Dezember 1951 von **Eastern Air Lines** erstmals eingesetzt wurde. Mit der verbesserten **L.1049C** begann TWA am 19. Oktober 1953 Nonstopflüge zwischen der amerikanischen West- und Ostküste, doch mussten die Maschinen wegen der vorherrschenden Westwinde auf dem Rückweg einen Tankstop in Chicago einlegen. Erst die mit Flächenendtanks ausgerüsteten **L.1049G** konnten auch die Transkontinentalrouten in Westrichtung nonstop befliegen.
Die **DC-7** war als erstes Flugzeug in der Lage, nonstop zwischen der Ost- und Westküste zu verkehren, und wiederum war es **American Airlines** die den neuen Flugzeugtyp am 29. November 1953 zwischen New York und Los Angeles erstmalig zum Einsatz brachte. Die DC-7

wurde von Douglas zur **DC-7B** weiterentwickelt, die ab 1955 verfügbar war und gegenüber dem DC-7-Grundmodell eine größere Reichweite besaß. Trotz der vergrößerten Reichweite der L.1049G und der DC-7B waren Nonstop-Verbindungen über den Nordatlantik aber nach wie vor nur bedingt möglich. Um dieses ersehnte Ziel endlich erreichen zu können, vergrößerte Douglas die Spannweite der DC-7, um so ihre Kraftstoffkapazität zu erhöhen. Die neue **DC-7C *Seven Seas*** hatte eine Reichweite von knapp 7.500 km, die es ermöglichte, den Nordatlantik im Nonstopflug problemlos zu überqueren. Auf dieser Route wurde das Flugzeug erstmals am 1. Juni 1956 von **Pan American** eingesetzt. Lockheed konterte mit der **L.1649A *Starliner***, die eine völlig neue Tragfläche erhielt und 99 Fluggäste über eine Reichweite von 9.650 km befördern konnte. Erstkunde der L.1649A war wiederum **TWA**, die das Muster erstmalig am 1. Juni 1957 zwischen New York und London zum Einsatz brachte.
Auch Boeing beteiligte sich am Wettbewerb auf dem Zivilflugzeugmarkt mit dem Langstreckenmuster **Boeing 377 *Stratocruiser***, bei dem aber nicht Geschwindigkeit, sondern Passagierkomfort im Vordergrund stand. Der 1949 mit einem sogenannten Double-Bubble-Rumpf gebaute Stratocruiser war größer als die Konkurrenzmuster von Douglas und Lockheed. Die Maschine verfügte über zwei Decks. Während im Oberdeck 100 Passagiere in Standardbestuhlung untergebracht werden konnten, befanden sich im Unterdeck ein Gesellschaftsraum und eine Bar. Deshalb kann die Boeing 377 als Nachfolger der großen **Boeing 314 *Clipper***-Flugboote aus der unmittelbaren Vorkriegszeit bezeichnet werden. Als erste Fluggesellschaft beschaffte **Pan American** den luxuriösen Stratocruiser für ihre Transatlantikdienste, gefolgt von der **BOAC**. Am 28. November 1945 vergab Pan American an Boeing einen Auftrag über 20 Boeing 377, von denen die erste Maschine am 1. April 1949 auf der Strecke San Francisco-Honolulu in Dienst gestellt wurde. 1950 kaufte die Fluggesellschaft acht weitere Exemplare. Die Stratocruiser wurden erst von den **Boeing 707** des Düsenzeitalters verdrängt.
Wenig bekannt ist die Tatsache, daß Deutschland bereits vor und selbst noch während des Krieges Langstrecken-Verkehrsflugzeuge* plante, die jedoch aufgrund des Kriegsverlaufes nicht über das Projekt- bzw. Versuchsstadium hinauskamen. Interessanterweise wurden alle geplanten strategischen Kampfflugzeuge mit hoher Transportkapazität zugleich für eine zivile Rolle nach dem Krieg ausgelegt. Alle namhaften deutschen Flugzeughersteller erarbeiteten entsprechende Entwürfe mit Kolbenmotoren bzw. mit Strahltriebwerken. Als Beispiel in diesem Zusammenhang soll die *Junkers EF 100* dienen, die 1940 für den Transozean-Einsatz der Lufthansa entwickelt wurde. Angetrieben von sechs Junkers Jumo 109-223 Dieselmotoren zu je 2500 PS sollte sie mit 20.000 kg Nutzlast eine Strecke von 9000 km im Ohnehaltflug bewältigen können.

Kurz- und Mittelstreckenflugzeuge

Unmittelbar nach Kriegsende bestand ein dringender Bedarf für ein zweimotoriges Kurzstreckenflugzeug, das die **DC-3** ersetzen konnte. In den USA und in Europa arbeiteten viele Flugzeugfirmen an entsprechenden Entwürfen. Die bekanntesten Flugzeuge dieser Kategorie wurden von Martin und Convair gebaut. Bei den jeweiligen Mustern der beiden Firmen handelte es sich um zweimotorige Tiefdecker mit Bugradfahrwerk. Die 42-sitzige **M.2-0-2** war noch ohne Druckkabine und wurde im Herbst 1947 in den USA von **Northwest Airlines** und in Südamerika von **LAN Chile** in Dienst gestellt. Mehrere schwere Unfälle aufgrund von Tragflächenbrüchen führten dazu, dass dem Muster die Verkehrszulassung entzogen wurde. 1950 erschien die verbesserte **M.2-0-2A** und bald darauf die 52-sitzige **M.4-0-4**, beide mit Druckkabine. Erster und größter Kunde für diese Modelle wurde die **TWA**.
Einen wesentlich größeren Erfolg beim Kampf um Marktanteile gegenüber den Martin-Modellen erzielten die Convair-Liner. Die **CV-240** mit 40 Sitzplätzen und Druckkabine wurde ab Juni 1948 von **American Airlines** geflogen. 1952 erschien dann die verbesserte **CV-340** für 44 Fluggäste und 1956 schließlich die 52 bis 56sitzige **CV-440 *Metropolitan***. Insgesamt wurden über 1.000 zivile und militärische Convair-Liner gebaut, von denen später 240 mit Allison-Propellerturbinen ausgerüstet und als **CV-580, CV-600** und **CV-640** bezeichnet wurden.
In Großbritannien entstand auf der Grundlage des Wellington-Bombers das neue Passagierflugzeug **Vickers *Viking***. Bei der Viking handelt es sich um einen Mitteldecker ohne Druckkabine und einem Spornradfahrwerk, dessen Reisegeschwindigkeit bei 320 km/h lag. Die **BEA** stellte die Viking am 1. September 1946 in Dienst und für fast ein Jahrzehnt blieb dieser Flugzeugtyp das Standardmuster für die Kurz- und Mittelstrecken der Fluglinie. Als reines Mittelstreckenflugzeug wurde der elegante Hochdecker **Airspeed AS.57 *Ambassador*** für die Bedürfnisse der BEA gebaut. Im Gegensatz zur Viking verfügte die AS.57 über eine Druckkabine und war für den Transport von bis zu 49 Passagieren ausgelegt. Im März 1952 setzte BEA die AS.57 unter der Flottenbezeichnung ***Elizabethan*** erstmalig ein. Die **Bristol 170**, die zur gleichen Zeit wie die Viking entstand, war ein völlig anderes Flugzeugmuster in Schulterdeckerauslegung und mit starren Fahrwerk. Es wurde in zwei Varianten angeboten; während die ***Wayfarer*** als reines Passagierflugzeug ausgelegt war, verfügte der ***Freighter*** über einen aufklappbaren Rumpfbug und machte seinem Namen viel Ehre. Gemeinsam mit der größeren ***Superfreighter*** wurden jahrelang Auto-Transportflüge als Luft-Fährdienste über den Ärmelkanal zwischen Großbritannien und Frankreich durchgeführt.
Ein weiteres europäisches Kurzstreckenmuster, die schwedische **Saab 90 *Scandia***, verdient noch eine Erwähnung. Zwar wurden von dem 32 bis 36plätzigen Tiefdecker mit Bugradfahrwerk nur 18 Stück gebaut, davon sechs bei Fokker/Aviolanda, doch war dieser Entwurf zum Zeitpunkt seiner Entstehung richtungsweisend. Der Prototyp flog erstmals am 16. November 1946, doch Probleme bei der Luftverkehrszulassung verzögerten die Auslieferungstermine erheblich. Die **SAS**, auf deren Betreiben das Flugzeug entstanden war, hatte inzwischen das Interesse daran verloren und nahm weniger Maschinen als geplant ab. Die einzigen weiteren Kunden für die Scandia waren die beiden brasilianischen Fluggesellschaften **Aerovias Brasil** und **VASP**, wobei die letztere schließlich alle Maschinen des Typs erwarb und im Einsatz hatte.

Turboprops

Als der Welt erstes verkehrstaugliches Flugzeug mit Propellerturbinenantrieb gilt die **Vickers *Viscount***, deren Prototyp **V.630** am 16. Juli 1948 seinen Erstflug absolvierte. Dieser Tiefdecker mit Druckkabine für 32 Passagiere wurde von vier Rolls-Royce Dart-Propellerturbinen

* *Siehe Dieter Herwig und Heinz Rode: Geheimprojekte der Luftwaffe Band II: Strategische Bomber 1935-1945. Stuttgart 1998.*

mit Vierblattluftschrauben angetrieben. Obwohl die V.630 den Fluggesellschaften als zu klein galt, um wirtschaftlich eingesetzt werden zu können, debütierte sie am 29. Juli 1950 im BEA-Einsatz auf der Strecke London/Northolt-Paris/Le Bourget. Nachdem Dart-Triebwerke mit höherer Startleistung verfügbar waren, erschien die größere, für bis zu 60 Fluggäste ausgelegte **Viscount 700**, von der **BEA** 20 Einheiten in Auftrag gab. Der erste Streckeneinsatz erfolgte am 18. April 1953 auf der Route London-Rom-Athen-Nicosia. Die durch stetige Weiterentwicklung ermöglichte Leistungssteigerung der Dart-Triebwerke bewog Vickers, eine bedeutend vergrößerte Version der V.700 zu konzipieren, die in dieser Form jedoch nicht gebaut wurde. Das später konzipierte Muster **Viscount 800** wies einen gegenüber der V.700 um 2,82 m gestreckten Rumpf auf, in dessen Passagierkabine 65 Fluggäste Platz fanden. Der Erstflug der V.800 erfolgte am 27. Juli 1956 und **BEA** erhielt die erste von 41 bestellten Maschinen am 11. Januar 1957. Nachfolger der Viscount wurde die größere **V.950 *Vanguard*** für bis zu 139 Passagiere, die sich im Gegensatz zu ihrem Vorgänger aber nicht als Verkaufsschlager erweisen sollte. Neben der **BEA** entschied sich nur noch die kanadische **TCA** (später **Air Canada**) für dieses Flugzeugmuster. Der Erstflug des Prototypen erfolgte am 20. Januar 1959 unter dem Kommando von *G. R. ‚Jock' Bryce*.

In den USA wurde nur ein einziges großes Passagierflugzeug mit TPL-Antrieb gebaut, die **Lockheed L.188 *Electra***. Sie war kleiner als die Vanguard, konnte 99 Passagiere befördern und verfügte als Antrieb über vier Allison 501-Triebwerke. Das Flugzeug absolvierte am 6. Dezember 1957 seinen Erstflug, und im Januar 1959 wurden die ersten Maschinen an **American Airlines** und **Eastern Air Lines** abgeliefert.

Auch in Japan wurde ein Mittelstreckenflugzeug mit TPL-Antrieb gebaut, die **NAMC YS-11**. Dabei handelte es sich um einen zweimotorigen 60sitzigen Tiefdecker, dessen Erstflug am 30. August 1962 und sein erster Einsatz im April 1965 stattfanden. Das Flugzeug, das in einer Stückzahl von 180 Exemplaren gebaut wurde, erreichte einen beachtlichen Exporterfolg für die japanische Luftfahrtindustrie. Neben japanischen Fluggesellschaften stand die YS-11 auch bei Airlines in den USA, Kanada und Südamerika im Einsatz. Einziger europäischer Betreiben war die griechische **Olympic Airways**.

Neben der sowjetischen **IL-18** war die **Bristol 175 *Britannia*** das einzige von Propellerturbinen angetriebene Langsteckenflugzeug. Die als flüsternder Riese bezeichnete Britannia startete am 16. August 1952 zu ihrem Erstflug, doch verzögerten Triebwerks-Vereisungsprobleme ihre Indienststellung. Die **Britannia 102** konnte 90 Fluggäste befördern und wurde ab 1. Februar 1957 von der **BOAC** auf der Route zwischen London und Johannesburg eingesetzt. Der Prototyp der vergrößerten **Britannia 300** flog erstmals am 31. Juli 1956. Neben einer Passagierkapazität von 139 Fluggästen verfügte die Srs.300 über interkontinentale Reichweite. Am 19. Dezember 1957 erfolgte der erste Liniendienst für die BOAC auf der Nordatlantikstrecke London-New York. Als erste Verkehrsmaschine überhaupt flog eine Britannia Srs.310 nonstop die 8.207 km lange Strecke von London nach Vancouver und benötigte hierfür eine Flugzeit von nur noch 14 Stunden und 40 Minuten.

Auch im Kurzstreckenbereich setzten sich Turboprops durch. Das erfolgreichste aller in der westlichen Welt gebauten TPL-Flugzeuge ist bis heute die **Fokker F.27 *Friendship***, die anfangs 44, in späteren – vergrößerten – Ausführungen bis zu 52 Fluggästen Platz bot. Der Prototyp der F.27 flog erstmals am 24. November 1955. Neben Fokker in den Niederlanden baute die US-Firma Fairchild die F.27 für den amerikanischen Markt in Lizenz.

In Europa begann **Aer Lingus** am 15. Dezember 1958 den Liniendienst mit dem Muster auf der Strecke Dublin-Glasgow, gefolgt von **West Coast Airlines** in den USA am 21. September 1958. Insgesamt wurden 792 dieser Maschinen in verschiedenen Ausführungen gebaut. Der Versuch britischer Flugzeugbauer, in diesen Markt einzubrechen, war weniger erfolgreich. Von der **HPR.7 *Dart-Herald***, die in Aufbau und Flugleistungen der F.27 ähnlich war, konnten nur 50 Stück verkauft werden. Der Tiefdecker **HS.748**, der auch mit Dart-Triebwerken ausgerüstet war, flog erstmals am 24. Juni 1960. Die Fertigung lief erst 1988 aus, nachdem 382 Exemplare verschiedener Versionen verkauft worden waren.

Während die Kurzstrecken-Turboprops sich gegenüber den reinen strahlgetriebenen Verkehrsflugzeugen über Jahre hinweg behaupten konnten und in den 80er Jahren sogar eine Renaissance erlebten, standen die Lang- und Mittelstrecken-Turboprops nur verhältnismäßig kurze Zeit im Einsatz. Bis Mitte der 60er Jahre wurden sie von Jets wie der **Boeing 707** und der **DC-8**, sowie der **Boeing 727** und der **DC-9** abgelöst.

Die Super Guppy 201 ist die leistungsfähigste Version der von Aero Spacelines entwickelten Guppy-Serie. Ursprünglich für den Transport von Raketenstufen des Apollo-Programms entwickelt, kamen die Maschinen später bei Aérospatiale zum Transport von Flugzeugteilen des Airbus-Programms zum Einsatz.

BUS SKYLINK
Industrie

Aero Spacelines Guppy

USA, Baujahr: 1962

Zwischen 1962 und 1972 stellte die Aero Spacelines Company in den USA sechs überdimensionale Frachter durch den Umbau von **Boeing 377 *Stratocruiser*** in zwei Ausführungen her. Die erste Version wurde als *Pregnant Guppy* (Schwangere Guppy), später auch **Mini-Guppy**, bezeichnet, die am 19. September 1962 zu ihrem Erstflug startete.

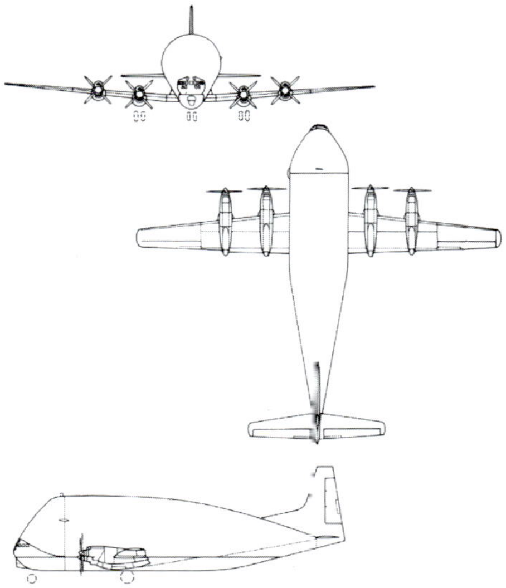

Bei diesem Flugzeug wurde der Stratocruiser-Rumpf im hinteren Abschnitt verlängert und die obere Rumpfschale durch eine Neukonstruktion mit größerem Durchmesser ersetzt. Das gesamte Rumpfheck mit dem Seitenleitwerk war seitwärts klappbar, um so die großen Trägerraketenstufen für die amerikanische Weltraumagentur **NASA** problemlos laden zu können.
Die **Super Guppy** absolvierte am 31. August 1965 ihren erfolgreichen Erstflug. Sie war noch größer und verfügte über einen Turbopropantrieb, bestehend aus vier T34-Propellerturbinen, während die Mini-Guppy noch mit Kolbentriebwerken angetrieben wurde. Die zweite Maschine dieser Basis-Serie flog am 24. Mai 1967. Der Bau und die damit zusammenhängende Notwendigkeit zum Transport der neuen Saturn V-Raketenstufen (*Apollo*-Projekt) machte den Bau dieses riesigen Transporters erforderlich.
Eine direkte Weiterentwicklung war die **Super Guppy 201**, von der zwei Einheiten gebaut wurden und am 24. August 1970 und am 24. August 1971 ihre Erstflüge absolvierten. Die *Super Guppy 201* entsprachen in den Abmessungen der Super Guppy, wurden aber von vier Allison 501-D22C Propellerturbinen angetrieben. Nach der Einstellung des Apollo-Programms wurden alle Super Guppy an die französische Firma **Aérospatiale** verkauft, die sie im Rahmen des **Airbus**-Programms zum Transport von Großbauteilen zwischen den verschiedenen Teile-Fertigungszentren und Toulouse bis ins Jahr 1998 hinein im Einsatz hatte. Inzwischen wurden sie vom **Airbus A300-608ST *Beluga*** abgelöst.

Daten (S.Guppy 201)

Antrieb: vier Allison 501-D22C Propellerturbinen von je 3.610 WkW.
Spannweite: 47,62 m; Länge43,83 m; Höhe 14,78 m; max. Startgewicht: 77.110 kg; ökon. Reisegeschwindigkeit: 407 km/h; Gipfelhöhe: 7.620 m; ökon. Reichweite: 813 km; max. Nutzlast: 24.500 kg.

Airspeed AS.57 Ambassador

Großbritannien, Baujahr: 1947

Obwohl sich die Airspeed **AS.57 *Ambassador*** bei den Fluggästen großer Beliebtheit erfreute, erreichte sie nur eine geringe Verbreitung. Der Entwurf der Ambassador ging auf den Vorschlag IIA des Brabazon-Komitees zurück, welcher ein zweimotoriges Kurzstrecken-Verkehrsflugzeug für den Einsatz zwischen Großbritannien und Westeuropa vorsah. 1945 wurde mit den Arbeiten am Prototyp bei der Airspeed Division of De Havilland begonnen. Die Maschine mit dem Kennzeichen G-AGUA führte am 10. Juli 1947 ihren Erstflug durch und wurde dabei von zwei Triebwerken des Typs Bristol Centaurus 631 mit je 2.600 PS (1.913 kW) angetrieben. Die Passagierkabine war für die Beförderung von maximal 50 Fluggästen ausgelegt. Da das Flugzeug als Hochdecker ausgelegt war, hatten die Fluggäste eine gute Sicht aus den groß dimensionierten, rechteckigen Fenstern. Das Flugzeugmuster zeichnete sich durch extreme Wartungsfreundlichkeit aus, da bei Arbeiten an den Triebwerken die Motorverkleidungen nach allen Seiten aufgeklappt werden konnten. Außerdem konnten auch die kompletten Triebwerke samt der zugehörigen Aggregate als Einheit ausgetauscht werden. Die *Ambassador* zeichnete sich ferner durch gute Kurzstarteigenschaften und überdurchschnittliche Flugleistungen mit einem ausgefallenen Triebwerk aus. Der zweite Prototyp mit dem Kennzeichen G-AKRD flog erstmals am 26. August 1948. Zwei Bruchzellen dienten für Festigkeitsuntersuchungen. Für die Abnahmeflüge zur Erlangung der Luftverkehrszulassung wurde der dritte Prototyp G-ALFR verwendet, der mit den für die Serienversion vorgesehenen Centaurus 611-Triebwerken ausgerüstet war. Dieses Flugzeug, das im Mai 1950 seinen Erstflug ausgeführt hatte, wurde von der **BEA** versuchsweise auf ihrem Streckennetz eingesetzt. Mit einem Auftrag für 20 AS.57 bestellte die BEA im Jahre 1948 ihr letztes Verkehrsflugzeugmuster mit Kolbenmotorantrieb. Die erste für die Fluggesellschaft vorgesehene Maschine startete am 12. Januar 1951 zum Jungfern-

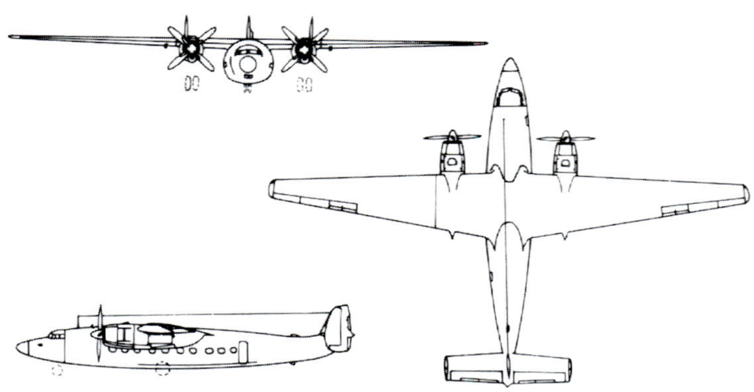

Autair International erwarb die Ambassador 2 G-ALZS (C/N 5215) von der schweizerischen Fluggesellschaft GLOBE AIR im November 1963. Das Flugzeug wurde am 14. September 1967 bei einer Landung in Luton irreparabel beschädigt, als es bei heftigem Regen von der Landebahn abkam.

flug. Die Erprobungsflüge fanden im August 1951 mit der Erteilung der Verkehrszulassung ihr Ende, doch erst am 13. März 1952 stellte die BEA den neuen, als ***Elizabethan*** bezeichneten Flugzeugtyp auf ihrem Streckennetz in Dienst. Es zeigte sich schnell, dass die AS.57 besonders auf Kurzstrecken die niedrigsten Betriebskosten aller Flugzeugtypen in der BEA-Flotte verursachte. Dennoch wurde die AS.57 nach einer nur knapp sechsjährigen Dienstzeit von dem fortschrittlicheren Turboprop-Muster **Vickers *Viscount*** abgelöst und führte am 30. Juli 1958 den letzten Linienflug durch. Neben der BEA fand sich für die AS.57 kein weiterer Käufer, deswegen wurde die Produktion nach Ablieferung der 20. Maschine an die BEA eingestellt. Nach der Ausmusterung bei der BEA flogen drei Flugzeuge in Australien bei **Butler Air Transport**, zwei weitere erwarb die schweizerische **Globe Air** und ein weiteres Paar wurde von der **Royal Jordanian Air Force** für VIP-Transportaufgaben übernommen. In den 60er Jahren kehrten aber alle AS.57 wieder nach Großbritannien zurück, wo sie bei den Bedarfsfluggesellschaften **Dan-Air London, Autair** und **BKS Air Transport** als Passagier- und Frachtflugzeuge noch rund zehn Jahre im Einsatz standen. Zwei AS.57 dienten der Shell Petroleum als Geschäftsreiseflugzeuge und eine *Ambassador* wurde als Demonstrationsflugzeug für Luftfahrtavionik von der Decca Navigation Company verwendet. Der zweite Prototyp G-AKRD und eine Serienmaschine (G-ALZR) dienten eine Zeitlang als fliegende Prüfstände zur Erprobung der Propellerturbinen Dart, Eland, Proteus und Tyne.

Unter der Bezeichnung **AS.59** bestanden verschiedene Entwicklungsprojekte, die unter anderem für das Muster auch einen Turbopropantrieb mit vier Dart-Propellerturbinen vorsahen. An weiteren interessanten Projekten sind die **AS.60 *Ayrshire***, ein nach dem Pflichtenheft 13/45 entworfener Militärtransporter, und der Frachter **AS.67** zu nennen, doch wurde keines dieser Projekte verwirklicht.

Daten

Antrieb: 2 Bristol Centaurus 661, luftgekühlte 18-Zylinder-Sternmotoren, 2.625 PS (1.929 kW)
Spannweite: 35,05 m; Länge: 25,05 m; Höhe 5,60 m; max. Startgewicht: 23.814 kg; ökon. Reisegeschwindigkeit: 415 km/h; Gipfelhöhe: 7.600 m; Reichweite: 2.200 km; Besatzung: 3+2; Passagiere: 47-60

Antonow AN-8

UdSSR, Baujahr: 1955

Eines der unbekanntesten russischen Flugzeugmuster ist der von zwei Propellerturbinen angetriebene Hochdecker **Antonow AN-8**, der Anfang 1953 als Transporter für die sowjetische Luftwaffe entwickelt wurde. Der Erstflug der AN-8 hat wahrscheinlich 1955 stattgefunden. Zwischen 1957 und 1959 wurden rund 200 Maschinen von einer einzigen Serie gefertigt. Produktionsstelle der AN-8 war das Werk Nummer 34 in Taschkent. Serienmaschinen aus dem ersten Fertigungslos, mindestens zehn Einheiten, erhielten als Antrieb Kusnezow NK-4-Triebwerke, bei allen nachfolgenden Flugzeugen kam das leistungsstärkere Iwschenko AI-20 Aggregat zum Einbau. Wahrscheinlich wurden die frühen Flugzeuge entsprechend umgerüstet.

Mit ihrem kastenförmigen Rumpf und einer in das hochgezogene Rumpfheck eingelassenen Laderampe war die AN-8 als erstes Flugzeugmuster der sowjetischen Luftwaffe in der Lage, sperrige Güter und Fahrzeuge zu befördern. Aufgrund der geringen Produktionszahl ist anzunehmen, dass die Leistungen der AN-8 den militärischen Anforderungen nicht genügten. Bereits ab 1957 erschien als Nachfolgemuster die viermotorige AN-10 *(siehe dort, Seite 99)*, bei der die Rumpfstruktur der AN-8 weitgehend übernommen wurde.

1966 wurde erstmals eine AN-8 in Farben der **Aeroflot** gesichtet, doch dürften nur vereinzelte Exemplare, höchstens 20, zu jener Zeit zivil genutzt worden sein. Bei diesen Maschinen wurde der im Rumpfheck, unter dem Leitwerk gelegene, und mit zwei MGs ausgerüstete defensive Heckstand durch eine aerodynamisch geformte Verkleidung ersetzt.

Erst nach dem Auseinanderbrechen der Sowjetunion wurde das inzwischen schon stark veraltete Muster häufiger im zivilen Einsatz beobachtet und seit Dezember 1994 wird die AN-8 verstärkt in Afrika und in Mittelost zum Transport allgemeiner Güter und von Lebensmitteln (in Angola) genutzt. Heute existieren noch zirka 50 flugfähige AN-8, und die lange Lebensdauer lässt auf eine robuste Konstruktion schließen.

Zwischen 1968 und 1978 waren mindestens 30 militärische AN-8 auf dem sowjetischen Fliegerhorst Oranienburg in der damaligen DDR stationiert.

Die Antonow 8 (C/N OD3450) EL-AKZ wurde von der Santa Cruz Imperial 1996 erworben. Diese Maschine wurde 1959 gebaut und flog zuvor in Russland mit der Registrierung RA-69353.

Grafik des Prototyps der AN-10 mit Ukraina-Titeln, der am 7. März 1957 seinen Erstflug absolvierte und im Juli 1957 erstmals der Öffentlichkeit vorgestellt wurde.

Antonow AN-10 Ukraina

UdSSR, Baujahr: 1957

Die **AN-10** entstand zur gleichen Zeit wie die **Iljuschin IL-18**. Während die IL-18 als reines Passagierflugzeug für das internationale Streckennetz der Aeroflot bestimmt war, sollte die AN-10 als ziviles und militärisches Passagier- und Frachtflugzeug auf innerrussischen Strecken dienen. Bei diesem Flugzeugmuster lag das besondere Augenmerk auf einer robusten Bauweise, um auch von schlecht ausgebauten Flugplätzen mit zum Teil kurzen Startbahnen operieren zu können. Die Projektierungsarbeiten begannen im November 1955, wobei von Anfang an der Bau einer vergrößerten Version der zweimotorigen **AN-8** vorgesehen war. Die erste AN-10 (CCCP-U1957) führte am 7. März 1957 unter dem Kommando von *J.I. Wernikow* in Kiew ihren Erstflug aus, gefolgt vom zweiten Prototyp (CCCP-L5723) im Juli desselben Jahres. Um die Eigenschaften der zwei verfügbaren Triebwerkstypen zu erproben, wurden die zehn Flugzeuge des ersten Bauloses mit Propellerturbinen des Typs Kusnezow NK-4 ausgerüstet, während die zehn Maschinen des zweiten Bauloses von Iwschenko AI-20 PTL-Triebwerken angetrieben wurden. Schließlich wurde das AI-20 Aggregat als Standardtriebwerk für die endgültige Serienversion gewählt. Schwerwiegende Stabilitätsprobleme verzögerten die Erprobung. Zur Behebung dieser Mängel mussten folgende Konstruktionsänderungen vorgenommen werden: Umbau der Außenflügel mit negativer V-Form, Vergrößerung der Seitenflossenfläche durch eine zusätzliche Flosse unter dem Rumpfheck, sowie Anbau von Flächenendscheiben am hinteren Tragwerk. In dieser Form konnte die AN-10 am 22. Juli 1959 von der **Aeroflot** auf den Strecken von Simferopol nach Moskau und Kiew in Dienst gestellt werden. Anstelle der ursprünglich vorgesehenen 75 Passagiere konnten nunmehr 84 Fluggäste befördert werden. Gleichzeitig wurde die AN-10 einem intensiven Streckenerprobungsprogramm für den Frachtdienst nach Sibirien unterzogen. Neben zwei Prototypen wurden nur 30 Exemplare der Standardausführung gefertigt, deren Produktion 1958 zugunsten der vergrößerten Weiterentwicklung AN-10A eingestellt wurde. Diese Version verfügt über einen gestreckten Rumpf, in dessen Kabine nunmehr 100-120 Passagiere befördert werden konnten. Die beiden Endscheiben am hinteren Tragwerk wurden weggelassen und durch zwei große Stabilisierungsflossen unter dem Rumpfheck ersetzt. Als Antrieb kam die verbesserte PTL-Version AI-20K zum Einbau. Der Erstflug der AN-10A erfolgte am 22. Juli 1959 und das Muster wurde von der **Aeroflot** erstmals am 10. Februar 1960 im Liniendienst eingesetzt. Von der AN-10A wurden rund 100 Stück gebaut, doch wurde das weiterhin mit technischen Fehlern behaftete Flugzeugmuster am 27. August 1973 aus dem zivilen Flugdienst entfernt. Bis zu diesem Zeitpunkt waren von den zirka 80 bei der Aeroflot im Einsatz stehenden AN-10 nicht weniger als 42 Maschinen durch Absturz verloren gegangen. 25 noch flugfähige Exemplare wurden im April 1974 dem Industrieministerium zur weiteren Verwendung übergeben. Eine um weitere drei Meter gestreckte Version mit der Bezeichnung **AN-10B**, auch als **AN-16** bezeichnet, wurde zwar projektiert, aber nicht gebaut. Die AN-10B sollte bei Normalbestuhlung 132 Fluggäste aufnehmen können. Als Antrieb war das leistungsstärkere PTL-Triebwerk AI-20M, welches bei der IL-18D Verwendung fand, vorgesehen.

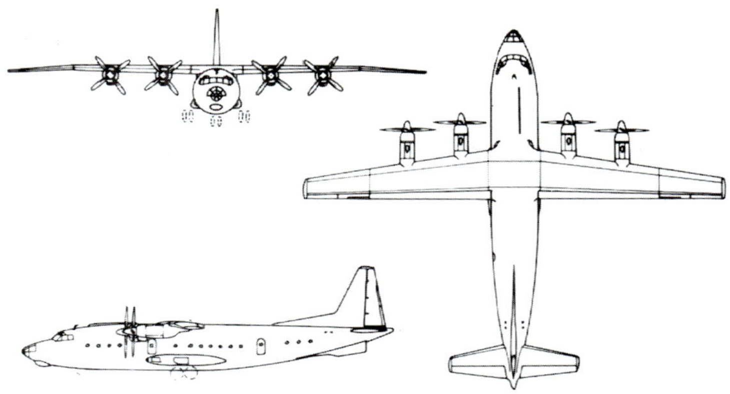

Daten (AN-10A)

Antrieb: 4 Iwschenko AI-20K Propellerturbinen, 4.000 WPS (2.940 WkW)
Spannweite: 38,00 m; Länge: 37,00 m; Höhe: 9,70 m; max. Startgewicht: 55.000 kg; ökon. Reisegeschwindigkeit: 625 km/h; Gipfelhöhe: 9.500 m; Reichweite: 2.800 km; Besatzung: 4+4; Passagiere: 84-130; Nutzlast: 14.000 kg

Antonow AN-12

UdSSR, Baujahr: 1958

Der Frachter **AN-12** wurde aus der **AN-10A** abgeleitet und ist in seinen Abmessungen und Details mit dieser weitgehend identisch. Die wesentlichsten Unterschiede zwischen den beiden Mustern bestehen in der Konstruktion des Rumpfhecks, das bei der AN-12 nach oben gezogen und mit einem neuen, großflächigen Seitenleitwerk versehen wurde. Die im Rumpfheck eingelassene Laderampe kann abgesenkt werden, so dass die Ladung direkt in den Frachtraum eingefahren werden kann. Diese Rampe kann auch während des Fluges zum Lastenabwurf geöffnet werden. Die AN-12 wird hauptsächlich als militärischer Transporter bei der russischen Luftwaffe verwendet, an die im Laufe der Jahre zirka 900 Exemplare geliefert wurden. Die zivile AN-12 unterscheidet sich von der Militärversion dadurch, dass der mit zwei 20-mm-Kanonen ausgerüstete defensive Heckstand durch eine aerodynamische Verkleidung ersetzt wurde. Der Erstflug der AN-12 erfolgte im Jahre 1958 und ab 1960 erhielt die **Aeroflot** an die 100 dieser Flugzeuge unter der Typenbezeichnung **AN-12V** für den zivilen Frachteinsatz, bei welcher der Heckstand zwar beibehalten, die Bewaffnung aber entfernt wurde. 1965 erschien die reine Zivilversion **AN-12BP** mit verkleidetem Rumpfheck, welche 1966 von der Aeroflot erstmals im Streckendienst eingesetzt wurde. Zirka 130 AN-12B/BP-Maschinen erhielt Aeroflot zwischen 1966 und 1970. Dieses Muster blieb nahezu 20 Jahre lang das Rückgrat der Frachter-Flotte und das Standard-Frachtflugzeug aller Staaten des damaligen Ostblocks, bevor es ab Mitte der 80er Jahre endgültig von dem Jet-Nachfolgemuster **Iljuschin IL-76** in die Nebenrolle verwiesen wurde. Bis zum Produktionsende im Jahre 1972 wurden insgesamt 1.243 AN-12 aller Versionen hergestellt, davon zirka 160 Zivilmaschinen. Laut Herstellerangaben wurden 183 AN-12 an fremde Luftstreitkräfte und zivile Betreiber exportiert, zumeist in Staaten des ehemaligen Ostblocks. Frühe Betreiber der AN-12BP waren neben **Aeroflot** (100+) die **Cubana** (1), **Ghana Airways** (1) und **LOT** (3), gefolgt von **Balkan Bulgarian Airlines** (2), **Air Guinée** (1) und **Iraqi Aiways** (4). Heute fliegen immer noch eine große Anzahl von AN-12, auch solche der ehemaligen sowjetischen Luftwaffe, bei vielen Aeroflot-Nachfolgegesellschaften in Russland und anderen Staaten der ehemaligen Sowjetunion. Auch in Afrika

Daten (AN-12V)

Antrieb: 4 Iwschenko AI-20K Propellerturbinen, 4.000 WPS (2.940 WkW)
Spannweite: 38,00 m; Länge: 37,00 m; Höhe: 9,83 m; max. Startgewicht: 61.000 kg; ökon. Reisegeschwindigkeit: 600 km/h; Gipfelhöhe: 10.200 m; Reichweite: 3.400 km; Besatzung: 4-5; Nutzlast: 20.000 kg; Passagierkapazität: 14-18

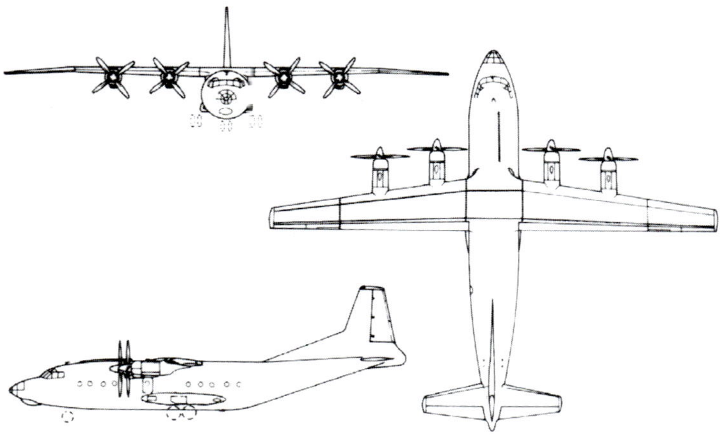

Diese AN-12BP (C/N 4342510) wurde im Juli 1994 von der ukrainischen Khors Air aus Beständen der ehemaligen sowjetischen Luftwaffe erworben. Mitte 1995 war sie kurzfristig an die französische Heli Globe vermietet. Die Aufnahme entstand in Maastricht am 3. August 1995, als das Flugzeug auf dem Taxiway zum Start in Richtung Runway 22 rollte.

erfreut sich die AN-12 seit Ende der 80er Jahre, wegen ihres günstigen Anschaffungspreises und der großen Nutzlast, steigender Beliebtheit.
Die AN-12 wurde in drei Hauptwerken und einem Nebenwerk gefertigt, die Fertigungszahlen und Produktionsjahre verteilen sich wie folgt: Taschkent (830) (1962-1972), Woronesch (258) (1960-1965), Irkutsk (88) (1957-1962) und Kasan (67) (1958-1962). Bei den in Kasan gebauten Maschinen handelt es sich um die komplette Fertigung der AN-12V, doch diesem Werk wurde keine eigene Produktionscodierung zugewiesen. Die in der Volksrepublik China ab Beginn der 80er Jahre gefertigte und im Aussehen leicht veränderte **Yunshuji YUN-8** ist eine direkte Abwandlung der **AN-12B**. Es gilt als sicher, dass bis Ende 1995 nur 50 YUN-8 gebaut wurden, von denen alle, bis

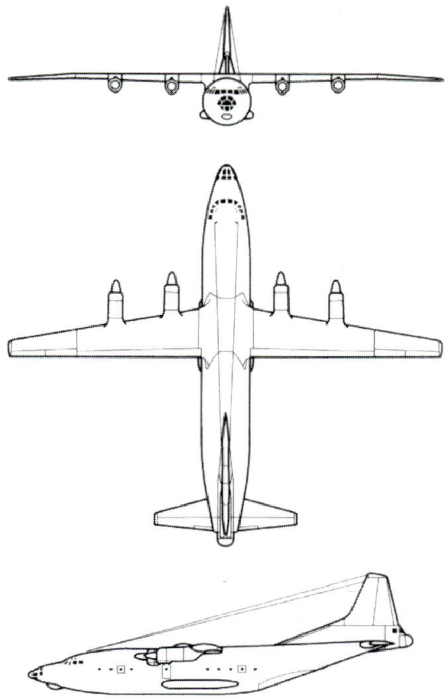

Bei der Yunshuij YUN-8 handelt es sich in erster Linie um einen Militärtransporter, doch kommen einige wenige Exemplare auch auf zivilen Flügen der China Postal Airlines zum Einsatz. Die hier am 1. Dezember 1994 in Xian fotografierte Y-8 mit der taktischen Kennung LH 4002 gehört wahrscheinlich zur ersten Fertigungsserie und steht im Einsatz bei der chinesischen Luftwaffe.

auf wenige Ausnahmen, an die chinesischen Luftverteidigungsstreitkräfte geliefert wurden. Zwei Serienmaschinen **YUN-8B** fliegen zivile Liniendienste für das chinesische Postministerium. Einziger Auslandskunde für die YUN-8 ist bislang die Luftwaffe Sri Lankas, die 1993 vier Exemplare kaufte.

Antonow AN-22 Antheus

UdSSR, Baujahr: 1965

Die **AN-22** flog erstmals am 27. Februar 1965 unter dem Kommando von *Juri Kourlin* und im Mai desselben Jahres wurde das Flugzeug (CCCP-46191) erstmals der westlichen Öffentlichkeit vorgestellt. Mit einem Abfluggewicht von 250 Tonnen war die AN-22 das weltgrößte Flugzeug seiner Zeit. Ihre Nutzlast entspricht ungefähr dem Leergewicht der selbst riesigen **Tupolew Tu-114**! Obwohl der Bau dieses gewaltigen Flugzeuges eine technische Großleistung darstellte, erfuhr die Konstruktion keine technischen Neuerungen. Rumpf und Flügel stellen im Prinzip lineare Vergrößerungen der entsprechenden Bauteile der kleineren **AN-10** und **AN-12** dar. Die dünnen Flügel mit großer Streckung, die in ihren äußeren Abschnitten die für Antonow-Modelle typische negative V-Stellung aufweisen, sind mit Doppelspalt-Landeklappen ausgerüstet, um auch die Versorgung von Gegenden mit schlecht ausgebauten Flugplätzen zu ermöglichen. Wie bei fast allen russischen Flugzeugen der 60er Jahre ist die Rumpfnase verglast.
Neben dem Prototyp wurden drei weitere Vorserienmaschinen im Werk Kiew-Swjetoschino gefertigt, bevor die Serienproduktion nach Taschkent verlegt wurde, wo 68 Exemplare der AN-22 bis zum Produktionsende im Dezember 1975 gebaut wurden. Davon entfielen auf das Grundmodell 40 Exemplare, auf die technisch verbesserte AN-22A 28 Flugzeuge. Die **AN-22A** unterscheidet sich von der Grundausführung durch ein im rechten Fahrwerkwulst untergebrachtes Hilfstriebwerk zum Triebwerkstart, sowie verbesserte Systeme zur elektrischen Bordversorgung und der Radio-Navigationsanlage. Der druckbelüftete Frachtraum der AN-22 misst 32,92 m in der Länge und 4,42 m in der Breite. Alle Maschinen haben eine Standardauslegung, bei der sich eine kleine Passagierkabine für 28-29 Fluggäste direkt hinter der Kanzel befindet. Eine Verbindungstür führt zu dem auf gleicher Ebene gelegenen Frachtdeck. Die Beladung erfolgt durch eine abklappbare Laderampe im Rumpfheck. Zwei an der Decke des Frachtdecks angeordnete Laufkatzen erleichtern die Verladung von Schwergut.

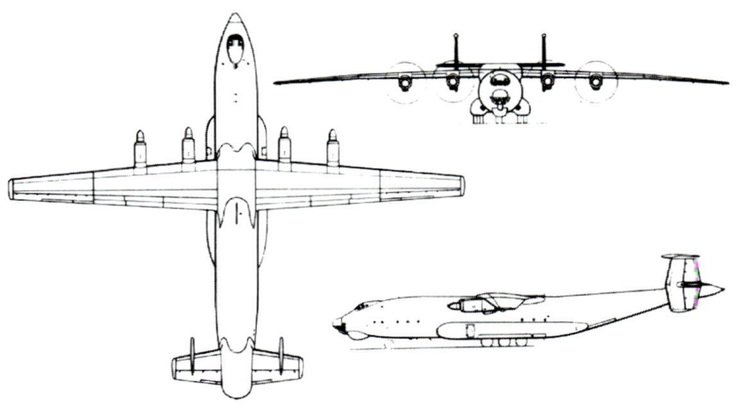

Diese im Zivilkleid der Aeroflot fliegende AN-22 (C/N 8340201) der sowjetischen Luftwaffe flog erstmals am 20. September 1969. Nach dem Zusammenbruch der Sowjetunion wurde die Maschine umregistriert und führt seitdem die Kennung RA-08839.

Obwohl nahezu alle AN-22 die Bemalung der Aeroflot tragen, wurden alle Maschinen offiziell an die russische Luftwaffe geliefert und bei diesem Flugzeugtyp handelt es sich grundsätzlich um einen strategischen Militärtransporter. Die **Aeroflot** begann Streckenerprobungsflüge mit den drei Vorserienmaschinen im Mai 1967, welche offiziell am 15. September 1968 ihren Abschluss fanden. Nach diesem Zeitpunkt wurden AN-22-Flugzeuge von der Fluggesellschaft nur für besondere Transportaufgaben angemietet.
Anfang 1999 standen immer noch zirka 50 Exemplare der AN-22 im Einsatz, von denen alle in Russland oder der Ukraine registriert waren. Lediglich das dritte Vorserienflugzeug war im Jahre 1992 kurzfristig an bulgarische Unternehmen vermietet und trug entsprechende Kennungen.

Daten (AN-22A)

Antrieb: 4 Kusnezow NK-12MA Propellerturbinen, 15.000 WPS (11.186 WkW)
Spannweite: 64,40 m; Länge: 57,80 m; Höhe: 12,53 m; max. Startgewicht: 250.000 kg; ökon. Reisegeschwindigkeit: 679 km/h; Gipfelhöhe: 10.800 m; Reichweite: 10.950 km; Besatzung: 5-6; Nutzlast: 80.000 kg; Passagierkapazität: 28

Antonow AN-24

UdSSR, Baujahr: 1960

Die **AN-24** ist das sowjetische Gegenstück zur **Fokker F-27** und stimmt mit dieser sogar in den Abmessungen und Gewicht weitgehend überein. Der Hauptunterschied besteht aber in der geringeren Reichweite der AN-24. Das Muster wurde von Anfang an als reines Kurzstreckenverkehrsflugzeug für den Passagiertransport zwischen Städten mit kleinen und schlecht ausgebauten Flugplätzen entworfen, daher die Hochdeckerbauweise und die verhältnismäßig hohe Triebwerksleistung. Das Konstruktionsbüro O. K. Antonow nahm die Entwurfsarbeiten nach Besprechungen mit der Aeroflot im Frühjahr 1958 auf. Das Ziel bestand im Bau eines 32 bis 40plätzigen robusten Verkehrsflugzeuges für den Einsatz unter allen klimatischen und topographischen Bedingungen in der damaligen Sowjetunion, und es sollte in der Lage sein, die veralteten **Li-2, IL-12** und **IL-14** abzulösen. Der erste von zwei Prototypen mit der Registrierung CCCP-1959 führte am 20. Dezember 1959 in Kiew seinen Erstflug unter der Führung von *G. Lysenko* durch. Der zweite Prototyp flog Ende April 1960. Er unterschied sich von seinem Vorgänger in verschiedenen Einzelheiten. So wurden beispielsweise die Rumpfnase und die Triebwerksgondeln verlängert, die Seitensteuerflosse nach vorn gezogen und eine zusätzliche Stabilisierungsflosse unter dem Rumpfheck angebracht. Außerdem wurde die Spannweite um 2,20 m verlängert. Noch während der Prototypen-Entwicklung wurde auf Wunsch der Aeroflot die Passagierkapazität auf 44 erhöht. Neben den Prototypen nahmen auch sechs Vorserienmaschinen an der Flugerprobung teil. Der erste – probeweise durchgeführte – Passagiereinsatz begann am 31. Oktober 1962 auf der Route Kiew-Cherson. Im September 1963 nahm die **Aeroflot** den regulären Flugbetrieb zwischen Moskau, Woronesch und Saratow auf. Nachdem die AN-24 ab 1964 auch zum Export in die damaligen

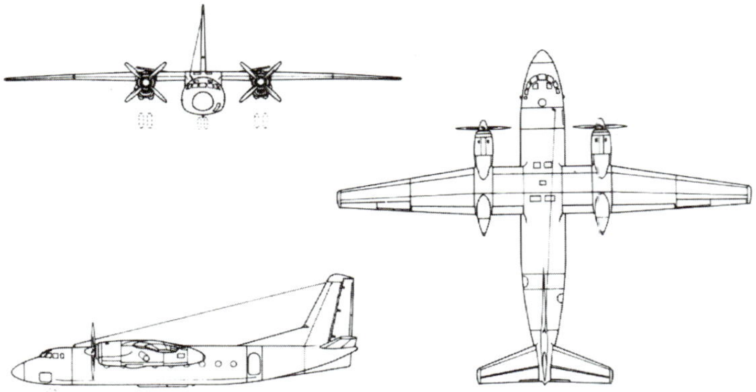

Daten (AN-24V)

Antrieb: 2 Iwschenko AI-24T Propellerturbinen, 2.820 WPS (2.073 kW)
Spannweite: 29,25 m; Länge: 23,80 m; Höhe 8,58 m; max. Startgewicht: 21.000 kg; ökon. Reisegeschwindigkeit: 460 km/h; Gipfelhöhe: 7.600 m; Reichweite: 1.500 km; Besatzung: 3+2; Passagiere: 44-52

sozialistischen Bruderländer freigegeben wurde, wurde das Flugzeugmuster zum Standard-Kurzstreckenverkehrsflugzeug in diesen Staaten. Zu den ersten nicht-sowjetischen Betreibern gehörten **Air Guinee, Air Mali, Balkan Bulgarian Airlines, CAAC**(VR China), **Cubana, Egyptair (Misrair), Iraqi Airways, Interflug, MIAT Mongol, LOT** und **TAROM**. Im Mai 1965 lief die Produktion des Grundmodells zugunsten der **AN-24B** aus. Diese Version war in der Lage, 50 bis 52 Fluggäste oder 5.700 kg Nutzlast zu befördern. Dieser Variante folgte schon bald die verbesserte **AN-24V**, der wiederum 1968 die **AN-24V Serijny II** folgte, die neben technischen auch weitere aerodynamische Verfeinerungen aufwies, wie einen tieferen Mittelflügel mit breiteren Klappen und eine von 72,50 m≈ auf 75,00 m≈ vergrößerte Flügelfläche. Als Antrieb dienten überarbeitete Iwschenko AI-24-II Propellerturbinen mit Wassereinspritzung, die bei Flugzeugen für heiße und hochgelegene Flugplätze von AI-24T Propellerturbinen mit einer Leistung von 2.073 WPS (1.523 kW) ersetzt werden konnten. Die AN-24V-II hatte in der Regel eine dreiköpfige Cockpitbesatzung und bot in Normalbestuhlung 50 Passagieren Platz, wobei es verschiedene Kombinationsmöglichkeiten zwischen Fracht- und Passagierbeförderung gab. Nurfrachter ähnelten im allgemeinen der AN-24-II und trugen die Bezeichnung **AN-24T** und **AN-24RT**. Letztere Ausführung verfügt über ein Zusatztriebwerk vom Typ Tumanski RV-19-300 von 8,82 kW Schub in der rechten Motorgondel als Starthilfe von Flugplätzen mit kurzer Runway und voller Nutzlast. Die AN-24T/RT haben weniger Fenster als die Passagier-Versionen, und die konventionelle Fluggasttür im hinteren Teil der Kabine wurde durch eine nach oben gezogene Heckladerampe im verlängerten Rumpfheck ersetzt. Eine elektrische Winde von 1.500 kg Leistung vereinfacht den Ladevorgang schwerer und sperriger Güter. Diese AN-24 Frachter wurden in der Vergangenheit oft fälschlicherweise als **AN-26** bezeichnet, obwohl sich die beiden Muster im Aussehen deutlich voneinander unterscheiden. Die für die Beförderung von bis zu 52 Fluggästen ausgelegte **AN-24RV** ähnelt der AN-24V-II, hat aber den technischen Standard – einschließlich des Hilfsstrahl-Triebwerks – der AN-24RT. Die Fertigung der AN-24-Baureihen endete im Jahre 1978, und in 108 sogenannten *Batches* wurden 1.362 Flugzeuge an den Produktionsstandorten Kiew-Swjetoschino, Irkutsk und Ulan Ude gefertigt. Neben den zivilen AN-24 für Luftverkehrsgesellschaften wurden mindestens 700 militärische Exemplare an die sowjetischen Luftstreitkräfte und befreundete Luftwaffen geliefert. Noch heute wird in der Volksrepublik China die AN-24V unter der Typenbezeichnung **Yunshuj YUN Y-7** in Lizenz gebaut. Eine modernere Weiterentwicklung hat die Bezeichnung **Y-7-100**.

Die nationale nordkoreanische Fluggesellschaft Air Koryo firmierte bis Anfang der 90er Jahre unter dem Namen Chosonminhang Korean Airlines (CAAK). Auf Kurzstrecken kommt eine Flotte von acht AN-24B zum Einsatz. Das erste Exemplar mit der Registrierung P-527 wurde im Juni 1966 gebaut. Die Maschine rollt hier am 29. Oktober 1993, einem (seltenen) klaren Herbstmorgen, im Peking an den Start zu einem nicht-planmäßigen Flug nach Pjöngjang.

Antonow AN-26

UdSSR, Baujahr: 1968

Die **AN-26** ist die Weiterentwicklung der **AN-24RT** für den zivilen Frachttransport und den militärischen Einsatz. Das Flugzeug weist ein völlig neu konstruiertes Rumpfheck nach dem Biberschwanz-Prinzip auf und verfügt über ein großes, nach außen gewölbtes Bullauge hinter der Kanzel, durch welches Fallschirm-Lastabwürfe beobachtet werden können. Zur Beförderung von Personen, in erster Linie Fallschirmspringer, befinden sich an den Kabinenwänden Klappsitze. Strukturell ist die AN-26 mit der AN-24V-II identisch, jedoch wurden Zelle und Kabinenboden verstärkt. Der Erstflug des Prototypen fand im Jahre 1968 statt und die AN-26 wurde der westlichen Öffentlichkeit erstmals auf dem Pariser Aerosalon im Juni 1969 vorgestellt. Die erste zivil genutzte AN-26 gelangte am 6. Dezember 1969 zur Ablieferung an die **Aeroflot**, doch war der Hauptabnehmer des Flugzeugmusters die sowjetische Luftwaffe mit einem Flottenbestand von 800 bis 1.000 Exemplaren. Weitere zivile Betreiber der AN-26 waren **Cubana, Syrianair** und **TAROM**. Bei den Aeroflot-Nachfolgegesellschaften stehen heute noch mindestens 86 AN-26 im Einsatz.

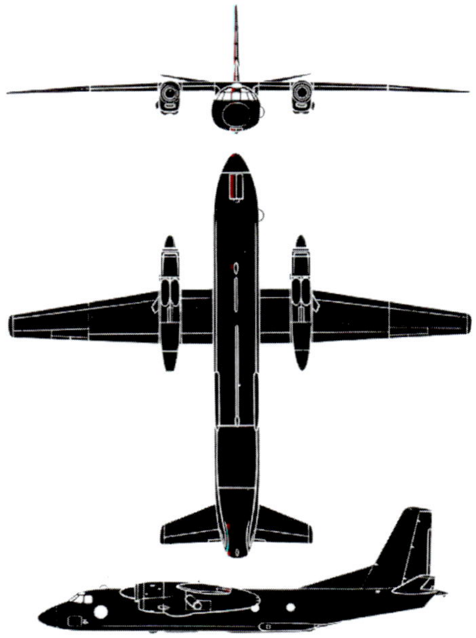

Daten

Antrieb: 2 Iwschenko AI-24T Propellerturbinen, 2.820 WPS (2.073 kW)
Spannweite: 29,20 m; Länge: 23,80 m; Höhe 8,58 m; max. Startgewicht: 24.000 kg; ökon. Reisegeschwindigkeit: 450 km/h; Gipfelhöhe: 7.600 m; Reichweite: 2.500 km; Besatzung: 3; Passagiere: 38; Nutzlast: 6.000 kg

Die nationale mongolische Fluggesellschaft MIAT betreibt drei AN-26 auf Fracht- und Passagierflügen innerhalb der Mongolei, sowie nach China und Russland. Die hier am 17. März 1991 in Peking fotografierte Maschine der Grundausführung AN-26 wurde im Februar 1975 mit der Seriennummer 5733009 in Kiew-Swjetoschino gebaut und am 17. Mai desselben Jahres an die MIAT abgeliefert.

Flugzeuge vom Typ AN-30 verrichteten lange Jahre wertvolle Dienste bei der Landvermessung und im meteorologischen Einsatz, besonders in den Nordpolargebieten und in den Weiten Sibiriens. Die am 21. April 1993 auf dem Flugfeld von Nowosibirsk-Serwernij abgelichtete AN-30D (C/N 1209) trägt sie zwar noch die volle Bemalung der Aeroflot-Polar Division, ist zu diesem Zeitpunkt aber schon in den Besitz der Nachfolgegesellschaft Novosibirsk Air Enterprise übergegangen.

Antonow AN-30 und AN-32

UdSSR, Baujahr: 1973 / 1976

Eine spezielle Luftvermessungsvariante der AN-24RT ist die **AN-30** deren Erprobung im Sommer 1973 begann. Das Muster wurde der westlichen Öffentlichkeit erstmals auf der ILA 1974 in Hannover vorgestellt und erreichte seine Einsatzreife im Jahre 1975. Die AN-30 ist strukturell mit der **AN-24RT** identisch, mit Ausnahme der Vorderrumpfes, der völlig modifiziert wurde. Der Bug ist weitgehend verglast und gibt dem Navigator ein weites Blickfeld. Durch ein Höherlegen des Cockpits wurde der Raum für den Navigationsarbeitsplatz vergrößert und die Sicht für die Piloten verbessert. Für die kartografische Aufgabe wurde die AN-30 mit vier großen, fernbedienten Kameras ausgerüstet, die in der Kabine untergebracht sind. Erstmals gelangte in einem sowjetischen Flugzeug ein Bordrechner zum Einbau, welcher Flugroute, Geschwindigkeit und Flughöhe laufend automatisch überwacht und korrigiert. Eine Neuheit war auch der Einbau eines Mikrowellen-Höhenmessers. Das Flugzeug weist fünf Kameradurchbrüche sowie weitere für den Einsatz von Lasern, thermischen, gravimetrischen, magnetischen und geophysikalischen Sensoren auf. Die Besatzung besteht normalerweise aus sieben Personen, doch können in der rückwärtigen Kabine bis zu 22 Personen oder Fracht befördert werden. Für den Einsatz in großen Höhen verfügt die AN-30 über ein integriertes Sauerstoffsystem, dessen Vorrat einen bis zu achtstündigen Einsatz zulässt. Bis 1991 war Haupteinsatz- und Wartungsbasis das kleine Flugfeld von Mjachkowo in der Nähe von Moskau, wo 22 Maschinen stationiert waren. Weitere Einsatzstandorte der AN-30 befanden sich in der Polarregion und in Sibirien. Anfang der 80er Jahre wurde die Fertigung nach einer Fertigung von rund 150 Exemplaren eingestellt. Von der Ausführung **AN-30D** für den kombinierten Kartografie/Frachtverkehr wurden nur sechs Flugzeuge gebaut. Neben **Aeroflot** und deren Nachfolgegesellschaften wird die AN-30 noch bei der **CAAC, Vietnam Airlines, MIAT** und verschiedenen Luftwaffen eingesetzt.

Eine direkte Weiterentwicklung der **AN-26** ist die **AN-32**, die von zwei AI-20M-Propellerturbinen angetrieben wird und einen hohen Leistungs-

Daten (AN-30)

Antrieb: 2 Iwschenko AI-24T Propellerturbinen, 2.820 WPS (2.073 kW)
Spannweite: 29,20 m; Länge: 24,26 m; Höhe 8,32 m; max. Startgewicht: 23.000 kg; ökon. Reisegeschwindigkeit: 425 km/h; Gipfelhöhe: 8.300 m; Reichweite: 2.600 km; Besatzung: 7; Passagiere: 22; Nutzlast: 6.000 kg

In Peru ist die größte Population von AN-32 Flugzeugen außerhalb Russlands und der CIS anzutreffen. Aerolineas Alpha ist eine von mehreren Fluggesellschaften, die das Flugzeugmuster zumeist auf Inlandstrecken einsetzen.

überschuss für den Betrieb von heißen und hochgelegenen Flugplätzen aufweist. Am auffälligsten sind die auf den Flügeln sitzenden Triebwerke, welche 33 % mehr Startleistung erbringen als die AI-24T-Turbinen der AN-26. Außerdem weist die Flügelstruktur einige aerodynamische Änderungen auf, so Hochauftriebshilfen mittels Sägezahn-Flügelvorderkanten und Spoiler auf der Tragflächenoberseite. Obwohl dieses Flugzeugmuster ursprünglich als reiner Militärtransporter entwickelt wurde, wird es seit Beginn der 90er Jahre verstärkt auch im zivilen Luftverkehr eingesetzt. Zur Besatzung gehören normalerweise zwei Piloten und je ein Navigator, Bordfunker und Flugingenieur. Als Passagierflugzeug finden in der Kabine bis zu 39 Fluggäste Platz. Der Erstflug des Prototyps fand Ende 1976 in Kiew statt, und der westlichen Öffentlichkeit wurde die AN-32 erstmals während des Pariser Aerosalon im Jahre 1977 vorgestellt. Als erster Kunde bestellte die indische Luftwaffe 110 AN-32 zum Einsatz als taktischer Transporter. Die ersten Ablieferungen erfolgten am 11. Juli 1984, nachdem das Muster zwischen 1981 und 1982 die Serienbaureife erreicht hatte.

Daten (AN-32)

Antrieb: 2 Iwschenko AI-20M Propellerturbinen, 4.190 WPS (3.082 kW)
Spannweite: 29,20 m; Länge: 23,80 m; Höhe 8,58 m; max. Startgewicht: 26.000 kg; ökon. Reisegeschwindigkeit: 510 km/h; Gipfelhöhe: 9.500 m; Reichweite: 2.200 km; Besatzung: 5; Passagiere: 39; Nutzlast: 8.000 kg

Aviation Traders ATL.98 Carvair

Großbritannien, Baujahr: 1961

Der Bedarf für ein Flugzeugmuster von der Art der *Carvair* (Car-via-Air) entstand Ende der Fünfziger Jahre, als die in Southend-on-Sea beheimatete Fluggesellschaft **Air Charter Ltd.**, ein Tochterunternehmen der Aviation Traders (Engineering) Ltd., einen Ersatz für ihre veralteten **Bristol 170 *Freighter*** suchte. Das neue Flugzeug sollte in der Lage sein, fünf Autos und 25 Passagiere über Mittelstrecken zu befördern. Außerdem sollten die Anschaffungs- und Betriebskosten möglichst gering sein. Da keine der in Produktion stehenden Konstruktionen diese Bedingungen erfüllte und die Kosten für den Bau eines neuen Flugzeugtyps zu hoch waren, wurde der Umbau eines bereits vorhandenen und zu einem günstigen Preis erhältlichen Musters erwogen. Die Wahl fiel auf die viermotorige **Douglas DC-4**, und der Umbau wurde von Aviation Traders in Zusammenarbeit mit Douglas durchgeführt. Der Bug der DC-4 wurde durch eine Neukonstruktion ersetzt, bei der ein einteiliges Bugtor seitwärts geklappt werden konnte, um die Verladung der Fahrzeuge zu erleichtern. Die Kanzel wurde erhöht über dem Rumpfbug angeordnet. Im hinteren Rumpfbereich befanden sich die Sitzplätze für die PKW-Insassen. Zur Stabilitätsverbesserung kam anstelle des DC-4-Leitwerks das größere der DC-7 zum Einbau. Die erste, als **ATL.98** bezeichnete, Maschine mit dem Kennzeichen G-ANYB führte am 21. Juni 1961 ihren Erstflug aus. Als DC-4 hatte die für den Umbau verwendete Zelle bereits 37.000 Flugstunden absolviert. Im März 1962 eröffnete **Channel Air Bridge**, eine Tochterfirma der damaligen Air Charter und späteren **British United Air**

Ferries (BUAF), ihren Autotransportdienst zwischen Southend und Lydd zu Zielorten tief im europäischen Festland. Das Hauptdeck der *Carvair* misst in der Länge 20,73 m, so dass neben vier bis fünf PKW noch 22 Fluggäste befördert werden konnten. Der Unterflur-Frachtraum umfasst ein Volumen von 4,27 m³, so dass als reines Frachtflugzeug insgesamt ein Frachtvolumen von 131,1 m³ verfügbar ist. Als reines Passagierflugzeug konnte die *Carvair* 85 Passagiere befördern. Zwischen 1961 und 1965 wurden insgesamt 20 DC-4 zur *Carvair* umgebaut. Neben den zehn an die BUAF gelieferten Maschinen kaufte **Aer Lingus** drei ATL.98 für den Luftfährverkehr zwischen Irland und Großbritannien, doch transportierten diese Flugzeuge auch allgemeine Fracht und wurden später speziell für den Transport von Rennpferden ausgerüstet. Die spanische **Aviaco** erwarb zwei *Carvair*, die vorwiegend zwischen dem Festland und den Balearen pendelten. Die französische **Compagnie Air Transport (CAT)** baute ihre beiden, von der luxemburgischen **Interocean Airways** übernommenen ATL.98 zu reinen Passagierflugzeugen mit einer Inneneinrichtung für 55 Fluggäste um. Zwei weitere reine Frachter, deren Bugtore erweitert wurden, flogen bei der australischen **Ansett/ANA**. In Europa flogen eine Handvoll ATL.98 bis in die 80er Jahre als Frachtflugzeuge bei **British Air Ferries**. Die letzen beiden noch flugfähigen Exemplare der *Carvair* befinden sich in den USA im Besitz der Airline Marketing Support auf den Hawaii-Inseln.

Daten

Antrieb: 4 Pratt & Whitney R-2000-2SD, luftgekühlte 14-Zylinder-Sternmotoren, 1.450 PS (1.066 kW)
Spannweite: 35,80 m; Länge: 31,30 m; Höhe 9,20 m; max. Startgewicht: 33.475 kg; ökon. Reisegeschwindigkeit: 345 km/h; Gipfelhöhe: 5.800 m; Reichweite: 2.000 km; Besatzung: 3; Passagiere: 22; Nutzlast: 8.750 kg

Die in Honolulu ansässige Hawaii Pacific Air betrieb zwischen Mai 1990 und März 1992 zwei ATL-98 auf Frachtdiensten zwischen den Inseln des Archipels. N5459M wurde als 21. und letzte Maschine aus einer Douglas C-54 (C/N 27314) umgebaut und flog erstmals am 12. Juli 1968.

Avro 685 York

Großbritannien, Baujahr: 1942

Die **Avro 685 *York*** wurde von A.V. Roe auf eigener Rechnung als Transporter für die Royal Air Force entwickelt. Als Grundlage diente das Pflichtenheft C.1/42 des Luftfahrtministeriums. Der Prototyp LV626 flog erstmals am 5. Juli 1942 in Ringway. Um die Entwicklungskosten möglichst gering zu halten, wurden Flügel, Triebwerke und Leitwerk vom **Lancaster**-Bomber übernommen. Der in seinem Querschnitt quadratische Rumpf wurde neu konstruiert. Da das doppelte Seitenleitwerk der Lancaster für die Seitenstabilität der York nicht ausreichte, erhielt das dritte und alle nachfolgenden Flugzeuge eine zusätzliche Flosse auf dem Rumpfheck. Trotz einer kurzen Erprobungszeit konnte die volle Produktion der York erst 1945 aufgenommen werden, da die Fertigungsstraßen zuvor durch den Bau von Kampfflugzeugen weitgehend ausgelastet waren. Bis zum April 1948, als die letzte York abgeliefert wurde, betrug die Gesamtproduktion 256 Einheiten, die zum größten Teil vom Transportkommando der **Royal Air Force (RAF)** übernommen wurden. Die ersten fünf zivilen York wurden 1944 von der **BOAC** auf der Strecke zwischen London und Kairo eingesetzt. Zwischen 1945 und 1946 kaufte die BOAC weiter 25 York zum Einsatz auf Routen nach Südafrika und Indien. Die zweite britische international operierende Linienfluggesellschaft **BSAA (British South American Airways)** beschaffte ab 1946 insgesamt zwölf York für ihr Streckennetz nach Südamerika und mietete später noch sieben Exemplare von der BOAC. Nach der Betriebsschließung der BSAA im Jahre 1949 übernahm BOAC alle Flugzeuge. Weitere Erstkunden der

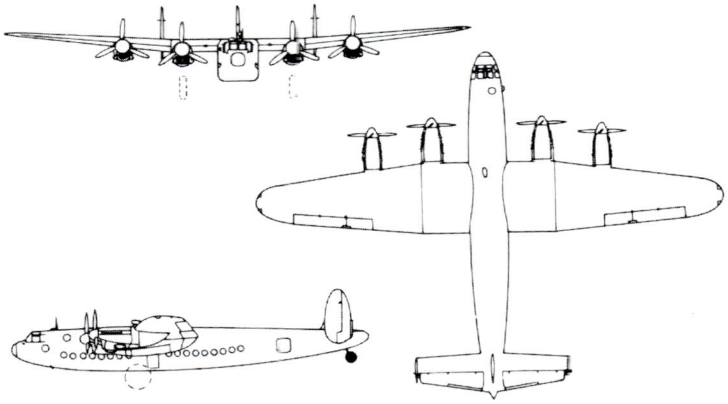

York waren **Skyways Ltd.** und die argentinische **FAMA** (später **Aerolineas Argentinas**).
Für Langstrecken war die York in der Regel mit 14 bis 21 Passagiersitzen ausgestattet und konnte zusätzlich 500 kg Post befördern. Auf der BOAC-Route nach Südafrika kamen auch einige mit zwölf Betten ausgestattete Maschinen zum Einsatz.
Als die BOAC ab 1951 ihre York-Flotte ausmusterte, erwarb Skyways eine größere Zahl dieser Maschinen. In der RAF wurde die York zwischen 1951 und 1956 durch die **Hastings** ersetzt. Die letzten Flugzeuge dieses Flugzeugtyps standen noch bis 1963 im Dienste einiger Chartergesellschaften.
Eine von Hercules-Sternmotoren angetriebene, als **York II** bezeichnete Ausführung wurde nie gebaut.

Daten

Antrieb: 4 Rolls-Royce Merlin XX, flüssigkeitsgekühlte 12-Zylinder-Reihenmotoren, 1.280 PS (941 kW)
Spannweite: 31,10 m; Länge: 23,90 m; Höhe 5,50 m; max. Startgewicht: 31.750 kg; ökon. Reisegeschwindigkeit: 310 km/h; Gipfelhöhe: 7.400 m; Reichweite: 3.700 km; Besatzung: 5; Passagiere: 14-50

Einer der größten Betreiber von Flugzeugen des Typs Avro York war die britische Charterfluggesellschaft Skyways, zu deren Flotte auch die abgebildete York I (C/N 1356) G-AMGK gehörte. Diese Maschine wurde ursprünglich im September 1946 als LV-XGP an die argentinische Flota geliefert. Das Flugzeug wurde von Skyways am 25. November 1952 erworben, und stand bis zum Ende seines Einsatzlebens im Dienste der Airline. G-AMGK wurde im Juli 1961 in Stansted, England, abgewrackt.

Avro 688/689 Tudor

Großbritannien, Baujahr: 1945

Als der Prototyp G-AGPF der **Avro 688 *Tudor 1*** am 14. Juni 1945 auf dem Flugplatz Ringway zu seinem Erstflug startete, schien damit der Beginn einer erfolgreichen Laufbahn eines neuen Verkehrsflugzeuges gegeben zu sein, denn die Tudor war das erste britische Flugzeug mit Druckkabine und fortschrittlicher aerodynamischer Linienführung. Die Flügelstruktur stimmte weitgehend mit der des Lincoln-Bombers überein, während als Triebwerke die betriebssicheren Rolls-Royce Merlin-Motoren Verwendung fanden. Leider entwickelten sich die Tudor-Modelle zu absoluten Misserfolgen für die britische Luftfahrtindustrie. Die Entwicklung der Tudor war durch dauernde Änderungen an der Flugzeugzelle, wechselnden Ansprüchen potentieller Kunden, ungenügenden Flugleistungen und mangelnder Nutzlast, sowie verschiedene schwere Unfälle gekennzeichnet. Die Tudor war ein Ganzmetall-Tiefdecker mit kreisrundem Querschnitt, Druckkabine und Spornradfahrwerk. Während die **Tudor 1** für den Interkontinentalverkehr – primär Nordatlantikdienste – mit 24 bis 32 Passagieren vorgesehen war, sollte die **Tudor 2** über Mittelstrecken von 3.500 km Sektorlänge 44 bis 60 Fluggäste befördern können. Die Entwurfsarbeiten an den beiden Grundmustern der Tudor begannen bereits Mitte 1944. Die **Avro 688 *Tudor 1*** (spätere Serien 3 und 4) hatten einen kurzen Rumpf, der bei der **Avro 689 *Tudor 2*** (spätere Serien 5 und 7) verbreitert und um 7,95 m verlängert wurde. Am 15. Juni 1945 startete die Tudor 1 zu ihrem Erstflug. Während der Flugerprobung zeigten sich ernsthafte Stabilitätsprobleme, so dass das Leitwerk vergrößert und die Trieb-

Die glücklose Avro Tudor-Baureihe bestand aus den Typen Avro 688 Tudor 1 (rechts) und Avro 689 Tudor 2 (links).

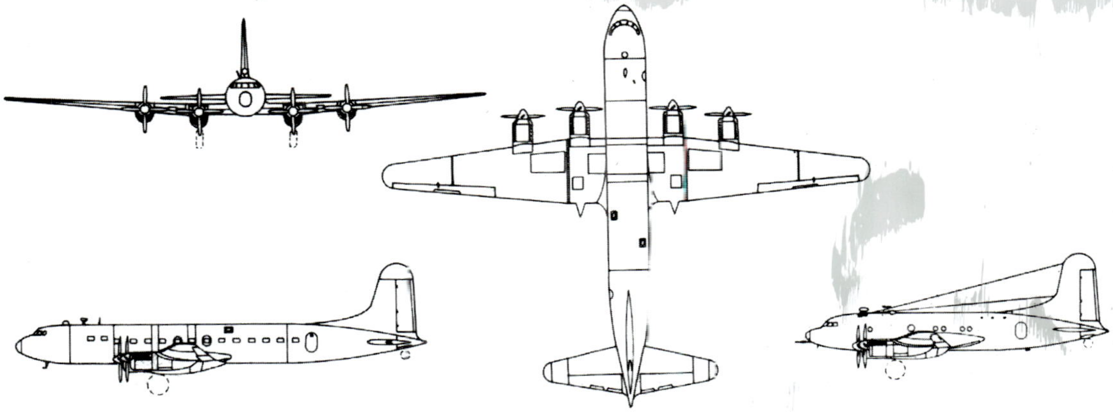

werksgondeln verlängert werden mussten. Auch an der Zellenstruktur mussten eine Vielzahl von Änderungen vorgenommen werden, die einen wirtschaftlichen Einsatz immer unwahrscheinlicher erscheinen ließen. **BOAC** hatte schon 1944 vom Reißbrett weg zehn Exemplare der **Tudor 1** bestellt und setzte große Hoffnungen in das neue Muster. Als jedoch abzusehen war, dass die Tudor 1 die geforderten Leistungen niemals erreichen würde, annullierte BOAC im April 1947 ihre Order und kaufte als Zwischenlösung die kanadische **C-4** aus dem Hause Canadair, die dann bei BOAC lange Jahre unter der Bezeichnung *Argonaut* im Einsatz stand. Die australische **QANTAS** orderte 1944 sechs Maschinen, annullierte die Bestellung aber vor Produktionsbeginn wegen der zu geringen Passagierkapazität. Die 1945 gegründete **British South American Airways (BSAA)** benötigte dringend ein Langstreckenflugzeug für ihre Südamerikadienste und bestellte acht Flugzeuge, von der aber nur vier Exemplare übernommen wurden. Aufgrund der Auftragslage waren für die Tudor 1 vier Baulose zu je sechs Maschinen vorgesehen, von denen aber nur zwei Baulose gefertigt und somit nur zwölf Flugzeuge, plus der Prototyp, fertiggestellt wurden.

Das erste Baulos von sechs Tudor 1 war im Frühjahr 1947 bereits fertiggestellt und zur Ablieferung an die BOAC vorgesehen, als die Auftragsstornierung erfolgte. Zwei dieser Maschinen wurden von BOAC aber für kurze Zeit als Frachtflugzeuge eingesetzt und später zur **Serie 4B** umgebaut. An einer weiteren Tudor 1 wurden zahlreiche Modifikationen durchgeführt, und dieses Flugzeug fand schließlich unter der Typenbezeichnung **Tudor 3** als VIP-Transporter für Regierungsmitglieder Verwendung. Die restlichen drei Exemplare wurden zur 32sitzigen **Tudor 4** umgebaut und erhielten einen um 1,83 m verlängerten Rumpf. Sie wurden von der BSAA erworben, die damit als einzige Fluggesellschaft die Langstreckenausführung der Tudor (vier Tudor 1, drei Tudor 4 und zwei Tudor 4B) auf ihren Routen zwischen Großbritannien und Südamerika im Liniendienst einsetzte. Nachdem zwei Tudor-Flugzeuge innerhalb eines Jahres über dem Mittelatlantik durch Absturz verloren gingen, wurde dem Muster im Januar 1949 die Luftverkehrszulassung entzogen. Im März 1949 wurde für vier Maschinen eine eingeschränkte Zulassung für den Einsatz als Frachtflugzeug erteilt.

Der Prototyp der **Tudor 2**(G-AGSU) absolvierte am 10. März 1946 seinen Erstflug, erfuhr aber ähnlich viele Umbauten wie die Tudor 1. Für

Daten (Tudor 1)

Antrieb: 4 Rolls-Royce Merlin 621, flüssigkeitsgekühlte 12-Zylinder-Reihenmotoren, 1.770 PS (1.301 kW)
Spannweite: 36,60 m; Länge: 24,24 m; Höhe 6,60 m; max. Startgewicht: 36.300 kg; ökon. Reisegeschwindigkeit: 360 km/h; Gipfelhöhe: 8.700 m; Reichweite: 5.500 km; Besatzung: 5-7; Passagiere: 24-32

British South American Airways (BSAA) war der größte Betreiber der Avro 688 Tudor 1, zu der auch das abgebildete Flugzeug mit dem Namen Star Leopard gehörte. Nach dem Konkurs der BSAA wurde die Maschine im März 1950 außer Dienst gestellt und 1953 abgewrackt.

Der Prototyp der Avro 689 Tudor 2 mit dem Kennzeichen G-AGSU startete am 10. März 1946 zu seinem Erstflug, stürzte aber am 23. August 1947 in Woodford beim Start zu einem Testflug ab.

ihre Strecken nach Afrika und in den Mittleren Osten hatte die **BOAC** 79 der 60sitzigen Tudor 2 bestellt, doch zog sie auch diese Order zurück, nachdem das Flugzeug die geforderten Leistungen während der Testflüge nicht erbringen konnte. Versuchsweise wurde die zweite Tudor 2 (G-AGRX) noch vor ihrem Erstflug mit vier Sternmotoren des Typs Hercules 120 mit je 1.715 PS (1.262 kW) Startleistung ausgerüstet, doch konnte auch die als **Tudor 7** bezeichnete Maschine die geforderten Leistungen nicht erbringen. Die Marktchancen der Tudor verschlechterten sich weiter, als die G-AGSU am 23. August 1947 beim Start in Woodford abstürzte und dabei auch der Chefkonstrukteur *Roy Chadwick* ums Leben kam. Von der Tudor 2 wurden sechs Exemplare fertiggestellt, von denen zeitweise vier Maschinen bei der **BSAA** als Frachter im Einsatz standen. Die fünf **Tudor 5**, ein Umbau aus nicht fertiggestellten Tudor 2, hatten ein höheres Startgewicht und konnten 44 Fluggäste befördern. Diese Maschinen gelangten aber nie zum Passagiereinsatz, sondern wurden zusammen mit einigen anderen Tudor-Flugzeugen der Serien 4 und 4B während der Berliner Luftbrücke zum Transport schwerer Güter verwendet, doch danach außer Dienst gestellt. 1952 unternahm die Aviation Traders Ltd.

Daten (Tudor 2)

Antrieb: 4 Rolls-Royce Merlin 621, flüssigkeitsgekühlte 12-Zylinder-Reihenmotoren, 1.770 PS (1.301 kW)
Spannweite: 36,60 m; Länge: 32,19 m; Höhe 6,60 m; max. Startgewicht: 36.300 kg; ökon. Reisegeschwindigkeit: 360 km/h; Gipfelhöhe: 8.700 m; Reichweite: 2.400 km; Besatzung: 5-7; Passagiere: 44-60; Nutzlast: 9.000 kg

einen neuerlichen Versuch, die Tudor wieder flugtauglich zu machen. Zwölf Maschinen der Serien 1/4/4B wurden zur **Super 4B** umgebaut und erhielten neue Merlin 623-Triebwerke. Nachdem 1954 eine neue Luftverkehrszulassung erteilt worden war, setzte die **Air Charter** diese Flugzeuge während einiger Jahre im Passagier- und Frachtverkehr nach Westafrika und anderen Gebieten ein. Ferner gelangten Mitte der 50er Jahre auch noch zwei Tudor 5 zum Einsatz bei **William Dempster Ltd.** und Air Charter. Während die Tudor 5 bereits 1955 außer Dienst gestellt wurden, flogen einige Super 4B-Maschinen noch bis 1960.

Avro 691 Lancastrian

Großbritannien, Baujahr: 1945

Der erste Umbau des berühmten ***Lancaster***-Bombers in ein Passagierflugzeug wurde 1943 im Auftrag der **Trans-Canada Air Lines** durch A.V. Roe durchgeführt. Dieses Flugzeug mit der Registrierung CF-CMS eröffnete am 22. Juli 1943 eine Nordatlantikroute nach Großbritannien, auf der ausschließlich Post und einige hochgestellte Persönlichkeiten transportiert wurden. Im folgenden Jahr erschien eine bedeutend weniger elegante Transportversion der ***Lancaster***, bei der sich die Umbauten im wesentlichen auf eine Verkleidung der Bug- und Hecktürme beschränkten. Diese Maschine, G-AGJI, diente zur Erprobung der für die **Avro Tudor 1** vorgesehenen Ausrüstung. Insgesamt waren 19 solcher Flugzeuge im britischen Luftfahrtregister eingetragen, obwohl nur fünf Maschinen im operativen Einsatz standen. Vier Lancaster-

Daten

Antrieb: 4 Rolls-Royce Merlin XX, flüssigkeitsgekühlte 14-Zylinder-Reihenmotoren, 1.610 PS (1.183 kW)
Spannweite: 31,10 m; Länge: 23,45 m; Höhe 5,98 m; max. Startgewicht: 30.800 kg; ökon. Reisegeschwindigkeit: 330 km/h; Gipfelhöhe: 8.000 m; Reichweite: 3.700 km; Besatzung: 4; Passagiere: 9-13

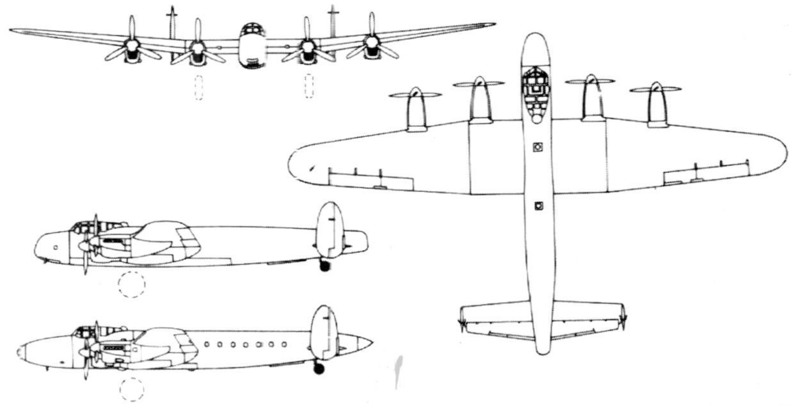

Umbauten betrieb 1946 die **British South American Airways**. Der erste für den richtigen Liniendienst gefertigte Lancaster-Umbau war die **Avro 691 *Lancastrian***, bei der Bug und Heck durch tropfenförmige Verkleidungen aerodynamische Formgebungen erhielten. Erstkunde war wieder **Trans Canada Air Lines (TCA)**, die bei der Victory Aircraft Ltd in Toronto 12 solcher Flugzeuge bestellte. Sie wurden von vier durch Packard gebaute Rolls-Royce Merlin 38 Motoren (je 1.250 PS/ 920 kW) angetrieben und konnten zehn Passagiere befördern. Die erste Maschine, CF-CMV, kam 1945 zur Ablieferung. Auch Avro baute zahlreiche Lancastrian, die aber mit stärkeren Merlin 24 Motoren (je 1.640 PS/1.207 kW) angetrieben wurden. 65 nach dem Pflichtenheft C.16/44 gebaute ***Lancastrian Mk.II*** und ***IV*** wurden ab Oktober 1945 an die **Royal Air Force** geliefert. Mit einer Inneneinrichtung für neun bzw. 13 Fluggäste entsprachen diese Maschinen den ***Lancastrian Mk.I*** der **BOAC** und den ***Mk.III*** der **British South American Airways (BSAA)**. Das erste von Avro umgebaute Flugzeug flog im März 1945 und erhielt die Registrierung G-AGLF, ehemals ***Lancaster*** VB763. Die Maschine diente als Prototyp und erhielt das Lufttüchtigkeitszeugnis kurze Zeit später. Am 31. Mai 1945 nahm die BOAC mit G-AGLS, dem ersten von insgesamt 20 gelieferten Exemplaren, den regelmäßigen Flugbetrieb auf. Neben der Nordatlantikstrecke flogen die Flugzeuge auf der sogenannte Känguruh-Route von London nach Sydney (Australien). Diese 19.000 km-Strecke wurde von BOAC einmal wöchentlich beflogen, die reine Flugzeit betrug 63 Stunden. Im März 1946 eröffnete BSAA mit ihren Mk.III-Flugzeugen die Routen zwischen London und Buenos Aires, sowie verschiedenen anderen Zielen in Südamerika. Weitere Lancastrian standen im Dienste der **Alitalia, Silver City Airways** und **Skyways**. Da dieser umgebaute Bomber von Beginn an nur als Übergangslösung bis zur Verfügbarkeit leistungsfähigerer Passagierflugzeuge gedacht war, fielen seine Unwirtschaftlichkeit und sein geringes Fassungsvermögen kurz nach dem Krieg nur wenig ins Gewicht. Bei BOAC wurde die Lancastrian durch die **Canadair C-4 Argonaut** und die **Lockheed Constellation** abgelöst. Nach 1948 wurden einige wenige Lancastrian noch für gelegentliche Frachtcharterflüge verwendet. Zur Zeit der Berliner Luftbrücke 1948/1949 kamen dort nahezu alle 65 Lancastrian der Royal Air Force zum Einsatz, die kurz darauf außer Dienst gestellt wurden. Die letzte Maschine wurde 1951 verschrottet.

Mit der aus dem Lancaster-Bomber entwickelten Avro 691 Lancastrian begann die British Overseas Airways Corporation (BOAC) nach dem Zweiten Weltkrieg den Langstrecken-Flugverkehr auf den ehemaligen Empire-Routes der Imperial Airways nach Australien, Indien und Südafrika.

Armstrong-Whitworth A.W.650 Argosy

Großbritannien, Baujahr: 1959

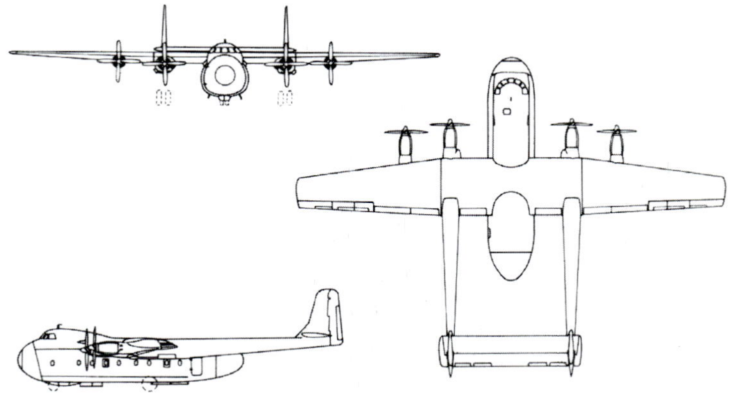

Obwohl das Luftfrachtgeschäft seit dem Ende der 50er Jahre einen kontinuierlichen Aufschwung erfahren hat, gelang es Armstong-Whitworth (später Hawker-Siddeley) nicht, den fortschrittlichen Entwurf eines mit Propellerturbinen ausgerüsteten Frachtflugzeuges mit dem Namen ***Argosy*** erfolgreich am Markt zu platzieren. Mit den Projektarbeiten wurde 1956 begonnen, und zwei Jahre später, am 8. Januar 1959, flog die erste von zehn Maschinen der **Serie 101**. Die Argosy verfügt über ein großes Frachtdeck mit Druckkabine, welches sowohl von vorne wie auch von hinten beladen werden kann. Die Kanzel ist in erhöhter Position über dem Frachtdeck angeordnet. Da die gesamten Entwicklungskosten vom Herstellerwerk getragen werden mussten, übernahm man aus Ersparnisgründen den Flügel des Aufklärungsbombers **Avro Shackleton** und die Triebwerksgondeln der **Vickers Viscount 800**. Als Erstkunde erteilte **Riddle Airlines** aus den USA einen vorerst auf vier Flugzeuge lautenden provisorischen Auftrag, der bald darauf in eine auf sieben Exemplare erhöhte Festbestellung umgewandelt wurde. Ende 1960 entschied sich auch die **BEA**, stärker in das Luftfrachtgeschäft einzusteigen und erwarb die restlichen drei Flugzeuge als **Argosy 102**. Im Gegensatz zur Srs.101 waren die BEA-Maschinen fensterlos und mit einem Rolamat-Beladungssystem für den Palettentransport ausgerüstet. Riddle nahm die Argosy 101 im Januar 1961 in Betrieb, gefolgt von BEA im Dezember desselben Jahres. Unterdessen war im Mai 1961 eine verbesserte **Argosy 200** projektiert worden. Diese sowohl für den Passagier- wie auch für den Frachttransport verwendbare Variante erhielt als wesentliche Änderung einen völlig überarbeiteten Flügel mit größerer Lebensdauer. Die erste Argosy 200 flog am 11. März 1964. Nach dem Ersatz der bisher verwendeten Triebwerke durch leistungsfähigere Dart 532/1 von je 2.230 WPS (1.640,1 WkW) erhielt diese Ausführung die Typenbezeichnung **Argosy 222**. Sechs Maschinen dieser Version wurden für die **BEA** gebaut, welche sie erstmals im Februar 1965 einsetzte. Dafür retournierte die Fluggesellschaft ihre drei Exemplare der Serie 102 an den Hersteller. Nach Verfügbarkeit der größeren **Aviation Traders V.953C *Merchantman*** (Umbau der **Vickers V.950 *Vanguard***) verkaufte BEA ihre relativ kostspielig zu operierende Argosy-Flotte im Jahre 1970 an die kanadische Fluggesellschaft **Transair**. Nur 17 zivile Argosy-Flugzeuge wurden gebaut, und die Fertigung lief am 30. Oktober 1966 mit der Ablieferung der letzten Srs.222 an die BEA aus. In Europa war die Argosy zuletzt im Jahre 1985 bei der britischen Express-Frachtgesellschaft **Elan Air** im Einsatz. Die meisten Argosy aber fanden ihren Weg nach Australien und Neuseeland, wo sie von den Fluglinien **IPEC** und **SAFE Air** bis 1992 verwendet wurden.

Größter Betreiber der Argosy wurde das Transportkommando der **Royal Air Force**, welches zwischen 1961 bis zur Außerdienststellung Ende 1975 insgesamt 56 Maschinen unter der Typenbezeichnung **Argosy C Mk.1** als Standard-Mittelstreckentransporter im Einsatz hatte.

Daten (Srs. 100)

Antrieb: 4 Rolls-Royce Dart 526 Propellerturbinen, 2.100 WPS (1.544,5 kW)
Spannweite: 35,05 m; Länge: 26,44 m; Höhe 8,23 m; max. Startgewicht: 39.917 kg; ökon. Reisegeschwindigkeit: 450 km/h; Gipfelhöhe: 6.900 m; Reichweite: 2.700 km; Besatzung: 2-3; Nutzlast: 12.700 kg

Die Argosy Srs.101 G-APRL (C/N 6652) war der zweite Prototyp der AW.650 und startete am 16. März 1959 zum Erstflug. Nach einer langen Einsatzzeit in den USA kehrte das Flugzeug 1973 nach Großbritannien zurück. Das Luftfrachtunternehmen Elan Air mietete die Maschine im Januar 1985 von Air Bridge Carriers. Im Januar 1987 wurde G-APRL an den Eigentümer retourniert und im Februar desselben Jahres außer Dienst gestellt.

Pan American World Airways war der mit Abstand größte Betreiber der Boeing 377 Stratocruiser. N1040V Clipper Invincible (C/N 15940) rollte als 47. Flugzeug des Musters vom Band und flog erstmals am 23. September 1949. Die Maschine wurde am 31. Oktober 1949 an die Fluglinie geliefert, bei der sie bis Anfang 1960 im Einsatz stand.

Boeing 377 Stratocruiser

USA, Baujahr: 1947

In der Mitte des Zweiten Weltkriegs arbeitete das Air Transport Command der US Air Force ein Pflichtenheft für eine Transportausführung des Bombers **B-29 *Superfortress*** aus. Das als **Boeing 367** bezeichnete Flugzeugmuster stimmte in der Flügelstruktur, Fahrwerk, Leitwerk und Triebwerken mit der B-29 überein, während der doppelstöckige, druckbelüftete Rumpf unter Anwendung des Double-Bubble-Prinzips neu konstruiert wurde. Der erste Prototyp der militärischen Ausführung, Bezeichnung YC-97, startete am 9. Oktober 1945 zu seinem Erstflug. Rund 900 **C-97 *Stratofreighter*** und **KC-97 *Stratotanker*** wurden anschließen von der USAF in Auftrag gegeben. Eines dieser Flugzeuge diente als Prototyp für eine zivile Weiterentwicklung, die unter der Typenbezeichnung **Boeing 377 *Stratocruiser*** 100 Passagiere oder eine Nutzlast von 15.880 kg über Langstrecken von mindestens 5.500 km befördern sollte. Die erste B377 absolvierte am 8. Juli 1947 ihren Jungfernflug. Als erste Fluggesellschaft bestellte **Pan American World Airways** im Juni 1946 20 dieser Maschinen. Weitere Bestellungen folgten von **American Overseas Airlines** (8), **Northwest Airlines** (10), **United Air Lines** (7), **BOAC** (6) und **SAS** (4). Die vier Flugzeuge des SAS wurden von der skandinavischen Fluggesellschaft aber nicht übernommen, sondern vor Ablieferung an die BOAC verkauft. Pan American übernahm ihren ersten *Stratocruiser* am 31. Januar 1949 und stellte das Muster am 1. Juni 1949 auf den langen Transatlantik- und Pazifikstrecken in den Liniendienst. Dank des großen und geräumigen Rumpfes hatte die B377 den gleichen Passagierkomfort wie die großen Flugboote der unmittelbaren Vorkriegszeit. Nach der Übernahme von American Overseas durch Pan American vergrößerte sich deren *Stratocruiser*-Flotte um acht Maschinen. Schließlich verfügte Pan American mit 29 Flugzeugen dieses Typs die größte Einzelflotte. Die letzte B377 wurde bei Pan American erst im Sommer 1959 außer Dienst gestellt und durch **Boeing 707** ersetzt. BOAC betrieb mit 17 Exemplaren die zweitgrößte *Stratocruiser*-Flotte. BOAC stellte ihre erste B377 am 6. Dezember 1949 in Dienst, und das Muster blieb ebenfalls bis zum Sommer 1959 im Linieneinsatz.

Normalerweise beförderte der Flugzeugtyp in der Standardausführung 89 Passagiere, doch konnten bei enger Bestuhlung bis zu 112 Fluggäste untergebracht werden. Neben der normalen Passagierkabine im Oberdeck waren im Unterdeck ein gesonderter Aufenthaltsraum und eine Bar untergebracht. Bis zur Einführung der Boeing 707 wurde der Komfort der Stratocruiser von keinem anderen Flugzeugtyp übertroffen. Die Fertigung der B377 lief im März 1950 aus. Dass von der *Stratocruiser* nur 56 Maschinen hergestellt wurden, liegt an dem Umstand, dass dieses Flugzeugmuster für die meisten Fluggesellschaften zu groß und deshalb nicht wirtschaftlich zu betreiben war. Außerdem war der Wartungsaufwand für die komplizierten großen Sternmotoren sehr hoch.

1962 baute die kalifornische Spezialfirma Aero Spacelines eine ehemalige B377 der Pan American mit einem vergrößerten Oberdeck aus. Mit dieser Maschine, ***Pregnant Guppy***, wurde für die US-Raumfahrtbehörde NASA (National Air & Space Administration) der Transport von großen Raketenteilen durchgeführt. Aus der B377 wurde später noch die ***Super Guppy*** (siehe dort, Seite 96) abgeleitet.

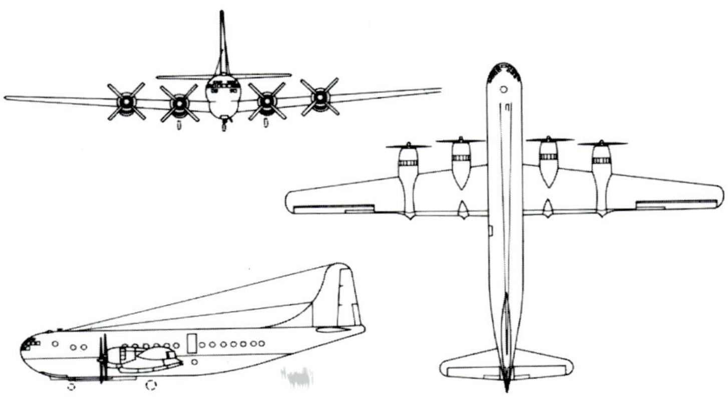

Daten

Antrieb: 4 Pratt & Whitney R-4360, luftgekühlte 28-Zylinder Sternmotoren, 3.500 PS (2.573 kW)
Spannweite: 43,10 m; Länge: 33,65 m; Höhe 11,70 m; max. Startgewicht: 66.680 kg; ökon. Reisegeschwindigkeit: 505 km/h; Gipfelhöhe: 10.500 m; Reichweite: 7.360 km; Besatzung: 8-10; Passagiere: 55-100

Breguet 763 Provence

Frankreich, Baujahr: 1949

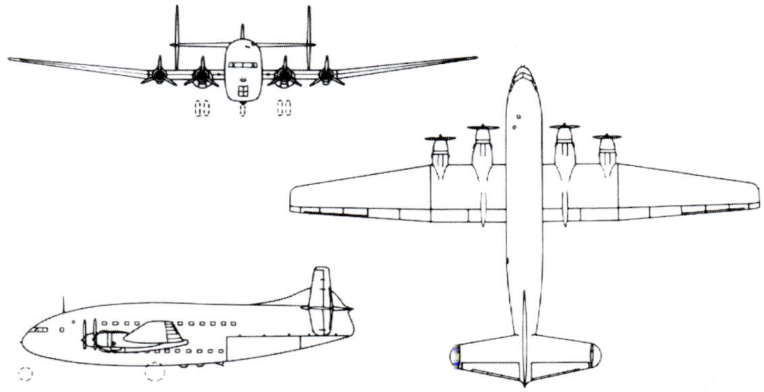

Obwohl die Entwicklungsarbeiten an diesem viermotorigen kombinierten Passagier-/Frachtflugzeug schon im Jahre 1944 begannen, dauerte es mehrere Jahre, bis der Prototyp der **Br.761 *Deux Ponts*** (F-WFAM) am 15. Februar 1949 seine Testflüge aufnehmen konnte. Der Antrieb bestand aus vier Sternmotoren Gnome-Rhône 14R von je 1.600 PS (1.176 kW) Startleistung. Interessant an diesem Flugzeugentwurf war der rechteckige Rumpfquerschnitt mit zwei Decks (Deux Ponts), wobei das untere Deck als Laderaum für die Fracht-, Post- und Gepäckzuladung vorgesehen war, während das darüberliegende Deck als Passagierkabine für 59 Fluggäste bestimmt war. Dem Prototyp folgten 1951 drei Vorserienmaschinen des Typs Br.761S mit einem gesteigerten Startgewicht und stärkeren Motoren vom Typ Pratt & Whitney R-2800-B31 von je 2.100 PS (1.544 kW). Im Gegensatz zu den runden Flügelspitzen des Prototyps hatte die **Br.761S** rechteckige Flügelenden, und über dem Rumpfheck befand sich eine kurze, zusätzliche Stabilitätsflosse ohne Seitenruder. Diese drei Flugzeuge kamen zwischen 1953 und 1955 bei den Fluggesellschaften **Air France** und **Air Algerie** zum Einsatz, wurden aber in der Sommersaison 1954 auch von der britischen **Silver City Airways** verwendet. Zwischen 1954 und 1955 kamen sie zur **Armée de l'Air**.

Inzwischen bestellte die **Air France** unter der Typenbezeichnung **Br.763 *Provence*** zwölf Maschinen als reine Passagierflugzeuge, die mit leistungsfähigeren Triebwerken Pratt & Whitney R-2800-CA18 und einem verstärkten und vergrößerten Flügel versehen waren. Das Unterdeck erhielt 48 Passagiersitze und Kabinenfenster. Der erfolgreiche Erstflug dieser Version erfolgte am 20. Juli 1951 und Ende 1952 wurden die ersten Exemplare an Air France abgeliefert. Am 17. März 1953 begann der Liniendienst auf den Routen Lyon/Marseille-Algier, wo sie bis 1964 im Einsatz stand. 1964 übernahm die Armée de l'Air sechs Br.763 als Truppentransporter, die restlichen fünf verbliebenen

Daten

Antrieb: 4 Pratt & Whitney R-2800-CA18, luftgekühlte 14-Zylinder Sternmotoren, 2.400 PS (1.764 kW)
Spannweite: 42,99 m; Länge: 28,95 m; Höhe 9,90 m; max. Startgewicht: 51.600 kg; ökon. Reisegeschwindigkeit: 345 km/h; Gipfelhöhe: 7.200 m; Reichweite: 2.700 km; Besatzung: 3+4; Passagiere: 107-135; Nutzlast: 12.000 kg

Maschinen (ein Exemplar war inzwischen durch Unfall verloren gegangen) wurden unter der Bezeichnung **Universel** zu Frachtflugzeugen umgebaut. Dabei wurde das gesamte untere Deck mit zwei großen Klapptoren versehen, und zum oberen Deck führte ein Frachtlift. Die Universel wurde 1965 wieder in Dienst gestellt und kam hauptsächlich zwischen Frankreich, Korsika und Ölbohrstellen in Nordafrika zum Einsatz, bevor das Muster 1971 endgültig außer Dienst gestellt wurde.

Nachdem die französische Luftwaffe mit den drei Br.761S gute Erfahrungen gesammelt hatte, bestellte sie unter der Typenbezeichnung **Br.765 *Sahara*** 15 Maschinen als Militärtransporter für maximal 145 vollausgerüstete Soldaten oder 13.000 kg Nutzlast. Die Br.765 führte am 6. September 1958 ihren Erstflug aus, doch wurden von den bestellten Maschinen aus Gründen von Etatkürzungen nur vier Exemplare ausgeliefert. Die Br.761S/-763/765 standen bis Mitte der Siebziger Jahre bei der 64. Transportstaffel im Einsatz, bevor sie von der **C-160 *Transall*** abgelöst wurden.

Die Breguet Deux Ponts wurde als schweres ziviles und militärisches Transportflugzeug entworfen. Als einziger ziviler Betreiber flog Air France dieses Muster zwischen Frankreich und Korsika und zu Zielen in Nordafrika. Bei der abgebildeten F-BASQ handelt es sich um die vierte Serienmaschine der Variante Br.763.

Bristol 170 Freighter / Wayfarer

Großbritannien, Baujahr: 1945

Die Anfänge der **Bristol 170** gehen auf das Jahr 1944 zurück, als Projektarbeiten an einem Nachkriegstransporter für die **Royal Air Force (RAF)** aufgenommen wurden. Zur vereinfachten Verladung von sperrigen Gütern und Fahrzeugen wurde das Cockpit über den Rumpfbug gesetzt, die Beladung erfolgte durch den Bug mittels zwei seitwärts aufklappbaren Ladetüren. Noch vor Fertigstellung des ersten Prototypen verlor die RAF das Interesse an dem Projekt und stornierte den Beschaffungsauftrag. Danach setzte Bristol die Entwicklung des Flugzeuges auf privater Basis für den zivilen Markt fort, wobei zwei Grundmuster in Produktion gingen: die ***Freighter*** mit dem großen Ladetor im Bug und die ***Wayfarer*** mit geschlossenem Bug und einer Passagierkabine für 32 bis 48 Fluggäste. Beide Versionen verfügten über keine Druckkabine. Von der *Wayfarer* wurden aber nur 16 Flugzeuge verkauft, und später erhielten sie zusätzlich die Bugtore der *Freighter* zum Einsatz im gemischten Passagier- und Frachtbetrieb.

Insgesamt wurden von der Bristol 170 214 Exemplare aller Ausführungen gebaut und damit wurde dieser Flugzeugtyp das erfolgreichste Verkehrsflugzeug der Firma Bristol Aeroplane Company. Der Prototyp flog erstmals am 2. Dezember 1945 (*Freighter*), gefolgt vom zweiten Prototyp (*Wayfarer*) am 30. April 1946. Zwei Vorserien-Maschinen flogen am 23. Juni und 15 September 1946. Die Musterzulassung wurde am 7. Juni 1946 erteilt. Zu den gebauten Versionen gehörten neben den bereits erwähnten **Mk.I *Freighter*** und **Mk.II *Wayfarer*** die **Mk.XI** mit einer um 3 m größeren Spannweite, höherer Kraftstoffkapazität und gesteigertem Abfluggewicht; die **Mk.21** mit leistungsstärkeren Hercules-672-Motoren und der Tragfläche der Mk.XI und einem Startgewicht von 19.958 kg; die **Mk.31** mit Hercules 734-Motoren, Stabilisierungsflosse unter dem Rumpfheck, verstärkter Flügel- und Leitwerksstruktur und dem Startgewicht der Mk.21.

1953 entstand die **Mk.32** mit einem um 1,5 m verlängerten Rumpfbug zur Erhöhung der Transportkapazität als Autofähre. Von dieser Ausführung wurden 15 Stück verkauft, bevor die Fertigung der Bristol 170 im Jahre 1955 endete. Eine Zeitlang wurden wahre Flotten von Bristol 170 für den Transport von Autos über den Ärmelkanal zwischen England, Frankreich und Belgien eingesetzt, und zwar ausschließlich von den britischen Gesellschaften **Silver City Airways, Channel Air Bridge** und **British United Air Ferries** (später **British United Airways**). Bei diesen PKW-Fährdiensten wurden über eine Laderampe zwei Autos in den Vorderteil des Rumpfes verladen, im hinteren Rumpfteil befand sich hinter einer Trennwand eine Kabine für 23 Fluggäste. Bei der verlängerten Mk.32 konnten drei PKW und 23 Passagiere befördert werden. In den 50er und 60er Jahren flogen größere Stückzahlen der Br.170 bei **Air Charter, Aer Lingus, Aer Turas, Canadian Pacific Airways** und der **Middle East Airlines**.

Als Militärtransporter konnte das Muster in größerem Umfang an die Luftwaffen Neuseelands, Pakistans und des Irak verkauft werden. In den 70er Jahren flogen nur noch vereinzelte Exemplare der Br.170 und größter Betreiber war die neuseeländische **SAFE Air** mit einer Flotte von neun Maschinen der Version Mk.31. Dort wurden die Flugzeuge bis in die 80er Jahre hinein zur Fracht- und Personenbeförderung von Insel zu Insel eingesetzt.

Die G-BISU der Instone Airlines war in den 80er Jahren ein oft gesehener Gast auf westeuropäischen Flughäfen und diente zumeist dem Transport von Rennpferden. Das Flugzeug (C/N 13218) begann seine Karriere als Militärtransporter der Version Mk.31M im Jahre 1955 bei der neuseeländischen Luftwaffe. Im Januar 1989 wurde G-BISU an die kanadische Fluggesellschaft Trans Provincial Airlines verkauft, kehrte aber knapp fünf Jahre später wieder nach Großbritannien zurück. Als eines der letzten flugfähigen Exemplare vom Typ Br.170 kam das Flugzeug oft auf Oldtimer-Flugschauen zum Einsatz. Am 18. Juli 1996 wurde es bei einem Startunfall in Enstone, Oxfordshire, irreparabel beschädigt.

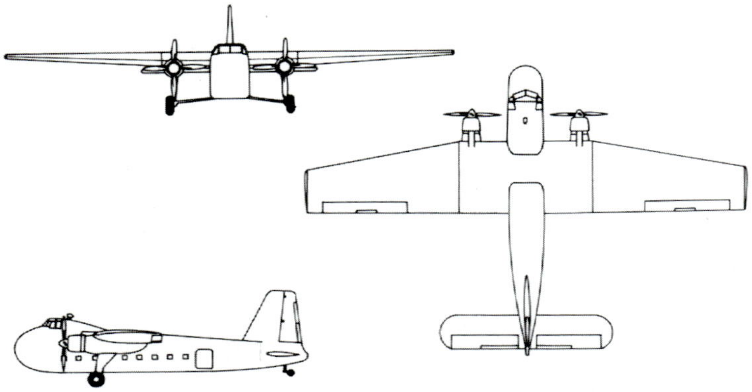

Daten (Mk.31)

Antrieb: 2 Bristol Hercules 734, luftgekühlte 14-Zylinder-Sternmotoren, 1.950 PS (1.434 kW)
Spannweite: 32,92 m; Länge: 20,83 m; Höhe 6,56 m; max. Startgewicht: 19.958 kg; ökon. Reisegeschwindigkeit: 262 km/h; Gipfelhöhe: 7.467 m; Reichweite: 1.400 km; Besatzung: 2+2; Passagiere: 23-48; Nutzlast: 5.670 kg

Bristol 175 Britannia

Großbritannien, Baujahr: 1952

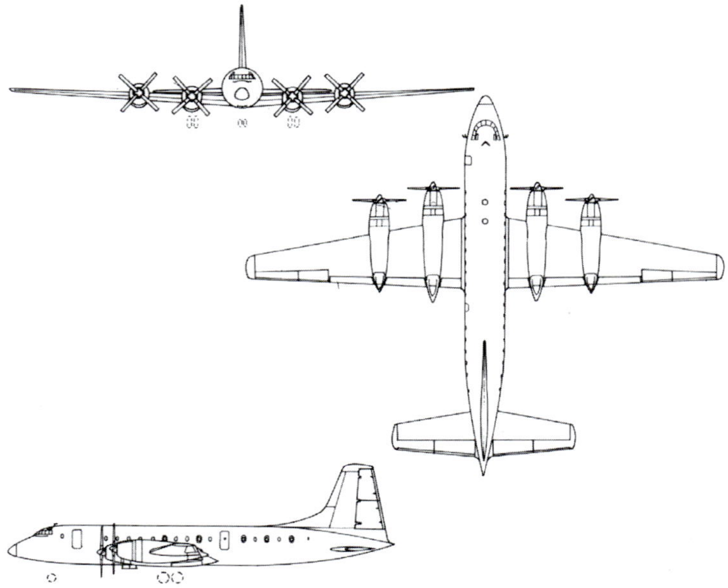

Die **Bristol 175 *Britannia*** bildete die Antwort auf einen 1947 erfolgten Projektwettbewerb der **BOAC**. Das ursprünglich von der Fluggesellschaft ausgewählte Projekt sah ein verhältnismäßig kleines Flugzeug für 48 Passagiere vor, das von vier Kolbenmotoren des Typs Centaurus angetrieben werden sollte. Im Juli 1948 wurden durch das britische Ministry of Support drei Prototypen in Auftrag gegeben und vier Monate später kündigte die BOAC einen Bedarf von 25 Flugzeugen dieses Typs an. Während die ersten sechs Maschinen mit Centaurus-Triebwerken ausgerüstet werden sollten, waren für die restlichen Flugzeuge Propellerturbinen des Typs Bristol Proteus vorgesehen. Außerdem sollte das Muster für den Transport von 74 Passagieren ausgelegt werden. Schließlich wurden aber nur zwei Prototypen mit Proteus-Triebwerken fertiggestellt. Die erste dieser als **Britannia 101** bezeichneten Maschinen flog am 16. August 1952 (G-ALBO), gefolgt vom zweiten Prototypen (G-ALRX) am 24. Dezember desselben Jahres. Die **BOAC** bestellte 15 **Britannia 102**, dem ersten Serienmuster, welches im September 1954 die Flugerprobung aufnahm. Aufgrund von Schaufelbrüchen an den Proteus-Triebwerken verzögerte sich die Indienststellung der Britannia, weswegen BOAC sich aus Gründen der Konkurrenzfähigkeit 1956 gezwungen sah, zehn **Douglas DC-7C** zu kaufen. Im Januar 1957 erhielt die Britannia schließlich die Typenzulassung und begann am 1. Februar 1957 ihren Liniendienst auf der Route London-Johannesburg.

Für weitere zehn Flugzeuge ihrer Bestellung forderte die BOAC eine vergrößerte Ausführung der Britannia, die in der Lage sein sollte, die Nordatlantikstrecke im Nonstopflug mit einer Nutzlast 12.000 kg zu bewältigen. Bereits ein halbes Jahr vor Indienststellung der Britannia 102 begann am 31. Juli 1956 die Flugerprobung der vergrößerten **Britannia 300**. Im um 3,12 m gestreckten Rumpf fanden maximal 133 Passagiere Platz. Der Prototyp **Srs.301** (G-ANCA) wurde von vier Bristol Proteus 755 von je 4.120 WPS (3.029 WkW) angetrieben. Unter der Typenbezeichnung **Britannia 302** wurden anschließend sieben weitere Flugzeuge, deren Treibstoffvolumen gegenüber dem Prototyp vergrößert worden war, für die **BOAC** hergestellt. Da die Flugleistungen die BOAC nicht überzeugten, verweigerte die Fluggesellschaft die Übernahme, so dass die Maschinen an andere Betreiber verkauft wurden. Je zwei Exemplare gingen an **Aeronaves de Mexico, Transcontinental S.A.** und **Air Charter, Ghana Airways** erwarb das letzte Flugzeug dieser Serie. Fünf weitere Britannia 300 waren für die US-Fluglinie **Northeast Airlines** bestimmt, doch war diese Gesellschaft nicht in der Lage, die nötigen Finanzmittel aufzubringen.

Für lange Zeit bildeten die vier im Jahre 1959 an Cubana gelieferten Bristol 175 Britannia Srs.318 das Rückgrat der Langstreckenflotte dieser Gesellschaft. CU-T669 (C/N 13433) wurde als zweites Exemplar am 6. Februar 1959 an die Airline abgeliefert und stand dort bis zur Außerdienststellung im Mai 1984 in dauerndem Einsatz. Danach flog die Maschine bis Ende der 80er Jahre als Frachtflugzeug für die Aero Caribbean S.A. zu Zielen in Mittel- und Südamerika.

Bei der nächsten Langstreckenausführung der Britannia, der **Srs.310**, konnte das maximale Startgewicht auf 83.915 kg und die Treibstoffkapazität auf 39.000 Liter gesteigert werden. Der Prototyp mit dem Kennzeichen G-AOVA flog erstmals am 31. Dezember 1956. Mit 39 verkauften Maschinen wurde die Britannia 310 die erfolgreichste Serie. Die **BOAC** bestellte im August 1955 zehn dieser Britannia als **Srs.312**, der Auftrag wurde später auf 18 Einheiten erhöht. Am 19. Dezember 1957 konnte die erste dieser Maschinen auf der Route London-New York eingesetzt werden. Weitere Käufer der Serie 310 waren **Canadian Pacific** (6), **Cubana, El Al** (je 4), **Aeronaves de Mexico, British Shipping Company, Hunting Clan Air Transport** (je 2) und **Ghana Airways** (1).

Drei **Britannia 252** und 20 **Britannia 253**, welche bis auf das große vordere Frachttor mit der Serie 310 identisch waren, wurden durch die Firma Short Bros. in Belfast für das Transportkommando der Royal Air Force gebaut und erhielten die militärische Bezeichnung **Britannia C.1** und **C.2**. Diese Ausführungen verfügten über einen verstärkten Kabinenboden mit Roller-Floor, und die maximale Nutzlast konnte auf zirka 18.000 kg gesteigert werden. Die Flugzeuge dienten als Frachter oder Truppentransporter für 115 voll ausgerüstete Soldaten.

Die Entwicklung der Britannia wurde 1959 mit der **Srs.320** abgeschlossen, von der nur zwei Stück gebaut und an **Canadian Pacific** als **Srs.324** vermietet wurden. Diese Ausführung unterscheidet sich von der Srs.310 durch die leistungsfähigeren Triebwerke des Typs Proteus 765, die je 4.445 WPS (3.270 WkW) Leistung entwickeln. Später wurden sechs Srs 310 mit diesen Triebwerken ausgerüstet.

1962 wurde die Srs.102 und 1965 die Srs.312 von der BOAC außer Dienst gestellt, und viele dieser Maschinen wurden an die Charterfluggesellschaften **British Eagle Airways** und **Monarch Airlines** verkauft. Letztere musterte die Britannia erst in den späten 70er Jahren aus und schenkte ein Exemplar einem Luftfahrtmuseum, wo es heute noch zu bestaunen ist.

Bei der RAF wurde die Britannia Mitte der 70er Jahre ausgemustert und zum Teil an Frachtfluggesellschaften verkauft, wo sie dann noch bis Ende der 80er Jahre im Einsatz standen.

Daten (Srs.310)

Antrieb: 4 Bristol Proteus 755 Propellerturbinen, 4.120 WPS (3.029 WkW)
Spannweite: 43,38 m; Länge: 37,90 m; Höhe: 11,44 m;
max. Startgewicht: 83.915 kg; ökon. Reisegeschwindigkeit: 575 km/h; Gipfelhöhe: 9.100 m; Reichweite: 7.000 km;
Besatzung: 4+5; Passagiere: 68-139; Nutzlast: 14.700 kg

Canadair C-4 North Star / Argonaut

Kanada, Baujahr: 1945

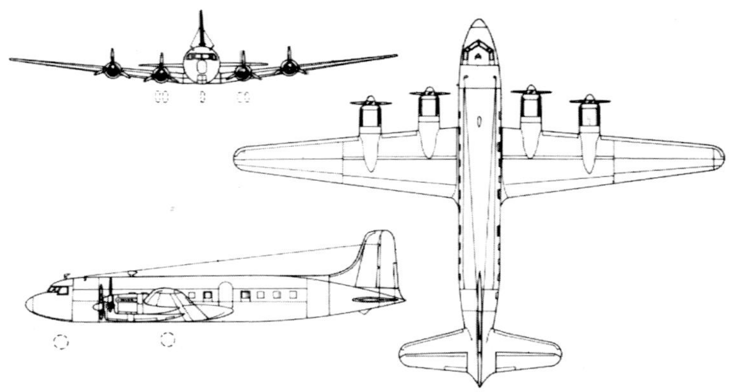

Bei der **Canadair C-4** handelt es sich um eine modernisierte und mit Rolls-Royce Merlin-Reihenmotoren angetriebene Abwandlung der **Douglas DC-4**. Der Rumpf erhielt eine Druckkabine mit eckigen Kabinenfenstern. Die Initiative zur Entwicklung des Musters ging 1945 von der **Trans-Canada Air Lines** aus, die ein bequemes und leistungsfähiges Langstreckenmuster für ihre Nordatlantikrouten benötigte. Auch die kanadische Luftwaffe (RCAF) zeigte starkes Interesse an dem Projekt. Ende 1945 wurde mit dem Bau des ersten Prototyp begonnen, der unter der Typenbezeichnung **DC-4M-1** am 20. Juli 1946 seinen Erstflug absolvierte. Diese Maschine, ebenso wie die sechs folgenden Flugzeuge, hatte noch keine Druckkabine. Diese sechs DC-4M-1 wurden von der **RCAF** übernommen, von denen im Frühjahr 1947 zwei der TCA leihweise für den Nordatlantikdienst überlassen wurden. Zur gleichen Zeit überarbeitete Canadair das Muster zur verbesserten **Canadair C-4** mit zahlreichen Bauteilen der **DC-6**, deren Fertigung inzwischen in den USA angelaufen war. Die C-4, von der TCA 20 Maschinen bestellte, begann im August 1947 mit der Flugerprobung und am 2. April 1948 konnte TCA das als *North Star* bezeichnete Muster in Dienst stellen. Die Fluggesellschaft setzte die C-4 bis Mitte der 50er Jahre vorwiegend auf Transkontinentalrouten und auf Strecken über den Nordatlantik ein. Danach wurde das Muster von der **L-1049** ***Super Constellation*** abgelöst, fand bei TCA aber noch bis 1958 Verwendung auf Nebenstrecken oder wurde zu Frachtern umgebaut. Im Sommer 1948 kaufte **BOAC** 22 der C-4, nachdem das britische ***Tudor***-Projekt abgebrochen worden war. Die erste als *Argonaut* bezeichnete Maschine wurde von BOAC am 23. August 1949 auf der Trans-Asien-Route zwischen London und Tokio in Dienst gestellt. Die eigentlich als Übergangsmuster angeschaffte C-4 erwies sich im Liniendienst als äußerst zuverlässig und blieb bei der BOAC bis 1960 im Einsatz, bevor der Flugzeugtyp von der modernen **Bristol 175** ***Britannia*** mit Turbopropantrieb abgelöst wurde. Vier weitere C-4 kaufte 1949 die **Canadian Pacific Airlines** und setzte sie in Konkurrenz zur TCA ebenfalls auf transkontinentalen Langstrecken ein. Die RCAF zeigte sich von der Leistungsfähigkeit der DC-4M-1 beeindruckt und bestellte 16 C-4 als Transporter. Eine Sonderanfertigung der C-4

Daten

Antrieb: 4 Rolls-Royce Merlin 626, flüssigkeitsgekühlte V12-Reihenmotoren, 1.760 PS (1.294 kW)
Spannweite: 35,81 m; Länge: 28,65 m; Höhe 8,45 m;
max. Startgewicht: 37.195 kg; ökon. Reisegeschwindigkeit: 395 km/h; Gipfelhöhe: 9.000 m; Reichweite: 4.900 km;
Besatzung: 4+3; Passagiere: 40-62

Bei der abgebildeten Canadair C-4 North Star der Trans-Canada Air Lines handelt es sich um eine Maschine der Ausführung DC-4M2. CF-TFG (C/N 131) wurde am 19. Dezember 1947 an die Fluggesellschaft abgeliefert und erhielt die Flottennummer 207. Die Maschine wurde erst im Sommer 1961 außer Dienst gestellt und ging am 9. November 1961 in den Besitz der mexikanischen Fluglinie Lineas Aereas Unidas S. A. (LAUSA) über. Ab 1965 wurde das Flugzeug noch für einige Jahre als Cafe/Bar in Mexiko City verwendet.

mit Pratt & Whitney R-2800-CA15 Sternmotoren stellte das VIP-Flugzeug **C-5** dar, welches im Regierungsauftrag von der RCAF betrieben wurde. Bis Ende 1949 waren alle C-4-Maschinen ausgeliefert, und die Fertigung des Musters endete nach dem Bau von 70 Flugzeugen. Nachdem Ende der 50er Jahre die C-4 von moderneren Flugzeugmustern ersetzt und bei den großen Fluggesellschaften ausgemustert worden waren, kamen viele dieser Flugzeuge in den Besitz kleinerer Airlines. Insbesondere die *Argonaut* der BOAC fanden schnell neue Käufer. Der größte sogenannte Secondhand-Betreiber einer C-4-Flotte war die britische Charterfluggesellschaft **Overseas Aviation**.

Canadair CL-44

Kanada, Baujahr: 1959

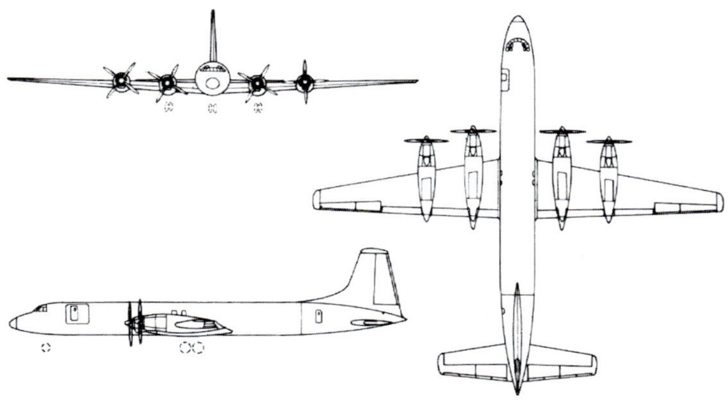

Trotz der äußerlichen Ähnlichkeit mit der **Bristol 175 *Britannia* 300**, aus der sie abgeleitet wurde, stellt die **Canadair Fourty-Four** eine weitgehende Neukonstruktion dar. Sie entstand 1956 nach einer Ausschreibung der **Royal Canadian Air Force (RCAF)** für einen Militärtransporter mit interkontinentaler Reichweite. Da Canadair in jener Zeit den Hochseeaufklärer ***Argus***, eine Weiterentwicklung der *Britannia*, herstellte, war es naheliegend, dieses Muster als Grundlage für den geplanten Transporter zu wählen. Dadurch konnte viel Geld für eine komplette Neuentwicklung gespart werden, denn für das CL-44-Projekt musste nur der Rumpf um 3,90 m verlängert und in seiner Struktur verstärkt werden, sowie stärkere Propellerturbinen Verwendung finden. Der Flügel der CL-44 hat die gleichen Abmessungen wie bei der *Britannia*, erfuhr aber wegen des höheren Abfluggewichtes von 92.988 kg eine strukturelle Verstärkung. Der CL-44-Prototyp startete am 15. November 1959 in Montreal zum Erstflug. Zwischen 1960 und 1961 wurden die zwölf georderten Flugzeuge unter der Typenbezeichnung **CL-44-6**, militärische Bezeichnung **CC-106 *Yukon***, an die **RCAF** abgeliefert. Die Beladung dieser Maschinen erfolgte auf

Daten (CL-44D-4)

Antrieb: 4 Rolls-Royce Tyne 12 Mk.515/10 Propellerturbinen, 5.730 WPS (4.212 WkW)
Spannweite: 43,38 m; Länge: 41,70 m; Höhe: 11,60 m; max. Startgewicht: 95.250 kg; ökon. Reisegeschwindigkeit: 620 km/h; Gipfelhöhe: 9.600 m; Reichweite: 8.900 km; Besatzung: 3+5; Passagiere: 189; Nutzlast: 28.700 kg (Frachter)

konventionelle Weise über zwei große, an der vorderen und hinteren linken Rumpfseite eingelassenen Frachttore. Um für den zivilen Markt ein besser geeignetes Frachtflugzeug zu schaffen, entschied sich Canadair im November 1958 für den Bau einer neuen Version, bei der das gesamte Rumpfheck zur Seite geschwenkt werden konnte. Die erste dieser Canadair **CL-44D-4** führte am 16. November 1960 ihren Erstflug aus. Der Erstkunde für die D-4 war die US-amerikanische **Flying Tiger Line**, welche das erste ihrer zwölf Flugzeuge im Mai 1961 erhielt. Im folgenden Juni gelangte die erste von sieben Maschinen zur Ablieferung an die **Seaboard World Airlines**. Weitere vier Flugzeuge gingen ab Januar 1962 an die **Slick Airways**, während die isländische **Loftleidir** drei Exemplare erwarb. Ihre Flotte wurde 1966 um eine reine Passagiermaschine **CL-44J** erweitert. Durch Verlängerung des Rumpfes um 4,62 m konnte die Passagierkapazität von 160 auf 189 Plätze gesteigert werden. Das Klappheck der D-4 wurde beibehalten. Der Erstflug der CL-44J, auch als **Canadair 400** bezeichnet, erfolgte am 8. November 1965. 1966 ließ Loftleidir auch die übrigen CL-44D-4 ihrer Flotte zur CL-44J modifizieren, und alle fünf Maschinen kamen auf den Transatlantik-Discount-Flügen zwischen Luxemburg und New York, via Island, zum Einsatz. 1969 wurden diese Flugzeuge durch modernere Jets vom Typ Douglas DC-8-61 ersetzt, zu Frachtmaschinen umgebaut und an die Luxemburger Fluggesellschaft **Cargolux**, an der Loftleidir beteiligt war, abgegeben. Bis zur Mitte der 70er Jahre stellten auch die anderen Erstbetreiber ihre CL-44-Flotten außer Dienst und verkauften die Flugzeuge an zahllose kleinere Fracht-Airlines. Auch die RCAF musterte ihre CC-106 zwischen 1971 und 1973 aus und verkaufte sie auf dem zivilen Markt. Die CL-44 leistete über viele Jahre hinweg wertvolle Dienste, doch heute befindet sich keines dieser eleganten Flugzeuge mehr im regulären Flugbetrieb. 1969 entwickelte die Conroy Aircraft Ltd. aus einer CL-44D-4 die einzelne **CL-44-0 *Guppy*** (Conroy CL-44) mit einem übernatürlich vergrößerten Rumpfdurchmesser zum Transport von besonders sperrigen Gütern wie z.B. Ölbohrgestängen oder Schiffsturbinen. Die CL-44-0 führte am 26. November 1969 ihren Erstflug durch und wurde 1970 von der britischen Frachtgesellschaft **Transmeridian Air Cargo** übernommen. Noch in den 80er Jahren konnte dieses Flugzeug häufig in Europa angetroffen werden, als es bei **HeavyLift Air Cargo** im Einsatz stand. Danach wechselte es häufig den Besitzer und ist heute im südlichen Afrika stationiert. Letzter bekannter Betreiber war die **First International Airlines** aus Ghana.

Diese CL-44D-2 rollte als 18. Maschine ihres Typs im Januar 1962 von der Produktionsstraße und flog erstmals am 6. Februar desselben Jahres. Mit der Registrierung N449T begann am 10. April 1962 eine fast sechsjährige Einsatzzeit bei der Flying Tiger Line, einem Launch Customer der CL-44. Zehn Jahre lang flog das Flugzeug für britische Fluggesellschaften, bis es im September 1981 von Air Express International erworben und mit der Registrierung N122AE erneut in den USA zugelassen wurde. Im April 1994 wurde N122AE außer Dienst gestellt und im Juni 1995 an die TIA Inc. verkauft.

Die auf Modifikationen spezialisierte Flugzeugfirma Conroy Aircraft Company kaufte im Dezember 1968 eine CL-44D-2 (C/N 16) von der Flying Tiger Line und baute dieses Flugzeug für den Transport besonders sperriger Güter zur CL-44-0 um. Aufgrund ihres merkwürdigen Aussehens wird die Maschine auch Skymonster genannt. Zwischen Oktober 1982 und Oktober 1993 flog die CL-44-0 mit der Registrierung EI-BND bei der britischen Heavylift Cargo Airlines und konnte auf vielen europäischen Flughäfen beobachtet werden. Nur sehr selten sah man das Flugzeug aber in den Farben der Azerbaijan Airlines, bei der es von Mai 1997 bis März 1999 im Einsatz stand. Heute fliegt die Maschine Frachteinsätze im südlichen Afrika.

Alaska Airlines flog die abgebildete Convair 240-0 (C/N 76) zwischen Februar 1968 und Oktober 1969. Ursprünglich wurde das Flugzeug am 30. Juni 1948 an American Airlines geliefert.

Convair CV-240

USA, Baujahr: 1947

Convair entstand am 17. März 1943 durch den Zusammenschluss der Flugzeugfirmen Consolidated Aircraft Company und der Vultee Aircraft Company. Im März 1945 beteiligte sich die Firma an einer Ausschreibung der **American Airlines** für ein neues 30sitziges Mittelstrecken-Verkehrsflugzeug mit Druckkabine, welches die **DC-3** ablösen sollte. Die aufgrund dieser Ausschreibung entwickelte **CV-110** flog erstmals am 9. Juli 1946. Die 30plätzige Maschine mit dem Kennzeichen NX90653 wurde von zwei Sternmotoren des Typs Pratt & Whitney R-2800S1C3-G, die je 2.100 PS (1.544 kW) Startleistung entwickelten, angetrieben. Die Spannweite betrug 27,13 m, die Länge 21,64 m. Wegen der beschränkten Nutzlast wurde die CV-110 nicht in Serie gebaut. Stattdessen entwickelte Convair die 40plätzige **CV-240**, bei der die Abmessungen vergrößert und R-2800-CA18-Triebwerke von je 2.400 PS (1.764 kW) zum Einbau kamen. Ferner erhielt die neue Version rechteckige Kabinenfenster anstelle der runden Fenster der CV-110. Der Prototyp der CV-240 mit der Registrierung N24501 startete am 16. März 1947 in San Diego zu seinem Erstflug. Das neue Muster wirkte gegenüber der ursprünglichen CV-110 ausgereifter, und von allen Konkurrenzprodukten, wie z. B. der **Martin 2-0-2** oder **Vickers Viking**, erwies sich der Convair-Liner als das vielseitigste und dauerhafteste Muster. **American Airlines** war von dem neuen Flugzeugmuster begeistert und bestellte umgehend 75 Maschinen. Die Serienfertigung der CV-240 wurde gegen Jahresende 1947 aufgenommen. American erhielt ihre erste Maschine am 28. Februar 1948 und begann den Liniendienst mit dem Flugzeugmuster am 1. Juli 1948.

Aus den USA, aber auch aus dem Ausland trafen weitere Bestellungen ein, so dass Mitte 1948 Aufträge über 150 Maschinen vorlagen. Weitere Erstkunden für die CV-240 waren u. a. **Pan American** (20), **KLM** (12), **Western Air Lines** (10), **Garuda** (8), **SABENA** (6), **Continental Air Lines** (5), **Trans Australia Airlines** (5), **Swissair** (4), **Ethiopian Airlines** (3) und **LOT** (2). Bis zur Einstellung der Produktion im Jahre 1958 stellte Convair insgesamt 571 CV-240 her, von denen jedoch nur 176 Stück an zivile Fluggesellschaften geliefert wurden, während die restlichen Flugzeuge unter den Typenbezeichnungen **T-29** (Trainer) und **C-131A** (Transporter) von der **US Air Force** übernommen wurden.

Ab Anfang der 60er Jahre wurde die CV-240 auf den Hauptstrecken durch modernere Flugzeugtypen vom Markt verdrängt und viele wurden als Geschäftsreiseflugzeuge verwendet. Im Regionalverkehr fand die CV-240 jedoch weiterhin Verwendung, und zur Verlängerung ihrer Lebensdauer wurden etliche Maschinen zwischen 1965 und 1967 mit Propellerturbinen ausgerüstet und unter der neuen Typenbezeichnung **CV-600** weiter betrieben.

Heute stehen nur noch wenige CV-240 bei kleinen Flugunternehmen in den USA und Lateinamerika im Einsatz. Bei diesen Maschinen handelt es sich ausschließlich um Frachtflugzeuge, die aus militärischen T-29 oder C-131A umgebaut wurden.

Die ursprünglichen **Swissair**-Maschinen trugen die Seriennummern 113 HB-IRP, 132 HB-IRS, 133 HB-IRT und 134 HB-IRV. Weitere CV-240 wurden später von der KLM erworben (C/N 61 HB-IRW, 111 HB-IRY, 124 HB-IRZ und 144 HB-IMA).

In der Bundesrepublik Deutschland betrieb die **Deutsche Flugdienst** (ab 1. November 1961 **Condor Flugdienst**) zwischen 1957 und 1961 fünf CV-240 im Charterverkehr. Diese wurden gebraucht von der KLM erworben und waren C/N 78 D-BELU, 79 D-BEPE, 110 D-BESI, 112 D-BATA und 145 D-BOBA. D-BELU ging am 31. Juli 1960 verloren, als das Flugzeug im Anflug auf Rimini (Italien) abstürzte. D-BOBA flog zwischen September 1960 und September 1961 leihweise bei der **Lufthansa**.

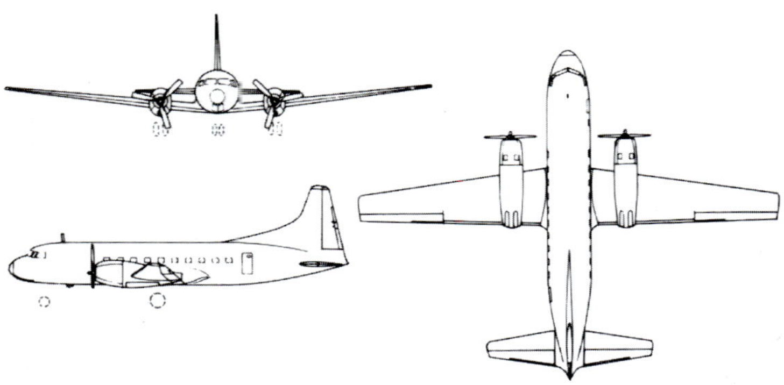

Daten

Antrieb: 2 Pratt & Whitney R-2800-CB16, luftgekühlte 18-Zylinder-Doppelsternmotoren, 2.400 PS (1.764 kW)
Spannweite: 27,98 m; Länge: 22,77 m; Höhe 8,20 m; max. Startgewicht: 19.295 kg; ökon. Reisegeschwindigkeit: 465 km/h; Gipfelhöhe: 9.100 m; Reichweite: 2.700 km; Besatzung: 3-4; Passagiere: 36-40

Convair CV-340 und CV-440

USA, Baujahr: 1951 / 1955

Der Erfolg der **CV-240** und das gestiegene Passagieraufkommen Anfang der 50er Jahre veranlassten Convair zum Bau eines größeren Flugzeugmusters, welches die Typenbezeichnung **CV-340** erhielt und dessen Prototyp mit der Registrierung N3401 am 5. Oktober 1951 erstmals flog. Abgesehen von der Verwendung leistungsstärkerer R-2800-CB16 Triebwerke bestanden die hauptsächlichen Änderungen in der Vergrößerung der Spannweite um 4,14 m und der Verlängerung des Rumpfes um 1,37 m, in dem in der Standardausführung nunmehr 44 Fluggäste befördert werden konnten. Der Verkaufserfolg der CV-240 setzte sich mit der CV-340 fort. Als dem neuen Muster am 28. März 1952 das Lufttüchtigkeitszeugnis erteilt wurde, umfasste die Bestell-Liste bereits 160 Maschinen für rund 20 Fluggesellschaften. Die erste CV-340 wurde am 28. März 1952 an die **United Air Lines** geliefert und auf den Hauptstrecken von Chicago zu den Metropolen im Osten der USA eingesetzt. Erster Betreiber der CV-340 in Europa war **Finnair**, die den Flugzeugtyp am 19. April 1953 erstmals auf der Route Helsinki-Kopenhagen-Düsseldorf einsetzte. Mit vier CV-340 begann am 1. April 1955 der Nachkriegsluftverkehr in der Bundesrepublik Deutschland, die Flugzeuge wurden von der neuen **Lufthansa** zwischen Hamburg, Düsseldorf, Frankfurt/Main und München eingesetzt. Insgesamt kamen 209 zivile CV-340 und 107 militärische Maschinen als **C-131** für die **US Air Force** und **R3Y** für die **US-Navy** zur Ablieferung. Die Fertigung des Flugzeugmusters endete im Februar 1955 zugunsten der **CV-440**. Anfang der 60er Jahre wurden eine Anzahl von CV-340 zur CV-440 oder zu den Turbopropversionen **CV-580** und **CV-640** umgebaut. Die **Convair CV-440 *Metropolitan*** stimmt grundsätzlich mit der **CV-340** überein, doch kamen leistungsfähigere R-2800-CB17 Triebwerke zum Einbau und zahlreiche Detailverbesserungen wurden vorgenommen. Aerodynamische Verfeinerungen an Zelle und Abgasnutzung erhöhten die Reisegeschwindigkeit um zirka 10 km/h. In der Passagierkabine konnten maximal 52 Fluggäste befördert werden. Die erste ***Metropolitan*** wurde im Februar 1955 aus der CV-340-79 (C/N 202) umgebaut und startete am 6. Oktober 1955 zu ihrem Erstflug.

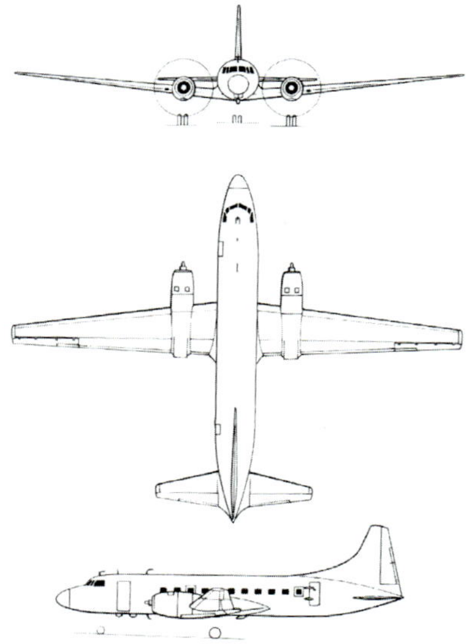

Daten (CV-440)

Antrieb: 2 Pratt & Whitney R-2800-CB17, luftgekühlte 18-Zylinder-Doppelsternmotoren, 2.535 PS (1.863 kW) Spannweite: 32,10 m; Länge: 24,14 m; Höhe 8,58 m; max. Startgewicht: 22.540 kg; ökon. Reisegeschwindigkeit: 455 km/h; Gipfelhöhe: 9.300 m; Reichweite: 3.300 km; Besatzung: 3-4; Passagiere: 44-52

Bei der D-ACIB (C/N 408) handelt es sich um eine für die Lufthansa gebaute Convair 440-88. Die Maschine wurde am 28. März 1957 an die deutsche Fluggesellschaft geliefert und stand dort bis zu ihrem Verkauf an Air Algerie (Reg. 7T-VAH) am 21. Juni 1968 im Linieneinsatz. Im Oktober desselben Jahres wurde das Flugzeug zur Convair 640 umgebaut.

Dieses Flugzeug kam am 14. Oktober 1955 zur Ablieferung und flog während der gesamten Einsatzzeit als Geschäftsreiseflugzeug. Im Februar 1963 wurde es zur CV-580 mit Turbopropantrieb umgebaut. Die Fertigung der CV-440 lief im März 1958 aus. Bis zu dieser Zeit hatten 186 zivile CV-440 und 26 Exemplare der militärischen Versionen **C-131** und **R4Y-2T** die Werkshallen verlassen. Erster ziviler Betreiber der CV-440 war **Continental Air Lines**, welche das Muster am 10. Februar 1956 in den Liniendienst stellte. Weitere Erstkunden der CV-440 waren **Finnair** und die skandinavische **SAS**. Finnair erhielt ihre erste CV-440 (C/N 317, OH-LRD) am 23. Februar 1956, die erst im April 1980 außer Dienst gestellt wurde. SAS übernahm ihre erste CV-440 (C/N 320, LN-KLB) am 23. März 1956 und begann den Linienbetrieb mit diesem Muster am 11. Mai 1956. Die letzten beiden Maschinen wurden erst im Oktober 1976 ausgemustert. Mit 20 Exemplaren war SAS der größte Betreiber der CV-440 außerhalb der USA. Sie flogen bei der Gesellschaft zirka 500.000 Stunden und legten dabei 200 Millionen Flugkilometer unfallfrei zurück. **Lufthansa** kaufte fünf CV-440, die ab April 1957 in Dienst gestellt wurden und gemeinsam mit den vier CV-340 (diese wurden auf CV-440-Standard gebracht) bis August 1968 im Einsatz standen. CV-440-Flotten unterhielten in den USA noch **Eastern Air Lines, National Air Lines** und **Delta Air Lines**, in Europa flog das Muster neben den bereits genannten Betreibern bei **Iberia, JAT, SABENA** und **Swissair**.

1957 entwickelte Convair einen Umrüstsatz, mit dem CV-340-Flugzeuge auf CV-440-Standard gebracht werden konnten. Bei den zuletzt gefertigten Exemplaren der CV-440 kam serienmäßig ein Wetterradar zum Einbau, hierzu wurde die Rumpfnase um 0,75 m verlängert. Eine entsprechende Nachrüstung war für alle Maschinen der CV-340/440-Serie möglich. Zwischen 1965 und 1967 wurden die meisten zivilen CV-440 zu **CV-580** oder **CV-640** mit Turbopropantrieb umgebaut.

Convair CV-540/580/600/640

USA, Baujahr: 1954 bis 1965 (Umbauten)

Die wirtschaftliche Leistungsfähigkeit der Convair-Liner CV-240/340/440 beweist die Tatsache, dass zwischen 1954 und 1968 nahezu 250 dieser Maschinen auf Antrieb mit Propellerturbinen umgerüstet wurden. Je nach Triebwerktyp werden die folgenden Versionen unterschieden: Aus der **CV-240** entstand die **CV-600** mit Rolls-Royce Dart Triebwerken; aus der **CV-340/440** entstanden die **CV-580** mit verschiedenen Allison-Triebwerken, sowie die **CV-540** mit Napier Eland- und die **CV-640** mit Rolls-Royce Dart-Antrieb. Die mit Propellerturbinen ausgerüsteten Maschinen verfügen über gute Leistungsreserven und gesteigerte Flugleistungen hinsichtlich Geschwindigkeit und Reichweite.

1953 erprobte die amerikanische Luftwaffe eine mit Allison-Triebwerken des Typs T56 ausgerüstete YC-131C, doch es kam zu keinem Produktionsauftrag. Der erste zivile Umbau erfolgte 1954 durch die britische Firma Napier, die sechs CV-340 erwarb und zunächst mit je zwei NE.1.1, später mit NE.504 Propellerturbinen mit einer Startleistung von 3.060 WPS (2.249 kW) ausrüstete. Die erste als **CV-540** bezeichnete Maschine mit der Registrierung G-ANVP startete am 9. Februar 1955 zu ihrem Erstflug. Während der vierjährigen Erprobung konnte die Startleistung mit dem Triebwerkstyp NE.504A auf je 3.500 WPS (2.573 kW) gesteigert werden. Zwischen 1959 und 1962, als der Bau der Eland-Convair aufgegeben wurde, erwarb die US-Regionalfluggesellschaft **Allegheny Airlines** alle sechs CV-540 und betrieb sie etwa drei Jahre im Passagierdienst.

Canadair, wie Convair mittlerweile ein Tochterunternehmen der General Dynamics Coporation, nahm nach Produktionseinstellung der CV-440 unter der Typenbezeichnung **Canadair 540** den Serienbau der Eland-Convair wieder auf. Zunächst wurden drei CV-440 entsprechend umgebaut und an die kanadische Fluggesellschaft **Quebecair** geliefert. Ab Juli 1960 wurden zehn fabrikneue CV-440 mit Eland NE.504A-Triebwerken versehen und unter der Typenbezeichnung **CL-66B (CC-109) *Cosmopolitan*** an die kanadische Luftwaffe geliefert.

Als der Triebwerkhersteller Napier im Jahre 1962 seinen Betrieb einstellte, mussten alle Convair-Liner mit den Eland-Turbinen auf Kolbenmotoren zurückgerüstet werden, da keine Ersatzteile mehr zur Verfügung standen. Einzige Ausnahme waren die **CL-66B**, welche Allison-Triebwerke erhielten.

Die meisten Convair-Liner der Serie CV-340/440 wurden im Auftrag des Triebwerkherstellers Allison Pacific Airmotive (PacAero) mit Propellerturbinen des Typs AN-501-D13H ausgerüstet. Nachdem die Leitwerksfläche vergrößert worden war, wurde am 20. Januar 1960 mit dem als **CV-580** bezeichneten Flugzeugmuster die Flugerprobung begonnen. Das Luftverkehrszulassung wurde im April 1960 erteilt und die erste CV-580 konnte im Juni 1964 von **Frontier Airlines** in Betrieb genommen werden. Diese Fluggesellschaft ließ insgesamt 31 Maschinen auf den Standard der CV-580 umrüsten, doch die meisten Flugzeuge dieses Typs erwarb **North Central Airlines**, insgesamt 37. Von den 175 zur CV-580 umgebauten CV-340/440 fliegen heute weltweit noch zirka 60 Maschinen, die meisten in Nord- und Südamerika. In Euro-

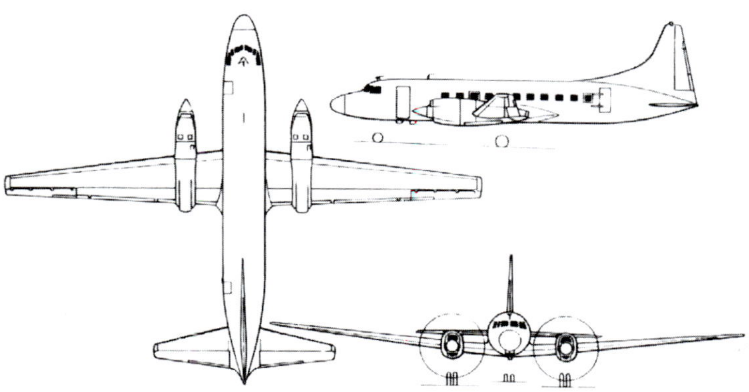

Daten (CV-580)

Antrieb: 2 Allison 501-D13H Propellerturbinen, 3.750 WPS (2.756 kW)
Spannweite: 32,10 m; Länge: 24,14 m; Höhe 8,58 m; max. Startgewicht: 26.370 kg; ökon. Reisegeschwindigkeit: 550 km/h; Gipfelhöhe: 9.800 m; Reichweite: 3.500 km; Besatzung: 3-4; Passagiere: 52-56

pa ist die CV-580 heute nur noch als Frachter in den Farben des Kurierunternehmens **DHL** oder der spanischen **Swiftair** anzutreffen.

Durch die Verbindung der bewährten Zelle der Convair-Liner mit dem zuverlässigen Rolls-Royce Dart R.Da.10/1 (Dart Mk.542), Startleistung je 3.025 WPS (2.223 kW), entstand aus der **CV-240** die **CV-600**. Im Gegensatz zu den Triebwerken der anderen Hersteller kann die Dart für den Umbau aller Convair-Versionen verwendet werden. Immerhin bedingt der Einbau des Dart bei der CV-240 die zusätzliche Verstärkung der Zelle. Als erste CV-600 führte die N94294, eine frühere **CV-240D**, am 20. Mai 1965 ihren Erstflug mit den neuen Triebwerken aus. In der Standardbestuhlung konnten 48 Fluggäste befördert werden. Die erste CV-600 konnte im Dezember 1965 von **Central Airlines** in Betrieb genommen werden. Insgesamt wurden 41 Maschinen umgerüstet.

Convair **CV-640** heißen die ursprünglichen CV-340/440 mit einer Dart-Propellerturbine, von denen 30 Flugzeuge umgebaut wurden. Im Unterschied zur CV-600 konnten in der CV-640 bis zu 56 Passagiere befördert werden. Die CV-640 hat ein maximales Startgewicht von 24.950 kg und erreicht eine Reisegeschwindigkeit von 490 km/h. Erster europäischer Betreiber der CV-640 war im April 1966 die niederländische **Martin's Air Charter** (später **Martinair**).

Unter der Projektbezeichnung **Convair 580S *Allison Turbo Flagship*** wurde 1986 ein Programm zur Rumpfstreckung der **CV-580** angeboten. In der um 4,34 m verlängerten Zelle sollten 72 bis 76 Fluggäste untergebracht werden, und als Antrieb waren zwei Propellerturbinen vom Typ Allison 501-D22G vorgesehen. Ferner sollte die Passagierkabine den modernen Standards im *Großraumlook* entsprechen und im Cockpit modernste Avionik zum Einbau kommen, um mit den modernen Regionalflugzeugtypen **BAe ATP** oder **ATR-72** konkurrieren zu können. Die CV-580S fand aber keinen Absatzmarkt und nur zwei CV-580-Zellen wurden entsprechend umgebaut. Der kanadische Umrüstspezialist Kelowna Flightcraft, auch im Frachtgeschäft tätig, baute die CV-580S zum Voll-Frachter mit der Typenbezeichnung **CV-5800** um.

Namib Air gehörte zu den unbekannteren Fluggesellschaften, die zwischen 1978 und 1990 zwei Convair 580 im Liniendienst flogen. Die abgebildete ZS-KEI (C/N 141) wurde ursprünglich Anfang 1954 als Convair 340-31 für United Air Lines gebaut und später auf den Standard einer Convair 440 gebracht. Schließlich wurde das Flugzeug wurde am 31. März 1967 zur Convair 580 umgebaut.

Zwischen 1984 und 1991 setzte die kanadische Regional-Airline Time Air diese Convair 640 (C/N 108) auf ihrem Zubringer-Streckennetz ein. Die Maschine wurde ursprünglich als Convair 340-47 für National Airlines gebaut und später zur Variante Convair 440 umgerüstet. Der Umbau zur Turboprop-Maschine erfolgte im Mai 1966.

Curtiss C-46 Commando

USA, Baujahr: 1940

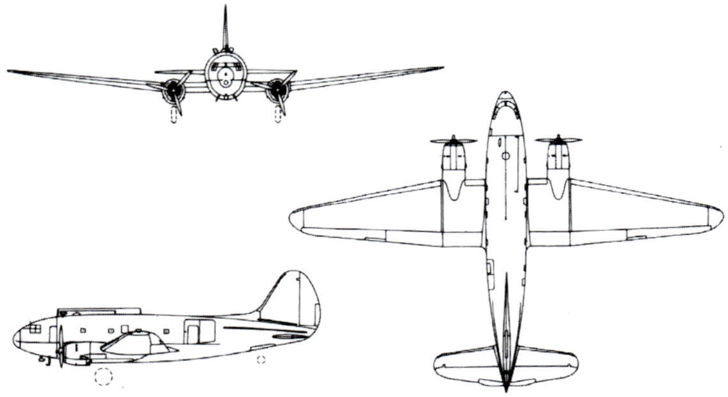

Die Flugzeugfirma Curtiss Wright stellte bis zum Zweiten Weltkrieg hauptsächlich Militärflugzeuge für die US-Navy her. Der wirtschaftliche Erfolg einiger Verkehrsflugzeuge ermutigte das Unternehmen zum Einstieg in den zivilen Flugzeugmarkt. 1937 begannen Projektstudien für ein zweimotoriges Verkehrsflugzeug, das die doppelte Transportkapazität der damals neuen Douglas **DC-2** und **DC-3** haben sollte. Gespräche mit den wichtigsten US-Fluggesellschaften führten zum Bau der **CW-20**, dem größten Verkehrsflugzeug seiner Zeit. Der mit einem doppelten Leitwerk ausgestattete Prototyp NX19436 startete am 26. März 1940 zu seinem Erstflug. Angetrieben wurde das Flugzeug von zwei Doppelsternmotoren vom Typ Wright R-586-C14-BA2 mit Vierblatt-Propellern. Wegen Mängel in der Richtungsstabilität wurde schon kurze Zeit später das Doppelleitwerk durch eine große, einfache Seitenflosse ersetzt. Gegen Ende 1940 erprobte die US-Luftwaffe diese Maschine über einen kurzen Zeitraum unter der Bezeichnung C-55-CS und bestellte anschließend 25 Exemplare. Der Prototyp CW-20 wurde 1941 an die britische **BOAC** verkauft, die ihn als 24-sitzigen Transporter G-AGDI *St. Louis* zwischen Großbritannien und Portugal einsetzte. Der Kriegseintritt der USA verhinderte den Serienbau der zivilen CW-20. Stattdessen bestellten die **US-Navy** und die **USAAF** eine von zwei Double Wasp-Motoren angetriebene Version mit höherem Startgewicht und großen Ladetoren. Auf eine Druckkabine sollte aus Kostengründen verzichtet werden. Der als **C-46** (USAAF), bzw. **R5C** (USN) bezeichnete Transporter wurde ab 1942 in Großserie hergestellt und auf allen Kriegsschauplätzen verwendet. Bis zum Ende der Fertigung 1944 wurden 3.200 C-46/R5C hergestellt, von denen die Streitkräfte bei Kriegsende mehrere hundert Maschinen auf dem zivilen Flugzeugmarkt verkauften. Der Bau einer Nachkriegs-Zivilversion für die **Eastern Air Lines** unter der Bezeichnung **CW-20E** wurde nicht verwirklicht. Aufgrund verschiedener technischer Unzulänglichkeiten gab es bei der C-46, im Gegensatz zur DC-3, Probleme bei der Zulassung als Verkehrsflugzeug, so daß die meisten dieser Maschinen nur als Frachtflugzeuge verwendet werden konnten. Erst 1956 wurden eine Handvoll C-46 durch die Air Carrier Engineering Services zu **CW-**

Daten

Antrieb: 2 Pratt & Whitney R-2800-51M1, luftgekühlte 18-Zylinder-Doppelsternmotoren, 2.000 PS (1.470 kW) Spannweite: 32,95 m; Länge: 23,25 m; Höhe 6,65 m; max. Startgewicht: 21.770 kg; ökon. Reisegeschwindigkeit: 315 km/h; Gipfelhöhe: 7.700 m; Reichweite: 1.200 km; Besatzung: 3; Passagiere: 40-62; Nutzlast: 7.983 kg

In Europa kamen bis in die 60er Jahre hinein vereinzelte C-46 zum Einsatz. Neben der norwegischen Fred. Olsen Air Transport hatte die Lufthansa als einzige europäische Fluggesellschaft wechselweise drei C-46 im Einsatz. Diese Maschinen waren von der amerikanischen Fluggesellschaft Capitol Airways gemietet und verkehrten als Frachter zwischen Frankfurt und London.

20T Verkehrsflugzeugen umgebaut und in den USA, später auch in Südamerika eingesetzt.
Die Hauptversionen der C-46 waren: **C-46A** (einteiliges Frachttor); **C-46D** und **C-46F** (zweiteiliges Frachttor und umgebauter Rumpfbug). Alle Ausführungen hatten als Antrieb zwei Pratt & Whitney R-2800-51M1 luftgekühlte 18-Zylinder-Doppelsternmotoren zu je 2.000 PS (1.470 kW).
Umbauten: Passagierflugzeug **CW-20T** (1956); Frachtflugzeuge **C-46R** für **Riddle Airlines / Logair** (1957), und **Super C-46** (1958).

In Europa kamen bis in die 60er Jahre hinein vereinzelte C-46 zum Einsatz. Zwei solcher Maschinen flogen bei der norwegischen **Fred. Olsen Air Transport**. Die US-Airline **Seaboard World** benutzte zwei C-46 zum Frachttransport zwischen Frankfurt und Berlin (West). Die **Lufthansa** betrieb wechselweise drei C-46, gemietet von der amerikanischen Fluggesellschaft **Capitol Airways**, als Frachter zwischen Frankfurt und London.
1999 standen noch rund 20 dieser robusten Maschinen im Westen Südamerikas im Einsatz, vorwiegend als Fleischtransporter.

Douglas DC-3C

USA, Baujahr: 1941

Zahlreiche der aus dem Militärtransporter C-47 umgebauten Douglas DC-3C stehen heute noch im Einsatz, zumeist in Südamerika. Die von Servivensa für Touristenflüge zu den berühmten Angel-Wasserfällen eingesetzte YV-769C (C/N 19513) wurde 1943 gebaut und steht bei der Gesellschaft seit Februar 1991 im Einsatz. Neben der aus vier Exemplaren bestehenden DC-3C-Flotte fliegen bei Servivensa 20 Mittelstrecken-Jets der Typen Boeing 727 und DC-9. Damit ist die Fluggesellschaft, ein Tochterunternehmen der alteingesessenen Avensa, die größte Airline in diesem südamerikanischen Land.

Mehr als 30 Jahre verwendeten zahlreiche Flugzeugkonstrukteure ihre Zeit darauf, einen sogenannten DC-3-Ersatz zu schaffen, gelungen ist es ihnen nie. Indirekte Nachfolger sind die modernen Turboprop-Commuterflugzeuge, die ab Mitte der 70er Jahre zum Einsatz kamen. Die Entwicklung der **DC-3** begann im Jahre 1935 und die Produktion erreichte während des Zweiten Weltkrieges ihren Höhepunkt. Die militärischen Versionen, zumeist **C-47, C-53** und **R4D**, waren auf jedem Kriegsschauplatz anzutreffen. Bei Kriegsende und nach der Produktionseinstellung des Musters waren insgesamt 10.655 **DC-3** in den drei von Douglas betriebenen Werken Santa Monica, Long Beach und Oklahoma City vom Band gelaufen. Diese Zahl umfasst auch die zivile Vorkriegsfertigung **DC-3A** und 28 Nachkriegsflugzeuge der aus C-47-Zellen umgerüsteten Ausführung **DC-3D**. Nach Kriegsende wurde der zivile Flugzeugmarkt durch Tausende militärischer DC-3-Versionen überschwemmt. Das Douglas-Flugzeug wurde so zum Arbeitspferd des modernen Luftverkehrs, und es gibt kaum ein Luftverkehrsunternehmen, das zwischen 1945 und 1965 die DC-3 nicht in seiner Flottenliste hatte. Umfangreiche Flotten betrieben in den USA die **Eastern Air Lines, Pan American** und **TWA**, in Europa die **Air France** (76 Stück) und **Sabena** (50 Stück). In kleinerer Zahl flog das Muster auch bei der **Swissair, SAS** und bei **Austrian Airlines.** Die **Lufthansa** flog Anfang der 60er Jahre einige DC-3 als Frachter. In den ersten Nachkriegsjahren wurden die DC-3 auf vielen Hauptverkehrsstrecken verwendet, und daher unternahm man die verschiedensten Versuche, die Flugleistungen und den Passagierkomfort zu verbessern. Unter der Bezeichnung **Super-DC-3** stellte die Douglas-Company 1949 ein Umrüstprogramm für die vorhandenen DC-3-Maschinen vor. Es beinhaltete ein komplett neues Leitwerk, einen verkürzten Flügel mit rechteckigen Enden, eine verlängerte Rumpfzelle für 33 bis 37 Fluggäste, sowie eine zeitgemäße Avionik. Als Antrieb kamen zwei Wright R-1820-C9HE von je 1.475 PS (1.084 kW) zum Einbau. Die erste Super-DC-3 begann die Flugerprobung am 23. Juni 1949, und wurde am 30. Juli 1950 an **Capital Airlines** verkauft. Obwohl dieses Muster über wesentlich verbesserte Flugleistungen verfügte als das Grundmodell, fanden sich aufgrund der hohen Kosten keine weiteren zivilen Abnehmer. Lediglich die **US-Navy** ließ 100 ihrer R4D zur Super-DC-3

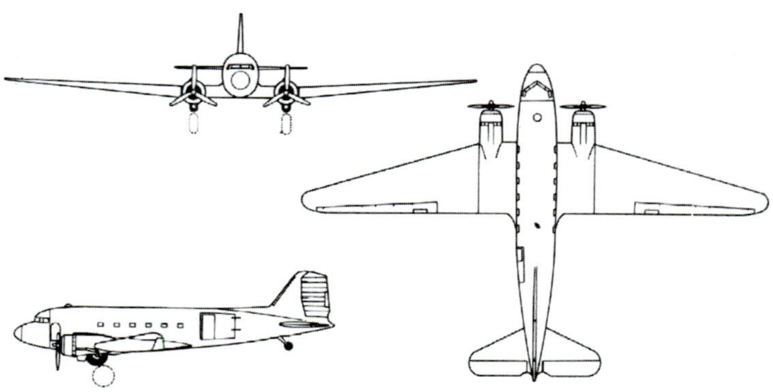

Daten

Antrieb: 2 Pratt & Whitney R-1830-92 Twin-Wasp, luftgekühlte 14-Zylinder-Doppelsternmotoren, 1.200 PS (882 kW)
Spannweite: 28,90 m; Länge: 19,65 m; Höhe 5,25 m; max. Startgewicht: 11.430 kg; ökon. Reisegeschwindigkeit: 310 km/h; Gipfelhöhe: 7.300 m; Reichweite: 1.200 km; Besatzung: 3; Passagiere: 21-32

umbauen, und diese Maschinen blieben unter der Typenbezeichnung **C-117D** bis Mitte der 80er Jahre im Einsatz. Danach wurden einige Exemplare an zivile Frachtfluggesellschaften verkauft. Bis 1989 war die kanadische **Millardair** der größte C-117-Betreiber. Noch 1977 propagierte die amerikanische Firma Specialized Aircraft Company eine Umrüstvariante der DC-3 mit drei Pratt & Whitney PT6A-45 Propellerturbinen. Schon Jahre zuvor hatte die britische Fluggesellschaft **BEA** probeweise eine mit zwei Rolls-Royce Dart-Propellerturbinen angetriebene **Turbo-DC-3** im Einsatz.
Mangels einer Druckkabine war die DC-3 schon bald als Flugzeug für die Hauptstrecken der großen Airlines veraltet. Aber schon die riesige Anzahl an verfügbaren Flugzeugen, gepaart mit extrem niedrigen Anschaffungskosten, dem robusten Entwurf und der Fähigkeit von kleinen Flugplätzen mit unbefestigten Pisten zu operieren, garantierten ein langes Überleben dieses Musters im zivilen Flugverkehr. Noch heute fliegen über 100 dieser unverwüstlichen, im Sammelbegriff als **DC-3C** bezeichneten Maschinen, zumeist bei kleinen Fluggesellschaften in Nord- und Südamerika.
1937 hatte die Sowjetunion eine Lizenz für den Bau der DC-3 erworben, die als **Li-2** bezeichnet wurden, da das Konstruktionsbüro von L. Lisunow für die Produktion verantwortlich war. Als Antrieb dienten zwei Schwetzow M-621R- oder M-63R-Motoren. Auch die Flugzeugzelle weist einige Unterschiede zur DC-3 auf. Einige DC-3, die von der **Aeroflot** direkt bei den Douglas-Werken gekauft wurden, erhielten die Bezeichnung **PS-84**. Im Rahmen des Pacht- und Leihabkommens versorgten die USA die UdSSR bis 1945 mit 707(!) in den USA gebauten C-47. Auf den Hauptstrecken der Aeroflot wurden diese Muster ab 1949 von der **IL-12**, später von der **IL-14**, abgelöst. Einige Li-2 standen aber noch nach 1975 bei den Nördlichen, Fernost- und Polar-Direktionen der Aeroflot im Einsatz.

Douglas DC-4

USA, Baujahr: 1942

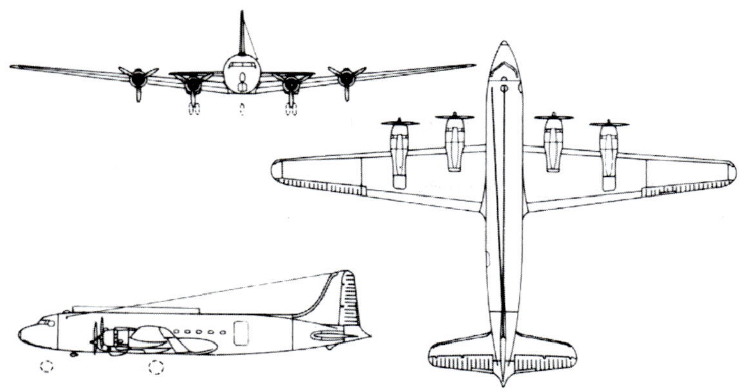

Die ersten Entwicklungsarbeiten an der ursprünglichen **DC-4** wurden Mitte 1935 aufgenommen, als **United Air Lines** bei Douglas ein für damalige Verhältnisse großes, viermotoriges Langstrecken-Verkehrsflugzeug für 40 Passagiere bestellte, das auf den transkontinentalen Routen der USA zum Einsatz kommen sollte. Im Frühjahr 1936 schlossen sich diesem Projekt noch vier andere große US-Fluggesellschaften an: **American Airlines, Eastern Air Lines, Pan American** und **TWA**. Der einzige gebaute Prototyp mit der Registrierung NX-18100, später als **DC-4E** bezeichnet, führte am 7. Juni 1938 seinen Erstflug aus. Das Flugzeug war als erstes großes Verkehrsflugzeug mit einem Bugfahrwerk ausgestattet und verfügte über eine Druckkabine. Der Rumpf hatte eine betont aerodynamische Form und endete in einem dreiteiligen Seitenleitwerk. Die Maschine wurde von vier Sternmotoren Pratt & Whitney R-2180 von je 1.150 PS (845 kW) angetrieben, das maximale Startgewicht betrug 29.485 kg. Die DC-4E erhielt im April 1939 die Luftverkehrszulassung und wurde ab Mai 1939 bei United Air Lines testweise im Linienflugbetrieb eingesetzt. Dabei zeigte sich, dass der Typ noch nicht die volle Einsatzreife hatte. Daraufhin entwickelte Douglas auf Wunsch der interessierten Fluggesellschaften ab 1940 ein kleineres Muster mit 42 Passagiersitzen. Das als **DC-4A** bezeichnete Flugzeug erhielt einen neuen Rumpf mit gleichbleibendem Querschnitt und ein konventionelles, einfaches Seitenleitwerk. Auf die mit Mängeln behaftete Druckkabine wurde vorerst verzichtet und als Antrieb wurden die bereits erprobten 14-Zylinder-Sternmotoren vom Typ Pratt & Whitney R-2000 von je 1.200 PS (882 kW) Startleistung ausgewählt. Inzwischen war der Prototyp DC-4E nach Japan verkauft worden. Den Airlines versprach die neue DC-4A eine größere Wirtschaftlichkeit und American, Eastern und United bestellten insgesamt 61 Einheiten des neuen Flugzeugs, doch nach dem Kriegseintritt der USA im Dezember 1941 wurde das Projekt von der US-Luftwaffe beschlagnahmt. Der Prototyp DC-4A trug bei seinem Erstflug am 14. Februar 1942 die militärische Bezeichnung XC-54. Die Lieferungen der **C-54 *Skymaster*** für die USAAF und **R5D** für die US-Navy begannen mit der Seriennummer D1-3 am 15. Mai 1942. Bis Kriegsende baute Douglas 1.084 C-54 / R5D unterschiedlicher Ausführungen und bis zu der im August 1947 erfolgten Einstellung der Produktion wurden außerdem noch 79 zivile **DC-4-1009** fertiggestellt, so dass insgesamt 1.163 Maschinen zur Ablieferung gelangten. Gemeinsam mit zahlreichen ausgemusterten und von Douglas zu Zivilflugzeugen umgebauten C-54 schufen diese Maschinen in den ersten Nachkriegsjahren die Grundlage für den Aufbau des internationalen Langstreckenverkehrs. Der zivile Transatlantik-Passagierdienst wurde am 23. Oktober 1945 durch **American Overseas Airlines** aufgenommen, und die erste DC-4-1009 konnte am 18. Januar 1946 an **Western Air Lines** abgeliefert werden. Erster Betreiber der DC-4 in Europa war **Air France**, die am 16. Juni 1946 den Liniendienst zwischen Paris und New York aufnahm. Air France verfügte mit insgesamt 16 Maschinen auch über die größte DC-4-Flotte

Daten

Antrieb: 4 Pratt & Whitney R-2000-2SD, luftgekühlte 14-Zylinder Sternmotoren, 1.450 PS (1.066 kW)
Spannweite: 35,82 m; Länge: 28,63 m; Höhe 8,40 m; max. Startgewicht 33.112 kg; ökon. Reisegeschwindigkeit: 330 km/h; Gipfelhöhe: 6.800 m; Reichweite: 4.700 km; Besatzung: 6-8; Passagiere: 42-74

Mit Flugzeugen des Musters Douglas DC-4 begann bei der Swissair Ende der 40er Jahre das Zeitalter des planmäßigen Langstrecken-Luftverkehrs. Die ursprüngliche HB-ILI (C/N 43097) wurde von der Swissair am 26. April 1947 in Dienst gestellt und erhielt den Taufnamen Basel. Syrian Airways erwarb das Flugzeug am 31. Oktober 1958. Am 1. September 1960 stürzte die Maschine 215 Kilometer nordöstlich von Kinshasa, Kongo (Zaire) ab. Beim Aufschlag in den Kongo-Fluß wurde sie völlig zerstört.

in Europa und setzte das Muster bis 1973 ein, zuletzt im innerfranzösischen Luftpostdienst. Die größte DC-4-Flotte überhaupt unterhielt **Pan American** mit 76 Maschinen. Heute fliegen noch zirka 20 DC-4 weltweit, zumeist als Frachter in Nord- und Südamerika und in Afrika. Für den in den 60er Jahren beliebten Autotransport auf dem Luftwege zwischen Großbritannien und Kontinentaleuropa baute die britische Firma Aviation Traders Limited rund ein Dutzend DC-4 zur **ATL-98** um (*Beschreibung siehe dort, Seite 106*).
Eine weitere Abart der DC-4 war die von Rolls-Royce Merlin-Reihenmotoren angetriebene und mit Druckkabine ausgerüstete **Canadair C-4**, anfangs auch als DC-4M bezeichnet (*Beschreibung siehe dort, Seite 117*).

Douglas DC-6

USA, Baujahr: 1946

Der Bau der **DC-6** wurde auf Veranlassung der US-Luftwaffe während des Zweiten Weltkriegs aufgenommen. Die DC-6 ist im Grunde eine verlängerte und mit Druckkabine ausgerüstete Weiterentwicklung der **DC-4**. Der Flügel wurde, von Verstärkungen und einer thermischen Enteisung abgesehen, nahezu unverändert vom Vorgängermodell übernommen. Der Rumpf wurde um 2,13 m gestreckt und mit rechteckigen Kabinenfenstern versehen. Die Projektarbeiten an der DC-6 wurden bereits 1944 aufgenommen und der Bau des Prototypen begann im Frühjahr 1945. Unter der militärischen Bezeichnung **XC-112A** absolvierte das neue Flugzeugmuster am 15. Februar 1946 seinen Erstflug, aber die Ablieferungen an die USAF begannen erst ab 1952 mit der Variante **C-118 *Liftmaster***.
Bereits Ende 1945 bestellte **American Airlines** 47 **DC-6**, und United **Air Lines** folgte mit einer Order über 35 Exemplare. Am 24. November 1946 wurden die ersten Serienflugzeuge an beide Fluggesellschaften ausgeliefert und begannen im darauffolgenden Monat den Liniendienst auf den transkontinentalen Hauptstrecken. Als erste europäische Gesellschaft erhielt die belgische **Sabena** am 15. Juli 1947 ihre erste DC-6 (OO-AWA), gefolgt von **KLM** am 15. März 1948 (PH-TPI) und **SAS** am 4. Mai 1948 (SE-BDA). Von dieser Grundausführung der DC-6 wurden 174 Maschinen, plus Prototyp, gebaut. Als Triebwerk kamen vier Pratt & Whitney R-2800-CB16 von je 2.400 PS (1.764 kW) Startleistung zum Einbau und das maximale Startgewicht lag bei 43.182 kg. Die Passagierkapazität betrug 48-68 Personen und die maximale Reichweite 4.800 km.
Die nächste Version war die **DC-6A**, die am 29. September 1949 erstmals flog und am 7. März 1951 an **Slick Airways** geliefert wurde. Die DC-6A ist eine reine Frachtversion mit einem gegenüber dem Grundmodell um 1,52 m verlängerten Rumpf, zwei Frachttoren und einem Schwerlastboden. Als Antrieb dienten leistungsstärkere CB17 Triebwerke und die Nutzlast konnte auf 10.700 kg gesteigert werden. Die aus der DC-6A abgeleitete Version **DC-6C** ist für den gemischten Passagier- und Frachtverkehr ausgelegt. Von beiden Ausführungen wurden 76 Exemplare gebaut. Neben den zivilen DC-6A fertigte Douglas für die amerikanische Luftwaffe und Marine 167 **C-118 / R6D *Liftmaster***, die weitgehend mit der DC-6A identisch sind. Die größte

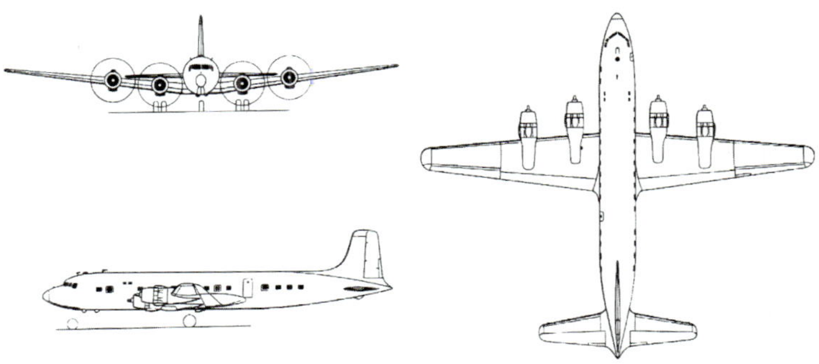

Die DC-6 galt als das fortschrittlichste Flugzeugmuster ihrer Zeit. Die DC-6B, den Douglas Liftmaster getauft hatte, war eine gestreckte Ausführung des Grundmusters mit leistungsstärkeren Doppelsternmotoren vom Typ Pratt & Whitney Double Wasp. Aufgrund der ebenfalls gesteigerten Reichweite konnte die DC-6B sehr große Entfernungen überbrücken. Die skandinavische SAS gehörte zu den Erstbestellen dieses Flugzeugmusters und leistete Pionierarbeit bei transpolaren Verbindungen zwischen Europa und Nordamerika.
OY-KMA Torkil Viking (C/N 43548) kam als erste DC-6B am 26. Mai 1952 zur SAS und stand dort bis zu ihrem Verkauf an Syrian Arab Airlines im August 1964 im Einsatz.

Bauzahl aller DC-6-Abarten erreichte die **DC-6B**, die am 23. Januar 1951 ihren Erstflug absolvierte und von der 287 Maschinen gebaut wurden. Bis auf eine nochmalige Verlängerung des Rumpfes um 0,33 m entspricht die DC-6B, die maximal 107 Fluggäste befördern kann, der DC-6A. Die Flugerprobung der DC-6B begann im Januar 1951, die erste Maschine erhielt **United Air Lines** am 11. April 1951. Mit ihrer Reichweite von nahezu 5.500 km war sie das erste Flugzeugmuster, das die transkontinentalen Strecken zwischen der US-Ost- und Westküste im Ohnehaltflug mit voller Nutzlast befliegen konnte. Mit einer DC-6B eröffnete die skandinavische **SAS** am 15. November 1954 den ersten Passagier-Linienienst zwischen Europa und der US-Westküste über die streckenmäßig günstigere Nordpolarroute. Eine der größten DC-6B-Flotten hatte **Pan American** mit 50 Stück, die auch auf innerdeutschen Strecken nach West-Berlin bis 1966 zum Einsatz kamen. Danach wurden sie durch das Strahlverkehrsflugzeugmuster **Boeing 727-100** abgelöst. Viele europäische Fluggesellschaften setzten die DC-6B ein, darunter auch die **Swissair**, bei der dieses Modell bis zur Einführung des Jetmusters **Douglas DC-8** das Rückgrat der Langstreckenflotte bildete. Die Flugbereitschaft der deutschen **Bundesluftwaffe** setzte zwischen Januar 1962 und Mai 1969 vier aus Airline-Beständen erworbene DC-6B als VIP-Transporter ein. Einziger ziviler Betreiber der DC-6 in Deutschland war die Charterfluggesellschaft **Germanair**, die drei solcher Flugzeuge im Passagierdienst einsetzte. Heute stehen weltweit noch rund 50 DC-6 aller Versionen, zumeist zu Zivilmaschinen umgerüstete C-118, im Einsatz als Frachter oder Wasserbomber.

Daten (DC-6B)

Antrieb: 4 Pratt & Whitney R-2800-CB17, luftgekühlte 18-Zylinder Sternmotoren, 2.500 PS (1.838 kW)
Spannweite: 35,81 m; Länge: 32,18 m; Höhe 8,80 m; max. Startgewicht: 48.535 kg; ökon. Reisegeschwindigkeit: 475 km/h; Gipfelhöhe: 8.250 m; Reichweite: 5.400 km; Besatzung: 3+5; Passagiere: 68-102

Douglas DC-7

USA, Baujahr: 1953

Die **DC-7** entstand 1953 aufgrund einer Forderung der American Airlines, die eine verlängerte und leistungsstärkere Ausführung der **DC-6B** wünschte, um der Konkurrenz der von **TWA** eingeführten **Lockheed L.1049 *Super Constellation*** wirkungsvoll entgegentreten zu können. Durch Verlängerung des Rumpfes der DC-6B um 1,01 m gelang es den Douglas-Ingenieuren, in der Passagierkabine 69 bis 95 Personen unterzubringen. Für den Antrieb der DC-7 wählte man das mit einer Abgasturbine versehene Verbund-Triebwerk Wright R-3350-988-TC18-DA4 mit einer Startleistung von 3.250 PS (2.390 kW). Das neue Flugzeugmuster startete am 18. März 1953 zum Erstflug und im Dezember des gleichen Jahres stellte **American Airlines** die erste Serienmaschine in Dienst. In der Standardausführung konnte dieses DC-7-Grundmodell 68 bis 74 Fluggäste über eine Entfernung von 5.600 km befördern. Obwohl das maximale Startgewicht von 55.430 kg und die Nutzlast von 9.072 kg gegenüber der DC-6B einen bedeutenden entwicklungstechnischen Fortschritt darstellten, erwies sich die DC-7 im Streckendienst als weniger wirtschaftlich als ihr Vorgänger. Außerdem verschlechterte sich der Passagierkomfort aufgrund der starken Triebwerksschwingungen und dem erhöhten Lärmpegel in der Kabine. Von der **DC-7** Grundversion baute Douglas 106 Maschinen, bevor die Fertigung des Musters 1955 zugunsten der **DC-7B** mit größerer Kraftstoffkapazität eingestellt wurde. Diese Langstreckenversion führte am 25. April 1955 ihren Erstflug aus und hatte ein maximales Startgewicht von 57.150 kg. Die erste DC-7B wurde am 25. Mai 1955 an **Eastern Air Lines** geliefert, und bis zur Produktionseinstellung dieser Variante im Jahre 1957 wurden 111 Maschinen hergestellt. Ursprünglich entstand die DC-7B nach einer Ausschreibung der **Pan American**, die ein Verkehrsflugzeug für den Nonstop-Transatlantikdienst mit 100 Passagieren benötigte. Allerdings erfüllte das Muster die von der Fluggesellschaft geforderten Bedingungen in bezug auf Reichweite und Passagierkapazität noch nicht, so dass Pan American nur 7 DC-7B kaufte. Douglas sah sich gezwungen, den DC-7-Entwurf nochmals zu verbessern, was fast aber einer Neukonstruktion gleichkam. Zur Unterbringung der für 9.000 km Reichweite erforderlichen Treibstoffkapazität von fast 25.000 kg reichte der ursprünglich von der DC-4 stammende Flügel für die als **DC-7C *Seven Seas*** bezeichnete Ausführung nicht mehr aus, und deswegen wurde zwischen dem Rumpf und den beiden inneren Triebwerksgondeln ein je 1,52 m langes Flügelsegment eingesetzt. Durch diese Flügelstreckung wurden die Triebwerke weiter nach außen verlagert, was zur Lärmreduzierung in der Passagierkabine führte. Durch Verwendung größerer Vierblattpropeller mit geringerer Drehzahl konnte auch die Vibration gesenkt werden. Außerdem wurden die Flächen der Steuerruder und der Landeklappen vergrößert und leistungsfähigere EA-4-Triebwerke eingebaut. Der Rumpf erfuhr eine Streckung von mehr als einem Meter, so dass nunmehr 99 Fluggäste befördert werden konnten. Dank weiterer aerodynamischer und technischer Verfeinerungen gelang es, die Startleistungen der DC-7C gegenüber den Vorgängermustern deutlich zu verbessern, obwohl das maximale Startgewicht auf 64.860 kg gesteigert worden war. Bei der neuen DC-7C bestand erstmals die Möglichkeit, die Leistungsreserven der Turbo-Compound-Triebwerke voll auszunützen. Am 20. Oktober 1955 unternahm das neue Flugzeugmuster seinen erfolgreichen Erstflug und wurde von der **Pan American** am 1. Juni 1956 auf der Route New York-London in Dienst gestellt. Für diese Strecke benötigte das Flugzeug eine Flugzeit von knapp zwölf Stunden. Mit einer Höchstgeschwindigkeit von 656 km/h war die DC-7C das schnellste Verkehrsflugzeug ihrer Zeit. Insgesamt kaufte Pan American 26 Maschinen dieser Version. In Europa wurde die DC-7C in größeren Stückzahlen von **Alitalia, BOAC, KLM, SABENA, SAS** und **Swissair** eingesetzt. Die längste Route beflogen die Maschinen der SAS, bei der die DC-7 ab dem 24. Februar 1957 auf der Nordpolarroute Kopenhagen-Anchorage-Tokio zum Linieneinsatz kam. Im Herbst 1958 wurde die Fertigung der DC-7 eingestellt, nachdem 121 DC-7C gebaut worden waren. Mit diesem Flugzeugtyp endete für Douglas die Ära der propellergetriebenen Verkehrsflugzeuge. Der Erfolg der DC-7 blieb verhältnismäßig gering, da ab Ende der 50er Jahre die ersten strahlgetriebenen Langstrecken-Strahlflugzeuge wie die **Boeing 707** und die **DC-8** zum Einsatz kamen und die Verkehrsluftfahrt weltweit revolutionierten. Um die DC-7C nach der Einführung dieser Jets wirtschaftlich weiter verwenden zu können, wurden ab Mitte der 60er Jahre viele Flugzeuge zu Frachtern **DC-7F** umgebaut. Die DC-7F hatte zwei Frachttore und erhielt einen *Roller-Floor*-Schwerlastboden für den Palettentransport. Die maximale Nutzlast konnte auf zirka 18.000 kg gesteigert werden. Heute stehen noch drei DC-7F im Einsatz, eine Handvoll weiterer DC-7 verschiedener Versionen fliegen in den USA als Wasserbomber zur Waldbrandbekämpfung.

In Deutschland wurden nur sieben Exemplare der DC-7C geflogen, davon kam eine Maschine zwischen März 1968 und März 1969 bei **Atlantis** zum Einsatz, und die **Südflug** betrieb zwischen März 1963 und August 1968 sechs dieser eleganten Flugzeuge im Passagier-Charterverkehr.

Daten (DC-7C)

Antrieb: 4 Wright R-3350-TC18EA4, luftgekühlte 18-Zylinder Doppelsternmotoren, 3.400 PS (2.499 kW)
Spannweite: 38,86 m; Länge: 34,51 m; Höhe 9,70 m; max. Startgewicht: 64.865 kg; ökon. Reisegeschwindigkeit: 535 km/h; Gipfelhöhe: 9.200 m; Reichweite: 8.400 km; Besatzung: 4+3; Passagiere: 75-104

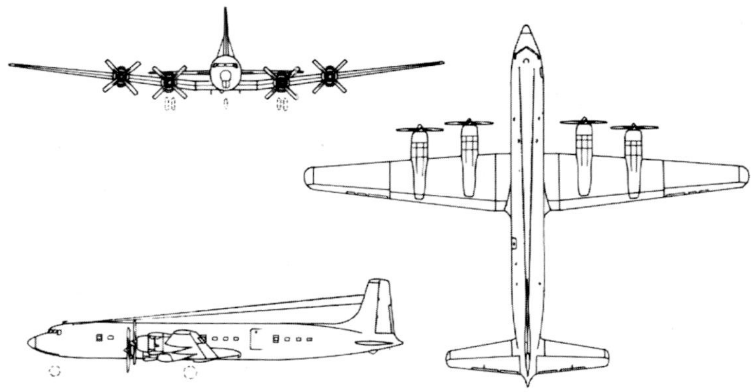

Wie die meisten großen Fluggesellschaften verstärkte auch die SAS ihre Langstreckenflotte mit der DC-7C Seven Seas. Die gegenüber der DC-6 gestreckten Tragflächen und Zusatztanks in den Verkleidungen der Turbo-Compound-Motoren verliehen diesem Muster wirklich globale Reichweite.
LN-MOF (C/N 45212) Roald Viking stand bei der SAS vom 11. September 1957 bis zum 14. Oktober 1960 stetig im Passagiereinsatz.

Von der Fairchild-Hiller FH-227, einer gestreckten Ausführung der Fokker/Fairchild F-27 wurden 78 Stück hergestellt, von denen fünf bei der DAT auf Regional- und Postdiensten zum Einsatz kamen. OO-DTE (C/N 534) rollte am 10. Januar 1967 vom Fertigungsband. Die Maschine flog bei DAT zwischen Mai 1981 und März 1990.

Fairchild F-27 und FH-227

USA, Baujahr: 1958 / 1966

Um den Bedarf amerikanischer Regionalfluggesellschaften nach einem wirtschaftlichen Propellerturbinenflugzeug zu decken, sah Fokker sich dort nach einem geeigneten Partner für den Bau und den Vertrieb der **F-27** um. Nach erfolgreichen Verhandlungen unterzeichneten Fokker und Fairchild im April 1956 ein entsprechendes Abkommen, durch welches das amerikanische Unternehmen ermächtigt wurde, die *Friendship* in Lizenz zu fertigen. Außerdem wurde Fairchild mit dem Generalvertrieb für den amerikanischen Kontinent betraut. Die erste in den USA hergestellte Maschine (N1027) startete am 12. April 1958 in Hagerstown zu ihrem Jungfernflug, gefolgt vom ersten Serienflugzeug (ebenfalls N1027) am 23. Mai 1958. Zwischenzeitlich, am 9. Mai 1958, wurde der Prototyp (C/N 01) bei Testversuchen zerstört. Die erste Serienversion, die 44 Fluggäste befördern konnte, trug die Bezeichnung **Fairchild F-27**. Die amerikanische Musterzulassung wurde am 16. Juli 1958 erteilt, und **West Coast Airlines** begann damit am 21. September 1958 den Linienflugbetrieb. Weitere Erstkunden waren **Northern Consolidated Airlines** und **Piedmont Airlines**, wobei letztere ab Oktober 1958 stufenweise ihre veralteten, Kolbenmotor-getriebenen, **Martin 4-0-4** durch die F-27 ersetzte.

Nachfolgemodell der F-27-Grundversion wurde die **F-27A**, welche baugleich mit der F-27 Mk.200 war. Die mit Frachttor und *Roller-Floor* ausgerüstete **F-27B** wurde auch als *Cargonaut* bezeichnet und entsprach der F-27 Mk.300. Fairchild schloss die *Friendship*-Fertigungsstraße im Jahre 1960, nachdem die erste Nachfrage der Luftverkehrsgesellschaften befriedigt war. Sie wurde aber schon 1961 wieder eröffnet, um zunächst die **F-27F** als Geschäftsreiseflugzeug herzustellen. Dieses Muster, dessen Zulassung am 24. Februar 1961 erfolgte, wurde von leistungsstärkeren Dart 529-FE von 1.610 kW angetrieben. An einer 1963 geplanten Frachtausführung mit der Bezeichnung **F-27G** zeigten die amerikanischen Fluggesellschaften kein besonderes Interesse. Die am 3. August 1965 für den Luftverkehr zugelassene **F-27J** war wieder ein reines Passagierflugzeug, das mit Dart 532-7 Propellerturbinen ausgerüstet war. Bei dem Nachfolgemodell **F-27M**, Erstzulassung am 12. Juni 1969, handelt es sich um eine verbesserte Ausführung der F-27J mit leistungsstärkeren Dart 532-7N und Luftschrauben größeren Durchmessers für den Betrieb von heißen und hochgelegenen Flugplätzen. Insgesamt zehn F-27J wurden ab Oktober 1965 an **Allegheny Airlines** geliefert, die beiden einzigen – schon 1968 fertiggestellten F-27M – erhielt **Lloyd Aereo Boliviano** im

Daten (FH-227E)

Antrieb: 2 Rolls-Royce Dart 532-7L Propellerturbinen, 2.300 WPS (1.716 kW)
Spannweite: 29,00 m; Länge: 25,50 m; Höhe 8,41 m; max. Startgewicht: 20.639 kg; ökon. Reisegeschwindigkeit: 435 km/h; Gipfelhöhe: 9.300 m; Reichweite: 2.660 km; Besatzung: 2+2; Passagiere: 52-56; Nutzlast: 5.080 kg

August und Oktober 1969. Mit diesen Maschinen fand die Fertigung der F-27 bei Fairchild nach dem Bau von 128 Exemplaren ihren Abschluss.
Die Modelle F-27, F-27A und F-27B konnten 40 bis 44 Fluggäste befördern und die Aufnahmefähigkeit konnte bei den Nachfolgemodellen F-27J und F-27M auf 48 bis 52 Passagiere gesteigert werden. 1964 übernahm Fairchild die Flugzeugfirma Hiller und firmierte nunmehr als Fairchild-Hiller Company. Zu diesem Zeitpunkt hegte man bereits Überlegungen zur Streckung der F-27, um dieses Muster für den US-Markt attraktiver zu machen. Aufgrund des guten Anklangs entwickelte die Firma nahezu zwei Jahre vor Fokker eine der **F-27A** gegenüber um 1,83 m verlängerte Ausführung unter der Bezeichnung **FH-227**. Der erste von zwei Prototypen nahm bei Fairchild am 27. Januar 1966 die Flugerprobung auf. Die ersten zehn FH-227 erhielt **Mohawk Airlines**, die diese später gegen die gleiche Anzahl **FH-227B** mit verstärkter Struktur und höherem Startgewicht austauschten. In der Standardausführung konnten 52, bei enger Bestuhlung bis zu 56 Fluggäste befördert werden. Die Reichweite mit maximaler Nutzlast lag bei 1.055 km. Einige Maschinen des Grundmodells FH-227 wurden zu **FH-227C**, die wesentliche Merkmale der FH-227B beibehielten, umgebaut. Bei der **FH-227E** kamen leistungsstärkere Triebwerke vom Typ Dart 532-7L zum Einbau. Die auf denselben Triebwerkstyp umgerüstete FH-227B erhielten die neue Bezeichnung **FH-227D**. Die 1967 projektierte **FH.227A** sollte einen nochmals um 0,91 m gestreckten Rumpf aufweisen und durch Dart 542-Triebwerke angetrieben werden, doch sie wurde nicht gebaut. Die Produktion der FH-227 endete am 3. Dezember 1968 nach Fertigstellung von 79 Flugzeugen.

Fokker F-27 Friendship

Niederlande, Baujahr: 1958

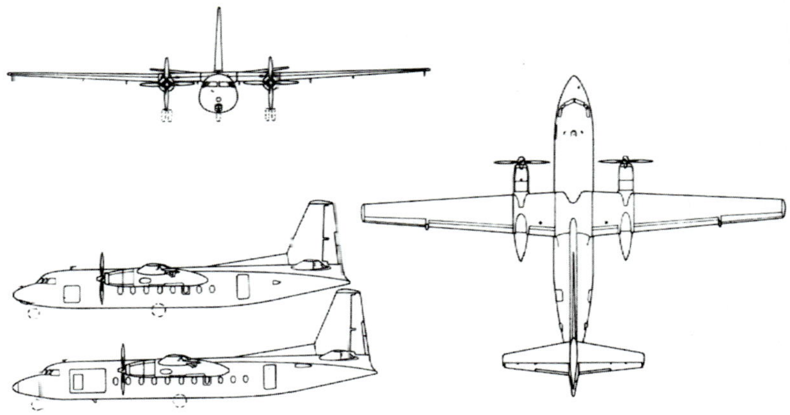

Nach dem Zweiten Weltkrieg besann man sich bei der traditionsreichen Flugzeugfirma Fokker wieder auf den Bau von Verkehrsflugzeugen, zunächst mit der Umrüstung militärischer **C-47** zur **DC-3C**. Somit war man dort in Kontakt mit vielen Fluggesellschaften, die 1950 aufgefordert wurden, ihre Wünsche bezüglich eines DC-3-Nachfolgers darzulegen. Aus den eingehenden Antworten und Anregungen entstand eine Reihe von Projektstudien, von denen im August 1950 das Projekt P.275 als 32sitziger Schulterdecker mit Turbopropantrieb ausgewählt wurde.
Die Entwicklung der P.275 führte 1952 zur **F-27** mit kreisförmigem druckbelüftetem Rumpf für 40 Fluggäste und einer Reichweite von mindestens 500 km bei voller Nutzlast. Zur Erzielung von Kurzstarteigenschaften beim Betrieb von kleinen Flugplätzen wurden Doppelspaltklappen an den Tragflächen verwendet. 1953 stellte die niederländische Regierung finanzielle Mittel für den Bau von zwei Prototypen und zwei Bruchzellen bereit. Der erste Prototyp (PH-NIV) startete am 24. November 1955 zum Erstflug, wurde von zwei Dart 507-Propellerturbinen (je 1.400 WPS/1.030 kW) angetrieben und hatte eine Kabinenauslegung für 35 bis 40 Passagiere. Beim zweiten Prototyp (PH-NVF) und allen weiteren Flugzeugen, mit Ausnahme der Serie 500, wurde der Rumpf um 0,91 m verlängert, so dass nunmehr 44 Fluggäste befördert werden konnten. Diese Maschine war mit leistungsstärkeren Dart-Propellerturbinen von je 1.670 WPS (1.030 kW) Startleistung ausgerüstet und flog erstmals am 29. Juni 1957. Das maximale Startgewicht betrug 16.200 kg. Die Flugerprobung der F-27, inzwischen auf den Namen *Friendship (Freundschaft)* getauft, begann am 31. Januar 1957 mit dem zweiten Prototyp. Während der Flugerprobung stellte sich heraus, dass die Doppelspaltklappen ohne Leistungseinbuße durch Einfachspaltklappen ersetzt werden konnten.
Der Jungfernflug der ersten Maschine aus der Serienproduktion erfolgte am 23. März 1958. Als Erstkunde erhielt die irische **Aer Lingus** im November 1958 die ersten beiden Flugzeuge aus der Serienfertigung unter der Bezeichnung **F-27-100**, die am 15. Dezember des gleichen Jahres in den Liniendienst gestellt wurden. Die nächste Serie war die **F-27-200** (Erstflug 20. September 1959), die sich von der Mk.100 durch einen verlängerten Rumpfbug zur Aufnahme eines Wetterradars unterschied. Der Einbau leistungsstärkerer Dart 528-Triebwerke verliehen der Mk.200 eine höhere Reisegeschwindigkeit und verbesserte Startleistungen auf hochgelegenen und heißen Flugplätzen. Das maximale Startgewicht wurde auf 20.410 kg angehoben. Die **F-27-300** wurde manchmal als *Combiplane* bezeichnet, da sie im linken Vorderrumpf große Frachttüren und einen verstärkten Kabinenboden für den gemischten Passagier-/Fracht-Einsatz besaß. Die **F-27-400** entsprach der Mk.300, war aber in erster Linie für den militärischen Markt vorgesehen. Anstelle von Sesseln wurden Klappsitze entlang der Kabinenwände eingebaut. Wahlweise wurde auch eine Absetzanlage für Fallschirmspringer angeboten, diese Ausführung erhielt die Bezeichnung **F-27M *Troopship***. Einige Fluggesellschaften, die zum Teil schon die Mk.300 in ihrer Flotte betrieben, zeigten Interesse an einer *Quick-Change*-Version der F-27. Deren Wunsch kam Fokker mit dem Bau der **Mk.600** (Erstflug 28. November 1968) nach. Diese Version war baugleich mit der Mk.300, besaß aber anstelle des wasserdichten Ganzmetallfrachtbodens einen leichteren **Roller-Floor** und eine Kabinenausstattung für die Schnellumrüstung von Passagier- auf Frachtbetrieb. Die Bezeichnung **Mk.700** war für eine ähnliche Variante mit dem geringeren Startgewicht und dem schwächeren Antrieb der Mk.100 vorgesehen, doch dieses Muster wurde nicht gebaut.
Alle Varianten – von der Mk.100 bis zur Mk.400 sowie die Mk.600 – hatten dieselben Abmessungen. Im Jahre 1961 wurde die **Mk.500** mit

Die Fokker F.27 ist immer noch das meistverkaufte Kurzstrecken-Verkehrsflugzeug mit PTL-Antrieb. Bis zum Fertigungsende 1986 wurden 792 Maschinen aller Versionen gebaut. Bei der ab November 1967 angebotenen Version 500 wurde der Rumpf gegenüber den Standardversionen gestreckt. N239MA (C/N 10664) der Chicago Air ist eines dieser Flugzeuge.

einem um 1,50 m verlängerten Rumpf und einer kleinen Frachttür in der vorderen linken Rumpfhälfte projektiert, aber erst 1965 erteilte die französische Regierung einen Auftrag über 15 solcher Maschinen als Ersatz der **DC-3** für die innerfranzösische Nachtpostbeförderung. Die erste Mk.500 absolvierte am 15. November 1967 ihren Erstflug und die Ablieferung an **Air France** erfolgte ab September 1968. Auch als Passagierflugzeug für 48 bis 52 Fluggäste fand die Mk.500 weltweit große Verbreitung.
In Deutschland kam die F-27 schon früh zum Einsatz. Am 15. Mai 1963 kaufte die Düsseldorfer Charterfluggesellschaft **LTU** den zweiten Prototyp, nachdem sie diesen zuvor in der Sommersaison 1961 vom Hersteller gemietet hatte. Dieses Flugzeug wurde erst durch Verkauf an Fokker am 30. Oktober 1995 außer Dienst gestellt. Während der gesamten Einsatzzeit war die Maschine mit wechselnden Eigentümern im deutschen Register eingetragen.
In der Schweiz kam die F-27 (Mk.200) ab Juni 1965 bei der **Balair AG** zum Einsatz. Erster F-27-Betreiber in Österreich war **Lauda Air**, bei der zwischen 1979 und 1985 je eine Mk.100 und Mk.600 im Charterdienst flogen.
Im April 1956 unterzeichneten Fokker und Fairchild ein Abkommen, durch welches das amerikanische Unternehmen ermächtigt wurde, die *Friendship* in Lizenz zu fertigen. Außerdem wurde Fairchild mit dem Generalvertrieb für den amerikanischen Kontinent betraut.
Die letzte F-27, eine Mk.500, trug die Seriennummer 792. Das Flugzeug wurde im Januar 1986 gebaut und im Mai desselben Jahres an die US-Regionalgesellschaft **Air Wisconsin** geliefert. Insgesamt wurden bei Fokker 581, bei Fairchild 205 Maschinen aller F-27-Baureihen gefertigt. Hiervon flogen zirka 200 Exemplare für Regierungsorganisationen, als Geschäftsreiseflugzeuge oder im Militärkleid für verschiedene Luftwaffen. Als letzter militärischer Kunde erhielt die **Royal Thai Navy** 1986 zwei ***F-27 Maritime***.
Im einzelnen wurden von den verschiedenen Versionen folgende Stückzahlen gefertigt: Mk.100 (85); Mk.200 (138); Mk.300 (13); Mk.400/600 (218); Mk.500 (112) und Maritime (15).
Damit ist die F-27 das bislang erfolgreichste jemals in Europa gebaute Verkehrsflugzeug der Nachkriegszeit.

Daten (F-27-500)

Antrieb: 2 Rolls-Royce Dart 536-7R Propellerturbinen, 2.370 WPS (1.742 kW)
Spannweite: 29,00 m; Länge: 25,06 m; Höhe 8,71 m; max. Startgewicht: 20.412 kg; ökon. Reisegeschwindigkeit: 430 km/h; Gipfelhöhe: 9.000 m; Reichweite: 2.500 km; Besatzung: 2+1(2); Passagiere: 44

Handley Page HP.70 Halton

Großbritannien, Baujahr: 1945

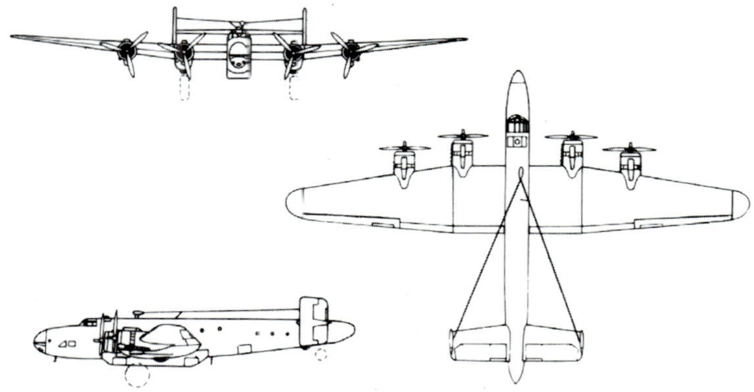

In den ersten Jahren nach dem Zweiten Weltkrieg wurden in Großbritannien die beiden wichtigsten Bomber-Typen, ***Avro Lancaster*** und ***Handley Page Halifax***, zu Verkehrsflugzeugen umgebaut und auf Langstrecken eingesetzt. Obwohl die aus der Lancaster abgeleitete ***Lancastrian*** erfolgreicher war, erwiesen sich die aus der Halifax entwickelten Transportflugzeuge des Typs ***Halton*** vor allem als Frachtmaschinen geeignet. Der große, unter dem Rumpf angebrachte Frachtbehälter konnte eine Nutzlast von 3.630 kg aufnehmen. Zudem fanden im Rumpf mit rechteckigem Querschnitt bis zu zehn Passagiere Platz. Größere Flugzeugflotten unterhielten die **Lancashire Aircraft Company** und **London Aero & Motor Services**, welche sie zumeist auf Flügen nach Afrika, Australien und Neuseeland einsetzten. Bei den meisten dieser Flugzeuge wurden jedoch nur die absolut notwendigsten Umbauten vorgenommen. Bedeutendere Änderungen wurden nur an den zwölf von der **Royal Air Force** an die **BOAC** verkauften Maschinen durchgeführt, welche die Gesellschaft benötigte, um die durch die Verzögerungen im Ablieferungsprogramm der ***Avro Tudor*** entstandene Lücke auszufüllen. Die Umbauten zu einem zehnsitzigen Verkehrsflugzeug wurden bei Short Bros. in Belfast ausgeführt und diese Version als ***Halton 1*** bezeichnet. Diese aus der ***Halifax C.8*** umgebaute Halton 1 unterschied sich von den übrigen Versionen durch die vergrößerte Passagiertür und die viereckigen Kabinenfenster für jeden Sitz. Als erste Halton 1 wurde G-AHDU *Falkirk* im Juli 1946 an die BOAC abgeliefert und kurz darauf auf den Routen nach Westafrika, Kairo und Karatschi eingesetzt. Gegen Ende 1947 wurden diese Maschinen durch die ***Canadair CL-4 Argonaut*** abgelöst.

Während der Berliner Luftbrücke 1948/1949 kamen alle 44 zivilen Halifax/Halton nochmals zum Einsatz. In rund 8.000 Flügen beförderten diese Flugzeuge vornehmlich Dieselöl und andere Brennstoffe in die eingeschlossene Stadt. Das Ende der Luftbrücke im August 1949 bedeutete gleichzeitig auch das Ende dieser Maschinen. Bis Ende 1950 waren alle Flugzeuge dieses Musters verschrottet.

Daten

Antrieb: 4 Bristol Hercules 100, luftgekühlte 14-Zylinder-Sternmotoren, 1.675 PS (1.231 kW)
Spannweite: 31,70 m; Länge: 22,40 m; Höhe 6,40 m; max. Startgewicht: 25.500 kg; ökon. Reisegeschwindigkeit: 375 km/h; Gipfelhöhe: 6.500 m; Reichweite: 1.850 km; Besatzung: 4; Passagiere: 10

Die Handley Page Halton entstand 1946 aus dem Halifax-Bomber des Zweiten Weltkriegs. Zwölf solcher Maschinen wurden ab Sommer 1946 für ein Jahr lang von der BOAC hauptsächlich auf der Strecke London-Westafrika im Passagierverkehr eingesetzt.

Handley Page HP.81 Hermes

Großbritannien, Baujahr: 1945

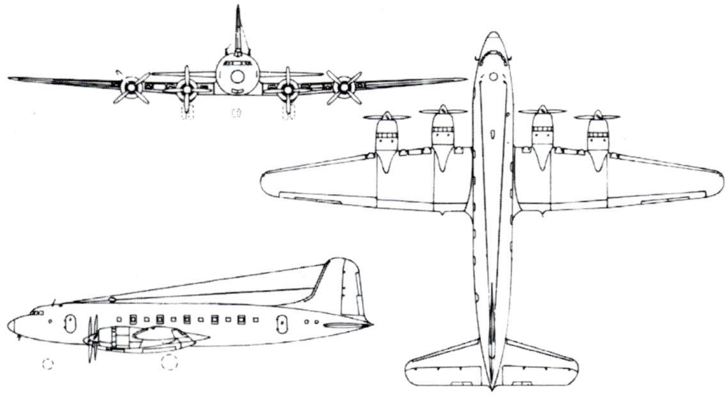

Antrieb: 4 Bristol Hercules 763, luftgekühlte 14-Zylinder-Sternmotoren, 2.100 PS (1.544 kW)
Spannweite: 34,45 m; Länge: 29,50 m; Höhe 9,15 m; max. Startgewicht: 39.009 kg; ökon. Reisegeschwindigkeit: 430 km/h; Gipfelhöhe: 7.500 m; Reichweite: 3.500 km; Besatzung: 5-8; Passagiere: 40-63

Die **HP.81 Hermes** war das erste nach dem Krieg gebaute Verkehrsflugzeug, das von der **British Overseas Airways Corporation (BOAC)** in Dienst gestellt wurde. Das erste Projekt HP.64 von 1944 sah ein Passagierflugzeug mit 34 bis 50 Plätzen vor, bei dem weitgehend Bauteile des **Halifax**-Bombers verwendet werden sollten, doch wurde dieses Projekt zugunsten der **HP.68 Hermes 1** aufgegeben, welches mit vier Sternmotoren vom Typ Bristol Hercules 101 von je 1.650 PS (1.213,5 kW) ausgerüstet wurde und über eine Druckkabine verfügte. Die Entwicklung der Hermes erlitt einen schweren Rückschlag, als der erste Prototyp G-AGSS am 3. Dezember 1945 beim Start zum Erstflug abstürzte. Für längere Zeit trat nun die zivile Hermes in den Hintergrund, während die militärische Version **Hastings** zur Serienreife entwickelt wurde. Der Prototyp der Hastings (TE580) führte am 7. Mai 1947 seinen Erstflug aus und kurz darauf erfolgten die ersten Lieferungen an die **Royal Air Force**. Nachdem die **BOAC** aber im April 1947 eine erste Bestellung für 25 Hermes erteilt hatte, konnte bereits am 2. September 1947 der zweite Prototyp der zivilen Hermes zu seinem Erstflug starten. Diese Maschine, als **Hermes 2** bezeichnet, hatte einen um 4,67 m längeren Rumpf als der Vorgänger und es kamen Triebwerke des Typs Hercules 121 von je 1.675 PS (1.232 kW) zum Einbau. Es wurden jedoch die runden Kabinenfenster und das Heckfahrwerk der Hermes 1 beibehalten. Die Serienausführung erhielt die Typenbezeichnung **HP.81 Hermes 4**, dessen erstes Exemplar G-AKFP am 5. September 1948 seinen Jungfernflug absolvierte. Die Verwendung der leistungsfähigeren Triebwerke vom Typ Hercules 763, die eine Leistung von je 2.100 PS (1.544,5 kW) entwickelten, ermöglichte eine beträchtliche Steigerung der Nutzlast auf 7.711 kg. Anstelle des Heckfahrwerks trat nunmehr ein zwillingsbereiftes Bugfahrwerk und die Kabinenfenster waren in eckiger Ausführung. Die erste Hermes 4 wurde am 2. Februar 1950 an die BOAC abgeliefert. Im weiteren Verlauf des Jahres begann der Streckeneinsatz auf den Routen nach West- und Südafrika. In Normalbestuhlung beförderte die Hermes 4 neben ein fünfköpfigen Besatzung 40 Fluggäste, doch bei enger Bestuhlung (Charterversion) konnten bis zu 63 untergebracht werden. Die Hermes war kein überragendes Flugzeugmuster, denn seine Wirtschaftlichkeit und technische Zuverlässigkeit waren nur mäßig. Deswegen betrachtete die BOAC die Hermes als Übergangslösung, und es dauerte nur knapp zwei Jahre, bis diese Flugzeuge durch modernere Muster ersetzt wurden. Eine beträchtliche Anzahl der ehemaligen BOAC-Maschinen wurde von der **Airwork Ltd.** übernommen und mit vier Hercules 773-Triebwerken von je 2.125 PS (1.563 kW) Startleistung ausgerüstet. Nach dem Desaster mit der **Comet 1** sah sich BOAC gezwungen, die Hermes 4 ab Juli 1954 vorübergehend wieder in Dienst zu stellen, weil kein anderes Langstreckenmuster zur Verfügung stand. 1958 wurde der Typ bei der BOAC aber endgültig ausgemustert. Unter der Bezeichnung **Hermes 4A** wurden in der Charterausführung 68 Passagiere befördert. Die Hermes stand bis in die frühen 60er Jahre bei einigen britischen Chartergesellschaften im Dienst, neben Airwork auch bei **Air Safaris, Falcon Airways, Skyways** und **Silver City Airways**. Bis Ende 1965 waren sämtliche Flugzeuge dieses Typs außer Dienst gestellt.

Unter der Bezeichnung **Hermes 5** wurden zwischen 1949 und 1950 zwei Versuchsflugzeuge fertiggestellt, die vier Propellerturbinen des Typs Bristol Theseus 502 von je 2.490 WPS (1.831 kW) angetrieben wurden. Dieses Projekt wurde aber nicht zur Serienreife weiterentwickelt.

Nach anfänglichen Fehlschlägen ging der Prototyp der Produktionsserie HP.81 Hermes 4 am 5.September 1948 in die Flugerprobung. Das nur in einer Produktionsserie von 25 Stück gebaute Muster war für die BOAC bestimmt, welche bei der Fluggesellschaft ab Februar 1950 zum Einsatz kamen. Bis Anfang 1955 standen die Maschinen im Liniendienst, wurden dann aber aus dem Verkehr gezogen und an kleinere britische Fluggesellschaften verkauft. G-ALDU (C/N 21), eine Hermes IV, wurde von Britavia am 27. Mai 1954 erworben und während ihrer Einsatzzeit zur Hermes IVA umgerüstet. Sie stand bei der Fluggesellschaft bis Juli 1959 im Einsatz.

Die ursprünglich von der Firma Miles Aircraft entwickelte Marathon war als Kurzstrecken-Verkehrsflugzeug für die Highlands & Islands-Dienste der BEA konzipiert, doch wurde das Muster von der Fluggesellschaft nur probeweise zwischen April und September 1951 eingesetzt. Größter ziviler Betreiber der Marathon wurde die nigerianische West African Airways Corporation (WAAC), die sieben Exemplare im Einsatz hatte.

Handley Page HPR.1 Marathon

Großbritannien, Baujahr: 1946

Die **M.60 *Marathon*** war das Projekt der Miles Aircraft Ltd. auf der Grundlage des Pflichtenheftes VA 18/44 des Brabazon-Ausschusses, das ein 18plätziges Zubringerflugzeug forderte. Der erste von drei Prototypen (C/N 6265, U-10/G-AGPD) wurde innerhalb von nur 14 Monaten fertiggestellt und startete am 19. Mai 1946 zu seinem Erstflug. Als Antrieb dienten vier Gipsy Queen 71- Reihenmotoren mit einer Leistung von je 330 PS (242,7 kW). Der zweite Prototyp (C/N 6430, G-AILH) wurde zwar schon am 18. Oktober 1946 fertiggestellt, startete aber erst am 27. Februar 1947 zu seinem Jungfernflug. Zu Vergleichszwecken erhielt diese Maschine anstelle des dreifachen Seitenleitwerks des ersten Prototyps ein doppeltes Seitenleitwerk. Als Handley Page die Miles Aircraft Ltd. im Juni 1948 übernahm, wurde die Entwicklung der *Marathon* unter der neuen Bezeichnung **HPR.1** im Werk Reading weitergeführt. **BEA** bestellte im Frühjahr 1948 vierzig *Marathon* als Ersatz der veralteten **DH.89** auf ihren Highlands & Islands-Routen. Zwischen April und September 1951 wurde die erste Serienmaschine **Marathon 1** (C/N 101, G-ALUB) von der BEA probeweise eingesetzt, doch das Muster konnte die Erwartungen der Fluggesellschaft nicht erfüllen, so dass die Bestellung annulliert wurde. Stattdessen übernahm die **Royal Air Force** im Frühjahr 1952 30 Maschinen aus der ursprünglichen BEA-Bestellung, die unter der Typenbezeichnung **T. Mk.II** als Navigationstrainer zum Einsatz kamen. Sechs weitere Flugzeuge wurden 1952 von der **West African Airways Corporation (WAAC)** übernommen. Als letzter Neukunde kaufte die **Union of Burma Airways** drei *Marathon*. Die letzte Maschine der Serie diente schließlich ab 1954 dem jordanischen König Hussein als persönliches Flugzeug. Die Serienausführung der Marathon 1 wurde normalerweise von vier Gipsy Queen 70-3-Motoren von je 340 PS (250 kW) angetrieben, doch die WAAC baute in ihre Flugzeuge Gipsy Queen 70-4-Motoren ein. Diese Maschinen trugen die Typenbezeichnung **Marathon 1A**. Nachdem die WAAC-Maschinen 1954 nach Großbritannien zurückgekehrt waren, wurden sie einige Jahre lang von der **Derby Aviation** (später **British Midland Airways**) verwendet.

Der dritte Prototyp (C/N 6544, G-AHXU) diente zur Entwicklung der projektierten **Marathon 2** (ursprüngliche Bezeichnung Miles M.69), welche von zwei Propellerturbinen des Typs Armstrong Siddeley Mamba 502 angetrieben werden sollte. G-AXHU wurde zwar schon am 10. Juli 1946 fertiggestellt, doch absolvierte seinen Erstflug als Marathon 2 am 23. Juli 1949. Der Serienbau der Marathon 2 wurde nicht aufgenommen und zwischen 1953 und 1955 diente dieses Flugzeug als Versuchsträger zur Erprobung der Triebwerke und Triebwerksgondeln der **HPR.3 *Herald***.

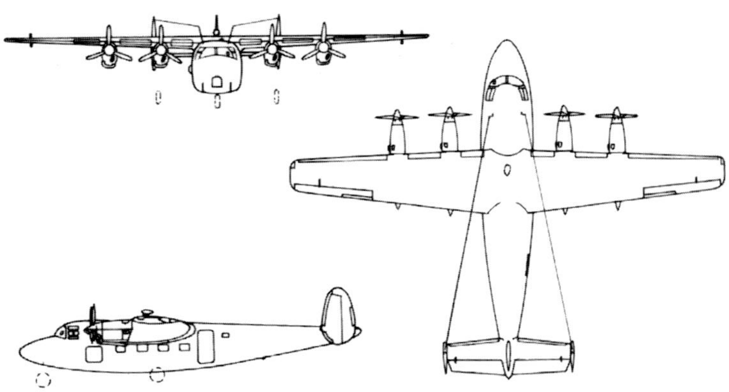

Daten

Antrieb: 4 Bristol Siddeley Gipsy Queen 70-3, luftgekühlte Reihenmotoren, 340 PS (250 kW)
Spannweite: 19,80 m; Länge: 15,90 m; Höhe 4,30 m; max. Startgewicht: 8.200 kg; ökon. Reisegeschwindigkeit: 290 km/h; Gipfelhöhe: 5.500 m; Reichweite: 2.000 km; Besatzung: 2-3; Passagiere: 18-22

Handley Page HPR.7 Herald

Großbritannien, Baujahr: 1955

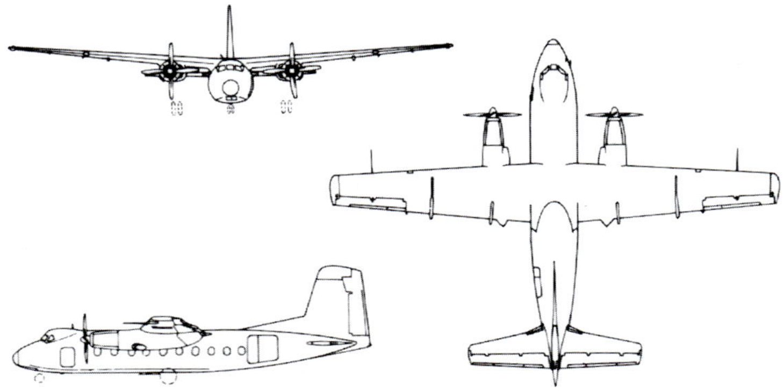

Ebenso wie für die **Nord 262** und die **Short Skyvan** waren für die **Herald** zunächst Kolbenmotoren vorgesehen, doch wurde die Serienvariante von Propellerturbinen angetrieben. Handley Page entschloss sich in den frühen 50er Jahren zum Bau eines Kurzstrecken-Verkehrsflugzeuges mit 44 Sitzen und Druckkabine. Der Betrieb Reading – früher Miles Aircraft – wurde mit dem Projekt beauftragt und die Entwicklungsarbeiten an den beiden Prototypen des als **HPR.3 *Herald*** bezeichneten Entwurfs begannen im Jahre 1954. Als Antrieb waren vier Alvis-Leonides Major-Sternmotoren vorgesehen. Als am 25. August 1955 der erste Prototyp (G-AODE) in Woodley seinen Erstflug durchführte, lagen bereits Aufträge für 29 Maschinen von **Queensland Airlines, Australian National Airways** und **Lloyd Aereo Colombiano** vor. Im Anschluss an den Erstflug des zweiten Prototyps im August 1956 wurde das erste Baulos von 25 Maschinen aufgelegt. Aber schon 1957 zeigte der Erfolg des Propellerturbinenantriebs, speziell bei der **Vickers Viscount**, dass die Zukunftsaussichten für die *Herald* schlecht waren und dass selbst die vertraglich gebundenen Kunden zum Turbopropantrieb tendierten. Um der Konkurrenz der neu auf dem Markt erschienenen **Fokker F-27** gewachsen zu sein, ersetzte Handley Page im Mai 1957 die vier Kolbenmotoren der *Herald* durch zwei Rolls-Royce Dart 527 Turboprop-Triebwerke. Abgesehen von einer geringen Verlängerung des Rumpfes und der durch das neue Triebwerk bedingten Modifikationen wurden nur wenige Änderungen an der Zelle vorgenommen. Nach erfolgter Umrüstung nahmen beide Prototypen unter der Typenbezeichnung **HPR.7 *Dart Herald*** am 17. März 1958 (G-AODE) und 17. Dezember 1958 (G-AODF) wieder die Flugerprobung auf. Im Juni 1959 erfolgte die Erstbestellung für den Flugzeugtyp durch die britische Regierung über drei Maschinen, welche auf den Highland and Island-Routen der **BEA** zum Einsatz kommen sollten. Das erste Serienflugzeug flog als **Srs.100** am

Die Handley Page Herald wurde zuerst mit vier Leonides-Major-Sternmotoren konstruiert. Die hohe Verlässlichkeit und Wirtschaftlichekit der Rolls-Royce Dart-Propellerturbine war Grund für die Umrüstung auf PTL-Antrieb. Der richtige Zeitpunkt für die Markteinführung war aber bereits verpasst und viele potentielle Kunden hatten sich zwischenzeitlich für das Konkurrenzmuster Fokker F.27 entschieden. Auch die BEA hatte kein Interesse an der Herald, so dass nur 50 Maschinen gebaut wurden. Im Laufe der Zeit erwies sich die Herald als robustes, effizientes und langlebiges Muster. Einige Exemplare flogen noch bis in die 90er Jahre.
Die schweizerische Charterfluggesellschaft Globe Air hatte Mitte der 60er Jahre vier Dart Heralds Srs.210 im Einsatz. HB-AAK (C/N 173) Herald of Basle stieß am 13. März 1964 zur Flotte und wurde am 18. Juli 1968 an die französische Europe Aero Service verkauft. Diese Maschine flog als letztes Exemplar des Musters bis zum Februar 1997, zuletzt als Frachter.

30. Oktober 1959 und wurde vor der Ablieferung an die BEA als Vorführmaschine verwendet. Insgesamt wurden nur sechs Dart Herald der Srs.100 gebaut, einschließlich der als solche bezeichneten Prototypen. Vier dieser Maschinen standen kurzzeitig bei der **BEA** im Einsatz. Die wichtigste Ausführung des Flugzeugmusters war die **Srs.200**, von der **Jersey Airlines** im September 1960 sechs Exemplare bestellte. Der Rumpf war um 1,09 m verlängert und das maximale Startgewicht konnte um 907 kg gesteigert werden. Die Passagierzuladung stieg von den 47 der Srs.100 auf 56 bei der Srs.200, doch wurden im normalen Linienflugbetrieb maximal 40 bis 44 Fluggäste befördert. Der zweite Prototyp wurde zur Srs.200 umgebaut und absolvierte am 8. April 1961 seinen Erstflug. Die Zulassung für diese Variante erfolgte am 1. Juni 1961. Die erste Serienmaschine Herald 200 flog erstmals am 13. Dezember 1961, und im folgenden Monat begannen die Lieferungen an Jersey Airlines, die insgesamt zwölf Exemplare kauften. Seither gingen regelmäßig weitere Bestellungen ein, doch der Verkaufserfolg blieb bescheiden. Bei den acht Flugzeugen der für die malaysischen Luftstreitkräfte gebauten Frachterversion **Srs.400** wurde der Rumpfboden gegenüber der Zivilausführung verstärkt. Eine weitere Verlängerung des Rumpfes um 1,52 m sollte zur **Srs.600** führen, deren Kabine für 68 Passagiere ausgelegt war und für die zwei Dart 532-9 Triebwerke von je 2.130 WPS (1.567 kW) als Antrieb vorgesehen waren. Die Entwicklung dieser Ausführung wurde wegen Kundenmangels aber nicht weiter verfolgt. Die **Srs.700** basierte auf der Srs.200, doch wurde die Passagierkabine für 60 Fluggäste vorgesehen. Durch den Einbau der leistungsstärkeren Triebwerke vom Typ Dart 532-9 sollte die Reichweite um 20 % gesteigert werden können. Für die Herald 700 gingen Aufträge von der **VASP** (10), **British Midland Airways** (3) und **Far Eastern Air Transport – FAT** (2) ein. Beim Zusammenbruch der Firma Handley Page im August 1968 befanden sich die ersten sechs Herald 700 für die VASP in verschiedenen Bauphasen auf der Fertigungsstrasse, wurden jedoch nie fertiggestellt.
Von den 50 gebauten Dart Herald entfallen sechs auf die Srs.100 (zwei Prototypen, vier Serienflugzeuge), 36 auf die Srs.200 und acht auf die Srs.400.
In Deutschland flogen in den später 60er Jahren drei Dart Herald bei der **Bavaria Fluggesellschaft**. Letzter Herald-Betreiber war die britische Frachtfluggesellschaft **Channel Express Air Services**, bei der das Muster bis Ende 1996 im Einsatz stand.

Daten

Antrieb: 2 Rolls-Royce Dart 527 Propellerturbinen, 2.150 WPS (1.603kW)
Spannweite: 28,88 m; Länge: 23,01 m; Höhe 7,34 m; max. Startgewicht: 19.505 kg; ökon. Reisegeschwindigkeit: 426 km/h; Gipfelhöhe: 8.200 m; Reichweite: 2.100 km; Besatzung: 2+2; Passagiere: 48-52

Hawker Siddeley HS.748

Großbritannien, Baujahr: 1960

Ähnlich wie die Konkurrenzmuster **Fokker F-27** und **HPR.7 *Dart Herald*** wurde die **HS.748** als Ersatz für die **DC-3** und speziell als ***Viking***-Nachfolgemodell entwickelt. Das erste Projekt von 1957 sah unter der Bezeichnung **Avro 748** einen der F-27 ähnlichen Schulterdecker für nur 20 Passagiere und mit einem Startgewicht von 8.165 kg vor, das von Seiten der Fluggesellschaften nur einem geringen Interesse begegnete. Als Folge der Reaktion der Airlines wurde der Entwurf überarbeitet. In Tiefdeckerauslegung und mit zwei Rolls-Royce Dart-Propellerturbinen als Antrieb sollten nunmehr 36 Passagiere in der vergrößerten Zelle Platz finden. Das Startgewicht wurde hierbei auf 15.000 kg angehoben. Im Januar 1958 erteilte der Verwaltungsrat von Hawker Siddeley die Genehmigung zum Bau von zwei Prototypen und zwei Bruchzellen für Versuchszwecke. Die besonderen Entwurfsmerkmale bei der **HS.748** waren zum einen die erstmalige Anwendung des Fail-Safe-Prinzips bei einem mittelgroßen Verkehrsflugzeug im Gegensatz zum Safe-Life-Prinzip und zum anderen die Verwendung einer Einfachspaltklappe zur aerodynamischen Verbesserung der Startleistungen. Der erste Prototyp der HS.748 (G-APZV) startete am 24. Juni 1960 in Woodford zu seinem Erstflug, gefolgt vom zweiten Prototyp (G-ARAY) am 10. April 1961. Beide Maschinen waren mit zwei Dart 514-Propellerturbinen von je 1.880 WPS (1.383 kW) ausgerüstet und entsprachen weitestgehend den Serienflugzeugen der **Srs.1**, deren erstes Exemplar am 30. August 1961 zum Erstflug startete. Die Luftverkehrszulassung wurde am 7. Dezember 1961 erteilt. Gegenüber den Prototypen wurde die Spannweite der Maschinen der **Srs.1** etwas vergrößert und das maximale Startgewicht auf 17.915 kg erhöht. Erster Kunde für die HS 748 war **Skyways Coach-Air**, die drei Maschinen ab 1962 zwischen England und Frankreich einsetzte. Der zweite Kunde war **Aerolineas Argentinas** als erstes von vielen ausländischen Unternehmen, die in den folgenden Jahren die HS.748 bestellten.
Nach dem Bau von 18 Flugzeugen der **Srs.1** (plus den Prototypen) wurde die Produktion auf die **Srs.2** umgestellt, welche mit stärkeren Dart 531-7 Triebwerken ausgerüstet wurden. Das maximale Startgewicht konnte auf 20.200 kg gesteigert werden. Die guten Leistungsreserven der Srs.2 verliehen dem Muster ausgezeichnete Starteigenschaften auf hochgelegenen und heißen Flughäfen, was sich nicht zuletzt im Verkauf von mehr als 50 Exemplaren an südamerikanische und asiatische Fluggesellschaften äußerte. Der Prototyp der **Srs.2** (eine umgebaute Srs.1) flog am 6. November 1961 in Woodford, die

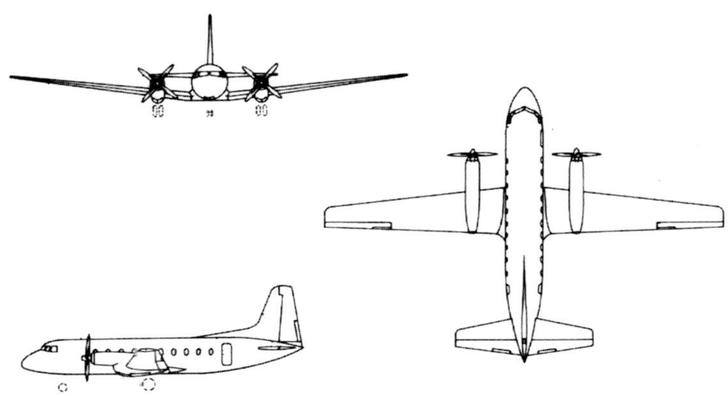

Das Modell 748, das zunächst bei Avro, dann bei Hawker Siddeley und schließlich von British Aerospace gebaut wurde, erwies sich als mäßiger Erfolg mit schleppendem, wenngleich konstantem Absatz. Die Produktion endete 1988. Insgesamt wurden 382 Maschinen aller Versionen gebaut.
Bei der C-GBFA (C/N 1781) handelt es sich um ein Exemplar der letzten Produktionsserie 2B. Die Maschine flog bei Thunderbird Tours in Kanada im Zeitraum von April 1994 bis Oktober 1995.

Kundenlieferungen begannen im Oktober 1962 im Anschluss an die Musterzulassung. Erstkunde der Srs.2 war die britische **BKS Air Transport**. Weitere Leistungsverbesserungen brachte ab Mitte 1967 die Verfügbarkeit der Dart 532-2L oder 532-2S, die zum Bau der **Srs.2A** führten. Das Startgewicht konnte auf 20.184 kg gesteigert werden, und die Auslieferung an Kunden begann im Januar 1968. Am 31. Dezember 1968 machte eine modifizierte 2A ihren Erstflug mit einem verstärkten Kabinenboden und einer breiten Frachttür in der linken hinteren Rumpfhälfte. Diese Abart mit der Bezeichnung **2C** war speziell auf den militärischen Markt ausgerichtet. Eine weiter verbesserte Version der HS.748 ging 1979 als **Srs.2B** in Fertigung, deren Flugerprobung begann am 22. Juni 1979. Neben zahlreichen Detailverbesserungen wurde die Spannweite um 1,22 m vergrößert. Stärkere Dart 536-2-Propellerturbinen ermöglichten eine weitere Steigerung des maximalen Startgewichtes. Die Nutzlast konnte gegenüber der Srs.2A um 907 kg gesteigert werden. Zur weiteren Leistungssteigerung kamen bei den späteren Serienmaschinen Dart 552-2 Turbinen zum Einbau. Der Erstflug der **Srs.2B** fand am 22. Juni 1979 in Woodford statt. Erstkunde der Srs.2B wurde die bundesdeutsche Regionalfluggesellschaft **DLT**, die ab März 1981 auf ihrem Streckennetz sechs Maschinen in Dienst stellte. 1983 wurde die letzte Version der HS.748, die **Srs.2B Super**, vorgestellt. Sie verfügte über Turbinenschalldämpfer, eine moderne Kabinenausstattung und weitere Detailverbesserungen, konnte sich auf dem Markt aber nicht durchsetzen. Die letzten beiden Maschinen der Serie 2B-501 wurden am 17.November 1988 bzw. 24. Januar 1989 an **Makung International Airlines** auf Taiwan geliefert.

1965 entwickelte Hawker Siddeley aus der HS.748 den reinen Militärtransporter ***Andover* C.1** für die **Royal Air Force**. Für diesen Zweck wurde der hintere Rumpfbereich um 3,30 m verlängert und das Heckunterteil nach oben gezogen, um den Einbau einer Laderampe zum Transport von Fahrzeugen und sperriger Güter zu ermöglichen. Der Erstflug der von zwei 3.245 WPS (2.385 kW) Dart 210 Propellerturbinen angetriebenen ***Andover*** war am 9. Juli 1965. Von den 32 gebauten Maschinen erhielt die Royal Air Force 19 Flugzeuge.
Zusätzlich zur Produktion bei Hawker Siddeley in Manchester (Woodford) wurde die HS.748 bei Hindustan Aeronautics Ltd. in Kanpur in Lizenz für die indische Luftwaffe und für **Indian Airlines** gebaut. Im Verlaufe des Jahres 1961 wurden die Bestandteile der ersten fünf für Indien bestimmten HS.748 verschifft. Die erste in Kanpur montierte Maschine flog am 1. November 1961. Diese indische Variante trägt die Typenbezeichnung **HAL-748**.
Bis zum Ende der Fertigung im Dezember 1988 verließen 380 Maschinen die Montagehallen, von denen 288 in Großbritannien gebaut wurden.

Daten (Srs. 2A)

Antrieb: 2 Rolls-Royce Dart 532-2L oder -2S Propellerturbinen, 2.278 WPS (1.675 kW)
Spannweite: 30,02 m; Länge: 20,42 m; Höhe 7,57 m; max. Startgewicht: 20.182 kg; ökon. Reisegeschwindigkeit: 448 km/h; Gipfelhöhe: 7.600 m; Reichweite: max. 3.150 km; Besatzung: 3; Passagiere: 44-52

Iljuschin IL-12

UdSSR, Baujahr: 1945

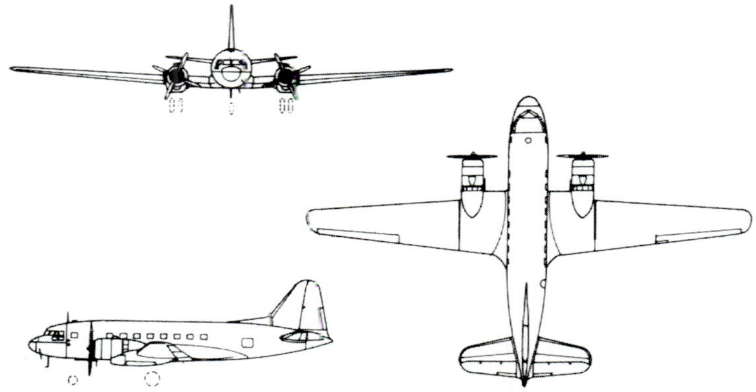

Die **IL-12** war der erste Neuentwurf eines sowjetischen Verkehrsflugzeuges nach dem Zweiten Weltkrieg und löste die während der Kriegsjahre in großer Zahl gebaute Lisunow **Li-2** (Kopie der **DC-3**) ab. Die Entwicklung wurde zwar schon 1944 begonnen, aber die wesentlichen Konstruktionsänderungen wurden erst 1945 vorgenommen. Der Prototyp CCCP-L1380 flog erstmals am 7. Januar 1946 und wurde von zwei 1.600 PS (1.176 kW) Schwetzow ASh-82-Motoren angetrieben. Im August 1947 wurde die IL-12 bei der **Aeroflot** in Dienst gestellt und konnte in einer Einklassen-Standardausführung bis zu 25 Passagiere befördern. Da das neue Verkehrsflugzeug unter teilweise extremen klimatischen Bedingungen operieren musste, stellten sich schon sehr bald Leistungsprobleme heraus, so dass ab 1948 stärkere Motoren vom Typ ASh-82-112 (1.630 PS/1.199 kW) zum Einbau kamen. Mit einem erhöhten Abfluggewicht von nunmehr 16.000 kg konnten jetzt bis zu 27 Passagiere transportiert werden. Diese Maschinen wurden als **IL-12A** bezeichnet. 1949 wurde die verbesserte **IL-12B** in den Passagierdienst gestellt. Sie unterschied sich von den Vorgängermodellen durch eine nach vorne verlängerte Seitensteuerflosse und einem verstärkten Bugrad. Ferner kamen leistungsfähigere 1.780 PS (1.308 kW) ASh-82FNV-Motoren zum Einbau und aufgrund des auf 17.250 kg erhöhten Startgewichtes konnten jetzt maximal 32 Fluggäste befördert werden. Die IL-12B wurde auch die einzige Exportversion des Musters, neben der Aeroflot setzten ab 1949 auch die tschechische **CSA** und die polnische **LOT** das Flugzeugmuster ein. In den frühen 50er Jahren fanden einige Maschinen auch ihren Weg nach China, wo sie bei der **CAAC** bis Mitte der 80er Jahre im Einsatz standen. 1953 wurde die Produktion der IL-12 zugunsten der **IL-14** eingestellt. Von den über 1.000 gebauten Stück kamen nur zirka 300 in den zivilen Flugverkehr, die meisten IL-12 flogen bei den sowjetischen Luftstreitkräften.

Daten

Antrieb: 2 Schwetzow ASh-82FNV, luftgekühlte 14-Zylinder-Sternmotoren, 1.780 PS (1.308 kW)
Spannweite: 31,70 m; Länge: 21,30 m; Höhe 8,10 m; max. Startgewicht: 17.250 kg; ökon Reisegeschwindigkeit: 300 km/h; Gipfelhöhe: 6.700 m; Reichweite: 1.900 km; Besatzung: 5; Passagiere: 27-32

Die IL-12 begann ihren Liniendienst bei der Aeroflot am 22. August 1947. Im gesamten Verlauf der 50er Jahre kam dieses Muster verbreitet und in großen Stückzahlen zum Einsatz. Auch die chinesische (VR China) Luftfahrtbehörde CAAC setzte mindestens vier IL-12 in den 60er Jahren im zivilen Liniendienst ein. Die abgebildete Maschine mit der Registrierung 503, eine IL-12B, ist in Tiantschin abgestellt und dient zu Ausbildungszwecken.

Einer der letzten Betreiber der IL-14 ist die auf Kuba ansässige Fluggesellschaft Aero Caribbean. Die abgebildete Maschine, eine IL-14M (C/N 7343202) aus dem letzten Fertigungslos, verliess am 3. August 1957 die Werkshallen in Taschkent und wurde kurze Zeit später an die CUBANA geliefert. Im Laufe seiner Einsatzzeit wurde das Flugzeug nachträglich mit einer Radarnase ausgerüstet.

Iljuschin IL-14

UdSSR, Baujahr: 1951

Die **IL-14** ist im Prinzip eine verbesserte Ausführung der **IL-12B**. Von ihrem Vorgänger unterscheidet sich die IL-14 durch rechteckige Flügelenden und einem größeren, rechteckigen Leitwerk. Der neu ausgelegte Rumpf verfügte über ein größeres Volumen und die überarbeitete Tragfläche hatte eine verfeinerte Struktur mit verbesserter Aerodynamik. Ferner kamen leistungsfähigere Motoren vom Typ Schwetzow ASh-82T zum Einbau. Der Prototyp der IL-14 flog 1951 und wurde ab 1952 bei der **Aeroflot** in den Liniendienst gestellt. Die ursprüngliche Standardversion der IL-14 war nur für 18 Passagiere ausgelegt, doch das Standardmodell **IL-14P** (Passadjirski) konnte, wie das Vorgängermuster, bis zu 26 Fluggäste in einer Einheitsklasse befördern und wurde am 30. November 1954 erstmals bei der Aeroflot im Liniendienst eingesetzt. Die wichtigste Version der IL-14 trägt die Bezeichnung **IL-14M** (Modifikatzirowanny), welche ab 1956 gebaut wurde. Die bedeutendsten Unterschiede gegenüber der IL-14P bestehen in einem um einen Meter verlängerten Rumpf, der 24 bis 32 Passagieren Platz bietet, einem geänderten Flügelgrundriss sowie leistungsfähigeren Triebwerken. Viele IL-14P und IL-14M wurden in den 60er Jahren zu Frachtern umgebaut und erhielten die Bezeichnung **IL-14T** (Transportny). Die IL-14T wird – mit abnehmenden Stückzahlen – immer noch eingesetzt. Zu den zivilen Betreibern gehören neben einigen kleinen russischen Fluggesellschaften auch Airlines in Kuba und der VR China. Auch die nordkoreanische Zivilluftfahrtverwaltung **CAAK** hatte 1994 eine IL-14 für Vermessungsaufgaben im Einsatz.

Die Produktion der IL-14 in der Sowjetunion (Russland) wird mit 3.500 Exemplaren angegeben, davon 993 zivile. Hauptfertigungswerke waren Taschkent (330) und Moskau-Chodinka (663). Die Fertigung der IL-14 endete in der UdSSR im Jahre 1958. Zwischen Oktober 1955 und November 1959 baute der VEB Flugzeugbau in Dresden 80 26plätzige **VEB-14P** in Lizenz. Die erste in der damaligen DDR gebaute IL-14P flog im April 1956. Aus der Dresdener Fertigung wurden Zivilmaschinen an die bulgarische **TABSO** (3), die polnische **LOT** (7), die rumänische **TAROM** (8), die ungarische **Malev** (5) und natürlich an die **Lufthansa**, die spätere **Interflug** (14), geliefert. Der zweite Zivilproduzent der IL-14 war die tschechische Flugzeugfirma AVIA, die zwischen August 1956 und August 1960 insgesamt 203 Maschinen baute. Diese Maschinen trugen die Typenbezeichnung **Avia-14, Avia-14P** und, ab 1958, die **Avia-14/32A**. Die letzte Version war eine Avia-14M mit einigen technischen Verbesserungen. AVIA verbesserte das Muster in mehreren Stufen und entwickelte 1960 die modernste Version der IL-14, die **Avia-14 Super**, die bis 1962 gebaut wurde. Durch strukturelle Verfeinerungen gelang es, das Leergewicht bedeutend zu senken und gleichzeitig das Startgewicht zu erhöhen. Durch zusätzliche Flügelendtanks mit 5.200 Litern Inhalt konnte außerdem die Reichweite deutlich gesteigert werden. In der Druckkabine mit runden Kabinenfenstern fanden 36 bis 42 Passagiere Platz. Leider kam das Muster zu spät auf den Markt, auf den zu dieser Zeit bereits die neue **Antonow AN-24** mit Turboprop-Antrieb drängte. Zwei Avia-14 Super kaufte die bulgarische **TABSO**, ein weiteres Exemplar erwarb **Air Guinee**. Die TABSO-Maschinen flogen spätestens ab 1964 ohne Flügelendtanks.

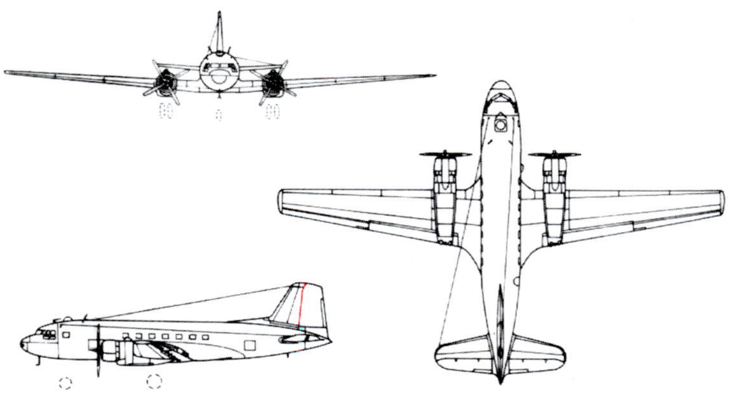

Daten (IL-14M)

Antrieb: 2 Schwetzow ASh-82T, luftgekühlte 14-Zylinder-Sternmotoren, 1.900 PS (1.397 kW)
Spannweite: 31,70 m; Länge: 22,31 m; Höhe 7,90 m; max. Startgewicht: 17.500 kg; ökon. Reisegeschwindigkeit: 350 km/h; Gipfelhöhe: 7.400 m; Reichweite: 2.400 km; Besatzung: 5; Passagiere: 27-32

Iljuschin IL-18 Moskwa

UdSSR, Baujahr: 1957

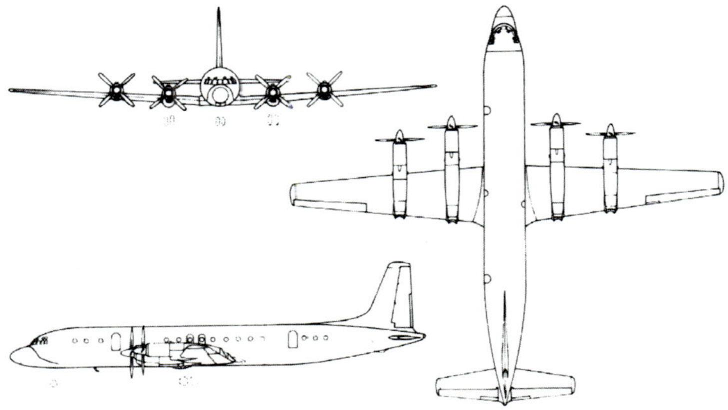

Daten (IL-18D)

Antrieb: 4 Iwschenko AI-20M Propellerturbinen, 4.250 WPS (3.169 WkW)
Spannweite: 37,40 m; Länge: 35,90 m; Höhe: 10,17 m; max. Startgewicht: 64.000 kg; ökon. Reisegeschwindigkeit: 625 km/h; Gipfelhöhe: 9.000 m; Reichweite: 5.250 km; Besatzung: 5+4; Passagiere: 110-122; Nutzlast: 13.500 kg

Das elegante Turboprop-Muster **IL-18** zählt zu den besten und erfolgreichsten Verkehrsflugzeugen der Welt und bildete in den 60er und 70er Jahren das Rückgrat der Mittelstreckenflotte der sowjetischen Fluggesellschaft **Aeroflot**. Die größte Flottenstärke wurde im Jahre 1969 erreicht, als über 100 Flugzeuge dieses Typs auf nahezu 800 nationalen und internationalen Strecken im Einsatz standen.
Das Konstruktionsbüro *S. W. Iljuschin* nahm im Jahre 1955 die Entwurfsarbeiten an einem 75-plätzigen Mittelstreckenflugzeug auf. Der Prototyp der IL-18 (CCCP-L5811) startete am 4. Juli 1957 unter Führung des erfahrenen Testpiloten *Wladimir Kokkinaki* zu seinem Erstflug. Im Anschluss an drei weitere Prototypen wurde eine erste Serie von 20 Maschinen gefertigt, von denen zehn Exemplare wie die Prototypen mit vier Propellerturbinen des Typs Kusnezow NK-4 von je 4.000 WPS (2.940 WkW) ausgerüstet waren. Die restlichen zehn Flugzeuge erhielten zu Vergleichszwecken vier Iwschenko AI-20-Triebwerke gleicher Leistung. Da dieser Triebwerkstyp erfolgversprechender war, kam er nachfolgend in allen anderen Serienflugzeugen zum Einbau. Bevor die IL-18 am 20. April 1959 von der **Aeroflot** erstmals im regelmäßigen Liniendienst eingesetzt wurde, waren die Flugzeuge der ersten Serie einer zweijährigen Erprobung, während der auch verschiedene Nutzlast-/Reichweitenrekorde aufgestellt werden konnten, unterzogen worden. Der ersten Variante folgte die **IL-18B** mit einem um 2.000 kg auf 59.200 kg erhöhten Startgewicht und einer Ausstattung für 84 Passagiere. Im Laufe der Weiterentwicklung kam 1961 die **IL-18V** für 89 bis 100 Fluggäste auf den Markt und 1962 erschien die **IL-18-I** (auch als **IL-18W** bekannt) mit dem verbesserten AI-20K-Triebwerk und einem gesteigerten Abfluggewicht von 61.200 kg. Die gegenüber der IL-18V höhere Sitzplatzkapazität für 110 bis 122 Passagiere wurde aufgrund einer Verlängerung der Druckkabine durch Einbeziehung des vorher nicht druckbelüfteten Frachtraumes im Rumpfheck möglich. Hinzu kam eine Erhöhung der Kraftstoffkapazität um nahezu 30% durch den Einbau eines zusätzlichen Tanks im Flügelmittelstück. 1963 wurde schließlich die Version **IL-18D** vorgestellt, bei der die AI-20K-Triebwerke der IL-18-I durch die leistungsstärkeren AI-20M-Aggregate ersetzt worden waren. 1965 folgte mit der **IL-18Ye** (auch als **IL-18E** bekannt) die letzte Variante des Flugzeugmusters. Die IL-18E war mit Ausnahme der Treibstoffkapazität, die der IL-18V entsprach, mit der IL-18D baugleich. Beide Versionen wurden 1965 von der Aeroflot in den Liniendienst gestellt, wobei die IL-18E auf Mittelstrecken, die IL-18D auf Langstrecken zum Einsatz kam.
Von der IL-18 wurden über 800 Flugzeuge aller Serien produziert, von denen 100 zivile und militärische Exemplare in nahezu alle Staaten des ehemaligen Ostblocks exportiert wurden. Zu den wichtigsten nichtrussischen Betreibern gehörten **Balkan Bulgarian Airlines, CAAC, CSA, Cubana, Egyptair, Interflug, LOT, Malev** und **Tarom**. Die wenigen zur militärischen Passagierbeförderung eingesetzten IL-18 flogen in Afghanistan, Algerien, Bulgarien, China (VR), CSSR, Polen und Jugoslawien.
Als die IL-18 im April 1999 ihr vierzigjähriges Dienstjubiläum feiern konnte, standen noch fast 80 dieser formschönen Turboprop-Maschinen weltweit im Einsatz, davon die meisten bei Aeroflot-Nachfolgegesellschaften in Gebieten Russlands und der ehemaligen Sowjetunion.

Interflug, die staatliche Luftverkehrsgesellschaft der ehemaligen DDR, unterhielt eine der größten Flotten des Muster IL-18. Das Foto der abgebildeten IL-18D (C/N 1880 108 05) entstand am 4. Oktober 1990, einen Tag nach der deutschen Wiedervereinigung, auf dem Flughafen Berlin-Schönefeld. Dieses Flugzeug verließ am 5. Mai 1968 die Montagehallen in Moskau-Chodinka und wurde am 22. Juni desselben Jahres als DM-STM an die DDR-Luftstreitkräfte geliefert, flog aber von Beginn an im zivilen Farbkleid der Interflug. Im März 1974 wurde die Maschine der Interflug zugewiesen und erhielt am 1. Januar 1981 die neue Kennung DDR-STM. Eine erneute Umregistrierung zur D-AOAS erfolgte am 3. Oktober 1990, dem Tag der deutschen Wiedervereinigung. Mit Auflösung der Interflug im Januar 1992 ging die Maschine in das Eigentum der neugegründeten, aber glücklosen Ber-Line über.

Junkers Ju-52/3m

Deutschland, Baujahr: 1945 (1932)

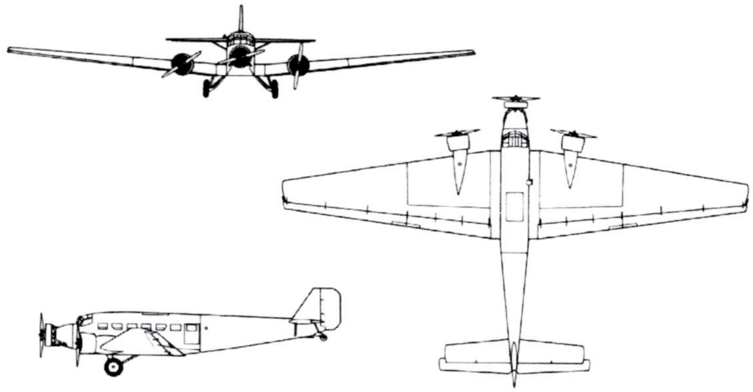

Im Verlaufe ihrer 14jährigen Produktion gelangten rund 4.000 **Ju-52/3m** zur Ablieferung, von denen mehr als zwei Drittel während des Zweiten Weltkriegs bei der deutschen Luftwaffe im Einsatz standen. Obwohl zahlreiche Versionen dieser ‚europäischen DC-3' hergestellt wurden, blieb der Zellenaufbau bei allen grundsätzlich gleich. Die wesentlichen Unterschiede betrafen hauptsächlich die Triebwerke. Praktisch alle damals verfügbaren Sternmotoren wurden in die Ju-52/3m eingebaut. Als wichtigste können gelten: Pratt & Whitney Hornet, Wright Cyclone, BMW 132, Bristol Jupiter und Pegasus, Armstrong Siddeley Panther und Gnome-Rhône 9-Kbr. Einige Maschinen flogen auch mit Junkers Jumo 5-Reihenmotoren. Die für nahezu alle Junkers-Flugzeuge der 20er und 30er Jahre charakteristische Wellblechbeplankung verlieh der »Tante Ju« eine außergewöhnlich hohe Festigkeit und Widerstandsfähigkeit. Die zweiteiligen Landeklappen und Querruder sowie die leicht nach außen gerichteten Achsen der Außentriebwerke bildeten typische Erkennungsmerkmale dieses Modells. Eine größere Anzahl ehemaliger Ju-52-Militärmaschinen diente nach dem Krieg für kurze Zeit als Passagierflugzeuge. Zehn zivile, aus **British Airways**-Beständen übernommene Ju-52/3m wurden von Short Bros. für die **British European Airways (BEA)** umgebaut und von dieser bis August 1947 verwendet. Weitere Maschinen flogen bei der dänischen **DDL**, der norwegischen **DNL** und der schwedischen **ABA**. Auch die finnische **Aero O/Y** flog ihre Vorkriegs-Maschinen noch einige Zeit.

Nach 1945 wurde die Ju-52/3m in Spanien und Frankreich in Lizenz gebaut. Während CASA ausschließlich Maschinen für die spanische Luftwaffe fertigte, kamen einige der zirka 400 in Frankreich bei Ateliers Aéronautiques de Colombes als **AAC.1** gebauten Ju-52/3m auch im zivilen Luftverkehr zum Einsatz. Die **Air France** verfügte bis 1948 über bis zu 85 dieser Maschinen, obwohl nicht alle gleichzeitig im Einsatz standen. Die letzte zivile Ju-52/3m im Liniendienst wurde bis Ende 1966 von der in Ecuador ansässigen **Transportes Aéreos Orientales** betrieben.

Daten

Antrieb: 3 BMW (Pratt & Whitney) Hornet, luftgekühlte 9-Zylinder-Sternmotoren, 575 PS (422,9 kW).
Spannweite: 29,25 m; Länge: 18,90 m; Höhe 5,55 m; max. Startgewicht: 9.500 kg; ökon. Reisegeschwindigkeit: 245 km/h; Gipfelhöhe: 5.200 m; Reichweite: 915 km; Besatzung: 3; Passagiere: 15-17

Die abgebildete HB-HOT (Baunummer 6595) ist eine von drei noch flugfähigen Junkers Ju-52/3m GE4 mit originalen BMW 132A3-Triebwerken, die 1939 an die schweizerische Fliegerwaffe geliefert wurden. Nach ihrer Ausmusterung vom Truppendienst im Jahre 1982 wurde ein Verein der Freunde der Schweizerischen Fliegertruppe (Ju-Air) ins Leben gerufen, der diese Klassiker betreut.

Lockheed Constellation

USA, Baujahr: 1943

Die Lockheed 049 Constellation war das Muster einer Baureihe viermotoriger Verkehrsflugzeuge, die bis zum Erscheinen strahlgetriebener Langstreckenflugzeuge einen hohen Marktanteil hatten. Der Entwurf erfolgte aufgrund einer Forderung der TWA und der Pan American. Die erste Constellation flog im Januar 1943, wurde aber als C-69 von der USAAF in den militärischen Flugdienst übernommen. Der erste Einsatz als Zivilflugzeug erfolgte am 3. Februar 1946 bei der Pan American auf der Strecke New York-Bermuda.
PH-TFD, ein Exemplar der verbesserten Baureihe L.749A – hier auf einem Testflug – wurde am 31. Mai 1950 an die niederländische KLM geliefert und flog dort ein Jahrzehnt lang, bevor das Flugzeug im März 1960 außer Dienst gestellt wurde.

Die ***Constellation*** war das erste Langstrecken-Verkehrsflugzeug mit Druckkabine und das Grundmodell einer Baureihe, die erst 1956 mit dem Starliner endete. Der Ursprung der *Constellation* geht auf das Jahr 1939 zurück, als Lockheed im Auftrag der **TWA** und der **Pan American** ein Projekt für ein 40plätziges Langstrecken-Verkehrsflugzeug erarbeitete. Der erste Prototyp NX25800 führte am 9. Januar 1943 seinen Erstflug durch. Da die USA inzwischen in den Zweiten Weltkrieg eingetreten waren, wurden die für zivile Fluggesellschaften bestimmten Flugzeuge unter der Typenbezeichnung **C-69** als militärische Transporter verwendet. Sie leisteten wertvolle Dienste. Eine große zusätzliche Bestellung der **USAAF** wurde wegen des sich abzeichnenden Kriegsendes schon im Frühjahr 1945 auf 73 Einheiten gekürzt, von denen bis Mai 1945 22 Flugzeuge übernommen worden waren. Die restlichen 51 Maschinen erhielten noch im Herstellerwerk eine zivile Innenausstattung für 33 bis 48 Passagiere, doch konnten bei enger Bestuhlung bis zu 60 Fluggäste befördern werden. Unter der Bezeichnung **L.149** wurden diese Flugzeuge am 1. Dezember 1945 für den zivilen Luftverkehr zugelassen. Als erste Luftfahrtgesellschaft nahm die **Pan American** am 3. Februar 1946 den Linienflugbetrieb mit der *Constellation* auf der Strecke New York-Bermuda auf, während die **TWA** diesen Flugzeugtyp erstmals am 5. Februar 1946 auf der Strecke Washington- Paris in Dienst stellte. Mit der NC86530 *Clipper America* führte die Pan American am 29. Juni 1947 den ersten rund-um-die-Welt-Dienst ein. Bis auf drei Exemplare wurden auch alle militärischen C-69 an zivile Betreiber verkauft und erhielten die Typenbezeichnung **L.049**. Am 19. Oktober 1946 startete mit der Lockheed **L.649** die erste von Anfang an für den zivilen Luftverkehr gebaute Constellation zu ihrem Erstflug. Von dieser Ausführung kaufte als Erstkunde **Eastern Air Lines** 15 Exemplare, die ab März 1947 zur Ablieferung gelangten. Die mit vier R-3350-C18-BD1-Triebwerken ausgerüstete L.649 konnte je nach Ausführung 48 bis 81 Fluggäste befördern. Die für den reinen Frachteinsatz konzipierte **L.649A**, von der nur vier Stück gebaut wurden, hatte eine verstärkte Zelle für eine maximale Nutzlast von 10.200 kg. 1947 wurde die L.649 von der **L.749** abgelöst. Diese Version entsprach grundsätzlich dem Vorgängermuster, doch ermöglichten zusätzliche Integraltanks in den Außenflügeln eine Steigerung der Reichweite auf nahezu 6.000 km, so dass die Strecke New York-Paris im Nonstopflug bewältigt werden konnte. Das maximale Startgewicht wurde hierbei auf 47.600 kg gesteigert. Von dieser Variante wurden insgesamt 50 Maschinen gebaut, Erstkunde war **TWA**. 1948 kaufte **BOAC** 17 Exemplare der L.749 als Ersatz für die bereits seit dem 1. Juli 1946 im Einsatz stehenden L.049. Den Höhepunkt der Constellation-Baureihe bildete die **L.749A**, die ab Sommer 1948 auf dem Markt verfügbar war und von der insgesamt 60 Maschinen gebaut wurden. Bei dieser Version konnte das maximale Startgewicht um 2.270 kg auf nunmehr 48.535 kg gesteigert werden, weshalb das Fahrwerk verstärkt werden musste. Auch der Mittelflügel erhielt strukturelle Verstärkungen. Da für die Ausnutzung der maximalen Nutzlast bei der L.749/749A die verfügbaren Laderäume nicht mehr ausreichend waren, entwickelte Lockheed für diese Versionen einen externen Frachtbehälter (*Speedpack*) mit 2.000 kg Nutzlast, der unter dem Mittelrumpf mit Schnellverschlüssen befestigt wurde und bei Bedarf mitgeführt werden konnte.
Die Fertigung der *Constellation* endete im Mai 1951. Insgesamt baute Lockheed 252 Maschinen aller Versionen, einschließlich der 28 militärischen C-69. Größere Constellation-Flotten unterhielten neben **Pan American** und **TWA** die **Eastern Air Lines, KLM, Air France, Air India, Qantas** sowie die **South African Airways**. Die letzte im Liniendienst (Frachteinsatz) stehende *Constellation* flog in der Dominikanischen Republik und wurde Ende der 80er Jahre außer Dienst gestellt.

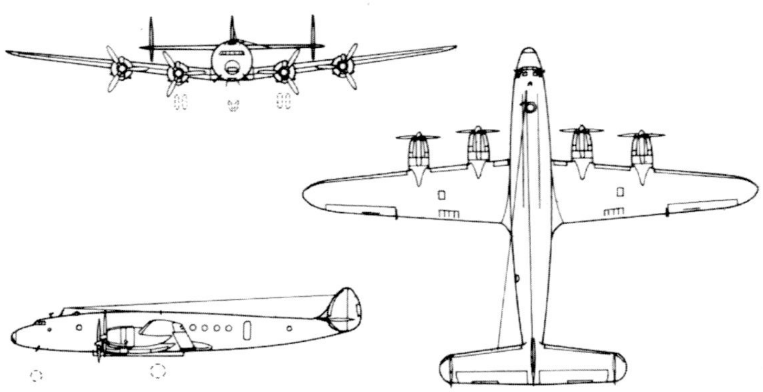

Daten (L.749A)

Antrieb: 4 Curtiss-Wright R-3350-BD1, luftgekühlte 18-Zylinder-Doppelsternmotoren, 2.500 PS (1.838 kW)
Spannweite: 37,90 m; Länge: 29,00 m; Höhe 7,10 m; max. Startgewicht: 48.535 kg; ökon. Reisegeschwindigkeit: 520 km/h; Gipfelhöhe: 8.300 m; Reichweite. 6.400 km; Besatzung: 6-8; Passagiere: 44-80

LUFTHAN

Der Prototyp der L.1049 Super Constellation startete am 13. Oktober 1950 zum Erstflug. Von der Constellation-Serie war die L.1049G die erfolgreichste Variante.
Die neue deutsche Lufthansa war neben Air France und Iberia der bekannteste Betreiber der L.1049G in Europa. D-ALAP (C/N 3647), hier in der frühen Farbgebung, flog bei der Lufthansa vom 20. Februar 1956 bis zum November 1966. Das Flugzeug wurde in Frankfurt/Main abgestellt und im Februar 1967 abgewrackt.

Lockheed L.1049 Super Constellation

USA, Baujahr: 1950

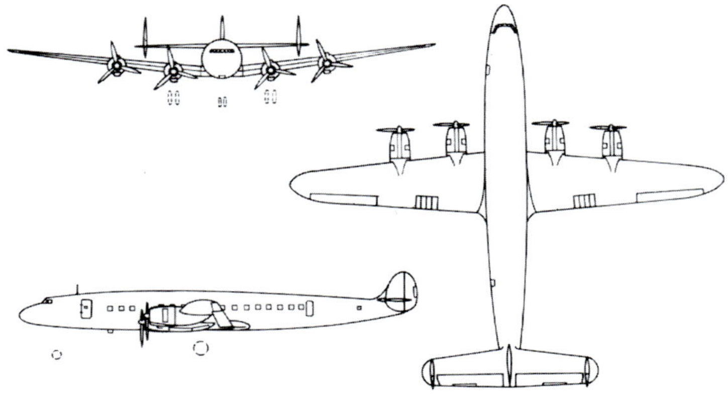

Um den wachsenden Passagierzahlen gerecht zu werden, verlängerte Lockheed im Jahre 1950 den bereits recht langen Rumpf der ***Constellation*** um weitere 5,59 m durch den Einbau zusätzlicher Rumpfsegmente vor und hinter dem Flügel. Zu den wichtigsten Änderungen, die zur ***Super Constellation*** führten, zählen folgende: Verstärkung der gesamten Flugzeugzelle; Einbau von viereckigen Kabinenfenstern; geänderte Kanzelverglasung; Vergrößerung des Tankvolumens und der Einbau von leistungsfähigeren R-3350-CB1-Triebwerken. Da Lockheed über kein Versuchsflugzeug mehr verfügte, kaufte die Firma den Constellation-Prototyp XC-69 von der US Air Force zurück und baute ihn entsprechend zur **L.1049 *Super Constellation*** um.

In der verlängerten Ausführung erfolgte der Erstflug dieser Maschine, NX67900, am 13. Oktober 1950. Das neue Flugzeugmuster wies eine ausgezeichnete Wirtschaftlichkeit auf, doch genügte die Triebwerksleistung nur knapp den Anforderungen der Luftverkehrsgesellschaften, so dass nur 24 L.1049 für die **Eastern Air Lines** und die **TWA** gefertigt wurden.

Der erste Linieneinsatz einer L.1049 erfolgte im Dezember 1951 bei Eastern Air Lines. Da keine Version L.1049A gebaut wurde, erhielt die nächste Ausführung, die während des Koreakrieges für die **US-Navy** gebaut wurde, die Werksbezeichnung L.1049B. Die offizielle militärische Bezeichnung lautete **R7V**. Bei dieser Ausführung und der daraus weiterentwickelten zivilen **L.1049C** konnte die mangelnde Triebwerksleistung der L.1049 durch die Verwendung der Turbo-Compound-Version des R-3350-Triebwerkes mit einer Startleistung von 3.250 PS (2.389 kW) verbessert werden. Die Leistungssteigerung konnte dadurch erzielt werden, indem man dem ursprünglichen Motor eine Abgasturbine anhängte, deren Leistung von zusätzlichen 450 PS (331 kW) auf die Propellerwelle übertragen wurde. Alle weiteren Ausführungen der *Super Constellation* erhielten nunmehr Weiterentwicklungen dieses Triebwerks. Die erste **L.1049C** startete am 17. Februar 1953 zum Erstflug.

Als erste Fluggesellschaften setzten die **KLM** und die **TWA** dieses Muster ab August und November 1953 im Liniendienst ein. Durch den Einbau großer Frachttore und eines Schwerlastbodens entstand aus der L.1049C die Frachtversion L.1049D, die im September 1954 zum ersten Mal flog. Von der L.1049C wurden 56 Flugzeuge, von der **L.1049D** nur vier gebaut. Weitere Detailverbesserungen führten zur **L.1049E** mit einem max. Startgewicht von 61.400 kg, doch gelangten nur 25 von ursprünglich 56 bestellten Maschinen zur Ablieferung. Auf Wunsch der Auftraggeber wurden die restlichen Flugzeuge als **L.1049G** gebaut. Die L.1049F diente als Grundversion der militärischen **C-121** für die **US Air Force**. Zwischen 1948 und 1955 kaufte die USAF 150 C-121C als Transporter und weitere 150 EC-121 als fliegende Frühwarnstation. Die erfolgreichste Zivilversion wurde die **L.1049G *(Super G)*** mit 99 verkauften Exemplaren, davon 38 L.1049E-Umbauten. Die erste L.1049G absolvierte am 7. Dezember 1954 ihren Erstflug und wurde im Januar 1955 bei **Northwest Airlines** in den Liniendienst gestellt. Zur Steigerung der Tankkapazität erhielt sie Flügelendtanks (*Tiptanks*) mit einer Kraftstoff-Kapazität von je 2.270 Litern. Das Startgewicht betrug 62.370 kg und die maximale Reichweite lag bei zirka 9.000 km. 1957 erschien die letzte Version der L.1049, die **L.1049H** für den gemischten Passagier- und Frachtverkehr. Hierfür verfügte das Flugzeugmuster über zwei große Frachttore an der Backbordseite des Rumpfes. Ferner kam ein verstärkter Schwerlastboden als sogenannter *Roller-Floor* zum Einbau, der den Transport von palettisierter Fracht ermöglichte.

Die Nutzlast im Combi-Verkehr war auf 11.020 kg begrenzt. Hauptsächlich kam die L.1049H als reiner Frachter zum Einsatz, wobei bis zu 17.200 kg Nutzlast befördert werden konnten. Die Triebwerksleistung wurde bei diesem Muster auf je 3.400 PS (2.499 kW) gesteigert und das max. Startgewicht betrug 63.500 kg. Anfang der 60er Jahre rüstete Lockheed zirka 50 Passagiermaschinen L.1049C und L.1049G zu L.1049H Frachtflugzeugen um.

Bis zum Ende der Fertigung im September 1959 wurden insgesamt 285 zivile und 325 militärische Super Constellation aller Versionen hergestellt. Über die größten *Super Conny*-Flotten verfügten **TWA** und **Eastern Air Lines**, doch auch in anderen Erdteilen war das Flugzeugmuster stark verbreitet.

So verfügte die australische **Qantas** über eine Flotte von 16 Maschinen, die auf dem weitverzweigten, zumeist aus Langstrecken bestehenden Streckennetz zum Einsatz kamen. In Europa war die *Super Conny* über lange Jahre in den Farben der **Lufthansa, KLM, Air France, Iberia** und **TAP** zu sehen. Mietweise flog auch **Sabena** zwei Exemplare. Die Lufthansa eröffnete am 8. Juni 1955 mit einer *Super G* den Transatlantikdienst auf der Strecke Düsseldorf-Shannon-New York.

Heute steht keine *Super Constellation* mehr im aktiven Liniendienst. Der letzte Betreiber einer L.1049 war die in der Karibik ansässige **Aerochago**, die das Muster bis zum Beginn der 90er Jahre auf Frachtdiensten zwischen Mittelamerika und Florida (Miami) im Einsatz hatte.

Daten (L.1049G)

Antrieb: 4 Curtiss-Wright R-3350-972TC-18DA, luftgekühlte 18-Zylinder-Doppelsternmotoren, 3.250 PS (2.389kW)
Spannweite: 37,50 m; Länge: 34,60 m; Höhe 7,55 m;
max. Startgewicht: 62.370 kg; ökon. Reisegeschwindigkeit: 525 km/h; Gipfelhöhe: 8.400 m; Reichweite: 7.600 km;
Besatzung: 7-10; Passagiere: 76-99

Die L.1649A Starliner, bei der Lufthansa auch Super Star genannt, war das letzte Modell in der langen Entwicklungsgeschichte der Constellation-Baureihe. Zusammen mit dem Konkurrenzmuster DC-7C bildete der Starliner den technischen Höhepunkt der Langstreckenflugzeuge mit Kolbenmotorantrieb. D-ALUB (C/N 1034) Isar wurde bei der Lufthansa am 25. September 1957 in Dienst gestellt und flog in der Passagierversion bis zum Juli 1960. Danach wurde das Flugzeug zum Frachter umgebaut und blieb bis zur Außerdienststellung im November 1965 im Einsatz.

Lockheed L.1649A Starliner

USA, Baujahr: 1956

Die **L.1649A *Starliner***, bei der **Lufthansa** auch *Super Star* genannt, war das letzte Modell in der langen Entwicklungsgeschichte der *Constellation*-Baureihe. Zusammen mit dem Konkurrenzmuster **DC-7C** bildet der *Starliner* den technischen Höhepunkt der Langstreckenflugzeuge mit Kolbenmotorantrieb. Das Muster war das erste Verkehrsflugzeug, welches nonstop zwischen der US-Westküste und Europa verkehren konnte. Auf den Routen von Europa zur US-Ostküste konnte der *Starliner* mit voller Nutzlast von über 12,5 Tonnen selbst bei starkem Gegenwind nonstop eingesetzt werden. Die Projektarbeiten an der L.1649A begannen Anfang 1955. Von der Rumpfstruktur glich der *Starliner* weitgehend der L.1049G, doch wurde der Rumpf um 0,7 m gestreckt. Der wesentlichste Unterschied bestand in der Neukonstruktion des Flügels mit eckigen Flächenenden und einer auf 45,7 m vergrößerten Spannweite. Im Gegensatz zur L.1049G wurde die Flügeltiefe hierbei um 15 % verringert. Die erste L.1649A startete am 10. Oktober 1956 zu ihrem Erstflug, und als *Launch-Customer* erhielt **TWA** als erste Fluggesellschaft ab Mai 1957 insgesamt 29 dieser Flugzeuge. TWA begann den transkontinentalen Liniendienst mit dem neuen Muster am 2. Juli 1957, und am 29. September desselben Jahres kam die L.1649A erstmals auf der langen Nonstop-Verbindung zwischen Los Angeles und London zum Einsatz. Der letzte Starliner-Einsatz bei TWA erfolgte am 6. April 1967. Neben TWA kauften nur noch zwei andere Fluggesellschaften, **Air France** und **Lufthansa**, im Jahre 1957 die L.1649A als Übergangslösung bis zur Ablieferung der bestellten **Boeing 707**-Jets. Während Air France zehn *Starliner* bis zum Sommer 1961 einsetzte, flogen die vier Lufthansa-Flugzeuge bis 1967. Zu den bekannteren Second-Hand-Betreiber der L.1649A zählten die **Luxair, Trek Airways** und **Alaska Airlines**. Insgesamt wurden nur 43 Starliner gebaut. Seit Anfang der 80er Jahre steht keines dieser formschönen Flugzeuge mehr im Einsatz.

Daten

Antrieb: 4 Curtiss-Wright R-3350-988TC-18EA2, luftgekühlte 18-Zylinder-Doppelsternmotoren, 3.450 PS (2.536 kW)
Spannweite: 45,70 m; Länge: 35,40 m; Höhe 7,60 m; max. Startgewicht: 70.762 kg; ökon. Reisegeschwindigkeit: 535 km/h; Gipfelhöhe: 7.600 m; Reichweite: 9.900 km; Besatzung: 4+4; Passagiere: 40-99

Lockheed L.100 (L.382) Hercules

USA, Baujahr: 1955

Die **Lockheed C-130 Hercules** wurde 1951 als taktischer Transporter für die **US Air Force (USAF)** entworfen. Die Entwicklung dieses von vier Propellerturbinen angetriebenen Hochdeckers begann im Juli 1951 in Burbank (Kalifornien), der erste von zwei Prototypen flog erstmals am 23. August 1954. Danach wurde das ganze Programm zur Lockheed-Georgia Company nach Marietta bei Atlanta verlegt, wo die erste Serienmaschine am 7. April 1955 zum Erstflug startete. Die Konstruktion der C-130 ermöglichte eine direkte Beladung von Sperrgut und Fahrzeugen durch eine breite Heckklappe mit Rampe im Biberschwanz-Rumpfheck

Schon früh erkannte Lockheed das zivile Verkaufspotential der Hercules, doch war das Echo auf die ersten Verkaufsbemühungen mit dem als **L-100** bezeichneten Muster wenig erfolgreich. Am 21. April 1964 flog die erste zivile Hercules, die auf der **C-130E** basierte und als **Modell 382-44K-20** bezeichnet wurde. Die letzten beiden Zahlen gelten als Bezeichnung für die zivile Untervariante. Die zivile Luftverkehrszulassung für das Muster wurde am 16. Februar 1965 erteilt. Im gleichen Jahr begannen auch die Lieferungen ziviler Hercules des Grundmodells **L.382B**. Zu den Erstkunden zählten **Continental Air Service**, die zwei Maschinen für Einsätze in Laos beschafften, **Zambia Air Cargo** mit vier Flugzeugen und **Alaska Airlines** kaufte drei Exemplare. 1966 und 1967 erteilten **Delta Air Lines, Interior Airways, Pacific Western Airlines** und **Airlift International** Aufträge für die L.382B. Damit zeichnete sich ein spezieller Verwendungszweck ab, nämlich die Versorgung von Ölbohrstellen im Norden Alaskas. Für die Hercules-Flugzeuge der Delta Air Lines wurde abweichend die Bezeichnung **L.100** verwendet, da diese Maschinen eine spezielle Befrachtungsanlage für den Palettentransport besaßen. Die Bezeichnung **L-100-10** galt für eine konzipierte, aber nicht gebaute Variante mit Allison 501-C22A-Propellerturbinen von 3.315 WPS (2.438 WkW) anstelle der D22 mit 2.975 WPS (2.188 WkW).

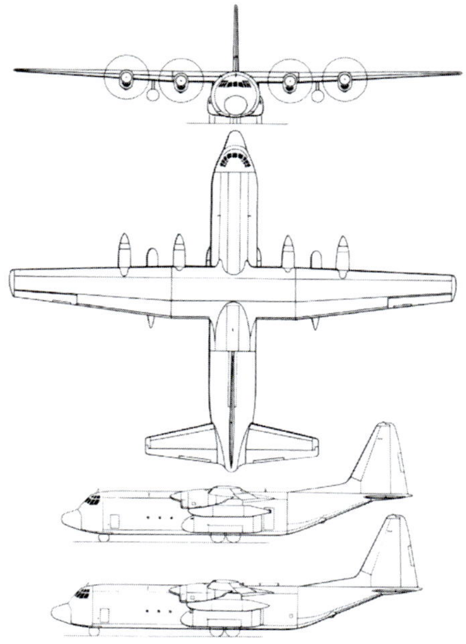

1967 begann Lockheed mit der Entwicklung einer gestreckten Version zur Verbesserung der Wirtschaftlichkeit. Dabei wurde der Rumpf gegenüber der Grundversion um 2,54 m verlängert und leistungsstärkere D22A-Triebwerke kamen zum Einbau. Die Vorführmaschine L.382-44K-20 wurde entsprechend umgebaut und als Modell **L.382E** oder **L-100-20** bezeichnet. Als solches flog sie erstmals wieder am 19. April 1968 und die Luftverkehrszulassung erfolgte am 4. Oktober desselben Jahres. Sodann wurden einige der bereits

Air China betreibt für ihre Tochtergesellschaft China Cargo Airlines zwei L-100-30, zumeist auf Frachtrouten im Inland. B-3004 wird in Tientschin für einen neuen Flug vorbereitet.

fliegenden L.382B auf den Standard L.382E umgerüstet und weitere wurden noch auf dem Produktionsband entsprechend modifiziert. Zwei dieser umgerüsteten L.382B behielten ihre D22-Triebwerke und wurden als **L.382F** bezeichnet.
1969 nahm Lockheed eine weitere Rumpfstreckung der Hercules um 2,03 m zum Modell **L.382G** oder **L-100-30** vor. Die Forderung nach einem solchen Flugzeug wurde von mehreren Luftwaffen, aber auch von Saturn Airways gestellt, welche von Rolls-Royce beauftragt worden war, komplette RB.211-Triebwerke von Großbritannien zur **TriStar**-Endmontage nach Kalifornien zu befördern. Bei der L-100-30 wurden spezielle militärische Merkmale zugunsten eines geringeren Leergewichtes fortgelassen. Die erste L-100-30 flog am 14. August 1970 und erhielt ihre Luftverkehrszulassung am 7. Oktober desselben Jahres. Inzwischen hatte **Saturn Airways** ihre ursprüngliche Bestellung über zwölf Exemplare auf 17 Maschinen erhöht, und zusätzlich gingen bei Lockheed noch Aufträge für die L-100-30 von **Safair** in Südafrika über acht Flugzeuge ein, gefolgt von **Southern Air Transport (SAT)** mit fünf Maschinen. Saturn und SAT ließen auch einige ihrer L-100-20 zur L-100-30 modifizieren.
Weitere Varianten der zivilen Hercules wurden 1977 von Lockheed angeboten, darunter die **L-100-50** mit einem nochmals um 6,10 m verlängerten Rumpf und die zweimotorige Ausführung **L-400**. Beide Projekte wurden aber nicht verwirklicht. Zu Beginn der 90er Jahre unternahm Lockheed einen erneuten Versuch, mit der Hercules im Zivilflugzeugmarkt wieder Fuß zu fassen. Speziell für den stark wachsenden Markt der sogenannten Päckchenflieger wurde die **L-100F** mit einem zusätzlichen seitlichen Frachttor und stärkeren T-56 Srs.IV Triebwerken (je 5.250 WPS / 3.861,2 WkW Startleistung) entworfen, doch auch dieses Modell fand keine genügende Marktakzeptanz. Großen Erfolg versprach auch die reine Passagierversion **L-100-30 *Super Hercules*** für bis zu 120 Fluggäste, von der zwei Stück gebaut wurden und die im Rahmen des indonesischen Umsiedlungsprojektes testweise von der Fluggesellschaft **Merpati Nusantara Airlines** eingesetzt wurden.

Daten (L.100-30)

Antrieb: 4 Allison 501-D22A Propellerturbinen, 3.315 WPS (2.438 WkW)
Spannweite: 40,41 m; Länge: 34,35 m; Höhe: 11,66 m;
max. Startgewicht: 70.308 kg; ökon. Reisegeschwindigkeit: 571 km/h; Gipfelhöhe: 9.300 m; Reichweite: 3.945 km;
Besatzung: 4; Nutzlast: 23.183 kg

Lockheed L.188 Electra

USA, Baujahr: 1957

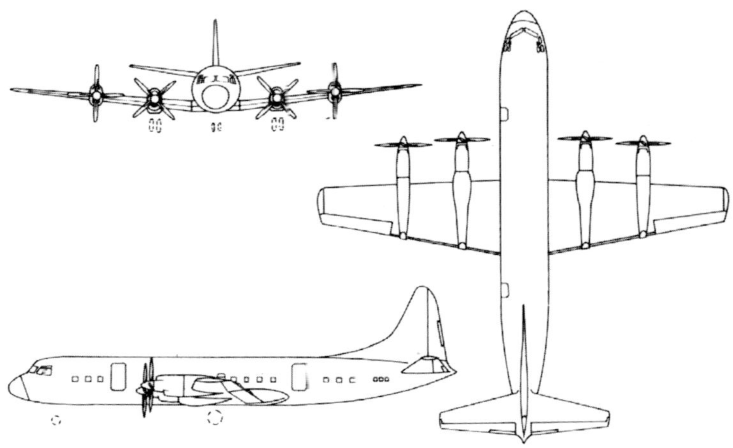

Die **L.188 *Electra*** war das einzige große amerikanische Passagier-Verkehrsflugzeug mit Propellerturbinenantrieb. Die ersten Projektstudien für dieses Kurz- und Mittelstrecken-Verkehrsflugzeug begannen Mitte der 50er Jahre, als zwei der führenden US-Fluggesellschaften, **American Airlines** und **Eastern Air Lines**, Bedarf für einen solchen Flugzeugtyp als Ersatz für die **Douglas DC-6** und **Lockheed Constellation** anmeldeten. Die mit dem Bau des militärischen Transporters **C-130 *Hercules*** gemachten Erfahrungen beim Einsatz von kurzen Startbahnen mit hoher Nutzlast führten dazu, dass Lockheed für den Antrieb des neuen Musters ebenfalls Propellerturbinen vorsah. 1954 schlug Lockheed der American Airlines unter der Typenbezeichnung CL-303 einen von vier Dart- oder Eland-Triebwerken angetriebenen Hochdecker vor, doch erwies sich dieses Projekt als zu klein. Auch der Tiefdecker CL-310, der mit vier Allison-PTL-Turbinen ausgerüstet werden sollte, erfüllte nicht die Bedingungen der Fluggesellschaft. Im Januar 1955 gab schließlich die American ein detailliertes Pflichtenheft bekannt, auf welches die Lockheed-Werke mit einer vergrößerten Ausführung der CL-310, welche die neue Typenbezeichnung L.188 und den Namen ***Electra II*** erhielt, antworteten. American erteilte eine Bestellung über 35 Flugzeuge, gefolgt von Eastern mit 40 Maschinen. Als der erste von zwei Prototypen (N1881) am 6. Dezember 1957 seinen Erstflug durchführte, standen bereits 144 Bestellungen in den Auftragsbüchern. Der zweite Prototyp (N1882) flog erstmals am 13. Februar 1958. Ein weiteres Flugzeug (N1883), als dritter Prototyp bezeichnet, folgte am 19. August 1958 und diente als aerodynamischer Prototyp für den Hochseeaufklärer **P3V-1 *Orion*** der **US-Navy**. Alle drei Maschinen wurden von Triebwerken des Typs Allison 501-D13 von je 3.750 WPS (2.756 WkW) Startleistung angetrieben, einer Zivilversion des militärischen Triebwerks T56, das in der *Hercules* zum Einbau kam. Am 22. August 1958 wurde der L.188 die Luftverkehrszulassung erteilt, so dass im Oktober des gleichen Jahres die ersten Serienflugzeuge **L.188A** an **American Airlines** und **Eastern Air Lines** abgeliefert werden konnten. Am 12. Januar 1959 begann Eastern mit dem Einsatz des neuen Flugzeugmusters auf den Routen von New York nach Miami und Montreal, gefolgt von American am 23. Januar 1959 auf der Strecke New York-

Daten (L.188C)

Antrieb: 4 Allison 501-D15 Propellerturbinen, 4.050 WPS (2.977 WkW)
Spannweite: 30,18 m; Länge: 31,80 m; Höhe: 9,77 m;
max. Startgewicht: 52.665 kg; ökon. Reisegeschwindigkeit: 652 km/h; Gipfelhöhe: 9.150 m; Reichweite: 5.600 km;
Besatzung: 3+4; Passagiere: 74-98

Die meisten der noch im Einsatz stehenden Flugzeuge vom Typs L.188 Electra fliegen in der Frachtkonfiguration, so auch N341HA (C/N 1035) der Serie L.188PF. Zwischen 1992 und 1994 flog diese Maschine in Europa für die britische Channel Express Air Services. Im April 1997 wurde sie aus dem Einsatz genommen und auf dem Flughafen Detroit-Willow Run abgestellt.

Chicago. Als erster Auslandskunde erhielt die australische **Ansett/ANA** im März 1959 die von ihr bestellten Electras. Auf die L.188A folgte die **L.188C** mit höherem Startgewicht und vergrößerter Treibstoffkapazität. Als Antrieb kamen die verbesserten Allison 501-D15-Triebwerke zum Einbau. Die ersten L.188C erhielt die **Northwest Airlines**. Als einzige europäische Fluggesellschaft bestellte die niederländische KLM die L.188C und das erste Exemplar (PH-LLA *Mercurius*) wurde im Dezember 1959 in Betrieb genommen. Bei der KLM blieb die Electra bis 1969 im Liniendienst, bevor sie von der **DC-9** ersetzt wurde. Nach dem Absturz einer Electra der **Braniff Airways** im September 1959 und einem weiteren Unfall, der eine Maschine der Northwest betraf, wurde aufgrund einer Weisung der FAA die Geschwindigkeit des Flugzeugmusters beschränkt. Nachdem bei allen Flugzeugen Verstärkungen an den Triebwerksgondeln und an der Flügelstruktur vorgenommen worden waren, konnte die Geschwindigkeitsbeschränkung im Januar 1961 wieder aufgehoben werden. Bis Ende der 80er Jahre flogen noch zehn Electras im Passagier-Liniendienst bei der brasilianischen **VARIG** zwischen Rio de Janeiro und Sao Paulo. Ab Mitte der 70er Jahre wurden die meisten Electras, an die 100, zu reinen Frachtflugzeugen mit großen Ladetoren umgerüstet. Von diesen Maschinen, je nach Serie als L.188AF oder L.188CF bezeichnet, stehen heute noch rund 20 vorwiegend in den USA und Europa im Einsatz. Hier ist die britische **Channel Express** der größte Betreiber dieses Flugzeugmusters. Von der für den kombinieren Passagier- und Frachteinsatz vorgesehenen L.188PF wurden nur einige wenige Exemplare gebaut, und die letzen beiden Maschinen fliegen heute in Alaska bei **Reeve Aleutian Airways**. Insgesamt wurden außer den Prototypen 170 Electras gebaut. Von der L.188A wurden total 115 Maschinen gefertigt. Diese Ausführung hat ein maximales Startgewicht von 51.257 kg und ist für Streckensegmente bis zu 4.400 km ausgelegt. Bei der L.188C wurde das maximale Startgewicht auf 52.665 kg gesteigert; das Muster kann Streckensegmente von 5.600 km bedienen. Von der L.188C wurden 55 Einheiten gebaut. Die Fertigung der Electra lief im Sommer 1960 aus.

Martin 2-0-2

USA, Baujahr: 1946

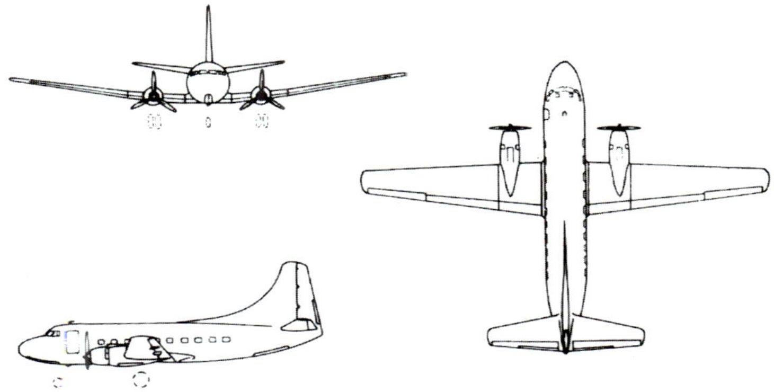

Die bekannteste Zivilflugzeug-Konstruktion der Glenn L. Martin Company war das vor dem Zweiten Weltkrieg entwickelte Flugboot **M-130**, mit dem die **Pan American** ihren Transpazifik-Liniendienst betrieb. Mit dem 40sitzigen Kurz- und Mittelstrecken-Verkehrsflugzeug **M.2-0-2** schuf dieses Unternehmen 1946 einen möglichen Nachfolger für die stark verbreitete DC-3. Der erste von zwei gebauten Prototypen der M.2-0-2 startete am 22. November 1946 zum Erstflug. Als Antrieb dienten zwei Pratt & Whitney R-2800-CA18 Doppelsternmotoren von je 1.800 PS (1.323 kW) Startleistung. Das maximale Startgewicht betrug 17.826 kg. Im Horizontalflug erreichte das Muster auf Anhieb eine Geschwindigkeit von über 500 km/h. Eine dritte Zelle diente für statische Untersuchungen. Die M.2-0-2 erhielt ihre US-Verkehrszulassung am 13. August 1947 als erstes zweimotoriges amerikanisches Verkehrsflugzeug der Nachkriegszeit. Erstkunden für das neue Muster waren **Northwest Airlines** mit einer Bestellung von über 25 Stück, gefolgt von der **LAN Chile** (4) und der venezolanischen **Linea Aeropostal Venezolana (LAV)** (2). Die M.2-0-2-Serienmaschinen wurden von zwei Doppelsternmotoren Pratt & Whitney R-2800-CA18 von je 2.100 PS (1.544 kW) Startleistung angetrieben. Das maximale Startgewicht konnte auf 18.099 kg gesteigert werden. Die nicht druckbelüftete Passagierkabine bot 40 bis 48 Fluggästen Platz. Der Linienflugbetrieb mit der M.2-0-2 begann bei LAN Chile am 13. November 1947, gefolgt von Northwest Airlines am 23. November 1947. LAV erhielt ihre beiden Maschinen am 19. Dezember 1947. Die Untersuchung eines Unfalles, der am 29. August 1948 die Northwest-Maschine N93044 (C/N 9165) betraf, wies strukturelle Schwächen in der Flügelstruktur auf, so dass alle im operativen Einsatz stehenden Flugzeuge zeitweise aus dem Dienst genommen und modifiziert werden mussten. Auf der Grundlage dieser Verbesserung und ausgerüstet mit stärkeren Triebwerken vom Typ R-2800-CB16 mit je 2.400 PS (1.764 kW) Startleistung, aber noch ohne Druckkabine, entstand 1950 die **M.2-0-2A**. Von dieser Version bestellte **TWA** zwölf Exemplare, die ab Juli 1950 ausgeliefert wurden und am 1. September

Daten (2-0-2A)

Antrieb: 2 Pratt & Whitney R-2800-CB16, luftgekühlte 18-Zylinder-Doppelsternmotoren, 2.400 PS (1.764 kW) Spannweite: 28,26 m; Länge: 21,90 m; Höhe 8,55 m; max. Startgewicht: 19.505 kg; ökon. Reisegeschwindigkeit: 455 km/h; Gipfelhöhe: 7.600 m; Reichweite: 2.000 km; Besatzung: 3; Passagiere: 36-40

Eine von zwölf Martin 2-0-2A, die ab Juli 1950 bei der TWA zum Einsatz kamen. Das Muster erreichte zwar nie den Bekanntheitsgrad der Convair 240, bewährte sich aber als robustes Arbeitspferd im täglichen Streckendienst.

1950 den Liniendienst aufnahmen. Die Maschinen hatten eine Einheitsbestuhlung für 40 Passagiere und wurden von der Fluggesellschaft bis 1961 eingesetzt. Mit der Ablieferung der letzten M.2-0-2A an die TWA wurde die Fertigung im September 1950 zugunsten der moderneren **M.4-0-4** eingestellt, nachdem insgesamt 45 Maschinen gebaut worden waren. Die letzte flugfähige M.2-0-2 stand zwischen Oktober 1979 und Spätsommer 1985 bei der bolivianischen Frachtfluggesellschaft **CAMBA Ltda.** im Einsatz. Es handelte sich dabei um die M.2-0-2A mit der Baunummer 14075 und der Registrierung CP-1441.

Martin 4-0-4

USA, Baujahr: 1950

Um gegen die Konkurrenz der etwas größeren **Convair CV-340** bestehen zu können, beabsichtigte die Glenn L. Martin Company, zwei mit Druckkabine ausgerüstete Weiterentwicklungen der **M.2-0-2** unter der Bezeichnung M.3-0-3 (Passagierflugzeug) und M.3-0-4 (Frachtflugzeug) zu bauen. Der Prototyp der **M.3-0-3** flog erstmals am 20. Juni 1947. Hierzu wurde der Prototyp der M.2-0-2 (C/N 9122) umgebaut und mit der neuen Seriennummer 9222 versehen. 1949 wurden jedoch beide Projekte zugunsten der **M.4-0-4** aufgegeben. Erstkunden für den neuen Flugzeugtyp wurden **Eastern Air Lines (EAL)** und **TWA** mit Bestellungen über zunächst 35 bzw. 30 Exemplare.

Die **M.4-0-4** ist mit dem gleichen Triebwerkstyp wie die **M.2-0-2A** ausgestattet, doch wurde der nunmehr druckbelüftete Rumpf gegenüber dem Vorgängermuster um 0,99 m verlängert und das Startgewicht auf 20.367 kg gesteigert. Die Nutzlast erhöhte sich auf 5.260 kg (EAL), bzw. 4.630 kg (TWA). Der aus einer M.2-0-2-Zelle umgebaute Prototyp N40400 der M.4-0-4 startete am 21. Oktober 1950 in Baltimore zu seinem Erstflug. Zwischen Herbst 1951 und dem Produktionsende im April 1953 kamen insgesamt 103 M.4-0-4 zur Abliefe-

Piedmont Airlines gehörte zu den Betreibern mit den meisten Martin 4-0-4. 17 Maschinen, darunter auch N40408 (C/N 14108) Rappahannock Pacemaker, wurden Anfang der 60er Jahre vom Vorbesitzer TWA erworben wurden und standen bis 1973 im Einsatz.

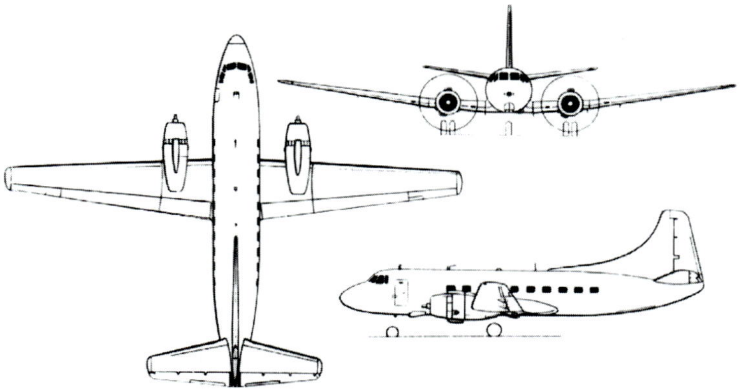

rung. Eastern hatte inzwischen 60 Maschinen bestellt, während TWA 41 Exemplare kaufte. Die restlichen zwei Flugzeuge wurden unter der militärischen Bezeichnung RM-1 an die US-Küstenwache geliefert. EAL erhielt ihre erste M.4-0-4 am 21. Oktober 1951 (N440A, C/N 14109), gefolgt von TWA am 9. November 1951 (N40403, C/N 14103). Trotz anfänglicher technischer Probleme erwarben sich die Martin-Liner im Laufe ihrer Einsatzzeit einen hervorragenden Ruf und heute, nahezu 50 Jahre nach Baubeginn, stehen immer noch eine Handvoll dieser robusten Flugzeuge im Einsatz.

Bei TWA blieben die M.4-0-4 bis Oktober 1961 im Dienst und Eastern verkaufte ihre Flotte zwischen 1962 und 1963. Die größten Second-Hand-Betreiber waren **Piedmont Airlines, Ozark Airlines, Pacific Air Lines** und **Southern Airways**. Allein Piedmont Airlines betrieb nicht weniger als 17 dieser Maschinen.

Daten

Antrieb: 2 Pratt & Whitney R-2800-CB16, luftgekühlte 18-Zylinder-Doppelsternmotoren, 2.400 PS (1.764 kW)
Spannweite: 28,26 m; Länge: 22,92 m; Höhe 8,55 m; max. Startgewicht: 20.367 kg; ökon. Reisegeschwindigkeit: 460 km/h; Gipfelhöhe: 8.600 m; Reichweite: 2.600 km; Besatzung: 3; Passagiere: 40-44

N.A.M.C. YS-11

Japan, Baujahr: 1962

Wenn auch die Fertigung der **YS-11** nach nur 182 Maschinen eingestellt wurde – erheblich weniger als man sich bei Programmbeginn gewünscht hatte – sicherte sich das Muster einen Platz in der Luftfahrtgeschichte als das erste Verkehrsflugzeug, das in Japan entwickelt und produziert wurde. Überlegungen zum Bau eines solchen Flugzeuges reichen bis in das Jahr 1956 zurück. Im Mai 1957 veranlasste das japanische Ministerium für Industrie und Außenhandel die Bildung einer Entwicklungsgesellschaft für Transportflugzeuge, in der sechs der bedeutendsten Flugzeughersteller des Landes zusammengefasst wurden. Das angestrebte Ziel war Entwicklung und Bau eines Mittelstrecken-Passagierflugzeuges für den wachsenden japanischen Luftverkehrsmarkt. Eine unter der Leitung von *Dr. Hidemara Kimura* stehende Kommission wählte im Januar 1959 unter den zahlreichen vorgestellten Projekten den für den Bau bestimmten Entwurf aus, von dem vorläufig nur ein sogenanntes Mockup (Modell 1:1) hergestellt wurde. Entsprechend den Initialen der Entwicklungsgesellschaft Yusoki Sekkei K. K. erhielt das geplante Flugzeug die Typenbezeichnung **YS-11**. Am 1. Juni 1959 wurde die Nihon Aeroplane Manufacturing Company (N.A.M.C.) gegründet, der die Koordination und Bauleitung, Weiterentwicklung, Montage, Flugerprobung und der Verkauf der Serienflugzeuge übertragen wurde. Der Bedarf der japanischen inländischen Fluggesellschaften spielte bei der Spezifikation des neuen Verkehrsflugzeuges eine wesentlich Rolle. Diese wünschten ein zweimotoriges Turboprop-Flugzeug, welches größer sein sollte als die bereits verfügbaren Muster der Typen **Fokker F-27** und **(Avro) HS-748**. Anfänglich sollte die **YS-11** für 60 bis 70 Passagiere ausgelegt sein, doch entschied man sich nach einer eingehenden Marktanalyse – auch der Auslandsmärkte – für eine verkleinerte Version mit 52 bis 60 Sitzplätzen. Zunächst wurden zwei Prototypen und zwei Bruchzellen gefertigt. Der erste der beiden Prototypen führte am 30. August 1962 seinen Erstflug aus, gefolgt vom zweiten Prototyp am 28. Dezember des gleichen Jahres. Nach 1.000 Flugstunden erhielt das Muster am 25. August 1964 die japanische Musterzulassung, der die amerikanische am 7. September 1965 folgte. Seit dem 23. Oktober 1963 hatte auch das erste Serienflugzeug an der Flugerprobung teilgenommen, welches im März 1965 an die japanische Luftfahrtbehörde geliefert wurde. Der Serienbau der YS-11 wurde auf folgende Werke aufgeteilt: Fuji (Leitwerk), Kawasaki (Triebwerk und Flügel), Mitsubishi (Rumpf und Endmontage), Nihon (Landeklappen und Querruder), Shin Meiwa (Rumpfheck) und Showa (Strukturarbeiten in Honeycomb-Bauweise). Erstkunde – und zugleich größter Einzelkunde – für das neue Flugzeug wurde **TOA Airways** mit einer Bestellung

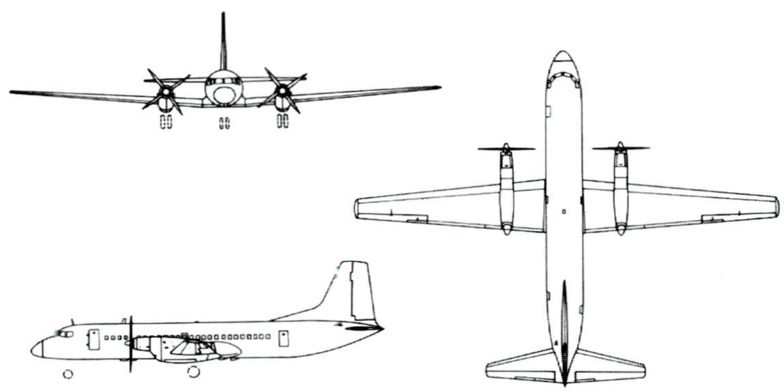

Daten (YS-11A-200)

Antrieb: 2 Rolls-Royce Dart 542-10K Propellerturbinen, 3.060 WPS (2.250 kW)
Spannweite: 32,00 m; Länge: 26,30 m; Höhe 8,98 m; max. Startgewicht: 24.500 kg; ökon. Reisegeschwindigkeit: 452 km/h; Gipfelhöhe: 6.980 m; Reichweite: 2.200 km; Besatzung: 4; Passagiere: 52-60

Das erste und bis heute einzige Verkehrsflugzeug aus japanischer Fertigung ist die NAMC YS-11. P4-YSC (C/N 2069) flog, noch teilweise in den Farben des Vorbesitzers, zwischen April 1989 und März 1991 bei der auf den Niederländischen Antillen ansässigen Air Aruba.

von über 40 Exemplaren. An zweiter Stelle folgte **All Nippon Airways (ANA)**, die 30 Flugzeuge kaufte. Dritter japanischer Erstkunde wurde **Japan Domestic Airlines** mit zehn Exemplaren. Der Linienflugbetrieb begann am 1. April 1965 auf dem Streckennetz der TOA Airways. Der erste Exporterfolg für das Muster war eine Bestellung der **Filipinas Orient Airways**, deren erste von vier bestellten YS-11 am 19. Oktober 1965 zur Ablieferung kam. Der weitere Export der YS-11 entwickelte sich nur schleppend, 1966 kaufte **Hawaiian Airlines** drei Maschinen, 1967 die peruanische **LANSA** ebenfalls drei. Vom fünfzigsten Flugzeug an wurde, im Hinblick auf potentielle Käufer in den USA, die **YS-11A** mit höherem Abfluggewicht und einer um 1.270 kg erhöhten Nutzlast gefertigt. Mit Baubeginn der YS-11A kam die Fertigung der YS-11 Grundversion zum Abschluss. Die **YS-11A** führte am 27. November 1967 ihren Erstflug aus und wurde in drei Untervarianten als Serien 200, 300 und 400 angeboten, von denen die **Srs.200** eine reine Passagierversion mit 60 Sitzplätzen war. Größter Betreiber der Srs.200 wurde die US-Fluggesellschaft **Piedmont Airlines**, die 21 Maschinen bestellte und ab Mitte 1968 in den Liniendienst stellte. Zuvor, am 3. April 1968, erteilte die FAA die amerikanische Verkehrszulassung. Weitere Kunden waren, neben japanischen Fluggesellschaften, **Philippine Airlines** (10), **Cruzeiro** und **VASP** (je 8), sowie **Olympic Airways** (7) als einziger europäischer Betreiber der YS-11. Von der Srs.200 wurden 80 Exemplare gebaut.

Die **Srs.300** wurde für den gemischten Passagier-/Frachtverkehr gebaut und zu diesem Zweck mit einem großen Frachttor in der linken hinteren Rumpfhälfte ausgestattet. Die Kabine wurde mit einer festen Trennwand versehen. Von dieser Ausführung wurden 17 Maschinen verkauft.

Die **Srs.400** war eine reine Frachtversion und wurde in 35 Exemplaren für die japanische Luftwaffe (JASDF) gebaut. Diese Abart verfügte über ein zweites Frachttor in der vorderen linken Rumpfhälfte.

Die späteren Serien **500** und **600** haben ein höheres Startgewicht von 25.000 kg und sind Umrüstungen der sonst identischen Serien 200 und 300. Die Fertigung der YS-11 wurde 1972 eingestellt.

Saab 90 Scandia

Schweden, Baujahr: 1946

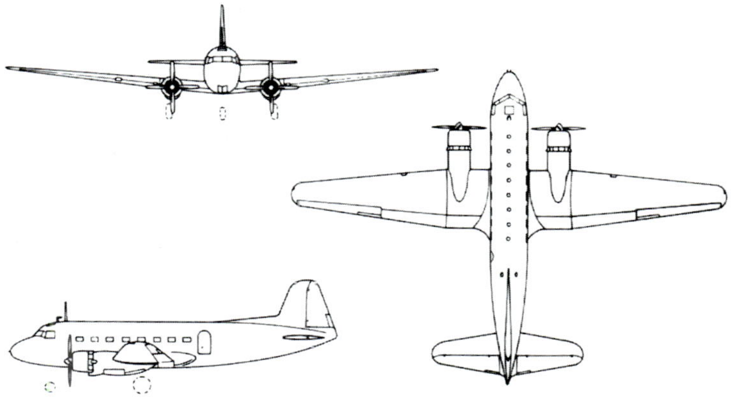

Die 1937 gegründete schwedische Flugzeugfirma SAAB (Svenska Aeroplan AB) nahm unter der Projektbezeichnung CT (Commercial Transport) 1944 die Entwurfsarbeiten an einem Kurz- und Mittelstrecken-Verkehrsflugzeug auf. Von seiner Größe und seinen Abmessungen fiel es in die Klasse der **Convair 240**, der **Iljuschin IL-12** und der **Vickers Viking**. Der Prototyp der nunmehrigen **Saab 90**, SE-BCA, flog erstmals am 16. November 1946 und nahm anschließend die Flugerprobung auf. Als Antrieb verfügte die Maschine über zwei Pratt & Whitney R-2000-13 Sternmotoren von je 1.350 PS (993 kW). Nachdem 1947 das Luftverkehrs-Tüchtigkeitszeugnis erteilt worden war, wurde die Maschine in allen bedeutenden Ländern Europas vorgestellt, doch Saab erhielt nur einen einzigen Auftrag für zehn Flugzeuge von der schwedischen Fluggesellschaft **AB Aerotransport (ABA)**, die im Februar 1948 im **Scandinavian Airlines System (SAS)** aufging. Um die von den meisten Fluggesellschaften bemängelten Flugleistungen zu verbessern, wurde die Motorleistung der im Prototyp eingebauten Triebwerke auf je 1.450 PS (1.066 kW) gesteigert und die Maschine nunmehr als **Saab 90A** bezeichnet. Weitere Kunden für das Muster konnten zwischen 1947 und 1948 mit den brasilianischen Fluggesellschaften **Aerovias Brasil** (4) und **VASP** (5) gewonnen werden.

Die Serienflugzeuge wurden als **Saab 90A-1** (Abnehmer SAS) und **90A-2** (Abnehmer Aerovias und VASP) bezeichnet und von leistungsstärkeren Pratt & Whitney R-2180-Motoren angetrieben. Die Motoren für die 90A-1 lieferten 1.650 PS (1.213 kW), die der 90A-2 1.825 PS (1.341 kW). Das erste Serienflugzeug (90A-1) startete am 12. November 1949 zum Erstflug, wurde von der ABA aber nicht übernommen und zur 90A-2 umgerüstet. Insgesamt wurden 17 Saab 90 hergestellt, von denen die ersten elf Exemplare vollständig von Saab gebaut wurden, während für die Fertigung der für die VASP bestimmten Flugzeuge auch die niederländischen Werke Aviolanda, de Schelde und Fokker herangezogen werden mussten, da Saab durch die Produktion militärischer Flugzeuge weitgehend ausgelastet war. Die ersten vier Maschinen erhielt 1949 die Aerovias Brasil, die 1950 von der VASP übernommen wurde. VASP erhielt die erste eigene 90A-2 am 28. Juli 1951. SAS übernahm von den zehn bestellten Flugzeugen nur acht, das erste wurde am 3. Oktober 1950 ausgeliefert. Der Linienflugbetrieb begann im darauffolgenden Monat, und die letzte Maschine wurde am 7. Dezember 1954 an die SAS übergeben. Bei SAS als *Scandia* bezeichnet, beförderte das Muster neben einer drei- bis vierköpfigen Besatzung 24 bis 32 Fluggäste. Bereits bei Ablieferung der letzten

Daten (90A-2)

Antrieb: 2 Pratt & Whitney R-2180-E1, luftgekühlte 14-Zylinder-Sternmotoren, 1.825 PS (1.341 kW)
Spannweite: 28,00 m; Länge: 21,30 m; Höhe 7,10 m; max. Startgewicht: 16.000 kg; ökon. Reisegeschwindigkeit: 360 km/h; Gipfelhöhe: 7.600 m; Reichweite: 2.100 km; Besatzung: 3-4; Passagiere: 24-32

Schon bei ihrer Markteinführung 1950 war die 32sitzige Saab 90 Scandia aufgrund der fehlenden Druckkabine und der geringen Nutzlast veraltet. Nach nur kurzer Einsatzdauer verkaufte die SAS alle acht Maschinen an die brasilianische VASP. Dort blieb das Muster bis 1965 im Liniendienst. VASP erwarb PP-SQC (C/N 90.102) am 16. Oktober 1950 von der Aerovias Brasil. Das Flugzeug wurde im September 1966 auf dem Flughafen Congonhas (Sao Paulo) abgewrackt.

90A-1 an SAS war das Flugzeugmuster aufgrund der fehlenden Druckkabine und geringen Passagierkapazität in Europa schon nicht mehr konkurrenzfähig. Deshalb verkaufte die Fluggesellschaft ihre 90A-1-Flotte zwischen März 1957 und Januar 1958 an die VASP, die zeitweise auch den Prototyp flog und somit alle 18 gebauten Maschinen einsetzte. VASP betrieb ihre Saab 90-Flotte bis August 1965. Während ihrer Einsatzzeit gingen vier Maschinen durch Unfälle verloren. Zwei weitere Ableger waren projektiert, wurden jedoch nicht gebaut: Die **Saab 90A-3** sollte in einem verlängerten Rumpf 30-38 Passagiere befördern können, während die gleich große **90B-3** zusätzlich mit einer Druckkabine ausgerüstet werden sollte. Auch für diese beiden Muster fanden sich keine Käufer.

Short SC.5 Belfast

Großbritannien, Baujahr: 1964

Die massige ***Belfast*** wurde zu Beginn der 60er Jahre nach einer Spezifikation der **Royal Air Force (RAF)** für ein strategisches Langstrecken-Frachtflugzeug mit Propellerturbinenantrieb entwickelt, die schließlich zehn dieser als **Belfast C Mk.I** bezeichneten Flugzeuge bestellte. Die erste Belfast flog am 5. Januar 1964. Nach einer zweijährigen Erprobungsphase begannen die Ablieferungen an die RAF am 20. Januar 1966. Dort stand das Muster bis 1976 im aktiven Truppendienst. Auf der Suche nach einem geeigneten Großraumfrachter für sperrige Güter erwarb die britische Frachtfluggesellschaft **TAC Heavylift**, heute **Heavylift Cargo Airlines**, 1977 fünf Belfast von der RAF. Drei dieser Flugzeuge wurden von der auf Umrüstungen spezialisierten Firma Marshall of Cambridge auf den Standard von Verkehrsflugzeugen gebracht, was Modifikationen der nahezu gesamten technischen Ausrüstung und Avionik erforderte. Die beiden übrigen Maschinen dienten als Ersatzteillager. Die britische Luftfahrtbehörde erteilte der Belfast die zivile Musterzulassung am 6. März 1980. Kurze Zeit später wurden die Flugzeuge von TAC Heavylift in Dienst gestellt. Mitte der 90er Jahre wurden die Belfast bei der Fluggesellschaft durch leistungsfähigere russische Flugzeugtypen wie der **IL-76TD** und **AN-124** ersetzt.

Daten

Antrieb: 4 Rolls-Royce Tyne R.Ty-12 Propellerturbinen, 5.814 WPS (4.276 kW)
Spannweite: 48,41 m; Länge: 41,58 m; Höhe 14,33 m; max. Startgewicht: 104.325 kg, ökon. Reisegeschwindigkeit: 510 km/h; Gipfelhöhe: 8.800 m; Reichweite: 6.200 km; Besatzung: 4; Nutzlast: 34.000 kg

Von der SM.95, dem größten je in Italien gebauten Verkehrsflugzeug, wurden ab Ende 1946 nur zwölf Stück gebaut. Sechs kamen zwischen 1947 und 1951 auf allen wichtigen Mittelstrecken der Alitalia zum Einsatz. Ab 1952 wurden sie von der leistungsstärkeren Douglas DC-4 abgelöst.

Savoia-Marchetti SM.95

Italien, Baujahr: 1943

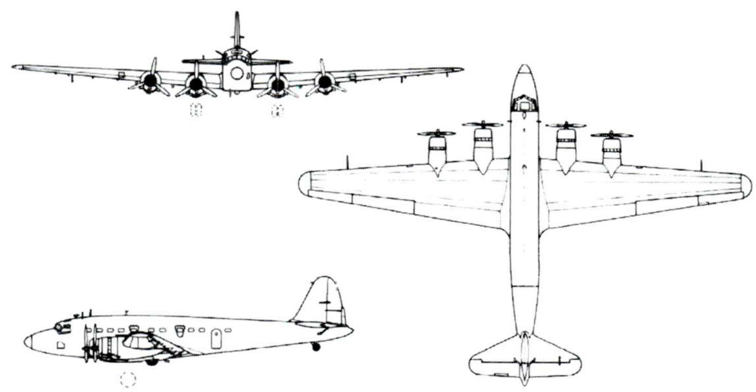

Die **SM.95** wurde anfänglich als militärischer Transporter für die italienische Luftwaffe entwickelt. Der erste Prototyp, der von vier Alfa Romeo AR.131 RC14/50 von je 850 PS (625,2 kW) angetrieben wurde, führte im Mai 1943 seinen Erstflug aus. Diese Triebwerke wurden später durch leistungsfähigere AR.128 RC18 mit einer Leistung von je 930 PS (684 kW) ersetzt, welche auch zwei weitere vor Kriegsende fertiggestellte SM.95 antrieben. Die Rumpflänge dieser ersten Exemplare betrug 22,25 und als Passagiermaschine konnten bis zu 18 Fluggäste befördert werden. Bei einem maximalen Startgewicht von 21.455 kg hatte die SM.95 eine Reichweite von 2.000 km und war damit ein reines Mittelstreckenflugzeug.

Ende 1946 begann der Bau von zwölf Serienmaschinen, bei denen der Rumpf auf 24,75 m verlängert wurde, so dass in der Standardausführung 30 Passagiere befördert werden konnten. Auf Kurzstrecken konnte die Passagierkapazität auf bis zu 50 Fluggäste erhöht werden. Die Serienflugzeuge erhielten wahlweise vier Triebwerke der Typen Alfa Romeo 128, Bristol Pegasus 48 (1.000 PS / 735,5 kW) oder Pratt & Whitney R-1830-S13CG (1.215 PS / 893,6 kW). Neben den zwölf zivilen SM.95, die von Savoia und S.A.I. Ambrosini in Perugia gebaut wurden, bestellte das italienische Luftfahrtministerium zwei weitere Maschinen für die italienische Luftwaffe. Diese Exemplare wurden erst 1955 ausgemustert.

Alitalia kaufte sechs SM.95 und stellte sie im August 1947 in den Liniendienst auf den wichtigsten Hauptstrecken, auf denen fünf Maschinen bis 1948 im Einsatz blieben. Dann wurden sie durch die leistungsfähigere **DC-4** ersetzt. Erst im Jahre 1952 stellte Alitalia ihre letzte SM.95 außer Dienst. Ab 1949 wurden bei der italienischen Fluggesellschaft **ALA Littoria** drei SM.95 probeweise auf der Langstrecke Rom-Caracas eingesetzt. Als diese Gesellschaft 1950 den Flugbetrieb einstellte, übernahm Alitalia auch diese Flugzeuge. Die drei letzten SM.95 kaufte die ägyptische **SAIDE**, bei der das Muster bis 1952 im Einsatz stand.

Die SM.95 war das größte italienische Verkehrsflugzeug, doch trotz ihrer ausgezeichneten Flugeigenschaften war das Flugzeugmuster zum Zeitpunkt seiner Indienststellung technisch bereits überholt.

Daten

Antrieb: 4 Pratt & Whitney R-1830-S13CG Twin Wasp, luftgekühlte 14-Zylinder Doppelsternmotoren, 1.215 PS (893,6 kW) Spannweite: 34,30 m; Länge: 24,80 m; Höhe 5,70 m; max. Startgewicht: 24.200 kg; ökon. Reisegeschwindigkeit: 345 km/h; Gipfelhöhe: 7.600 m; Reichweite: 2.600 km; Besatzung: 4-5; Passagiere: 26-38

Sud-Est SE.161 Languedoc

Frankreich, Baujahr: 1945

Die ***Languedoc*** war das erfolgreichste französische Kolbenmotor-Passagierflugzeug der Nachkriegszeit, von dem 100 Exemplare für zivile Fluggesellschaften, aber auch als Militärtransporter für die französische **Armée de l'Air** und **Aeronavale** gebaut wurden. Die Ursprünge dieses Musters gehen auf die 1937 von *Marcel Bloch* (später *Marcel Dassault*) entworfene **MB.160** zurück, dessen Serienfertigung aber nicht aufgenommen wurde. Stattdessen entwickelte Bloch die **MB.161**, ein 33plätziges Passagierflugzeug, das auf die Bedürfnisse der **Air France** zugeschnitten war. Der Prototyp der MB.161 flog erstmals im Jahre 1939. Die Bezeichnung MB.161 wurde beibehalten, obwohl die Bloch-Werke bereits im Januar 1937 von der staatlichen S.N.C.A. du Sud-Est übernommen worden waren. Während des Krieges konnte die Entwicklung dieses Musters unter der Vichy-Regierung fortgeführt werden, doch wurde das erste Flugzeug erst nach 1945 fertiggestellt. Am 17. September 1945 führte die in **SE.161 *Languedoc*** umbenannte Maschine in Toulouse ihren Erstflug aus. Als Antrieb dienten vier Sternmotoren Gnome-Rhône 14N von je 900 PS (662 kW) Startleistung. Das maximale Startgewicht betrug 20.577 kg. Die **Air France** bestellte für ihre europäischen und nordafrikanischen Mittelstrecken 40 Einheiten und stellte das neue Flugzeugmuster im Mai 1946 in den Liniendienst. Im regulären Passagiereinsatz erwies sich die *Languedoc* als unwirtschaftlich, besonders die französischen Triebwerke zeigten sich als störanfällig. Durch den Einbau der bewährten Pratt & Whitney R-1830-Triebwerke wurde die Leistungsfähigkeit der SE.161 verbessert und das maximale Startgewicht konnte auf 23.500 kg erhöht werden. Trotzdem erfüllte das Muster nicht die von Air France gestellten Anforderungen und wurde ab 1952 nur noch als Frachtflugzeug mit einer Nutzlast von 5.500 kg eingesetzt. 1954 wurde die Languedoc bei Air France endgültig außer Dienst gestellt. Auch der Export-Erfolg der SE.161 war bescheiden, als einziger ausländischer Erstkäufer bestellte 1948 die polnische **LOT** fünf Stück. Einige der von Air France ausgemusterten SE-161 wurden von **Misrair** (Ägypten), **Tunis Air** und der spanischen **Aviaco** übernommen, wo der Typ bis 1959 im Einsatz stand. Bei den französischen Militärs wurde die *Languedoc* noch bis 1970 eingesetzt zuletzt als fliegende Prüfstände für Triebwerke und anderes technisches Zubehör. Die Fertigung der SE.161 endete 1949.

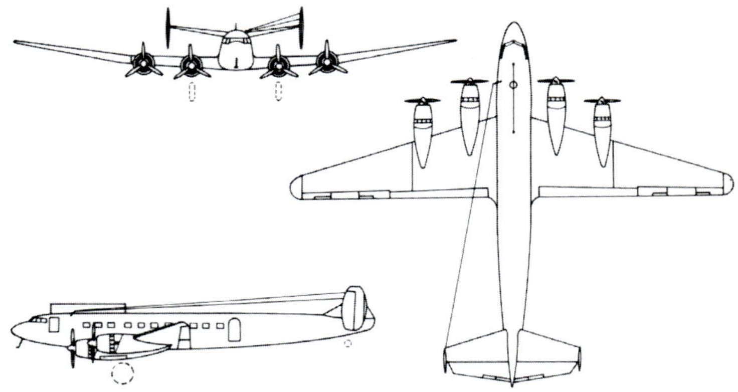

Daten

Antrieb: 4 Pratt & Whitney R-1830/92, luftgekühlte 14-Zylinder Sternmotoren, 1.200 PS (882 kW)
Spannweite: 29,40 m; Länge: 24,25 m; Höhe 5,15 m; max. Startgewicht: 23.500 kg; ökon. Reisegeschwindigkeit: 375 km/h; Gipfelhöhe: 7.800 m; Reichweite: 2.500 km; Besatzung: 4-5; Passagiere: 33-44

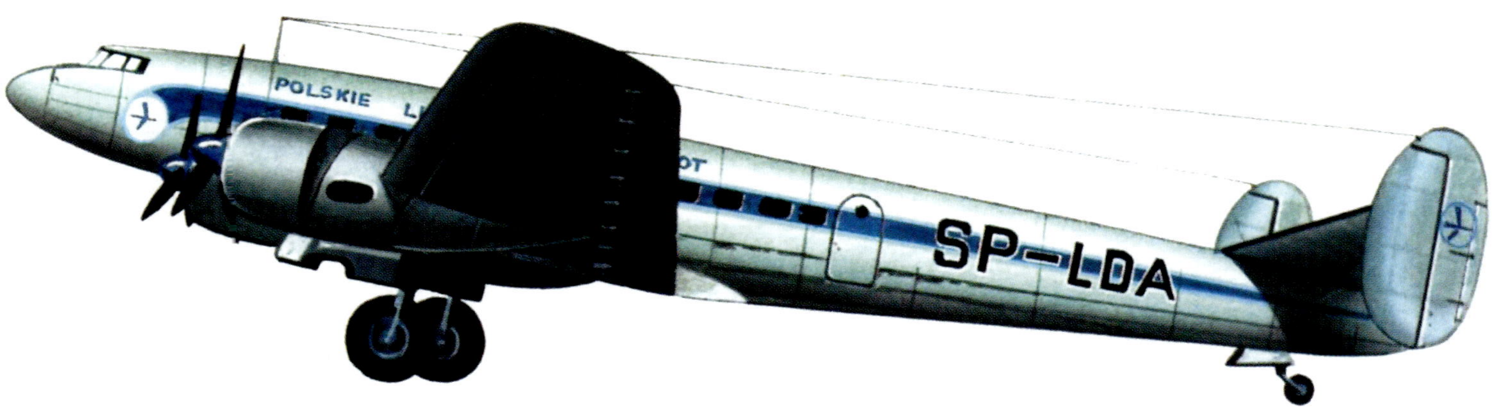

Die Languedoc war zwar das erfolgreichste französische Verkehrsflugzeug mit Kolbenmotor-Antrieb, aber bei seiner Markteinführung im Mai 1946 bereits technisch veraltet. Als einziger ausländischer Erstkunde erwarb die polnische LOT im Jahre 1948 fünf SE.161 für ihr europäisches Streckennetz, aber das Muster wurde schon ab 1949 von der fortschrittlicheren Iljuschin IL-12B abgelöst.

Zwischen 1973 und 1978 setzte die Air France vier Transall C-160P exklusiv auf der Strecke Paris-Bastia (Korsika) ein. F-BUFR wartet hier in Paris-Orly im Juli 1977 auf den nächsten Nachtflug.

Transall C-160P

Frankreich, Baujahr: 1973

Zwischen 1973 und 1978 setzte die **Air France** vier **Transall C-160**, ihres Zeichens in erster Linie Militärtransporter, zur Beförderung von Luftpost innerhalb Frankreichs ein. Dieser Dienst erfolgte im Auftrag des Centre d'Exploitation Postal Métropolitain (CEPM) und zeichnete sich durch außergewöhnliche Pünktlichkeit und Regelmäßigkeit im Allwetterflugbetrieb aus. Zuerst verwendete Air France hierfür **DC-3C**, die dann von **DC-4** und später von der **Fokker F-27 Mk.500** abgelöst wurden. Für die Postbeförderung wurde die C-160 so modifiziert, dass die Flugzeuge innerhalb von zwölf Minuten 13,5 Tonnen Luftpost be- und entladen werden konnten. Die vier Transall kamen exklusiv auf der Strecke Paris-Bastia (Korsika) zum Einsatz, wobei jeweils zwei Flugzeuge an den Endpunkten stationiert wurden. Im Durchschnitt beförderten die Transall jede Nacht 1,8 Millionen Briefe. Während der gesamten Einsatzdauer lag die Pünktlichkeitsrate bei nahezu 98%.

Bei den vier **C-160P** für die **Air France** handelte es sich um umgebaute französische Militärmaschinen der Ausführung **C-160F**. Die Transall wurde ursprünglich für die deutsche und die französische Luftwaffe entwickelt, wobei die AG Transall die Fertigung übernahm. Der erste von drei Prototypen absolvierte am 25. Februar 1963 seinen Erstflug. Ihnen folgten sechs Vorserienflugzeuge, dann begann die Serienfertigung. Die deutsche Luftwaffe erhielt 110 **C-160D**, die Armée de l'Air 50 **C-160F** und weitere neun **C-160Z** wurden für die südafrikanische Luftwaffe gebaut.

Die Fertigung wurde 1970 eingestellt, 1978 aber kurzzeitig wieder aufgenommen, nachdem die französische Luftwaffe 25 Maschinen bestellt hatte.

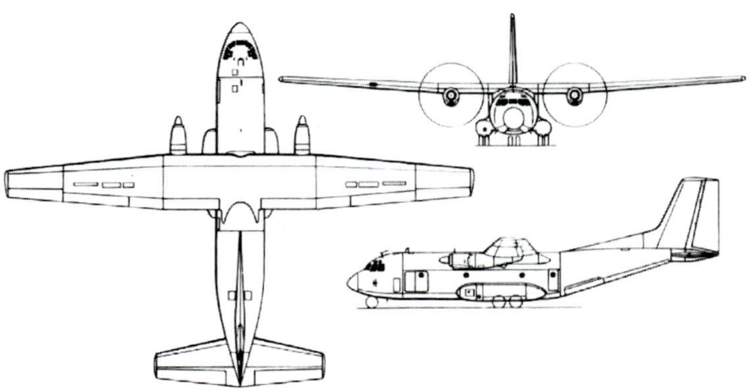

Daten

Antrieb: 2 Rolls-Royce Tyne Mk.22 Propellerturbinen, 6.196 WPS (4.557 kW)
Spannweite: 40,00 m; Länge: 32,40 m; Höhe 12,36 m; max. Startgewicht: 19.505 kg; ökon. Reisegeschwindigkeit: 454 km/h; Gipfelhöhe: 7.700 m; Reichweite: 4.800 km; Besatzung: 4; Nutzlast: 16.000 kg

Tupolew Tu-114 Rossija

UdSSR, Baujahr: 1957

Die gigantische **Tu-114** war die Sensation des Pariser *Salon d'Aéronautique* von 1959. Die Besonderheit dieses Flugzeuges liegt nicht nur in seiner Größe, sondern auch darin, dass es das einzige von Propellerturbinen angetriebene Verkehrsflugzeug mit Pfeilflügeln ist. Die Tu-114 stimmt in vielen Baugruppen mit dem Langstreckenbomber **Tu-20** überein, wobei Flügel, Triebwerke, Fahrwerk und Seitenleitwerk ohne nennenswerte Änderungen von diesem Flugzeug übernommen wurden. Während es sich bei der Tu-20 um einen Mitteldecker handelt, wurde die Tu-114 als Tiefdecker ausgelegt. In dem neu konstruierten Rumpf konnten bis zu 220 Passagiere befördert werden, doch war die Standardkabine der bei **Aeroflot** eingesetzten Serienmaschinen für 170 Fluggäste ausgelegt. Die Entwicklungsarbeiten und der Bau der Tu-114 geschahen zu einer Zeit, als sich die großen westlichen Fluggesellschaften bereits auf die Einführung von strahlgetriebenen Verkehrsflugzeugen vorbereiteten. Allerdings ist die Reisegeschwindigkeit der Tu-114 nur wenig geringer als die der zeitgenössischen **SE.210 *Caravelle*** oder **DH.106 *Comet 4***. Die überlegene Nutzlastkapazität der Tu-114 schlug sich in mehr als 30 Geschwindigkeits- und Höhenrekorden nieder. Der Erstflug des Musters, der zeitlich genau auf den 40. Jahrestag der Oktoberrevolution abgestimmt war, wurde im Oktober 1957 unter Führung von *A. Jakimow* in Moskau-Wnukowo durchgeführt. Am 24. April 1961 nahm die **Aeroflot** die Tu-114 auf der 7.000 km langen Route zwischen Moskau und Chabarowsk in Betrieb. Nach einem umfangreichen, zweieinhalb Jahre dauernden Erprobungsflugbetrieb wurde die Tu-114 ab Frühjahr 1964 auch auf den Ultra-Langstrecken nach Accra, Conakry, Delhi, Havanna, und Montreal eingesetzt. Zwischen 1965 und 1967 kam das Muster periodisch auch auf Routen zwischen Moskau und Paris und London zum Einsatz. Eine **Tu-114B** (CCCP-76464) flog zwischen April 1968 und März 1969 einen gemeinsamen Service der Aeroflot und **Japan Air Lines** zwischen Moskau und Tokio über die Sibirien-Route. Insgesamt wurden 36 Tu-114 gebaut, davon ein Prototyp, zwei Vorserienmaschinen mit der Bezeichnung **Tu-114A**, 32 Serienmaschinen **Tu-114B** und eine **Tu-114D**.

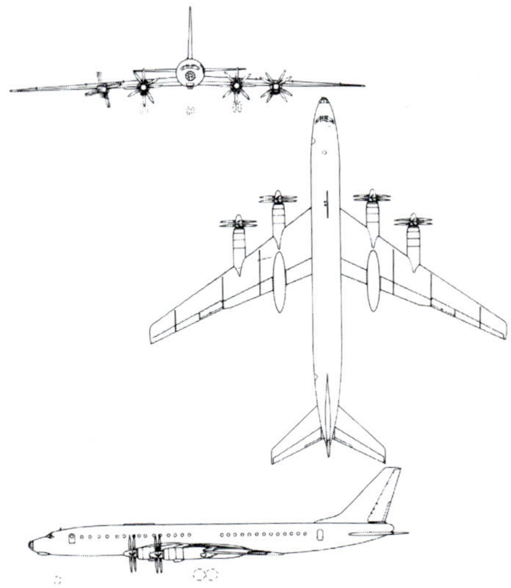

Bei der Tu-114D wurde der schlanke Rumpf der Tu-20 mit dem verstärkten Tragwerk der Tu-114B versehen. Diese Maschine wurde für den Transport von Post und Fracht verwendet. Im hinteren Rumpfteil befand sich eine Passagierkabine für 24 Fluggäste. Die Tu-114D flog erstmals im März 1958 und erregte internationales Aufsehen, als sie die Strecke Moskau-Irkutsk-Moskau (8.500 km) mit einer mittleren Geschwindigkeit von 800 km/h bewältigte.
Aus der Tu-114D entstand die **Tu-116**, von der zwei Maschinen gebaut wurden, die ihre Erstflüge am 23. April und 3. Juni 1957

Die in Monino im Museum ausgestellte Tu-114 ist das erste von zwei Vorserienflugzeugen Tu-114A, welches am 15. November 1957 erstmals flog. Von der Tu-116 wurden nur zwei Stück gebaut, von denen das erste, CCCP-76462, im Museum für Zivilluftfahrt in Uljanowsk ausgestellt ist.

absolvierten. Sie waren identisch mit der Tu-114D, doch erhielten sie einen zusätzlichen Treibstofftank im Rumpfmittelteil, so dass die Reichweite auf nahezu 10.000 km gesteigert werden konnte. Die Passagierkabine wurde in VIP-Ausführung für zwölf bis 16 Flugäste ausgelegt. Anfang der 70er Jahre entstand aus der Tu-114D der strategische Langstrecken-Patrouillenbomber **Tu-95**, welcher die Tu-20 weitgehend ablöste.
Mindestens sechs Tu-114B standen bei der Aeroflot bis zur Jahreswende 1974/1975 im Einsatz, bevor das Muster endgültig von der vierstrahligen IL-62M abgelöst wurde.
Die letzten von IL-114 beflogenen Routen führten nach Delhi, Havanna und Wladiwostok. In der Ausstellung des Museums für Verkehrsluftfahrt in Uljanowsk nahe Moskau sind eine Tu-114B und eine Tu-116 ausgestellt, während die erstgefertigte Tu-114A im Luftfahrtmuseum Monino zu sehen ist.

Daten (Tu-114B)

Antrieb: 4 Kusnezow NK-12MV Propellerturbinen, 14.785 WPS (10.867 WkW) mit gegenläufigen 4-Blatt-Propellern
Spannweite: 51,00 m; Länge: 54,10 m; Höhe: 12,00 m;
max. Startgewicht: 165.000 kg; ökon. Reisegeschwindigkeit: 750 km/h; Gipfelhöhe: 10 000 m; Reichweite: 8.250 km;
Besatzung: 4+9; Passagiere: 120-170

Vickers V.950 Vanguard

Großbritannien, Baujahr: 1959

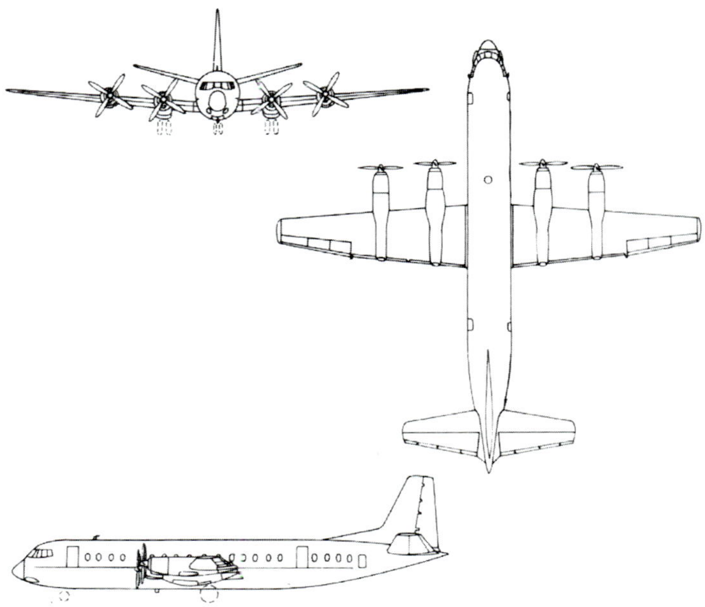

Bereits 1951, also zwei Jahre vor der Einführung der ***Viscount***, beschäftigte sich die Planungsabteilung der **British European Airways (BEA)** mit dem Nachfolgemodell der Viscount. Während bei den anfänglichen Projekten noch zahlreiche Bauteile dieses Flugzeuges Verwendung finden sollten, war das 1953 erarbeitete Projekt 900 eine grundlegende Neukonstruktion. Das Pflichtenheft der BEA sah 93 Passagierplätze oder eine Nutzlast von 9.525 kg vor. Das Startgewicht des von vier Tyne-Propellerturbinen angetriebenen Flugzeuges sollte 52.160 kg betragen. Weitergehende Untersuchen ergaben jedoch, dass sich ein derartiges Flugzeug nicht wirtschaftlich einsetzen ließe. Unter der Typenbezeichnung 950 ***Vanguard*** erarbeitete Vickers daher ein vergrößertes Projekt mit einem Startgewicht von 61.235 kg. Im Juli 1956 erteilte die **BEA** einen Auftrag für 20 Flugzeuge des Typs **V.951**, sechs Monate später ging ein weiterer Auftrag für 23 Maschinen von **Trans-Canada Air Lines** (später Air Canada) ein. Diese als **V.952** bezeichneten Flugzeuge wurden mit dem leistungsstärkeren Tyne R.Ty.11

Die Vickers V.950 Vanguard entspricht in ihrer Auslegung dem Vorläufer Vickers Viscount. Die leistungsfähige Vanguard bewährte sich jahrelang bei der BEA und Air Canada, zuletzt als Frachter. Dank seiner außerordentlichen Transportkapazität blieb das Muster bis in die 90er Jahre hinein im Einsatz. Größter Betreiber der Merchantman-Frachtversion V.953C war mit sechs Exemplaren Air Bridge Carriers.
G-APEP (C/N 719) Superb war das am längsten eingesetzte Flugzeug, es wurde im November 1961 gebaut und erst im Oktober 1996 aus dem Einsatz genommen. Die Maschine ist jetzt im Brooklands Museum in der Nähe von Weybridge, Surrey, ausgestellt.

Mk.512 von 5.545 WPS (4.076 WkW) ausgerüstet, wodurch das Startgewicht auf 66.448 kg angehoben werden konnte. Im Sommer 1958 entschied sich auch die BEA für diese leistungsstärkere Ausführung. Die ursprüngliche Bestellung der V.951 wurde auf sechs Exemplare gestutzt und durch einen Auftrag für 14 **V.953** ersetzt. Die V.953 weist das gleiche Startgewicht wie die kanadische Version auf, ist jedoch mit den leistungsschwächeren Tyne 506-Triebwerken ausgestattet. Der Erstflug des ersten Vanguard-Prototyps G-AOYW erfolgte am 20. Januar 1959. Am 22. April desselben Jahres folgte die G-APEA, die erste der für die BEA bestimmten V.951. Die mit dem vierten Serienflugzeug (G-APED) durchgeführte Triebwerkserprobung deckte schwerwiegende Mängel des Kompressors auf, welche die Erteilung des Lufttüchtigkeitszeugnisses bis zum Dezember 1960 verzögerten. Am 1. März 1961 begann die BEA mit ihren V.951 den planmäßigen Flugbetrieb, gefolgt im Mai desselben Jahres von der V.953. Trans-Canada Air Lines begann mit dem Linieneinsatz mit ihrer V.952 am 1. Februar 1961 und das Muster verrichtete bis zur Außerdienststellung im Jahre 1971 zuverlässige Dienste. Bei BEA blieb die Vanguard bis 1968 im Passagiereinsatz. 1969 ließ die Fluggesellschaft neun ihrer Maschinen bei Aviation Traders zu reinen Frachtern umbauen, welche die neue Typenbezeichnung ***Merchantman*** erhielten. Die erste Merchantman konnte bereits am 29. November 1969 an die BEA übergeben werden. Das Muster blieb bis 1979 bei der Fluggesellschaft (später British Airways) im Einsatz. Die Merchantman verfügt über ein großes Ladetor in der linken vorderen Rumpfhälfte und ist mit einem verstärkten Roller-Floor-Kabinenboden zum Transport palettierter Ladung ausgestattet. Die letzte Vanguard, eine Maschine der Serie 952, war bis 1984 im Einsatz bei der indonesischen Fluglinie **Merpati Nusantara Airlines**, während die letzte Merchantman (V.953C G-APEP, C/N 719) erst am 17. Oktober 1996 von **Hunting Cargo Airlines** außer Dienst gestellt wurde.

Obwohl fünf Totalverluste zu beklagen waren, davon zwei Merchantman, war die Vanguard ein sehr zuverlässiges Flugzeugmuster. Sie stellt das letzte große in der westlichen Welt gebaute Turboprop-Verkehrsflugzeug dar. Die Produktion endete im März 1962. Es war ihr Schicksal, von den Mittelstrecken-Strahlflugzeugen technisch und wirtschaftlich überholt zu werden.

Daten (V.952)

Antrieb: 4 Rolls-Royce Tyne 512 Propellerturbinen, 5.545 WPS (4.076 WkW)
Spannweite: 36,15 m; Länge: 37,45 m; Höhe 10,64 m; max. Startgewicht: 66.448 kg; ökon. Reisegeschwindigkeit: 676 km/h; Gipfelhöhe: 9.145 m; Reichweite: 4.400 km; Besatzung: 3+5; Passagiere: 119-139; Nutzlast: 16.785 kg

Vickers Viking

Großbritannien, Baujahr: 1945

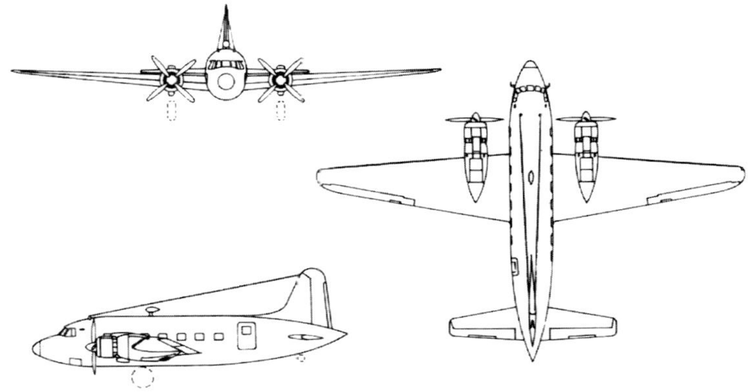

Die **Viking** war das erste nach 1945 in Großbritannien gebaute neue Passagierflugzeug. 1944 begannen die Ingenieure bei Vickers mit der Konstruktion des Musters auf der Grundlage des vom Ministry of Supply herausgegebenen Pflichtenheftes, welches eine Transportausführung des **Wellington**-Bombers forderte. Von diesem Muster wurde für die Viking der gesamte Außenflügel mit den beiden Triebwerken sowie das Fahrwerk unverändert übernommen. Der erste von drei Prototypen mit der Registrierung G-AGOK führte am 22. Juni 1945 in Wisley seinen Erstflug aus. Die beiden anderen Prototypen G-AGOL und G-AGOM, welche sich vom ersten Prototyp durch eine nach vorne gezogene Seitensteuerflosse unterschieden, folgten noch im gleichen Jahr. Die mit dem dritten Prototyp unternommenen Abnahmeflüge führten am 24. April 1946 zur Erteilung des Lufttüchtigkeitszeugnisses. Die Serienfertigung begann mit der **Viking IA**, von der 19 Maschinen gebaut wurden. Elf gingen an die neugegründete **British European Airways (BEA)**, die mit insgesamt 49 Viking-Flugzeugen aller Versionen größter Betreiber des Musters wurde. Bis zur Indienststellung des Turboprop-Musters **Vickers Viscount** blieb die Viking das Standard-

Daten (Viking IB)

Antrieb: 2 Bristol Hercules 634, luftgekühlte 14-Zylinder-Sternmotoren, 1.690 PS (1.242 kW)
Spannweite: 27,20 m; Länge. 19,90 m; Höhe 5,60 m; max. Startgewicht: 15.422 kg; ökon. Reisegeschwindigkeit: 337 km/h; Gipfelhöhe: 6.700 m: Reichweite: 1.570 km; Besatzung: 3; Passagiere: 24-36

Die abgebildete Vickers Viking gehört zur Serie 610/1B, welche bei der BEA in den späten 40er und frühen 50er Jahren das Rückgrat der Kurz-und Mittelstreckenflotte bildete. Danach wurde das Muster von der fortschrittlicheren Vickers Viscount Srs.700 mit Propellerturbinen-Antrieb abgelöst. G-AJBR (C/N 243) Virginia wurde am 24. September 1947 an die BEA geliefert, bei der sie bis zum 5. November 1954 im Einsatz stand. Dieses Flugzeug flog zwischen 1957 und 1961 mit den Kennzeichen D-AHAF und D-BONE für die Deutsche Flugdienst (später Condor Flugdienst) und die Lufthansa. Im November 1964 wurde es in Luton, nahe London, abgewrackt.

verkehrsflugzeug der BEA. Fünf weitere Viking IA kaufte die **British West Indian Airways**. Am 1. September 1946 erfolgte die Indienststellung der Viking bei der BEA auf den Routen London-Kopenhagen und London-Oslo. Mit einer Reisegeschwindigkeit von fast 340 km/h war die Viking um nahezu 50 km/h schneller als die **DC-3**, welche zuvor diese Strecken bedient hatte.

Die nächste Bauserie war die **Viking I**, von der 31 Stück gebaut wurden. Bei dieser Ausführung wurden die in der sogenannten geodätischen Bauweise (Mischbeplankung Metall/Sperrholz) ausgeführten Außenflügel der Viking IA durch solche in konventioneller Bauweise (Ganzmetallbeplankung) ersetzt. Diese Flugzeuge wurden zum größten Teil an die **BEA** und ihre Tochtergesellschaften geliefert. Die wichtigste Spielart war jedoch die **Viking IB**, von der bis Ende 1947 insgesamt 113 verkauft wurden. Erstabnehmer waren wiederum **BEA**, sowie **Airwork Ltd., Air India, Indian National Airways, Central African Airways, South African Airways, Det Danske Luftfartselskap (DDL), Aer Lingus** und **Iraqi Airways**. Wie die Viking I wurde auch die Serie IB von zwei Hercules 634 mit je 1.690 PS (1.242 kW) Startleistung angetrieben, doch der Rumpf wurde um 0,71 m verlängert, wodurch sich die Sitzplatzkapazität von 21 auf 24 erhöhte. Zur Steigerung der Nutzlast wurden zahlreiche Viking umgebaut, so wurden aus den Serien **I/IA/IB** die Versionen **3/3A/3B** mit einer um eine halbe Tonne gesteigerten Nutzlast. Diese Maschinen der bei BEA als *Admiral-Class* bezeichneten Flugzeuge konnten 36 Fluggäste befördern. Die Viking blieb bei der BEA bis 1954 im Passagierdienst, wobei mit dem Typ rund 3 Millionen Passagiere befördert wurden. Danach wurde die Flotte an Charterfluggesellschaften und die **Royal Air Force** verkauft, wo das Muster als **Viking C.IA** als Transporter Verwendung fand. Die größte zivile Flotte früherer BEA-Maschinen betrieb **Eagle Aviation Ltd.** (später **British Eagle Airways**). Ab 1956 flog die Viking auch in Deutschland. Die **Deutsche Flugdienst** (später **Condor**) setzte zwischen dem 21. März 1956 und April 1964 insgesamt vier 36sitzige Viking IB (Seriennummern 167, 219, 243 und 250) im Charterfluggeschäft ein. Zwei Viking IB (Seriennummern 167 und 243) flogen auch als Frachtflugzeuge bei der **Lufthansa**. Bei der Düsseldorfer **LTU** standen zwischen 1956 und 1963 eine Viking IA und vier Viking IB (Seriennummern 9/109, 150, 217, 222, und 223) im Einsatz.

Die Fertigung der Viking endete 1948. Für die **Royal Air Force** wurde die **Viking C.2** gebaut, die der zivilen IA entsprach. Gründend auf der IB folgte die **Valetta**, die aber ein höheres Startgewicht von 16.556 kg aufwies. Mit einer maximalen Nutzlast von 4.000 kg betrug ihre Reichweite 850 km. Für die **Royal Navy** entstand aus der Viking IB das Muster **Varsity** mit Bugradfahrwerk und verlängertem Rumpfbug. Der Antrieb bestand aus zwei Bristol Hercules-Motoren von je 1.950 PS (1.433 kW) Leistung. Die Varsity führte am 17. Juli 1949 ihren Erstflug aus und sie war das letzte Muster aus der Viking-Serie, mit der 1951 die Produktion auslief. Weniger bekannt ist, dass die mit zwei Nene-Strahltriebwerken ausgerüstete G-AJPH, die am 6. April 1948 ihren Erstflug ausführte, das erste britische Transportflugzeug mit Strahlantrieb war.

Vickers Viscount Srs.700

Großbritannien, Baujahr: 1948

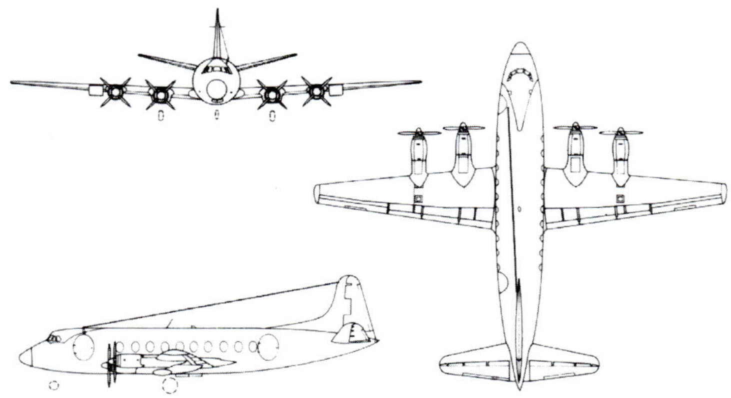

Der Gedanke zum Bau eines Verkehrsflugzeuges mit Propellerturbinenantrieb reifte Ende 1944 bei Diskussionen zwischen dem Brabazon-Komitee und den Vickers-Konstrukteuren, die bereits an einer zivilen Ableitung des Wellington-Bombers als **VC.1 Viking** arbeiteten. Im März 1945 unterbreitete Vickers verschiedene Projekte eines derartigen Verkehrsflugzeuges mit Druckkabine für 24 bis 27 Personen und einem Abfluggewicht von 15.900 kg unter der Bezeichnung **VC.2** auf dem Reißbrett. Das im Mai desselben Jahres vom Brabazon-Komitee aufgestellte Pflichtenheft IIB (8/46) sah ein für die europäischen Strecken der **BEA** bestimmtes und von vier Propellerturbinen angetriebenes Kurz- und Mittelstreckenflugzeug mit 24 Plätzen vor, das eine Nutzlast von 3.400 kg über eine Entfernung von mindestens 1.600 km befördern sollte. Zum Jahresende hatte Vickers das Rolls-Royce Dart-Triebwerk als möglichen Antrieb gewählt und das Projekt in Zusammenarbeit mit der BEA soweit weiterentwickelt, dass das britische Beschaffungsministerium am 9. März 1946 der Firma einen Regierungsauftrag zum Bau von zwei Prototypen erteilen konnte. Hiervon sollte je eine Maschine mit Triebwerken vom Typ Armstrong Siddeley Mamba, bzw. Rolls-Royce Dart angetrieben werden. Zunächst benannte man das neue Flugzeugmuster **Viceroy**, gab den Namen aber nach der Unabhängigkeitserklärung Indiens zugunsten der Bezeichnung **Viscount 609** auf. Im Dezember 1946 konnte mit dem Bau des ersten Flugzeugs begonnen werden, welches auf Wunsch der BEA zur Beförderung von 32 Fluggästen vergrößert werden musste und die Typenbezeichnung **Viscount 630** erhielt. Als Antrieb dienten vier Dart 504 (R.Da.1)-Triebwerke. Der Erstflug (V.630, G-AHRF) erfolgte am 16. Juli 1948 in Wisley, doch erreichten die Flugleistungen nicht die Erwartungen. Potentielle Kunden, allen voran die Fluggesellschaft

Daten

Antrieb: 4 Rolls-Royce Dart 505 Propellerturbinen, 1.540 WPS (1.132,6 WkW)
Spannweite: 28,56 m; Länge: 24,73 m; Höhe 8,15 m; max. Startgewicht: 27.216 kg; ökon. Reisegeschwindigkeit: 486 km/h; Gipfelhöhe: 8.400 m; Reichweite: 1.980 km; Besatzung: 2+3; Passagiere: 40-63

Z-YNB (C/N 99), eine Viscount der Serie 748D, begann ihre über mehr als 30 Jahre dauernde Einsatzzeit im Mai 1956 bei Central African Airways. Die Maschine flog ab Februar 1980 bis zur Außerdienststellung im Dezember 1990 bei Air Zimbabwe.

BEA, verhielten sich dem neuen Flugzeugmuster gegenüber vorerst reserviert, was zu einer Verlangsamung der Arbeiten am zweiten Prototypen zur Folge hatte. Diese Maschine wurde als fliegender Prüfstand für das Rolls-Royce Tay-Strahltriebwerk fertiggestellt. Nachdem das leistungsfähigere Dart 505 (D.Ra.3)-Triebwerk verfügbar wurde, entschied sich Vickers zum Bau einer vergrößerten Version für bis zu 53 Passagiere. Der Prototyp (G-AMAV) dieser als **Viscount 700** bezeichneten Ausführung wurde am 19. April 1950 fertiggestellt und führte schließlich am 28. August 1950 seinen Erstflug aus. Zur Bewältigung des intensiven Sommerverkehrs wurde der Prototyp V.630 ab dem 29. Juli 1950 für einen Monat von der BEA probeweise auf den Strecken London-Edinburgh und London-Paris im Passagier-Liniendienst eingesetzt. Die während dieser Zeit gesammelten guten Erfahrungen führten Ende August desselben Jahres zum Auftrag für 20 Maschinen der V.700, welcher kurz vor Jahresende auf 26 erhöht wurde. Die nach dem Standard der **BEA** für 47 Passagiere ausgelegten Flugzeuge hatten ein maximales Startgewicht von 24.000 kg und erhielten die Typenbezeichnung **Viscount 701**. Die erste Serienmaschine (G-ALWE) startete am 20. August 1952 zu ihrem Erstflug und wurde mit dem Taufnamen *Discovery* am 3. Januar 1953 der BEA übergeben. Der neue Flugzeugtyp erhielt seine Musterzulassung am 17. April 1953 und bereits am nächsten Tag flog die Viscount ihren ersten Liniendienst zwischen London und Nicosia (Zypern). Erste Auslandskunden für die Viscount wurden **Air France, Aer Lingus** und **Trans Australia Airlines**. Den Durchbruch auf dem nordamerikanischen Markt bedeuteten die Bestellungen von **Trans-Canada Air Lines** (V.724; MTOW 27.216 kg) über 51 Maschinen im November 1952 und von **Capital Airlines** (V.745, MTOW 29.256 kg) über 60 Maschinen im Juni 1954. Die Viscount erhielt die US-Luftverkehrszulassung am 7. November 1955 und am 14. November 1955 wurde die erste V.745 an die Capital Airlines abgeliefert. In der Folge entschieden sich verschiedene amerikanische Fluggesellschaften für die Viscount, damals das einzige verfügbare Passagierflugzeug mit Propellerturbinenantrieb. Obwohl die wechselnde Innenausstattung die Verwendung zahlreicher Typennummern bedingte, gab es grundsätzlich nur drei Versionen der V.700-Serie: **Viscount 700** mit Dart 505 oder 506; **Viscount 700D** mit Dart 510 (R.Da.6) und größerem Kraftstoffvolumen und schließlich die **Viscount 770D**, das für den amerikanischen Markt bestimmte Gegenstück der V.700D. Einige Viscount dieser Serien sind zusätzlich noch mit unter den Flügeln angeordneten Außentanks ausgestattet. Abgesehen von den Prototypen wurden insgesamt 287 Viscount der Serie 700 gebaut, von denen einige heute noch als Geschäftsreiseflugzeuge Verwendung finden. Dagegen stehen seit Mitte der 80er Jahre keine Viscount mehr im Einsatz bei Luftverkehrsgesellschaften.

Vickers Viscount Srs.800

Großbritannien, Baujahr: 1956

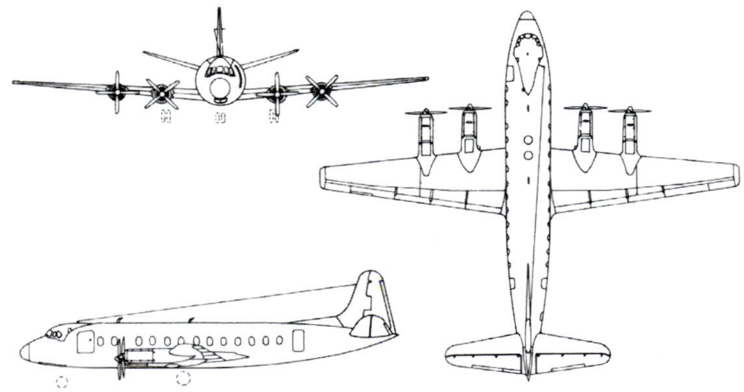

Die durch stetige Weiterentwicklung ermöglichte Leistungssteigerung der Dart-Triebwerke bewog Vickers, einen bedeutend vergrößerten Ableger der **Viscount 700** zu konzipieren.
Durch die Streckung des Rumpfes um 4,04 m sollte das Fassungsvermögen soweit gesteigert werden, dass über Kurzstrecken bis zu 86 Passagiere befördert werden konnten. Obwohl die **BEA** im Februar 1953 zwölf dieser **Viscount 801** bestellt hatte, wünschte sie im folgenden Jahr eine Verkleinerung des Projektes. Die schließlich fertiggestellte **Viscount 802** war daher nur noch 1,17 m länger als die Serie 700, wies aber eine um 2,82 m längere Passagierkabine auf, da das hintere Druckschott weiter zum Rumpfheck versetzt wurde. So stieg die Beförderungskapazität auf 65 Fluggäste (in enger Bestuhlung auf 71) und das maximale Startgewicht wurde auf 29.256 kg angehoben. Als Antrieb dienten vier Propellerturbinen vom Typ Rolls-Royce Dart R.DA.6 und der Erstflug des neuen Musters erfolgte am 27. Juli 1956.
BEA erhielt die erste von inzwischen 41 bestellten Maschinen der Srs.802 am 11. Januar 1957 und begann den Streckendienst am 14. Februar desselben Jahres. Insgesamt beschaffte BEA 22 Viscount Srs.802 und 19 mit Dart R.Da.Mk.250 ausgerüstete **Viscount 806**. Weitere Flugzeuge der Srs.800 gelangten zur Ablieferung an die **Aer Lingus, KLM, New Zealand National Airways Corp (NZNAC)** und weitere kleinere Fluggesellschaften. Eine weitere Entwicklungsstufe erfolgte 1957 mit der **Viscount 810**, die in den Abmessungen der Srs.800 glich, aber von R.Da.7/1-Triebwerken (Dart 525) angetrieben wurde. Durch Verstärkungen der Struktur konnte das maximale Startgewicht auf 32.885 kg gesteigert werden. Der Prototyp der Srs.810 flog erstmals am 23. Dezember 1957. Zu den Käufern dieser letzten Abart gehörten neben der **Lufthansa** (Srs.814D) auch die **Austrian Airlines, Cubana, Pakistan International (PIA), South African Airways** und **Continental Air Lines**. Der letzte Auftrag über sechs Maschinen kam aus der Volksrepublik China. Es war das erstemal, dass die **CAAC** westliches Fluggerät kaufte.
Die Serienproduktion der Viscount wurde im Jahre 1959 weitgehend eingestellt, obwohl bis 1964 noch einige kleinere Bestellungen ausgeführt wurden. Die Gesamtfertigung der Viscount 800 umfasste 67 Flugzeuge, jene der Viscount 810 weitere 84 Maschinen. Insgesamt wurden 444 Vis-

Daten

Antrieb: 4 Rolls-Royce Dart 525 Propellerturbinen, 1.990 WPS (1.463 WkW)
Spannweite: 28,50 m; Länge: 26,10 m; Höhe 8,18 m;
max. Startgewicht: 32.885 kg; ökon. Reisegeschwindigkeit: 555 km/h; Gipfelhöhe: 7.700 m; Reichweite: 2.775 km;
Besatzung: 2+3; Passagiere: 65-71; Nutzlast: 6.577 kg

Die österreichische Austrian Airlines setzte bis 1971 vier Viscount 837 auf ihrem europäischen Streckennetz ein, als das Muster durch den zweistrahligen Mittelstreckenjet DC-9-32 abgelöst wurde.
OE-LAL (C/N 441), Taufname W. A. Mozart, kam als drittes Exemplar des Quartetts am 14. Mai 1960 zur Ablieferung. Am 2. Oktober 1971 wurde das Flugzeug von der britischen Firma Shackleton Aviation erworben und kam bereits im darauffolgenden Monat in Südamerika bei der Tac Colombia zum Einsatz. Die Maschine wurde am 14. Dezember 1977 bei einem Unfall in Bucaramanga irreparabel beschädigt.

count gebaut, von denen 438 an Kunden geliefert wurden. Die Differenz bestand aus Prototypen oder wieder aufgebauten Maschinen.
Die **Lufthansa** kaufte insgesamt elf Viscount Srs.814D, von denen sie die erste im Oktober 1958 übernahm. Das Muster blieb bis März 1971 im Dienst, als letztes Flugzeugmuster der Lufthansa mit Propellerantrieb. Zwei dieser Maschinen standen zwischen 1961 und 1969 bei der **Condor** im Charterverkehr im Einsatz.

Die **Austrian Airlines** begann ihren Flugbetrieb am 31. März 1958 mit einer geliehenen Viscount 779, kaufte später zwei gebrauchte Viscount 745 und vier neue Maschinen der Srs.837, die bis September 1971 im Liniendienst standen.
Bis Ende der 80er Jahre wurden Viscount der Srs.800/810 noch recht häufig eingesetzt, doch verringerte sich dieser Bestand innerhalb der folgenden zehn Jahre auf nur noch wenige Exemplare.

Xian Aircraft Yunshuij YUN-7

China (VR), Baujahr: 1985

Bei der **Yunshuij Y-7** handelt es sich um einen chinesischen Ableger der russischen **AN-24V**. Ein Vorserienmodell der Y-7 wurde der westlichen Öffentlichkeit erstmals im April 1982 vorgestellt und die erste Serienmaschine startete am 1. Februar 1984 zu ihrem Erstflug. Lieferungen an die **CAAC** begannen kurze Zeit später. Die Y-7 unterscheidet sich von der AN-24 durch einen Rumpf mit etwas größerem Querschnitt und einem Flügel größerer Spannweite. Auch kamen PTL-Triebwerke vom Typ Dongan WJ-5A aus chinesischer Fertigung zum Einbau. Aus dem Grundmodell wurden fünf moderne Varianten entwickelt: die **Y-7-100, -100C, -200A, -200B** und **Y-7H-500**. Eine größere Spielart mit verlängertem Rumpf zur Unterbringung von 60 bis 64 Fluggästen befindet sich derzeit (2000) im Entwicklungsstadium.
1984 wurde die **Y-7-100** unter Mithilfe der Hong Kong Aircraft Engineering Company entwickelt. Sie erhielt ein modernisiertes Cockpit mit westlicher Avionik und System-Technologie. Der offizielle Erstflug der -100 fand am 29. Dezember 1984 in Hong Kong statt. 1985 erschien die **-100A**, die sich von der Ausführung -100 durch Winglets zur Verbesserung der Flugeigenschaften unterscheidet. Die Serie **-100C** hat einen auf 24,22 m verlängerten Rumpf für 56 Passagiere und ein größeres Seitenleitwerk von 8,85 m Höhe. Ferner kamen leistungsstärkere WJ-5A-1 Triebwerke zum Einbau. Die Serien **-200A** und **-200B** wurden unter Mithilfe von Boeing entwickelt. Sie entsprechen in ihren Abmessungen der Serie -100C. Während die -200B mit den leistungsstärkeren WJ5E-Triebwerken ausgerüstet wurde, ist die -200A für den Exportmarkt bestimmt und erhält neben einer Rockwell-Collins Avionik-Ausrüstung auch westliche Triebwerke vom Typ Pratt & Whitney Canada PW127 mit einer Startleistung von je 2.788 WPS (2.050 WkW). Bei der **Y-7H-500** handelt es sich um eine mit WJ-5A-Triebwerken ausgerüstete Frachtausführung, bei der im nach oben gezogenen Rumpfheck eine Laderampe eingelassen wurde. Diese Variante hat somit eine gewisse Ähnlichkeit mit der russischen **AN-26**.
Nach Auflösung der **CAAC** als Flugzeugbetreiber im Jahre 1989 wurde deren Y-7-Flotte auf mehrere Nachfolgegesellschaften verteilt. Größere Bestände fliegen derzeit bei **China Eastern Airlines, China Southern Airlines** und **China Northwest Airlines**.

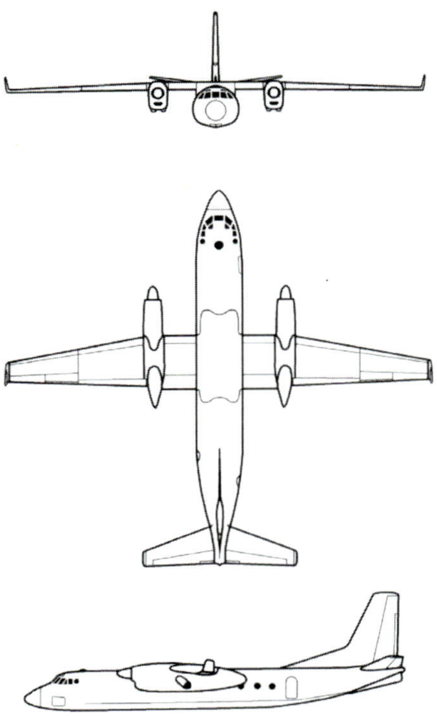

Nach einem Flug von Schanghai landet B-3493 (C/N 08704), eine YUN Y7-100C, im Spätsommer 1994 in Hefei. Das Flugzeug wurde als vorletzte (vierte) Maschine des achten Bauloses im Mai 1989 fertiggestellt und kurz darauf an China Eastern Airlines geliefert.

Daten (Y-7-100)

Antrieb: 2 Shanghai Woijiang (Dongan) WJ-5A-1 Propellerturbinen, 2.550 WPS (1.901 kW)
Spannweite: 29,64 m; Länge: 23,70 m; Höhe 8,55 m;
max. Startgewicht: 21.800 kg; ökon. Reisegeschwindigkeit: 423 km/h; Gipfelhöhe: 7 900 m; Reichweite: 1.982 km;
Besatzung: 3+2; Passagiere: 48-56

3. Kapitel

Das Jet-Zeitalter

OE-LBB

Langstreckenflugzeuge

Die Revolution der zivilen Luftfahrt begann mit der Einführung der strahlgetriebenen Verkehrsflugzeuge, welche die Flugzeiten beträchtlich verkürzten. Am 27. Juli 1949 wurde die deHavilland D. H. 106 Comet als erstes derartiges Flugzeug im Liniendienst eingesetzt. Im Dezember 1945 gab BOAC eine Absichtserklärung über den Kauf von zehn Comet bekannt. Am 27.Juli 1949 absolvierte die zweite Comet ihren Erstflug und wurde am 2. April 1951 für Streckenerprobungsflüge (nach Delhi, Singapur, Johannesburg) an BOAC übergeben.
Anfang 1954 stürzten scheinbar grundlos zwei Comet ab. Nach einer sechs Monate dauernden Untersuchung ließ sich die Unfallursache ermitteln. Ermüdungserscheinungen an der Druckkabine waren das Problem, dem man bislang geringe Beachtung geschenkt hatte. Die Entwicklung der Comet wurde fortgesetzt, so dass am 27. April 1958 die Comet 4 zu ihrem Erstflug starten und am 4. Oktober 1958 wieder den Liniendienst aufnehmen konnte.
Das erste strahlgetriebene Verkehrsflugzeug in den USA war die Boeing 707. Am 15. Juli 1954 startete der Prototyp der Boeing 707-80 zu ihrem Erstflug. Die erste Order über 20 Boeing 707-120 kam am 13. Oktober 1955 von Pan American . Diese Maschinen wurden für den kontinentalen Langstreckenflug gebaut und boten 124 bis 150 Fluggästen Platz.
Der Erstflug erfolgte am 20. Dezember 1957. Am 23. September 1958 erteilte die FAA die Typenzulassung. Pan American startete am 26. Oktober 1958 zum ersten Linieneinsatz mit der Boeing 707 auf der Strecke New York – London.
Die Boeing 707, sowie die Mittelstreckenversion Boeing 720 , wurde von fast allen großen Fluggesellschaften eingesetzt. Heute stehen noch viele Boeing 707 als Frachter im Einsatz.
Als Konkurrenz zur Boeing 707 wurde bei Douglas die DC-8 gebaut. Eine DC-8-10 flog erstmals am 30.Mai 1958. Auch hier war Pan American Erstbesteller von 20 Maschinen der Interkontinentalversion DC-8-30. United Airlines (20 Flugzeuge) und Delta Airlines (6) nahmen am 18. September 1959 den Liniendienst auf. Pan American erhielt seine DC-8-30 ab dem 1. Februar 1960.
Der dritte amerikanische Hersteller eines großen kommerziellen Düsenverkehrsflugzeugs war die Convair Division von General Dynamics. Sie entwickelten und bauten zwei Muster . Die CV-880 war kleiner als die B-707 und DC-8 hatte einen schmalen Rumpf und eine Sitzplatzkapazität von 130 Plätzen. Sie war für TWA entworfen worden, wurde jedoch am 15. Mai 1960 zuerst von Delta Airlines eingesetzt. Die CV-990, das zweite Muster, erhielt bei Swissair die Bezeichnung Coronado. Sie sah der CV-880 sehr ähnlich, sie bot jedoch 158 Fluggästen Platz und erreichte eine maximale Geschwindigkeit von fast 1000 km/h. Auffallende äußere Merkmale waren die vier stromlinienförmigen Verdrängungskörper auf den Flügelhinterkanten.
England versuchte ohne nennenswerten Erfolg mit der Vickers-Armstrong VC-10 in den Düsenverkehrsflugzeug-Markt einzusteigen. Die VC-10, die zur gleichen Kategorie wie die Boeing 707 gehörte, hatte ein T-Leitwerk und vier Rolls-Royce-Conway-Mantelstromtriebwerke, die paarweise zu beiden Seiten des Hecks angeordnet waren. Diese Maschine wurde ab 29. April 1964 auf der Route London-Lagos eingesetzt.
Das nachfolgende Muster war um 3,96 m länger und startete erstmalig am 1. April 1965 auf der Strecke London-New York. Von beiden Typen wurden 54 Maschinen gefertigt.

Mittelstreckenflugzeuge

1951 gab das französische Luftfahrtministerium zwei Prototypen der SE.210 Caravelle bei SNCASE in Auftrag. Am 27. Mai 1955 konnte der Erstflug durchgeführt werden. Als auffälliges Merkmal galten die in Gondeln am Heck angeordneten Triebwerke.
Im Februar 1956 bestellte Air France zwölf Caravelle I. Später wurde die Bestellung auf 24 Einheiten erhöht. Im Juni 1957 zog SAS mit einer Bestellung von sechs Maschinen nach. SAS führte am 26. April 1959 den ersten Linienflug einer Caravelle durch, obwohl an Air France die erste Maschine diesen Typs im März 1959 ausgeliefert worden war.
Im Sommer schrieb die BEA die Entwicklung für ein Düsenverkehrsflugzeug aus, das den Anforderungen des Kurz- und Mittelstreckenverkehrs entsprechen sollte. Die Wahl fiel auf die deHavilland 121 Trident, die nach zahlreichen Entwurfsänderungen am 8. Januar 1962 zu ihrem Erstflug starten konnte. Die Trident war ein Tiefdecker mit drei am Heck montierten Mantelstromtriebwerken und einem T-Leitwerk. Ihr planmäßiger Einsatz erfolgte ab 1. April 1964.
Zur gleichen Kategorie wie die Trident gehört die Boeing 727, mit deren Entwurf schon im Juni 1959 begonnen wurde. Der Rumpfquerschnitt der 727 ist dem der 707 ähnlich. Die um 32° nach hinten gepfeilten Flügel und Dreifachspaltklappen, sowie Vorflügel und Nasenklappen, verbesserten die Start- und Landeeigenschaften. Die 727 startete am 9. Februar 1963 zum Erstflug und wurde im Februar 1964 bei Eastern Air Lines und United Air Lines in Dienst gestellt.
Mit der DC-9, Erstflug am 25. Februar 1965, baute Douglas ebenfalls ein Flugzeug dieser Kategorie. Am 8. Dezember 1965 wurde die DC-9 bei Delta Air Lines in den Dienst gestellt. Im Shuttle Service von Eastern Air Lines kam am 1. Februar 1967 die durch Streckung des Rumpfes und der Spannweite vergrößerte DC-9-30 zum Einsatz.
Im Februar 1965 entschloß sich Boeing für den Bau der Boeing 737, dem Konkurrenzmuster zur DC-9. Am 9. April 1967 fand der Erstflug statt. Anfang 1968 stellten Lufthansa und United Air Lines die B737 in ihren Dienst. Die äußerlich sehr gedrungen wirkende B737 war nur 28,5m lang, bei einem gleichen Rumpfquerschnitt wie die B707 und B727.
Für den wirtschaftlichen Kurzstreckenverkehr in Gebieten mit geringer Verkehrsdichte war die VFW 614 konzipiert worden. Sie unterschied sich erheblich von anderen Düsenverkehrsflugzeugen. Sie war ein Tiefdecker mit zwei über den Tragflächen gelagerten Mantelstromtriebwerken. Der Erstflug fand am 14. Juli 1971 statt. Ende 1975 wurde dieses Flugzeug bei Cimber Air in Dänemark in den Dienst gestellt. Die Fertigung wurde aufgrund zu geringer Verkaufszahlen dieser erstklassigen Maschine eingestellt.

Großraumflugzeuge

Die Zahl der zu befördernden Passagiere belief sich im Jahre 1960 auf 106 Millionen, ohne Berücksichtigung der Sowjetunion und China. Diese Zahl verdoppelte sich bis 1966 auf nahezu 200 Millionen. Der Bau von größeren Flugzeugen mit entsprechend leistungsstärkeren Triebwerken wurde von Boeing mit der B747 im April 1966 angekündigt. Pan American bestellte sofort 25 Stück des Musters vom Reißbrett, denn mit diesem Flugzeug verdoppelte Boeing gleichzeitig die Sitzplatzkapazität, die Antriebskraft und das Abfluggewicht der bisherigen Verkehrsflugzeuge. Am 9. Februar 1969 flog die erste Maschine und am 22. Februar 1970 wurde die Route New York-London von Pan American beflogen.

Um die Marktlücke zwischen Mittelstrecken- und Großraumflugzeugen zu schließen, entwickelten McDonnell Douglas und Lockheed nach eingehender Marktanalyse die Maschinen DC-10 sowie L.1011 TriStar. Die erste DC-10 flog am 29. August 1970 und wurde am 5. August 1971 von American Airlines auf der Route Los Angeles-Chicago in Dienst gestellt. Am 14. August nahm United Air Lines die Route San Francisco-Washington auf. Die Lockheed L.1011 TriStar absolvierte ihren Jungfernflug am 16.November 1970. Die TriStar wurde am 26. April 1972 von Eastern Air Lines in den Dienst gestellt.
Etwas kleiner als die DC-10 und die TriStar, war das erste europäische Großraumflugzeug Airbus A300B am 28. Oktober 1972 in Toulouse zu seinem Erstflug gestartet. Der Airbus ist im Unterschied zu anderen Großraumflugzeugen zweistrahlig. Die B2-Version wurde nach dem Erstflug der A300 im Jahre 1972 am 23. Mai 1974 von Air France auf der Route Paris-London in Dienst gestellt. Zu Beginn der 80er Jahre wurde mit der Entwicklung und dem Bau des Airbus A310 begonnen. Dieses Muster wurde um 7,4 m verkürzt, mit superkritischen Flügeln und einer Sitzkapazität von 200 Plätzen ausgestattet. Der A310 und die ähnlichen Anforderungen genügenden B767 galten jahrelang als um Marktanteile kämpfende Mitbewerber.

Russische Jets

Anfang der 50er Jahre entstand aus dem zweistrahligen Bomber Tu-16 das Verkehrsflugzeug Tu-104. Die Konstuktionsarbeiten wurden 1954 abgeschlossen. Am 17. Juni 1955 startete die Tu-104 zu ihrem Erstflug. Bei der Aeroflot erfolgte am 15. September 1956 die Indienststellung auf der Strecke zwischen Moskau und Irkutsk. Somit wurde die Tu-104 weltweit das zweite Strahlverkehrsflugzeug. Nachdem die Aeroflot die Mittel- und Langstreckenflugzeuge mit Strahlturbinen umgerüstet hatte, wurde die Kurzstreckenflotte modernisiert. Die Tu-124 hatte eine Sitzkapazität von 56 Plätzen und ging auf der Strecke Moskau-Talinn (Reval) in den Liniendienst. Die mit zwei am Rumpfheck angeordneten Soloview D-30-Mantelstromtriebwerken ausgestattete Tu-134 löste die Tu-124 in der Serienherstellung ab. Die von Iljuschin entwickelte Il-62, mit der britischen BAC VC10 beinahe identisch, ersetzte die Tu-114, als Aeroflot begann, ihre internationalen und interkontinentalen Fernstrecken auszubauen und zu diesem Zweck reine Düsenverkehrsflugzeuge benötigte. Im Regionalverkehr verfügte Aeroflot über ein ausgedehntes Streckennetz und benötigte ein modernes Flugzeug, um die Li-2 und Il-14 abzulösen. Die dreistrahlige Jakowlew Jak-40, die von Behelfsflugplätzen aus operieren und bis zu 32 Passagieren befördern konnte, absolvierte ihren Jungfernflug im Oktober 1966 und wurde 1968 in Dienst gestellt. Die Tu-154,ein neues dreistrahliges Verkehrsflugzeug (Erstflug am 4. Oktober 1968) wurde als Ersatz für die große Anzahl der An-10,Il-18 und Tu-104 gebaut. Am 15. November 1971 wurde das Flugzeug mit einer Sitzkapazität von 160 Plätzen auf den Strecken Moskau-Simferopol und Moskau-Mineralnoje Wody in Dienst gestellt. Der erste Prototyp der Jak-42 ,120 Sitzplätze, flog am 7. März 1975 als Ersatz für die Jak-40. Anfang 1978 wurde die Jak-42 an die Aeroflot ausgeliefert. Der erste sowjetische Beitrag zu den Großraumflugzeugen war die Il-86, die am 22. Dezember 1976 erstmals vom Boden abhob.

Aérospatiale / BAC Concorde

Frankreich / Großbritannien, Baujahr: 1969

Obwohl die **Concorde** erst nach der **Tu-144** dem sowjetischen Gegenstück, ihren Erst- und Überschallflug durchführte, wurde sie als einziges Überschall-Verkehrsflugzeug im kommerziellen Luftverkehr eingesetzt. Dieser wichtige Abschnitt wurde allerdings erst im Jahr 1976 erreicht, mehr als 20 Jahre nachdem in Großbritannien die ersten Entwicklungsüberlegungen bekannt gegeben wurden. Die ersten Vorentwurfsarbeiten wurden von britischen Flugzeugfirmen und Regierungsstellen 1955 begonnen und führten im darauffolgenden Jahr zur Gründung des STAC, dem Supersonic Transport Aircraft Committee. Dieses Komitee hatte die Aufgabe, die Durchführbarkeit eines solchen Flugzeugprogramms zu untersuchen. Unter den vom STAC bewerteten Projektstudien war auch die Bristol Typ 198, eine Projektnummer, die verschiedene Flugzeugkonfigurationen umfasste. STAC wählte die mit einem Deltaflügel versehene und mit acht Triebwerken ausgerüstete Variante aus, die den Nordatlantik mit einer Geschwindigkeit von Mach 2,0 überqueren sollte. Durch verschiedene technische und aerodynamische Verfeinerungen entstand daraus die Bristol Typ 223 mit vier Triebwerken und 110 Sitzen für die Prestige-Route zwischen London und New York.

Während die Arbeiten in Großbritannien unter federführender Beteiligung deutscher Wissenschaftler (u.a. *Dipl.-Ing. Dietrich Küchemann*, während des Krieges Leiter des Überschall-Windkanals der DVL in Braunschweig, *Dr.-Ing. Johannes Weber* und *Dipl.-Ing. Karl Doetsch*) fortschritten, fand in Frankreich ein ähnlicher Entwicklungsprozess statt, der 1961 zu einem Projekt mit der Bezeichnung *Super Caravelle* führte, welche der Bristol 223 recht ähnlich sah. Zur Dämpfung der horrenden Entwicklungskosten wurde am 29. November 1962 zwischen Großbritannien und Frankreich eine Regierungsvereinbarung mit dem Ziel unterzeichnet, das zukünftige Überschallverkehrsflugzeug gemeinsam zu entwickeln und zu bauen. Die industriellen Partner für Rumpf und Tragwerk waren British Aircraft Corporation (in der Bristol inzwischen aufgegangen war) und Aérospatiale (Zusammenschluß von Nord und Sud Aviation), sowie die Triebwerkshersteller Rolls-Royce und SNECMA. Die Vorarbeit zur Triebwerkentwicklung hatte zuvor Bristol Siddeley geleistet, bevor diese Firma von Rolls-Royce übernommen wurde.

Das Concorde-Programm wurde in verschiedenen Stufen verwirklicht. Zunächst wurden zwei Prototypen mit der Bezeichnung **Concorde 001** und **002** gebaut und erprobt. Es folgten zwei Vorserienflugzeuge, die ursprünglich als **01** und **02** und später als **101** und **102** bezeichnet wurden. Erst dann wurde die mit der Bezeichnung **201** beginnende Serienfertigung aufgenommen.

Zunächst genehmigten die beiden Regierungen den Bau eines ersten Loses von 16 Maschinen. Die Produktion der Hauptbaugruppen für die Zelle und der wesentlichen Triebwerkskomponenten wurde zwischen den Partnerfirmen aufgeteilt, so dass es keine Doppelarbeit gab. Getrennte Endmontagestraßen wurden in Toulouse und Bristol (Filton) errichtet, wobei die Flugzeuge mit ungeraden Zahlen in Toulouse und die mit geraden Zahlen in Filton gefertigt wurden.

Die Concorde 001 startete am 2. März 1969 in Toulouse zum Erstflug und erreichte Schallgeschwindigkeit erstmals am 1. Oktober 1969. Die doppelte Schallgeschwindigkeit wurde erstmals am 4. November 1970 überschritten (beim 102. Flug). Die Concorde 002 flog erstmals am 9. April 1969 in Filton. Mit einem maximalen Startgewicht von 148.000 kg waren die Prototypen etwas kleiner als die Serienflugzeuge, die einen längeren Vorderrumpf und ein längeres Rumpfheck erhielten. Weitere wesentliche Änderungen umfassten eine anders geformte Frontscheibenpartie, eine modifizierte Flügelform und leistungsstärkere Triebwerke. Diese Modifikationen wurden beim Bau der Concorde 101 (Erstflug in Toulouse am 17. Dezember 1971) und der Concorde 102 (Erstflug in Filton am 10. Januar 1973) berücksichtigt. Das maximale Startgewicht wurde bei diesen beiden Maschinen auf 174.640 kg gesteigert und die leistungsstärkeren Olympus 593 lieferten 169,1 kN Schub im Vergleich zu den 146 kN, mit denen die Prototypen die Flugerprobung begonnen hatten.

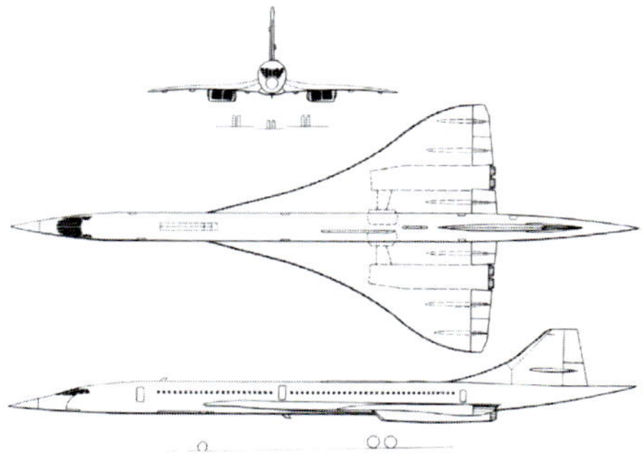

Die Serienmaschinen, deren erste die Concorde **201** (Erstflug in Toulouse am 6. Dezember 1973 und die **202** (Erstflug in Filton am 13. Februar 1974) waren, wurden von Olympus 593 Mk.610 angetrieben und hatten ein maximales Startgewicht von 181.400 kg.

Die Concorde **203** und **204** absolvierten am 31. Januar bzw. 27. Februar 1975 ihre Erstflüge und wurden für weitere Entwicklungsflüge und später zur Streckenerprobung verwendet. Am 13. Oktober 1975 erhielt die Concorde die französische, am 5. November 1975 die britische Luftverkehrszulassung. Die Serienflugzeuge 205 und 206 flogen am 25. Oktober bzw. am 5. November 1975. Sie eröffneten den regelmäßigen Überschall-Luftverkehr am 21. Januar 1976 bei **British Airways** auf der Strecke London-Bahrain und bei der **Air France** auf der Strecke Paris-Dakar-Rio de Janeiro. Die Nordatlantikstrecken von London und Paris nach Washington (Dulles International) wurden vom 24. Mai 1976 an regelmäßig bedient. Auf den Prestigerouten nach New York (JKF) wurde die Concorde ab Dezember 1977 eingesetzt. Im selben Monat begann ein von British Airways und **Singapore Airlines** gemeinsam durchgeführter Dienst von London über Bahrain nach Singapur, der aber erst Anfang 1979 planmäßig bedient wurde und schon bald darauf wieder eingestellt wurde, da die indische Regierung den Durchflug ihres Hoheitsgebietes mit überschallschneller Geschwindigkeit untersagte. Damit wurde diesem Dienst der wirtschaftliche Nutzen entzogen. Am 12. Januar 1979 nahm die US-Fluggesellschaft **Braniff International** zwischen Washington und Dallas/Ft.Worth den Verkehr mit der Concorde auf, die von Air France und British Airways im Anschluss an die Transatlantikverbindungen geleast wurden. Allerdings wurde diese Route mit Unterschall-Geschwindigkeit beflogen.

Daten

Antrieb: 4 Rolls-Royce / SNECMA Olympus 602 Strahltriebwerke (mit Nachbrenner), je 17.275 KP (169,4 kN) Schub. Spannweite: 25,55 m; Länge: 62,20 m; Höhe 12,15 m; max. Startgewicht: 185.000 kg; ökon. Reisegeschwindigkeit: 2.100 km/h; Gipfelhöhe: 19.800 m; Reichweite: 7.200 km; Besatzung: 3+3; Passagiere: 100-128, max. 144

Die letzten beiden Concorde absolvierten am 26. Dezember 1978 (C/N 215, Toulouse) und am 20. April 1979 (C/N 216, Filton) ihre Erstflüge und wurden erst im Laufe des Jahres 1980 von Air France und British Airways übernommen.
Seit 1983 werden im Liniendienst nur noch die Strecken zwischen Paris/London und New York/Washington beflogen, doch benutzen beide Airlines das Muster extensiv für weltweiter Charterflüge. Anlässlich der Olympischen Sommerspiele in Atlanta 1996 mietete der Getränkeproduzent Pepsico eine Concorde der Air France und setzte diese in eigener Bemalung für weltweite PR-Zwecke ein.

Aufstellung der British Airways Concorde-Flotte.

Der A300B2-203 PP-SNL (C/N 202) wurde von der brasilianischen Fluggesellschaft VASP am 5. November 1982 in Dienst gestellt.

Airbus Industrie A300B

Europa, Baujahr: 1972

Das Airbus-Projekt begann 1965 als englisch-französische Bemühung, ein Mittelstrecken-Großraumflugzeug für die **BEA** und die **Air France** zu entwickeln. Etwa zur gleichen Zeit schloss sich eine Gruppe deutscher Hersteller zur Arbeitsgemeinschaft Airbus Industrie zusammen und untersuchte ein ähnliches Projekt für die **Lufthansa**. Diese Aktivitäten wurden 1967 vereinigt, und am 26. September 1967 unterzeichneten die drei Regierungen ein *Memorandum of Understanding* mit dem Ziel, ein solches Flugzeug zu bauen. Es wurde vereinbart, dass Frankreich die Projektführung übernahm und als Antrieb sollte das Rolls-Royce-Triebwerk RB.207 verwendet werden. Das neue Muster erhielt die Projektbezeichnung **A300**. Als Auftragnehmer wurden Sud Aviation (später Aérospatiale), Hawker Siddeley (später British Aerospace) und die deutsche Airbus-Gruppe benannt. Ende 1968 konnte die Definitionsphase mit dem Ergebnis abgeschlossen werden, dass das neue Flugzeug 306 Passagiere in einem Aktionsradius (Reichweite) von 1.800 km befördern sollte. Das maximale Startgewicht wurde auf 149.500 kg festgelegt, so dass für ausreichende Flugleistungen das RB.207 einen Schub von 222 kN erbringen musste. Die ersten Schwierigkeiten traten 1969 auf, als die britische Regierung aus Kostengründen aus dem Programm ausschied und sich bei Rolls-Royce Probleme mit den Triebwerksschaufeln aus kohlenfaserverstärktem Kunststoff abzeichneten. Hawker Siddeley blieb als Unterauftragnehmer im Programm und war für Konstruktion und Bau des Flügels verantwortlich. Die Endmontage

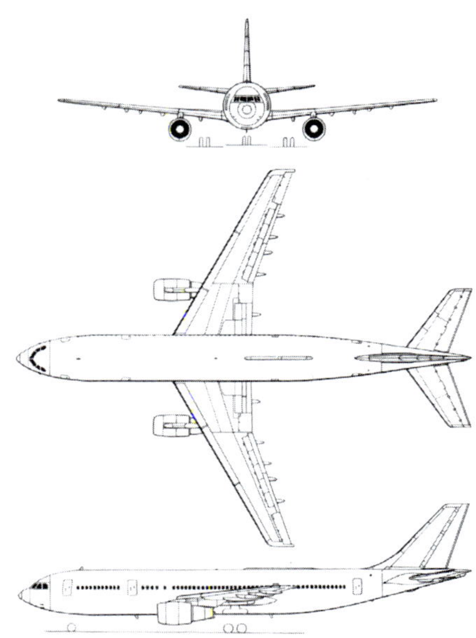

fand in Toulouse statt, weswegen dort eine entsprechende Montagelinie eingerichtet wurde. Die beiden ersten Prototypen absolvierten ihre Erstflüge am 28. Oktober 1972 und am 5. Februar 1973. Inzwischen hatte man als Triebwerkspartner die US-Firma General Electric gewählt und die Flugzeuge wurden von zwei CF6-50A mit je 22.260 KP (217 kN) Schub angetrieben. Das erste Serienmuster wurde die von **Air France** bestellte Variante **A300B2**, die gegenüber den Prototypen einen um 2,65 m verlängerten Rumpf aufwies. Das Startgewicht wurde auf 137.000 kg angehoben. Die B2 flog erstmals am 28. Juni 1973. Die französische und deutsche Musterzulassung wurde am 15. März 1974 erteilt, gefolgt von der amerikanischen Zulassung am 30. Mai 1974. Am 30. September desselben Jahres erhielt die A300 die Genehmigung zum Schlechtwetter-Flugbetrieb nach ICAO Cat.III. Als erste Fluggesellschaft konnte Air France die A300B2 am 23. Mai 1974 in Dienst stellen.

Die erfolgreichste Variante wurde die **A300B4**, die in den Abmessungen der B2 gleicht, aber ein größeres Tankvolumen besitzt. Wegen des höheren Abfluggewichts wurden leistungsstärkere CF6-50C-Triebwerke von 23.135 KP (227 kN) verwendet. Als Erstkunde bestellte **Lufthansa** drei Flugzeuge und erteilte für vier weitere eine Option. Die B4-Ausführung mit Pratt & Whitney JT9D-59A-Triebwerken wurde von **SAS, Iberia** und **Sterling Airways** bestellt und flog erstmals am 28. April 1979.

Mit **A300C4** wird ein Muster bezeichnet, das wahlweise als Passagier- oder Frachtflugzeug eingesetzt werden kann. Die erste Maschine erhielt im Jahre 1979 die **Hapag-Lloyd**.

Der Durchbruch auf dem amerikanischen Markt gelang 1976, als **Eastern Air Lines** 34 Flugzeuge vom Typ A300B4-2C bestellte, dessen erstes Exemplar im August 1977 zur Ablieferung gelangte. In Deutschland hatte die **Lufthansa** elf A300B4 im Einsatz, sowie **Condor** (von Lufthansa gemietet), **Germanair** und **Hapag-Lloyd**. In Österreich und in der Schweiz war kein Flugzeug dieses Typs registriert.

Mit dem weltweiten Aufschwung im Frachtverkehr, insbesondere auf regionalen Märkten in Europa, Fernost und den USA, stieg der Bedarf nach einem Mittelstrecken-Frachtflugzeug mit hoher Nutzlast. Hier stellte der A300 die ideale Plattform für eine derartige Modifikation dar. Seit 1997 nehmen BAe Aviation Services in Bristol-Filton und DASA-Airbus in Dresden entsprechende Umbauten vor. Neben dem Einbau eines Frachttores und eines *Roller-Floor* wurde auch das Cockpit für einen 2-Mann-Betrieb ausgelegt. Neue Avionik umfasst unter anderem zwei GPS-Navigationssysteme und Flachglasbildschirme. Bislang wurden 50 -B4-Maschinen zu -B4F Frachtflugzeugen umgebaut und für weitere 100 bestehen Absichtserklärungen. Größter Einzelkunde ist die US-Firma C-S Aviation Services. **Channel Express, Heavylift Cargo Airlines** und **TNT** gehören zu den ersten Betreibern der **A300-B4F**.

Die Fertigung der A300B wurde im Jahre 1984 zugunsten der größeren Ausführung **A300-600** eingestellt.

Daten (A300B4)

Antrieb: 2 General Electric CF6-50C Mantelstromtriebwerke, je 23.150 KP (226,9 kN) Standschub, oder 2 Pratt & Whitney JT9D-59 Mantelstromtriebwerke, je 23.150 KP (226,9 kN) Standschub
Spannweite: 44,84 m; Länge: 53,62 m; Höhe 16,53 m; max. Startgewicht: 165.000 kg; ökon. Reisegeschwindigkeit: 860 km/h; Gipfelhöhe: 11.500 m; Reichweite: 5.600 km; Besatzung: 9-12; Passagiere: 245-340

Airbus Industrie A300-600

Europa, Baujahr: 1983

Im Dezember 1980 kündigte Airbus Industrie den **A300-600** an und dieser löste 1984 die Fertigung des Grundmodells **A300B2/B4** ab. Bei der Serie -600 kamen zahlreiche Neuerungen, die von der **A310** übernommen wurden, zur Anwendung. Zu den wesentlichen Änderungen zählt ein modifizierter Tragflügel ohne Außenbordquerruder, ein Treibstofftrimmtank im Seitenleitwerk, der vermehrte Einsatz von nichtmetallischen Baustoffen, der Einbau von leistungsstärkeren Triebwerken vom Typ CF6-80C2 oder PW4000 von anfänglich 262 kN, bzw. 249 kN Standschub, sowie eine *fly-by-wire*-Steuerung, modernere Avionik und eine 2-Mann-Cockpitauslegung. Außerdem erhielt das Muster ein völlig neues Bremskontrollsystem. Gegenüber der A300B4 wurde der Rumpf hinter den Tragflächen um 1,59 m verlängert. Die Unterflur-Fracht- und Gepäckkapazität besteht entweder aus 23 LD-3-Containern mit je 1.000 kg Nutzlast oder zehn LD-3-Containern im hinteren und vier Paletten mit insgesamt 30.000 kg Nutzlast im vorderen Frachtraum. Aufgrund des hohen Aktionsradius von 7.600 km ist der A300-600 langstreckentauglich. Das Muster unternahm am 8. Juli 1983 (PW4000) seinen Erstflug und erhielt die Musterzulassung am 9. März 1984. Im darauffolgenden Monat konnte **Saudia** als erste Fluggesellschaft den A300-600 in Dienst stellen. Die erste Maschine mit CF6-80C2-Antrieb flog am 20. März 1985. **Lufthansa** erhielt ab April 1987 insgesamt neun Maschinen dieser Serie.

Als zweite Ausführung kam der **A300-600R** auf den Markt, der am 9. Dezember 1987 zum Erstflug

Bei China Northern Airlines stehen acht Airbus A300B4-622R im Einsatz. B-2312 (C/N 690) wird bei dieser Fluggesellschaft seit dem 21. Juni 1993 eingesetzt.

startete und am 10. März 1988 die Musterzulassung erhielt. Von der -600 unterscheidet sich der -600R durch einen zusätzlichen Tank im hinteren Laderaumbereich, der dem Muster Interkontinentalreichweite verleiht. Für solche ausgedehnten Überwasserflüge (z. B. Transatlantik) wurde die entsprechende ETOPS-Zulassung erteilt. Erstkunde und gleichzeitig auch größter Betreiber der -600R ist **American Airlines** mit einer Flotte von 25 Stück. Das erste Flugzeug wurde im Mai 1988 in den Liniendienst gestellt. Weitere Erstbesteller waren **Thai Airways International** (11), **Korean Air** (10) und **Egypt Air** (9). Als erster japanischer Kunde erhielt **Japan Air System (JAS)** 1991 den ersten A300-600R.

1991 bestellte **Federal Express** 15 Exemplare der Frachtversion **A300-600F**, deren Order später auf 35 Maschinen erhöht wurde. Im Gegensatz zu den Passagierausführungen besitzt der Frachter neben einem Frachttor im linken Vorderrumpf (2,57 m x 3,58 m) einen verstärkten Frachtraumboden mit *Roller-Floor* und eine Rauchmeldeanlage. Die maximale Nutzlast beträgt 54.780 kg, die Reichweite 3.520 km. Die Triebwerkanlage ist identisch mit der des -600R, verfügt aber erstmals über eine computergesteuerte Leistungsregelung. Im September 1998 erteilte **United Parcel Service (UPS)** mit einer Bestellung über 60 Maschinen (plus 30 Optionen) den größten Einzelauftrag für den A300-600F.

Daten (A300-600R)

Antrieb: 2 General Electric CF6-80C2A1 Mantelstromtriebwerke, je 27.900 KP (273 kN) Standschub, oder 2 Pratt & Whitney PW4156 Mantelstromtriebwerke, je 25.401 KP (249 kN) Standschub
Spannweite: 44,84 m; Länge: 54,08 m; Höhe 16,62 m; max. Startgewicht: 171.700 kg; ökon. Reisegeschwindigkeit: 860 km/h; Gipfelhöhe: 12.200 m; Reichweite: 8.043 km; Besatzung: 9-12; Passagiere: 259-361

Airbus Industrie A300-600ST Beluga

Europa, Baujahr: 1994

Die anfänglich als Super Transporter bezeichnete **A300-608ST *Beluga*** beruht auf dem Grundmodell **A300-600R**, wobei der Rumpf zum Transport schwerer und sperriger Güter völlig neu ausgelegt wurde. Mit diesem Flugzeugtyp wurde die veraltete Super Guppy-Flotte, die zum Transport der diversen Airbusbauteile zwischen den einzelnen Auftragnehmern in Europa zum Einsatz kam, ersetzt. Zum Be-und Entladen wird der gesamte obere Rumpfteil oberhalb der Kanzel nach oben geklappt. Der Frachtraum hat eine Länge von 37,70 m und einen Durchmesser von 7,40 m. Die maximale Nutzlast beträgt 45.500 kg. Der Erstflug des ersten von insgesamt vier gebauten Flugzeugen erfolgte am 13. September 1994.

Daten

Antrieb: 2 General Electric CF6-80C2A8 Mantelstromtriebwerke, je 26.762 KP (262,4 kN) Standschub
Spannweite: 44,84 m; Länge: 56,16 m; Höhe 17,25 m;
max. Startgewicht: 150.000 kg; ökon. Reisegeschwindigkeit: 780 km/h; Gipfelhöhe: 11.180 m; Reichweite: 1.700 km;
Besatzung: 2; Nutzlast: 45.500 kg

Airbus Industrie A310

Europa, Baujahr: 1982

Die Entwicklung des **A310** war der erste Schritt zur Airbus-Flugzeugfamilie. Im Jahre 1978 erhielt Airbus Industrie die finanziell abgesicherte Genehmigung der französischen und der deutschen Regierung, eine Ableitung der **A300B2/B4** mit verkürztem Rumpf und neuem Flügel zu konstruieren. Das Projekt war schon 1974 unter der Bezeichnung **A300B-10** begonnen worden und erhielt bei Baubeginn die Bezeichnung A310. Zu diesem Zeitpunkt hatten **Lufthansa** und **Swissair** entsprechende Kaufabsichten bekundet. Bei der endgültigen Formgebung in den letzten Monaten des Jahres 1978 wurde der Rumpf des A300 um 13 Spantsektionen verkürzt, so dass die Passagierkapazität 255 Sitze in dichter Bestuhlung oder 214 Sitze in einer Zweiklassenausführung betrug. Zu diesem Zeitpunkt trat Großbritannien wieder dem Airbus-Konsortium als am Risiko beteiligter Partner bei, und British Aerospace erhielt die Aufgabe, das Tragwerk des A310 zu entwickeln und herzustellen. Der neue Flügel wies Doppelspalt-Fowlerklappen an der Hinterkante und Vorflügelklappen über die gesamte Spannweite auf. Die Rollachsensteuerung wurde durch eine Kombination von Störklappen und Innenquerrudern geregelt. Der Flügel besitzt aber keine Querruder an den Außenflügeln mehr (für den Langsamflug). Auch das Leitwerk des A310 ist kleiner und das Hauptfahrwerk wurde ebenso Änderungen unterzogen wie die Triebwerksgondeln. Für den A310 standen von Beginn an verschiedene Triebwerksvarianten zur Auswahl, so das P&W JT9D-7R4, GE CF6-80A3, und RR RB.211-524B4. Das Cockpit erhielt eine Digital-Auslegung mit Flachglasbildschirmen für den 2-Mann-Betrieb. Auch wurde die gesamte Inneneinrichtung überarbeitet. Wie der A300 wurde auch der A310 in Toulouse endmontiert. Die Bauteile aus den Partnerländern wurden mit Spezialflugzeugen vom Typ **Super Guppy** transportiert.

Das Basismodell des A310 ist der **A310-200**. Der **A310-200C** ist mit einem Frachttor ausgerüstet und kann binnen 15 Stunden vom Passagier- zum Frachtflugzeug mit 40.000 kg Nutzlast umgebaut werden. Der **A310-300** unterscheidet sich von der -200 durch ein überarbeitetes Cockpit-Layout, Winglets an den Flügelspitzen und einen zusätzlichen Treibstofftank im Seitenleitwerk. Das Seitenleitwerk ist eine Kunststoffkonstruktion. Durch die vermehrte Verwendung von Kunststoffen gelang es, das Zellengewicht der -300 auf den Werten der -200 zu halten, trotz eines um 11.000 kg höheren Startgewichtes.

Der erste A310 (C/N 162, F-WZLH) hatte seinen Roll-out am 16. Februar 1982 und absolvierte am 3. April 1982 seinen Erstflug. **Swissair** erhielt ihren ersten A310-200 (C/N 224, HB-IPA) am 10. März 1983 und das neue Flugzeugmuster wurde am 25. März 1983 in Dienst gestellt. Die Indienststellung bei der **Lufthansa** erfolgte am 9. März 1983 (C/N 191, D-AICA). Ein weiterer wichtiger Kunde der -200 war **KLM**, die ihr erstes Flugzeug (C/N 241, PH-AGA) am 26. April 1983 übernehmen konnte. Einziger Betreiber des A310-200C war **Martinair Holland**, die ein Exemplar der Serie -210C (C/N 349, PH-MCB) einsetzte. Die letzte -200 flog am 23. Dezember 1987 und wurde am 22. März 1988 der **Hapag-Lloyd** übergeben. Offiziell wurde die Serie 1989 nach dem Bau von 87 Flugzeugen eingestellt.

Weit erfolgreicher als die -200 wurde die -300, von der bis zum Produktionsende 1998 174 Maschinen gebaut wurden. Erstkunden

Daten (A310-300)

Antrieb: 2 General Electric CF6-80C2A8 Mantelstromtriebwerke, je 26.762 KP (262,4 kN) Standschub, oder 2 Pratt & Whitney PW4156A Mantelstromtriebwerke, je 25.400 KP (249,1 kN) Standschub
Spannweite: 43,90 m; Länge: 46,66 m; Höhe 15,81 m;
max. Startgewicht: 150.000 kg; ökon. Reisegeschwindigkeit: 897 km/h; Gipfelhöhe: 12.550 m; Reichweite: 9.100 km;
Besatzung: 2+6; Passagiere: 178-280

THE
SUPER
TRANSPORTER

Zum Transport von Airbus-Teilen zwischen den einzelnen Fertigungsstandorten des Konsortiums kommen vier Super Transporter des Typs A300B4-608ST zum Einsatz. Die Airbus 3 stieß am 19. Dezember 1997 zur Flotte.

Seit 1992 betreibt die schweizerische Balair (später Balair/CTA) eine kleine Flotte von A310-300ET auf Charterdiensten. HB-IPM (C/N 642) steht an einem gewittrigen Sommernachmittag abflugbereit auf dem Flughafen Köln/Bonn.

für die -300 waren wiederum **Swissair** und **Lufthansa**. Der erste A310-300 unternahm am 8. Juli 1985 seinen Jungfernflug. Wieder war es **Swissair**, die als erste Fluggesellschaft das Muster in den Liniendienst einführte. Das Flugzeug mit der Registrierung HB-IPF (C/N 399) flog erstmals am 16. Oktober 1985 und gelangte am 16. Dezember desselben Jahres zur Ablieferung. Das erste Flugzeug der **Lufthansa** war die D-AIDA (C/N 434), Erstflug am 25. Februar 1987. Die Ablieferung dieser Maschine erfolgte am 9. April 1987. In der Schweiz stehen derzeit noch drei A310-300 der Serien -325 und -325 ET bei der **Balair/CTA Leisure** im Einsatz. Bei der Lufthansa steht die -300 zur Ausmusterung an, derzeit sind noch vier Exemplare in der Flotte. Größter deutscher Betreiber ist **Hapag-Lloyd** mit vier -200 und fünf -300. Bei **Austrian Airlines** fliegen vier A310-324ET, die auf Langstrecken nach Fernost und in die USA zum Einsatz kommen. Sie werden aber durch die **A330-200** und **A340-300** abgelöst.
Seit 1992 existiert ein Umbauprogramm für die -200 zum Frachter **-200F**, analog zum Umbauprogramm des **A300B4F** (*siehe dort, Seite 174*). Bis heute hat DASA-Airbus 44 solcher Flugzeuge umgebaut, die meisten für **Federal Express**.

Airbus Industrie A319

Europa, Baujahr: 1995

Der **A319** ist der bisher kleinste Vertreter der A320-Familie und deckt vorwiegend die Bedürfnisse der Fluggesellschaften im Kurzstreckenverkehr ab. Gegenüber der **A320** wurde bei der A319 der Rumpf vor und hinter der Tragfläche um insgesamt 3,73 m gekürzt. Von der A320 wurden das Seiten-, Höhen- und Querruder komplett übernommen, sowie die Tragflächen mit den Integraltanks. Damit verfügt der A319 über das gleiche Tankvolumen wie der A320. Mit einer Reichweite von 3.300 km mit Standardbeladung hat der A319 den größten Aktionsradius aller Flugzeugtypen seiner Klasse. Die Programmentwicklung des A319 wurde am 10. Juni 1993 aufgenommen. Der Roll-out fand am 24. August 1995 statt und der Erstflug erfolgte am 25. August 1995. Die Flugerprobung begann am 29. August, am 10. April 1996 erfolgte die JAA-Musterzulassung für die mit CFM-56-5B-Triebwerken ausgerüsteten Versionen. Die ETOPS-Zulassung für lange Überwasserflüge wurde am 14. Februar 1997 erteilt. Launch-Customer für das Flugzeugmuster waren **Northwest Airlines** (50), **Air Canada** (35), **United Air Lines** (24), **Lufthansa** (20), **Air Inter/ Air France** (9 + 9 Optionen) und **Swissair** (6). Am 23. Mai 1996 ging

der A319 bei der Swissair den Linieneinsatz. Lufthansa erhielt ihren ersten A319 (C/N 609, D-AILA) am 19. Juli 1996. Als zweite deutsche Fluggesellschaft betreibt **Eurowings** drei Flugzeuge, deren erstes (C/N 646, D-AKNF) am 27. Januar 1997 zur Ablieferung gelangte. Die größte Bestellung für den A319 erfolgte 1998 von **US Airways** über 109 Flugzeuge, von denen das erste Exemplar (C/N 885, N700UW) im Oktober 1998 geliefert wurde. Die Übergabe der letzten Maschine ist für Herbst 2002 vorgesehen.
Seit 1999 ist auch das Interkontinental-Geschäftsreiseflugzeug **A319CJ** (Corporate Jet) mit einer Reichweite von bis zu 11.700 km in Fertigung. In der Kabine können bis zu 30 Passagiere befördert werden. Von den sieben bestellten Maschinen konnten bis 2000 zwei ausgeliefert werden.
Im September 1999 lagen Bestellungen für 603 A319 vor, von denen 145 Flugzeuge bereits geliefert waren.

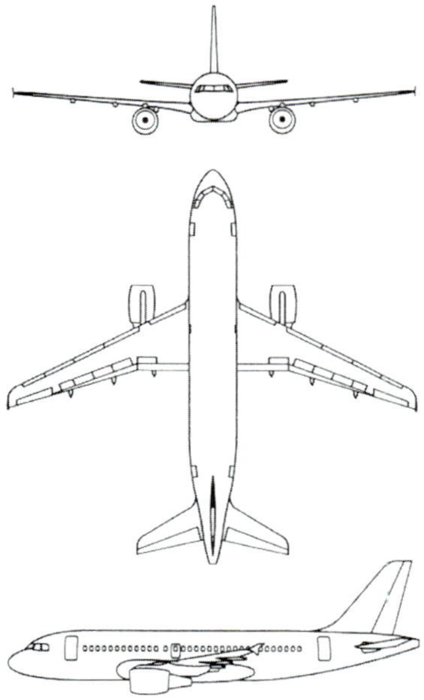

Daten

Antrieb: 2 CFMI CFM56-5A4 Mantelstromtriebwerke, je 10.160 KP (99,7 kN) Standschub, oder 2CFMI CFM56-5B5 Mantelstromtriebwerke, je 10.500 KP (103 kN) Standschub, oder 2 IAE V2524 Mantelstromtriebwerke, je 10.885 KP (107 kN) Standschub
Spannweite: 34,10 m; Länge: 33,84 m; Höhe 11,80 m; max. Startgewicht: 64.000 kg; ökon. Reisegeschwindigkeit: 840 km/h; Gipfelhöhe: 12.500 m; Reichweite: 3.300 km; Besatzung: 2+4; Passagiere: 124-145

Der A319 ist das derzeit kleinste Airbus-Modell. Eurowings hat vier dieser Flugzeuge im Einsatz, die jeweils 142 Passagiere befördern können.

Airbus Industrie A320

Europa, Baujahr: 1987

Der **A320** stellt das Grundmodell der Airbus-Standard-Rumpfflugzeuge **A319/320/321** dar. Sie sind die direkten Konkurrenzmuster zur **Boeing 737**-Familie. Der Start des Entwicklungsprogramms der A320 wurde am 2. März 1984 bekanntgegeben. Ausgelegt ist der A320 als Kurz- und Mittelstreckenflugzeug für 150 Fluggäste. Bei dem von Grund auf neu entwickelten Flugzeugmuster handelt es sich um das erste elektrisch gesteuerte Verkehrsflugzeug der Welt. Erstmals im Verkehrsflugzeugbau kam ein sogenanntes *Fly-by-wire*-Steuerungssystem mit Sidestick anstelle des konventionellen Steuerhorns zum Einbau. Die Kanzel ist voll digitalisiert und mit sechs Farbbildschirmen zur Anzeige der Primärflugdaten ausgestattet. Mit einem Rumpfdurchmesser von 3,95 m hat der A320 zu vergleichbaren Mustern eine um rund 20 cm breitere Passagierkabine mit entsprechend mehr Komfort. Im Unterdeck können insgesamt sieben Gepäck- oder Frachtcontainer verladen werden, wodurch eine schnellere Abfertigungszeit am Boden erreicht wird. Der Roll-out erfolgte am 14. Februar 1987 in Toulouse, an den sich am 22. Februar 1987 der Erstflug durch den Prototyp (F-WWAI) anschloss. Für die anschliessende Flugerprobung wurden vier Flugzeuge eingesetzt. Für statische Belastungstests wurden zwei Bruchzellen hergestellt. Die ersten Serienflugzeuge **A320-100** waren mit CFM56-5A1-Triebwerken ausgerüstet und hatten ein maximales Startgewicht von 66.000 kg. Die Auslieferung an die Fluggesellschaften begann am 28. März 1988 (**Air France**) und am 31. März 1988 (**British Caledonian Airways**). Air France stellte ihren ersten A320 (C/N 005, F-GFKA) am 18. April 1988 in den Liniendienst. Bei British Caledonian kam das Muster nicht mehr zum Einsatz, da diese Gesellschaft am 14. April 1988 von **British Airways** übernommen wurde. Nach dem Bau von 21 A320-100 für **Air France, Air Inter** und **British Airways** wurde die Fertigung im Herbst 1988 zugunsten der verbesserten **A320-200** ein-

Lufthansa ist der größte Betreiber des A320-200 in Europa. D-AIPE Kassel (C/N 078) ist das fünfte Flugzeug dieses Typs in der Lufthansa-Flotte.

gestellt. Die -200 ist das eigentliche Grundmuster für alle nachfolgenden Standard-Rumpfflugzeuge der Airbus-Familie und unterscheidet sich von der -100 durch einen zusätzlichen Treibstofftank im Flügelmittelstück sowie Winglets an den Flügelspitzen zur Reduzierung von Wirbelschleppen. Das maximale Startgewicht erhöhte sich auf 73.500 kg. Als erste Fluggesellschaft übernahm **Ansett Australia** den A320-200 in den Liniendienst. Die -200 wird wahlweise mit Triebwerksanlagen vom Typ CFM56-5A/5B oder IAE V2500A-5 angeboten. Die mit dem IAE-Aggregat ausgerüstete A320 flog erstmals am 28. Juli 1988 und erhielt die Typenzulassung am 6. Juli 1989. Erstkunde für diese Variante war **Cyprus Airways**.
Der Durchbruch im amerikanischen Markt gelang 1988 durch eine Bestellung der **PanAm** über 16 Maschinen mit IAE-Triebwerken, die jedoch nicht zur Ausführung kam. Diese Flugzeuge kamen später bei **Braniff Airways** und **America West Airlines** zum Einsatz. Der PanAm-Bestellung folgte ein Auftrag von **Northwest Airlines**, die heute mit 70 Exemplaren die zweitgrößte A320-Flotte der Welt hat. Als größter Betreiber verfügt **United Airlines** über 73 solcher Flugzeuge. In Deutschland fliegt der A320 in den Farben der **Lufthansa**, der **Aero Lloyd** und der **LTU**. Bei Lufthansa wurde das Muster im Oktober 1989 als Ersatz für die **Boeing 727-200 Advanced** in Dienst gestellt. Mit 33 Exemplaren verfügt Lufthansa in Europa über die größte A320-Flotte. In der Schweiz erhielt **Swissair** im Mai 1995 den ersten A320 und hat derzeit 20 dieser Flugzeuge im Einsatz. Sie lösten dort das Vorgängermuster **DC-9-81** ab. Seit Januar 1998 betreibt **Austrian Airlines** drei A320.
Bis heute (2000) wurden 1.220 A320 bestellt, von denen 743 zur Auslieferung gelangten.

Daten

Antrieb: 2 CFMI CFM56-5A1 Mantelstromtriebwerke, je 11.340 KP (111,2 kN) Standschub, oder 2 IAE V2500A-5 Mantelstromtriebwerke, je 11.340 KP (111,2 kN) Standschub
Spannweite: 33,91 m; Länge: 37,58 m; Höhe 11,80 m; max. Startgewicht: 73.500 kg; ökon. Reisegeschwindigkeit: 840 km/h; Gipfelhöhe: 12.500 m; Reichweite: 5.318 km; Besatzung: 2+5; Passagiere: 153-179

Airbus Industrie A321

Europa, Baujahr: 1993

Der **A321** ist die erste Weiterentwicklung des **A320** und wurde als Ergänzung zu diesem Muster für stark beflogene Kurz- und Mittelstrecken ausgelegt. Der Rumpf wurde gegenüber der A320 in zwei Abschnitten vor und hinter der Tragfläche um insgesamt 6,90 m gestreckt. Die vordere Sektion hat eine Länge von 4,27 m, die hintere von 2,63 m. Der Rumpfdurchmesser beträgt 3,95 m, und damit ist der A321 um 19 cm breiter als die Konkurrenzmuster. Durch die Rumpfverlängerung können jetzt 36 Passagiere mehr befördert werden. Das maximale Startgewicht erhöhte sich um 9.500 kg auf 82.800 kg. Dies hatte zur Folge, dass das Fahrwerk, die Flügelstruktur und tragende Zellenteile an der Flügelwurzel verstärkt werden mussten. Die Cockpitauslegung wurde komplett von der A320 übernommen, die Avionik aber teilweise überarbeitet. So kamen modifizierte Navigationsdatenrechner und eine geänderte Flugregelanlage zum Einbau.

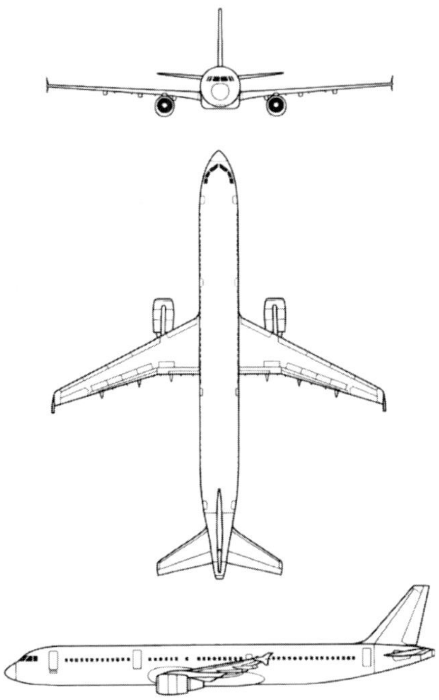

Der Erstflug erfolgte am 11. März 1993. An der Flugerprobung nahmen vier Flugzeuge teil. Als erste Fluggesellschaft stellte **Lufthansa** den A321 am 27. Januar 1994 in Dienst.
Unter der Bezeichnung **A321-200** fliegt seit dem 12. Dezember 1996 eine schwerere Abart mit einem maximalen Startgewicht von zunächst 89.000 kg, welches 1997 auf 93.000 kg angehoben werden konnte. Als Antrieb können die Fluggesellschaften zwischen den jeweils 138 kN Schub leistenden Triebwerken CFM56-5B2 und dem IAE V2530-A5 wählen. Dank einer größeren Treibstoffkapazität konnte der Aktionsradius (Reichweite) auf 6.400 km ausgedehnt werden. Erstkunde für den A321-200 war **Alitalia**, die mit 25 Exemplaren die weltweit größte A321-Flotte betreibt. An zweiter Stelle steht **Lufthansa** mit 20 Stück. In Europa wird das Muster außerdem von **Aer Lingus, Aero Lloyd, Air France, Austrian Airlines, British Midland Airways, Finnair, Sabena** und **Swissair** eingesetzt. In Fernost fliegt der A321 bei **Air Macau, All Nippon Airways** und **Transasia Airways**. In Afrika setzt **Egyptair** als einzige Fluggesellschaft den A321 ein.
Derzeit liegen Bestellungen für 261 A321 vor, von denen 136 Maschinen bereits ausgeliefert wurden.

Daten

Antrieb: 2 CFMI CFM56-5B1 Mantelstromtriebwerke, je 13.607 KP (133,4 kN) Standschub, oder 2 CFMI CFM56-5B2 Mantelstromtriebwerke, je 14.060 KP (138 kN) Standschub, oder 2 IAE V2530-A5 Mantelstromtriebwerke, je 14.060 KP (138 kN) Standschub
Spannweite: 34,09 m; Länge: 44,50 m; Höhe 11,80 m; max. Startgewicht: 82.800 kg; ökon. Reisegeschwindigkeit: 828 km/h; Gipfelhöhe: 11.900 m; Reichweite: 4.350 km; Besatzung: 2+6; Passagiere: 186-220

Der Austrian Airlines A321-111 Pinzgau (C/N 570) trug für kurze Zeit diese Sonderbemalung zur 1000-Jahr-Feier Österreichs.

Airbus Industrie A330

Europa, Baujahr: 1992

Der zweistrahlige **A330** und der vierstrahlige **A340** wurden zeitgleich entwickelt; das Bauprogramm begann im Juni 1987. Während der A340 für Ultralangstrecken ausgelegt ist, kann der A330 in zwei verschiedenen Versionen Mittel- und Langstrecken abdecken. Mit der A340 gemeinsam sind auch der völlig neu konstruierte Flügel, das Seitenleitwerk, die Kanzelauslegung sowie alle übrigen Betriebs- und Versorgungssysteme. Die Grundvariante ist das Mittelstreckenmodell **A330-300**. Die erste, mit CF6-80E1-Triebwerken ausgerüstete Maschine unternahm am 2. November 1992 ihren Erstflug. Die europäische JAA-Zulassung und die amerikanische FAA-Musterberechtigung wurden zeitgleich am 21. Oktober 1993 erteilt. Im November 1993 wurde der Flugzeugtyp für Einsätze unter ETOPS-Bedingungen (lange Überwasserflüge) zugelassen.

Am 14. Oktober 1993 flog erstmals ein von PW4168-Triebwerken ausgerüsteter A330-300, gefolgt am 31. Januar 1994 von einer mit Trent 700-Triebwerken ausgestatteten Maschine. Die erste Bestellung erteilte **Air Inter** über 14 Maschinen (CF6-80E1) am 30. Dezember 1993, gefolgt von **Thai Airways International** mit zwölf Flugzeugen (PW4164/4168). **Cathay Pacific Airways** bestellte zwölf A330-300 mit Trent-700-Antrieb. Erste Auslieferungen an die Fluggesellschaften begannen im Januar 1994 (Air Inter), im August 1994 (Thai Int'l.) und Februar 1995 (Cathay Pacific).

Bei der Untervariante **A330-300IGW** mit einem höheren Startgewicht von 223.000 kg finden die modifizierten Tragflächen der -200 Verwendung, aber das Modell verfügt nicht über die größere Treibstoffkapazität. Die Entscheidung zum Bau des

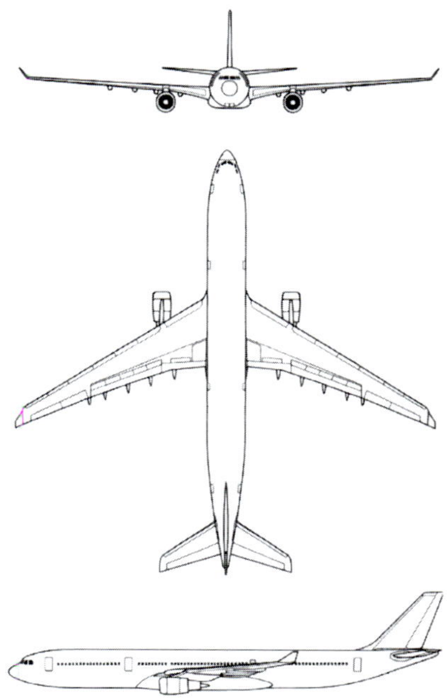

Langstreckemusters **A330-200** wurde am 25. November 1995 getroffen und die erste Maschine (C/N 181) führte am 13. August 1997 in Toulouse ihren Jungfernflug durch. Gegenüber der -300 wurde der Rumpf um 5,33 m, das entspricht 10 Spantbreiten, gekürzt. Zum Stabilitätsausgleich mussten das Seiten- und Höhenleitwerk vergrößert werden. Die Tragflächentanks wurden modifiziert und dadurch die Treibstoffkapazität um 41.500 Liter erhöht. Die -200 ist in der Lage, 235 Passagiere über eine Entfernung von 12.000 km zu befördern und ergänzt damit den A340 auf Langstrecken mit geringem Fluggastaufkommen. Die erste Maschine der Serie 200 ging am 29. April 1998 an **Canada 3000 Airlines**.
Weitere Betreiber des Flugzeugmusters A330 (alle Versionen) sind **Air Transat, Dragonair, Emirates, Garuda, Korean Air, LTU, Malaysia Airlines, Philippine Airlines** und **Swissair**.
Das Orderbuch verzeichnet derzeit Bestellungen für 257 Flugzeuge, von denen bereits 108 abgeliefert werden konnten.

Daten

Antrieb: 2 General Electric CF6-80E, Pratt & Whitney PW4164/4168 oder Rolls-Royce Trent 700 Mantelstromtriebwerke, je 18.500 KP (279,55 kN) bis 32.700 KP (320,75 kN) Standschub
(A330-300)
Spannweite: 60,30 m; Länge: 63,70 m; Höhe 16,83 m; max. Startgewicht: 212.000 bis 223.000 kg; ökon. Reisegeschwindigkeit: 861 km/h; Gipfelhöhe: 12.500 m; Reichweite: 8.800 bis 9.800 km; Besatzung: 2+12; Passagiere: 440
(A330-200)
Spannweite: 60,30 m; Länge: 58,98 m; Höhe 17,89 m; max. Startgewicht: 230.000 kg; ökon. Reisegeschwindigkeit: 880 km/h; Gipfelhöhe: 12.500 m; Reichweite: 12.000 km; Besatzung: 2+8; Passagiere: 335

Dragonair aus Hongkong betreibt in ihrer Flotte sechs dieser A330-342. VR-HYC (C/N 111) befindet sich hier im Endanflug auf den alten Flughafen Kai Tak.

Airbus Industrie A340

Europa, Baujahr: 1992

Der Entwurf der **A340** geht auf das Jahr 1975 zurück, als Airbus Industrie unter der Projektbezeichnung **A300-B11** erstmals Pläne für einen vierstrahligen Langstreckenjet veröffentlichte. In überarbeiteter Form wurde das Projekt im Jahre 1980 als **TA11** in einer Auslegung für 235 Passagiere einer Entwicklungskommission vorgestellt, diesmal als Teil einer Großraumflugzeug-Familie. Der Programmstart zum Bau der A340 erfolgte am 5. Juni 1987, zusammen mit der zweistrahligen **A330**. Mit dieser Entscheidung wurde die Grundlage der bereits bestehenden Schmalrumpf-Flugzeugfamilie für Kurz- und Mittelstrecken um die beiden Langstreckenmuster erweitert. Der A330 und der A340 sind weitgehend baugleich. So sind Flügel, Kanzel, Leitwerk und Rumpfstruktur bei beiden Modellen identisch. Einziger wesentlicher Unterschied ist die Anzahl der Triebwerke und der damit zusammenhängenden Systeme. Der A340 wird derzeit in zwei Ausführungen angeboten. Während der **A340-300** für Ultra-Langstrecken mit max. 440 Sitzen ausgelegt ist, kann die um 4,20 m verkürzte **A340-200** zu Lasten der Reichweite 291 bis 381 Fluggäste befördern. Die Variante A340-300X verfügt über ein höheres Abfluggewicht von 275.000 kg und stärkere CFM56-5C4-Triebwerke. Im Unterschied zum A330 wird der A340 nur mit einem Triebwerkstyp unterschiedlicher Versionen angeboten.

Der erste **A340-300** hatte am 4. Oktober 1991 seinen Roll-out und führte am 25. Oktober 1991 seinen Jungfernflug aus. Der **A340-200**

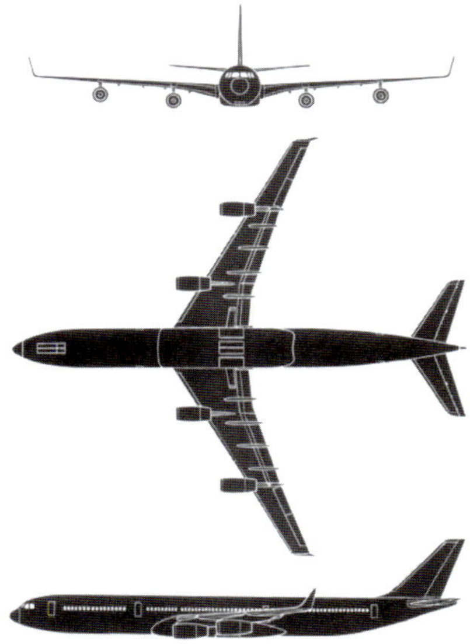

Singapore Airlines ist einer der größten Betreiber des Ultra-Langstreckenmusters A340-313X Celestar, von dem 15 Maschinen im Einsatz stehen. Zwei weitere befinden sich im Zulauf.

flog erstmals am 3. Februar 1992. Die anschließende Flugerprobung wurde mit insgesamt sechs Maschinen durchgeführt. Dabei wurden in 750 Flügen mehr als 2.400 Flugstunden absolviert. Die JAA-Musterzulassung konnte am 22. Dezember 1992 erteilt werden. Als erste Fluggesellschaft konnte **Lufthansa** den A340-200 am 15. März 1993 zwischen Frankfurt und New York (Newark) einsetzen. Dort ersetzte das neue Flugzeugmuster den Großraum-Trijet **DC-10-30** aus den 70er Jahren. Die erste A340-300 wurde am 26. Februar 1993 an **Air France** übergeben. Die Version **A340-300X** mit einer Reichweite von bis zu 13.500 km und einer weiter eingeschränkten Sitzplatzkapazität für 232 bis 268 Passagiere entstand 1995 auf Anregung der **Singapore Airlines**, die 17 solcher Flugzeuge bestellte. Die Auslieferung begann im April 1996 und wird voraussichtlich im Oktober 2000 zum Abschluss kommen.

Am 8. Dezember 1997 erteilte Airbus grünes Licht für zwei weitere Versionen der A340, für die zu diesem Zeitpunkt bereits 100 Kaufoptionen von sieben Fluggesellschaften vorlagen. Zu den Erstkunden gehören auch **Lufthansa** (10) und **Swissair** (9). Die neue Familie umfasst den **A340-500** mit einer hohen Anzahl von Sitzplätzen und den **A340-600** für Ultra-Langstrecken. Beide Modelle werden einen neuentwickelten Flügel erhalten, der um 20% größer als der des A340-200 sein wird. Im Flächenmittelstück und an der Flügelspitze werden zwei jeweils 1,60 m lange Segmente eingefügt, so dass die Spannweite 63,85 m beträgt. Die Tanks werden 177.000 Liter fassen. Das maximale Startgewicht liegt bei zirka 365.000 kg, weshalb Rumpfstruktur und Fahrwerk verstärkt werden müssen. Hierfür wird im Rumpfmittelstück zwischen den Tragflächen das zweirädrige Fahrwerk durch ein vierrädriges *Boogie*-Fahrwerk ersetzt. Beide Muster werden mit Triebwerken vom Typ Rolls-Royce Trent 500 mit einer Schubleistung von 249 kN ausgerüstet. Das Seitenleitwerk wird von der A330-200 übernommen.

Die in der Rumpflänge gegenüber der A340-300 unveränderte A340-500 soll 313 Fluggäste über Entfernungen von 15.750 km transportieren können. Die Ablieferung des ersten Flugzeugs wird voraussichtlich im April 2002 erfolgen.

Der Rumpf der A340-600 soll auf 74,30 m gestreckt werden und wird für die Beförderung von 380 Passagieren eingerichtet. Mit der Auslieferung der -600 soll Anfang 2002 begonnen werden. Als erster Kunde bestellte **Virgin Atlantic Airways** acht dieser Flugzeuge.

Zur Zeit liegen Bestellungen für 270 Flugzeuge aller Versionen vor, von denen bereits 162 geliefert wurden.

Daten (A340-300X)

Antrieb: 2 CFMI CFM56-5C4 Mantelstromtriebwerke, je 15.420 KP (150 kN) Standschub
Spannweite: 60,30 m; Länge: 63,66 m; Höhe 16,83 m; max. Startgewicht: 275.000 kg, ökon. Reisegeschwindigkeit: 880 km/h; Gipfelhöhe: 12.500 m; Reichweite: 13.500 km; Besatzung: 2+12; Passagiere: 232-295

Antonow AN-72 & AN-74

UDSSR, Baujahr: 1977 / 1983

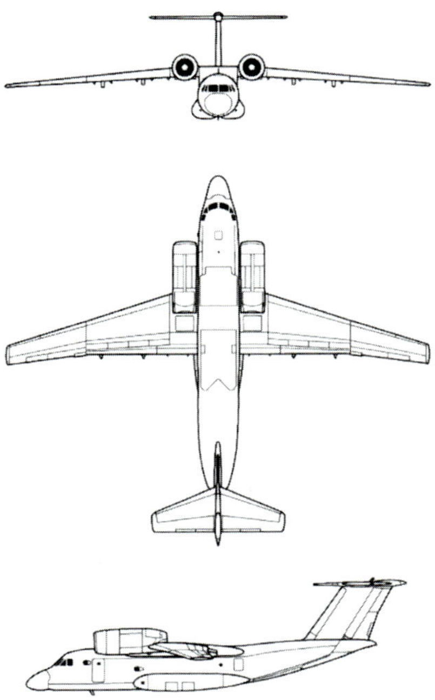

Der kleine zweistrahlige STOL-Transporter **AN-72** ist in seiner ursprünglichen Auslegung ein Kampfzonentransporter für die russischen Luftstreitkräfte, wird aber auch als ziviles Frachtflugzeug für bis zu 7.500 kg Nutzlast von der **Aeroflot** in schwer zugänglichen Gebieten verwendet.

Die AN-72 macht sich den sogenannten *Coanda-Effekt* zunutze, wobei der Abgasstrahl der Triebwerke die Flügeloberseite überströmen und damit den Auftrieb erheblich erhöhen. Gemeinsam mit einem wirkungsvollen Klappensystem verfügt die AN-72 über bemerkenswerte Kurzstart- und Landeeigenschaften (STOL). Das Fahrwerk der AN-72 besteht aus zwei unabhängigen Hauptfahrwerksstreben an jeder Rumpfseite, die in Fahrwerkwülste eingezogen werden. Dies erlaubt den Einsatz von schlecht ausgebauten Pisten, aber auch Operationen in unebenem Gelände außerhalb von Flugplätzen.

Mit der AN-72 praktisch identisch ist die Spezialversion **AN-74** für den Einsatz in polaren Gebieten. Die Muster unterscheiden sich lediglich durch eine einsatzspezifische Spezialausrüstung, wie zusätzliche Navigationshilfen und Skis für den Einsatz von Schnee- und Eisflächen. Bei einer Ausrüstung mit Klappsitzen entlang den Frachtraumwänden können bis zu 68 Personen befördert werden.

Der erste von zwei AN-72-Prototypen flog am 22. Dezember 1977. Sie trugen Aeroflot-Bemalung, doch die Möglichkeit einer militärischen Nutzung war offensichtlich. Acht erheblich modifizierte Flugzeuge erschienen 1985 und tragen die Typenbezeichnung **AN-72T** (Zivil) oder **AN-72P** (Militär). Ab 1987 geänderte AN-72P tragen die Typenbezeichnung **AN-76**. Der dritte Prototyp der AN-72 (CCCP-19795)

Daten

Antrieb: 2 Loratew D-436K Mantelstromtriebwerke, je 7.500 KP (73,5 kN) Standschub
Spannweite: 31,89 m; Länge: 26,07 m; Höhe 8,65 m; max. Startgewicht: 34.500 kg; ökon. Reisegeschwindigkeit: 550 km/h; Gipfelhöhe: 10.000 m; Reichweite. 1.150 km; Besatzung: 2-3; Nutzlast: 7.500 kg; Passagiere: 68

Eine AN-74 der russischen Frachtfluggesellschaft Aviacor.

wurde zum Prototypen der **AN-74** umgebaut und flog erstmals am 29. September 1983 mit der Registrierung CCCP-780334. Dieses Flugzeug wurde am 29. Oktober 1983 an Aeroflot abgeliefert. Die erste AN-74-Serienmaschine absolvierte ihren Erstflug am 11. Juni 1986 und wurde am 26. Juni 1986 Aeroflot zu Testzwecken übergeben.

Die Fertigung der AN-72 und AN-74 erfolgte in Charkow (heute Ukraine), die der AN-72T in Arsienjew, nahe Wladiwostok. Laut russischen Angaben wurde die Produktion der AN-72/74 im Jahre 1996 eingestellt, nachdem zirka 60 Maschinen gebaut wurden.

Antonow AN-124 Ruslan

UdSSR, Baujahr: 1982

Die **AN-124** ist mit einem Abfluggewicht von 405.000 kg das größte und schwerste in der Verkehrsluftfahrt eingesetzte Flugzeug. Beim Bau der *Ruslan* wurden erstmals im russischen Flugzeugbau in größerem Umfang Bauteile aus Verbundstoffen (Komposit) verwendet. Als erstes russisches Verkehrs- und Transportflugzeug verfügt die AN-124 über ein *Fly-by-wire*-Kontrollsystem. Ein 24rädriges Hauptfahrwerk erlaubt den Einsatz von schlecht ausgebauten Flughäfen oder Behelfspisten. Die Ruslan ist so ausgelegt, dass sie gleichzeitig von vorn über den hochklappbaren Rumpfbug als auch von hinten über eine Laderampe befrachtet werden kann. Hierfür kann die Zelle an der Rumpfachse wahlweise nach vorn oder hinten abgesenkt werden. Die Nutzlast beträgt 120.000 kg. Im Oberdeck, zwischen Kanzel und Flügel, können in einer fensterlosen Kabine bis zu 88 Passagiere befördert werden. Von der Konzeption her ist die AN-124 ganz klar als militärischer Transporter zu betrachten, sie verfügt aber, im Gegensatz zur **IL-76MD**, über keinen defensiven Heckstand. In der Auslegung gleicht das Flugzeug weitgehend der **Lockheed C-5 *Galaxy***, hat aber ein konventionelles Leitwerk anstelle des T-Leitwerks des amerikanischen Musters. Mindestens zwölf AN-124 tragen **Aeroflot**-Bemalung und kommen auf kommerziellen Flügen zum Einsatz, obwohl sie sich offiziell im Eigentum der russischen Luftwaffe befinden. Seit 1990 kommt das Muster auch in Westeuropa zum Einsatz, nachdem das ukrainische Antonov Design Bureau mit der britischen Frachtfluggesellschaft **Air-Foyle Cargo** einen Bereederungs- und Managementvertrag für weltweite Chartereinsätze mit zunächst zwei Maschinen abgeschlossen hatte. Über die Jahre erwies sich dieses Joint-Venture als erstaunlich erfolgreich, so dass derzeit über die Beschaffung weiterer Flugzeuge nachgedacht wird. Zweiter westlicher Betreiber der AN-124 ist ein weiteres Joint-Venture zwischen **Wolga-Dnjepr** und **Heavylift Cargo Airlines**.

Der erste von drei Prototypen des ursprünglich als **AN-40** bezeichneten Musters flog am 26. Dezember 1982 und die Serienfertigung begann 1984. Der erste Zivileinsatz unter Aeroflot-Regie erfolgte im Januar 1986. Bislang sind 54 AN-124 gebaut worden.
Die **AN-124-130** soll mit General Electric CF6-80-Triebwerken und westlicher Avionik ausgerüstet werden. Das Programm wurde aber 1998 vorübergehend gestoppt.

Daten

Antrieb: 4 Loratew / ZMKB Progress D-18T Mantelstromtriebwerke, je 23.430 KP (230 kN) Standschub
Spannweite: 73,30 m; Länge: 69,10 m; Höhe 21,08 m; max. Startgewicht: 405.000 kg; ökon. Reisegeschwindigkeit: 825 km/h; Gipfelhöhe: 10.500 m; Reichweite: 4.500 km; Besatzung: 4; Nutzlast: 120.000 kg bis 150.000 kg; Passagiere: bis zu 88

Diese AN-124-100 des britisch-russischen Joint-Ventures AirFoyle/Antonov Airtrack wartet in Köln/Bonn auf neue Ladung.

BAC One-Eleven

Großbritannien, Baujahr: 1965

Die **BAC One-Eleven (BAC 1-11)** entstand als strahlgetriebene Nachfolgerin des TPL-Musters **Vickers Viscount**. Mit 232 verkauften Maschinen ist es bislang das erfolgreichste britische Strahlverkehrsflugzeug. Die Ursprünge der 1-11 gehen auf den von der Hunting Percival Ltd. ausgearbeiteten Entwurf P-107 (später H-107) des Jahres 1956 zurück. Ursprünglich war vorgesehen, das Flugzeug mit zwei Bristol Orpheus-Turbinen auszurüsten, doch wechselte man im September 1958 auf das Mantelstromtriebwerk Bristol Siddeley BS-75. Die Entwicklungsarbeiten wurden jedoch bis 1960, als Hunting von der British Aerospace Corporation (BAC) übernommen wurde, aus Kostengründen eingestellt. Unter der Bezeichnung BAC-107 erhielt das Projekt nun größere Abmessungen zur Aufnahme von 65 Passagieren und ein T-Leitwerk. Weitere Veränderungen an der Konstruktion führten schließlich zur BAC-111 (BAC 1-11), die im Mai 1961 angekündigt wurde. Als Triebwerke waren die damals für die **HS.121** ***Trident*** in Entwicklung stehenden Rolls-Royce Spey-Triebwerke vorgesehen. Die Passagierkabine wurde für 69 Fluggäste ausgelegt. Zeitgleich mit der Veröffentlichung der ersten Detailangaben über das neue Flugzeug gab BAC am 9. Mai 1961 die Bestellung von zehn Exemplaren für die **British United Airways (BUA)** bekannt. Schon mit der zweiten Bestellung über sechs Flugzeuge für die **Braniff Airways** konnte BAC in den amerikanischen Markt eindringen. Bis die 1-11 ihren Erstflug ausgeführt hatte, lagen bereits Bestellungen über 45 Flugzeuge vor. Der Marktdurchbruch deutete sich an, als **American Airlines**, eine der *Big Five*, 15 One-Eleven fest bestellte und auf weitere 15 optionierte. Die Bestellung von American war die erste für die **Srs.400**, eine speziell auf den amerikanischen Markt zugeschnittene Variante mit einigen Änderungen (u.a. Landeklappen, Bremssystem) zur Erfüllung der besonderen amerikanischen Lufttüchtigkeitsbestimmungen. Im Mai 1963 hatte BAC die ursprüngliche Serienausführung in **Srs.200** und die Variante mit den stärkeren Spey-Triebwerken, einem zusätzlichen Treibstofftank im Mittelflügel und höherem Startgewicht (39.463 kg) zur Verbesserung der Reichweite in **Srs.300** benannt. Die **Srs.400** besaß dieselben Triebwerke und Zelle wie die Srs.300, doch wurde das maximale Startgewicht auf 35.835 kg verringert, um den amerikanischen Fluggesellschaften den Betrieb des Flugzeugs mit einer zweiköpfigen Besatzung zu ermöglichen. Der Erstflug des Prototyps G-ASHG fand am 20. August 1963 statt, doch das Flugzeug ging bereits am 22. Oktober 1963 durch Absturz verloren, weil es in ein unerwartetes Überziehverhalten, den sogenannten Deep Stall, gekommen war. Nachdem umfangreiche System-Modifikationen vorgenommen worden waren, erfolgte die britische Verkehrszulassung für die 1-11 am 6. April 1965. Bereits drei Tage später, am 9. April 1965, konnte die BUA ihre ersten 1-11 im Streckendienst einsetzen, gefolgt von Braniff am 25. April 1965. Die amerikanische Verkehrszulassung war zuvor, am 15. April 1965, erteilt worden.

Die erste für American bestimmte Maschine der Srs.401 absolvierte am 13. Juli 1965 ihren Erstflug, und die US-Verkehrszulassung für diese Version wurde am 22. November 1965 erteilt. Der erste Streckeneinsatz bei American erfolgte am 6. März 1966.

Die Flugzeuge der Serien 200, 300 und 400 hatten dieselben Abmessungen, doch die Srs.400 war die erfolgreichste. Von ihr kamen 69 Exemplare zur Auslieferung, wohingegen von der Srs.200 56 Maschinen und von der Srs.300 nur neun Flugzeuge verkauft werden konnten.

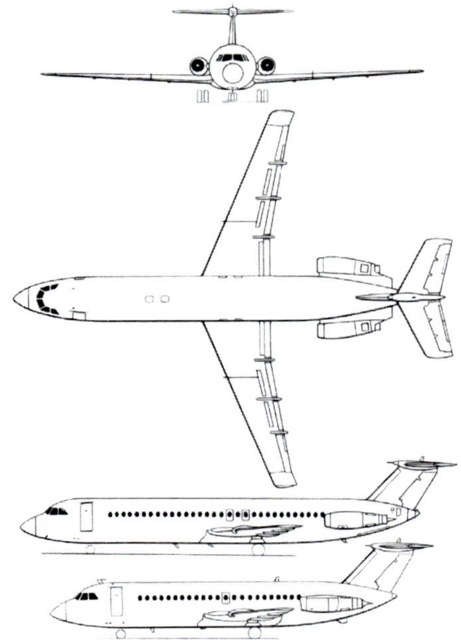

Die **Serie 500** hatte einen längeren Rumpf und konnte bis zu 97, in enger Bestuhlung sogar 119 Passagiere aufnehmen. BAC trug sich schon eine geraume Zeit mit dem Gedanken zum Bau einer gestreckten Variante, doch konnte diese Idee erst durch eine Bestellung der **BEA** über vorerst zehn Maschinen verwirklicht werden. Der Rumpf der **Srs. 500** wurde gegenüber den übrigen Modellen um 4,11 m und die Spannweite um 1,20 m vergrößert. Als Triebwerk kam das leistungsstärkere Spey 512-14 mit einer Startleistung von 43,55 kN zum Einbau. Ein firmeneigenes Flugzeug der Srs.400 wurde zum Prototyp der Srs.500 umgebaut und führte seinen Jungfernflug bereits am 30. Juni 1967 durch, zunächst mit Spey-511-Triebwerken. Das erste Serienflugzeug der Srs.500 flog erstmals am 7. Februar 1968 und wurde am 18. August 1968 für die BEA mit einem maximalen Startgewicht von 41.950 kg zugelassen. Anschließend erfolgte die erweiterte Zulassung mit Spey-512-14DW-Triebwerken und Wassereinspritzung bei einer Startleistung von 54,5 kN, wodurch das maximale Startgewicht auf 45.200 kg angehoben werden konnte. Durch den Einbau eines zusätzlichen Treibstofftanks im hinteren Frachtraum konnte die Reichweite vergrößert werden, und das Muster wurde für ein maximales Startgewicht von 47.400 kg zugelassen. Diese Leistungsmerkmale machten die Srs.500 zum bevorzugten Flugzeug der Fluggesellschaften und besonders beliebt machte sich das Muster im Charterverkehr von kleineren Flughäfen zu Sonnenzielen im südlichen Europa. Zu den Gesellschaften, welche die Srs. 500 flogen, gehörten neben **BEA** (später **British Airways**) die **British Caledonian Airways, British Midland Airways**, und **Philippine Air Lines (PAL)**, sowie viele Charterairlines. Auch die **Swissair** setzte die One-Eleven (1 Srs.400, 1 Srs.500) für einen kurzen Zeitraum testweise ein, entschied sich aber dann zum Kauf des Konkurrenzmusters **Douglas DC-9-30/50**. In Deutschland flog die Srs.500 bei **Bavaria-Germanair, Hapag-Lloyd** und **Paninternational** im Charterdienst.

Die letzte One-Eleven-Version war die **Srs.475** für den Betrieb von hochgelegenen und Flughäfen in heißen Klimaten. Das Muster vereinigt in sich den kurzen Rumpf der Srs.400 mit dem größeren Flügel und den stärkeren Triebwerken der Srs.500. Hinzu kamen Niederdruckreifen, die eine Änderung der Radschächte erforderlich machten. Das Entwicklungsflugzeug der Serien 400/500 wurde abermals einem Umbau unterzogen und flog am 27. August 1970 als Prototyp der Serie 475, gefolgt von der ersten Serienmaschine am 5. April 1971. Das Muster erhielt seine Luftverkehrszulassung im Juni 1971, und die peruanische **Faucett de Aviacion** erhielt die erste 475 im darauffolgenden Monat. Da BAC für die Srs.475 keinen ausreichenden Kun-

Über Jahrzehnte bildete die Super One-Eleven der Serie -500 das Rückgrat der British Airways-Mittelstreckenflotte. Die abgebildete G-AWYT County of Gwynedd (C/N 176) stand dort zwischen April 1988 und Oktober 1994 im Liniendienst.

denkreis aufbauen konnte, wurden nur wenige Maschinen gebaut. In Großbritannien endete die Serienproduktion der One-Eleven 1980, obwohl noch im Februar und April 1984 zwei Maschinen der Srs.400/475 als Geschäftsreiseflugzeuge fertiggestellt wurden. 1979 schloss British Aerospace eine Vereinbarung mit dem nationalen Zentrum der rumänischen Flugzeugindustrie (CNIAR), auf Grund derer in Rumänien eine Fertigungsstraße für die BAC 1-11 Srs.500 eingerichtet werden sollte. Der Vertrag beinhaltete die Lieferung von drei kompletten One-Eleven und 22 Bausätzen aus England. Im Anschluss an deren Fertigung sollte CNIAR 60 **ROMBAC 670** für den rumänischen Eigenbedarf und den Export in die Staaten des damaligen Ostblocks herstellen. Diese hochtrabenden Pläne konnten aber nicht verwirklicht werden, so dass nur neun Exemplare der als **One-Eleven 561RC** bezeichneten Flugzeuge in Rumänien für die nationale TAROM gebaut wurden. Von einer geplanten Frachtversion der 1-11 wurde nur ein Exemplar der Srs.400 gebaut, welches im Juli 1981 an **TAROM** zur Ablieferung kam.

In den USA wurden 1990 zwei Exemplare der Srs.400 als **One-Eleven-2400** von der Firma Dee Howard mit modernen Fanjet-Triebwerken vom Typ Rolls-Royce Tay 650 ausgerüstet. Der Erstflug dieser Ausführung (N650DH) erfolgte am 2. Juli 1990 und die Luftverkehrszulassung wurde für 1991 angestrebt. Mit Ausnahme von **Kiwi International Air Lines** (elf Bestellungen, plus fünf Optionen) fanden sich aber keine Abnehmer für dieses als Gebrauchtmodell zu teure Flugzeugmuster. Anschließend projektierte man die erfolgversprechende **One-Eleven-2500**, die aus der Srs.561RC unter Einbeziehung der CNIAR entwickelt werden sollte. Als Antrieb wurde, wie für die -2400, das Tay 650-Triebwerk ausgewählt. Da das Kundeninteresse für die -2500 ebenfalls ausblieb, wurde das Projekt aus ökonomischen Gründen 1995 endgültig gestoppt.

British Airways, die einmal mit 40 Maschinen über die größte 1-11-Flotte verfügten, musterten den Flugzeugtyp zum Jahresende 1992 aus. Fast die gesamte Flotte wurde von der in Bournemouth ansässigen **European Aviation** übernommen. Um das Einsatzleben der doch recht lauten One-Eleven zu verlängern, entwickelt diese Firma seit 1995 zusammen mit Quiet Technologies of Florida einen Schalldämpfer nach ICAO Annex Stage 3. Mitte 1999 standen von insgesamt 232 gebauten One-Eleven noch 131 Exemplare weltweit im Einsatz.

Daten (Srs.500)

Antrieb: 2 Rolls-Royce Spey 512DW Mantelstromtriebwerke, je 5.690 KP (55,8 kN) Standschub.
Spannweite: 28,50 m; Länge: 32,61 m; Höhe 7,47 m; max. Startgewicht: 47.700 kg; ökon. Reisegeschwindigkeit: 790 km/h; Gipfelhöhe: 9.000 m; Reichweite: 2.800 km; Besatzung: 2+3; Passagiere: 98-119

Boeing 707-120

USA, Baujahr: 1957

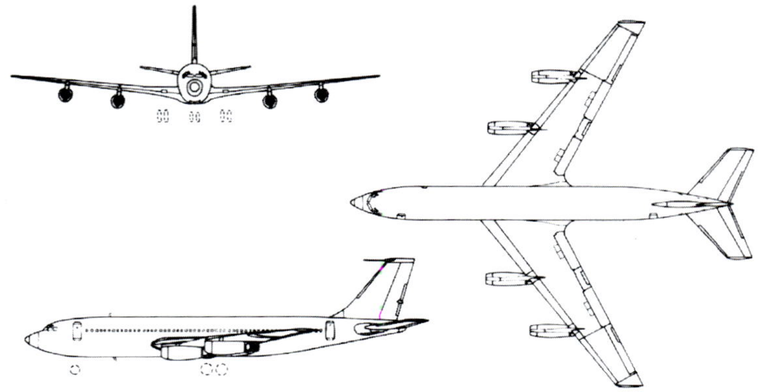

Boeing begann im Jahre 1950 mit den Projektstudien für ein strahlgetriebenes Nachfolgemuster des militärischen Transporters **C-97** und des zivilen Gegenstücks, der **Boeing 377 *Stratocruiser***. Diese Untersuchungen erhielten die Projektbezeichnung **C-97 Model 367**. Anfang 1952 hatte sich die Studie **367-80** als erfolgversprechend herausgestellt. Es handelte sich um ein großes Transportflugzeug mit großem Rumpfdurchmesser und gepfeilten Flügeln, unter denen an vier Pylonen Strahlturbinen in Einzelgondeln untergebracht waren.
Am 20. Mai 1952 entschied sich Boeing, auf eigene Rechnung einen Prototypen zu bauen. Am 14. Mai 1954 hatte dieses Flugzeug in Renton bei Seattle seinen *Roll-out*, und startete am 15. Juli 1954 zu seinem Erstflug. Als Antrieb dienten vier Triebwerke vom Typ Pratt & Whitney JT3P von je 4310 KP (42,3 kN) Schub. Die zukünftige Typenbezeichnung wurde durch die Registrierung **N707**00 manifestiert. Am 5. Oktober 1954 erteilte die US-Luftwaffe einen bedeutenden Auftrag zur Lieferung von **KC-135A** Tankflugzeugen als Ersatz für die **KC-97**. Die -135A wurde von Boeing intern als Boeing 717 bezeichnet. Erst ein Jahr später, am 13. Oktober 1955, bestellte **PanAm** als erste Fluggesellschaft 20 Boeing **707-120**, gab zur gleichen Zeit aber auch 20 Maschinen des Konkurrenzmusters **Douglas DC-8** in Auftrag, um sich damit alle vorderen Lieferpositionen vor den Mitbewerbern zu sichern. Für die zivile Ausführung hatten die Boeing-Ingenieure den Rumpfdurchmesser der Dash-80 um 10 cm verbreitert, damit sechs Sitze

Boeing 707-138B VH-EBL City of Geelong (C/N 18739) der australischen Fluggesellschaft Qantas während des Abnahmefluges am 19. August 1964. Die Maschine wurde im November 1968 außer Dienst gestellt und am 19. Juni 1969 an die amerikanische Braniff Airways verkauft.

nebeneinander untergebracht werden konnten. Neben der Standard-Version wurde auch ein Modell mit längerem Rumpf (44,04 m gegenüber 41,0 m) angeboten, da es die Geschäftspolitik der Firma Boeing war, von einem Grundentwurf viele Varianten abzuleiten, um den Fluggesellschaften eine möglichst breite Angebotspalette bieten zu können. Als Antrieb für das Modell -120 wählte man vier JT3C-6-Axialtriebwerke von je 5.298 KP (57,8 kN) Schub. Bei einem maximalen Startgewicht von 108.900 kg konnten in enger Bestuhlung 179 Passagiere auf den amerikanischen Transkontinentalstrecken befördert werden.

Der PanAm-Auftrag rief unter den Fluggesellschaften eine wahre Kaufwut hervor. Das ***Jet-Zeitalter*** war jetzt endgültig eingeläutet! Die ersten beiden Serienflugzeuge unternahmen am 20. Dezember 1957 und 3. Februar 1958 ihre Erstflüge. Die FAA-Luftverkehrszulassung erfolgte am 23. September 1958 und am 26. Oktober desselben Jahres konnte PanAm den Liniendienst mit der 707 auf der Prestigeroute New York-London aufnehmen. Als erste Inland-Airline erhielt **American Airlines** die 707 am 23. Januar 1959, die zwei Tage später erstmals zwischen der Ost- und Westküste zum Einsatz kam. Von allen Fluggesellschaften welche die 707 kauften, entschied sich nur die australische **Qantas** für die Standardversion mit dem kurzen Rumpf, weshalb dieses Modell schließlich als 707-138 bezeichnet wurde. Gegenüber der für die Transkontinentalstrecken konzipierten **-120** verfügte die **-138** aufgrund ihrer geringeren Nutzlast über eine interkontinentale Reichweite. Die für interkontinentale Strecken ausgelegte 707-Variante mit langem Rumpf ist das Modell **-320/-420** (*siehe unten*).

Die erste -138 für Qantas flog am 20. März 1959 und wurde am 16. Juli 1959 an die Fluggesellschaft abgeliefert. Die für den Einsatz bei **Braniff Airways** bestimmte **-220** unterscheidet sich von der -120 durch ein geringeres Startgewicht und Triebwerke des Typs JT4A-3 von je 7.167 KP (70,3 kN) Schub, welche dem Flugzeug bessere Startleistungen auf hochgelegenen Flugplätzen in tropischen Gebieten, beispielsweise Südamerika, verleihen. Die erste -220 flog am 11. Mai 1959 und wurde am 19. Oktober 1959 an Braniff abgeliefert, ging aber während des Abnahmefluges durch Absturz verloren.

Ab 1961 waren für die 707 Mantelstromtriebwerke verfügbar, und die meisten frühen Flugzeuge wurden nachträglich mit solchen Aggregaten vom Typ JT3D-1 mit einer Schubleistung von 7.710 KP (75,7 kN) ausgerüstet. Die Verwendung dieses Triebwerktyps führte zu einer deutlichen Verbesserung der Flugleistungen hinsichtlich des maximalen Startgewichtes und der Reichweite. Die mit Mantelstromtriebwerken ausgerüsteten Flugzeuge erhielten hinter ihrer Typenbezeichnung die Zusatzkennung **B**. Die erste umgebaute **707-120B**, eine Maschine der American Airlines, flog erstmals am 22. Juni 1960 mit den Turbofan-Triebwerken. Drei Militärtransporter vom Typ **VC-137A** des Military Airlift Command der USAF erfuhren ähnliche Umbauten und erhielten die neue Kennung **VC-137B**.

Insgesamt wurden von der -120 60, von der -220 fünf und von der -138 sieben Flugzeuge gebaut.

Daten (-120)

Antrieb: 4 Pratt & Whitney JT3C-6 Strahltriebwerke, je 6.124 KP (60,0 kN) Standschub.
Spannweite: 39,87 m; Länge: 44,04 m; Höhe 11,80 m; max. Startgewicht: 116.575 kg; ökon. Reisegeschwindigkeit: 870 km/h; Gipfelhöhe: 9.600 m; max. Reichweite: 4.950 km; Besatzung: 3+4; Passagiere: 121-179

Boeing 707-320

USA, Baujahr: 1959

Obwohl die **Boeing 707-120** zu Beginn ihrer Einsatzzeit von der **PanAm** auf der Nordatlantikstrecke eingesetzt wurde, war diese Entscheidung nicht durch wirtschaftliche Überlegungen bestimmt worden. Nach zweijähriger Betriebszeit auf der Prestigeroute New York-London wurde das Muster dort durch die leistungsfähigere **707-320 *Intercontinental*** abgelöst. Die 707-320 flog erstmals am 11. Januar 1959. Gegenüber der -120 war das neue Flugzeug mit einer um 3,43 m größeren Spannweite und einem um 2,56 m längeren Rumpf versehen worden. Als Antrieb diente das bereits bei der **707-220** verwendete JT4A-Triebwerk von 7.164 KP (70,3 kN) Schub. Die Luftverkehrszulassung erfolgte am 15. Juli 1959 für ein maximales Startgewicht von 136.985 kg. Auch für die **-320** war **PanAm** die erste Fluggesellschaft, welche das Muster bestellte und vom 26. August 1959 an zunächst auf ihren Pazifikrouten, dann am 10. Oktober 1959 erstmals im Nordatlantikdienst einsetzte. Als erste ausländische Fluggesellschaft erhielt die **Air France** ab Oktober 1959 zunächst zehn Boeing 707-320.

Im Auftrag der **BOAC** wurde die **707-420** entwickelt, die mit vier Rolls-Royce Conway 508 von je 7.938 KP (77,9 kN) Schub ausgerüstet war. Mit diesen Triebwerken konnte das maximale Startgewicht auf 143.335 kg angehoben werden. Die späteren JT4A-11 und -12 erreichten ebenfalls diesen Leistungsgrad. Die erste 707-420 flog am 20. Mai 1959. Da die Richtungsstabilität bei niedrigen Geschwindigkeiten unbefriedigend war, wurde das Seitenleitwerk um 0,89 m vergrößert und unter dem Rumpfheck eine zusätzliche Flosse angebracht. Der -420 wurde die britische Luftverkehrszulassung am 12. Februar 1960 erteilt, und die BOAC setzte das Muster im Mai 1960 erstmals auf der Nordatlantikstrecke ein, wo es die **DH.106 *Comet 4*** und die **Bristol 175 *Britannia* Srs.300** ablöste. Neben BOAC entschieden sich noch vier weitere Fluggesellschaften für die -420, darunter die **Lufthansa** und die **Air India**.

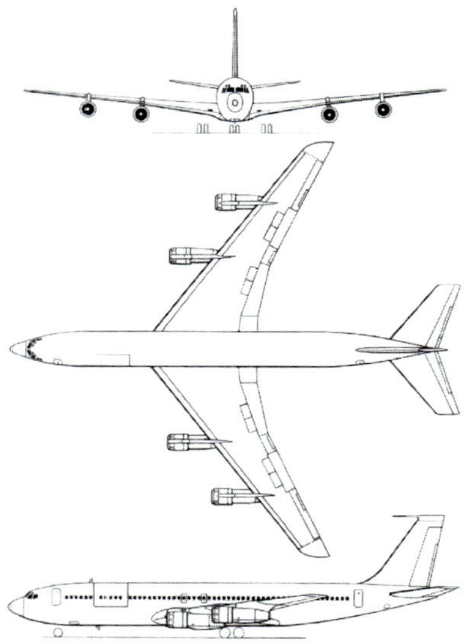

Die meisten der frühen 707-320, jedoch nicht die Flugzeuge der Serie -420, wurden nachträglich auf Mantelstromtriebwerke umgerüstet und trugen die Bezeichnung **707-320B**. Die erste 707-320B der Serienproduktion flog am 31. Januar 1962. Von ihren Vorgängern unterschied sich dieses Modell durch das von der -420 übernommene höhere Seitenleitwerk, einem Außenflügel mit niedrigem Luftwiderstand, einer um 1,01 m vergrößerte Spannweite, geschlitzte Vorflügel und ein verbessertes Klappensystem. Die Innenflügel älterer Bauart und die Stabilisierungsflosse unter dem Rumpfheck fanden keine Verwendung mehr. Die -320B erhielt ihre Verkehrszulassung am 31. Mai 1962 und **PanAm** übernahm das Muster im Juni desselben Jahres in den Streckendienst. Als Antrieb kamen JT3D-1, -3- oder -7-Triebwerke zum Einbau, wobei das maximale Startgewicht kontinuierlich auf 151.950 kg gesteigert werden konnte.
Ein Jahr nach der -320B erschien die -320C, deren großes, vor dem Flügel angeordnetes Frachttor einen gemischten Einsatz sowohl als Passagier- wie auch als Frachtflugzeug erlaubt. Die erste **-320C** flog am 19. Februar 1963, erhielt die Musterzulassung am 30. April und wurde von **PanAm** im Juni 1964 erstmals eingesetzt. Einige Fluggesellschaften, wie die **American Airlines**, flogen die -320C von Beginn an mit verblendeten Fenstern als Nurfrachter. Die -320C hatten dieselben Triebwerksvarianten wie die -320B, jedoch ein auf 148.325 kg verringertes maximales Startgewicht.
Die Fertigung der Boeing 707 wurde im Jahre 1979 eingestellt. Insgesamt kamen 1.009 Flugzeuge aller Versionen zur Ablieferung, davon 941 Zivilmaschinen. Davon entfielen auf die -320B 183 und auf die -320C 352 Exemplare.

Daten (-320B)

Antrieb: 4 Pratt & Whitney JT3D-3B Mantelstromtriebwerke, je 8.165 KP (80,1 kN) Standschub.
Spannweite: 44,42 m; Länge: 46,60 m; Höhe 12,90 m; max. Startgewicht: 150.900 kg; ökon. Reisegeschwindigkeit: 880 km/h; Gipfelhöhe: 10.000 m; Reichweite: 9.600 km; Besatzung: 3+4; Passagiere: 144-189

Diese Boeing 707-348C EI-AMW St.Laurence O'Toole (C/N 18737) flog erstmals am 1. Juni 1964 und wurde bei Aer Lingus – Irish International Airlines am 10. Juni desselben Jahres in Dienst gestellt.

United Air Lines war ein Launch Customer des Mittelstreckenjets Boeing 720. Als drittes Flugzeug dieses Typs stieß N7203U (C/N 17909) am 30. April 1960 zur Flotte.

Boeing 720

USA, Baujahr: 1959

Im Juli 1957 kündigte Boeing unter der Bezeichnung **707-020** eine Mittelstreckenversion der 707 an. Anfangs führte das Modell die Bezeichnung **717** (wie die militärische **KC-135**), wurde aber schließlich in **720** umbenannt. Trotz weitgehender äußerlicher Übereinstimmung mit der älteren Schwester handelt es sich bei der 720 insgesamt gesehen um eine Neuentwicklung, bei der allerdings bewährte Konstruktionsmerkmale der 707-120 übernommen wurden. Das führte zur Vereinfachung und Verbilligung von Wartung und Flugbetrieb bei den Fluggesellschaften, die auch die 707 in ihrer Flotte hatten. Der Rumpf der 720 ist um 2,36 m kürzer der derjenige der **-120**, doch blieb die Spannweite gleich. Zur Verbesserung der Startleistung erhielten die Tragflächen eine leicht vergrößerte Pfeilung sowie Nasenklappen an den Außenflügeln. Um eine Erhöhung der Reisegeschwindigkeit um 0,02 Mach zu erzielen, wurde ferner die relative Flügeldicke des Innenflügels vermindert, indem man die Vorderkante verlängerte. Das Gewicht der Flugzeugzelle konnte durch zahlreiche Änderungen gesenkt werden, so dass das Muster mit einer Nutzlast von 12.800 kg ein maximales Startgewicht von 103.875 kg erreichte. Erstkunden für die **720** waren **United Air Lines** und **American Airlines**, gefolgt von **Eastern Air Lines**.

Die erste Boeing 720 flog am 23. November 1959 und erhielt die Musterzulassung am 30. Juni 1960. United stellte sie am 5. Juli und American am 31. Juli 1960 in Dienst. Die verwendeten JT3C-7 oder -12-Triebwerke leisteten 5.448 KP (53,35 kN) Schub. Von der ersten Serie baute Boeing 55 Flugzeuge, von denen allein 29 Exemplare von United erworben wurden.

Die von vier Mantelstromtriebwerken des Typs JT3D-1 angetriebene **720B** flog erstmals am 6. Oktober 1960, die US-Verkehrszulassung

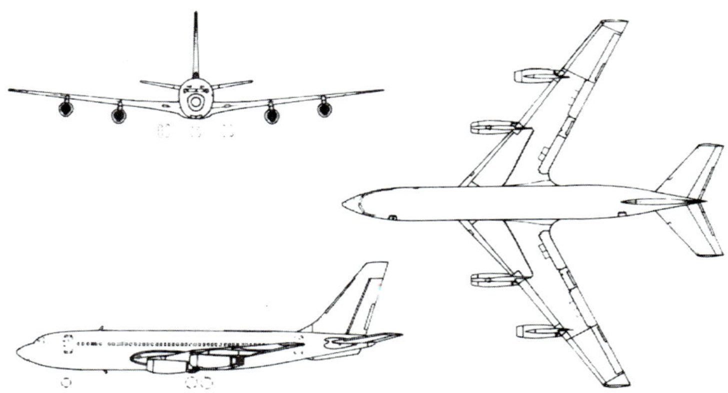

Daten (720B)

Antrieb: 4 Pratt & Whitney JT3D-1 Mantelstromtriebwerke, je 7.710 KP (75,5 kN) Standschub.
Spannweite: 39,90 m; Länge: 41,50 m; Höhe 12,72 m; max. Startgewicht: 103.875 kg; ökon. Reisegeschwindigkeit: 858 km/h; Gipfelhöhe: 11.700 m; max. Reichweite: 10.380 km; Besatzung: 3+4; Passagiere: 108-149, max. 165 (Eastern Air Lines)

wurde am 3. März 1961 erteilt. Am 12. März 1961 ging die erste 720B bei **American Airlines** in Dienst, zeitgleich mit der **-120B**. Gegenüber dem Grundmodell der 720 konnte die 720B eine um 6.765 kg gesteigerte Nutzlast transportieren, obwohl das maximale Startgewicht nur um 2.268 kg zunahm, und dann 106.140 kg betrug. Durch die Verwendung der JT3D-Mantelstromtriebwerke verringerte sich der Treibstoffbedarf bei einer gleichzeitig geringen Steigerung der Reisegeschwindigkeit. Dies machte die 720B auch für Langstrecken mit geringem Verkehrsaufkommen interessant. Die **Lufthansa** kaufte 1961 insgesamt acht 720B, von denen die erste (D-ABOH) am 8. März 1961 geliefert wurde. Das Muster kam zumeist auf den Fernost- und Südamerikarouten der Gesellschaft zum Einsatz. Zwischen 1965 und 1966 wurde der Typ bei Lufthansa ausgemustert und sechs Maschinen an PanAm verkauft. Das letzte Flugzeug verließ am 14. Februar 1966 die Flotte. Während ihrer Einsatzzeit bei Lufthansa gingen zwei Flugzeuge auf technischen Abnahmeflügen durch Unfall verloren. Dies waren D-ABOK (C/N 18058/202) am 4. Dezember 1961 und D-ABOP (C/N 18249/262) am 15. Juli 1964.
Der Bau der 720B-Serie umfasste 89 Flugzeuge, einschließlich der umgerüsteten Maschinen der Grundversion.

Boeing 727-100

USA, Baujahr: 1963

Schon im Februar 1956, zwei Jahre bevor die **Boeing 707** in Dienst gestellt wurde, befasste sich eine Guppe von Konstrukteuren mit dem Entwurf eines Mittelstreckenmusters in Ergänzung zur 707. Bevor im September 1960 die endgültige Bauform des als **Boeing 727** bezeichneten Flugzeuges festgelegt wurde, waren von 150 verschiedenen Entwürfen 68 im Windkanal getestet worden. Eines der Hauptziele war die Erzielung einer größtmöglichen Austausch- und Verwendungsfähigkeit (Kompabilität) von Teilen der 707, um Anschaffungs- und Betriebskosten bei der Verwendung beider Muster im Verkehrseinsatz möglichst niedrig zu halten. Deshalb weist die 727 praktisch denselben Rumpfquerschnitt auf wie der Entwurf 707/720. Aufgrund der dadurch ermöglichten Verwendung vieler gemeinsamer Bauteile und Bordsysteme konnte die Serienproduktion bedeutend beschleunigt werden. Das Grundmodell **727-100** (auch als 727A bezeichnet) bietet maximal 131 Fluggästen Platz. Als Erstkunden bestellten **Eastern Air Lines** und **United Air Lines** je 40 Exemplare. Die Bauarbeiten an der 727 begannen in Renton im Juni 1961, und am 9. Februar 1963 führte der Prototyp seinen Erstflug durch. Das erste Serienflugzeug folgte

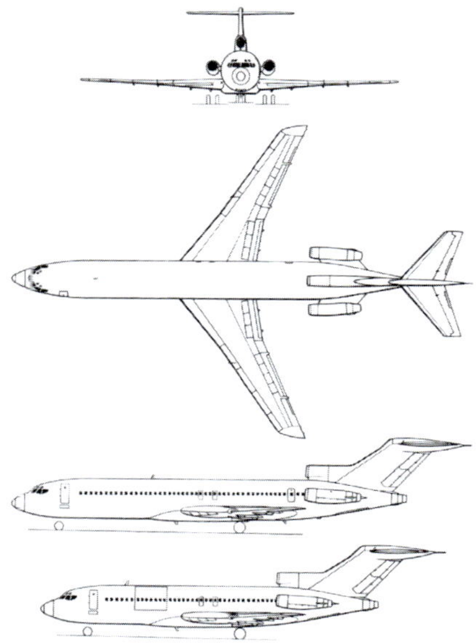

Zu den ersten Fluggesellschaften, die das damals revolutionäre Flugzeugmuster Boeing 727 einsetzten, gehörte National Airlines.

am 12. März 1963. Zwei weitere Serienflugzeuge wurden zur Flugerprobung eingesetzt. Die 727 erhielt ihre Verkehrszulassung am 24. Dezember 1963, und am 1. Februar 1964 nahm Eastern mit dem Muster zwischen Miami, Washington und Philadelphia den Linienverkehr auf. Der erste Einsatz bei United erfolgte am 6. Februar 1964. Die erste Bestellung aus dem Ausland kam von der **Lufthansa**, die ihre erste 727 unter der Marketing-Bezeichnung *Europa Jet* am 16. April 1964 in Dienst stellen konnte. Das ursprüngliche Startgewicht von 68.950 kg konnte im Laufe der Zeit durch die Verwendung stärkerer Triebwerke auf 72.575 kg gesteigert werden.

Als weitere Versionen der -100 sind der Frachter **-100C** und die *Quick-Change*-Variante **-100QC** zu nennen. Die -100C (auch als 727C bezeichnet) wurde im Juli 1964 angekündigt und zuerst von **Northwest Airlines** bestellt. Dem Erstflug am 30. Dezember 1965 folgte die Musterzulassung am 13. Januar 1966. Die erste Maschine wurde am 23. April 1966 an Northwest ausgeliefert. Die 727QC flog erstmals im Mai 1966 bei **United Air Lines**. Bei der 727C war das maximale Startgewicht auf 76.655 kg gesteigert worden.

In Europa war die 727-100 recht selten zu sehen. Neben der **Lufthansa** wurde das Muster nur noch von **SABENA, Olympic, TAP** und **Icelandair** geflogen, kam aber in späteren Jahren noch bei der Charterfluggesellschaft **Hapag-Lloyd** zum Einsatz. Lange Jahre stand die -100 bei der **PanAm** auf den Strecken zwischen der Bundesrepublik und West-Berlin im Dienst. Eine weitere US-Airline, **TWA**, war die letzte große Fluggesellschaft, bei der dieses Muster im Liniendienst zum Einsatz kam. Nach ihrer Ausmusterung aus dem Passagierverkehr fanden zahlreiche 727-100 als Geschäftsreiseflugzeuge Verwendung. Eine größere Anzahl von Passagiermaschinen wurde von der Transportfirma **UPS** erworben und zu Frachtern umgebaut. Um das Flugzeugmuster unter den Bedingungen verschärfter Lärmschutzgesetzte (ICAO Chapter 3) weiterhin einsetzen zu können, rüstete die US-Firma Dee Howard 44 Maschinen mit Rolls-Royce Tay 651-54 Turbofan-Triebwerken aus, die alle bei UPS unter der Bezeichnung **727QF** im Einsatz stehen.

Im September 1966 wurde mit der Entwicklung einer gestreckten Version, der **Boeing 727-200**, begonnen (*siehe unten*). Die Fertigung der 727-100 endete 1972 nach dem Bau von 571 Maschinen.

Daten

Antrieb: 3 Pratt & Whitney JT8D-7 Mantelstromtriebwerke, je 6.350 KP (62,3 kN) Standschub.
Spannweite: 32,92 m; Länge: 41,96 m; Höhe 10,36 m; max. Startgewicht: 72.575 kg; ökon. Reisegeschwindigkeit: 895 km/h; Gipfelhöhe: 11.500 m; Reichweite: 5.200 km; Besatzung: 3+4; Passagiere: 105-133

Boeing 727-200

USA, Baujahr: 1967

Im August 1965 stellten Boeing-Ingenieure Überlegungen zum Bau einer gestreckter Version der **727-100** an. Als erste Fluggesellschaft bestellte **Northeast Airlines** am 10. August 1965 das neue Flugzeugmuster, gefolgt von Northwest Airlines. Im September 1966 entstand die erste **727-200** mit einem gegenüber der Grundausführung um 6,09 m verlängerten Rumpf zur Beförderung von maximal 179 Fluggästen. Damit konnte die -200 die gleiche Passagierzahl aufnehmen wie das Langstreckenmuster **Boeing 707-320**. Die Auslegung von Flügel und Leitwerk der -100 wurde bei der -200 unverändert beibehalten. Äußerlich ist die -200 an der zusätzlichen Servicetür vor den Triebwerken von der -100 zu unterscheiden. Zunächst waren zum Antrieb die JT8D-7- oder -9-Triebwerke spezifiziert, mit denen das maximale Startgewicht 76.655 kg betrug. Die 727-200 absolvierte ihren Erstflug am 27. Juli 1967, die Musterzulassung wurde am 29. November erteilt. Die erste Ablieferung an Northeast erfolgte am 14. Dezember 1967. Die im Verlauf des Jahres 1970 an dem Muster durchgeführten Verbesserungen und Verfeinerungen führten zur **727-200 Advanced**. Neu waren eine gesteigerte Kraftstoffkapazität, verbesserte Avionik, eine neugestaltete Kabinenausstattung mit verschließbaren Gepäckablagen, Triebwerke mit höherem Leistungsvermögen und Schalldämpfern zur Erfüllung der neuen Lärmvorschriften des ICAO Chapter 2 (ICAO = *International Civil Aviation Organization*, Internationale Zivilluftfahrt-Organisation). Die ersten Aufträge für die -200A erteilten im Dezember 1970 die australischen Fluglinien **Trans Australia Airlines (TAA)** und **Ansett/ANA**, gefolgt von der japanischen **All Nippon Airways (ANA)**. Die erste Maschine flog am 3. März 1972 mit JT8D-15-Triebwerken und einem maximalen Startgewicht von 86.636 kg. Die Musterzulassung wurde am 14. Juni erteilt, und die Indienststellung bei All Nippon erfolgte im darauffolgenden Monat.

Am 26. Juli 1973 startete die **727-200A(IGW)** mit einem auf 94.120 kg gesteigerten Abfluggewicht. Das erste Flugzeug wurde Ende 1973 an die dänische **Sterling Airways** geliefert und konnte in enger Bestuhlung 189 Passagiere auf der Strecke Billund-Las Palmas (Kanarische Inseln) befördern.

Anfang 1974 wurden die leistungsstärkeren Triebwerke JT8D-17 mit einem Standschub von 71,15 kN verfügbar, welche die Einsatzmöglichkeiten von hochgelegenen und in heißen Klimaten befindlichen Flughäfen verbesserten. Das erste Flugzeug dieser Version absolvierte im folgenden März seinen Erstflug und wurde am 24. Juni 1974 an **Mexicana de Aviacion** geliefert. Im Jahre 1976 kam als leistungsstärkste Version die 727-200A mit JT8D-17R-Triebwerken und automatischer Schubumkehr auf den Markt. Die Leistung dieses Triebwerks lag bei 72,9 kN. Die erste mit diesen Triebwerken ausgerüstete Maschine flog am 27. Mai 1976 und wurde daran anschließend an **Hughes Airwest** geliefert.

Erstbesteller für die gestreckte Boeing 727 war Northwest Airlines. N722RW (C/N 21201), eine 727-201, rollt hier im Juni 1986 in Miami an den Start zu einem Flug nach Detroit.

Als letzte kam am 28. April 1983 die reine Frachtausführung 727-200F auf den Markt. Eine Maschine, zur Ablieferung an **Federal Express** bestimmt, verließ als letztes Flugzeug am 14. August 1984 die Montagehallen. Nach Ausrüstungsarbeiten an dieser Maschine endete die Produktion der Boeing 727 am 18. September 1984. Insgesamt wurden in einem Fertigungszeitraum von 21 Jahren 1.832 Flugzeuge gebaut, davon 571 Exemplare der Serie -100 und 1.261 Maschinen der Serie -200.

Zwischen 1990 und 1992 offerierten Valsan Partners ein Triebwerk-Modifikationsprogramm, bei dem die äußeren Triebwerke durch geräuscharme JT8D-217C oder -219 ersetzt wurden und das Mitteltriebwerk mit einem fortschrittlichen akustischen Abgasstrahl-Mixer ausgerüstet wurde. Diese als **727-200RE** bezeichnete Variante hat einen um 5-7% günstigeren Kraftstoffverbrauch, so dass die Reichweite um 560 km gesteigert werden konnte. BFGoodrich Aerospace legte dieses Programm 1996 in einer leicht modifizierten Form wieder auf, und entsprechend umgerüstete Flugzeuge tragen die Bezeichnung **Super 27**.

Die 727 war das erste Flugzeug, dessen Verkaufszahl die magische Grenze von 1.000 Exemplaren überschritt. Nur die Typenfamilie der **Boeing 737** verkauft sich noch erfolgreicher. Es gab weltweit kaum eine größere Fluggesellschaft, die nicht die 727-200 einsetzte. Auch in Europa war die 727-200 weit verbreitet. In den 70er und 80er Jahren bildete das Flugzeugmuster das Rückgrat der **Lufthansa**-Mittelstreckenflotte. In größerer Stückzahl stand die -200 auch bei **Air France, Alitalia, Iberia, Olympic Airways** und **TAP**, sowie bei zahlreichen Charterunternehmen im Einsatz. Obwohl heute weitgehend von moderneren Flugzeugmustern verdrängt, fliegt die -200 in größerer Anzahl noch bei **Delta Air Lines, American Airlines** und **United Air Lines**.

Daten (-200A)

Antrieb: 3 Pratt & Whitney JT8D-15 Mantelstromtriebwerke, je 7.030 KP (69,0 kN) Standschub.
Spannweite: 32,92 m; Länge: 46,70 m; Höhe 10,45 m; max. Startgewicht: 89.000 kg; ökon. Reisegeschwindigkeit: 880 km/h; Gipfelhöhe: 12.500 m; Reichweite: 5.400 km; Besatzung: 3+4; Passagiere: 146-179

Boeing 737-100/-200

USA, Baujahr: 1967

Im November 1964 fiel bei Boeing der Entschluss, die aus Lang- und Mittelstreckenflugzeugen bestehende Angebotspalette um ein Kurzstreckenmuster zu erweitern. Der Entschluss zum Bau des neuen, **Boeing 737** genannten Musters, wurde am 22. Februar 1965 bekanntgegeben. Nur drei Tage später führte das Konkurrenzmuster **Douglas DC-9** seinen Erstflug aus. Die Flugzeugauslegung der Boeing 737 unterschied sich von der DC-9 aber grundlegend. Die Triebwerksanordnung unter der Tragfläche wurde beibehalten und das Heck als konventionelles Leitwerk gestaltet. Da Boeing bei der 737 denselben Rumpfdurchmesser wählte wie bei den Vorgängermustern **707** und **727**, konnten fast 60 % aller Bauteile und Bordsysteme der 727 übernommen werden. Dies führt zu einer großen Einheitlichkeit der Flotte beim operationellen Flugbetrieb mit beiden Flugzeugmustern. Bei ihrem Erscheinen war die 737 der einzige Kurzstrecken-Jet, in dem sechs Sitze nebeneinander angeordnet werden konnten. Das weitgehend von der 727 übernommene Klappensystem an den Tragflächen verleiht der *Baby-Boeing* ausgezeichnete Start- und Landeeigenschaften. Den Erstauftrag für die 737 erteilte am 19. Februar 1965 die **Lufthansa**, die damit als erste nichtamerikanische Fluggesellschaft ein US-Flugzeug aus der Taufe hob und so auf die Entwurfsarbeiten maßgeblichen Einfluss ausüben konnte. Das Grundmuster erhielt die Benennung **737-100** und war für 100 Fluggäste ausgelegt. Die für Lufthansa vorgesehenen Maschinen hatten ein maximales Startgewicht von 44.360 kg, die von **Singapore Airlines** bestellten Flugzeuge ein höheres von 50.350 kg.
Als einzige amerikanische Fluggesellschaft interessierte sich **United Air Lines** für die 737, wünschte aber eine größere Passagierkapazität.

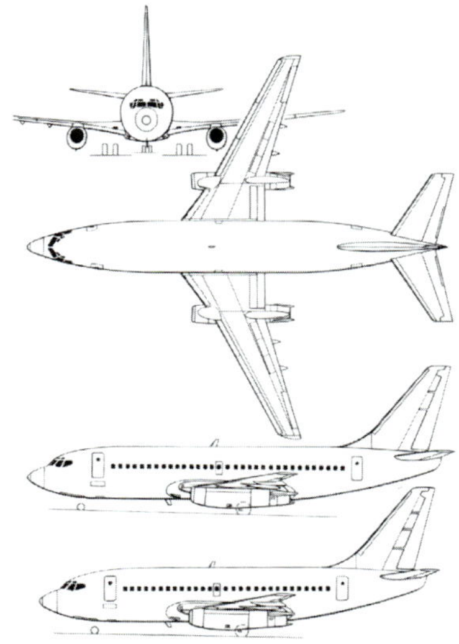

Am 5. April 1965 kündigte Boeing den Bau der **737-200** an, als United Air Lines eine Order für 40 Exemplare erteilte. Der Rumpf wurde gegenüber dem Grundmodell um 1,82 m gestreckt, so dass in der Standardausführung 119, in Einklassenbestuhlung bis zu 130 Passagiere befördert werden konnten. Das maximale Startgewicht lag im Anfang bei 44.000 kg, wurde aber im Laufe der Zeit nach und nach auf 52.390 kg gesteigert. Trotz anfänglich schleppender Verkäufe entwickelte sich die 737, dank ständiger Verbesserungen und Verfeinerungen, zum Verkaufsschlager. Als 1988 die Fertigung der 737-100/-200 zugunsten der größeren Serie 300 mit CFM-Triebwerken eingestellt wurde, waren 1.144 Maschinen der beiden Grundversionen verkauft. Davon stehen

Daten (-200)

Antrieb: 2 Pratt & Whitney JT8D-15 Mantelstromtriebwerke, je 7.030 KP (69.0 kN) Standschub.
Spannweite: 28,35 m; Länge: 28,65 m; Höhe 11,28 m; max. Startgewicht: 58.100 kg; ökon. Reisegeschwindigkeit: 880 km/h; Gipfelhöhe: 12.500 m; Reichweite: 4.600 km; Besatzung: 2+4; Passagiere: 96-133

Als eine der letzten Fluggesellschaften kaufte Air France die Boeing 737-200, um die veralteten SE.210 Caravelle zu ersetzen.

heute noch zirka 800 weltweit im Einsatz. Die Flugerprobung der 737-100 begann am 9. April 1967 in Seattle, gefolgt von der 737-200 am 8. August 1967. Die Musterzulassung für die -100 erfolgte am 15. und die der -200 am 21. Dezember 1967. Die Lufthansa stellte ihre ersten Flugzeuge (-100) am 10. Februar 1968 in Dienst, während United die 737 (-200) erstmals am 28. April 1968 im Liniendienst einsetzte. Schon früh wurde auch eine Frachtversion angeboten, von der das erste Flugzeug, eine 737-210C (C/N 19594/102) am 27. November 1968 erstmals flog und am 5. Dezember 1968 an **Wien Consolidated Airlines** abgeliefert wurde.

Wegen einer Reihe von Unzulänglichkeiten mit der ersten Bauserie begann Boeing ab der Baunummer 135 (C/N 19933/135), ein Flugzeug (N9052U), das am 7. März 1969 an United Air Lines geliefert wurde, mit Änderungen verschiedener Baukomponenten. Diese Änderungen betrafen die Schubumkehr, das Triebwerkgondelheck, widerstandsmindernde Maßnahmen am Flügel, geänderte Klappenstellungen und einige strukturelle Eingriffe. Ab 1969 bot Boeing weitere Änderungen an, welche in die Spezifikation der ***737-200 Advanced*** eingingen, die 1971 auf den Markt kam. Neu waren die Vorflügel, breitere Triebwerksstreben, Bugradbremsen und, auf Wunsch, stärkere JT8D-15-Triebwerke. Die erste 737-200A absolvierte am 15. April 1971 ihren Erstflug, und die Zulassung erfolgte am 3. Mai. **All Nippon Airways**, als erster Kunde, nahm im Juni 1971 diese neue Version in Betrieb. 1973 kam eine neue Triebwerksgondel für die -200A auf den Markt, die den neuesten FAA-Bestimmungen für Lärmminderung entsprach. Ab 1974 war die -200A mit JT8D-17-Triebwerken von 71,2 kN Startleistung erhältlich. Dabei konnte das Startgewicht auf 73.070 kg und später (1977) nochmals auf 54.253 kg gesteigert werden. Das erste Exemplar dieser *Heavyweight-737* wurde Ende 1977 an die norwegische **Braathens S.A.F.E.** geliefert. Um den Lärmvorschriften FAR 56 Part 3 zu genügen, offerierten die US-Firmen Nordam und AvAero ab 1992 Hushkits für die 737-200A.

Boeing 737-300

USA, Baujahr: 1984

Um den Anforderungen des Marktes zu genügen und den neuen Lärmvorschriften gerecht zu werden, begann man bei Boeing Anfang 1980 mit der Entwicklung einer modernisierten Boeing 737. Als zweite Generation dieses erfolgreichen Kurz- und Mittelstreckenflugzeugs entstand eine neue Flugzeugfamilie, bestehend aus den Versionen **-300/-400** und **-500**.

Als erste dieser neuen Variante erschien 1984 die **737-300**, deren Rumpf gegenüber der **-200A** um 2,64 m gestreckt wurde, so dass nun bis zu 149 Fluggäste befördert werden konnten. Dabei wurde eine 1,12 m lange Sektion vor und ein 1,52 m langer Rumpfabschnitt hinter der Tragfläche eingesetzt. Das auffallendste Merkmal dieser Flug-

Pacific Western Airlines war die weltweit erste Fluggesellschaft, welche die Rümpfe ihrer Flugzeuge als Werbeträger zur Verfügung stellte. Diese Boeing 737-300 macht Reklame für ein Spielkasino.

zeuge waren die beiden fortschrittlichen Mantelstromtriebwerke vom Typ CFMI CFM56-3B1 (89 kN) oder -3B2 (97,9 kN) mit einem geringeren spezifischen Kraftstoffverbrauch und einem sehr niedrigen Lärmpegel. Neben einer generellen Verstärkung der tragenden Struktur und des Fahrwerks erhielt die neue Serie einen leicht modifizierten Tragflügel im Bereich der Nasenkante. Außerdem wurde die Auslaufkante der vergrößerten Seitenflosse nach vorn verlängert. Durch die Verwendung neuer Baustoffe konnte die Flächenbelastung im Verhältnis zur 737-200A deutlich gesenkt werden. Das Cockpit wurde neu gestaltet, blieb aber weiterhin mit konventionellen Instrumenten ausgerüstet. Auf Wunsch ist eine *Glascockpit*-Ausführung erhältlich. Die serienmäßige Ausstattung umfasst eine neue Avionik, ein Trägheitsnavigationssystem und einen neugestalteten Autopiloten mit zusätzlichen Funktionen. Der Startschuß (Go-ahead) zum Baubeginn fiel am 3. Mai 1981 nach einer Bestellung von **USAir** über 60 Maschinen. Ein weiterer Erstkunde wurde **Southwest Airlines**, die zunächst 40 Flugzeuge bestellte. Der *Roll-out* der -300 erfolgte am 17. Januar 1984, gefolgt vom Erstflug am 24. Februar desselben Jahres. Für die anschließende Flugerprobung wurden drei Maschinen eingesetzt. Die FAA-Musterzulassung wurde am 14. November 1984 erteilt. Die Ablieferungen an USAir begannen am 28. November 1984 und das Muster wurde erstmals Anfang Dezember 1984 im Liniendienst eingesetzt. Southwest konnte ihr erstes Flugzeug am 30. November 1984 übernehmen und führte den ersten Linienflug am 7. Dezember 1984 durch. Einer der frühen Betreiber der -300 in Europa wurde die **KLM**, bei der das Muster die veraltete **DC-9-30** ablöste. Die **Lufthansa** erhielt am 13. August 1986 mit der D-ABXA (C/N 23522/1246) ihre erste -300, welche zusammen mit der **-500** (*siehe dort, Seite 202*) das Muster -200A ablöste. Eine große 737-300-Flotte unterhält auch die **Deutsche BA**.

Die -300 wurde auch als Combi-Flugzeug oder als reiner Frachter gebaut. Diese Maschinen verfügen über ein großes Frachttor und einen verstärkten *Roller-Floor*-Frachtraumboden im Passagierdeck. Es können bis zu acht Paletten oder sogenannte *Igloos* mit einer Nutzlast von 19.000 kg befördert werden.

Bis zur Produktionseinstellung Ende 1999 wurden von der 737-*Classic*-Familie insgesamt 1.988 Flugzeuge gebaut, davon 1.122 der Serie -300. Die Fertigung der -400 erreichte 483, die der -500 383 Stück.

Daten

Antrieb: 2 CFMI CFM56-3B1 oder -3B2 Mantelstromtriebwerke, je 9.072 KP (89.0 kN) Standschub (-3B1).
Spannweite: 28,90 m; Länge: 33,40 m; Höhe 11,31 m;
max. Startgewicht: 61.235 kg; ökon. Reisegeschwindigkeit: 820 km/h; Gipfelhöhe: 12.500 m; Reichweite: 4.400 km;
Besatzung: 2+4; Passagiere: 128-149

Boeing 737-400

USA, Baujahr: 1988

Die **737-400** ist die größte Variante der 737-*Classic*-Familie, mit deren Bau Boeing im Juni 1986 begann. Hauptunterschied zur **-300** ist der um 3 Meter verlängerte Rumpf, der im tragenden Bereich verstärkt werden musste. Die meisten Flugzeuge der Serie -400 werden von CFMI CFM56-3C1-Triebwerken angetrieben, doch finden vereinzelt auch -3B2-Triebwerke Verwendung. Ferner kam eine leistungsstärkere Klimaanlage zum Einbau. Äußerlich kann man die -400 von der -300 an den beiden Notausstiegen oberhalb der Tragflächen erkennen. Ein Schleifsporn unter dem Rumpfheck soll strukturelle Beschädigungen in diesem Bereich bei Starts und Landungen verhindern, wenn der zulässige Anstellwinkel überschritten wird (*Over-Rotation*). Mit einer Transportkapazität für bis zu 168 Passagiere ist die -400 der logische Ersatz für die älteren **Boeing 727-200** innerhalb der Boeing-Familie. Zwei Prototypen der -400 absolvierten am 19. Februar und 25. März 1988 ihre Erstflüge, die US-Luftverkehrszulassung erfolgte am 2. September 1988. Erstkunde der -400 war **Piedmont Airlines**, die das Muster am 15. September 1988 erstmals im Liniendienst einsetzte. Eine Ausführung der -400 mit einem auf 68.039 kg erhöhten Startgewicht wurde erstmals am 23. Dezember 1988 vorgestellt. Hierbei konnte die Nutzlast von 17.400 kg auf 18.280 kg angehoben werden. Seit März 1989 kommt die -400 auch bei **Hapag-Lloyd** zum Einsatz, doch dort wird das Muster inzwischen von der **-800** aus der Dritten Generation abgelöst. Die **Air-Berlin** flog auch mehrere Maschinen der Serie -400, ersetzte sie inzwischen aber durch die -800er. Auch die **Lufthansa** bestellte die -400, übernahm von den ursprünglich zehn georderten Flugzeugen aber nur sieben (C/N 27000 bis 27007). Als erste Maschine stieß D-ABKA am 10. Juni 1992 zur Flotte, und die Lieferungen endeten am 17. September 1992 mit der Übernahme der D-ABKL. Die 737-400 passte nicht so recht in das Flottenkonzept der Lufthansa, deshalb wurden alle Maschinen,

Eine Boeing 737-400 der PanAm auf dem Rollfeld von Fort Lauderdale.

mit Ausnahme der D-ABKL, bis Oktober 1997 außer Dienst gestellt und an den irischen Flugzeughändler Adrienne Enterprises verkauft. Eine der größten Flotten der 737-400 hat **British Airways** im Einsatz. Weitere Betreiber der -400 in Europa sind u.a. **Braathens S.A.F.E, Sabena/Sobelair, Lauda Air, Aer Lingus, Futura International Airways, THY** und **Istanbul Airlines**.
Insgesamt wurden bis zum Produktionseinstellung Ende 1999 483 Exemplare der 737-400 gebaut und an 47 Kunden geliefert.

Daten

Antrieb: 2 CFMI CFM56-3C1 Mantelstromtriebwerke, je 9.980 KP (98.0 kN) Standschub.
Spannweite: 28,90 m; Länge: 36,40 m; Höhe 11,31 m; max. Startgewicht: 62.815 kg; ökon. Reisegeschwindigkeit: 790 km/h; Gipfelhöhe: 12.500 m; Reichweite: 5.000 km; Besatzung: 2+5; Passagiere: 146-168

Boeing 737-500

USA, Baujahr: 1988

Die **737-500** ist die kleinste 737-Serienvariante der Zweiten Generation und ersetzt größenmäßig die **737-200A**. Sie hat die gleiche Transportkapazität wie das Vorgängermuster, verbraucht aber durch die Verwendung des modernen CFM56-3B4-Triebwerks zirka 23 % weniger Kraftstoff. Optional kann die -500 auch CFM56-3B1 oder -3B4-Triebwerken ausgerüstet werden. Die Serie -500 wird je nach Wunsch des Betreibers mit einem maximalen Startgewicht zwischen 52.400 kg und 60.600 kg angeboten, und die Passagierkabine kann 108 bis 122 Fluggäste aufnehmen. Erstbesteller waren **Southwest Airlines** (20 Festbestellungen + 20 Optionen), **Lufthansa** (20 + 20) und **Braathens S.A.F.E.** (25). Die Entwicklungsarbeiten an der -500 begannen im Mai 1987, der Erstflug des Prototypen fand am 30. Juni 1989 statt. Am 12. Februar 1990 erhielt das Muster die Verkehrszulassung und die ersten Ablieferungen erfolgten am 28. Februar 1990 an Southwest Airlines. Lufthansa erhielt ihr erstes Flugzeug (D-ABIA) am 20. Dezember 1990. Als letzte Maschine traf D-ABJI am 31. Oktober 1991 bei der Lufthansa ein. Einziger weiterer Betreiber der -500 im deutsch-

Daten

Antrieb: 2 CFMI CFM56-3B4 Mantelstromtriebwerke, je 8.390 KP (82,3 kN) Standschub.
Spannweite: 28,90 m; Länge: 31,10 m; Höhe 11,31 m; max. Startgewicht: 52.400 kg; ökon. Reisegeschwindigkeit: 800 km/h; Gipfelhöhe: 12.500 m; Reichweite: 5.200 km; Besatzung: 2+4; Passagiere: 108-122

Maersk Air Ltd. fliegt diese Boeing 737-500 im Auftrag der British Airways (Regional) in deren neuen, farbenfrohen Bemalung.

sprachigen Raum ist **Hapag-Lloyd** mit drei Exemplaren (D-AHLF/LI/LN). Über eine mit zwölf Maschinen große -500er Flotte verfügt **Air France**, die ihre erste -500 am 29. August 1991 übernehmen konnte. In Europa fliegt die 737-500 u.a. noch in den Farben der **LOT, Sabena, Braathens S.A.F.E., SAS, Aer Lingus, British Airways (Regional)/Maersk Air UK** und **THY**.
Bis zum Abschluss der Produktion Ende 1999 wurden 383 Exemplare der -500 gefertigt und an 29 Kunden geliefert.

Boeing 737NG (Srs.-600/-700/-800/-900)

USA, Baujahr: 1997

Bei der **Boeing 737NG** handelt es sich um eine aus vier Varianten bestehende Flugzeugfamilie der Dritten Generation des erfolgreichsten Verkehrsflugzeuges aller Zeiten. Unter der Bezeichnung 737X begannen erste Projektstudien im Jahre 1991. Die *NG-Familie* unterscheidet sich von denen der *Classic-Familie* durch eine um mehr als fünf Meter vergrößerte Tragfläche, einer dadurch um nahezu 30% gesteigerten Kraftstoffkapazität und einer um 25% größeren Flügelfläche. Durch die Verringerung der relativen Dichte des superkritischen Flügelprofils konnte die wirtschaftliche Reisegeschwindigkeit auf Mach 0,8 gesteigert werden. Auch das Leitwerk wurde gegenüber den Vorgängermustern um 1,24 m erhöht. Als Antrieb stehen vier verschiedene Typen CFMI CFM56-7B mit folgenden Spezifikationen zur Auswahl:

Version	Leistung (KP)	Leistung (kN)
CFM56-7B20	9.071	88,96
CFM56-7B22	9.978	97,86
CFM56-7B24	10.886	106,75
CFM56-7B26	10.886	106,75

Die **737-600** ist mit einer Rumpflänge von 31,24 das kürzeste und kleinste Modell und ersetzt die **737-500**. Sie bietet 108 bis 132 Passagieren Platz. Die Reichweite mit 108 Fluggästen beträgt zirka 6.000 km. Als Erstkunde bestellte **SAS** am 14. März 1995 39 Maschinen. Bis Herbst 1999 orderten fünf Fluggesellschaften 122 Exemplare der -600. Der Prototyp N7376 (C/N 28296/21), eine -683 für die SAS, startete am 22. Januar 1998 zu ihrem Erstflug. Diese Maschine kam am

7. Januar 1999 als SE-DNR zur SAS. Die erste -683 wurde an die Fluglinie aber schon 18. September 1993 geliefert (C/N 28288/49, SE-DNM).

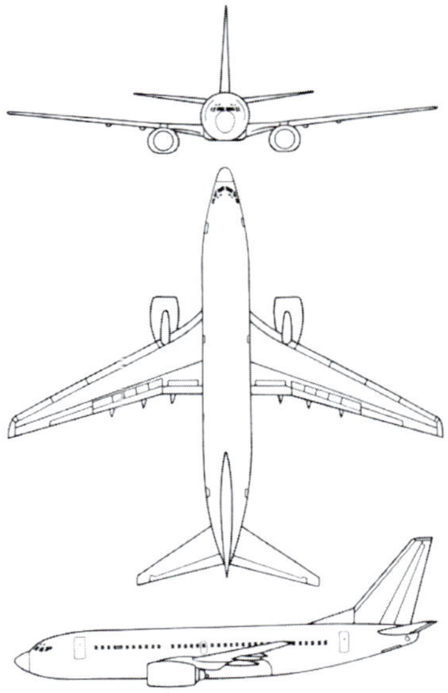

Die **737-700** ersetzt die **-300**, die bislang den größten Verkaufserfolg verzeichnen konnte. Als erstes Mitglied der *737NG-Familie* hatte eine Maschine dieser Serie am 8. Dezember 1996 ihren *Roll-out* in Seattle. Der Erstflug erfolgte am 9. Februar 1997. Die Passagierkapazität variiert, je nach Ausstattung, zwischen 128 bis zu 149 Sitzplätzen. Mit 128 Fluggästen beträgt die Reichweite 6.000 km. Im November 1993 bestellte **Southwest Airlines** 63 737-700, wovon die erste Maschine am 12. Dezember 1997 ausgeliefert wurde. Die FAA-Musterzulassung verzögerte sich um fast zwei Monate, da am Höhenleitwerk in letzter Minute noch strukturelle Veränderungen vorgenommen werden mussten. Die JAA-Zulassung wurde im Februar 1998 erteilt, nachdem die europäische Zulassungsbehörde einen überarbeiteten Notausstieg gefordert und durchgesetzt hatte. Als erste europäische Fluggesellschaft übernahm **Germania** am 10. März 1998 ihre erste -700, die am 14. März 1998 in Dienst gestellt wurde. Das Auftragsbuch umfasst derzeit 377 Bestellungen.

Als Ersatz für die **737-400** wurde die **737-800** ins Programm genommen. Sie ist mit einer Rumpflänge von 39,47 m um 2,79 m länger als die -400. Je nach Ausstattung finden zwischen 160 bis 189 Fluggäste Platz. In Zweiklassenauslegung für 154 Passagiere beträgt die Reichweite etwa 5.500 km. Die erste -800 absolvierte am 31. Juli 1997 ihren Erstflug. Am 16. März 1998 wurde die US-Musterzulassung erteilt, gefolgt von der europäischen JAA Ende März 1998. Als Erstkunde bestellte **Hapag-Lloyd** 22 Flugzeuge, von denen das erste (C/N 27977/9, D-AHFC) am 22. April 1998 ausgeliefert wurde. Bis Ende 1999 vergrößerte sich die Hapag-Flotte auf zehn Maschinen. Die größte Bestellung von 71 Flugzeugen kam am 20. Mai 1998 von **Delta Air Lines**. Die erste Delta-Maschine (C/N 29619/115, N731DA) wurde am 22. Oktober 1998 der Gesellschaft übergeben, und die letzten Lieferungen sind im Jahre 2008 vorgesehen. Alle -800 der Delta werden mit CFM56-7B26-Triebwerken ausgerüstet sein und ein Abfluggewicht von 78.245 kg haben. Die Kabinenauslegung in einer Zweiklassenversion fasst 154 Passagiere (F16/Y138). Bislang wurden 299 Flugzeuge dieser Serie bestellt.

Der Prototyp der Boeing 737-600 auf dem Boeing-Werksflughafen in Renton, WA.

Eine völlig neue Variante ist die auf 41,11 m gestreckte und für 177 bis 189 Passagiere ausgelegte **737-900**. Damit steht die -900 in direkter Konkurrenz zum **Airbus A321**. Aufgrund rechtlicher Bauvorschriften kann kein zusätzlicher Notausgang in die Rumpfseiten eingelassen werden, so dass die maximale Platzkapazität der **-800** mit 189 Sitzen nicht überschritten werden darf. Das *Go-ahead* für die -900 kam im November 1997, als **Alaska Airlines** einen Auftrag über zehn Stück erteilte. Das erste Flugzeug soll im Jahre 2001 an die Fluggesellschaft ausgeliefert werden. Als zweiter Kunde entschied sich **Continental Air Lines** für die -900 mit einem Auftrag für 15 Maschinen, plus 25 Optionen. Als erster ausländischer Kunde bestellte **Korean Air** elf Exemplare. Der erste Rumpf soll im Mai 2000 in Renton zur Endmontage eintreffen und der Erstflug ist für August 2000 vorgesehen. Die Testflüge zum Erhalt der Verkehrszulassung sollen im März 2001 abgeschlossen sein.

Daten (-700)

Antrieb: 2 CFMI CFM56-7B20 Mantelstromtriebwerke, je 9.071 KP (88,96 kN) Standschub.
Spannweite: 34,31 m; Länge: 33,63 m; Höhe 12,55 m; max. Startgewicht: 69.400 kg; ökon. Reisegeschwindigkeit: 850 km/h; Gipfelhöhe: 12.500 m; Reichweite: 6.110 km; Besatzung: 2+5; Passagiere: 128-149

Boeing 747 Classic

USA, Baujahr: 1969

Als erstes Großraumflugzeug der Welt und als größtes bisher eingesetztes Verkehrsflugzeug wurde die **Boeing 747** als logische Flottenerweiterung der Boeing-Familie und als Ersatz für die **Boeing 707** im Interkontinentalverkehr entwickelt. Grundlage des Entwurfs waren die Projektarbeiten für einen strategischen Großraumtransporter der US Air Force (USAF). Da Boeing nicht erfolgreich war und der Auftrag an den Konkurrenten Lockheed vergeben wurde (verwirklicht als ***C-5 Galaxy***), untersuchte Boeing verschiedene Auslegungen als Passagierflugzeug. Als günstigste Konstruktion stellte sich die einer vergrößerten 707 heraus, mit einem einfachen Passagierdeck und ausreichender Breite zur Unterbringung von zehn nebeneinander liegenden Sitzen mit zwei Gängen. Die Kanzel wurde in einem kurzen Oberdeck untergebracht, an das sich eine kleine Passagierlounge anschloss. Bis 1965 hatte Boeing das Konzept für dieses große Verkehrsflugzeug definiert: eine Transportkapazität für 500 Passagiere bei einer Reichweite von 6.500 km. Der Antrieb erfolgte durch völlig neuartige Mantelstromtriebwerke mit großem Durchmesser und einem Schub von 182 kN vom Typ Pratt & Whitney JT9D. Wie bei der 707, waren diese auch bei der 747 in Gondeln unter den Tragflächen untergebracht. Den Erstauftrag für das neue Flugzeugmuster, das bald als ***Jumbo-Jet*** bekannt wurde, erteilte **PanAm** am 14. April 1966 durch eine Bestellung über 25 Exemplare zur Lieferung im Jahre 1969. Allerdings wartete Boeing weitere Aufträge ab, bevor die Produktion aufgenommen wurde. Dieser Schritt erfolgte am 25. Juli 1966, nachdem **Lufthansa** und **Japan Air Lines** Bestellungen über jeweils drei Flugzeuge erteilt hatten. Der Tradition folgend, plante Boeing von Beginn an den Bau von reinen Fracht- und gemischten Fracht/Passagier-Varianten mit hochklappbarem Rumpfbug zur Erleichterung und Beschleunigung des Ladevorgangs. Die Entwicklung dieser Abarten musste aufgrund technischer Schwierigkeiten mit den Passagierflugzeugen, die auf zu hohen Baugewichten und Leistungsproblemen mit den Triebwerken beruhten, aufgeschoben werden.

Der Erstflug der 747 erfolgte am 9. Februar 1969 in Everett, wo die damals wie heute größte Flugzeug-Fertigungshalle für die Produktion des Musters entstanden war. Zu diesem Zeitpunkt hatten bereits 27 Fluggesellschaften 160 Maschinen bestellt. Die US-Musterzulassung wurde am 30. Dezember 1969 erteilt, und schon am 21. Januar 1970 setzte PanAm den Jumbo im Nordatlantikverkehr ein. Während der ersten Einsatzmonate traten erhebliche Probleme mit den Triebwerken auf, die so lange den Flugbetrieb beeinträchtigten, bis modifizierte JT9D-3A-Aggregate zur Verfügung standen. Spätere Ausführungen, deren Schubleistung kontinuierlich gesteigert werden konnte, waren die JT9D-3W (200 kN), JT9D-7 (202 kN) und JT9D-7W (209 kN). Bei Verwendung des letzten Triebwerkmusters konnte das maximale Startgewicht auf 330.390 kg angehoben werden. Am 25. November 1967 wurde eine zweite Variante angekündigt, die eine größere Reichweite bei gleichen Abmessungen und gleicher Passagierkapazität bot. Der zusätzliche Treibstoff wurde im Mittelflügel untergebracht. Zelle und Fahrwerk wurden verstärkt, um ein Abfluggewicht von 351.540 kg zu gewährleisten. Ab 1973 stieg das Startgewicht sogar auf 356.070 kg. Diese leistungsfähigere 747 wurde als **747B** bezeichnet, doch übernahm Boeing die Bezeichnungsarten anderer Muster und nannte das Grundmodell **747-100** und die Versionen mit dem höheren Abfluggewicht **747-200B**. Der Erstflug der 747-200 erfolgte am 11. Oktober 1970, die Zulassung am 23. Dezember 1970. Als erste Fluggesellschaft setzte **KLM** die -200B am 16. Januar 1971 ein, gefolgt von der **Japan Air Lines** am 11. Februar 1971.

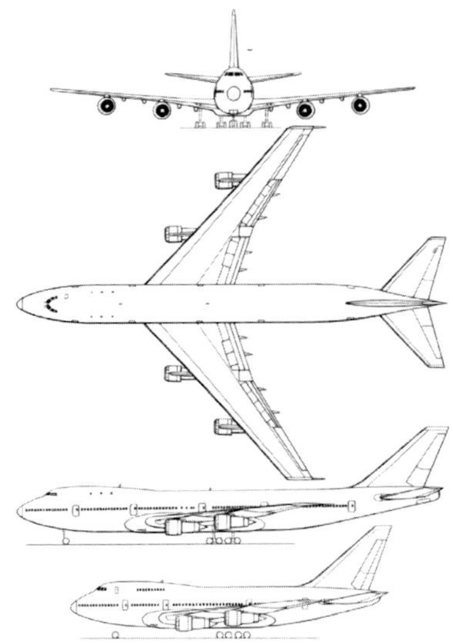

Der erste Fracht-Jumbo flog am 30. November 1971 und erhielt die Musterzulassung am 7. März 1972. Als erste Fluggesellschaft setzte **Lufthansa** die **-200F** ab dem 19. April 1972 ein. Die Combi-Version **-747C**, ebenfalls mit Klappbug, flog erstmals am 23. März 1973 und wurde ab 24. April 1973 von **World Airways** eingesetzt. Eine weitere Combi-Version wurde von Boeing mit seitlicher Frachttür hinter den Tragflächen und ohne Klappbug als **-200M** angeboten und das erste dieser Flugzeuge kam 1974 bei der **Sabena** zum Einsatz.

Ebenfalls 1973 erschien die **747SR-200** für den Einsatz auf Kurzstrecken mit hohem Verkehrsaufkommen. Dieses Flugzeug war speziell

Boeing 747-230B/Combi D-ABYT Hamburg (C/N 22363) der Lufthansa im Landeanflug auf Frankfurt Rhein/Main. Die Maschine wurde am 19. November 1980 geliefert und zum 30. August 1990 der German Cargo Airlines übergeben.

für den japanischen Inlandmarkt konzipiert und entstand aufgrund einer Forderung der **Japan Air Lines**. In der Tat blieben JAL und **All Nippon Airways** die einzigen Kunden für diese Variante. Wegen der häufigen Starts und Landungen wurden an der 747SR-200 strukturelle Änderungen vorgenommen und das Startgewicht verringert. Die Treibstoffkapazität entsprach der -100 und als Antrieb kamen JT9D-7AW-Triebwerke zum Einbau. Die Abmessungen des Rumpfes blieben unverändert. JAL begann den Linienverkehr am 9. Oktober 1973 auf der Strecke Tokio-Okinawa.
Um das Abfluggewicht der -200 noch weiter steigern zu können, boten Pratt & Whitney, General Electric und Rolls-Royce leistungsstärkere Varianten ihrer Triebwerke an. Zu diesem Zweck wurde der 747-Prototyp für den Betrieb mit dem CF6-50D von 227 kN Schub modifiziert. Die Flugerprobung begann am 26. Juni 1973. 1974 bestellte die KLM zwei 747-200M mit CF6-50E2 von 234 kN Schub für die Beförderung von bis zu 428 Passagieren oder 200 Passagieren plus 50.000 kg Fracht. Dieses Modell wurde für ein Startgewicht von 362.874 kg zugelassen. Der von JT9D-70-Triebwerken mit 231 kN Schub angetriebene Frachter -200F zum Einsatz bei **Seaboard World Airlines** hatte ein maximales Startgewicht von 377.840 kg. Im Laufe des Jahres 1975 bestellte **British Airways** die ersten -236B mit Rolls-Royce RB.211-524B-Antrieb mit einer Leistung von 222,5 kN. Das erste dieser Flugzeuge absolvierte am 3. September 1976 seinen Jungfernflug und wurde am 27. Juli 1977 in Dienst gestellt. Das Abfluggewicht lag bei 363.200 kg, welches mit Einführung des leistungsstärkeren RB.211-524D mit einer Schubleistung von 236 kN auf 372.918 kg gesteigert werden konnte.
Die Fertigung der 747 Classic wurde am 19. November 1991 nach dem Bau von 393 Flugzeugen eingestellt.

Daten (747-200B)

Antrieb: 4 Pratt & Whitney JT9D-7W Mantelstromtriebwerke, je 21.320 KP (213,5 kN) Standschub.
Spannweite: 59,64 m; Länge: 70,51 m; Höhe 19,35 m;
max. Startgewicht: 377.000 kg; ökon. Reisegeschwindigkeit: 860 km/h; Gipfelhöhe: 12.500 m; Reichweite: 10.600 km;
Besatzung: 16-20; Passagiere: 355-550

Boeing 747SP

USA, Baujahr: 1975

Die **747SP** (*Special Performance*) wurde von Boeing auf Anfrage von **PanAm** und **Qantas** entwickelt. Die Gesellschaften suchten ein Flugzeug für extreme Langstrecken, für die einerseits die **747-100** und frühen **747-200** entweder zu groß waren oder andererseits nicht über die notwendige Reichweite verfügten. Der Startschuss zur Entwicklung der 747SP fiel im August 1973, als **PanAm** und **Iran Air** 7 bzw. 2 Flugzeuge in Auftrag gaben.

Die 747SP hat einen gegenüber der Boeing 747-200B um 14,30 m verkürzten Rumpf, von der aber über 90% aller Bauteile übernommen wurden. Neu konzipiert oder überarbeitet wurden Leitwerk, Rumpfheck und die Flügelklappen. Die Druckbelüftung der Kabine musste in ihrer Leistungsfähigkeit ebenfalls verstärkt werden. Da kein Prototyp gebaut wurde, startete die erste Serienmaschine am 4. Juli 1975 zu ihrem Erstflug. **PanAm** erhielt ihr erstes Flugzeug am 29. März 1976 und der Linienflugbetrieb mit dem neuen Muster begann am 25. April 1976 auf der Nonstop-Strecke Los Angeles-Tokio. Zu den weiteren Käufern der 747SP zählten **TWA, Aerolineas Argentinas, Korean Airways, Syrian Air, South African Airways (SAA), CAAC** und **China Airlines**.

Auf einem Überführungsflug für SAA stellte die 747SP (ZS-SPA) am 23./24. März 1976 auf der Strecke Washington-Kapstadt mit 16.560 km einen neuen Distanzflug-Weltrekord für Verkehrsflugzeuge auf.

Wegen ihres begrenzten Einsatzprofils wurden nur 44 Maschinen gebaut, und auch die neueren Versionen der **747-200B** konnten mit einer leicht verringerten Nutzlast die gleichen Reichweitenleistungen erbringen wie die 747SP, verfügten aber über eine größere Passagierkapazität. Gegenwärtig wird die 747SP noch von SAA, Iran Air und Syrian Air eingesetzt, während sie im Laufe des Jahres 1999 bei CAAC/Air China und China Airlines außer Dienst gestellt wurde.

Daten

Antrieb: 4 Pratt & Whitney JT9D-7F Mantelstromtriebwerke, je 22.680 KP (222,6 kN) Standschub.
Spannweite: 59,64 m; Länge: 56,30 m; Höhe 19,95 m; max. Startgewicht: 315 706 kg; ökon. Reisegeschwindigkeit: 890 km/h; Gipfelhöhe: 13.700 m; Reichweite: 13.000 km; Besatzung: 3+8; Passagiere: 280-370

Die Boeing 747SP war das weltweit erste speziell für Ultra-Langstrecken entworfene Verkehrsflugzeug. South African Airways ist einer der wenigen Betreiber, die dieses Flugzeugmuster noch im Einsatz haben.

Boeing 747-300

USA, Baujahr: 1982

1978 begann Boeing mit den Entwicklungsarbeiten an der 747 mit einem verlängerten Oberdeck zur Vergrößerung der Sitzplatzkapazität. Zunächst trug diese Variante die Bezeichnung **747-200SUD** (*Stretched Upper Deck*), wurde aber ab 1980 in **747-300** umbenannt. Hauptmerkmal der -300 ist das um 7,11 m verlängerte Oberdeck, auf dem - je nach Ausstattung - 22 bis 69 Passagiere untergebracht werden können. Damit können bei der Combi-Version **-300M** jene Plätze ersetzt werden, die auf dem Hauptdeck durch den hinteren Frachtraum fortfallen. Anstelle der Wendeltreppe im vorderen Rumpfteil der -200 erhielt die -300 eine gerade Treppe zum Oberdeck. Hier konnte Platz für sieben weitere Passagiersitze geschaffen werden. Das verlängerte Oberdeck verleiht der -300 gegenüber der -200 eine verbesserte Aerodynamik mit einem um rund 10 Prozent geringeren Treibstoffverbrauch und einer höheren Reisegeschwindigkeit von Mach 0,86. Durch die Verwendung leistungsstärkerer und wirtschaftlicherer Triebwerke konnte das Startgewicht auf 377.800 kg erhöht und die Reichweite auf 12.400 km gesteigert werden. Die Kurzstreckenversion **747SR-300** bietet mit einer hochdichten Einheitsklassen-Bestuhlung bis zu 628 Passagieren Platz.

Am 11. Juni 1980 bestellte **Swissair** als Erstkunde zwei 747-300 und drei 747-300M mit JT9D-Triebwerken. Die Flugerprobung der -300 begann am 10.Oktober 1982; das erste Flugzeug konnte am 28. März 1983 der Swissair übergeben werden. Die erste -300 mit CF6-Antrieb ging am 1. April 1983 an die französische **UTA. Qantas** war die einzige Fluggesellschaft, welche ihre -300 mit Triebwerken vom Typ Rolls-Royce RB.211-524D4 ausrüstete. Das erste Flugzeug wurde am 13. November 1984 abgeliefert. Über die größte 747-300-Flotte verfügte **Singapore Airlines**, die 14 Exemplare einsetzte, gefolgt von **Japan Air Lines** mit 13. Bei **Saudia** kamen zehn, bei **Cathay Pacific** sechs Maschinen zum Einsatz.

1984 ließ **KLM** zehn ihrer -206B auf den Standard der -300 umrüsten. Diese Maschinen tragen die Typenbezeichnung **747-206B/SUD**.

Bereits kurz nach dem Erscheinen der -300 gab Boeing den Bau der verbesserten **747-400** bekannt, so dass die 747-300 nur eine Übergangslösung darstellte. Deswegen wurden von ihr auch nur 81 Stück gebaut. Sie sind in den Flotten der großen Fluggesellschaften inzwischen von der 747-400 abgelöst worden.

Daten

Antrieb: 4 General Electric CF6-50E2 Mantelstromtriebwerke, oder
4 Pratt & Whitney JT9D-7R4G2 Mantelstromtriebwerke, je 24.800 KP bis 26.310 KP (243,2 kN bis 258 kN) Standschub.
Spannweite: 59,64 m; Länge: 70,70 m; Höhe 19,60 m; max. Startgewicht: 377.800 kg; ökon. Reisegeschwindigkeit: 900 km/h; Gipfelhöhe: 12.500 m; Reichweite: 13.000 km; Besatzung: 17-24; Passagiere: 384-412, maximal 628

Bei der Swissair flogen fünf Exemplare der Boeing 747-300. Die N221GF Zürich (C/N 22996) gelangte am 30. November 1983 zur Ablieferung und erhielt erst im September 1992 die ursprünglich vorgesehene Registrierung HB-IGF. Die Maschine wurde am 12. November 1999 außer Dienst gestellt und ist derzeit in Zürich-Kloten geparkt.

Die Boeing 747-406 Combi PH-BFO Cees Polderman (25413) der KLM Royal Dutch Airlines auf einem Testflug über dem Staate Washington. Dieses Flugzeug gelangte am 8. Oktober 1992 zur Ablieferung.

Boeing 747-400

USA, Baujahr: 1988

Das größte und bislang letzte Modell der Boeing 747 ist die **-400**, zu erkennen an den großen Winglets und den neu entwickelten Triebwerksgondeln. Die -400 basiert auf der **-300**, weist aber zahlreiche Detailverbesserungen auf. Die Spannweite wurde um 3,66 m auf 64,44 m vergrößert und die 1,83 m hohen Winglets erzeugen weitergehende aerodynamische Effekte. Die Treibstoffkapazität wurde um 12.492 Liter erhöht, was eine zusätzliche Reichweite von 600 km ergibt. Die Kanzel wurde für den Betrieb mit einer zweiköpfigen Crew ausgelegt und die Avionik völlig überarbeitet. Durch die verstärkte Verwendung digitaler Informations- und Datensysteme konnte die Anzahl der Cockpitinstrumente um über 50% gesenkt werden. Die Verwendung einer neuartigen Metall-Legierung aus Aluminium und Lithium bei der Fertigung von Rumpf und Tragwerk ergab eine Gewichtsverringerung von 2.721 kg. Weitere Gewichtseinsparungen konnten durch Modifizierungen an der Verkabelung, den Steuersystemen und am Fahrwerk erzielt werden. Insgesamt sank das Leergewicht der -400 gegenüber der -300 um 4.500 kg. Im Laufe der Zeit konnte das ursprüngliche Startgewicht von 394.630 kg auf 396.890 kg gesteigert werden. Die Reichweite mit der maximalen Treibstoffzuladung von 216.850 Liter beträgt 15.412 km.

Die Entwicklung der -400 begann 1985, nachdem **Northwest Airlines** zehn Flugzeuge mit einem Gesamtwert von US$ 1,58 Milliarden bestellt hatte. Weitere Erstkunden für das Muster waren **Lufthansa** und **British Airways**. Die erste 747-400, mit PW4056-Triebwerken ausgerüstet, unternahm ihren Erstflug am 29. April 1988. Die erste von CF6-80C2B4 angetriebene -400 flog am 27. Juni 1988, gefolgt von einem mit RB.211-524G ausgerüsteten Exemplar am 28. August 1988. Die US-Luftverkehrszulassung erhielt die -400 am 9. Januar 1989, und am 9. Februar 1989 konnte Northwest Airlines das neue Flugzeugmuster in Dienst stellen. Der erste Linieneinsatz bei der Lufthansa erfolgte am 10. Juni 1989.

Wie bei allen 747-Varianten werden auch bei der -400 eine Combi- und Frachtausführung angeboten. Die **-400C** kann wahlweise 413 Passagiere oder 266 Fluggäste plus sieben Cargo-Container oder

Condor
RIZZI BIRD
NF

Zu PR-Zwecken flog die Boeing 757-230 D-ABNF (C/N 25140) eine Zeitlang als »Rizzi-Bird« mit einer von dem Künstler James Rizzi entworfenen Bemalung.

-Paletten auf dem Hauptdeck befördern. Die Frachtkapazität im Unterdeck entspricht der des Grundmodells.
Die **-400F** entstand 1990. Bei diesem Modell finden der Rumpf der -200F und die größeren Tragflächen der -400 Verwendung. Erstkunde für die -400F war **Cargolux**, die ihr erstes Flugzeug am 17. November 1993 in Dienst stellte. Das Frachtvolumen von 777,9 m∆ entspricht 30 Paletten auf dem Hauptdeck und 32 LD-1-Containern, plus Stückgut, im Unterdeck. Die Reichweite der -400F liegt bei 8.150 km und das maximale Startgewicht beträgt 396.890 kg.
Die **747-400D** wurde speziell für den japanischen Kurzstreckenmarkt entwickelt und steht dort bei **All Nippon Airways** und **Japan Air Lines** im Einsatz. Wegen der häufigen Starts und Landungen wurden bei dieser Variante die Rumpf- und Tragflächenstruktur sowie das Fahrwerk verstärkt. Ähnlich wie die -400F ist die -400D mit den Tragflächen der -200B ausgestattet, die keine Winglets haben. Allerdings kann die -400D leicht auf den Standard der -400 gebracht werden. Das Abfluggewicht der -400D kann bis auf 422.700 kg angehoben werden. Die Passagierkapazität liegt bei maximal 628 Plätzen. Überraschend kündigte Boeing Anfang 1997 an, dass die geplanten Weiterentwicklungen **747-500X** und **-600X** nicht weiter verfolgt würden. Alternativ studiert man derzeit mehrere andere Optionen, darunter eine **747-400IGW** sowie eine nur leicht vergrößerte **-400X**. Von 567 bestellten Flugzeugen wurden bislang 491 Exemplare ausgeliefert.

Daten

Antrieb: 4 Pratt & Whitney PW4056 Mantelstromtriebwerke, je 25.750 KP (252,5 kN) Standschub, oder 4 General Electric CF6-80C2B4 Mantelstromtriebwerke, je 26.263 KP (257,5 kN) Standschub, oder 4 Rolls-Royce RB.211-524G Mantelstromtriebwerke, je 26.309 KP (258 kN) Standschub. Spannweite: 64,44 m; Länge: 70,70 m; Höhe 19,30 m; max. Startgewicht: 362.875 kg bis 396.890 kg; ökon. Reisegeschwindigkeit: 939 km/h; Gipfelhöhe: 13.715 m; Reichweite: 13.528 km; Besatzung: 17-24; Passagiere: 416-568

Boeing 757

USA, Baujahr: 1982

Boeing kündigte im Sommer 1978 das Mittelstreckenmuster **757** als Nachfolgemodell der **727** an, nachdem **British Airways** und **Eastern Airlines** im August 1978 ihre Kaufabsichten für dieses neue Flugzeugmuster bekundet hatten. Am 2. März 1979 erteilte British Airways den endgültigen Auftrag über 19 Maschinen plus 18 Optionen in einem Gesamtwert von über 300 Millionen Pfund Sterling. Eastern folgte am 23. März mit einer Order über 21 Flugzeuge und 24 Optionen. Die Entwurfsarbeiten wurden unmittelbar danach aufgenommen. Ursprünglich sollte die 757 wie ihr Vorgängermuster über ein T-Leitwerk verfügen, doch der endgültige Entwurf sah ein Kreuzleitwerk vor. Der Rumpfdurchmesser der 757 ist derselbe wie bei den Baureihen **707/727** und **737**. Auch wurde ein neuer Flügel entworfen, der zumeist aus Verbundwerkstoffen besteht. Die Anzahl der Triebwerke wurde von drei auf zwei verringert, die an Gondeln unter den Tragflächen angeordnet waren. Speziell für die 757 wurden von Rolls-Royce neue Mantelstromtriebwerke der Serie RB.211-535C entwickelt, für welche die britische Regierung 150 Millionen Pfund Sterling als bedingt rückzahlbares Darlehen zur Verfügung stellte. Bei diesem Triebwerkstyp handelt es sich um eine Ableitung des RB.211, das bei der **Lockheed TriStar** und der Boeing **747-200B** verwendet wird, erhielt aber einen völlig neuen Fan mit sehr breiten, widerstandsarmen Schaufeln.
Der erste Prototyp hatte seinen *Roll-out* am 13. Januar 1982 und startete am 19. Februar 1982 zum Erstflug, gefolgt vom zweiten Prototyp am 28. März 1982. Nach einer insgesamt 1.380 Flugstunden umfassenden Erprobung erhielt das Muster am 21. Dezember 1982 die US-Verkehrszulassung. Die 757 wurde von Eastern Air Lines erstmals am 1. Januar 1983 im Liniendienst eingesetzt. Die britische Luftverkehrszulassung wurde der 757 am 14. Januar 1983 erteilt und British Airways stellte das neue Flugzeugmuster am 9. Februar 1983 in Dienst.

1984 bestellte Delta Air Lines 60 Boeing 757 mit dem Pratt & Whitney PW2037-Triebwerk als Antrieb. Das erste mit diesem Aggregat ausgerüstete Flugzeug flog am 14. März 1984 und erhielt seine Zulassung im darauffolgenden Oktober. Die Indienststellung bei Delta erfolgte im November 1984.
Seit Mai 1986 kommt die Boeing **757ER** zur Auslieferung, die von leistungsstärkeren RB.211-535E4 (18.190 KP/178,4 kN) oder PW2040 (18.915 KP/185,5 kN) angetrieben wird. Diese Variante kommt zumeist auf den langen US-Transkontinentalstrecken mit geringerem Passagieraufkommen, aber auch bei Charterfluggesellschaften im Transatlantikverkehr oder auf langen Europastrecken (z.B. Helsinki-Las Palmas) zum Einsatz.
Von der Combi-Version **757-200M** wurde bislang nur ein Exemplar an die **Royal Nepal Airlines** verkauft. Als reine Frachtmaschine wird die **-200PF** (Package Freighter) gebaut. Wie die -200M verfügt die -200PF über ein Frachttor, hat aber einen fensterlosen Rumpf. Die Nutzlast beträgt zirka 38.000 kg. Größter Betreiber ist **United Parcel Service (UPS)** mit einer Flotte von 75 Maschinen.
Am 2. September 1996 gab Boeing den Bau der gestreckten **757-300** bekannt, nachdem **Condor** zwölf Flugzeuge bestellt hatte. Gegenüber der -200 wurde der Rumpf um 7,10 m auf 54,43 m gestreckt, so dass bis zu 289 Fluggäste befördert werden können. Die Streckung erfolgt durch den Einbau eines 4,06 m und 3,04 m langen Rumpfsegments jeweils vor und hinter dem Flügel. Das Startgewicht beträgt 122.600 kg und die Reichweite 6.482 km. Als Antrieb kommt bei den Condor-Maschinen das RB.211-535E4B mit einer Schubleistung von

192 kN zum Einbau. Das Modell ist aber wahlweise auch mit Pratt & Whitney-Triebwerken vom Typ PW2043 mit 195 kN erhältlich. Der *Roll-out* der -300 erfolgte am 31. Mai 1998, gefolgt vom Erstflug im August desselben Jahres. Am 10. März 1999 konnte Condor das erste Flugzeug (C/N 29012/839, D-ABOE) in Empfang nehmen.
Mitte 1999 legte Boeing ein Umrüstprogramm für ältere 757-200 auf, die zu **-200F** umgebaut werden sollen. Erster Interessent hierfür ist die US-Fracht-Airline **DHL Airways** mit einem Bedarf von bis zu 44 Maschinen. Bis Mitte 1999 waren von den bestellen 967 Flugzeugen 872 ausgeliefert.

Daten (-200)

Antrieb: 2 Rolls-Royce RB.211-535C Mantelstromtriebwerke, je 16.965 KP (166,4 kN) Standschub, oder 2 Pratt & WhitneyPW2037 Mantelstromtriebwerke, je 17.350 KP (175,2 kN) Standschub
Spannweite: 38,05 m; Länge: 47,32 m; Höhe 13,56 m; max. Startgewicht: 108.800 bis 115.660 kg; ökon. Reisegeschwindigkeit: 855 km/h; Gipfelhöhe: 12.900 m; Reichweite: 8.500 km; Besatzung: 2+7; Passagiere: 186-231

Boeing 767-200

USA, Baujahr: 1981

Boeing gab am 14. Juli 1978 die Produktionsaufnahme der **767**, des neuen zweistrahligen Großraumflugzeugs, als Ergebnis jahrelanger Entwicklungs- und Marktuntersuchungen bekannt, die seinerzeit unter den Bezeichnungen **7N7** (757) und **7X7** (767) liefen. Mit der 767 zielte man primär auf den inneramerikanischen Markt, um drei Ballungszentren auf einem Transkontinental-Segment miteinander zu verbinden (z. B. New York-Chicago-Los Angeles). Die Passagierkapazität in Einklassenbestuhlung mit sieben nebeneinanderliegenden Sitzen und zwei Längsgängen wurde auf 252 festgelegt. Damit steht das Basismodell der 767 in direkter Konkurrenz zum **Airbus A310**.
Beim Bau der 767 wurden in hohem Maße moderne Werkstoffe verwendet, wie neue Aluminiumlegierungen, die geringes Gewicht mit höherer Festigkeit und Korrosionsbeständigkeit verbinden. Für Störklappen, Fahrwerksklappen und Teile der Triebwerksgondeln wurde kohlefaserverstärkter Kunststoff (CFK) eingesetzt. Während bei vergleichbaren Großraummustern der Rumpfdurchmesser etwa 6 m beträgt, hat die 767 nur 4,7 m, was die Entwicklung neuartiger Container für die Unterflur-Frachträume notwendig machte.
Ursprünglich bot Boeing die 767 in zwei Ausführungen an: die Grundvariante **-200** und eine kürzere **767-100**, die aber nie gebaut wurde. Auch standen verschiedene Triebwerksmuster in der 200 kN/222 kN-Leistungsklasse der Hersteller Pratt & Whitney, General Electric und Rolls-Royce zur Auswahl. Da der Erstbesteller **United Air Lines** sich für das Pratt & Whitney JT9D-7R4D entschieden hatte, wurde dieses Aggregat auch für die Musterzulassung verwendet.
Als sogenannter *Launch-Customer* für das 767-Projekt erteilte **United Air Lines** im Juli 1978 eine Festbestellung von 30 Flugzeugen plus 30 Optionen. Wenig später bestellten dann **American Airlines** (30 + 20 Optionen) und **Delta Air Lines** (20 + 22) diesen Twinjet. Gegenüber der United-Version (127.915 kg) waren die für American und Delta bestimmten Flugzeug für ein maximales Startgewicht von 140.740 kg ausgelegt. Durch diese Steigerung konnte die Treibstoffkapazität derart erhöht werden, dass mit dem Muster auch transkontinentale Nonstopflüge durchgeführt werden können. Beide Kunden entschieden sich für das schubstärkere CF6-80A-Triebwerk von 213 kN. Die erste Exportbestellung erteilte im Dezember 1978 die kanadische **Pacific Western Airlines** mit einer Order über vier Maschinen. Am 9. Juli 1979 bestellte **Air Canada** zwölf 767, plus 18 Optionen (Antrieb JT9D-7R4).

Der *Roll-out* der 767-200 erfolgte am 4. August 1981 und der Prototyp (C/N 22333, N767BA) startete am 26. September 1981 zum Erstflug. Die Musterzulassung wurde am 30. Juli 1982 erteilt. United Air Lines übernahm am 19. August 1982 ihre erste 767 und setzte sie am 8. September 1982 erstmals im Liniendienst ein, gefolgt von American (21. November 1982) und Delta (15. Dezember 1982). **TWA**, die zunächst zehn 767-231 bestellt hatte, setzte als erste Fluggesellschaft dieses Flugzeugmuster auf Interkontinentalstrecken ein. Die ersten beiden Maschinen kamen am 22. November und am 8. Dezember 1982 zur Ablieferung und beflogen später erstmals die Nordatlantikrouten New York-London und New York-Paris. Da sich die -200 für solche Operationen als wenig geeignet erwies, entwickelte Boeing die langstreckentaugliche **767-200ER** (*Extended Range*). Äußerlich sind beide Modelle identisch, aber die -200ER verfügt über eine größere Tankkapazität, eine stärkere Zellenstruktur im Flügelwurzelbereich und schubstärkere Triebwerke. Durch die modifizierten Tragflächentanks erhöhte sich deren Fassungsvermögen um 14.195 Liter auf 77.412 Liter und gestattet dem Muster einen Aktionsradius von maximal 12.600 km. Die Reichweite mit einer durchschnittlichen Auslastung liegt bei 9.900 km. Die -200ER absolvierte ihren Erstflug am 6. März 1984 und als erste Fluggesellschaft stellte **Ethiopian Airlines** das Muster im Juni 1984 in Dienst. Der größte Betreiber der -200ER ist **TWA**, die ihre gesamte -200-Flotte zur -200ER umrüsten ließ. Einziger Betreiber der -200/200ER in Europa ist **Britannia Airways**, deren Flotte sechs 767-204ER umfasst.

Daten (-200FR)

Antrieb: 2 Pratt & Whitney PW4056 Mantelstromtriebwerke, je 25.737 KP (252,4 kN) Standschub.
Spannweite: 47,57 m; Länge: 48,51 m; Höhe 15,85 m; max. Startgewicht: 159.210 kg; ökon. Reisegeschwindigkeit: 830 km/h; Gipfelhöhe: 13.200 m; Reichweite: 9.900 km; Besatzung: 2+8; Passagiere: 216-255

Einer der größten Betreiber des Boeing 767-Grundmusters ist TWA. N604TW (C/N22568) ist eine Maschine der Serie -231, die nachträglich zur Langstreckenversion -231ER umgebaut wurde.

Boeing 767-300

USA, Baujahr: 1986

Die **767-300** unterscheidet sich von der **-200** lediglich durch den um 6,50 m gestreckten Rumpf zur Unterbringung von maximal 316 Passagieren. Vom Leistungsspektrum entspricht die -300 dem Airbus **A300-600** (siehe Seite 175), mit dem sie auch äußerlich eine große Ähnlichkeit hat. Durch die Rumpfstreckung steigt die Transportkapazität der -300 gegenüber der -200 um fast 30 % bei nahezu gleich hohen Betriebskosten beider Muster. Das maximale Startgewicht erhöhte sich auf 159.210 kg, weshalb Fahrwerk, Zelle und Tragflächensegmente verstärkt werden mussten. Der Erstflug konnte am 30. Januar 1986 durchgeführt und die Flugerprobung am folgenden Tag aufgenommen werden. Die Verkehrszulassung erteilte die FAA am 22. September 1986. Die erste -300 erhielt am 25. September 1986 die **Japan Air Lines (JAL)**.

Im deutschsprachigen Raum wird das Muster 767-300/300ER von **Condor, LTU, Balair/CTA Leisure** und **Lauda Air** eingesetzt.

Im Januar 1985 begann die Entwicklung einer weiteren Langstreckenversion, der **-300ER**. Diese verbindet die hohe Tankkapazität der **-200ER** mit dem gestreckten Rumpf der -300. Erstbesteller dieser Ausführung waren **American Airlines** und **British Airways**. Die erste -300ER mit CF6-80C2B2-Triebwerken flog am 19. Dezember 1986 und die Ablieferungen an

American Airlines begannen im Herbst 1987. Die erste von elf mit RB.211-524H-Triebwerken ausgerüstete -300 für **British Airways** flog im Mai 1989; die Lieferungen an die Fluggesellschaft begannen am 8. Februar 1990.

Als derzeit neueste Ausführung bietet Boeing die Frachtversion **-300F** mit einer Nutzlast von 56.000 kg an. Der Erstflug fand im Juni 1995 statt. Als bislang einziger Kunde hat **United Parcel Service (UPS)** 30 Exemplare, plus 15 Optionen, bestellt. Im Hauptdeck können bis zu 24 Standard-Container untergebracht werden, die durch ein Frachttor (3,40 m x 2,67 m) auf der linken vorderen Rumpfseite verladen werden. Als Antrieb wählte UPS das CF6-80C2B7-Triebwerk mit einem Schub von 27.579 KP (269 kN).

Im April 1997, nach einer Bestellung von 21 Flugzeugen durch **Delta Air Lines**, lancierte Boeing ein noch weiter gestrecktes Modell der 767, die **767-400ER**. Durch die Einfügung von zwei zusätzlichen Rumpfteilen, jeweils vor und hinter der Tragfläche, wird der Rumpf gegenüber der **-300ER** um weitere 6,40 m verlängert. In einer Zweiklassenauslegung beträgt die Passagierkapazität 303 Sitze und in hochdichter Bestuhlung können 375 Fluggäste befördert werden. Zur Gewichtsersparnis bestehen die Flügelspitzen und Teile des Leitwerks aus CFK-Kunststoffen. Die neue Cockpitauslegung wurde weitgehend von der 737NG-Familie übernommen, während die Kabinenauslegung der **777** entspricht. Der Erstflug der -400ER erfolgte am 9. Oktober 1999 in Paine Field, Everett. Die -400ER tritt in direkte Konkurrenz zum **A330-200**. Die Flugbetriebskosten pro Sitzmeile werden voraussichtlich um 4 % unter denen des Konkurrenzmusters liegen. Das maximale Startgewicht beträgt 204.082 kg und die Reichweite 12 000 km, wodurch Ohnehalt-Flüge zwischen London und Tokio möglich sind.

Das Flugerprobungsprogramm wird voraussichtlich im Mai 2000 beendet werden, wenn das erste Flugzeug an Delta zur Ablieferung kommt. Die Indienststellung ist für August 2000 vorgesehen. Weitere Bestellungen erteilten **Continental Air Lines** (26) und die Leasinggesellschaften **GECAS** (3) und **ILFC** (4), so dass das Auftragsbuch nunmehr 54 Flugzeuge umfasst.

Daten (-300)

Antrieb: 2 Pratt & Whitney PW4050 Mantelstromtriebwerke, je 22.767 KP (223,3 kN) Standschub, oder
2 General Electric CF6-80C2B2 Mantelstromtriebwerke, je 23.815 KP (233,5 kN) Standschub, oder
2 Rolls-Royce RB.211-524H Mantelstromtriebwerke, je 26.304 KP (258 kN) Standschub.
Spannweite: 47,57 m; Länge: 54,94 m; Höhe 15,85 m; max. Startgewicht: 159.210 kg; ökon. Reisegeschwindigkeit: 850 km/h; Gipfelhöhe: 13.200 m; Reichweite: 9.915 km; 2+8; Passagiere: 216-316

Die Boeing 767-300ER OE-LAU Johann Strauß (23765) der Lauda Air. Die Maschine flog erstmals am 7. April 1987 und war ursprünglich für Pacific Western Airlines vorgesehen.

Die Boeing 777-200 9M-MRD (C/N 28411) der Malaysian Airlines wurde am 29. Juli 1997 abgeliefert.

Boeing 777

USA, Baujahr: 1986

Als die **Boeing 777** am 12. Juni 1994 ihren Erstflug absolvierte, war sie das weltgrößte zweistrahlige Verkehrsflugzeug. Zwei Varianten der 777 befinden sich im Bau - das Grundmuster **777-200** für 300-375 Passagiere und die gestreckte **777-300** für 370-450 Fluggäste. Seit 1997 ist auch eine **Combi-Version** erhältlich, sowie die **-200IGW** mit einem erhöhten Abfluggewicht von 263.085 kg.

Unter der Projektbezeichnung **767-X** kündigte Boeing im November 1989 die Entwicklung eines zweistrahligen Langstrecken-Großraumflugzeuges mit einer Transportkapazität von über 50.000 kg an. Bei Produktionsbeginn am 29. Oktober 1990 trug dieser Entwurf die neue Typenbezeichnung Boeing 777. Bei der Entwicklung des neuen Flugzeugmusters flossen die neuesten technologischen Errungenschaften in die Konstruktion ein, wobei die bei der Entwicklung der **767-300** gesammelten Erfahrungen berücksichtigt wurden. Hierzu gehören: *Fly-by-wire*-System, ein neu entwickeltes Flügelprofil, eine Aluminium-Lithium-Legierung mit verbesserten Druck-/Ermüdungseigenschaften, CFK-Kunststoff-Leitwerk und modernste Cockpit-Avionik mit Flüssigkristall-Bildschirmen. Wie bei den Vorgängermodellen stehen auch bei der 777 als Antrieb Triebwerke von General Electric, Pratt & Whitney und Rolls-Royce zur Auswahl. Die neuen Triebwerke zeichnen sich durch vergrößerte Niederdruckverdichter aus, die ein Nebenstromverhältnis von 6:1 bis 9:1 aufweisen.

Als Erstkunde erteilte **United Air Lines** am 15. Oktober 1990 einen Auftrag für 34 Maschinen und 34 Optionen, gefolgt von **All Nippon Airways** für 15 Flugzeuge und zehn Optionen. Am 9. April 1994 hatte der Prototyp seinen *Roll-out*, dem am 12. Juni 1994 der Erstflug folgte. In der anschließenden Flugerprobung wurden in 4.800 Flügen 6.700 Flugstunden absolviert. Die Typenzulassung (mit Pratt & Whitney-Triebwerken) und die Zulassung für ETOPS-Flüge wurde im Mai 1995 erteilt. Die Verkehrszulassung für Flugzeuge mit General Electric-Antrieb erfolgte im August 1995 und die mit Rolls-Royce Trent-Antrieb im Januar 1996. Das Flugerprobungsprogramm konnte im März 1996 abgeschlossen werden. Zum besseren Überblick der Erstablieferungen, nachfolgend eine kleine Auflistung:

Airline	Typ/Serie	C/N	Registrierung	Lieferdatum	Triebwerkstyp	Startgewicht
United Air Lines	777-222	26916xx	N777UA	15.05.1995	PW4084	247.210
United Air Lines	777-222ER	26948	N782UA	07.03.1997	PW4090	283.362
British Airways	777-236	27107	G-ZZZC	11.11.1995	GE90-75B	242.670
British Airways	777-236ER	27485	G-VIIC	06.02.1997	GE90-85B	267.619
Thai Int'l.	777-2D7	27726	HS-TJA	31.03.1996	Trent 875	242.671
Thai Int'l.	777-3D7	29150	HS-TKA	23.12.1998	Trent 892	299.371
Cathay Pacific	777-367	27504	B-HNH	22.05.1998	Trent 890	286.897

Die verschiedenen Abarten verfügen über folgende Leistungsparameter:
Die **-200** ist für 305-320 Passagiere ausgelegt und hat eine Rumpflänge von 63,73 m. Ihr Aktionsradius (Reichweite) beträgt maximal 14.300 km. Seit 1997 ist auch eine Combi-Version erhältlich.
Die Langstreckenausführung **-200IGW**, auch als **-200ER** bezeichnet, hat ein höheres Abfluggewicht von 263.085 kg, optional 286.900 kg. Dieses Modell flog erstmals am 21. November 1996.
Speziell für den aufkommensstarken fernöstlichen Markt wurde die **-300** mit einer maximalen Sitzplatzkapazität für 450 Fluggäste (Standardversion 368 Sitze) gebaut. Mit einer Rumpflänge von 73,80 ist sie um 3,13 m länger als die **747-400** und damit das längste Flugzeug der Welt. Das maximale Startgewicht beträgt 260.000 kg, optional 299.600 kg. Der Aktionsradius (Reichweite) liegt, je nach Startgewicht, zwischen 10.920 km und 12.400 km. Weitere Varianten wie die **-200X** und **-300X** mit weiter gesteigertem Startgewicht und zusätzlicher Tankkapazität in den hinteren Tragflächen (Höhenleitwerk) befinden sich derzeit in der Projektierungsphase. Die Indienststellung dieser Muster ist für Januar 2004 vorgesehen.
Von 429 bestellten Flugzeugen aller Ausführungen wurden bis September 1999 223 Exemplare ausgeliefert.

Daten (-200)

Antrieb: 2 Pratt & Whitney PW4073A/4077 oder Rolls-Royce Trent 870/877 oder General Electric GE90-B3/5 Mantelstromtriebwerke, je 32.295 KP bis 33.792 KP (317 kN bis 331 kN) Standschub.
Spannweite: 60,93 m; Länge: 63,73 m; Höhe 18,44 m; max. Startgewicht: 229.520 kg; ökon. Reisegeschwindigkeit: 892 km/h; Gipfelhöhe: 12.500 m; Reichweite: 7.700 km; Besatzung: 2+10; Passagiere: 305-440

British Aerospace 146

Großbritannien, Baujahr: 1981

Mitte der 60er Jahre begann Hawker Siddeley unter der Projektbezeichnung HS.146 mit der Entwicklung eines Regionaljets mit 70 Sitzen, der für den Einsatz von Regionalflughäfen mit kurzen Start- und Landebahnen und einer eingeschränkten Infrastruktur vorgesehen war. Aus diesem Grund wählte man die für diese Einsatzrolle bewährte Schulterdeckerbauweise. Die Triebwerkswahl fiel auf das kleinste und leichteste damals erhältliche Mantelstromtriebwerk, das ALF-502 von Avco Lycoming. Zu den weiteren Besonderheiten dieses Projektes zählten ein robustes Fahrwerk, das in an der Zelle angebrachte Fahrwerkwülste eingefahren wurde. Ferner sollten leistungsfähige Auftriebshilfen am Tragflügel die Start- und Steigflugeigenschaften optimieren. Als *Launch-Customer* kam **Air Algérie** in Frage, die ein solches Flugzeugmuster zur Unterstützung der Erdölindustrie in den südlichen Landesteilen benötigte. Infolge der Ölkrise 1973/1974 wurde das Projekt vorübergehend auf Eis gelegt und erst am 10. Juni 1978 unter der neuen Bezeichnung **BAe 146** wieder aktiviert. Von Beginn an plante man jetzt eine Jet-Familie mit Ausführungen unterschiedlicher Größe und Reichweite. Als erste Version wurde die auf der HS.146 beruhende, aber etwas größere, **BAe 146-100** für 70 bis 82 Passagiere vorgestellt. Sie unternahm ihren Erstflug am 3. September 1981. Als erste Fluggesellschaft stellte **Dan-Air London** das Muster im Mai 1983 in Dienst.
Die **BAe 146-200** hat einen gegenüber dem Grundmuster um 2,39 m gestreckten Rumpf zur Unterbringung von 96 bis 112 Fluggästen. Im Juni 1983 gelangte das erste Flugzeug zur Ablieferung an **Air Wisconsin (United Express Airlines)**. Das maximale Startgewicht liegt bei 42.186 kg.
1988 kam die um weitere 3,20 m gestreckte **BAe 146-300** für 112 bis 122 Passagiere auf den Markt. Wiederum war es **Air Wisconsin**, die als erste Fluggesellschaft das Muster ab Dezember 1988 im Liniendienst einsetzte.
Alle vorstehend beschriebenen Abarten sind auch als Combi- oder Frachtflugzeuge erhältlich und tragen die Typenbezeichnung **QC** oder **QF** (BAe 146-200QF, etc.). Ab 1990 wurde das modernisierte Nachfolgemodell **BAe (Avro) RJ** erprobt, und die Serienfertigung ab 1992 auf dieses Baumuster umgestellt. Insgesamt wurden 219 Flugzeuge aller Versionen der BAe 146 gebaut.

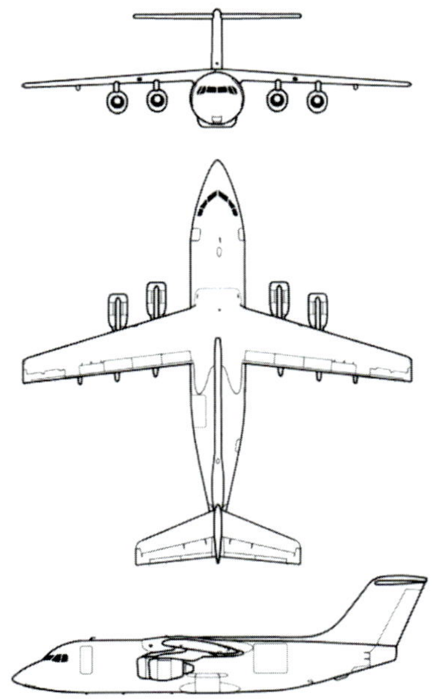

Am 8. Juni 1992 stellte British Aerospace eine neue Generation der Regionaljet-Familie vor, die aus der BAe 146 hervorging. Dies sind die **RJ70** (70 Passagiere), **RJ85** (85), **RJ100** (100) und **RJ115** (128). Sie entsprechen jeweils der BAe 146-100/-200/-300. Die RJ85 und RJ100 sind auch als Combi-Frachter (**QC**) und Voll-Frachter (**QT**) erhältlich. Diese RJ-Muster unterscheiden sich von ihren Vorgängern durch ein Digital-Cockpit (EFIS), einem Kategorie-3-Autolandesystem, einer neugestalteten Kabinenauslegung und die Verwendung neuer Triebwerke vom Typ Allied Signal LF507 mit digitaler Leistungsregelung und geringeren Betriebs- und Abgastemperaturen (*Cool engine performance*). Als Erprobungsträger für die neuen Triebwerke und Systeme diente eine modifizierte BAe 146-100, die erstmals im Herbst 1990 flog. Die RJ85 absolvierte ihren Erstflug am 23. März 1992, gefolgt von der RJ100 am 13. Mai 1992. Als letztes Muster folgte im Herbst 1992 die RJ70. Die JAA-Musterzulassung konnte am 1. Oktober 1993 erteilt werden. Die US-Verkehrszulassung folgte am 10. Juni 1994. Als erste Fluggesellschaft stellte **Crossair** im März 1993 eine RJ85 in Dienst. Von 154 bestellten Maschinen aller Versionen waren bis September 1999 131 Flugzeuge ausgeliefert.
Im Februar 1999 gab British Aerospace die Entscheidung zur Programmentwicklung des Regionalflugzeuges der neuesten Generation, der **RJX**, bekannt. Dieses Flugzeugmuster wird von völlig neuent-

Als erste Fluggesellschaft stellte Dan-Air London die BAe 146-100 im Mai 1983 auf der Strecke London-Bern/Belp in Dienst. Die G-BKHT (C/N E1007) war das siebte gebaute Flugzeug und verließ im Juni 1983 die Fertigungsstraße. Am 25. September 1998 stürzte sie vor der marokkanischen Mittelmeerküste ab.

Lufthansa CityLine zählt mit einer Flotte von 18 Flugzeugen des Musters Avro RJ85 zu den größten Betreibern in Europa. Die D-AVRG (C/N E2266) wurde am 8. September 1995 abgeliefert.

wickelten Triebwerken vom Typ Allied Signal AS977 angetrieben. Die RJX wird gegenüber der RJ-Serie eine um 15 % höhere Reichweite aufweisen. Der Treibstoffverbrauch soll sogar um 20 % geringer ausfallen als bei dem Vorgängermuster. Die Fertigung soll Anfang 2000 aufgenommen werden und die Verkehrszulassung ist für Dezember 2000 geplant. Die ersten RJX könnten ab Mai 2001 im Liniendienst zum Einsatz kommen.

Daten (146-300)

Antrieb: 4 Avco Lycoming ALF502R-5 Mantelstromtriebwerke, je 3.040 KP (31 kN) Standschub.
Spannweite: 26,34 m; Länge: 30,99 m; Höhe 8,61 m; max. Startgewicht: 44.225 kg; ökon. Reisegeschwindigkeit: 707 km/h; Gipfelhöhe: 9.150 m; Reichweite: 2.800 km; Besatzung: 2+3; Passagiere: 88-122

Convair CV-880

USA, Baujahr: 1959

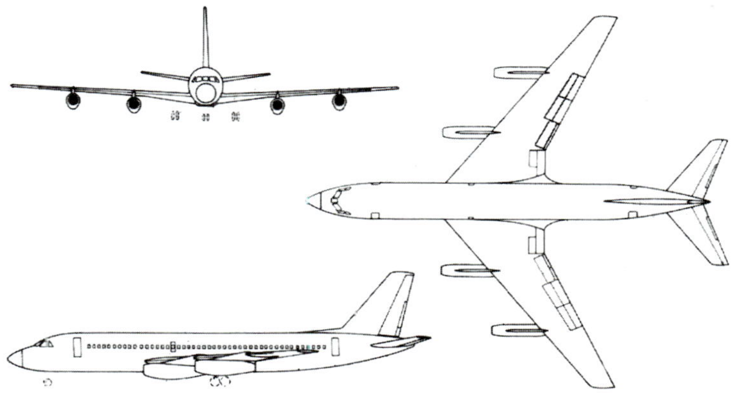

Obwohl die **Convair 880** weniger Passagiere aufnehmen kann als die **Boeing 707** oder die **Douglas DC-8**, erreichte sie höhere Reisegeschwindigkeiten als die beiden Konkurrenzmuster. Die ersten Einzelheiten über die **Convair 600 *Skylark*** wurden im Frühling 1956 bekannt gegeben. Zu diesem Zeitpunkt hatten gleichzeitig **TWA** 30 und **Delta Air Lines** zehn dieser neuen Flugzeuge bestellt. Bald darauf wurde der Name ***Skylark*** durch ***Golden Arrow*** ersetzt, da das Flugzeug mit goldfarbenen Blechen beplankt werden sollte. Dieses Vorhaben wurde aber schnell wieder verworfen. Nach einer weitgehenden Modifikation des ursprünglichen Entwurfs erhielt das Muster die endgültige Typenbezeichnung **Convair 880-22**, während die Bezeichnung 600 vorerst für eine vergrößerte Ausführung reserviert wurde. Die 880, die für lange Mittelstrecken mit verhältnismäßig schwachem Verkehrsaufkommen ausgelegt war, absolvierte am 27. Januar 1959 ihren Erstflug. Als Antrieb kamen vier Strahltriebwerke des Typs General Electric CJ-805-3, die je 5.081 KP (49,9 kN) Schub erzeugten, zum Einbau. Die erste 880 aus der Serie wurde im Februar 1960 an die Delta Air Lines abgeliefert und am 15. Mai 1960 in Dienst gestellt.

Am 3. Oktober 1960 führte die aus dem CV-880-Prototyp für den Transkontinentalverkehr weiterentwickelte Langstreckenversion **CV-880M** ihren Erstflug aus. Bei diesem Modell kamen neben einer Vergrößerung der Treibstoffkapazität auch zusätzliche Nasenklappen zur Verbesserung der Startleistung zum Einbau. Ferner wurde das Seitenleitwerk vergrößert und leistungsfähigere CJ-805-3B-Triebwerke ersetzten die leistungsschwächeren Vorgänger. Diese Modifikationen erlaubten eine Anhebung des maximalen Startgewichtes von 83.690 kg auf 92.262 kg und eine Erhöhung der Nutzlast von 12.520 kg auf 15.240 kg. Beide Modelle, die CV-800 und die 880M, konnten in der Standardausführung 88 bis 110, bei enger Bestuhlung (Mittelstrecke) maximal 124 Personen befördern. Die erste CV-880M wurde im Juni 1961 an die taiwanesische Fluggesellschaft **Civil Air Transport (CAT)** geliefert. Einer der größten Nutzer der 880M war die **Japan Air Lines (JAL)**. Die **Swissair** hatte bis zur verspäteten Lieferung der von ihr bestellten **Convair CV-990A *Coronado*** übergangsweise eine CV-880 im Einsatz.

Die Convair 880 wurde kein großer Verkaufserfolg und insgesamt wurden nur 65 Maschinen beider Versionen hergestellt. Heute steht kein Flugzeug dieses Baumusters mehr im Dienst.

Daten (CV-880)

Antrieb: 4 General Electric CJ-805-3 Strahltriebwerke, je 5.081 KP (49,9 kN) Standschub.
Spannweite: 36,58 m; Länge: 39,42 m; Höhe 11,00 m;
max. Startgewicht: 83.690 kg; ökon. Reisegeschwindigkeit: 880 km/h; Gipfelhöhe: 12.600 m; Reichweite: 5.150 km;
Besatzung: 3+4; Passagiere: 88-110

TWA gehörte zu den Erstkunden des schnellen Mittelstreckenflugzeugs CV-880. N828TW (C/N 35) flog bei TWA zwischen April 1961 und April 1974.

Convair CV-990 Coronado

USA, Baujahr: 1960

Die ersten Vorschläge für eine gestreckte und schnellere Version des ursprünglichen **Convair 600-30-**Jetprojektes wurden im Februar 1958 unterbreitet. Die gewünschten Leistungsverbesserungen sollten durch aerodynamische Verfeinerungen der Zelle und durch die Verwendung von Mantelstromtriebwerken erzielt werden. Zur Erhöhung der Passagierkapazität wurde der Rumpf um 3,04 m verlängert. Als Antrieb dieser neuen Variante kamen vier Turbofantriebwerke des Typs General Electric CJ-805-23B zum Einbau. Durch eine Vergrößerung der Flügeltiefe und damit der Flügelfläche konnte ein schlankeres Flügelprofil als bei der **CV-880** gewählt werden. Vier Verdrängungskörper, sogenannte *Anti-Shock-Absorbers*, an der Flügelhinterkante verbesserten den Luftstrom bei hoher Fluggeschwindigkeiten. Außerdem dienten sie auch als zusätzliche Treibstofftanks. Die weitgehenden Änderungen, die während der Projektierungsphase vorgenommen wurden, führten zu einer Änderung der Typenbezeichnung in **Convair 990**. Je nach Innenausstattung konnten 106 bis 131 Passagiere befördert werden. Einen Erstauftrag für die CV-990 hatten inzwischen, am 30. Juli 1958, **American Airlines** über 20 Flugzeuge erteilt. Als erste internationale Kunden bestellten **Swissair** und **SAS** zeitgleich jeweils fünf Exemplare. Da ein eigentlicher Prototyp nicht gebaut wurde, startete das erste Serienflugzeug am 24. Januar 1961 zum Jungfernflug. Während der Flugerprobung zeigte sich, dass das neue Modell einen wider Erwarten hohen Luftwiderstand aufwies. Dies hatte zur Folge, dass die den Fluggesellschaften garantierten Fluggeschwindigkeiten und Reichweiten nicht erzielt werden konnten. Durch zahlreiche, zeitraubende Detailverbesserungen gelang es jedoch, diese Mängel zu beheben. Nach erfolgter Modifikation erhielt das Muster die Typenbezeichnung **CV-990A**. American Airlines übernahm das erste, noch unmodifizierte Flugzeug am 8. Januar 1962. Swissair folgte mit der Indienststellung der CV-990A Coronado am 12. Januar 1962. Bei der Swissair kam die Coronado hauptsächlich auf deren Fernoststrecken zum Einsatz. Insgesamt wurden nur 36 CV-990A gebaut. Zu den Erstkunden zählten neben den vorstehend genannten Fluglinien nur noch die **VARIG** und die **Garuda**. SAS übernahmen ihre Flugzeuge indes nicht und gaben sie an Swissair weiter. Im Laufe ihres Einsatzlebens wechselten die verschiedenen Flugzeuge oftmals den Eigentümer, und einer der größten CV-990-Betreiber wurde die spanische Charterfluggesellschaft **Spantax S.A.**, die insgesamt 14 dieser Flugzeuge im Einsatz hatte. Dort wurden die letzten zwischen 1986 und 1988 außer Dienst gestellt und verschrottet. Eine ehemalige Swissair-Maschine (C/N 12, HB-ICC) ist seit 1975 im Verkehrshaus der Schweiz in Luzern ausgestellt.

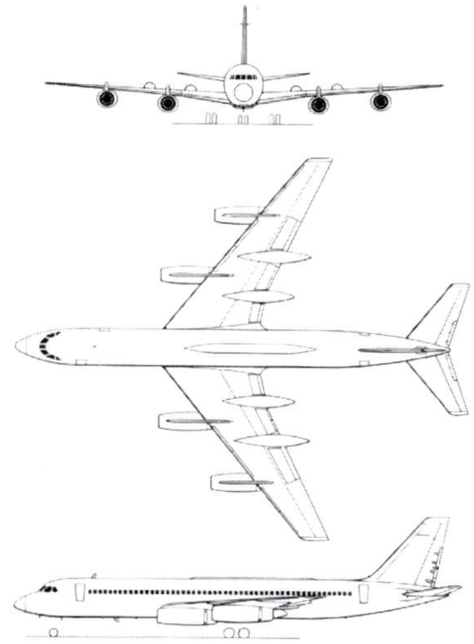

Daten

Antrieb: 4 General Electric CJ-805-23B Mantelstromtriebwerke, je 7.300 KP (71,6 kN) Standschub.
Spannweite: 36,58 m; Länge: 42,43 m; Höhe 12,04 m; max. Startgewicht: 114.760 kg; ökon. Reisegeschwindigkeit: 985 km/h; Gipfelhöhe: 12.500 m; Reichweite: 6.100 km; Besatzung: 3+4; Passagiere: 106-131

Als letzte Luftverkehrsgesellschaft flog die Spantax die Convair 990A, das schnellste Unterschall-Verkehrsflugzeug der Welt. EC-BZP (C/N 18) wurde von April 1972 bis September 1984 von der spanischen Chartergesellschaft eingesetzt und im Laufe des Jahres 1991 abgewrackt.

Als einzige Fluggesellschaft setzte die französische Air Inter die Mercure auf ihrem Streckennetz ein. F-BTTJ war das zehnte und letztgebaute Flugzeug. Es gelangte am 19. Dezember 1975 zur Ablieferung. Im Januar 1995 wurde die Maschine außer Dienst gestellt.

Dassault-Breguet Mercure

Frankreich, Baujahr: 1973

1969 entschied sich Dassault-Breguet zur Entwicklung eines zweistrahligen Kurz- und Mittelstreckenflugzeuges in dem schwierigen Marktsegment der 100- bis 150-Sitzer. Damit stand das Projekt ***Mercure*** in direkter Konkurrenz zur amerikanischen **Boeing 737**. Man glaubte, bei einem weltweiten Bedarf von 1.500 solcher Flugzeuge im Zeitraum 1973-1981 einen 25 %-igen Marktanteil erringen zu können. Die französische Regierung erklärte sich zu einem Kredit bereit, der entsprechend den Verkäufen rückzahlbar sein sollte und 56 % der Anlaufkosten decken sollte. Dassault wollte 14 % zur Finanzierung beitragen, während die restlichen 30 % von den an Bau und Risiko beteiligten Partnern in Italien (Aeritalia), Spanien (CASA), Belgien (SABCA), der Schweiz (F+W Emmen) und Kanada (Canadair) aufzubringen waren. Die *Mercure* war als konventioneller Tiefdecker mit einer Flügelpfeilung von 25° und Kreuzleitwerk ausgelegt. Der Antrieb erfolgte durch zwei Pratt & Whitney-Mantelstromtriebwerke, die an Gondeln unter den Flügeln angeordnet waren. Damit glich dieses Muster sehr stark der Boeing 737-100/200, war aber größer in seinen Abmessungen.

Der erste von zwei Prototypen absolvierte am 28. Mai 1971 seinen Erstflug. Als Antrieb wurde das JT8D-11-Triebwerk mit 66 kN Standschub verwendet. Während der Flugerprobung kam das leistungsstärkere JT8D-15-Triebwerk mit einer Schubleistung von 68,9 kN zum Einbau. Der zweite Prototyp flog erstmals am 7. September 1972 und war mit neuen Vorflügeln ausgerüstet.

Dassault hatte ursprünglich angekündigt die *Mercure* erst dann in Serie zu fertigen, wenn mindestens 50 Aufträge vorlägen. Nachdem die innerfranzösische **Air Inter** am 29. Januar 1972 einen Auftrag über zehn Flugzeuge erteilt hatte, entschied man sich trotzdem zur Aufnahme der Serienfertigung. Gegenüber den beiden

Daten

Antrieb: 2 Pratt & Whitney JT8D-15 Mantelstromtriebwerke, je 7.030 KP (68,9 kN) Standschub.
Spannweite: 30,55 m; Länge: 34,84 m; Höhe 11,36 m; max. Startgewicht: 52.800 kg; ökon. Reisegeschwindigkeit: 858 km/h; Gipfelhöhe: 10.700 m; Reichweite: 1.650 km; Besatzung: 2+3; Passagiere: 132-150

Prototypen wurde der Rumpf bei den Serienmaschinen um 0,84 m gestreckt, so dass bis zu 150 Fluggäste befördert werden konnten. Das erste Serienflugzeug ***Mercure 100*** (F-BTTA) absolvierte am 19. Juli 1973 seinen Erstflug. Die Musterzulassung wurde am 12. Februar 1974 erteilt. Das Flugzeug gelangte am 4. Juni 1974 zur Auslieferung an Air Inter. Der Liniendienst konnte am 4. Juni 1974 aufgenommen werden. Von Beginn an litt das Muster an seinem geringen Aktionsradius von nur 750 km bei voller Nutzlast. Aufgrund seiner beschränkten Einsatzmöglichkeiten war es für die meisten Fluggesellschaften uninteressant, und die erhoffte Nachfrage blieb aus. Deshalb unternahm Dassault zwischen 1976 und 1977 den Versuch, eine vergrößerte und in ihren Flugleistung deutlich verbesserte ***Mercure 200*** auf den Markt zu bringen. Eine gemeinsam mit McDonnell-Douglas durchgeführte Marktuntersuchung führte aber zu keinem positiven Ergebnis. Zum Jahresende 1994 stellte Air Inter alle *Mercure* außer Dienst. Sie wurden durch **Airbus A320** ersetzt.

DeHavilland DH.106 Comet 1

Großbritannien, Baujahr: 1949

Das *Brabazon-Komitee*, das während des Zweiten Weltkriegs gebildet worden war, um die Bedürfnisse der britischen Zivilluftfahrt in der Nachkriegszeit zu definieren, vertrat die Ansicht, dass ein Strahlverkehrsflugzeug zwar richtungsweisend sein könnte, aber aufgrund des hohen Kraftstoffverbrauchs nur in begrenztem Rahmen für mittlere Streckenlängen in Frage käme. DeHavilland dagegen, schon immer visionär, war andererseits davon überzeugt, dass ein Düsenverkehrsflugzeug auch auf Langstrecken wirtschaftlich eingesetzt werden könnte. Das Grundkonzept für die spätere **Comet** wurde 1944 vom *Brabazon-Komitee* festgelegt, welches ein 14sitziges Kurzstrecken-Stahlverkehrsflugzeug vorsah. Das erste deHavilland-Projekt sah ein schwanzloses Flugzeug vor, das von vier DH. Ghost-Triebwerken angetrieben werden sollte. Als sich BOAC Anfang 1945 grundsätzlich für ein solches Projekt zu interessieren begann, stellte sie die Forderung, ganz im Sinne der Firma deHavilland, nach einem Flugzeug mit transatlantischer Reichweite. Es folgten eingehende Besprechungen zwischen Hersteller und Fluglinie, die dahin führten, einem Entwurf in herkömmlicher Bauweise den Vorzug zu geben. Unter der Spezifikation 22/46 erteilte das britische Versorgungsministerium (Ministry of Supply) 1946 den Auftrag zum Bau von zwei Prototypen des jetzt als **DH.106 *Comet*** bezeichneten Flugzeugmusters. Am 21. Januar 1947 erteilte **BOAC** eine provisorische Bestellung für zunächst acht, dann neun Flugzeuge mit einer Kabinenauslegung für 24 bis 32 Passagiere, einem Startgewicht von 45.360 kg und einer Reisegeschwindigkeit von 810 km/h. Zwei Prototypen wurden gebaut. Die erste Maschine (G-5-1, später G-ALVG) startete am 27. Juli 1949 in Hatfield zu ihrem Erstflug und wurde erstmals im Herbst 1949 der Öffentlichkeit vorgestellt. Der zweite Prototyp (G-ALZK) flog erstmals am 27. Juli 1950 und trug volle BOAC-Farben, die mit diesem Flugzeug ein umfangreiches Streckenerprobungsprogramm durchführte. Beide Maschinen wurden von vier DH. Ghost 50 Mk.1-Triebwerken mit je 2.018 KP (19,8 kN) Schub angetrieben. Das Bugradfahrwerk war zwillingsbereift, doch das Hauptfahrwerk war, im Gegensatz zu den späteren Serienflugzeugen, mit Einzelrädern ausgerüstet. Das erste 36plätzige Serienflugzeug der

Der Comet 1-Prototyp wurde der Öffentlichkeit erstmals im Herbst 1949 vorgestellt.

Die ersten drei DH.106 Comet 1 in den Farben der BOAC. Die vordere Maschine, G-ALYP, stürzte am 10. Januar 1954 infolge von Zellenermüdung südlich von Elba ins Mittelmeer. Nach diesem Unfall wurde für das Muster ein Flugverbot ausgesprochen.

Comet 1 (G-ALYP) absolvierte am 9. Januar 1951 seinen Erstflug. Der wesentlichste Konstruktionsunterschied zu den Prototypen bestand in einem modifizierten Hauptfahrwerk, bei dem an zwei *Boogies* jeweils vier Räder aufgehängt waren. Am 22. Januar 1952 wurde der Comet die britische Musterzulassung erteilt. Im Juni und August 1952 konnte BOAC die ersten regelmäßigen Flüge auf den Strecken von London nach Johannesburg und Colombo durchführen. Im April 1953 wurde die Strecke nach Tokio eröffnet. Damit begann die Laufbahn des Strahlverkehrsflugzeuges.

Die nächste Ausführung war die 44plätzige **Comet 1A**, die mit vier DH. Ghost 50 Mk.2 Triebwerken von je 2.290 KP (22,45 kN) Schub ausgestattet war. Gegenüber der Basisversion hatte die Comet 1A ein höheres Startgewicht und eine größere Kraftstoffkapazität. Zwischen 1952 und 1953 wurden zehn Comet 1A an die Fluggesellschaften **Air France** (3), **Canadian Pacific** (2), **UAT** (3) sowie an die 412. Transportstaffel der **Royal Canadian Air Force** geliefert. Die UAT begann den Flugbetrieb mit der Comet am 19. Februar 1953, gefolgt von der Air France am 26. August 1953. Bei Canadian Pacific kam das Flugzeugmuster nicht mehr zum Einsatz, denn im April 1954 wurde aus Gründen der Flugsicherheit ein Flugverbot über alle Comet-Flugzeuge verhängt.

Unterdessen war die Comet 1 G-ALYT mit vier Rolls-Royce Avon 502 von je 2.994 KP (29,4 kN) Schub anstelle der Ghost-Triebwerke ausgerüstet worden. Unter der Typenbezeichnung **Comet 2X** diente dieses Flugzeug, das nach seinem Umbau erstmals wieder am 16. Februar 1952 geflogen war, als Prototyp für die **Comet 2**. Diese Version hatte einen um 0,91 m verlängerten Rumpf und verfügte über zusätzliche Kraftstoffreserven. Die Passagierkabine behielt aber ihre Auslegung für 44 Fluggäste. Die neuen Avon 503-Triebwerke leisteten einen Schub von je 3.311 KP (32,5 kN). Das erste Serienflugzeug G-AMXA führte am 27. August 1953 seinen Erstflug aus. Zu diesem Zeitpunkt lagen Bestellungen von **BOAC, Canadian Pacific, UAT, Air France, BCPA, Japan Air Lines, LAV/Aeropostal** und **Panair do Brasil** vor. Keiner dieser Aufträge kam mehr zur Ausführung. 22 Comet 2 standen in verschiedenen Stadien der Fertigung, als im April 1954 alle weiteren Bauarbeiten an dem Muster eingestellt werden mussten und alle im Flugbetrieb stehenden Maschinen mit einem Flugverbot belegt wurden. Dies war die Folge des Absturzes einer Comet 1 der BOAC am 8. April 1954 über dem Mittelmeer. Seit Oktober 1952 waren damit fünf Comet 1 in mysteriöse Unfälle verwickelt worden. Nachdem die wichtigsten Trümmer vom Meeresboden geborgen werden konnten, begann eine genaue Untersuchung der möglichen Unfallursache. Nach einer Verstärkung und Modifikation der Zelle, insbesondere im Bereich der Fenster, konnten 15 Comet 2 fertiggestellt werden, von denen 13 die **Royal Air Force** erhielt. Die beiden übrigen Maschinen dienten unter der Typenbezeichnung **Comet 2E** als fliegende Triebwerk-Prüfstände. Die beiden Comet 1A der kanadischen Luftwaffe sowie zwei Flugzeuge der Air France wurden ebenfalls entsprechend modifiziert und mit Ghost 5 Mk.4-Triebwerken von je 2.495 KP (24,5 kN) Schub ausgerüstet. Während die kanadischen Flugzeuge im September 1957 erneut ihrem Eigentümer übergeben wurden, kaufte das britische Versorgungsministerium die beiden Air France-Flugzeuge zurück. In ihrer nahezu zweijährigen Betriebszeit hatten die Comet 1 und 1A im regelmäßigen Linienverkehr rund 30.000 Flugstunden absolviert, bis durch die tragischen Unfälle der Beginn des eigentlichen Jet-Zeitalters um etliche Jahre hinausgezögert wurde.

DeHavilland DH.106 Comet 4

Großbritannien, Baujahr: 1957

DeHavilland hatte bereits Studien für eine vergrößerte **Comet 3** ausgearbeitet, bevor für die **Comet 1** und **1A** nach katastrophalen Unfällen ein Flugverbot ausgesprochen wurde. Trotzdem führte deHavilland die Arbeiten an der Comet 3 fort, so dass der Prototyp G-ANLO am 19. Juli 1954 seinen Jungfernflug ausführen konnte. Von seinen Vorgängern unterschied sich die neue Version durch den auf 33,98 m verlängerten Rumpf und die Axialtriebwerke vom Typ Avon 502, die eine Schubkraft von 4.536 KP (44,5 kN) erzeugten. Zusätzlicher Treibstoff wurden in den aus der Flügelnase herausragenden, tropfenförmigen Tanks mitgeführt. Dieses Muster wurde von **BOAC** und **Air India** bestellt. Sogar **Pan American** bestellte drei Comet 3 und erteilte eine Option auf sieben weitere.

Als Ende 1954 die endgültigen Ergebnisse der Unfalluntersuchung bekannt wurden, entschloss sich deHavilland, die Comet 3 entsprechend zu modifizieren. Die zur **Comet 4** umgebaute G-ANLO wurde mit vier Avon 524-Triebwerken von je 4.763 KP (46,7 kN) Schub ausgerüstet, und die Kabine für die Beförderung von 63 bis 81 Passagieren eingerichtet. Die Avon 524-Triebwerke waren zuvor in den beiden **Comet 2E** G-AMXD und G-AMXK eingehend getestet worden. Die G-ANLO nahm im Februar 1957 die Flugerprobung auf. Als erste Fluggesellschaft bestellte **BOAC** im selben Jahr 19 Flugzeuge, gefolgt von **Aerolineas Argentinas** (6) und **East African Airways** (3). Die erste Serienmaschine der **Comet 4** absolvierte ihren Erstflug am 27. April 1958. Obwohl das Muster in erster Linie für die Afrika- und Fernostrouten der BOAC ausgelegt war, genügte die Reichweite aber auch für die Nordatlantikstrecke, auf der das Flugzeug aus Prestigegründen eingesetzt werden musste. Die Comet 4 begann am 4. Oktober 1958 mit einem BOAC-Flug von London nach New York, mit einer Zwischenlandung in Gander, Neufundland, den Liniendienst. Damit gelang es der BOAC ihrem Hauptkonkurrenten Pan American mit dem ersten Einsatz der **Boeing 707** um drei Wochen zuvorzukommen. Insgesamt wurden 28 Maschinen der Comet 4 gebaut.

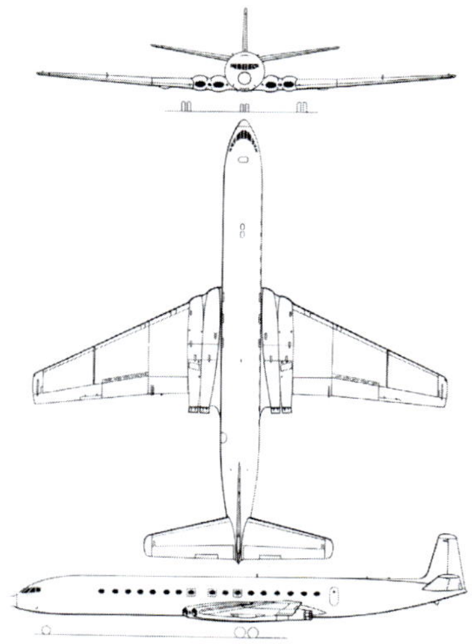

Eine 70 bis 92plätzige Weiterentwicklung, als **Comet 4A** bezeichnet, war für die US-Fluggesellschaft **Capital Airlines** bestimmt. Dieses

Die Comet 4C XA-NAS (C/N 6425) der Mexicana zeigt hier ihre elegante Linienführung.

Die Comet 4B wurde als Mittelstreckenflugzeug für die BEA entworfen. Letzter Betreiber des Musters war Dan-Air London. G-APYC (C/N 6437) rollt im Sommer 1976 in Düsseldorf an den Start zu einem Charterflug nach London-Gatwick.

Muster sollte einen um 1,01 m gestreckten Rumpf und eine um 2,13 m verkürzte Tragfläche ohne Flügelnasentanks erhalten, wurde aber nicht gebaut. Die Projektunterlagen der Comet 4A dienten als Grundlage zum Bau der **Comet 4B**. Dieses für die Kurz- und Mittelstrecken der **BEA** bestimmte Flugzeug konnte in seinem nochmals verlängerten Rumpf maximal 101 Passagiere befördern. Der Comet 3-Prototyp erfuhr einen entsprechenden Umbau und flog unter der Bezeichnung **Comet 3B** erstmals am 21. August 1958. In der neuen Variante kamen vier Triebwerke Avon 525B mit einer Schubleistung von je 4.763 KP (46,7 kN) zum Einbau, und die **Comet 4B** flog erstmals am 27. Juni 1959. Von dieser Serie wurden 18 Stück gebaut, davon 14 für die **BEA** und vier für **Olympic Airways**.

Die letzte Variante der Comet-Serie war die **Comet 4C**, deren Flugerprobung am 31. Oktober 1959 aufgenommen wurde. Sie besaß den langen Rumpf der Comet 4B mit dem ursprünglichen Flügel der Comet 4. Erstkunde für dieses Muster war **Mexicana de Aviacion**, die am 14. Juni 1960 ihr erstes Flugzeug übernahm. Zu den weiteren Betreibern der Comet 4C, von der 28 Exemplare gebaut wurden, gehörten **Misrair/United Arab Airlines, Middle East Airlines, Aerolineas Argentinas, Kuwait Airways** und **East African Airways**. Ferner wurden unter der Typenbezeichnung **C.4** vier baugleiche Flugzeuge für das Transportkommando der **Royal Air Force** gefertigt. Die Serienproduktion der Comet 4 endete Anfang März 1964 nach dem Bau von 74 Flugzeugen. Aus den letzten beiden Zellen wurden die Prototypen für den militärischen Seeaufklärer ***Nimrod*** gefertigt.

Die Comet 4 wurde zuletzt von der britischen Charterfluggesellschaft **Dan-Air London** bis zum Herbst 1980 eingesetzt. Mitte der 70er Jahre verfügte diese Airline mit 49 Flugzeugen über die weltweit größte Comet-Flotte, auch wenn viele dieser Maschinen in Lasham abgestellt waren und nur als Ersatzteilspender dienten.

Daten (Comet 4C)

Antrieb: 4 Rolls-Royce Avon 525 Turbojet-Triebwerke, je 4.763 KP (46,7 kN) Standschub.
Spannweite: 35,05 m; Länge: 35,97 m; Höhe 8,97 m; max. Startgewicht: 73.482 kg; ökon. Reisegeschwindigkeit: 847 km/h; Gipfelhöhe: 9.800 m; max. Reichweite: 6.936 km; Besatzung: 4+3; Passagiere: 101

Die norwegische Fluggesellschaft Braathens S.A.F.E. gehörte zu den frühen Betreibern des erfolgreichen Kurzstreckenjets Fokker F.28.

Fokker F.28 Fellowship

Niederlande, Baujahr: 1967

Im April 1962 gab Fokker Pläne für einen neuen Kurzstreckenjet als Ergänzung zum TPL-Muster **F.27** bekannt. Nach dem ursprünglichen Konzept sollte die **F.28 *Fellowship*** 50 Passagiere über eine Entfernung von 1.600 km befördern können. Als Antrieb entschied man sich für den Triebwerkstyp Rolls-Royce RB.183 Spey Junior, einer leichteren und einfacheren Variante des Spey, welches schon als Antrieb für die ***Trident*** und **BAC 1-11** ausgewählt war. Bei der Auslegung wählte Fokker den Heckantrieb und ein T-Leitwerk. Die F.28 wurde so konstruiert, dass sie auch von unbefestigten Pisten aus eingesetzt werden kann und von allen Bodeneinrichtungen unabhängig ist. Im Februar 1964 bewilligte die niederländische Regierung die für den Bau der *Fellowship* benötigten finanziellen Mittel mittels eines bedingt rückzahlbaren Kredites. Im Juli 1964 schloss Fokker Verträge mit drei weiteren europäischen Flugzeugherstellern ab, die sich an der Entwicklung und Produktion des Musters beteiligten. Short Brothers & Harland waren für die Außenflügel und das Fahrwerk verantwortlich, während der Hamburger Flugzeugbau (HFB) und die Vereinigten Flugtechnischen Werke (VFW) einzelne Rumpfabschnitte, das Leitwerk sowie die Triebwerksträger fertigten. Der Bau von drei Prototypen und Bruchzellen wurde in Schiphol (Amsterdam) in Angriff genommen, und schon im November 1965 erteilte die Düsseldorfer Charterfluggesellschaft **LTU** den ersten Auftrag. Der Prototyp PH-JHG startete am 9. Mai 1967 zum Erstflug. Am 21. Mai 1968 hob die erste Serienmaschine zu ihrem Jungfernflug ab. Die Lieferung an LTU erfolgte am Tag der Musterzulassung, dem 24. Februar 1969. Dieses Baulos trug die Typenbezeichnung **Mk.1000** und konnte bei einem maximalen Startgewicht von 28.123 kg (später auf 29.510 kg erhöht) bis zu 65 Passagiere befördern. Für den gemischten Passagier/Frachtverkehr war die **Mk.1000C** mit im linken Vorderrumpf befindlichem Frachttor erhältlich. Zwei Jahre später kam die um 2,21 m verlängerte **Mk.2000** für 79 Passagiere auf den Markt. Hierfür baute Fokker den ersten Prototyp entsprechend um, der am 28. April 1971 erneut flog und im August 1972 zugelassen wurde. Die erste Mk.2000 aus der Serienfertigung wurde im Oktober 1972 an **Nigeria Airways** geliefert. Ebenfalls 1972 gab Fokker die ersten Einzelheiten über die **Mk.5000** und **Mk.6000** bekannt, die sich durch verbesserte Startleistungen auszeichneten. Bei beiden Ausführungen wurde die Rumpflänge der Mk.2000 beibehalten, aber die Spannweite um 1,51 m vergrößert. Die Tragfläche erhielt Vorflügel und das schubstärkere, mit

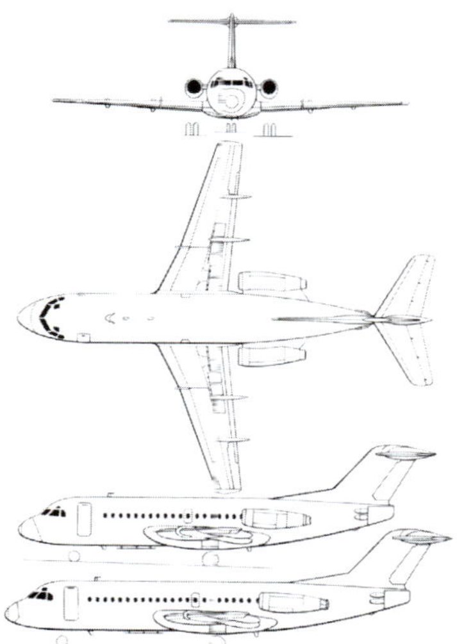

Schalldämpfern ausgerüstete Spey-555-15H-Triebwerk kam zur Verwendung. Der Mk.2000-Prototyp wurde entsprechend modifiziert und ging am 27. Dezember 1973 als Mk.6000 in die Flugerprobung. Die Musterzulassung wurde am 30. Oktober 1975 erteilt. Am erfolgreichsten wurde die Version **Mk.4000** für 85 Passagiere, die 1976 aus der Mk.6000 entwickelt wurde und ein Abfluggewicht von 32.200kg aufwies. Von der Mk.4000 konnten total 110 Maschinen verkauft wurden. Lieferungen an die schwedische **Linjeflyg** begannen Ende 1976. Die seltene **Mk.3000** hat den kurzen Rumpf der Mk.1000 und die größeren Tragflächen der Mk.4000, um bessere Start- und Landeeigenschaften auf kurzen Pisten auf heißen und hochgelegenen Flugplätzen zu erzielen. Den ersten Auftrag für die Mk.3000 erteilte **Garuda** zur Jahresmitte 1977. In Europa war lange Jahre die französische Fluggesellschaft **TAT** mit 20 Maschinen verschiedener Versionen der größte Betreiber des Flugzeugmusters F.28. Die Fertigung der F.28 wurde Ende 1986 nach dem Bau von 241 Flugzeugen eingestellt. Insgesamt hatten 57 Kunden aus 37 Ländern das Flugzeugmuster bestellt.

Daten (F.28-1000)

Antrieb: 2 Rolls-Royce Spey 555-15 Mantelstromtriebwerke, je 4.460 KP (43,8 kN) Standschub.
Spannweite: 23,58 m; Länge: 21,40 m; Höhe 8,47 m;
max. Startgewicht: 29.480 kg; ökon. Reisegeschwindigkeit: 836 km/h; Gipfelhöhe: 10.675 m; Reichweite: 1.945 km;
Besatzung: 2+2; Passagiere: 65

Fokker F.70

Niederlande, Baujahr: 1993

Die **Fokker 70** ist eine verkleinerte Variante der **Fokker 100** mit einem um rund 5 m verkürzten Rumpf und geringerem Abfluggewicht. Die Tragflächen wurden unverändert von der F.100 übernommen. Deshalb kann die F.70 als direktes Nachfolgemuster der **F.28-4000** angesehen werden. Die F.70 ist ein reines Kurzstreckenflugzeug und zielt auf die wachsenden Bedürfnisse der Regionalfluggesellschaften, auf diesen Streckensegmenten die vorhandenen TPL-Muster durch Jets abzulösen. Hier besetzt die F.70 das obere Marktsegment. Unter der Bezeichnung **F.70EJ** wird auch eine Geschäftsreiseversion angeboten, dessen Basismuster die VIP-Maschine der niederländischen Luftwaffe ist.

Vom modernen Kurzstrecken-Regionaljet Fokker F.70 wurden nur 47 Stück gebaut. Mit insgesamt acht bestellten Flugzeugen gehörte die zur Alitalia-Gruppe zählende Avianova zu den größten Betreibern des Musters. Die abgebildete Maschine wurden aber nicht ausgeliefert, sondern später an die ungarische Malev vermietet.

Mit der Produktion der F.70 begann Fokker im Juni 1992, dessen Prototyp durch den Umbau des zweiten F.100-Prototyps entstand. Die F.70 flog erstmals am 2. April 1993 und erste Ablieferungen an **Sempati Air Transport** erfolgten im März 1995. Zuvor, am 25. Oktober 1994, war allerdings schon die erste F.70EJ an die Ford Motor Company geliefert worden.
Die bislang einzige **F.70ER** mit einer Reichweite von bis zu 3.400 km kaufte die kenianische Luftwaffe. Dieses Flugzeug gelangte am 19. Dezember 1995 zur Ablieferung. Alle derzeit bei Fluggesellschaften im Einsatz stehenden F.70 fliegen in Europa. Sie werden hier vorwiegend von **Air France Express/Air Littoral, Austrian Airlines, Tyrolean Airways, MALEV** und **KLM CityHopper** eingesetzt.
Durch die konkursbedingte Produktionseinstellung im Jahre 1996 konnten Bestellungen für 17 Flugzeuge nicht mehr ausgeführt werden. Insgesamt wurden 47 F.70 gebaut.

Daten

Antrieb: 2 Rolls-Royce Tay 620-15 Mantelstromtriebwerke, je 6.282 KP (67,17 kN) Standschub.
Spannweite: 28,08 m; Länge: 30,91 m; Höhe 8,50 m; max. Startgewicht: 36.740 kg; ökon. Reisegeschwindigkeit: 737 km/h; Gipfelhöhe: 10.670 m; Reichweite: 2.483 km; Besatzung: 2+2; Passagiere: 70-79

Fokker F.100

Niederlande, Baujahr: 1986

Ähnlich wie Boeing mit der **737** und MDC mit der **DC-9** entwickelte Fokker 1983 aus dem bewährten Kurz- und Mittelstreckenjet **F.28-400** die größere und mit Triebwerken neuer Technologie ausgestattete **F.100**. Im Unterschied zur F.28-4000 wurde der Rumpf der F.100 um 5,75 m gestreckt. Wegen des höheren Startgewichtes mussten Zelle und Tragwerk strukturell verstärkt werden. Die Spannweite vergrößerte sich um 3,0 m. Als Antrieb wurde zunächst das neue Rolls-Royce Tay 620-15-Triebwerk gewählt, doch kam dieses nur bei den ersten Serienflugzeugen zum Einbau. Ab 1989 wurde es durch das leistungsstärkere Tay 650-15 ersetzt, und auch die meisten älteren Maschinen

Die brasilianische TAM Linhas Aereas verfügt über die größte F.100-Flotte in Lateinamerika.

wurden mit der neuen Triebwerksversion nachgerüstet. Zu den Neuerungen der F.100 zählten ein Digital-Cockpit mit Flachglasbildschirmen und neuer Avionik sowie eine neugestaltete Passagierkabine. Als erste Fluggesellschaft bestellte **Swissair** am 5. Juli 1984 acht Flugzeuge plus sechs Optionen und wählte damit die F.100 als Nachfolgemodell der **DC-9-30**. Als zweiter Kunde entschied sich die **KLM** für die F.100 und bestellte sechs Flugzeuge. Der Durchbruch auf dem US-Markt kam im März 1989, als **American Airlines** 75 Stück F.100 fest bestellte und für weitere 75 Maschinen Optionen erteilte. Dies war der größte Einzelauftrag, der Fokker jemals in seiner Firmengeschichte erteilt wurde. Kurz darauf orderte **USAir** 20 Flugzeuge, plus 20 Optionen. Der Erstflug der F.100 erfolgte am 30. November 1987 und die JAA-Typenzulassung konnte am 20. November 1987 erteilt werden. Aufgrund technischer Mängel erwies sich das Flugzeug aber als noch nicht einsatzreif, so dass Swissair ihr erstes Exemplar erst am 29. Februar 1988 übernehmen und ab April 1988 im Liniendienst einsetzen konnte.

Die Fertigung des erfolgreichen Musters musste 1996 nach dem Konkurs des holländischen Flugzeugbauers eingestellt werden. Insgesamt kamen 274 Fokker F.100 zur Ablieferung.

Daten

Antrieb: 2 Rolls-Royce Tay 650-15 Mantelstromtriebwerke, je 6.895 KP (68 kN) Standschub.
Spannweite: 28,08 m; Länge: 35,31 m; Höhe 8,60 m; max. Startgewicht: 44.450 kg; ökon. Reisegeschwindigkeit: 755 km/h; Gipfelhöhe: 11.900 m; Reichweite: 4.300 km; Besatzung: 2+3; Passagiere: 85-107

Hawker Siddeley HS.121 Trident

Großbritannien, Baujahr: 1961

Das ursprünglich von deHavilland als **DH.121** entwickelte dreistrahlige Mittelstrecken-Verkehrsflugzeug entsprach den Spezifikationen eines 1956 von der **BEA** erarbeiteten Pflichtenheftes für einen Mittelstreckenjet der Zweiten Generation. Neben der DH.121 standen im Anfang auch die Projekte für die von vier Avon-Triebwerken angetriebene DH.119 und die gemeinsam für die BEA und die BOAC vorgeschlagene DH.120 zur Diskussion. Die DH.121 war von Anfang an als 80 bis 100plätziges Passagierflugzeug ausgelegt, das bei einer minimalen Reisegeschwindigkeit von 960 km/h eine Reichweite von 1.600 km erzielen sollte. Im Februar 1958 kündigte die BEA an, dass ihre Entscheidung für die DH.121 gefallen wäre. Obwohl die britische Regierung ein halbes Jahr später die Genehmigung für eine Bestellung erteilte, dauerte es nochmals ein Jahr, bis der auf 24 Flugzeuge lautende Auftrag unterschrieben wurde. 1959 revidierte BEA ihr Pflichtenheft, welches jetzt ein Flugzeug mit 75 bis 80 Plätzen vorsah und das von drei Spey-Triebwerken anstelle der ursprünglich vorgesehenen leistungsfähigeren RB.141/3 Medway-Aggregate angetrieben werden sollte. Nachdem deHavilland 1960 in die Hawker Siddeley Group integriert worden war, konnte der Bau der ersten Serie des auf den Namen ***Trident*** lautenden neuen Flugzeugmusters aufgenommen werden. Ein eigentlicher Prototyp wurde nicht gebaut, und das erste Serienflugzeug des Musters **Trident 1** (G-ARPA) konnte am 4. August 1961 fertiggestellt werden. Da sich die Vorbereitungsarbeiten für den Erstflug aber verzögerten, konnte diese Maschine erst am 9. Januar 1962 die Flugerprobung aufnehmen. Die britische Luftverkehrszulassung wurde am 18. Februar 1964 erteilt. Am 11. März 1964 stellte **BEA** die Trident in Dienst, wobei der planmäßige Einsatz erst mit der Einführung des Sommerflugplans am 1. April begann. Von der Trident 1 wurden 24 Exemplare, alle für BEA, gebaut.

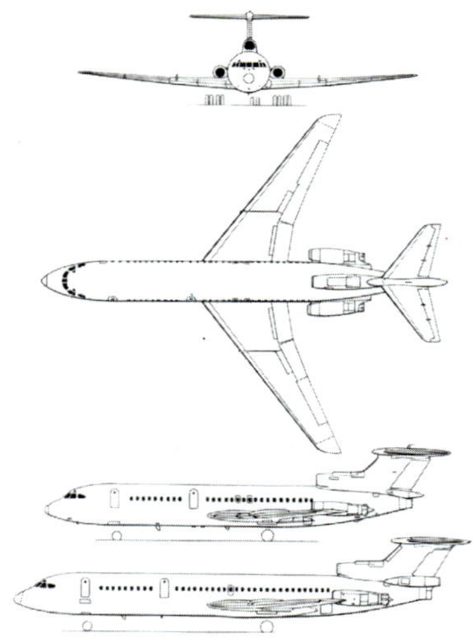

Am 2. November 1964 startete die erste **Trident 1E** zu ihrem Erstflug. Diese Ausführung unterschied sich vom Ursprungsmuster durch leistungsfähigere Spey 511-Triebwerke mit 50,6 kN Standschub, einer um 1,57 m vergrößerten Spannweite und einem über die gesamte Tragflächenvorderkante verlaufenden Vorflügel. Durch diese Änderungen gelang es, Reichweite und Nutzlast dieser 115plätzigen Maschine deutlich zu verbessern. Das maximale Startgewicht konnte von 52.165 kg auf 58.060 kg gesteigert werden. Von der Trident 1E wurden 15 Exemplare für **Kuwait Airways, Iraqi Airways, Pakistan International Airlines, Air Ceylon, Channel Airways** und **Northeast Airlines** gebaut.

Im August 1965 bestellte die **BEA** 15 Einheiten der neuen **Trident 2E**, deren Flügelspannweite nochmals um 0,91 m vergrößert worden war. Als Antrieb kamen drei Triebwerke vom Typ Spey 512-5W von je 53,2 kN Standschub zum Einbau. Durch die Neugestaltung der Passagierkabine konnte diese Version bis zu 149 Fluggäste befördern. In der Standardversion kamen 95 Sitze zum Einbau. Das Startgewicht lag bei 64.634 kg. Der Erstflug der Trident 2E erfolgte am 27. Juli 1967 und am 18. April 1968 wurde das Flugzeug erstmals im Liniendienst eingesetzt. Die Trident 2E wurde für BEA, später **British Airways**, die wichtigste Serienvariante und bildete für fast zwei Jahrzehnte das Rückgrat der Mittelstreckenflotte. Zwei weitere Trident 2E erhielt **Cyprus Airways**, und 1971 entschied sich die Volksrepublik China für

Da die HS.121 Trident speziell für die Bedürfnisse der BEA entwickelt wurde, konnte sie keine nennenswerten Exporterfolge erzielen. Die größte der drei Varianten war die Trident 3 mit einer Kapazität für maximal 180 Fluggäste.

dieses Muster zur Modernisierung der **CAAC**-Flugzeugflotte, nachdem man zuvor Erfahrungen mit vier Trident 1E gesammelt hatte, die von Pakistan International erworben wurden. Mit Anschlussaufträgen hatte die CAAC bis Ende 1974 insgesamt 33 Trident 2E bestellt, deren erste am 20. Oktober 1972 flog und am 13. November desselben Jahres zur Ablieferung kam. Die letzte Maschine wurde der CAAC im Juni 1978 übergeben. Durch den Kauf der Trident-Flugzeuge konnte die CAAC ihre ersten Erfahrungen mit modernen Strahlverkehrsflugzeugen sammeln.

Die dritte und letzte Trident-Variante war die **Trident 3** (Herstellerbezeichnung **3B**) mit einem um 5 m verlängerten Rumpf zur Aufnahme von maximal 180 Passagieren. Dieses Muster wurde speziell für die Kurzstrecken der **BEA** mit hohem Verkehrsaufkommen entworfen. Die Spannweite blieb gegenüber der 2E unverändert, doch wurden die Steuerflächen modifiziert. Zur Verbesserung der Startleistung bei hohem Startgewicht kam ein kleineres Zusatztriebwerk vom Typ Rolls-Royce RB.162-86 von 2.381 KP (25,3 kN) Schub im Rumpfheck oberhalb des Mitteltriebwerkes zum Einbau. Der Erstflug der Trident 3 erfolgte am 11. Dezember 1969, und am 22. März 1970 wurde erstmals ein Start mit aktiviertem Zusatztriebwerk bei maximaler Nutzlast durchgeführt. Die erste der 26 von BEA bestellten 3B wurde am 1. April 1971 in Dienst gestellt. Im Dezember desselben Jahres wurden die BEA-3B für Blindlandungen bis zu einer Entscheidungshöhe von 3,66 m und einer horizontalen Sichtweite von 270 m, sowie für Starts bei einer Startbahn-Sichtweite (RVR = *Runway Visual Range*) von nur 90 m freigegeben. Die ersten Flüge unter derartigen Flugbedingungen wurden ab Mai 1973 durchgeführt.

Als letzter Kunde bestellte die CAAC zwei weitere Trident 3 unter der Bezeichnung **Super-Trident 3B**. Diese Flugzeuge unterschieden sich von denen der BEA durch eine größere Kraftstoffkapazität und ein höheres Abfluggewicht.

Daten (Trident 2E)

Antrieb: 3 Rolls-Royce Spey 512-5W Mantelstromtriebwerke, je 5.420 KP (53,2 kN) Standschub.
Spannweite: 29,90 m; Länge: 35,00 m; Höhe 8,23 m;
max. Startgewicht: 65.100 kg; ökon. Reisegeschwindigkeit: 812 km/h; Gipfelhöhe: 9.450 m; Reichweite: 5.080 km;
Besatzung: 3+4; Passagiere: 149

Iljuschin IL-62

UdSSR, Baujahr: 1962

Mit dem inzwischen über 35jährigen Flugzeugmuster **IL-62** verfügt die russische Luftfahrtindustrie bis heute über den einzigen produktionsreifen Langstreckenjet. Ab 1991 sollte die IL-62 von dem Großraumflugzeug **IL-96-300** abgelöst werden, doch ist dieses Modell immer noch problembehaftet und konnte bislang nicht in ausreichendem Maße in die Serienproduktion genommen werden.

Die Fertigung der IL-62 begann 1962. Das Muster weist eine oberflächliche Ähnlichkeit mit der britischen **Super VC-10** auf, denn nur diese beiden Flugzeugtypen besitzen vier paarweise angeordnete Hecktriebwerke, wobei diejenigen der IL-62 einen größeren Rumpfabstand haben. Ansonsten hat die IL-62 einen völlig anderen Konstruktionsaufbau. Auffallend ist das für russische Verhältnisse günstige Verhältnis zwischen Leergewicht und Nutzlast, was der IL-62 eine hohe Wirtschaftlichkeit garantiert und der Hauptgrund für den ungewöhnlich langen Produktionszeitraum ist. Wie alle Flugzeuge mit Hecktriebwerken und T-Leitwerk ist die Stabilität im unteren Geschwindigkeitsbereich auch bei der IL-62 eingeschränkt. Aus diesem Grunde nahm die Flugerprobung lange Zeit in Anspruch, in der zahlreiche Modifikationen im aerodynamischen und strukturellen Bereich durchgeführt wurden. Wesentlichstes äußeres Merkmal ist die Verfeinerung des Flügels mit einer nach unten gezogenen Vorderkante im äußeren Tragflächenbereich. Ferner wurde das Fahrwerksbein des Bugfahrwerks gekürzt und die Avionik durch den Einbau eines überarbeiteten Flugregelsystems modernisiert. In den geschossförmigen Verkleidungen an den Flügelspitzen der ersten IL-62-Modelle waren die Warmluftaustrittsöffnungen der Kabinenklimaanlage und die Notablassrohre des Treibstoffsystems untergebracht. Diese Systeme wurden bei späteren Modellen in die Außentragflächen verlegt.

Der erste von vier Prototypen (CCCP-06156) verließ am 28. Dezember 1962 die Montagehalle und startete am 3. Januar 1963 unter der Führung des Testpiloten *Wladimir Kokkinaki* zu seinem Erstflug. Der zweite Prototyp (CCCP-06153) folgte am 31. Januar 1963. Diese Maschinen waren noch mit Axialtriebwerken des Typs Ljulka AL-7 (Prototyp) und Mikulin AM-3M (zweiter Prototyp) ausgerüstet, da das vorgesehene Mantelstromtriebwerk Kusnezow NK-8-4 zu diesem Zeitpunkt noch nicht zur Verfügung stand. Der zweite Prototyp wurde später entsprechend modifiziert. Die IL-62 wurde der Öffentlichkeit erstmals in Moskau im Oktober 1964 vorgestellt, hierzu diente der von NK-8-Triebwerken angetriebene dritte Prototyp (CCCP-06176). Die Zelle des fünften Prototypen diente zu Bruchtests im Druckwassertank. Die Serienfertigung der IL-62 begann 1965, doch konnte das Muster erst am 10. März 1967 von der **Aeroflot** auf den Strecken zwischen Moskau, Nowosibirsk und Chabarowsk erstmals im Liniendienst eingesetzt werden. Der erste internationale Einsatz erfolgte am 15. September 1967 auf der Route Moskau-Montreal, auf der die IL-62 das Langstrecken-Turbopropmuster **IL-114** ablöste. Ab 1968 kam die IL-62 auf nahezu allen innerrussischen und internationalen Strecken der Aeroflot zum Einsatz.

Im Februar 1971 erschien die erfolgreichste Variante der IL-62, das Modell **IL-62M**, welches mit den wirtschaftlicheren Mantelstromtriebwerken vom Typ Solowjew D-30 ausgerüstet wurde. Durch den gün-

Die staatliche nordkoreanische Fluglinie Air Koryo hat vier IL-62M in ihrer Flotte. P-981 ist zwischen zwei Flügen in Berlin-Schönefeld geparkt.

stigeren Treibstoffverbrauch konnte die Reichweite um nahezu 20 % gesenkt werden und erlaubte Einsätze auf ultralangen Strecken, wie z.B. Moskau-Havanna. Das Startgewicht konnte von 162.000 kg auf 165.000 kg gesteigert werden. Bei enger Bestuhlung bot das Muster jetzt 189 Passagieren Platz. Die IL-62M wurde von Aeroflot erstmals im März 1972 im Liniendienst auf innerrussischen Strecken eingesetzt und flog die ersten internationalen Dienste Anfang 1974. Die von leistungsstärkeren D-30KU-Triebwerken angetriebene **IL-62MK** kam bei Aeroflot erstmals im April 1978 zum Einsatz. Bei dieser Version stieg die Reichweite durch den Einbau eines Zusatztanks im Seitenleitwerk auf 10.300 km und das maximale Startgewicht erhöhte sich auf 167.000 kg. Dadurch konnte die Passagierkapazität auf 195 Plätze gesteigert werden.

Mit Ausnahme von Bulgarien und Ungarn flogen alle Fluggesellschaften des damaligen Ostblocks die IL-62. Außerhalb dieser Region kauften im Rahmen von Handelsabkommen die chinesische **CAAC** fünf und die **United Arab Airlines/Egypt Air** sieben Flugzeuge. Als erste ausländische Gesellschaft verwendete die tschechische **CSA** eine von Aeroflot gemietete IL-62 ab Mai 1968 auf der Route Prag-London und kaufte anschließend sieben Maschinen. **Interflug** erhielt die erste von zunächst 6 IL-62 (DM-SEA) am 21. April 1970. Dieses Flugzeug stürzte am 14. August 1972 beim Start in Berlin-Schönefeld ab, nachdem sich Teile des Hecks von der Rumpfstruktur gelöst hatten. Schließlich besaß die DDR-Airline mit 17 Maschinen (IL-62M) die größte IL-62-Flotte außerhalb der damaligen Sowjetunion. Ein weiterer wichtiger Abnehmer der IL-62M war die **Cubana** mit einer Flotte von zehn Flugzeugen.

Bis zum Produktionsende im August 1992 wurden 281 IL-62 aller Versionen gebaut. Ein letztes Flugzeug wurde im Juni 1993 separat für das russische Verteidigungsministerium gefertigt und ist mit einer speziellen HF-Funkausrüstung ausgestattet.

Daten (IL-62M)

Antrieb: 4 Solowjew D-30 KU Mantelstromtriebwerke, je 11.500 KP (112,8 kN) Standschub.
Spannweite: 43,20 m; Länge: 53,12 m; Höhe 12,30 m; max. Startgewicht: 165.000 kg; ökon. Reisegeschwindigkeit: 860 km/h; Gipfelhöhe: 13.000 m; Reichweite: 9.000 km; Besatzung: 5+6; Passagiere: 144-198

Iljuschin IL-76

UdSSR, Baujahr: 1971

Die **IL-76** entstand in den späten 60er Jahren als Ersatz für die veralteten **AN-12** mit Turbopropantrieb. Primär wurde das Muster als strategischer Transporter für die sowjetischen Luftstreitkräfte entwickelt, doch auch **Aeroflot** hatte Bedarf für ein solches Flugzeug zum Einsatz in abgelegenen Gebieten wie Sibirien oder dem Nordpolarkreis. Der erste von drei Prototypen startete am 15. Mai 1971 zum Erstflug und das Muster wurde der westlichen Öffentlichkeit im selben Jahr auf dem Pariser Aerosalon vorgestellt. Die ersten Serienflugzeuge wurden 1974 fertiggestellt und das Muster stellte 1975 nicht weniger als 24 von der FAI anerkannte Weltrekorde in verschiedenen Disziplinen auf. Das Muster kam ab September 1976 bei Aeroflot zum Einsatz. Während die ersten 14 Flugzeuge unter der Sammelbezeichnung IL-76 gebaut wurden, erhielten die nachfolgenden Maschinen unterschiedliche Kennbuchstaben, die eine Unterscheidung zwischen militärischen (**IL-76M**) und zivilen (**IL-76T**) Flugzeugen ermöglichten. Äußeres Unterscheidungsmerkmal beider Typen ist defensive MG-Heckstand bei der M-Version, während bei der T-Ausführung das Rumpfheck aerodynamisch verkleidet wurde. Beide Varianten werden von vier Solowjew D-30KP-Mantelstromtriebwerken mit je 12.000 KP (117,6 kN) Schub angetrieben und haben ein maximales Startgewicht von 190.000 kg. Die maximale Nutzlast beträgt 47.000 kg. Der Laderaum ist druckbelüftet, und bei der IL-76T können im vorderen Frachtraumbereich mit Passagiersitzen versehene Paletten eingebaut werden. In Viererreihen angeordnet, finden dort 30 Fluggäste Platz.

Aus den Grundvarianten wurden die Langstreckenmuster **IL-76MD** und **IL-76TD** entwickelt, die von D-30KP-1-Triebwerken angetrieben werden. Diese Aggregate sind leistungsstärker und verbrauchen 7 % bis 8 % weniger Treibstoff. Auch das maximale Startgewicht und die maximale Nutzlastkapazität konnten angehoben werden.

Die Serienfertigung der IL-76 wurde 1994 nach rund 900 Flugzeugen eingestellt. Auf die IL-76T/TD entfallen zirka 200 Exemplare. Zivile Exporte gingen an **Cubana, Air Koryo, Jamahiriya Air Transport/Libyan Arab Airlines, Iraqi Airways, Syrianair** und **Bakhtar Afghan Airlines**. Einige dieser Fluggesellschaften setzen allerdings auch IL-76M/MD mit ziviler Farbgebung ein.

Das neueste Muster **IL-76MF** ist eine wesentlich verbesserte Variante der IL-76MD; Erstflug am 1. August 1995. Neben neuen, leistungsstärkeren Mantelstromtriebwerken des Typs Aviadvigatel/Perm PS-90A-76 von 16.000 KP (157,8kN) Schub wurde der Rumpf um 6,60 m verlängert. Dadurch vergrößerte sich das Frachtraumvolumen um nahezu 30 %. Die maximale Nutzlast stieg um rund 5.000 kg. Durch einen 12 % geringeren Treibstoffverbrauch erhöhte sich die Reichweite um 20 %. Die Kanzel hat eine digitale Auslegung, so dass dort ein Besatzungsmitglied eingespart werden kann. Eine zivile Variante **IL-76TF** wird derzeit noch nicht angeboten.

Daten (IL-76TD)

Antrieb: 4 Soloviev D-30KP-I Mantelstromtriebwerke, je 12.000 KP (117,6 kN) Standschub.
Spannweite: 50,50 m; Länge: 46,59 m; Höhe 14,76 m; max. Startgewicht: 190.000 kg; ökon. Reisegeschwindigkeit: 800 km/h; Gipfelhöhe: 10.500 m; Reichweite: 5.200 km; Besatzung: 5; Nutzlast: 47.000kg; Passagiere: bis zu 30

Die IL-76 wird von vielen russischen Fluggesellschaften als Frachtflugzeug eingesetzt.

Iljuschin IL-86

UdSSR, Baujahr: 1976

Die hohen Zuwachsraten im sowjetischen Luftverkehr veranlassten die Aeroflot bereits Ende der 60er Jahre, eine neue Generation von Verkehrsflugzeugen mit einer hohen Passagierkapazität in Auftrag zu geben. 1971 reichten die Entwicklungsbüros Antonow, Iljuschin und Tupolew ihre Projektstudien ein, von denen die **IL-86** als erfolgversprechendste Konstruktion ausgewählt wurde. In dem ersten Entwurf sah das neue Muster mit vier Hecktriebwerken der **IL-62** sehr ähnlich, aber es stellte sich schon bald heraus, dass in dieser Auslegung die geforderten Leistungen nicht erreicht werden konnten. Daher wurde die Triebwerksanordnung zugunsten der klassischen Bauweise mit vier Gondel-Triebwerken geändert. Für die Rumpfkonstruktion wurde eine Zelle mit großem Querschnitt und einer Unterteilung in zwei Decks gewählt. Damit ist die IL-86 das erste russische Großraum-Verkehrsflugzeug. Um unabhängig von Bodeneinrichtungen auf unterentwickelten Flughäfen zu sein, bekam die IL-86 bordeigene Fluggasttreppen und Handgepäckfächer im Unterdeck, die mit dem Oberdeck durch breite Treppen verbunden sind. Die ursprünglich zum Antrieb vorgesehenen Soloview D-30KP-Mantelstromtriebwerke erwiesen sich als zu leistungsschwach, so dass für die IL-86 völlig neue Turbofan-Triebwerke vom Typ Kusnezow NK-86 mit einer Leistung von 128 kN entwickelt wurden. Für ein Flugzeug dieser Größe wären aber Triebwerke mit einer Leistung von 180 kN vonnöten gewesen, die aber seinerzeit in der Sowjetunion nicht verfügbar waren. Damit konnten die Anforderungen der Aeroflot hinsichtlich Nutzlast und Reichweite nicht erreicht werden. Von der IL-86 wurden drei Prototypen gebaut, deren erster am 22. Dezember 1976 seinen Erstflug absolvierte. Die erste Serienmaschine folgte am 24. Oktober 1977. Das Leistungsprofil des Flugzeugmusters erwies sich aber als derart unbefriedigend, dass Aeroflot die Übernahme der IL-86 in den Linienverkehr ablehnte. Der Entwurf wurde umfangreichen Modifikationen unterzogen, und als erstes russisches Flugzeug erhielt die IL-86 eine modern ausgelegte Kanzel mit Bildschirmanzeigen, weswegen sich die Anzahl der Cockpitbesatzung von vier auf drei Personen verringerte. Durch die vorgenommenen Leistungsverbesserungen konnte die Nutzlast von 38.000 kg auf 40.000 kg erhöht und die Reichweite von 4.600 km auf 5.500 vergrößert werden. Erste Testflüge unter Linienflugbedingungen wurden im Oktober 1980 unternommen, doch erst am 29. Dezember 1980 stellte **Aeroflot** die IL-86 auf der Route Moskau-Taschkent offiziell in Dienst. International wurde das Muster erstmals am 3. Juli 1981 auf der Route Moskau-Berlin/Schönefeld eingesetzt. Ab Mitte Juli 1981 trat die IL-86 test-

Die IL-86 war der erste russische Großraumjet, doch konnte das Muster die geforderten Leistungen nicht erbringen.

weise auf der Nordatlantikroute zwischen Moskau und New York in Erscheinung, benötigte aber für die Bewältigung der Strecke Zwischenlandungen in Shannon und Gander, so dass ein wirtschaftlicher Betrieb nicht möglich war. Die geplante Ablösung der **IL-62M** durch die IL-86 auf Langstrecken musste somit auf unbestimmte Zeit verschoben werden. Im März 1993 wurde mit der 97. Maschine (CCCP-86097) die Produktion der IL-86 vorläufig beendet, jedoch im Juni desselben Jahres wieder aufgenommen, nachdem die **China Xinjiang Airlines** einen Auftrag über drei Flugzeuge (B-2016/-2018/-2019) erteilt hatte. Auch **Kras-Air**, eine Aeroflot-Nachfolge-Airline, bestellte zwei Exemplare, so dass bis zum endgültigen Produktionsende im Juni 1995 insgesamt 102 Maschinen der IL-86 gebaut wurden. Ein 1994 zwischen Aeroflot und CFMI abgeschlossenes Joint Venture zur Triebwerksumrüstung auf das CFM56-5C2-Aggregat und der Neuausstattung der Kanzel mit westlicher Avionik musste 1996 aufgrund von Finanzierungsschwierigkeiten aufgegeben werden.

Daten

Antrieb: 4 Kusnezow NK-86 Mantelstromtriebwerke, je 13.000 KP (128 kN) Standschub.
Spannweite: 48,06 m; Länge: 59,54 m; Höhe 15,80 m; max. Startgewicht: 210.000 kg; ökon. Reisegeschwindigkeit: 840 km/h; Gipfelhöhe: 10.000 m; Reichweite: 5.500 km; Besatzung: 12; Passagiere: 316-350

Iljuschin IL-96

UdSSR, Baujahr: 1988

Obwohl der Grundentwurf der **IL-96** auf das Jahr 1985 zurückreicht, ist dieses Flugzeugmuster, zusammen mit der **Tu-204**, zur Zeit immer noch das Prestigeobjekt der russischen Zivilluftfahrt. Trotz der äußerlichen Ähnlichkeit zur **IL-86** verfügt das Grundmodell **IL-96-300** mit der Ausnahme des gleichen Rumpfquerschnitts mit dieser über keine weiteren Gemeinsamkeiten.
Die Zelle der IL-96-300 basiert auf der IL-86, aber der Rumpf wurde um 4 m gekürzt. Die um 9 m verlängerten Flügel haben an den Enden Winglets. Durch zahlreiche konstruktive Veränderungen konnte das Leergewicht auf 117.000 kg gesenkt werden. Neue Fantriebwerke vom Typ Aviadvigatel/Perm PS-90A mit knapp 160 kN Startleistung verleihen dem Muster interkontinentale Reichweite. Das für eine dreiköpfige Crew ausgelegte Digitalcockpit wurde mit einer *Fly-by-wire*-Steuerung ausgestattet.
Der erste von drei Prototypen absolvierte am 30. September 1988 seinen Erstflug und wurde der westlichen Öffentlichkeit im Juni 1989 auf dem Pariser Aerosalon vorgestellt. Der zweite Prototyp flog erstmals am 28. November 1989. In einer gemischten Kabinenkonfiguration können 233 Passagiere befördert werden (F20/C40/Y173). Die Luftverkehrszulassung zum Flugbetrieb in Russland und den GUS-Staaten

wurde im Dezember 1992 erteilt. Der Linieneinsatz bei **Aeroflot** begann testweise im April 1993, der reguläre Flugbetrieb wurde am 14. Juli 1993 aufgenommen. Bislang wurden nur 13 IL-96-300 gebaut, die bei **Aeroflot** (6), **Domodedovo Airlines** (3) und der russischen Regierungsflugstaffel **Rossija** (4) im Einsatz stehen. Optional besteht seit April 1995 die Möglichkeit, die -300 mit westlichen Triebwerken vom Typ Pratt & Whitney PW2337 von je 17.350 KP (170,1 kN) Schub und Rockwell-Collins Avionik auszurüsten. Die **IL-96M** (*Passagierversion*) und **IL-97T** (*Frachtversion*) werden mit westlichen Triebwerken vom Typ Pratt & Whitney PW2337 von je 17.350 KP (170,1 kN) und Rockwell-Collins Avionik ausgerüstet und sind für den internationalen Markt vorgesehen. Das Cockpit ist voll digitalisiert und für den Betrieb mit einer zweiköpfigen Besatzung ausgelegt. Der Rumpf beider Versionen wurde gegenüber der **IL-96-300** um 9,35 m gestreckt, das Seitenleitwerk aber etwas verkleinert. Der Prototyp der **IL-96M** wurde im April 1992 aus dem Prototyp der IL-96-300 umgebaut und absolvierte am 6. April 1993 seinen Erstflug. Die erste Serienmaschine flog im Dezember 1995. Für die IL-96M werden drei Standard-Inneneinrichtungen angeboten, die sich wie folgt aufteilen: F22/C40/Y173, F18/C44/Y250, oder Y375.

Der Erstflug der **IL-96T** erfolgte am 16. Mai 1997. Das CIS *Aviation Regulation and Certification Committee* erteilte der IL-96T im März 1998 die russische Luftverkehrszulassung. Als erstes Flugzeugmuster russischer Bauart erhielt die IL-96T im Juni 1999 die amerikanische Musterzulassung. Die maximale Nutzlast der IL-96T beträgt 92.000 kg.

Zur Zeit liegen für die IL96M/T 29 Bestellungen von Aeroflot (17 -M, 3 -T), Transaero (5 -M) und Volga Dnepr (4 -T) vor.

Daten (-300)

Antrieb: 4 Solowjew PS-90A (Perm D-90) Mantelstromtriebwerke, je 15.935 KP (156,9 kN) Standschub.
Spannweite: 57,60 m; Länge: 55,50 m; Höhe 17,60 m; max. Startgewicht: 216.000 kg; ökon. Reisegeschwindigkeit: 850 km/h; Gipfelhöhe: 12.000 m; Reichweite: 10.500 km; Besatzung: 12; Passagiere: 223-300

Trotz einer langen Entwicklungsdauer zählt die IL-96 immer noch zu den Prestigeobjekten des russischen Flugzeugbaus. Die abgebildete Maschine fliegt für die russische Regierungs-Flugstaffel Rossija.

Jakowlew Jak-40

UdSSR, Baujahr: 1966

Die **Jak-40** war das erste vom Konstruktionsbüro *Jakowlew* entwickelte Verkehrsflugzeug. Bis heute ist die Jak-40 das kleinste dreistrahlige Verkehrsflugzeug ihrer Art. Das Muster wurde auf Anforderung der Aeroflot konzipiert, um auf Zubringerstrecken die veralteten, von Kolbenmotoren angetriebenen, Propellerflugzeuge des Typs **IL-14** zu ersetzen. In ihrer Rolle als Kurzstreckenjet wurde die Kabine der Jak-40 für 27 Passagiere ausgelegt, doch können in der Variante **Jak-40K** sogar 33 Fluggäste befördert werden. Als VIP-Flugzeug werden in zwei getrennten Abteilen elf Personen untergebracht.
Mit der Priorität herausragender Startleistungen wählte das Konstruktionsteam eine dreistrahlige Auslegung. Um das Flugzeugmuster auch von kurzen und schlecht ausgebauten Pisten aus einsetzen zu können, wurde der Flügel mit Nasenklappen und großflächigen Landeklappen ausgestattet. Somit verfügt die Jak-40 als einziger russischer Jet über STOL-Eigenschaften. Die Bläsertriebwerke Iwschenko AI-25 liefern je 14,7 kN Standschub. Das hohe Schub/Gewichtsverhältnis wirkt sich auch beim Einsatz von heißen und hochgelegenen Flughäfen positiv aus. Neben einem konventionellen Passagiereinstieg auf der vorderen linken Rumpfseite befindet sich im Rumpfheck eine integrale Bordtreppe. Im oberen Heckteil ist eine Hilfsturbine (APU) für die bordeigene Stromversorgung und den Triebwerkstart eingebaut, so dass die Jak-40 weitgehend unabhängig von der jeweiligen Flughafenausstattung operieren kann.
Der Erstflug des Prototypen (CCCP-19661) erfolgte am 21. Oktober 1966 und diese Maschine wurde der westlichen Öffentlichkeit erstmals auf dem Pariser Aerosalon im Juni 1967 vorgestellt. Im Laufe des Jahres 1967 wurden vier Vorserienmaschinen fertiggestellt, die für Abnahmeflüge zur Verkehrszulassung verwendet wurden. Mit diesen Vorserien-Maschinen eröffnete **Aeroflot** am 30. September 1968 den Liniendienst. Im Oktober 1968 wurde die Serienfertigung der Jak-40 aufgenommen, von denen die ersten beiden Exemplare CCCP-87675 (C/N 9831100) und CCCP-87676 (C/N 9831200) bei Aeroflot erstmals am 12. Februar 1969 zum Einsatz kamen. Bis zum Produktionsende im Jahre 1980 wurden insgesamt 1.011 Jak-40 gebaut, davon 860 Exemplare für die Aeroflot. Weitere 123 wurden exportiert, zumeist in Staaten des damaligen Ostblocks. 23 Exemplare gingen an staatliche sowjetische Organisationen oder die Rote Luftflotte.

Die staatliche Handelsorganisation Aviaexport bemühte sich, die Jak-40 weltweit zu verkaufen, doch der große Exporterfolg blieb aus. Zu den größten Abnehmerländern gehörten die CSSR (26), Polen (19), Kuba (18) und Bulgarien (13). Von der teilweise mit westlicher Avionik ausgerüsteten **Jak-40EC** wurden nur acht Exemplare nach Westeuropa geliefert, von denen die deutsche **General Air** 6, und die italienische **Avioligure** drei einsetzten. 1974 wollte die US-Firma ICX-Aviation die Jak-40 unter der Bezeichnung **X-Avia** auf dem amerikanischen Markt verkaufen. Hierfür sollte die Kabine in Engbestuhlung für 32 Fluggäste ausgelegt und das Startgewicht auf 16.500 kg gesteigert werden. Die Kanzel sollte modifiziert und komplett mit westlicher Avionik versehen werden. Als Antrieb waren drei Bläsertriebwerke vom Typ Garrett-AiResearch TFE731-2 mit 17,5 kN Startleistung geplant. Dieses Projekt wurde nicht verwirklicht.

Daten

Antrieb: 3 Iwschenko AI-25 Mantelstromtriebwerke, je 1.500 KP (14,7 kN) Standschub.
Spannweite: 25,00 m; Länge: 20,36 m; Höhe 6,50 m; max. Startgewicht: 14.700 kg; max. Reisegeschwindigkeit: 550 km/h; Gipfelhöhe: 8.000 m; Reichweite: 950 km; Besatzung: 2+2; Passagiere: 27-33

Die Jak-40 ist das einzige dreistrahlige Verkehrsflugzeug in ihrer Gewichtsklasse.

Jakowlew Jak-42D RA-42441 (C/N 1402018) der Mir Rossia in Zukowski im Sommer 1997.

Jakowlew Jak-42

UdSSR, Baujahr: 1975

In den 70er Jahren entstand die **Jak-42** als Verkehrsflugzeug für 102 bis 120 Personen. Sie weist das Bauprinzip der **Jak-40** auf und war als Ersatz für die inzwischen unwirtschaftliche **Tu-134** und die veraltete, von Propellerturbinen angetriebene **IL-18** vorgesehen. Als Antrieb erhielt die Jak-42 drei Mantelstromtriebwerke vom Typ Loratew D-36, die zirka 20 % weniger Kraftstoff verbrauchen als die bei der Tu-134A verwendeten Aggregate. Ebenso wie bei der Jak-40 verfügt die Jak-42 über eine eigene Bordtreppe im Rumpfheck. Der erste von drei Prototypen flog erstmals am 7. März 1975 und hatte eine Flügelpfeilung von nur 11°, während die beiden anderen Prototypen mit einem Flügel von 25° Pfeilung ausgestattet waren. Ein Leistungsvergleich verlief zugunsten der stärkeren Pfeilung, sodass konsequenterweise diese Flügelkonstruktion in die Serienfertigung übernommen wurde. In der Flugerprobung zeigten sich an dem Entwurf schwerwiegende technische Mängel, sodass mit der Serienfertigung erst Ende 1980 begonnen werden konnte. Den ersten Passagierdienst flog **Aeroflot** am 22. Dezember 1980 auf der Route Moskau-Krasnodar. Am 18. Juli 1981 wurde die Jak-42 erstmals international zwischen Leningrad (St. Petersburg) und Helsinki eingesetzt. Im Linieneinsatz erwies sich das Muster weiterhin als unzuverlässig, weswegen die Ausmusterung der älteren Flugzeugmuster verschoben wurde. Am 28. Juni 1982 geriet über Weißrussland eine erst im Mai 1981 gebaute Jak-42 (CCCP-42529) aufgrund einer fehlerhaften Höhenleitwerks-Trimmung außer Kontrolle, brach in der Luft auseinander und stürzte ab. Bei dem Unfall kamen alle 124 Passagiere und acht Besatzungsmitglieder ums Leben. Unmittelbar nach diesem Unfall wurde der Jak-42 die Verkehrszulassung entzogen und der Entwurf grundlegend überarbeitet. Wesentliche Änderungen wurden an der Zelle und der Leitwerksauslegung vorgenommen, wodurch die Flugstabilität bei hoher Reisegeschwindigkeit entscheidend verbessert werden konnte. Die Serienfertigung der Jak-42 wurde erst im Jahre 1985 wieder aufgenommen.

Die grundlegend überarbeitete **Jak-42D** kam erstmals 1990 bei **Aeroflot** zum Einsatz. Sie unterscheidet sich vom Grundmuster durch eine größere Treibstoffkapazität und ein auf 56.500 kg gesteigertes Abfluggewicht. Zu den Betreibern der Jak-42/42D zählen neben zahlreichen russischen Fluggesellschaften und staatlichen Organisationen folgende ausländische Airlines: **Cubana, CAAC/China General Aviation, Air Ukraine, Vardar Bosna Air, Avioimpex** und **Kish Air**. Die **Jak-42A**, eine Weiterentwicklung der D-Version, wird seit 1998 gefertigt. Dieses Modell erhielt eine völlig überarbeitete Kabinenauslegung für maximal 140 Passagiere und Sauerstoffmasken für jeden Sitz; geänderte Bordküchen und verschließbare Gepäckfächer, außerdem eine größere Einstiegstür. Die Loratew-Triebwerke verfügen über eine neue akustische Schalldämpfung zur Geräuschreduzierung in der Kabine und im Außenbereich. Vergrößerte Tragflächentanks erlauben einen

Daten

Antrieb: 3 Loratew D-36 Mantelstromtriebwerke, je 6.500 KP (63.7 kN) Standschub.
Spannweite: 34,88 m; Länge: 36,38 m; Höhe 9,83 m;
max. Startgewicht: 56.500 kg; ökon. Reisegeschwindigkeit: 750 km/h; Gipfelhöhe: 10.000 m; Reichweite: 3.000 km;
Besatzung: 2+4; Passagiere: 104-120

Aktionsradius (Reichweite) von 3.780 km. Neuentwickelte russische Avionik gestattet den Betrieb automatischer Landungen nach europäischem Cat.II-Standard. Vorflügel und Klappen wurden neu konzipiert, um bessere operationelle Bedingungen auf heißen und hochgelegenen Flughäfen zu ermöglichen.
Die mit westlicher Avionik und Digitalcockpit ausgestattete VIP-Version **Jak-142 (Yak-42D-100)** wurde erstmals im September 1995 vorgestellt. Weitere Triebwerkmodifikationen erlauben diesem Typ einen Einsatz gemäß der Lärmkategorie ICAO Chapter 3. Kunden für dieses Muster, von dem bislang 17 Exemplare verkauft wurden, sind der russische Lukoil-Konzern und die Regierungen Kasachstans, des Iran, der Slowakei und der Tschechischen Republik.
Als Tu-134-Ersatz ist die Jak-42 inzwischen technisch veraltet, so dass nunmehr für diese Aufgabe die 1995 neuentwickelte **Tu-334** bestimmt ist.

Lockheed L.1011 TriStar

USA, Baujahr: 1970

Die Arbeiten von Lockheed, die zum Bau der **L.1011 *TriStar*** führten, wurden 1966 aufgrund eines von **American Airlines** erstellten Pflichtenheftes für ein Mittelstrecken-Großraumflugzeug aufgenommen. Obwohl sich American später nach einem monatelangen Vergleich zwischen der L.1011 und der **Douglas DC-10** für das letztere Muster entschied, konnte Lockheed sein Modell anderen großen inneramerikanischen Fluggesellschaften anbieten, die ebenfalls Bedarf für ein solches Flugzeug hatten. **Eastern Air Lines** und **TWA** bekundeten entsprechendes Interesse. Am 29. März 1968 unterzeichneten die beiden Fluggesellschaften Vorverträge, die eine spätere Abnahme von 144 Flugzeugen versprachen.
Bei Programmbeginn war die L.1011 ein Flugzeug mit einem Abfluggewicht von 185.520 kg, einer Reisegeschwindigkeit von Mach 0,85 und einer Passagierkapazität von 345 Fluggästen. Als Antrieb wurde das britische Rolls-Royce RB.211-Fantriebwerk gewählt. Die Wahl dieses Aggregats beruhte auf einer Zwischenfinanzierung der Air Holdings, seinerzeit die Muttergesellschaft der British United Airways, die 50 Flugzeuge zum Verkauf außerhalb Großbritanniens erworben hatte. Als Folge dieser Entscheidung wurde mit der Entwicklung des RB.211 mit einer Schubleistung von zunächst 186,7 kN begonnen. Die Kosten dieses Programms und Schwierigkeiten mit den kohlefaserverstärkten Schaufelblättern führten am 4. Februar 1971 zum Konkurs von Rolls-Royce sowie einer schweren Beeinträchtigung des TriStar-Programms, von der sich Lockheed nie richtig erholen sollte.
Der erste von insgesamt fünf L.1011-Prototypen flog am 17. November 1970 und der letzte am 2. Dezember 1971. In dieser Zeit wurde das RB.211-Triebwerk mit unterschiedlichen Schubleistungen getestet.

Neben Eastern Air Lines war TWA der Launch-Customer für die L.1011 TriStar. Das Muster bildete 25 Jahre lang das Rückgrat der Lang- und Mittelstreckenflotte dieser Fluggesellschaft.

Nach schwierigen finanziellen und politischen Verhandlungen konnte das RB.211-Programm im September 1971 fortgesetzt werden. Am 8. September 1971 flog die L.1011 erstmals mit Triebwerken von 186,7 kN Schub.

Das erste Serienflugzeug **L.1011-1** wurde von Lockheed am 5. April 1972 an Eastern Air Lines geliefert. Nach der Musterzulassung am 14. April erfolgte die Indienststellung am 26. April 1972. Am 25. Juni flog der erste TriStar der TWA.

Schon ab 1971 bot Lockheed eine Reihe von Varianten mit gestrecktem Rumpf, größerer Treibstoffkapazität und stärkeren Triebwerken an, die aber erst 1974 verwirklicht werden konnten, als das RB.211-524 von 214,4 kN Schub verfügbar war. Die Leistung dieser Triebwerksvariante wurde im Laufe der nächsten zwei Jahre auf 222,3 kN und auf 244,5 kN gesteigert. Es entstand die **L.1011-100** mit einem Abfluggewicht von 204.000 kg. Erstkunden für die -100 waren **Cathay Pacific Airways** und **Gulf Air**. Für interkontinentale Einsätze war die **L.1011-200** bestimmt, die 1976 erschien. Diese Version kann mit 245 Passagieren Strecken von 7.500 km bedienen. Erstkunde für die -200 war **Saudia**, die ihr erstes Flugzeug Mitte 1977 in Dienst stellen konnte.

Als einziger Betreiber im deutschsprachigen Raum hatte die **LTU** den ***TriStar*** im Zeitraum 1973-1996 im Einsatz, bevor das Flugzeugmuster durch die **MD-11** ersetzt wurde.

Im August 1976 legte Lockheed ein echtes Langstreckenmuster, die **L.1011-500** auf (*siehe unten*).

Zur Steigerung des Nutzlast-/Reichweitenverhältnisses bot Lockheed ab Mitte der 80er Jahre Umrüst-Pakete für die Basismuster an. Die **-150** verfügt über eine Reichweite von 5.800 km gegenüber 4.500 km der Serie -1 und hat ein auf 213.000 kg gesteigertes Abfluggewicht. Die Triebwerksleistung der ursprünglichen Triebwerke konnte auf 186,9 kN gesteigert werden. Bei der **-250** kamen neue RB.211-524B-Triebwerke mit 222 kN Schub zum Einbau. Die Tankkapazität wurde erhöht und verleiht dem Muster eine Reichweite von 9.410 km. Hierfür mussten Rumpf- und Tragflügelstruktur verstärkt werden. Aus der Serie -1 entstand auch die **-50**, bei der das Startgewicht auf 204.000 kg angehoben wurde. An Triebwerken, Struktur und Systemen wurden keine Veränderungen vorgenommen.

Nachdem ab Anfang der 90er Jahre die L.1011 bei vielen Fluggesellschaften durch modernere Airbus- und Boeing-Flugzeuge ersetzt wurde, erfolgte der Umbau einer größeren Anzahl von ***TriStars*** zu Frachtflugzeugen.

Beim Modifikationsprogramm **Lockheed 2000** wird im linken Vorderrumpf ein übergroßes Frachttor mit den Maßen 4,30 m x 2,90 m eingebaut, das den Transport sperriger Güter erlaubt. Die Nutzlast liegt je nach Abfluggewicht zwischen 55.400 kg und (optional) 69.900 kg und kann über Entfernungen von 4.600 km befördert werden. Die britische Firma Marshall Aerospace of Cambridge führt ebenfalls ein Fracht-Umrüstprogramm durch, bei dem ein verstärkter Frachtboden Nutzlasten von 51.300 kg bis 66.500 kg zulässt. Das Frachttor ist kleiner als das der Lockheed 2000 und hat die Maße 3,90 m x 2,90 m, was den Transport von Vollkontur-Paletten und -Containern gestattet. Die erste **L.1011F** konnte im August 1995 an **American International Airways** geliefert werden. Zwölf weitere Maschinen wurden in der Zwischenzeit umgebaut.

Die Fertigung des Grundmodells der L.1011 TriStar wurde im April 1983 eingestellt, nachdem 200 Flugzeuge gebaut und abgeliefert wurden.

Daten (-200)

Antrieb: 3 Rolls-Royce RB.211-524 Mantelstromtriebwerke, je 21.770 KP (213,5 kN) Standschub.
Spannweite: 47,35 m; Länge: 54,40 m; Höhe 16,87 m;
max. Startgewicht: 219.500 kg; ökon. Reisegeschwindigkeit: 880 km/h; Gipfelhöhe: 13.600 m; Reichweite: 7.700 km;
Besatzung: 2+8; Passagiere: 245-345

Lockheed L.1011-500 TriStar

USA, Baujahr: 1978

Im August 1976 legte Lockheed die **L.1011-500** auf, einen echten Langstrecken-*TriStar* mit einer Reichweite von nahezu 11.000 km. Als Erstkunde bestellte **British Airways** im selben Monat sechs dieser Flugzeuge, die mit RB.211-524B- oder B4-Triebwerken mit 221,6 bis 222,4 kN Schub angetrieben werden sollten. Gegenüber dem Basismodell wurde der Rumpf um 4,11 m gekürzt. Infolge der höheren Tankkapazität von 120.000 Liter musste das Startgewicht zunächst auf 225.000 kg, dann auf 228.600 kg angehoben werden. 1978 wurde **Delta Air Lines** der zweite Kunde für die -500. Anschließend wurde diese Version von **PanAm, BWIA, Air Canada** und **AeroPeru** bestellt. Für diese Fluggesellschaften wurde das Modell verfeinert und als **Dash 500** bezeichnet. Wesentliches Merkmal dieser Variante ist die Verwendung einer aktiven Steuerung und Flugregelanlage, wodurch die Wirtschaftlichkeit im Reiseflug verbessert und der Treibstoffverbrauch vermindert wird. Diese Flugzeuge besaßen auch eine um 2,74 m vergrößerte Spannweite. Die erste -500 absolvierte am 16. Oktober 1978 ihren Erstflug. Die erste Maschine mit den vergrößerten Außentragflächen, ein umgebauter

Daten

Antrieb: 3 Rolls-Royce RB.211-524B Mantelstromtriebwerke, je 22.600 KP (221,6 kN) Standschub.
Spannweite: 50,09 m; Länge: 50,28 m; Höhe 16,87 m;
max. Startgewicht: 228.600 kg; ökon. Reisegeschwindigkeit: 894 km/h; Gipfelhöhe: 13.600 m; Reichweite: 10.800 km;
Besatzung: 2+6; Passagiere: 211-276

Zwischen 1980 und 1996 standen bei der LTU drei TriStar 500 im Einsatz. Die D-AERV (C/N 1195) flog ursprünglich bei PanAm.

L.1011-Prototyp, flog Ende 1978. Das erste entsprechend modifizierte Serienflugzeug wurde erstmals im November 1979 erprobt.
Als erste Fluggesellschaft stellte British Airways am 7. Mai 1979 die -500 in Dienst. Die erste PanAm Dash 500 gelangte im April 1980 zur Ablieferung.

Im deutschsprachigen Raum flog die -500 nur bei der **LTU**, die zwischen 1980 und 1996 drei dieser Flugzeuge im Einsatz hatte.
Die letzte von 50 gebauten -500 verließ im Oktober 1983 die Werkshallen, wurde aber erst im August 1984 an die algerische Regierung geliefert.

McDonnell-Douglas DC-8 (Standard)

USA, Baujahr: 1958

Im ständigen Kampf zur Erhaltung der Wettbewerbsfähigkeit beschäftigte man sich bei der Douglas Aircraft Company schon 1954 mit einem Nachfolgemodell der **DC-7**. Die Entwicklungsstudien ähnelten denen von Boeing mit ihrem Projekt **367-80** eines vierstrahligen Langstreckenflugzeuges. Am 7. Juni 1955 fiel der Entscheid zum Bau eines solchen Musters unter der Projektbezeichnung **Douglas 1881**. Erste Einzelheiten, die im August 1955 veröffentlicht wurden, zeigten einen schlanken Tiefdecker mit 30° Flügelpfeilung, vier Pratt & Whitney J-57 (JT3C)-Strahlturbinen in Gondeln unter den Tragflächen und einem Startgewicht von 95.710 kg für den transkontinentalen US-Luftverkehr oder von 116.570 kg für Interkontinentalstrecken. Die **DC-8** erschien zwar erst ein Jahr nach der **Boeing 707**, aber Douglas betrachtete diesen Umstand als Vorteil, da es der Firma dadurch möglich gemacht wurde, die neuesten Erkenntnisse im Strahlflugzeugbau zu verwerten. Im Gegensatz zu Boeing konnte Douglas außerdem seinen Entwurf ohne irgendwelche Rücksicht auf militärische Bedürfnisse entwickeln. Am 13. Oktober 1955 konnte die erste Bestellung, die von **PanAm** erteilt wurde und 20 Flugzeuge umfasste, bekannt gegeben werden. Zeitgleich hatte die PanAm auch die gleiche Anzahl Boeing 707 bestellt. **United Airlines** folgte zwei Wochen später, und noch vor Jahresende hatten **National Airlines, Eastern, Delta, KLM, SAS** und **Japan Air Lines (JAL)** ebenfalls das jetzt als **DC-8** bezeichnete Flugzeugmuster bestellt. Am Jahresende verzeichnete das Auftragsbuch bereits 142 Bestellungen. Douglas gab bekannt, dass für den Antrieb der Langstreckenversion das J75- (JT4D) Triebwerk ausgewählt wurde, sowie als Alternative das Rolls-Royce Conway 509. Die projektierten Startgewichte wurden auf 120.200 kg bzw. 130.410 kg angehoben. Diese Werte wurden während der Weiterentwicklung des Musters ständig erhöht. Da die verschiedenen Kunden unterschiedliche Wünsche hinsichtlich Triebwerkswahl, Startgewicht und Ausstattung hatten, vergab man der DC-8 Serienbezeichnungen für die zukünftigen Versionen. Aus dem Grundmodell entstanden fünf verschiedene Varianten, davon zwei für den inneramerikanischen und drei für den Interkontinentalverkehr. Diese verteilten sich wie folgt:

Version	Triebwerk	Schub (KP)	Schub (kN)	Erstflug
DC-8-10	JT3C-6	6.124	60,1	30. Mai 1958
	JT4A-5	7.158	70,2	
	JT4A-9	7.617	74,7	
DC-8-20	JT4A-3	7.167	70,4	29. November 1958
	JT4A-10	7.617	74,7	
DC-8-30	JT4A-9	7.617	74,7	21. Februar 1959
	JT4A-11	7.938	77,9	
DC-8-40	Conway 509	7.945	78,0	23. Juli 1959
DC-8-50	JT3D-1	7.938	77,9	20. Dezember 1960
	JT3D-3	8.157	80,0	10. Oktober 1961
	JT3D-3B	8.170	80,1	29. Januar 1963

Der Erstflug der DC-8 erfolgte am 30. Mai 1958 mit einem Flugzeug der **Serie 10** (N8008D), an den sich die Flugerprobung anschloss. Der Erstflug der **DC-8-20** wurde am 29. November 1958 ausgeführt und diese Variante nahm ebenfalls am Zertifizierungsprogramm für den Flugzeugtyp teil. Die Musterzulassung wurde von der US-Luftfahrtbehörde FAA am 31. August 1959 erteilt, und die ersten Liniendienste begannen am 18. September desselben Jahres zeitgleich bei United und Delta.

Die erste **DC-8-30** war am 21. Februar 1959 in die Flugerprobung gegangen. Nach der Indienststellung wurde die Treibstoffkapazität erhöht, so dass das maximale Startgewicht von 140.615 kg auf 142.880 kg anstieg. Die Serie 30 wurde am 1. Februar 1960 zugelassen und im April von **Pan Am** und **KLM** auf den Nordatlantikstrecken eingesetzt.

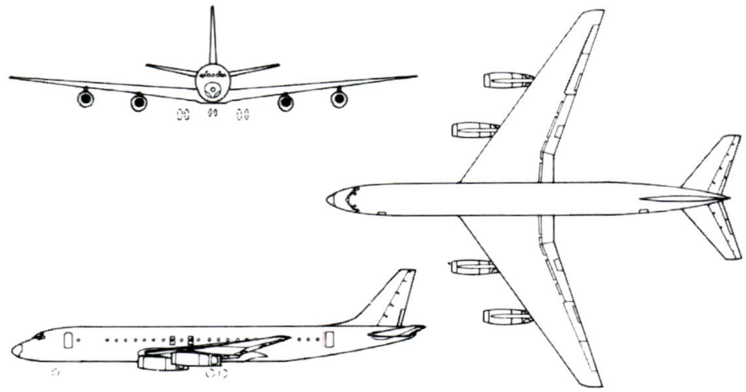

Die DC-8-31 N8274H (C/N 45274) der Pan American-Grace Airways auf einem frühen Testflug.

Die erste **DC-8-40** mit den Rolls-Royce Conway-Triebwerken flog am 23. Juli 1959 und wurde am 24. März 1960 zugelassen. Als erstes Verkehrsflugzeug der Welt überschritt diese Maschine am 21. August 1961 im leichten Stechflug die Schallgrenze. **Trans-Canada Air Lines** (jetzt **Air Canada**) stellte diese Variante im April desselben Jahres in den Liniendienst. Nur zwei weitere Fluggesellschaften, **Alitalia** und **Canadian Pacific**, hatten die -40 bestellt.

Bei der **DC-8-50** handelt es sich im Grunde um eine DC-8-30 mit JT3D-Mantelstromtriebwerken, welche aus dem JT3C abgeleitet und bei denen ein Fan vor den Verdichter montiert worden war. Auf diese Weise ergab sich eine höhere Schubleistung bei niedrigem spezifischen Treibstoffverbrauch und einer geringeren Lärmbelastung. Hierzu wurde der DC-8-Prototyp entsprechend umgerüstet und flog als Prototyp DC-8-50 erstmals am 20. Dezember 1960. Die Musterzulassung für ein Abfluggewicht von 125.190 kg wurde am 10.Oktober 1961 erteilt, welches später auf 147.415 kg angehoben wurde. Von allen DC-8 der Standardausführungen erzielte die -50 den größten Verkaufserfolg. Verschiedene Einheiten der älteren Typen wurden nachträglich auf diesen Standard gebracht.

Im April 1961 kündigte Douglas mit der **DC-8F *Jet Trader*** ein reines Frachtflugzeug an, welches im wesentlichen auf der Serie 50 beruhte. Hierzu wurde in den linken Vorderrumpf ein großes Frachttor eingelassen. Der Kabinenboden wurde verstärkt und mit einem *Roller-Floor* zur Palettenverladung versehen. Die DC-8F wurde standardmäßig mit JT3D-3B-Triebwerken ausgerüstet, das maximale Startgewicht betrug 147.415 kg. Die erste Jet Trader flog am 29. Oktober 1962. Sie war die erste von vier für **Trans-Canada Air Lines** bestimmte Maschinen und erhielt am 29. Januar 1963 die Musterzulassung.

Die Verkäufe der DC-8 blieben in der Hauptsache deswegen ständig hinter denen der Boeing 707 zurück, weil die DC-8-Varianten trotz gleicher Kapazität nicht die Einsatzflexibilität hatten, die Boeing mit der 707 anbieten konnte. Die Fertigungsstatistik der DC-8-Standardvarianten belief sich auf 293 Flugzeuge. Diese Zahl setzt sich zusammen aus dem Prototyp, 28 DC-8-10 (von denen 21 zunächst zur Serie 11 und 20, später zur Serie 50 umgebaut wurden), 34 DC-8-20, 57 DC-8-30 (von denen drei zur Serie 50 modifiziert wurden), 32 DC-8-40, 87 DC-8-50 und 54 DC-8F-50 Jet Trader.

Im April 1965 kündigte Douglas den Bau einer gestreckten DC-8-Version an, die unter der Sammelbezeichnung **DC-8-60** entwickelt wurde (*siehe unten*).

Daten (DC-8-50)

Antrieb: 4 Pratt & Whitney JT3D-3B Mantelstromtriebwerke, je 8.157 KP (80 kN) Standschub.
Spannweite: 43,41 m; Länge: 45,87 m; Höhe 12,91 m;
max. Startgewicht: 147.415 kg; ökon. Reisegeschwindigkeit: 880 km/h; Gipfelhöhe: 9.150 m; Reichweite: 7.500 km;
Besatzung: 3+4; Passagiere: 117-179

McDonnell-Douglas DC-8 Super Sixty

USA, Baujahr 1966

Um sich neue Marktanteile im Wettbewerb gegen Boeing zu verschaffen, entschied sich Douglas im April 1965 zur Entwicklung von drei neuen DC-8-Modellen unter dem Sammelbegriff ***Super Sixty*** mit unterschiedlichen Kombinationen an Rumpflänge und Nutzlast/Reichweite. Als erste Variante wurde die **DC-8-61** gebaut, die vor allem für inneramerikanische Strecken mit hohem Verkehrsaufkommen vorgesehen war. Auf Grundlage der Mantelstromtriebwerke JT3D-1 und JT3D-3, die auch als Antrieb der **DC-8-50** dienten, hatte die DC-8-61 einen um 11,18 m gestreckten Rumpf für 234 bis 251 Passagiere. Die erste -61 flog am 14. März 1966 in Long Beach und erhielt am 2. September die Musterzulassung. Als erste Fluglinie konnte **United Air Lines** die -61 ab November 1966 im Liniendienst einsetzen.

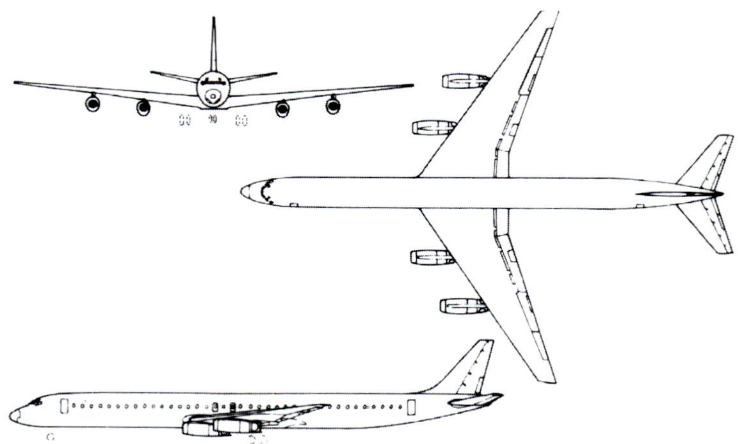

Tiefgreifende Verbesserungen weist die **DC-8-62** auf, die am 29. August 1966 ihren Jungfernflug durchführte. Am 29. April 1967erhielt das Muster die Luftverkehrszulassung. Der Rumpf wurde gegenüber der -50 um 2,03 m gestreckt und war für maximal 189 Passagiere in einer Einklassenbestuhlung ausgelegt. Die -62 wurde mit neu konstruierten Triebwerksgondeln und widerstandsmindernden Flügelspitzen, welche die Spannweite um 1,83 m vergrößerten, ausgestattet. Außerdem wurden aerodynamische Verfeinerungen vorgenommen, und auch die Flügelstruktur erfuhr bedeutende Modifikationen, welche zu einer größeren Treibstoffkapazität führten. Als erstes Düsenverkehrsflugzeug war die -62 in der Lage, die Strecke zwischen der US-Westküste und Mitteleuropa mit einer Nutzlast von 18.144 kg im Ohnehaltflug zu bewältigen. Die ersten DC-8-62 wurden im Sommer 1967 an die **SAS** geliefert und kamen auf der Transpolarroute Kopenhagen-Los Angeles zum Einsatz.

Als letzte der drei neuen Varianten startete schließlich am 10. April 1967 die **DC-8-63**. Mit einem maximalen Abfluggewicht von 158.760 kg und einer Nutzlast von 30.719 kg ist die -63 die schwerste DC-8. Sie hat den langen Rumpf der -61, und den Flügel der -62 sowie deren verfeinerte Aerodynamik. Die Flugerprobung der -63 begann am 27. April 1967 und die Musterzulassung konnte am 30. Juni erteilt werden. In dichter Bestuhlung konnten in der -63 bis zu 259 Passagiere befördert werden. Damit war diese Ausführung das größte Passagierflugzeug der Welt, bis der ***Jumbo*** kam. Am 27. Juli konnte erstmals

Die DC-8-62 N1803 (C/N 45895) der Braniff Airways in der pastellfarbenen Bemalung der 70er Jahre. Jedes Flugzeug in der Braniff-Flotte hatte eine andere Farbgebung.

die **KLM** eine DC-8-63 im Liniendienst einsetzten. Als erstes Flugzeug wurde die PH-DEA *Amerigo Vespucci* übernommen, gefolgt von der PH-DEB *Christopher Columbus*.
Zusätzlich zu den Passagierversionen waren die Super Sixty auch als Combi-Flugzeuge (**DC-8-61/62/63CF**) oder als reine Frachtmaschinen (**DC-8-61/62/63AF**) erhältlich. Eine Besonderheit bildete die **DC-8-63PF**. Diese Flugzeuge waren in erster Linie reine Passagiermaschinen, konnten aber ohne größeren Aufwand entweder zur -63CF oder -63AF modifiziert werden.
1979 startete die US-Firma Cammacorp in Zusammenarbeit mit MDC für die Super Sixty-Serie ein Umrüstprogramm für einzelne Flugzeuge mit geringen *Cycles*, die mit dem CFM56-Mantelstromtriebwerk der neuen Generation ausgerüstet wurden. Diese Maschinen tragen die Typenbezeichnungen **DC-8-71, -72 und -73** (*siehe unten*).
Die Fertigung der Super Sixty-Baureihe wurde im Mai 1972 nach dem Bau von insgesamt 263 Maschinen eingestellt. Diese Zahl setzt sich zusammen aus 78 -61, zehn -61CF, 52 -62, 16 -62CF und AF, 41 -63 und 66 -63CF, AF und PF. Insgesamt wurden 556 Flugzeuge aller Ausführungen gebaut.
In Europa war die Super Sixty in den 70er und 80er Jahren recht verbreitet und größere Flotten unterhielten **SAS** (-62 und -63), **KLM** (-63), **Swissair** (-62), **Alitalia** (-62) und **Iberia** (-63). In Deutschland flog nur die Charterfluggesellschaft **Atlantis** zwischen 1970 und 1972 drei DC-8-63CF.

Daten (DC-8-62)

Antrieb: 4 Pratt & Whitney JT3D-7 Mantelstromtriebwerke, je 8.618 KP (84,5 kN) Standschub.
Spannweite: 45,23 m; Länge: 47,98 m; Höhe 12,91 m; max. Startgewicht: 158.760 kg; ökon. Reisegeschwindigkeit: 860 km/h; Gipfelhöhe: 10.850 m; Reichweite: 10.700 km; Besatzung: 3+4; Passagiere: 144-189

McDonnell-Douglas DC-8-70

USA, Baujahr: 1966

1979 startete die US-Firma Cammacorp in Zusammenarbeit mit MDC für die ***Super Sixty***-Serie ein Umrüstprogramm für einzelne Flugzeuge mit geringen *Cycles*, die mit dem CFM56-Mantelstromtriebwerk der neuen Generation ausgerüstet wurden. Diese Maschinen tragen die Typenbezeichnungen **DC-8-71, -72 und -73**.
Dank des hohen Fahrwerks und den Tragflächen ohne Vorflügel eignete sich die DC-8-60 hervorragend für eine Umrüstung auf das CFM56-56, so dass nur geringe strukturelle Änderungen notwendig wurden. Durch die Verwendung des neuen Triebwerktyps konnte der Treibstoffverbrauch im Verhältnis zur DC-8-61 um 23 % gesenkt werden. Das Leistungsprofil ergab auch Verbesserungen bei Start, Steig- und Reiseflug und dem Aktionsradius (Reichweite). Im August 1981 begann die Flugerprobung mit einer entsprechend ausgelegten **DC-8-61** der **United Air Lines**. Unter der neuen Typenbezeichnung **DC-8-71** kam diese Maschine im April 1982 wieder in den Liniendienst. United ließ insgesamt 45 ihrer -61 auf den Standard der -71 umrüsten, gefolgt von Delta Air Lines mit 13 Exemplaren. Von der **DC-8-62** wurden nur vier Flugzeuge, ausschließlich private VIP-Maschinen, zur Serie **-72** um-

gerüstet. Die meisten der zur **-73** umgebauten **-63** waren Frachter, die nach der Umrüstung in dieser Einsatzrolle weiterflogen. Mit 42 Exemplaren der Versionen **-71AF** und **-73AF** verfügt heute die US-Frachtgesellschaft **United Parcel Service (UPS)** über die größte DC-8-70-Flotte. In Deutschland standen zwischen 1984 und 1997 fünf DC-8-73AF bei der **German Cargo** im Einsatz, bevor diese Maschinen von der größeren **MD-11F** abgelöst wurden. Nach der Umrüstung von insgesamt 110 DC-8 *Super Sixty*, davon 106 Flugzeuge der Serien -61 und -63, wurde das Programm 1986 eingestellt. Die Modifikationskosten pro Flugzeug lagen zwischen US$ 14,8 und 15,2 Millionen.

Daten (-73CF)

Antrieb: 4 General Electric/SNECMA CFM56-2C5 Mantelstromtriebwerke, je 9.980 KP (98 kN) Standschub. Spannweite: 45,23 m; Länge: 57,16 m; Höhe 12,91 m; max. Startgewicht: 161.040 kg; ökon. Reisegeschwindigkeit: 900 km/h; Gipfelhöhe: 10.850 m; Reichweite: 12.000 km; Besatzung: 3+6; Passagiere: 189-251; Nutzlast: 47.000 kg (als Frachter)

Als eine der ersten Fluggesellschaften ließ Delta Air Lines eine Anzahl ihrer DC-8-61 zur DC-8-71 mit CFM56-Triebwerken umbauen, um so die Lebensdauer der Flugzeuge zu verlängern. N1304L (C/N 46048) rollt im Dezember 1985 in Miami an den Start zu einem Linienflug nach Atlanta.

McDonnell-Douglas DC-9

USA, Baujahr: 1965

Als erstes zweistrahliges amerikanisches Verkehrsflugzeug mit Heckantrieb und T-Leitwerk wurde die **DC-9** zu einer Zeit projektiert, als die **BAC 1-11** sich bereits in einem fortgeschrittenen Entwicklungsstadium befand. Douglas setzte die größten Hoffnungen auf den inneramerikanischen Markt, doch zeigten die Fluggesellschaften 1959 für das erste Projekt Douglas 2000 nur geringes Interesse. 1962 stellte Douglas das Modell 2086, das mit zwei JTF10-Mantelstromtriebwerken ausgerüstet werden sollte, potentiellen Interessenten vor. Die Entwicklungs- und Produktionsentscheidung wurde von Douglas am 8. April 1963 bekanntgegeben, obwohl noch kein Auftrag eingegangen war. Die Abmessungen für dieses Kurz- und Mittelstreckenflugzeug waren im Verlaufe der Projektstudien laufend vergrößert worden. Als Antrieb wählte man das Pratt & Whitney JT8D-Triebwerk. Im Mai 1963 erteilte **Delta Air Lines** den ersten Auftrag über 15 DC-9 und optionierte auf weitere 15 Einheiten. Im Juli 1963 wurde mit dem Bau der beiden Prototypen begonnen, die im Januar 1965 fertiggestellt werden konnten. Der Erstflug erfolgte am 25. Februar 1965. Weitere Bestellungen waren unterdessen von **Bonanza Air Lines, Air Canada, TWA** und **Swissair** eingegangen. Die ersten Flugzeuge gehörten zur Srs.10 mit JT8D-5-Triebwerken von 53,3 kN Standschub und hatten ein Abfluggewicht von 34,930 kg oder 37.650 kg, wenn ein Zusatztank im Flügelmittelkasten eingebaut wurde. Bei einer gemischten Passagierversion konnten 72, in Einklassenbestuhlung 95 Fluggäste befördert werden. Die Musterzulassung erfolgte am 23. November 1965 und die Indienststellung bei Delta am 8. Dezember 1965. Nachdem das Orderbuch für den Hersteller enttäuschend ausgefallen war, brachte die um 4,60 m gestreckte Version **DC-9-30** den

Umschwung. Im Februar 1965 bestellte **Eastern Air Lines** 24 Exemplare der neuen Serie. Zur Leistungsverbesserung bei gesteigertem Startgewicht erhielt die Srs.30 eine um 1,21 m vergrößerte Spannweite, dreiteilige Landeklappen, Vorflügel über die gesamte Flügellänge und stärkere Triebwerke JT8D-7. Als im Juli 1966 die erste Srs.30 fertiggestellt wurde, umfasste die Auftragsliste bereits 375 Flugzeuge. Der Erstflug der Srs.30 fand am 1. August 1966 statt und nach der Musterzulassung am 19. Dezember 1966 wurde das neue Flugzeug Anfang 1967 bei Eastern in Dienst gestellt. Durch Verwendung immer stärkerer Versionen des JT-8D Triebwerks konnte das maximale Startgewicht kontinuierlich gesteigert werden (JT8D-9, 44.444 kg; JT8D-11/-15, 49.000 kg).

Für die **SAS** entwickelte Douglas die **Srs.40** durch eine Verlängerung der Srs.30 um 1,87 m zur Unterbringung von 107-125 Passagieren und einem verbesserten Nutzlast/Reichweiten-Verhältnis. Die Srs.40 wurde von JT8D-15 von 68,9 kN Standschub angetrieben und hatte ein maximales Startgewicht von 51.800 kg. Der Erstflug erfolgte am 28. November 1967, und die Indienststellung bei der SAS erfolgte Anfang 1968. Neben SAS wurde diese Variante nur noch von **Swissair** (von SAS gemietet) und der japanischen **Toa Domestic Airlines (TDA)** geflogen.

Für den ausgesprochenen Kurzstreckenverkehr zwischen Flughäfen mit kurzen Pisten entwickelte Douglas Ende 1966 die **DC-9-5**, die im Prinzip den Rumpf der Srs.10 mit dem Flügel der Srs.30 vereinigt. Die **SAS** signalisierte Bedarf für ein solches Flugzeug, und aufgrund der von SAS festgelegten Leistungsanforderungen entstand aus der DC-9-5 die **DC-9-20**, die mit gedrosselten Triebwerken vom Typ JT8D-9 oder -11 ausgerüstet wurde. Die erste Srs.20, von der nur zehn – alle für SAS – gebaut wurden, flog am 18. September 1968.

Die fünfte Hauptvariante der DC-9 wurde 1973 angekündigt, als **Swissair** zehn **Srs.50** in Auftrag gab. Der Rumpf war gegenüber der Srs.40 nochmals um 1,87 m gestreckt worden und überstieg damit die Rumpflänge des Grundmodells der Srs.10 um 8,41 m. Die DC-9-50 konnte bei einem Abfluggewicht von 54.400 kg bis zu 139 Fluggäste befördern und wurde von Triebwerken JT8D-15 (68,9 kN) oder -17 (71,1 kN) angetrieben. Der Erstflug der Srs.50 war am 17. Dezember 1974, die Indienststellung bei Swissair erfolgte am 24. August 1975.

Fracht- oder Combi-Flugzeuge führen hinter der jeweiligen Serienbezeichnung die Bezeichnungen **C** oder **RC** (*Rapid Change*). Die erste **Srs.30RC** erhielt **Overseas National Airways** im Oktober 1967, der erste Nur-Frachter **DC-9-30C** ging an die **Alitalia** im Mai 1968. Die Fertigung der DC-9 wurde 1982 nach dem Bau von 976 Flugzeugen aller Versionen zugunsten der **DC-9-80 (MD-80)** eingestellt.

Daten (-30)

Antrieb: 2 JT8D-7 Mantelstromtriebwerke, je 6.500 KP (63,8 kN) Standschub.
Spannweite: 28,47 m; Länge: 36,37 m; Höhe 8,34 m; max. Startgewicht: 48.989 kg; ökon. Reisegeschwindigkeit: 880 km/h; Gipfelhöhe: 11.900 m; Reichweite: 2.600 km; Besatzung: 2+3; Passagiere: 97-115

Die DC-9-30 war das erfolgreichste Modell der DC-9-Familie und kam weltweit zum Einsatz. N970NE (C/N 47053) ist eine DC-9-31 und gelangte am 5. Mai 1967 zur Ablieferung an Northeast Airlines. Sie trägt die bei diesem Flugzeugmuster eingeführte Yellow Bird-Farbgebung.

McDonnell-Douglas MD-80

USA, Baujahr: 1979

Unter der Projektbezeichnung **DC-9 *Super 80*** begann MDC im Oktober 1977 mit der Entwicklung einer gestreckten **DC-9-50** für 172 Passagiere zur Markteinführung 1980. Gegenüber dem Ausgangsmuster wurde der Rumpf der -80 um 4,4 m verlängert. Die Tragfläche erhielt ein zusätzliches und verstärktes Mittelstück, wodurch sich die Spannweite um 2,80 m vergrößerte. Weitere Änderungen betrafen das Höhenleitwerk, dessen Spannweite um 1,10 m vergrößert wurde. Auch das Fahrwerk musste wegen der höheren Startgewichte erheblich verstärkt werden. Ferner wurde die Inneneinrichtung der Passagierkabine vollständig überarbeitet und das Cockpit mit volldigitalisierten Instrumenten und Systemen ausgestattet.
Die MD-80 wird in fünf verschiedenen Ausführungen angeboten, von denen die **-81/-82/-83/-88** in den Abmessungen gleich sind, sich aber durch unterschiedliche Abfluggewichte, Tankkapazität und Triebwerksvarianten des JT8D-200-Aggregats voneinander unterscheiden. Die Passagierkapazität der Flugzeuge liegt, je nach Ausstattung, zwischen 145 bis 172 Personen. Die **MD-87** (*siehe dort, Seite 247*) hat einen kürzeren Rumpf für bis zu 130 Passagiere und gleicht in den Abmessungen weitgehend der **DC-9-30**.
Austrian Airlines und **Swissair** erteilten am 1. Oktober 1977 Aufträge über 13 bzw. 25 DC-9-80. Bei der **DC-9-81**, später **MD-81**, handelt es sich um das Grundmuster, das von zwei JT8D-209 Mantelstromtriebwerken von 8.400 KP (82,3 kN) angetrieben wird. Das maximale Startgewicht beträgt 63.500 kg mit einer Reichweite von 3.300 km.
Der Prototyp (N980DC) flog erstmals am 18. Oktober 1979. Nach dem Absturz des zweiten Prototypen während der Flugerprobung verzögerte sich die Verkehrszulassung um rund fünf Monate, die schließlich am 30. Juli 1981 erteilt wurde. **Swissair** erhielt ihre erste **MD-81** (HB-INC) am 14. September 1980 und stellte das neue Flugzeugmuster am 5. Oktober 1980 in Dienst.
Die **MD-82** erhielt ihre Verkehrszulassung am 30. Juli 1981 und wurde am 5. August 1981 von **Republic Airlines** erstmals eingesetzt. Die MD-82 ist mit Triebwerken der Serie JT8D-217C mit einer Schubleistung von 88,9 kN ausgerüstet und hat ein Abfluggewicht von 67.800 kg. Anfang 1994 unterzeichnete MDC mit der chinesischen SAIC ein Kooperationsabkommen über die Lizenzfertigung von 50 MD-82 für den chinesischen Markt. Hierfür wurde in Schanghai eine Montagestraße eingerichtet. MDC lieferte im Juli 1987 Bausätze für 30 Flugzeuge, die restlichen Maschinen wurden in der V.R. China gefertigt.

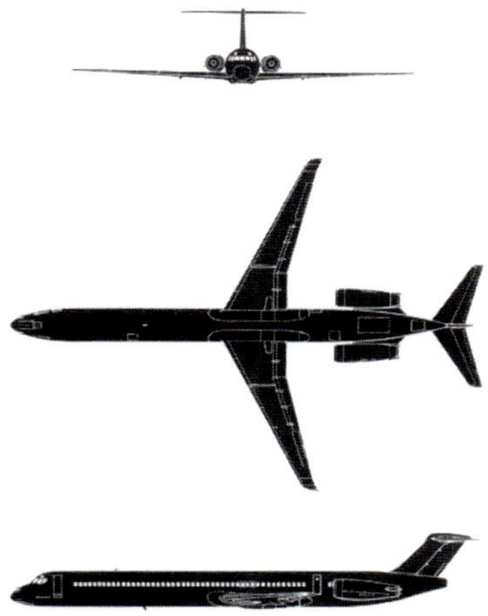

Die **MD-83** flog erstmals am 17. Dezember 1984 und wurde im November 1985 zertifiziert. Als erste Fluggesellschaft konnte **Finnair** diese Variante im März 1985 auf ihrem Streckennetz einsetzen. Mit einem Startgewicht von 72.575 kg ist die -83 das schwerste Modell der Baureihe. Durch den Einbau eines zusätzlichen Tanks im hinteren Frachtraum konnte die Reichweite auf maximal 6.000 km gesteigert werden. Die -83 ist mit JT8D-219 Triebwerken ausgestattet, die eine Schubleistung von je 93,5 kN haben.
Nach der **MD-87** folgte 1986 als letztes Modell die **MD-88**, die im Auftrag der **Delta Air Lines** entwickelt wurde. Das Flugzeug wurde mit Instrumenten und Systemen der neuesten Technologie ausgerüstet. Im Cockpit kamen u.a. ein *Electronic Flight Management System* (EFIS) und ein Windscher-Warnsystem zum Einbau. Der Erstflug der MD-88 erfolgte am 15. August 1987 und die Typenzulassung folgte am 9. Dezember desselben Jahres. Delta Air Lines stellte die -88 am 5. Januar 1988 in Dienst und ist mit 120 Exemplaren der größte Betreiber dieser Version.
Neue Wege in der Antriebstechnik wollte MDC mit dem Einsatz eines UDF-Triebwerks (*Undeducted Fan*) beschreiten und rüstete eine MD-80 für Versuchszwecke mit einem entsprechenden Triebwerk zu aus. Dieses Triebwerk bestand aus zwei gegenläufigen Propellern mit je acht breiten Blättern. Die Maschine flog erstmals am 18. Mai 1987, aber das Konzept konnte sich am Markt nicht durchsetzen. Mit der Ablieferung des letzten Flugzeugs im Januar 2000 wurde die Fertigung der MD-80-Serie eingestellt.

Daten (MD-83)

Antrieb: 2 Pratt & Whitney JT8D-219 Mantelstromtriebwerke, je 9.525 KP (93,4 kN) Standschub.
Spannweite: 32,87 m; Länge: 45,06 m; Höhe 9,05 m;
max. Startgewicht: 72.575 kg; ökon. Reisegeschwindigkeit: 870 km/h; Gipfelhöhe: 11.200 m; Reichweite: 6.000 km;
Besatzung: 2+5; Passagiere: 145-172

Für den gemeinsam mit Austrian Airlines durchgeführten Zubringerdienst auf der Strecke Zürich-Wien erhielt diese MD-81 zusätzlich eine besondere Aufschrift.

Neben Finnair war Austrian Airlines der Launch-Customer (Erstkunde) für die MD-87, welche die veraltete DC-9-30 ersetzten sollte.

McDonnell-Douglas MD-87

USA, Baujahr: 1986

Die erfolgreichste Variante der DC-9-Baureihe war die **-30** mit einer Passagierkapazität von 100 Sitzen, weswegen die Fluggesellschaften auch in der neuen MD-80-Baureihe ein Flugzeug solcher Größe verlangten. Auf diese Forderung antwortete MDC mit der Entwicklung der **MD-87**, deren Produktionsbeginn am 3. Januar 1985 bekannt gegeben wurde. Zuvor, im Dezember 1984, hatten **Finnair** und **Austrian Airlines** verbindliche Bestellungen für dieses Muster abgegeben.

Der erste Prototyp startete am 4. Dezember 1986 zum Erstflug. Am 21. Oktober 1987 erhielt die MD-87 ihre Musterzulassung. Finnair und Austrian Airlines bekamen ihre -87er im November 1987.
Ein weiterer wichtiger Kunde für diese Variante war die spanische **Iberia**, die zunächst 17 bestellte und heute mit 24 Flugzeugen die größte Flotte betreibt. In der Schweiz kam die MD-87 bei der **CTA** (4) zum Einsatz, während in Deutschland die Charterfluggesellschaft **Aero Lloyd** bis in die 90er Jahre hinein ebenfalls vier Maschinen in ihrer ansonsten aus MD-82 und MD-83 bestehenden Flotte hatte.

Daten

Antrieb: 2 Pratt & Whitney JT8D-219 Mantelstromtriebwerke, je 9.525 KP (93,4 kN) Standschub.
Spannweite: 32,87 m; Länge: 39,75 m; Höhe 9,35 m; max. Startgewicht: 67.800 kg; ökon. Reisegeschwindigkeit: 875 km/h; Gipfelhöhe: 11.300 m; Reichweite: 5.400 km; Besatzung: 2+4; Passagiere: 107-139

McDonnell-Douglas MD-90

USA, Baujahr: 1993

Für den Markt der 90er Jahre stellte MDC ab 1987 Überlegungen zur Modernisierung seiner erfolgreichen **MD-80**-Serie an. Auch bei der **MD-90** sollten sich mehrere Varianten ergänzen. Als gemeinsamen Antrieb waren verschiedene Ausführungen des IAE V2500-Triebwerks vorgesehen. Der Bau von drei Versionen war vorgesehen: Die **MD-90-10** mit einem Startgewicht von 63.000 kg für bis zu 132 Passagiere und V2522-D5-Triebwerken mit 97,86 kN Schub, entsprechend der **MD-87**; die **MD-90-30** mit einem Startgewicht von 71.000 kg für 150 Fluggäste und V2525-D5 mit 111,2 kN Schub, und die **MD-90-40** mit einem Abfluggewicht von 73.000 kg für 180 Personen und V2528-D5 mit 124,6 kN Schubleistung. Im Vergleich zur MD-80 ist der Treibstoffverbrauch bei den MD-90-Modellen etwa 15-18% geringer, verbunden mit einer weitergehenden Lärmminderung.
Der Produktion der MD-90-Serie begann am 14. November 1989 mit der **MD-90-30**, von der **Delta Air Lines** 50 Maschinen fest bestellte und auf weitere 100 Optionen vergab. Nur kurze Zeit später folgte ein Auftrag von **Alaska Airlines**, der später aber zugunsten des Konkurrenzproduktes **Boeing 737-900** storniert wurde.
Ausgangsmuster für die MD-90-30 ist die **MD-88**, von der das Leitwerk, der Flügel und das Fahrwerk übernommen wurden. Wegen des

höheren Startgewichtes wurden die Fahrwerksbeine verstärkt. Gegenüber der MD-88 wurde der Rumpf um 1,45 m gestreckt, wobei das zusätzliche Rumpfsegment unmittelbar hinter der Kanzel eingefügt wurde, um die durch die schwereren Triebwerke entstandene Schwerpunktverlagerung auszugleichen. Das Digital-Cockpit wurde ebenfalls von der MD-88 übernommen. Überarbeitet wurden verschiedene elektrische und hydraulische Systemkomponenten. Der erste Prototyp der MD-90-30 startete am 22. Februar 1993. An der Flugerprobung nahmen zwei Maschinen teil und die Verkehrszulassung erfolgte im Oktober 1994. Die erste -30 konnte am 24. Februar 1995 der Delta Air Lines übergeben werden.

1997 unterzeichnete MDC mit der chinesischen SAIC ein weiteres Kooperationsabkommen, analog zur **MD-82**, über die Lizenzfertigung von zunächst 20 MD-90-30 für den chinesischen Markt. Das Muster mit einer Kapazität für 105 Passagiere war als das neue Standard-Mittelstreckenflugzeug (*Trunkliner*) für die chinesischen Fluggesellschaften vorgesehen und wurde als **MD-90-30T** bezeichnet. Für den Einsatz von Flughäfen der Zweiten Kategorie verfügte das Modell über ein Tandem-Fahrwerk mit Steinschlagschutz. Die Endmontage des Musters sollte in Schanghai stattfinden, wofür MDC die Bausätze zu liefern hatte. MDC baute ein Musterflugzeug, aber die chinesische Produktion wurde nie begonnen. Obwohl MDC den weltweiten Bedarf für die MD-90 auf über 500 Flugzeuge schätzte, blieb das Kundeninteresse aus und das Muster wurde zum Flop. Nur 134 Flugzeuge, davon 20 Exemplare der -30T, wurden gebaut. Die geplanten Varianten MD-90-10, und -40 wurden nicht verwirklicht. Als letzter Kunde bestellte 1995 **Saudi Arabian Airlines** 29 MD-90, von denen das erste Exemplar 1997 geliefert wurde. Die Fertigung der MD-90 endete im Januar 2000.

Daten

Antrieb: 2 International Aero Engines IAE V2525-D5 Mantelstromtriebwerke, je 11.340 KP (111,21 kN) Standschub. Spannweite: 32,87 m; Länge: 46,51 m; Höhe 9,30 m; max. Startgewicht: 70.760 kg; ökon. Reisegeschwindigkeit: 811 km/h; Gipfelhöhe: 11.600 m; Reichweite: 4.415 km; Besatzung: 2+4; Passagiere: 153-172

Die MD-90-30 JA8004 (C/N 53359) von Japan Air System (JAS) in der farbenfrohen Regenbogen-Bemalung.

DC-10-30 PP-VMA (C/N 46944) der VARIG in neuer Farbgebung auf dem Rollfeld des Flughafens Miami International.

McDonnell-Douglas DC-10

USA, Baujahr: 1970

Aufgrund einer Spezifikation der **American Airlines** für ein zweistrahliges Mittelstrecken-Großraumflugzeug begann im März 1966 die Douglas Aircraft Company mit entsprechenden Entwurfsstudien. Während der Entwicklungsarbeiten stellte sich heraus, dass ein dreistrahliges Flugzeug die gestellten Anforderungen besser erfüllen konnte. Im Juli 1967 begannen die Entwicklungsarbeiten an dem Flugzeugmuster **DC-10**, das mit zwei Triebwerken in Gondeln unter den Tragflächen und einem Triebwerk im Seitenleitwerk ausgerüstet wurde. Bei einer Passagierkapazität von 230 Plätzen sollte eine transkontinentale Reichweite erzielt werden. Nach weiteren Verfeinerungen des Projektes erteilte American Airlines am 19. Februar 1968 eine Bestellung für 25 DC-10 und nahm eine Option auf 25 weitere Maschinen. Ende April 1968 folgte **United Airlines** mit einer Order über 30 Flugzeuge plus 30 Optionen.

Die erste Bestellung für ein Langstreckenmuster der DC-10 kam Ende 1968 von **Northwest Orient Airlines**. Die notwendige Tankkapazität für interkontinentale Reichweiten wurde durch den Einbau zusätzlicher Tanks im Rumpf und im Flügelmittelkasten erzielt. Dadurch stieg das Abfluggewicht von 175.000 kg auf 240.000 kg. Die Lastverteilung des höheren Gewichtes auf die Runway erforderte ein drittes Hauptfahrwerk. Dieses Zwillingsfahrwerk kam in der Rumpfmitte zwischen den Tragflächen zum Einbau. Zur Verbesserung der operativen Leistungsfähigkeit fand auch ein leistungsstärkeres Triebwerk vom Typ Pratt & Whitney JT9D-15 mit 218 kN Schubleistung Verwendung.

Douglas führte zur Unterscheidung der einzelnen Varianten nun wieder Versionsbezeichnungen ein. Das Grundmodell wurde als **DC-10-10** bezeichnet. Die Langstreckenversion für Northwest war die Serie 20.

Die Fertigung der **DC-10-30** begann im Juni 1969, als die europäischen Gesellschaften des KSSU-Konsortiums (**KLM, SAS, Swissair, UTA**) den Douglas-Trijet als ihr zukünftiges Standard-Langstreckenmuster wählten. Anschließend entschieden sich auch drei von vier Mitgliedern der ATLAS-Gruppe (**Alitalia, Iberia, Lufthansa**) für die -30, nicht jedoch **Air France**. Mit diesen Aufträgen hatte sich die DC-10 gegenüber dem Konkurrenzmuster **Lockheed L.1011 *TriStar*** auf dem europäischen Markt durchgesetzt. Aufgrund einer Triebwerksmodifikation des JT9D-15-Triebwerks entstand das leistungsstärkere Aggregat JT9D-20, welches jetzt von Northwest als Antrieb für die Serie 20 gewählt wurde. Aus verkaufstaktischen Gründen benannte Douglas die Serie 20 in **DC-10-40** um.

Die **DC-10-15** wurde für **Mexicana de Aviacion** für heiße und hochgelegene Flughäfen entwickelt. Abgesehen von Triebwerken mit höherer Leistung entsprach diese Ausführung der DC-10-10.

Der Erstflug der DC-10 erfolgte am 29. August 1970, und vom 24. Oktober an beteiligte sich eine zweite Maschine in den Farben von American Airlines und ab 23. Dezember eine dritte, für United Air Lines vorgesehene, an der Flugerprobung. Die FAA-Musterzulassung wurde der DC-10 am 19. Juli 1971 erteilt und bereits in der darauffolgenden Woche kam die erste Maschine bei American Airlines auf der Route Los Angeles-Chicago zum Einsatz. Die Flugerprobung der -40 begann am 28. Februar 1972 und wurde mit der Zulassung am 27. Oktober beendet. Northwest erhielt ihr erstes Flugzeug am 10. November. Die -30 flog erstmals am 21. Juli 1972 und die Musterzulassung wurde am 21. November 1972 erteilt. Der Verkaufserfolg der DC-10 stieg 1973 nach der weltweiten Ölkrise schlagartig an, als die meisten großen Fluggesellschaften ihre spritschluckenden und kostenintensiven vierstrahligen **Boeing 707** und **DC-8** durch das fortschrittliche und kostengünstige Douglas-Großraumflugzeug ersetzten.

Die maximalen Abfluggewichte für die DC-10 wurden kontinuierlich erhöht, was durch stetige Leistungssteigerungen der verwendeten Pratt & Whitney- und später der General Electric-Triebwerke möglich wurde. Die -10 erhielt die Zulassung für 195.045 kg und die -30 für 251.744 kg. Einige der DC-10-10 von American Airlines erhielten sogar die Genehmigung für 199.580 kg. Sie besaßen zusätzliche Treibstofftanks im Mittelflügel, um auf der Route Los Angeles-Honolulu (Hawaii) eingesetzt werden zu können.
Weitere Serien der DC-10 waren die **-30CF** für den kombinierten Passagier- und Frachtbetrieb, die ihren Erstflug am 28. Februar 1973 durchführte. Als erste Fluggesellschaften stellten **Overseas National Airways** und **Trans International Airlines** diese Variante im April 1973 in Dienst. Die Frachterversion **30F** erschien 1974, zeitigte aber keinen großen Verkaufserfolg. Bei den nachgerüsteten Varianten **-30ER** und **-40ER** mit einem größeren Aktionsradius (Reichweite) befindet sich im Bereich des hinteren Frachtraumes ein zusätzlicher Tank mit einem Fassungsvermögen von 12.700 Liter. Seit 1995 führt die italienische Flugzeugfirma Alenia/Aeronavali als Auftragnehmer von McDonnell-Douglas (seit 1997 Boeing) die Umrüstung von DC-10-30 der Passagierversion zu Vollfrachtern **DC-10-30F** durch. Neben dem Einbau eines Frachttores auf dem Hauptdeck und einem Schwerlast-*Roller-Floor* umfassen die Arbeiten auch die Neuausrüstung des Cockpits mit digitaler Technologie für den Betrieb mit einer zweiköpfigen Crew und die Installation neuester Avionik.
Nach dem Absturz einer DC-10 am 25. Mai 1979 in Chicago verhängte die FAA ein 38tägiges Flugverbot für alle weltweit eingesetzten DC-10, ein Ereignis, das in der Geschichte der Zivilluftfahrt bislang ohne Beispiel ist. Nachdem in genauesten Untersuchungen kein grundlegender Konstruktionsfehler nachgewiesen werden konnte, erhielt die DC-10 erneut ihre Verkehrszulassung. Insgesamt wurden bis zur Produktionseinstellung im Januar 1989 386 zivile DC-10 gebaut. Weitere 60 Maschinen der DC-10-Baureihe kaufte die **US Air Force (USAF)** unter der Typenbezeichnung **KC-10A *Extender***. Diese Maschinen kommen als strategische Langstreckentransporter und Luftbetankungsflugzeuge zum Einsatz.

Daten (-30ER)

Antrieb: 3 General Electric CF6-50C2B Mantelstromtriebwerke, je 23.815 KP (233,5 kN) Standschub.
Spannweite: 50,40 m; Länge: 55,35 m; Höhe 17,85 m; max. Startgewicht: 263.500 kg; ökon. Reisegeschwindigkeit: 865 km/h; Gipfelhöhe: 13.000 m; Reichweite: 11.500 km; Besatzung: 2+10; Passagiere: 246-380

McDonnell-Douglas MD-11

USA, Baujahr: 1990

Der Programmstart der **MD-11** wurde nach zweijähriger Entwicklungszeit am 30. Dezember 1986 bekanntgegeben. Die MD-11 zählt zu den Langstreckenflugzeugen mit extremer Reichweite. Bei der McDonnell-Douglas Corporation (MDC) löste sie ab 1989 die **DC-10-30/40** im Serienbau ab. Von der Grundauslegung gleichen sich die beiden Muster, aber der Rumpf der MD-11 wurde gegenüber der DC-10 um 5,70 m gestreckt. Ferner erhielt der Flügel eine neue Nasenkante und Winglets an den Flächenenden. Das Seitenleitwerk wurde als Integraltank ausgelegt. Das Startgewicht liegt bei 273.300 kg und die Tankkapazität bei 146.312 Litern. Die Reichweite beträgt, je nach Kabinenauslegung, zwischen 10.500 km und 12.840 km. Als Antrieb finden Triebwerke der höchsten Leistungsklasse von über 275 kN Verwendung (siehe Datenblatt). Die Passagierkapazität beträgt je nach Kabineneinrichtung 276 bis 405 Sitze. Ein Digitalcockpit für den 2-Mann-Betrieb und modernste Avionik runden das Leistungsprofil des Musters ab. Das direkte Konkurrenzmuster der MD-11 ist die **Boeing 767-300** und der **Airbus A340**. Als erste Fluggesellschaft bestellte **British Caledonian Airways** am 3. September 1986 neun MD-11 als DC-10-Ersatz für ihre Südamerikarouten. Mit dem Bau des ersten von zwei Prototypen wurde am 9. März 1988 begonnen. Zu diesem Zeitpunkt lagen bereits 52 Bestellungen und 40 Optionen von zwölf Fluggesellschaften vor. Der erste Prototyp (N111MD) startete am 10. Januar 1990 zum Erstflug, gefolgt von der zweiten Maschine am 1. März 1990. Bei der anschließenden Flugerprobung kamen insgesamt fünf Flugzeuge zum Einsatz. Die FAA-Verkehrszulassung konnte am 8. November 1990 erteilt werden. Schon am 29. November 1990 wurde die erste MD-11 an **Finnair** übergeben, gefolgt von Lieferungen an **Delta Air Lines** (Mitsui-Lease) am 14. Dezember 1990. Der erste Linieneinsatz erfolgte am 21. Dezember 1990 bei Finnair. Neben dem Grundmodell standen auch die kombinierte Passagier-/Frachtversion **MD-11CF** und das Frachtermodell **MD-11F** in Produktion. Ab 1996 wurde auch die Variante **MD-11ER** mit einer Reichweite zwischen 14.280 km und 15.250 km angeboten. Die maximale Passagierkapazität liegt bei 277 Fluggästen.

Die **MD-11CF** ist auf der linken Heckseite mit einem Frachttor ausgerüstet und kann in einer Zweiklassenversion 214 Passagiere und sechs Frachtpaletten mit einem Gewicht von 66.500 kg befördern. Die maximale Nutzlast der -11CF beträgt 68.447 kg und das maximale Startgewicht 280.325 kg.
Die **MD-11F** kann bis zu 26 Frachtpaletten oder -Container auf ihrem Hauptdeck befördern und entspricht in ihrer Auslegung der -11CF. Bei einer maximalen Nutzlast von 93.304 kg liegt das Abfluggewicht bei 283.494 kg. Als größter Kunde der -11F hat **Federal Express** 22 Flugzeuge bestellt. Diese Flotte wird sich bis Dezember 2006 auf 60 Exemplare erhöhen, wenn FedEx von Boeing zur MD-11F umgebaute Flugzeuge der Passagierversion übernimmt. Diese Maschinen werden u. a. aus Beständen der American Airlines (19) und Swissair (16) kommen und die Umrüstungen werden im Boeing-Unterauftrag bei Israel Aircraft Industries/Bedek (IAI) durchgeführt. Ein entsprechender Vertrag wurde im Mai 1999 zwischen den beiden Firmen unterzeichnet.

Die erste MD-11 der Delta Air Lines, N801DE (C/N 48472), zeigt ihre elegante Linienführung auf einem Testflug vor der kalifornischen Küste.

Im Oktober 1998 lancierte Boeing, nach der Übernahme von MDC, ein Werterhaltungsprogramm für die MD-11 mit dem Ziel, die seit Baubeginn bestehenden strukturellen Probleme des Musters zu beheben. Modifikationsarbeiten umfassen Rostschutzmaßnahmen zur Eindämmung exzessiver Rostschäden in den Winglets, die Behandlung von Riss-Schäden in der Außenhaut und den Austausch ganzer Systemkomponenten zur Fehlerbehebung in verschiedenen elektrischen Versorgungskreisläufen. Obwohl geplant war, die Fertigung der MD-11F aufgrund einer gehobenen Nachfrage zunächst aufrecht zu erhalten, entschied sich Boeing Ende 1998 zur Produktionseinstellung nach der Ablieferung des letzten Flugzeuges zum Jahresende 2000.
Im September 1999 waren von 200 MD-11 aller Ausführungen bereits 189 Maschinen ausgeliefert.
Größte Betreiber der MD-11 in Europa sind **Swissair** (16), **KLM** (10) und **Alitalia** (8). In Deutschland stehen bei **Lufthansa Cargo** seit Mitte 1998 fünf MD-11F im Einsatz. Als einzige deutsche Fluggesellschaft hatte die Düsseldorfer **LTU** zwischen 1991 und 1998 vier MD-11 (Passagierversion) im Einsatz. Diese Maschinen wurden im Herbst 1998 an die Swissair verkauft.

Daten

Antrieb: 3 Pratt & Whitney PW4460 Mantelstromtriebwerke, je 27.215 KP (266,9 kN) Standschub, oder 3 General Electric CF6-80C2-D1F Mantelstromtriebwerke, je 27.896 KP (273,6 kN) Standschub, oder 3 Rolls-Royce Trent RB.211-524D4D Mantelstromtriebwerke, je 29,483 KP (289 kN) Standschub. Spannweite: 51,70 m; Länge: 61,21 m; Höhe 17,60 m; max. Startgewicht: 273.300 kg; ökon. Reisegeschwindigkeit: 876 km/h; Gipfelhöhe: 12.000 m; Reichweite: 12.566 km; Besatzung: 2+12; Passagiere: 285-410

Sud Aviation SE.210 Caravelle

Frankreich , Baujahr: 1955

Das Konzept der ***Caravelle***, des ersten strahlgetriebenen Kurz- und Mittelstrecken-Verkehrsflugzeuges der Welt, wurde von der französischen Luftfahrtbehörde S.G.A.C.C. im Jahre 1951 als Spezifikation den sechs bedeutendsten französischen Flugzeugherstellern unterbreitet. Ziel war es, ein konkurrenzfähiges Flugzeugmuster zur britischen ***Comet*** zu entwickeln. Die am 6. November 1951 veröffentlichte Spezifikation verlangte die Beförderung einer Nutzlast von sechs bis sieben Tonnen über eine Entfernung von mindestens 2.000 km mit einer Durchschnittsgeschwindigkeit von 700 km/h. Aus den vielen eingereichten Vorschlägen wählte die Entwicklungskommission im September 1952 schließlich den Entwurf X210 der staatlichen SNCASE aus. Dieses Unternehmen wurde später mit der Nord Aviation zur Aérospatiale verschmolzen. Der erste Projektvorschlag sah die Verwendung von drei Atar-Triebwerken aus französischer Produktion vor, die am Rumpfheck angebracht werden sollten. Schließlich wurde aber das britische Rolls-Royce Avon-Triebwerk gewählt, weil es seine Zuverlässigkeit bereits unter Beweis gestellt hatte. Die Tatsache, dass das Avon wesentlich mehr Leistung brachte, führte zu einer zweistrahligen Aus-

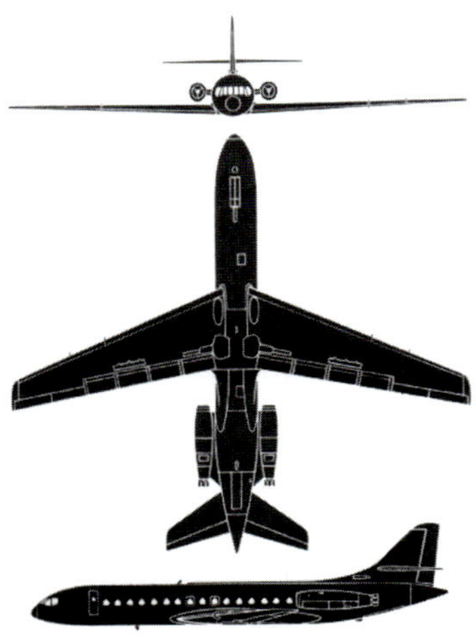

Der zweite Prototyp der SE.210 Caravelle auf dem Flughafen von Los Angeles anlässlich einer Demonstrationstour durch die USA im Jahre 1957.

legung des neuen Flugzeugmusters. So entstand die seinerzeit im Flugzeugbau revolutionäre Auslegung mit zwei Hecktriebwerken und einem sogenannten sauberen Flügel mit mäßiger Pfeilung. Das Höhenleitwerk wurde in die Seitenflosse integriert, und diese Anordnung erhielt die Bezeichnung Kreuzleitwerk. Die Kabine war für 52 Passagiere ausgelegt.

Die gesamten Entwicklungskosten dieses Flugzeugs wurden in voller Höhe von der französischen Regierung getragen, die am 3. Januar 1953 den Vertrag zum Bau von zwei Prototypen unterzeichnete. Hinzu kamen noch zwei Bruchzellen für den Festigkeitsnachweis. Die Projektbezeichnung wurde in **SE.210** geändert, der Projektnamen lautete ***Caravelle***. Die Erstflüge der Prototypen waren am 25. Mai 1955 und am 6. Mai 1956. Während diese Maschinen von Triebwerken des Typs Avon RA.26 angetrieben wurden, erhielten die Serienflugzeuge die RA.29 Mk.522-Aggregate. Der erste Verkaufserfolg stellte sich am 16. November 1955 ein, als die staatliche **Air France** einen Auftrag über zwölf Maschinen erteilte. Bald schon folgten andere europäische Fluggesellschaften, darunter auch **SAS**, die zu einem der größten Betreiber der Caravelle werden sollte.

Am 2. April 1958 erfolgte die Musterzulassung durch die französischen und sechs Tage später, am 8. April, durch die amerikanischen Behörden. Am 18. Mai desselben Jahres startete bereits die erste Serienmaschine, die **Caravelle I**, zu ihrem ersten Flug. Die Lieferungen an Air France begannen am 19. März 1959, und am 6. Mai 1959 erfolgte die offizielle Einführung in den Liniendienst. Als erste ausländische Gesellschaft erhielt SAS am 15. Mai 1959 die Caravelle. Gegenüber dem Prototyp hatte die Caravelle I jetzt Avon RA.29 Mk.522 Triebwerke, einen um 1,5 m gestreckten Rumpf und eine länger auslaufende Seitenflosse, in der die HF-Antenne untergebracht war. Aus dieser Grundversion heraus wurden anschließend verschiedene Varianten mit bis zu 99 Sitzen entwickelt. Den 20 Caravelle I folgten zwölf **Caravelle IA** (Erstflug 11. Februar 1960) mit Mk.526-Triebwerken, die dann später zu **Caravelle III** mit RA.29/3 Mk.527 umgerüstet wurden. Gegenüber den Vorgängern hatte diese Ausführung ein größeres Startgewicht und erreichte eine höhere Reisegeschwindigkeit. Die **Caravelle III**, die am 30. Dezember 1960 erstmals flog, wurde zum Standardmodell, von dem 78 Exemplare gebaut wurden. Im Laufe des Jahres 1961 wurden die 23 bereits fertiggestellten Caravelle I/IA auf den Standard der Caravelle III gebracht. Die Bezeichnungen der nachfolgenden Varianten waren abhängig von den eingebauten Triebwerken, wobei die Abmessungen aber gleich blieben. Die mit Avon RA.29/6 Mk.531 ausgerüstete **Caravelle VI** hatte gegenüber der Caravelle III ein höheres Startgewicht und bessere Leistungen. Hierzu wurde der Mk.III-Prototyp zur Mk.VI modifiziert und flog als solcher erstmals am 10. September 1960. Als erste Fluggesellschaft stellte die **Sabena** diese Variante am 18. Februar 1961 in Dienst. Im Februar 1960 erteilte **United Air Lines** als einzige US-Fluggesellschaft einen Auftrag über 20 Caravelle. Dies führte zur Entwicklung der **Caravelle VI-R** mit Avon 532R oder 533R mit Schubumkehr und weiteren Änderungen zur Erfüllung der US-Lufttüchtigkeitsanforderungen. Hierbei bezogen sich die größeren Modifikationen auf Störklappen und Bremssystem. Die erste VI-R flog am 6. Februar 1961, und die Lieferungen an United begannen im Juni, die das Muster im darauffolgenden Monat in den Liniendienst stellte. Die Bezeichnung **VI-N** wurde kurz darauf eingeführt, um die früheren Flugzeuge von denen, die mit einer Schubumkehr ausgerüstet waren, zu unterscheiden. Insgesamt wurden von der VI-N 53 und von der VI-R 56 Exemplare hergestellt. Mit diesen Varianten wurde die von Avon-Triebwerken angetriebene Caravelle-Baureihe beendet.

Längere Zeit untersuchte Sud Aviation die Verwendbarkeit anderer Triebwerke. Anfang 1960 verkaufte die Firma eine Caravelle III an General Electric, die dort mit zwei Bläsertriebwerken vom Typ CJ805-23C ausgerüstet wurde. Der Erstflug der als **Caravelle VII** bezeichneten Maschine fand am 29. Dezember 1960 statt. Dieselben Triebwerke waren für das Projekt **Caravelle 10** mit einem um einen Meter verlängerten Rumpf vorgesehen, ebenso für die **Caravelle 10A** mit den wechselnden Bezeichnungen *Caravelle Horizon* und *Caravelle Super A*. Die Super A sollte entsprechend einer Forderung der **TWA** einen breiteren Innenflügel, eine erhöhte Fensterreihe, Doppelspaltklappen und einen Leitwerks-Übergangstropfen haben. **TWA** bestellte 1961 zuerst 20 Stück, doch die Order wurde im darauffolgenden Jahr annulliert. Inzwischen stand aber bereits ein entsprechender Prototyp in Produktion, welcher am 31. August 1962 seinen Erstflug absolvierte. Zeitgleich entwickelte Sud Aviation die **Caravelle 10B**, die von Pratt & Whitney JT8D-1-Bläsertriebwerken von je 6.300 KP (62,2 kN) Standschub angetrieben wurde und ein Startgewicht von 52.000 kg aufwies. Der Prototyp dieses Loses von 22 Flugzeugen startete erstmals am 3. März 1964 und am 16. August desselben Jahres konnte das erste Exemplar an die **Finnair** übergeben werden. Am 23. Februar 1968 erhielt die dänische Charterfluggesellschaft **Sterling Airways** ihre erste **Super B**, auch *Super Caravelle* genannt. Diese auf der 10B aufbauenende Version hatte ein Startgewicht von 54.000 kg. Bei den letzten an Sterling abgelieferten Maschinen wurde das Abfluggewicht nochmals um weitere 2.000 kg angehoben. Die wesentlichsten Änderungen gegenüber der Standardversion waren der um einen Meter verlängerte Rumpf, der maximal 105 Fluggästen Platz bot, sowie das Höhenleitwerk, dessen Spannweite um 1,40 m verglängert wurde. Die Tiefe des Flügels erfuhr an der Wurzel eine bedeutende Vergrößerung. Optional konnte zudem das Fassungsvermögen der Flügeltanks vergrößert werden, wodurch sich die maximale Reichweite auf 3.640 km erhöhte. Die **Caravelle 10R**, die am 18. Januar 1965 erstmals flog, war im Grunde eine Caravelle VI mit JT8D-7-Triebwerken und einer Kaskaden-Schubumkehrvorrichtung. Während die Passagierkapazität gegenüber der Version VI unverändert blieb, konnte das Nutzlast/Reichweite-Verhältnis deutlich verbessert werden. Die maximale Reisegeschwindigkeit stieg dank der neuen Triebwerke auf 820 km/h. Von der Caravelle 10R wurden 20 Exemplare gebaut, und als Erstkunde erhielt **ALIA – Royal Jordanian Airlines** am 31. Juli 1965 ihr erstes Flugzeug. Eng verwandt mit der 10R war die **Caravelle 11R** für den gemischten Passagier- und Frachtbetrieb, die hierfür ein großes Frachttor in der linken vorderen Rumpfhälfte erhielt. Im Vergleich zur 10R erfuhr der Rumpf eine Streckung um 0,93 m. Der Prototyp der 11R absolvierte seinen Erstflug am 22. September 1967, und die ersten sechs Maschinen wurden ab dem 22. September 1967 an **Air Afrique, Air Congo** und **Transeuropa** ausgeliefert.

Als größte und leistungsstärkste Variante baute Sud Aviation die **Caravelle 12**, eine aus der Super B abgeleitete Ausführung mit einem um 2,31 m verlängerten Rumpf und strukturellen Verstärkungen am Tragwerk. Das maximale Startgewicht wurde auf 58.000 kg gesteigert und in enger Bestuhlung konnten bis zu 140 Fluggäste transportiert werden. Als Antrieb kamen verbesserte Triebwerke vom Typ JT8D-9 mit 6.533 KP (64,5 kN) Standschub zum Einbau. Die Caravelle 12 entstand auf Anregung der **Sterling Airways**, die sieben Exemplare bestellte und deren erstes Flugzeug am 29. Oktober 1970 erstmals flog. Als einziger weiterer Kunde kaufte die französische Inland-Fluglinie **Air Inter** fünf Maschinen, die letzte erhielt sie 1972. Danach wurde die Fertigung nach dem Bau von insgesamt 282 Flugzeugen aller Versionen eingestellt.

Die wichtigsten Betreiber der Caravelle waren **Air France** (46), **SAS** und **Alitalia** (je 21), **United** und **Sterling** (je 20), **Iberia** (19), **Air Inter** (14) und **Finnair** (12). Ab Mitte der 70er Jahre wurde die Caravelle durch größere und modernere Flugzeugmuster von den meisten Hauptstrecken verdrängt, doch kam sie noch bis in die 80er Jahre hinein recht häufig im Charterverkehr zum Einsatz. Heute fliegen nur noch wenige dieser eleganten Flugzeuge als Frachter in Südamerika.

Daten (Caravelle VI)

Antrieb: 2 Rolls-Royce Avon 531R Strahltriebwerke, je 5.535 KP (54,7 kN) Standschub.
Spannweite: 34,30 m; Länge: 32,01 m; Höhe 8,72 m; max. Startgewicht: 50.000 kg; ökon. Reisegeschwindigkeit: 785 km/h; Gipfelhöhe: 12.000 m; Reichweite: 2.650 km; Besatzung: 5-7; Passagiere: 64-99

Zwei Caravelle auf dem Flughafen von Paris-Orly in den 60er Jahren. CS-TCC (C/N 137) ist eine Caravelle VIR, die bei der TAP von November 1962 bis November 1975 im Einsatz stand. Bei der Swissair löste die Caravelle das Propellermuster CV-440 auf den Mittelstrecken ab.

Tupolew Tu-104

UdSSR, Baujahr: 1955

Das Erscheinen des ersten russischen Düsenverkehrsflugzeuges in der westlichen Öffentlichkeit im März 1956 war eine Sensation, zumal man erkennen konnte, dass die **Tu-104** direkt aus dem damals noch wenig bekannten Mittelstreckenbomber **Tu-16** abgeleitet worden war. Zu diesem Zeitpunkt standen fünf Prototypen bereits seit einem Jahr in der Flugerprobung. Der erste dieser Prototypen unternahm am 17. Juni 1955 seinen Jungfernflug und das neue Muster wurde am 3. Juli desselben Jahres anlässlich des sowjetischen *Luftfahrttages* erstmals öffentlich vorgestellt. Eine aus sechs Einheiten bestehende Vorserie wurde 1956 aus bereits teilweise fertiggestellten Tu-16 umgebaut und als **Tu-104G** bezeichnet. Die ersten Maschinen dieser Version wurden im Mai 1956 an die **Aeroflot** ausgeliefert und am 15. September desselben Jahres auf der Strecke Moskau-Irkutsk in Dienst gestellt. Diese 50plätzige Variante war jedoch nur eine Zwischenlösung für die sich zu diesem Zeitpunkt bereits im Bau befindliche **Tu-104A**, die für 70 Passagiere ausgelegt war. Die eigentliche Serienfertigung begann mit der Tu-104A im März 1957. Das Muster wurde immer in Baulosen zu je fünf Flugzeugen gefertigt. Zwischen April und Oktober 1957 erhielt Aeroflot 20 dieser Maschinen. Als erster und einziger Auslandskunde erhielt die tschechische **CSA** im November und Dezember 1957 drei Exemplare der Tu-104A, die im März 1962 um ein weiteres Flugzeug ergänzt wurden. Im Jahre 1958 begann die Produktion der vergrößerten **Tu-104B**, bei welcher der vordere Rumpfteil um 1,27 m verlängert worden war. In der Standardauslegung konnte die Tu-104B bis zu 104 Passagiere befördern. Die ersten Ablieferungen an **Aeroflot** begannen im Juli 1958. Zwischen 1960 und 1961 wurden fünf Exemplare der Serie Tu-104A verlängert und auf Tu-104B-Standard gebracht.

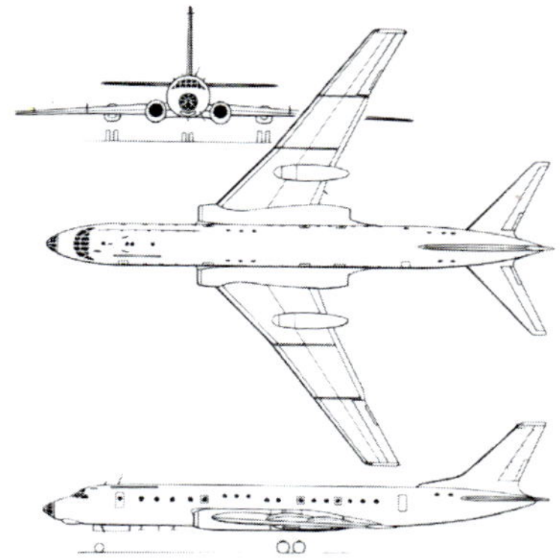

Abgesehen von den fünf Prototypen und sechs Vorserienmaschinen wurden 207 Tu-104 gebaut, davon 142 Zivilmaschinen. Die Fertigung verteilt sich auf 45 Tu-104A (Baujahre 1956-1959) und 97 Tu-104B (Baujahre 1958-1961). Die letzte Tu-104B (C/N 1 02 20 01) wurde am 28. Mai 1961 an Aeroflot abgeliefert. Die Tu-104 stand bei Aeroflot bis Mitte der 70er Jahre im Einsatz, bevor sie von der aus ihr weiterentwickelten **Tu-134** endgültig abgelöst wurde. Zwei Weiterentwicklungen, die vierstrahlige Tu-110 von 1957 und die leistungsfähigere Tu-104E mit zwei RD-3M-Triebwerken von 1960 wurden nicht serienmäßig gebaut.

Daten (Tu-104A)

Antrieb: 2 Mikulin AM-3M Strahltriebwerke, je 8.700 KP (85,26 kN) Schub.
Spannweite: 34,54 m; Länge: 38,85 m; Höhe 11,90 m; max. Startgewicht: 76.000 kg; ökon. Reisegeschwindigkeit: 800 km/h; Gipfelhöhe: 11.500 m; Reichweite: 3.100 km; Besatzung: 5; Passagiere: 70

Die Tupolew 104 war das erste russische Verkehrsflugzeug mit Strahlantrieb. CCCP-42462 (C/N 06602001) wurde am 22. April 1960 bei der Aeroflot in Dienst gestellt.

Die Tu-124V OK-UEC (C/N 5351607) wurde am 8. Juli 1965 an die CSA geliefert und stand dort bis zum 18. Dezember 1972 im Einsatz. Die Maschine wurde im August 1973 an Iraqi Airways verkauft.

Tupolew Tu-124

UdSSR, Baujahr: 1960

Trotz der äußerlichen Ähnlichkeit mit der **Tu-104** handelt es sich bei der **Tu-124** um ein wesentlich kleineres Flugzeug, das in erster Linie entworfen wurde, um die veralteten **IL-14** auf innerrussischen Strecken abzulösen. Die Abmessungen der Tu-124 betragen rund 3/4 derjenigen der Tu-104, von der sich die Tu-124 auch durch das viel niedrigere Fahrwerk unterscheidet. Die Standardbestuhlung der Grundversion betrug 44 Plätze. Der erste von zwei Prototypen, CCCP-45000 (C/N 0 35 01 01), der unter Leitung von *A.A. Archangelski* entworfenen Tu-124 flog erstmals am 24. März 1960. Der zweite Prototyp, CCCP-45001 (C/N 0 35 01 02), folgte im Juni 1960. Zwei weitere Flugzeuge erhielten zwar zivile Kennungen, wurden aber nie geflogen und dienten als statische Testzellen. Am 2. Oktober 1962 wurde das neue Muster von **Aeroflot** auf der Route Moskau-Tallinn in Dienst gestellt und überzeugte durch seine sehr guten operativen Flugleistungen. Die **Tu-124V**, die über eine Inneneinrichtung für 56 Fluggäste verfügte, war das Exportmodell und erschien im Jahre 1964. Die tschechische **CSA** kaufte im gleichen Jahr zwei solcher Maschinen, die 1965 um ein weiteres Exemplar ergänzt wurden. Die Tu-124V stand bei CSA bis 1972 im Einsatz und wurde danach an **Iraqi Airways** verkauft, welche die Maschinen im Luftwaffen-Auftrag für VIP-Flüge bis 1975 einsetzte. Der zweite Zivilkunde für die Tu-124V war die **Interflug**. Diese Gesellschaft beschaffte 1965 zwei Exemplare, die im August 1975 außer Dienst gestellt und im gleichen Oktober den Luftstreitkräften der NVA überstellt wurden. Unter der Typenbezeichnung **Tu-124K** wurden 1966 noch drei Maschinen (K1, K2 und K3) mit VIP-Ausstattung für 22 bis 36 Passagiere gebaut, von Aeroflot jedoch nicht übernommen. Sie wurden im Oktober desselben Jahres von der indischen Luftwaffe erworben und dort bis 1978 verwendet. Bei Aeroflot stand die Tu-124 bis zum 21. Januar 1980 im Einsatz, als die letzten zwölf Maschinen außer Dienst gestellt wurden. Die sowjetische Luftwaffe verwendete das Flugzeugmuster noch bis 1981.

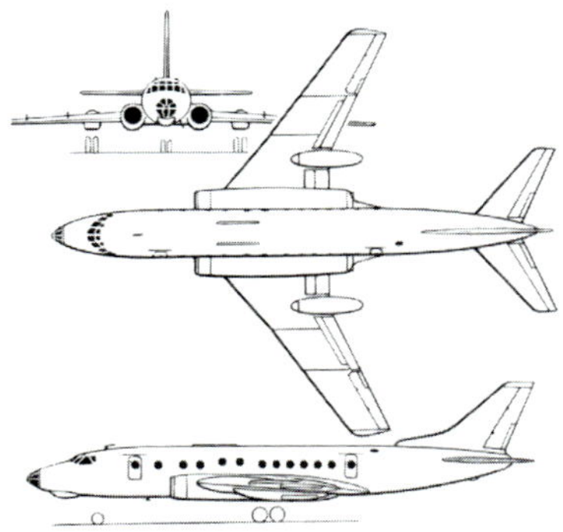

Insgesamt wurden 112 Serienmaschinen Tu-124 gebaut.

Daten (Tu-124V)

Antrieb: 2 Solowjew D-20P Strahltriebwerke, je 5.400 KP (52,92 kN) Schub.
Spannweite: 25,55 m; Länge: 30,58 m; Höhe 8,08 m; max. Startgewicht: 37.500 kg; ökon. Reisegeschwindigkeit: 870 km/h; Gipfelhöhe: 11.700 m; Reichweite: 1.250 km; Besatzung: 3-4; Passagiere: 56

Tupolew Tu-134

UdSSR, Baujahr: 1961

Die **Tupolew Tu-134** ist eine Weiterentwicklung und zugleich Nachfolgerin der **Tu-124**. Für fast zwei Jahrzehnte war die Tu-134 in den verschiedenen gebauten Varianten das Standard-Mittelstreckenflugzeug für fast alle Fluggesellschaften des damaligen Ostblocks. Zu den wichtigsten Betreibern zählten, neben **Aeroflot, Aviogenex, Balkan Bulgarian Airlines, CSA, Interflug, LOT** und **Malev**.

Die Entwurfsarbeiten an der Tu-134, dem letzten Flugzeug das von *A.N. Tupolew* mitentwickelt wurde, begannen im Juni 1962. Zunächst versuchte das Konstruktionsteam unter der Leitung von *Leonid Seljakow* den Rumpf der Tu-124 mit möglichst geringen Änderungen zu verwenden, weswegen das neue Muster auch zunächst als **Tu-124A** bezeichnet wurde. Diese Typenbezeichnung wurde jedoch fallengelassen, nachdem grundsätzliche Änderungen an der Zelle vorgenommen werden mussten. Hierfür wurden zwei Rümpfe der Tu-124 aus der Fertigung genommen und entsprechend modifiziert. Der erste von zwei Prototypen (CCCP-45075) startete in voller Aeroflot-Bemalung und unter dem Kommando des Testpiloten *A.D. Kalina* am 29. Juli 1963. Beide Flugzeuge wurden noch von Solowjew D-20P-Triebwerken angetrieben, wie sie auch in der Tu-124 Verwendung fanden. Für die Flugerprobung wurden sechs Vorserienmaschinen bereitgestellt, die mit den leistungsstärkeren Solowjew D-30-Triebwerken ausgerüstet waren. Dieser Antrieb fand auch in allen Serienflugzeugen Verwendung. Erstmals setzte **Aeroflot** die Tu-134 am 9. September 1967 auf der Route Moskau-Murmansk im Liniendienst ein. Am 12. September 1967 gab die Tu-134 auf der Strecke zwischen Moskau und Stockholm ihr internationales Debüt. In der Standardauslegung kann die Tu-134 in einer Einklassenbestuhlung zwischen 68 und 72 Passagiere befördern. In gemischter Auslegung werden acht Passagiere in der Ersten und 56 Passagiere in der Touristenklasse untergebracht.

Die **Tu-134A** unterscheidet sich vom Grundmuster hauptsächlich um einen um 2,10 m verlängerten Rumpf und durch Schubumkehr-Vorrichtungen. Das maximale Startgewicht wurde um 2.500 kg, die Nutzlast um 465 kg erhöht. Ferner besitzt die Tu-134A eine APU (Hilfsaggregat) und eine modernisierte Avionik. Als Antrieb finden leistungsstärkere Solowjew D-30-II-Triebwerke Verwendung. Die Standardausführung ist einklassig mit 76 Plätzen ausgestattet, in gemischter Auslegung können zwölf Fluggäste in der Ersten und 56 in der Touristenklasse befördert werden. Ab November 1970 wurde die Tu-134A bei Aeroflot in den Liniendienst übernommen. Später gebaute oder ab 1974 umgerüstete Tu-134A haben als Antrieb das verbesserte D-30-III-Triebwerk, das über eine zusätzliche Turbinenstufe verfügt. Diese Maschinen führen die Bezeichnung **Tu-134A-3**.

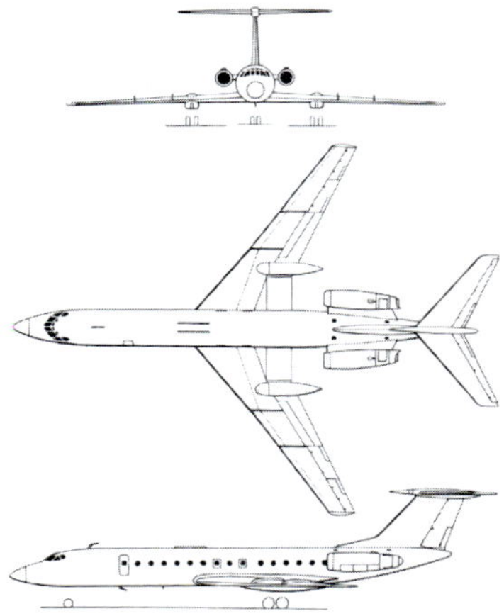

Eine Überarbeitung des bewährten Entwurfs wurde ab 1980 durchgeführt, wobei das markante Merkmal aller bis dahin gebauten russischen Flugzeuge – der verglaste Bug für den Navigator – durch eine Kunststoffabdeckung ersetzt wurde, unter der das von der **Tu-154** übernommene Radarsystem eingebaut wurde. Die Kanzelsysteme wurden ebenfalls modernisiert, so dass die Cockpitbesatzung von 5 auf 3 Personen verringert werden konnte. Gegenüber der Tu-134A konnte der Tankinhalt auf 18.000 Liter gesteigert werden. In der Regel sind alle **Tu-134B** mit dem D-30-III-Triebwerk ausgerüstet. Die auf den Tu-134B-Standard modifizierte Tu-134A führen die Bezeichnung **Tu-134B-3**. Bei mit einem sogenannten Stinger-Tail ausgerüsteten Maschinen handelt es sich um militärische Flugzeuge mit der Typenbezeichnung **Tu-135**.

Bis zur Produktionseinstellung im Jahre 1984 wurden insgesamt 853 Maschinen aller Serien gebaut, von denen 199 an die sowjetischen Luftstreitkräfte geliefert wurden. Nach dem Zusammenbruch der Sowjetunion blieben die ehemaligen Aeroflot-Maschinen bei den jeweiligen Direktoraten und wurden dort den neugegründeten Nachfolgegesellschaften übertragen.

Daten (Tu-134A)

Antrieb: 2 Solowjew D-30-II Mantelstromtriebwerke, je 6.800 KP (66,7 kN) Standschub.
Spannweite: 29,80 m; Länge: 34,40 m; Höhe 9,10 m;
max. Startgewicht: 49.000 kg; ökon. Reisegeschwindigkeit: 800 km/h; Gipfelhöhe: 11.000 m; Reichweite: 3.500 km;
Besatzung: 4+4; Passagiere: 68-76

Einer der größten Betreiber des Flugzeugmusters Tupolew 134 war die DDR-Fluggesellschaft Interflug. D-AOBN, eine Tu-134A, kam am 9. März 1982 als DDR-SDC zur Interflug. Im August 1991 wurde die Maschine an Aeroflot verkauft.

Im Unterschied zur französisch/britischen Concorde wurde die Tu-144 nur für kurze Zeit kommerziell eingesetzt. CCCP-77113 wurde 1996 reaktiviert und zur Tu-144LL umgebaut.

Tupolew Tu-144

UdSSR, Baujahr: 1962

Die Entscheidung zum Bau des russischen Überschall-Verkehrsflugzeuges **Tu-144** fiel in etwa zeitgleich mit der des französisch/britischen Gegenstücks, der **Concorde**. Mit dem ehrgeizigen Programm wurde das Konstruktionsbüro Tupolew beauftragt, für das *Andreij Tupolew* persönlich die Leitung übernahm. Ein Modell der Tu-144 war erstmals auf dem Pariser Aerosalon 1965 ausgestellt worden. Äußerlich besteht zwischen der Tu-144 und der Concorde eine große Ähnlichkeit, aber das russische Flugzeug ist in seinen Abmessungen größer. Beide Projekte sind Deltaflügler und haben eine für Start und Landung nach unten absenkbare Rumpfspitze. Der bedeutendste Unterschied besteht in der Wahl und Anordnung der Triebwerke. Im Unterschied zur Concorde wurde die Tu-144 mit Mantelstromtriebwerken ausgerüstet, die nebeneinander unter dem Rumpf in einer kastenförmigen Gondel untergebracht sind. Je zwei Triebwerke verfügen über einen gemeinsamen Lufteinlauf mit verstellbarem Querschnitt. Die Triebwerke sind zur Verminderung von Lärm und Vibrationen hinter der Passagierkabine angeordnet. Die Langstrecken-Inneneinrichtung bestand aus einer 36plätzigen vorderen Kabine, einer in der Mitte eingebauten Bordküche und einer hinteren Kabine mit 90 Sitzplätzen. Der Tu-144-Prototyp flog erstmals am 31. Dezember 1968, und am 5. Juni 1969 wurde die einfache Schallgeschwindigkeit überschritten. Die doppelte Schallgeschwindigkeit erreichte man am 26. Mai 1970. Neben zwei Vorserienmaschinen, deren erste am 1. Juli 1971 erstmals flog, wurden noch zwei Bruchzellen gebaut. Im März 1973 flog das erste Serienflugzeug, und diese Maschine wurde im Juni desselben Jahres auf dem Pariser Aerosalon vorgestellt. Hier stürzte das Flugzeug während einer Flugvorführung ab. Dieses Ereignis sollte die weitere Entwicklung des Flugzeugmusters entscheidend beeinflussen und versetzte dem Ansehen des russischen Flugzeugbaus einen herben Schlag.

Verglichen mit den Prototypen war die Serienausführung größer, hatte einen geänderten Flügel mit neuer Formgebung, sowie stärkere Triebwerke in einer modifizierten Anordnung und ein überarbeitetes Fahrwerk. Hinter der Kanzel wurden ausklappbare Canard-Flügel mit einer Spannweite von 6,10 m angebracht, welche die Manövrierfähigkeit im Langsamflug verbesserten. Der Flügel der Tu-144 wurde von der ursprünglichen Spitzbogenform mit gekrümmter Vorderkante zu einem Doppeldelta mit geraden Vorderkanten und Pfeilwinkeln von 76° am Innen- und 54° am Außenflügel geändert. Der gesamte Flügel erhielt eine negative V-Stellung in Richtung der Flügelspitzen. Die ersten Einsätze unter Linienflugbedingungen begannen bei **Aeroflot** am 26. Dezember 1975 mit Frachtflügen zwischen Moskau und Almaty (Alma Ata). Der erste Passagier-Flugbetrieb wurde am 1. November 1977 auf derselben Strecke aufgenommen. Weitergehende Verbesserungen führten 1977 zur Fertigung des Modells **Tu-144D**, dessen erste Maschine (CCCP-77111) während eines Fluges am 23. Mai 1978 zwischen Moskau und Chabarowsk nach Triebwerksproblemen Feuer fing und bei der Notlandung auf dem Flugplatz von Jegoriewskiem irreparabel beschädigt wurde. Aus Sicherheits-, aber auch aus wirtschaftlichen Gründen wurde der Flugbetrieb mit der Tu-144 am 1. Juni 1978 eingestellt.

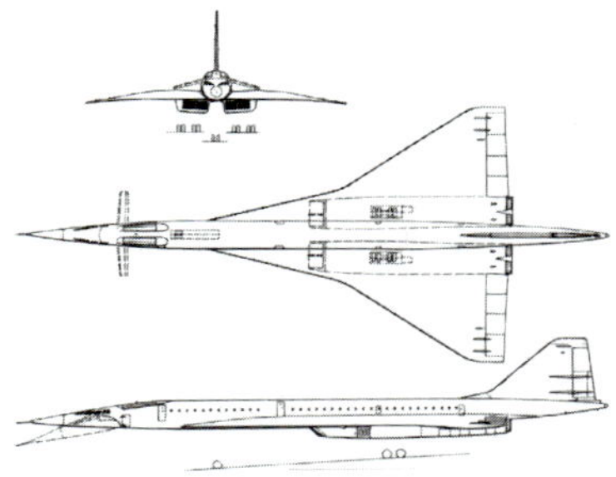

Eine neue Einsatzmöglichkeit zeichnete sich für das Muster im März 1996 ab, als die **NASA** mit dem russischen Luftfahrtforschungszentrum in Uljanowsk eine Vereinbarung zur Entwicklung neuer Überschall-Verkehrsflugzeuge traf. Hierzu wurden zwei Tu-144D, zuerst CCCP-77114 und später CCCP-77113, reaktiviert und mit neuen Triebwerken und neuer Avionik ausgerüstet. Das erste dieser als **Tu-144LL** bezeichneten Flugzeuge verließ am 17. März 1996 die Werkshalle und wurde am 24. August desselben Jahres erstmals in der Luft erprobt. 1999 fiel das Projekt dem amerikanischen Haushalts-Sparprogramm zum Opfer und wurde eingestellt.

Von den Insgesamt 20 gebauten Tu-144 wurden nur 16 in der Luft erprobt. Sechs dieser Flugzeuge waren Tu-144D.

Daten

Antrieb: 4 Kusnezow NK-144 Mantelstromtriebwerke (mit Nachbrenner), je 19.776 KP (194 kN) Schub. Spannweite: 28,80 m; Länge: 65,70 m; Höhe 12,85 m; max. Startgewicht: 180.000 kg; ökon. Reisegeschwindigkeit: 2.200 km/h (Mach 2,2); Gipfelhöhe: 18.000 m; max. Reichweite: 6.500 km; Besatzung: 4+4; Passagiere: 126-140

Die Tu-154B-2 RA-85439 der Ural Airlines wurde 1980 gebaut. Das Muster ist bei nahezu allen russischen Fluggesellschaften als Standard-Mittelstreckenflugzeug im Einsatz.

Tupolew Tu-154

UdSSR, Baujahr: 1968

Der seit Anfang der 70er Jahren im Einsatz stehende Mittelstreckenjet **Tu-154** ist neben der **Tu-134** das Arbeitspferd nahezu aller Fluggesellschaften des ehemaligen Ostblocks und läßt sich am besten mit der **Boeing 727-200** vergleichen. Im Gegensatz zu dieser besitzt die Tu-154 ein höheres Schub-/Gewichtsverhältnis und damit bessere Starteigenschaften für den Betrieb von schlecht ausgebauten Flughäfen. Entsprechend robust wurde auch das Fahrwerk ausgelegt, das über zwei *Boogies* mit je 6 Rädern verfügt. Ursprünglich sollte auch die Tu-154 eine verglaste Rumpfnase erhalten, wie dies bei den früheren Tupolew-Entwürfen üblich war. Während der Konstruktionsphase entschied man sich jedoch für einen verkleideten Rumpfbug, unter dem sich das Wetterradar befindet. Das Muster besitzt aber weiterhin die in die Tragflächen eingelassenen Fahrwerkwülste der übrigen Tupolew-Muster. Wie bei der Tu-134 weisen auch bei der Tu-154 die Tragflächen eine negative V-Stellung auf. Neben dem Prototyp (CCCP-85000), der seinen Erstflug am 3. Oktober 1968 durchführte, wurden neun Vorserienmaschinen gebaut, von denen fünf an der Flugerprobung teilnahmen. Als Antrieb dienten drei Mantelstromtriebwerke vom Typ Kusnezow NK-8-2 von je 93,2 kN Schub. Die Indienststellung bei **Aeroflot** begann mit Fracht- und Postflügen ab Mai 1971. Der reguläre Passagierdienst wurde am 9. Februar 1972 auf der Strecke Moskau-Mineralnije Wody aufgenommen, gefolgt vom internationalen Debüt am 1. August 1972 auf der Route zwischen Moskau und Prag. Nachdem der dingendste Bedarf bei Aeroflot gedeckt war, wurde die Tu-154 ab 1972 auch für den Export freigegeben. Erster Auslandskunde war **Balkan Bulgarian Airlines**, die im Mai 1972 ihre ersten beiden Exemplare einsetzen konnten. Weitere Kunden für das Grundmodell waren **Malev** und **Egypt Air**.

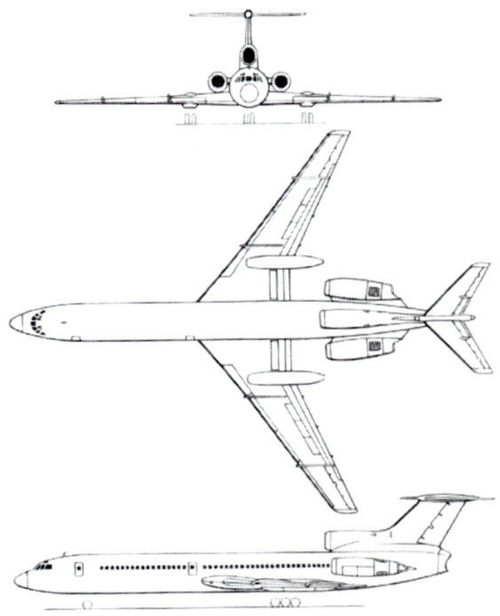

Im Laufe des Jahres 1973 begann die Flugerprobung einer verbesserten Variante, der **Tu-154A**, die am 27. März 1974 von der **Aeroflot** erstmals im Liniendienst eingesetzt werden konnte. Die Tu-154A gleicht in den Abmessungen dem Basismodell, besitzt jedoch stärkere NK-8-2U-Triebwerke von je 103 kN Schub, eine größere Treibstoffkapazität sowie ein höheres Abfluggewicht (90.000 kg). Auch wurden die Flugsysteme und die Ausrüstung modifiziert. Die Sitzplatzkapazität wurde auf 144 bis 152 erhöht.

Die **Tu-154B**, die erstmals 1975 erschien, weist zusätzlich zu den Verbesserungen der Tu-154A folgende Änderungen auf: Verbesserung der Steuerung und der Flugregelsysteme, größere Spoiler (die zur Unterstützung des Seitenruders bei niedrigen Geschwindigkeiten verwendet werden), erhöhte Passagierkapazität für 169 Fluggäste durch eine Rumpfverlängerung um 10 cm hinter den Tragflächen und zwei zusätzliche Notausstiege vor den Triebwerken. Die modernere Flugregelanlage gestattete jetzt automatisierte Instrumentenlandungen nach ICAO Cat.II. Durch die Verwendung von weiter in ihrer Leistung gesteigerten NK-8-4-Triebwerke mit 103 kN Schub konnte das Startgewicht nochmals um 6.000 kg auf 96.000 kg gesteigert werden. Diese Ausführung wurde nochmals verbessert, als 1976 die **B-1** und 1977 die **B-2** ihre Serienbaureife erreicht hatten. Vor dem Erscheinen der **Tu-154M** (*siehe unten*) war die Tu-154-B1/B2 das Standardflugzeug für lange Mittelstrecken, auf denen die Tu-134 nicht mehr eingesetzt werden konnte, oder für Routen mit hohem Verkehrsaufkommen. Als eine Abart entstand noch das Frachtflugzeug **Tu-154S** mit einem auf der linken Rumpfseite eingelassenen Frachttor und einer maximalen Nutzlast von 20.000 kg. Diese Flugzeuge, von denen nur wenige existieren, entstanden durch Umbauten aus früheren Tu-154 und Tu-154A. Die Fertigung der Standard-Versionen wurde 1985 nach dem Bau von 605 Flugzeugen zugunsten der Tu-154M eingestellt.

Daten (Tu-154B)

Antrieb: 3 Kusnezow NK-8-4 Mantelstromtriebwerke, je 10.491 KP (103 kN) Standschub.
Spannweite: 37,55 m; Länge: 47,90 m; Höhe 11,40 m; max. Startgewicht: 96.000 kg; ökon. Reisegeschwindigkeit: 900 km/h; Gipfelhöhe: 11.000 m; Reichweite: 4.000 km; Besatzung: 3+5; Passagiere: 158-169

Tupolew Tu-154M

UdSSR, Baujahr: 1982

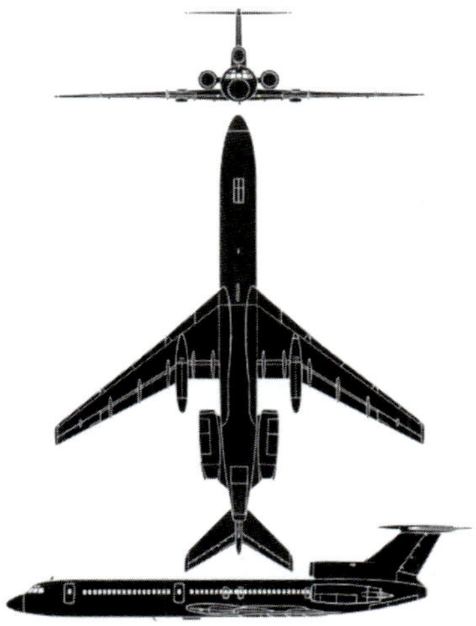

Die letzte Version des erfolgreichen russischen Tri-Jets wurde 1982 unter der Typenbezeichnung **Tu-164** entwickelt, bevor man das Muster 1983 in **Tu-154M** umbenannte. Die Serienfertigung wurde Ende 1983 aufgenommen. **Aeroflot** erhielt die beiden ersten Serienmaschinen am 27. Dezember 1984. 1985 wurde die Tu-154M zum Export freigegeben und seitdem hatte jede namhafte Fluggesellschaft des ehemaligen Ostblocks diesen Flugzeugtyp im Einsatz. Nachdem aber ab 1990 diesen Gesellschaften moderne westliche Flugzeugmuster zur Verfügung standen, wurde die Tu-154M teilweise außer Dienst gestellt oder verschwand, wie bei der **LOT**, vollständig aus der Flotte. Derzeit steht das Muster auch bei der **CSA** kurz vor der Außerdienststellung. Dort wird es durch **Boeing 737**-Flugzeuge modernster Technologie ersetzt. In den Nachfolgestaaten der Sowjetunion erfreut sich die Tu-154M aber weiterhin großer Beliebtheit.

Gegenüber den früheren Varianten weist die Tu-154M zahlreiche technische Verbesserungen auf. Neue Produktionsmethoden kamen zur Anwendung: So wurden einige Flächensegmente in *Honeycomb*-Bauweise (Wabenkern-Bauweise) gefertigt. An den Tragflächen kamen wirkungsvollere Spoiler und kleine Slats (Vorflügel) zum Einbau, und die Form der Kanten an der Tragflächennase wurde geändert. Als Antrieb fand das leistungsstärkere Solowjew D-30KU-154-Triebwerk Verwendung, und die Triebwerksverkleidungen wie auch die gesamte Schubumkehrvorrichtung wurden von der **IL-62M** übernommen.

Durch den verminderten Treibstoffverbrauch von fast 20 % gegenüber den alten Kusnezow-Triebwerken erhöhte sich die Reichweite um zirka 1.000 km. Im Cockpit kam neuentwickelte Avionik zum Ein-

Die Tu-154M ist die letzte und modernste Ausführung des erfolgreichen russischen Tri-Jets.

bau, was einen Schlechtwetterflugbetrieb nach ICAO Cat.IIIA ermöglicht.

Die Tu-154M wird weiterhin gebaut, obwohl seit 1995 aufgrund einer stagnierenden Nachfrage nur noch wenige Maschinen das Werk verliessen. Bislang (2000) sind 1.029 Tu-154 aller Ausführungen gebaut worden, davon 424 Tu-154M. Insgesamt stehen noch etwa 850 Maschinen im Einsatz.

Daten (Tu-154M)

Antrieb: 3 Solowjew D-30KU Mantelstromtriebwerke, je 11.500 KP (107,9 kN) Standschub. Spannweite: 37,55 m; Länge: 48,00 m; Höhe 11,40 m; max. Startgewicht: 100.000 kg; ökon. Reisegeschwindigkeit: 840 km/h; Gipfelhöhe: 12.000 m; Reichweite: 5.800 km; Besatzung: 3+5; Passagiere: 144-180

Tupolew Tu-204

UdSSR, Baujahr: 1989

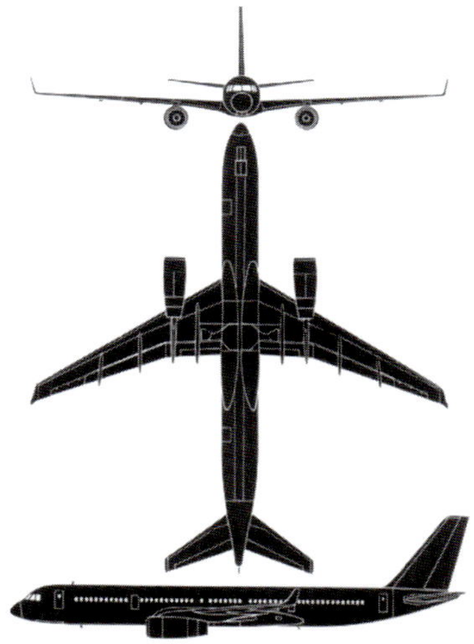

Die **Tupolew Tu-204** ist als Nachfolgemuster der **Tu-154/154M** vorgesehen. Das zweistrahlige Flugzeug entspricht im Aussehen und im Leistungsprofil weitgehend der **Boeing 757**. Die Planungen begannen bereits im Juni 1979, doch erste Details wurden erst im Frühjahr 1985 bekannt gegeben. Ähnlich wie die **IL-96** ist auch das Entwicklungsprogramm der Tu-204 erheblich verspätet, zum einen durch Probleme bei der Entwicklung des neuen PS-90A-Triebwerks, zum anderen durch Finanzierungsprobleme und sich ständig ändernde Kundenwünsche. Die Tu-204 ist das erste große russische Verkehrsflugzeug, das für den Betrieb mit einer 2-Mann-Cockpitcrew und *Fly-by-wire*-Technologie ausgestattet wurde. Um ein möglichst geringes Leergewicht zu erzielen, kamen in weiten Bereichen neue Werkstoffe zur Anwendung. Die Kanzel ist mit sechs Farbbildschirm-Anzeigegeräten ausgerüstet. Weitere Neuerungen umfassen die vollelektrische Flugregelanlage und ein dreifaches Inertial-Navigationssystem. Der Flügel hat ein superkritisches Profil mit einer Pfeilung von 25°. Die erste Maschine (CCCP-64001) führte am 2. Januar 1989, in Farben der **Aeroflot**, ihren Erstflug aus und wurde der westlichen Öffentlichkeit auf dem Pariser Aerosalon im Juni desselben Jahres vorgestellt. Das erste Vorserienflugzeug (CCCP-64003) absolvierte am 2. August 1990 seinen Erstflug. Im Rahmen des Zulassungsprogramms wurde am

Tupolew Tu-204 der Perm Airlines. Dieses Muster soll als Nachfolgemodell der Tu-154 zum Einsatz kommen.

1. Oktober 1990 eine Bruchzelle dem russischen Luftfahrt-Forschungsinstitut SIBNIA in Nowosibirsk zu Testzwecken übergeben. Die Einsatzerprobung begann am 9. August 1993 mit zunächst zwei Flugzeugen bei **Vnukovo Airlines**. **Orel Avia** übernahm im Mai 1993 den ersten, aus einer Tu-204 umgebauten Frachter. Diese Version trägt die Typenbezeichnung **Tu-204C**. Im linken Vorderrumpf wurde ein Frachttor (2,19 x 3,40 m) eingelassen, und über die gesamte Rumpflänge erstreckt sich ein *Roller-Floor* für den Paletten- und Containertransport. Die maximale Nutzlast der Tu-204C liegt bei 29.000 kg. Das Flugerprobungsprogramm der Tu-204 konnte im September 1994 abgeschlossen werden und Anfang 1995 erhielt die Tu-204 die Musterzulassung.
Am 31. März 1994 wurde der Bau eines Ablegers mit höherem Startgewicht und einer vergrößerten Reichweite bekannt gegeben. Zu diesem Zweck wurde das zunächst als **Tu-204-200** bezeichnete Flugzeug mit einem Zusatztank im Seitenleitwerk ausgerüstet. Ihren Erstflug absolvierte die nunmehr als **Tu-214** bezeichnete Maschine am 22. März 1996. Auch dieser Typ ist mit russischen Triebwerken und russischer Avionik ausgerüstet.
Da die PS-90A-Triebwerke hinsichtlich Leistungsfähigkeit und Wirtschaftlichkeit nicht die Vorgaben erfüllten, wurden Überlegungen zur Ausrüstung mit Triebwerken westlicher Technologie angeregt. Daraufhin fiel die Wahl auf das britische Rolls-Royce RB211-535E4-Triebwerk. Die Avionik kommt wahlweise von einem russischen Hersteller oder von Rockwell-Collins aus den USA. Zur Erprobung wurde die sechste Tu-204 entsprechend umgebaut und erhielt die Typenbezeichnung **Tu-204-120**, die später in **Bravia Tu-224** geändert wurde. Der *Roll-out* dieser Maschine erfolgte am 1. August 1992, worauf sich am 14. August der Erstflug anschloss. Zum Vertrieb der Tu-224 wurde bereits im April 1992 die Joint-Venture-Firma Bravia *(British Russian Aviation Corporation)* gegründet, an der westliche und russische Investoren zu je 50 % beteiligt sind.
Die Langstreckenausführung **Tu-234** wurde im August 1995 vorgestellt. Das erste Serienflugzeug konnte im Juli 1996 fertiggestellt werden. Es hat einen um 6 m verkürzten Rumpf und ein maximales Abfluggewicht von 103.000 kg. Die Transportkapazität liegt bei 160 Personen. Als Kurzstreckenversion mit einem auf 84.400 kg herabgesetzten Startgewicht kann das Flugzeug bis zu 187 Fluggäste über eine Reichweite von 3.400 km befördern.
Das Auftragsbuch umfasst derzeit 85 Bestellungen. Insgesamt wurden bislang 23 Flugzeuge gefertigt, von denen sich 14 im Einsatz bei **Orel Avia** (3), **Perm Airlines** (1), **Rossija** (2), **Sirocco Aerospace/Air Cairo** (5) und **Vnukovo Airlines** (3) befinden. Die restlichen Maschinen sind in Uljanowsk und Kasan abgestellt und warten auf Abnehmer.

Daten

Antrieb: 2 Solowjew (Perm) PS-90A Mantelstromtriebwerke, je 16.000 KP (156,9 kN) Standschub.
Spannweite: 42,47 m; Länge: 46,22 m; Höhe 13,88 m;
max. Startgewicht: 93.850 kg; ökon. Reisegeschwindigkeit: 810 km/h; Gipfelhöhe: 12.200 m; Reichweite: 3.850 km;
Besatzung: 2+5; Passagiere: 170-214

VFW-Fokker 614

Deutschland / Niederlande, Baujahr: 1974

Die **VFW 614** wurde in den 60er Jahren in Deutschland als mögliches strahlgetriebenes **DC-3**-Nachfolgemuster entwickelt. Deshalb wurde großer Wert auf Einfachheit in der Wartung und Einsatzflexibilität gelegt. Besonderes Merkmal dieses Tiefdeckers war die Anordnung der Triebwerke in Gondeln auf dem Flügel. Die Verwendung eines äußerst niedrigen Fahrwerks ermöglichte ein einfaches Besteigen der Passagierkabine mittels einer integrierten Bordtreppe, die in der Einstiegstür untergebracht war und zur Beladung nach unten geklappt wurde.
Im Juni 1970 konnte die Fertigung des Musters anlaufen, nachdem der Zusammenschluss von VFW mit Fokker wirksam geworden war und die Bundesregierung 80% der Anlaufkosten übernahm. Am Risiko für ihren jeweiligen Produktionsanteil beteiligten sich die Unterauftragnehmer SIAT/MBB, SABCA, Fairey und Short Bros. Auch Fokker wurde aktiv in das Programm eingeschaltet. Die Endmontage der VFW 614 erfolgte in Bremen. Als Antrieb wurden zwei Mantelstromtriebwerke vom Typ Rolls-Royce/SNECMA M45H Mk.501 ausgewählt. Die erste Baustufe umfasste die Fertigung von drei Prototypen und zwei Bruchzellen für statische Tests, aber noch vor dem Erstflug wurde das Programm durch den wirtschaftlichen Zusammenbruch von Rolls-Royce beeinträchtigt. Der Erstflug der VFW 614 erfolgte am 14. Juli 1974, doch erst am Jahresende konnte mit der neuen Firma Rolls-Royce (1971) Ltd. eine Vereinbarung geschlossen werden, welche die Lieferungen der M45-Triebwerke sicherte. Der zweite und dritte Prototyp flogen am 14. Januar und am 10. Oktober 1972. Wegen des Absturzes des ersten Prototyps am 1. Februar 1971 nach Flatterversuchen konnte die Serienfertigung erst am 13. Dezember 1972 beginnen. Zu diesem Zeitpunkt hatten neun Kunden Optionen auf insgesamt 26 Flugzeuge genommen. Den ersten Festauftrag erteilte im Mai 1974 die dänische Regionalfluggesellschaft **Cimber Air** über zwei Maschinen. Die deutsche Musterzulassung erhielt die VFW 614 am 23. August 1974. Die erste Serienmaschine flog am 17. Juli 1975 und wurde mit der Registrierung OY-TOR am 28. August 1975 an die Cimber Air geliefert.

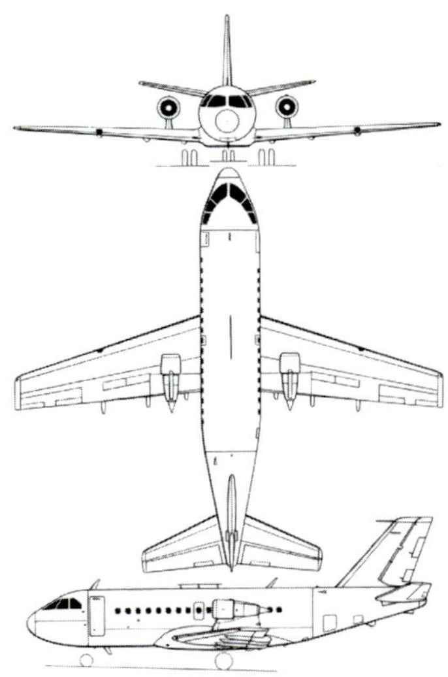

Weitere Aufträge erteilten die französischen Regionalfluggesellschaften **Air Alsace** (3) und **TAT – Touraine Air Transport** (8), doch die Flugzeuge kamen nur sporadisch zum Einsatz. Als einziger deutscher

Betreiber beschaffte die Flugbereitschaft der **Bundesluftwaffe** 1977 drei VFW 614, die bis 1998 im Einsatz standen.
Ende 1977 stellte VFW-Fokker die Produktion wegen Überschuldung ein, nachdem eine Vereinbarung mit der rumänischen Regierung zur Lizenz- und gemeinsamen Fertigung nicht zum gewünschten Erfolg geführt hatte. Die letzten vier sich im Bau befindlichen Flugzeuge wurden nicht mehr fertiggestellt und abgebrochen.

Daten

Antrieb: 2 Rolls-Royce/SNECMA M45H Mk.501 Mantelstromtriebwerke, je 3.410 KP (33,3 kN) Standschub.
Spannweite: 21,50 m; Länge: 20,60 m; Höhe 7,84 m;
max. Startgewicht: 20.050 kg; ökon. Reisegeschwindigkeit: 591 km/h; Gipfelhöhe: 7.600 m; Reichweite: 1.574 km;
Besatzung: 2+2; Passagiere: 36-44

Die VFW-Fokker 614 F-GATG (C/N MG.05) der Air Alsace in Paris-Le Bourget.

Vickers (BAC) VC-10

Großbritannien, Baujahr: 1962

Der Entwurf der **VC-10** geht auf ein Pflichtenheft der **BOAC** zurück, die ein Nachfolgemodell mit 100 bis 120 Plätzen für die ***Comet 4*** auf den Afrika- und Fernoststrecken benötigte. Vickers hatte bereits einige Projekte ausgearbeitet, beispielsweise den Typ 100 und die sogenannte *Vanjet,* eine von vier Conway-Triebwerken angetriebene Weiterentwicklung der ***Vanguard*** mit gepfeilten Tragflächen. Am 22. Mai 1957 gab die BOAC bekannt, dass unter Berücksichtigung aller Umstände die von Vickers projektierte VC-10 die gestellten Anforderungen am besten erfüllte. Ein entsprechender Auftrag für 35 Flugzeuge zur Lieferung ab 1963 wurde am 14. Januar 1958 unterzeichnet. Er enthielt auch eine Option für 20 weitere VC-10, die 135 bis 152 Passagieren Platz bieten sollten. Es handelte sich seinerzeit um den größten Auftrag, welcher der britischen Luftfahrtindustrie je erteilt worden war. Daran anschließend wurde im Frühling 1958 die Detailprojektierung aufgenommen, so dass im Januar 1959 mit dem Bau des Prototyps G-ARTA (Serie 1100) begonnen werden konnte. Dieser führte am 29. Juni 1962 in Weybridge seinen Erstflug aus. Als Antrieb dienten vier Rolls-Royce RCo.42 Mk.540-Mantelstromtriebwerke von je 90,5 kN Schub. Die erste Serienmaschine flog am 8. November 1962, die Musterzulassung wurde im April 1964 erteilt. Eine Serie von zwölf Flugzeugen (Serie 1101) konnte anschließend an die **BOAC** abgeliefert werden, die das neue Muster am 29. April 1964 erstmals auf der Route London-Lagos einsetzte. Weitere VC-10 wurden von **Ghana Airways** (Serie 1102) und **British United Airways** (Serie 1103) in Dienst gestellt. Die Flugzeuge der Ghana Airways und der BUA erhielten ein großes seitliches Frachttor. Außerdem wurde die Tiefe der Flügelwurzel vergrößert. 14 weitere Maschinen mit stärkeren RCo.43-Triebwerken und zusätzlichen Treibstofftanks im Flügelmittelkasten wurden 1966 an das Transportkommando der **Royal Air Force** (Serie 1106) geliefert. Diese Flugzeuge hatten ein höheres Startgewicht als ihre zivilen Gegenstücke. Eine vergrößerte Variante der VC-10 wurde 1959 angekündigt. Gegenüber dem Basismuster wurde der Rumpf der **Super VC-10** um 3,96 m gestreckt, so dass nun in der Standardbestuhlung 139 Passagiere befördert werden konnten. Gleichzeitig konnte durch den Einbau eines zusätzlichen Treibstofftanks im Seitenleitwerk die Reichweite gesteigert werden, so dass diese Variante auch auf Interkontinentalrouten eingesetzt werden konnte. Die Nutzlast stieg auf 26.300 kg. Als Antrieb kamen jetzt vier Rolls-Royce Conway RCo.43D Mk.550 Mantelstromtriebwerke von je 9.888 KP (97 kN) Standschub zum Einbau, die alle mit Vorrichtungen zur Schubumkehr versehen waren, während beim Grundmuster nur die beiden Außentriebwerke über eine entsprechende Vorrichtung verfügten. Die BOAC bestellte am 23. Juni 1960 10 Super VC-10 für ihre Nordatlantikstrecken. Wie erwähnt, hatte die BOAC ursprünglich 35 VC-10 in Auftrag gegeben, doch wurde diese Bestellung 1961 auf die zwölf Einheiten der Serie 1101 gekürzt, um der Gesellschaft die Möglichkeit zu verschaffen, 30 Flugzeuge der größeren Super VC-10 zu ordern. Unter dem Druck der britischen Regierung musste die BOAC aber auch diesen Auftrag auf 17 Exemplare begrenzen.

Die **Super VC-10** (G-ASGA) flog erstmals am 7. Mai 1964, und die erste Maschine (G-ASGC), Serienbezeichnung 1151, wurde am 1. Februar 1965 der **BOAC** übergeben, die das Muster erstmals am 1. April 1965 im Liniendienst einsetzte. Als zweiter – und letzter – Betreiber der Super VC-10 kaufte **East African Airways** (Serie 1154) vier Flugzeuge, die zwischen Oktober 1966 und Februar 1970 abgeliefert wurden.

Nach der ersten Ölkrise hatte die Overseas Division von **British Airways** (ehemals BOAC) im Jahre 1975 alle VC-10-Maschinen der Serie 1101 außer Dienst gestellt und davon fünf an die **Gulf Air** in den Vereinigten Arabischen Emiraten verkauft. Zwischen 1977 und 1981 kaufte die **Royal Air Force** alle verfügbaren Super VC-10 und ließ einige Flugzeuge in die Frachter/Tanker-Rolle umrüsten. Die restlichen Maschinen dienten als Ersatzteilspender.

Insgesamt baute Vickers/BAC 32 VC-10 der Standard-Version und 22 Super VC-10.

Daten (Super VC-10)

Antrieb: 4 Rolls-Royce Conway RCo.43D Mk.550 Mantelstromtriebwerke, je 9.888 KP (97 kN) Standschub. Spannweite: 44,55 m; Länge: 52,32 m; Höhe 12,04 m; max. Startgewicht: 151.950 kg; ökon. Reisegeschwindigkeit: 886 km/h; Gipfelhöhe: 11.600 m; max. Reichweite: 11.470 km; Besatzung: 3+4; Passagiere: 139-187

Der VC-10-Prototyp (C/N 803) war zwischen Januar 1968 und März 1969 bei Middle East Airlines als OD-AFA im Einsatz.

4. Kapitel

Die Regionalflugzeuge und Helicopter

PRESS

In den 60er Jahren schienen Turboprop-Flugzeuge überholt. Jedoch wurde den wirtschaftlichen Vorteilen dieser Verkehrsmaschinen gegenüber den strahlgetriebenen Mustern wieder Beachtung geschenkt, als die Diskussionen über Umweltschutz, strengere Lärmvorschriften und die in den 70er Jahren eintretende Ölkrise aufkamen. Die Hersteller und Nutzer von propellergetriebenen Luftfahrzeugen stellten klar, dass ihre Muster zwar ein wenig langsamer flogen als vergleichbare strahlgetriebene Maschinen, dafür aber eine Treibstoffeinsparung zwischen 30 % und 60 % und eine Lärmminderung in Flugplatznähe von mindestens 95 % aufweisen konnten. Einige der aktuellen Turboprop-Muster sind überarbeitete Entwürfe aus den 50er Jahren. De Havilland Canada produzierte zu Beginn der 70er Jahre die kleine DHC-6 Twin Otter und prüfte den Absatzmarkt für die mit 50 Sitzen ausgestattete DHC-7. Ihre Marktchancen begründeten sich selbst schon zu dieser Zeit eher auf die Fähigkeit für Starts und Landungen auf kurzen Pisten. Die ökonomischen wie ökologischen Aspekte blieben noch weitgehend unbeachtet. Erst Mitte der 80er Jahre (28. Dezember 1985) startete die aus der Fokker F.27 weiterentwickelte Fokker 50 mit völlig neuen PW125B-Propellerturbinen und Sechsblatt-Luftschrauben. Aus der britischen HS 748 (später BAe), die ebenso wie die Fokker F.27 die 15 Jahre dauernde Absatzkrise der Turboprops überstand, wurde die Advanced Turboprop (ATP) entwickelt, mit zum Teil besseren technischen Ausstattungskriterien als die Fokker 50.Trotz der Tatsache, dass beide Turboprop Maschinen eine attraktive Passagierkapazität aufwiesen, wurden nur wenige Exemplare am Markt abgesetzt. Mit kleineren Sitzeinheiten, bis zu 30 Sitzplätzen, wurden die Beech 1900, British Aerospace Jetstream 31/41, Dornier 228, EMBRAER Bandeirante sowie die Fairchild Metro als Turboprop Verkehrsmaschinen mit unterschiedlichster Innenausstattung auf den Markt gebracht. Einfache Kleinverkehrsflugzeuge, wie Metro und Beech 1900,wurden 1989 zur Version Beech 1900D, bzw. Metro V modifiziert, um British Aerospace Jetstream Paroli bieten zu können. British Aerospace hatte nach dem Unternehmenszusammenbruch von Handley Page, die von ihm entworfene Jetstream zu dem Muster Jetstream 31 überarbeitet. Dies gelang mit einem derartigen Erfolg, dass bereits Mitte 1989 mehr als 300 Exemplare verkauft werden konnten. Einen ebenso weltweiten Erfolg verbuchte das brasilianische zweimotorige Turboprop-Flugzeug EMB-110 Bandeirante (Pionier) sowie das vergrößerte Muster EMB-120 Brasil a.

Dornier bot zu gleicher Zeit die Do 228 in zahlreichen Ausführungen an. Im August 1988 entschied sich das Unternehmen eine größere Version , die Do 328, auf den Markt zu bringen. In Belfast baute Shorts das zu der Zeit wirtschaftlichste und preiswerteste Flugzeug ohne Druckkabine, die Shorts 360-300 und die Frachtversion Shorts 360-300F. Das schwedische Unternehmen Saab und das amerikanische Unternehmen Fairchild brachten 1980 das Gemeinschaftsprodukt SF 340 heraus. Die nachfolgenden Projekte, 340A und 340B, wurden nach dem Rückzug der Firma Fairchild von Saab im Alleingang gebaut. Im Dezember 1988 konnte Saab mit der Entwicklung der Saab 2000 in die Kategorie der 50-sitzigen Commuterliner vorstoßen. Zu Beginn der 80er Jahre schlossen sich Aérospatiale und Aeritalia zur Interessengemeinschaft Avions de Transport Regional (ATR) zusammen. Im August 1984 flog daraufhin erstmals die ATR 42, die inzwischen durch die ATR 72 ergänzt wurde (Jungfernflug 1988). Das meistverkaufte Produkt, des inzwischen von Bombardier übernommenen Unternehmens de Havilland Canada , ist die DHC-8 oder Dash-8 Serie 100. Es folgten auch hier Variationen, von denen die Serie 300 mit ihrer Kapazitätserweiterung den wichtigsten Schritt nach vorne machte. Die nochmals vergrößerte Ausführung der Dash-8 startete zu ihrem Erstflug als DHC-8-400 Ende 1997.

Die Sowjetunion schien das einzige Land zu sein, in dem der Turboprop-Antrieb in den 70er Jahren Konjunktur hatte. Die AN-24 und -26 wurden in großer Anzahl in den Dienst gestellt. Als Ersatz für die AN-24 ist die Il-114 gedacht. Die Maschine ist derart konstruiert, dass jederzeit die Sitzplatzkapazität um 25 % erhöht werden kann.

Seit 1999 ist ein erneuter Aufschwung auf dem Markt für Regionalflugzeuge zu erkennen. Den Regionalflugzeug-Bereich prägten 1999 vornehmlich Fairchild Aerospace (Dornier) 428JET,528/728/928JET, EMBRAER RJ-170/190 sowie Airbus A318. Die Fertigungsrate der Turboprop-Maschinen verringerte sich in dem Maße, wie sich die Fluggesellschaften zur Anschaffung der neu entwickelten strahlgetriebenen Flugzeuge entschieden. Zirka 80 % der 570 existierenden Regionalfluggesellschaften werden ihre Flotte gegen die neuen Regionaljets austauschen. Für das nächste Jahr werden die Regionaljets sogar zum ersten Mal den Absatz von Turboprops übersteigen. Veränderungen auf dem Regionalmarkt haben schon in der Vergangenheit bei Unternehmen wie Fokker, Saab und BAe-Jetstream zur Aufgabe ihrer Produktionen geführt. Die derzeit große Anzahl an Anbietern von Regionalflugzeugen wird sich in absehbarer Zeit weiter verringern.

Aérospatiale SN.601 Corvette der dänischen Sterling Airways.

Aérospatiale SN.601 Corvette

Frankreich, Baujahr: 1970

Die **Corvette** war eines der kleinsten strahlgetriebenen Verkehrsflugzeuge, das für Zubringergesellschaften, aber auch als Geschäftsreiseflugzeug entwickelt wurde. Man zielte speziell auf den US-Luftverkehrsmarkt ab, doch als der einzige kommerzielle Betreiber betrieb **Pan Am Flight Services** einen recht unbedeutenden Flugbetrieb im Raum Boston, New York und Washington DC.
Die Anfänge des Projektes gehen auf die Zeit vor dem Zusammenschluß von Nord und Sud Aviation zur Aérospatiale zurück, daher auch die ursprüngliche Bezeichnung **SN.600**. Der Prototyp (SN.600) absolvierte seinen Erstflug am 16. Juli 1970, stürzte aber während der Flugerprobung ab. Zwei Vorserienflugzeuge (SN.601) flogen am 20. Dezember 1972 und am 7. März 1973, wobei sich die **SN.601** von der SN.600 durch einen verlängerten und aerodynamisch verbesserten Rumpf, ein geändertes Seitenruder und schubstärkere Triebwerke unterscheidet. Die erste Serienmaschine startete als **Corvette 100** am 9. November 1973 zum Jungfernflug, und die Musterzulassung erfolgte am 28. Mai 1974. Die Auslieferung der Serienflugzeuge wurde durch einen Streik beim Triebwerkhersteller verzögert. Der Ersteinsatz erfolgte im September 1974 bei der französischen Regionalfluggesellschaft **Air Alpes** mit zwei Flugzeugen, von denen eines die Farben der **Air France** trug und in deren Auftrag auf der Strecke Lyon-Brüssel zum Einsatz kam. Die andere Maschine bediente die Strecken der Air Alpes – in eigenen Farben – von Paris aus. Anfang 1975 beschaffte die Fluggesellschaft zwei weitere Exemplare. Die Corvette 100 hatte eine Crew von zwei Piloten und zwölf Einzelsitze in der Passagierkabine, die in zwei Reihen entlang der Fenster angeordnet waren. Zur Erhöhung der Reichweite konnte die Corvette 100 optional mit Flügelendtanks geliefert werden. Zwar konnten in Europa mit der französischen **Air Alsace** und der dänischen **Sterling Airways** noch zwei Fluggesellschaften als Kunden gewonnen werden, doch erwies sich der Markt für das Flugzeugmuster als zu klein. Nach der Fertigstellung von 40 Exemplaren wurde die Fertigung der Corvette 1977 eingestellt. Die projektierte Corvette 200 mit einem 2 m längeren Rumpf zur Aufnahme von 18 Fluggästen wurde nicht gebaut.

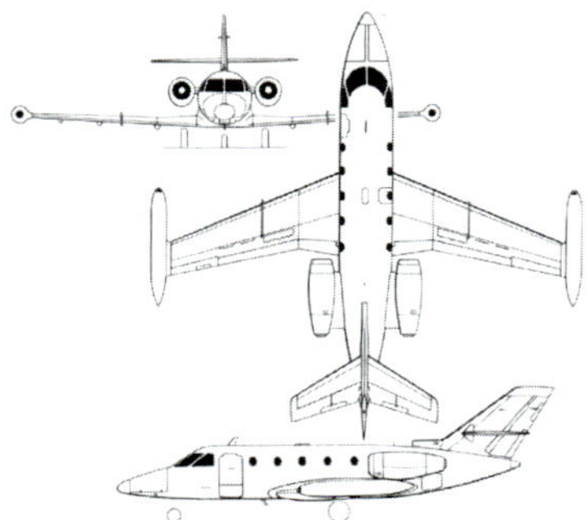

Daten

Antrieb: 2 Pratt & Whitney Canada JT-15D-4 Strahltriebwerke, je 10,3 kN Schub.
Spannweite: 12,80 m (13,24 m mit Flügelendtanks); Länge: 13,82 m; Höhe 4,23 m; max. Startgewicht: 6.100 kg; ökon. Reisegeschwindigkeit: 630 km/h; Gipfelhöhe: 11.580 m; Reichweite: 1.645 km; Besatzung: 2; Passagiere: 11

Einziger Exportkunde der Airtech CN-235 ist die argentinische Regionalfluggesellschaft Austral, die zwei solcher Flugzeuge im Einsatz hat.

Airtech CN-235

Spanien / Indonesien, Baujahr: 1983

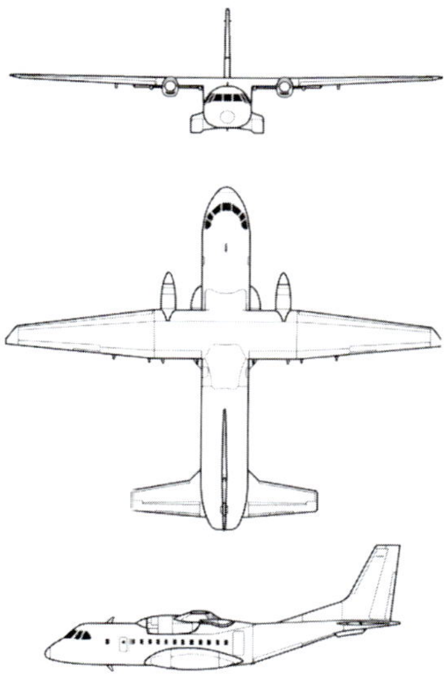

Die Entwurfsarbeiten an dem zivilen und militärischen Mehrzweckflugzeug **CN-235** nahmen ihren Anfang im Januar 1980; im Juni 1981 wurde mit dem Bau von zwei Prototypen begonnen. Das Flugzeug ist ein Gemeinschaftsprojekt der spanischen CASA und der indonesischen IPTN, wobei beide Partner jeweils 50 % der Kosten tragen. Durch ihre Form als Schulterdecker und dem hochgezogenen Rumpfheck mit Laderampe kann das Muster als Passagierflugzeug, Frachter, Militärtransporter oder in anderen Spezialrollen eingesetzt werden. Als Passagierflugzeug hat die CN-235 je nach Ausführung 39 bis 44 Plätze, und als Frachter können bis zu 4.300 kg Nutzlast in vier LD-3-Containern transportiert werden. Als Combiversion **CN-235QC** ist der gemischte Passagier-/Frachteinsatz möglich, wobei eine Trennwand in der Kabine das Passagierabteil vom Frachtraum trennt. Hier können 18 Fluggäste und zwei LD-3-Container befördert werden. Als Militärtransporter **CN-235M** mit einem höheren Abfluggewicht liegt die Nutzlast bei 6.000 kg oder 53 ausgerüsteten Soldaten. Von beiden Partnerfirmen wurde je ein Prototyp gebaut, die am 10. September 1983 erstmals der Öffentlichkeit vorgestellt wurden. Von diesen beiden Prototypen flog das von CASA in Sevilla gebaute Flugzeug (C/N 0001 ECT-130) am 11. November 1983, die bei IPTN in Bandung gebaute Maschine (C/N 001N PK-XNC) folgte am 30. Dezember 1983. Im Anschluss an die fast dreijährige Flugerprobung konnte die JAA-Musterzulassung am 20. Juni 1986 erteilt werden, und am 3. Dezember 1986 folgte die entsprechende FAA-Zulassung. Im selben Monat erfolgte die erste Kundenlieferung an die saudi-arabische Luftwaffe. Von Beginn an verkaufte sich die Militärversion der CN-235 besser als ihr ziviles Gegenstück. Der erste und zugleich größte Kunde der CN-235 ist die indonesische Regionalfluggesellschaft **Merpati Nusantara Airlines**, die ihr erstes Flugzeug (C/N N001 PK-MNA) am 15. Dezember 1986 erhielt. In Spanien fliegt das Muster bei **Binter Canarias** und **Binter Mediterraneo**. Als einziger Exportkunde konnte bislang die argentinische Fluggesellschaft **Austral** gewonnen werden, die zwei Flugzeuge einsetzt.

Die Produktion der Zivilversion wurde im Jahre 1993 eingestellt, während die Fertigung der militärische CN-235M fortgeführt wird. Zwischen 1992 und 1997 wurden 50 für die türkische Luftwaffe bestimmte CN-235M in der Türkei bei T.A.I. in Lizenz gebaut.

Daten

Antrieb: 2 General Electric CT7-9C Propellerturbinen, je 1.870 WPS (1.374 WkW)
Spannweite: 25,81 m; Länge: 21,35 m; Höhe 8,18 m; max. Startgewicht: 14.400 kg; ökon. Reisegeschwindigkeit: 390 km/h; Gipfelhöhe: 7.000 m; max. Reichweite: 3.300 km; Besatzung: 2+1; Passagiere: 39-44

Antonow AN-2

UdSSR, Baujahr: 1947

Oleg Antonows erste erfolgreiche Konstruktion war das einmotorige STOL-Mehrzweckflugzeug **AN-2** in Doppeldeckerauslegung. Mit nahezu 15.000 Exemplaren ist die AN-2 das meistgebaute Flugzeugmuster der Welt und das erste in Großserie gefertigte zivile Luftfahrzeug in der Sowjetunion. Der Prototyp der AN-2 unternahm im August 1947 seinen Erstflug und wurde von einem 7-Zylinder-Sternmotor vom Typ Schwetzow Asch-21 von 630 PS (463 kW) Startleistung angetrieben. Das maximale Startgewicht betrug 5.000kg. Die Serienproduktion wurde im Jahre 1948 aufgenommen, und als Antrieb fand der leistungsstärkere Asch-62-Motor Verwendung.
Durch ihre einfache und robuste Bauweise eignete sich die AN-2 für eine Vielzahl von Einsatzarten, weshalb die sowjetischen Streitkräfte und jene der von der UdSSR beherrschten bzw. mit ihr befreundeten Staaten zu den Hauptabnehmern der AN-2 zählten. Nach der Fertigung von nahezu 5.000 Flugzeugen verlegte Antonow 1956 die Serienproduktion zum Flugzeugwerk PZL-Mielec in Polen. Hier blieb das Muster bis zum Jahre 1987 im Bau. Auch die VR China erwarb 1956 Lizenzbaurechte an der AN-2, die dort als Yun-5 lange Jahre gefertigt wurde. Neben der Hauptvariante, dem Passagierflugzeug **AN-2P**, erschien 1964 die verbesserte **AN-2M** mit eckiger Seitenflosse. Sie erhielt neuartige Propellerblätter.
Auf dem Pariser Aerosalon 1983 wurde erstmals die mit einem Turboprop-Triebwerk vom Typ TVD-20 ausgerüstete **AN-3** in Bild und Schrift vorgestellt. Das Testprogramm der AN-3 wurde in der Sowjetunion durchgeführt, die Serienproduktion aber ebenfalls an PZL-Mielec vergeben.
Die AN-2 wird heute nur noch selten im Passagierdienst eingesetzt, erfreut sich aber für Rundflüge immer noch sehr großer Beliebtheit.
Einige in Lateinamerika und auf Kuba fliegende Exemplare erhielten sogar Panoramafenster.

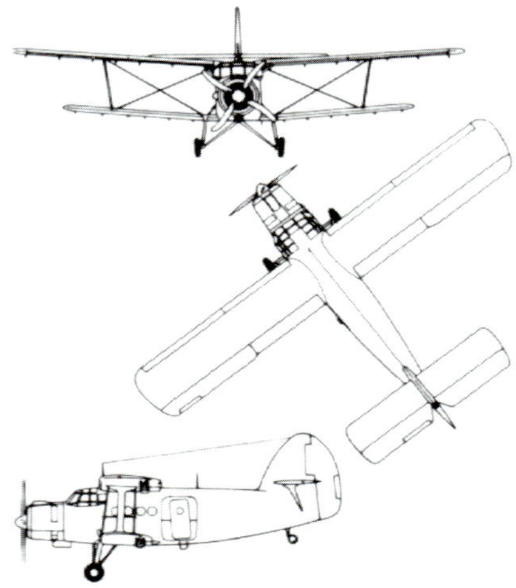

Daten (AN-2M)

Antrieb: 1 Schwetzow Asch.62M 9-Zylinder-Sternmotor, 1.000 PS (735 kW).
Spannweite: 18,20 m (oben), 14,25 m (unten); Länge: 14,25 m; Höhe 4,20 m; max. Startgewicht: 5.500 kg; ökon. Reisegeschwindigkeit: 185 km/h; Gipfelhöhe: 4.400 m; Reichweite: 1.000 km; Besatzung: 1-2; Passagiere: 7-10

Die Flotte des kubanischen Lufttaxi-Unternehmens Aerotaxi umfasst 40 AN-2. Bei der CU-T1516 (C/N 1G234-15) handelt es sich um eine bei PZL-Mielec gefertigte AN-2P.

Antonow AN-14 / AN-28 & AN-38

UdSSR, Baujahr: 1958 / 1969 / 1994

Nach einer Forderung der **Aeroflot** als kleines Nutzflugzeug als Nachfolger der **AN-2** entwickelt, flog die **AN-14 Pschelka** (*Bienchen*) erstmals am 15. März 1958. Wegen technischer Probleme konnte die Serienfertigung erst 1965 anlaufen. Im Gegensatz zum Prototyp hatten die Serienflugzeuge eine größere Spannweite und die Außenflügel waren trapezförmig. Ferner wurde die Zelle aerodynamisch verfeinert, die Sitzplatzkapazität erhöht und Triebwerke mit größerer Leistungsfähigkeit verwendet. Mehrere hundert AN-14 wurden gebaut, ausschließlich für Aeroflot. Zu den verschiedenen Versionen zählte eine VIP-Ausführung, ein leichter Frachter, ein Muster zur geologischen Erkundung und Bildvermessung, sowie eine Ambulanz-Ausführung zur Aufnahme von sechs Tragen und einem Begleiter. Zeitweise waren einige AN-14 auch in Bulgarien, der DDR, Jugoslawien und in der Mongolei registriert. Insgesamt wurden bis zur Produktionseinstellung 1975 ganze 339 Exemplare dieses robusten Allzweck-Flugzeuges gebaut.

Die **AN-28** mit Propellerturbinen-Antrieb entstand aus der Kolbenmotor-getriebenen AN-14, worauf auch die ursprüngliche Bezeichnung **AN-14M** zurückzuführen ist. Im Gegensatz zur AN-14 besitzt die AN-28 die doppelte Nutzlastkapazität. Der AN-28-Prototyp flog erstmals im September 1969, doch die Flugerprobung zog sich aufgrund technischer Probleme auch bei diesem Muster bis 1972 hin. Im Verlauf der Entwicklung zur Serienreife wurden am Flügel und an den Hochauftriebshilfen eine Reihe von Änderungen vorgenommen. Ferner wurden auch das Leitwerk und die Flügelstummel, an denen das starre Fahrwerk befestigt ist, modifiziert. Nur drei Prototypen und einige Vorserienmaschinen wurden in der Sowjetunion gefertigt, bevor die Produktion 1978 nach Polen zu PZL-Mielec transferiert wurde. Das erste Serienflugzeug flog erst 1974 und die ersten Ablieferungen an **Aeroflot** begannen im September 1975. Zu den gemeinsamen Merkmalen von AN-14 und AN-28 gehören Doppelschlitzklappen über die gesamte Spannweite sowie Niederdruckballonreifen großer Spurbreite. So kann das Flugzeug von nur 550-650 m langen Pisten aus operieren. Die Passagierkabine wurde mit 15 Sitzen ausgestattet, die seitwärts geklappt werden können, wenn das Flugzeug als Frachter oder in anderen Einsatzarten verwendet werden soll. Der Kabineneinstieg erfolgt durch die schalenförmige Laderampe im Rumpfheck. Das maximale Startgewicht beträgt 6.100 kg und die Reichweite mit voller Nutzlast (1.550 kg) liegt bei 1.050 km. Während die in der Sowjetunion gebauten Flugzeuge von Isotow TVD-850-Propellerturbinen mit einer Leistung von 595 WkW angetrieben wurden, erhielten die Serienflugzeuge Gluschenkow TVD-10-Triebwerke mit einer Leistung von 706 WkW. Die ersten Lieferungen in die Sowjetunion begannen 1980. Die Fertigung der AN-28 endete im Frühjahr 1992. Zu diesem Zeitpunkt befand sich bereits die von Pratt & Whitney Canada PT6-Propellerturbinen angetriebene und mit westlicher Avionik ausgestattete **AN-28PT** in Planung, die am 22. Juli 1993 ihren Erstflug ausführte. Aufgrund von Finanzierungsproblemen und einem unsicheren Absatzmarkt wurde dieses vielversprechende Projekt aber nicht weiterverfolgt.

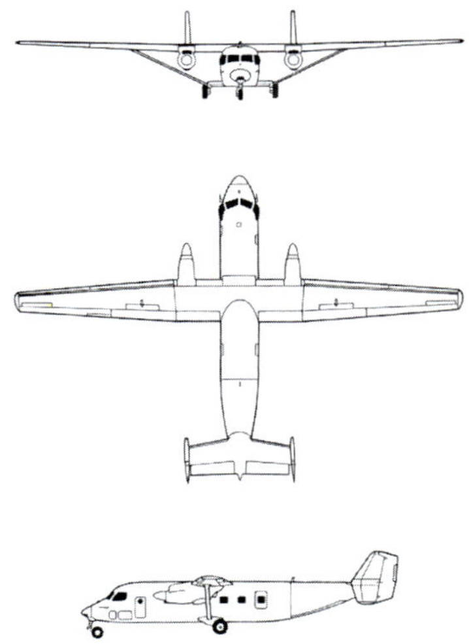

Die **AN-38** ist eine verlängerte und mit neuen TPL-Triebwerken ausgerüstete Variante der AN-28. Die AN-38 ist wie das Vorgängermuster einfach und robust konstruiert und besonders für den Einsatz in entlegenen Gebieten mit schlecht ausgestatteten Flugplätzen geeignet. Die Grundauslegung der beiden Muster ist nahezu identisch. Am 23. Juni 1994 absolvierte die AN-38 in Nowosibirsk ihren Erstflug. Dieses Flugzeug wurde von zwei Omsk TVD-20 PTL-Triebwerken von etwa 1.500 WPS (1.118 WkW) angetrieben. Die mit Garrett TPE331 ausgerüstete Variante ist seit 1996 erhältlich. Wegen der besseren Absatzchancen auf dem Exportmarkt sollen alle AN-38 mit diesem Triebwerk ausgerüstet werden. Als erste Fluggesellschaft stellte **Vostok Airlines** die AN-38 im Oktober 1996 in Dienst.

Daten (AN-38)

Antrieb: 2 Allied Signal Garrett TPE331-14GR-801 Propellerturbinen, 1.500 WPS (1.118 WkW)
Spannweite: 22,06 m; Länge: 15,67 m; Höhe 4,30 m; max. Startgewicht: 8.800 kg; ökon. Reisegeschwindigkeit: 380 km/h; Gipfelhöhe: 6.520 m; Reichweite: 600 km; Besatzung: 2+1; Passagiere: 26

Dem Zubringer AN-38 war bislang noch kein Verkaufserfolg beschieden.

Zwischen Oktober 1989 und Dezember 1992 flog die D-BCRP (C/N 158) bei der RFG Regionalflug, die sich am 1. Januar 1993 mit dem NFD zur Eurowings zusammenschloss.

ATR-42

Frankreich / Italien, Baujahr: 1984

Mit dem speziell für die Bedürfnisse des Regionalverkehrs der 80er Jahre entwickelten Turboprop-Zubringerflugzeuges **ATR-42** für 42 bis 50 Passagiere schuf das ATR-Konsortium ein Nachfolgemuster für die älteren TPL-Muster in dieser Klasse.
Die nationalen Luftfahrtkonzerne Aérospatiale (Frankreich) und Aeritalia (Italien) gründeten im Februar 1981 die Avions de Transport Regional (ATR), um Entwicklung, Bau und Vertrieb der ATR-42 voranzubringen. Der Prototyp hatte am 23. Mai 1984 seinen *Roll-out* und absolvierte am 16. August 1984 seinen Erstflug. Das erste Serienflugzeug flog am 30. April 1985. Nach einer weitgehend problemlosen Flugerprobung erhielt das Muster am 24. September 1985 seine Verkehrszulassung. Bereits im selben Dezember konnte als erste Fluggesellschaft die französische **Air Littoral** die ATR-42 im Liniendienst einsetzen. Die FAA-Zulassung wurde dem Muster am 25. Oktober 1985 erteilt, und kurz darauf erfolgte die Ablieferung an den ersten US-Kunden, **Command Airways**.

Daten (-300)

Antrieb: 2 Pratt & Whitney Canada PW120 Propellerturbinen, je 1.800 WPS (1.323 WkW).
Spannweite: 24,57 m; Länge: 22,67 m; Höhe 7,60 m; max. Startgewicht: 16.700 kg; ökon. Reisegeschwindigkeit: 470 km/h; Gipfelhöhe: 8.800 m; max. Reichweite: 3.700 km; Besatzung: 2+1(2); Passagiere: 44-50

Zunächst wurde die ATR-42 in den Versionen **-200** mit einem Startgewicht von 15.750 kg und **-300** mit 16.700 kg gebaut. Die ATR-42-300 flog erstmals am 16. August 1984.
Am 14. Juni 1993 kündigte ATR die weiterentwickelte **ATR-42-500** an, die schwerer und schneller ist als ihr Vorgängermuster. Das Startgewicht wurde auf 18.500 kg angehoben. Leistungsstärkere PW-127-Triebwerke mit einer Startleistung von 2.400 WFS (1.790 WkW) treiben neuentwickelte Sechsblatt-Luftschrauben an. Die maximale Reisegeschwindigkeit beträgt 564 km/h. Die Serie -500 flog erstmals am 16. September 1994 und ging im August 1995 in den Liniendienst.
Als Zwischengröße ist noch die Serie **-400** im Angebot, deren Erstflug am 12. Juli 1995 erfolgte und die Ablieferungen Ende 1995 begannen. Die -400 ist identisch mit der -300, wird aber von zwei PW-121A-Triebwerken mit Sechsblatt-Propeller angetrieben. Die Kabinenausstattung entspricht der -500.
Bis September 1999 gingen Bestellungen über 356 ATR-42 aller Ausführungen ein, von denen 344 zu diesem Zeitpunkt bereits ausgeliefert waren.

Einer der größten Betreiber der ATR-72 in den USA ist die als Delta Commuter operierende Atlantic Southeast Airlines. Diese ATR-72-212 mit der Seriennummer 338 wurde am 14. Juni 1993 als N632AS an ASA abgeliefert.

ATR-72

Frankreich/Italien, Baujahr: 1988

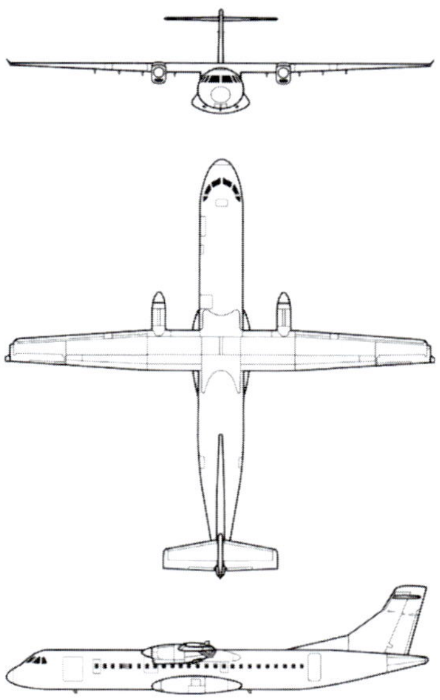

Bereits zum ATR-Programmbeginn ergaben Marktuntersuchungen den Bedarf für ein 60 bis 70sitziges Zubringerflugzeug in den 90er Jahren. 1986 wurde beschlossen, eine entsprechende Ableitung aus der ATR-42 zu entwickeln, wobei die Grundauslegung sowie Kanzel und Kabine nicht verändert werden sollte. Es entstand die **ATR-72**, die sich von der **ATR-42** nur durch einen um 4,50 m gestreckten Rumpf und eine vergrößerte Spannweite unterscheidet. Das maximale Startgewicht beträgt 21.500 kg, obwohl die meisten Airlines ihre ATR-72 mit einem verringerten Startgewicht von 19.900 kg betreiben, was Kosten für Flugsicherungs- und Landegebühren spart. Aufgrund des hohen Abfluggewichtes musste die tragende Zellenstruktur verstärkt werden. Durch das baugleiche Familienkonzept kann eine Transportkapazität zwischen 42 und 72 Sitzen abgedeckt werden, ohne dass hierzu eine Fluggesellschaft zwei verschiedene Flugzeugmuster beschaffen muss. Erstbesteller für die ATR-72 war die **Finnair**, die fünf Flugzeuge fest orderte und für drei weitere Maschinen Optionen erteilte. Die Auslieferung der ersten Maschine, die bei **Karair** zum Einsatz kam, erfolgte am 23. Januar 1990. Diese Regionalgesellschaft flog Inlanddienste im Auftrag der Finnair, bevor sie in den späten 90er Jahren in die Finnair übernommen wurde. Die beiden Prototypen flogen erstmals am 27. Oktober und 20. Dezember 1988. Die Luftverkehrszulassung wurde im September 1989 erteilt. Für den Flugbetrieb von heißen und hochgelegenen Flughäfen wurde 1990 die **ATR-72-210** entwickelt, die mit leistungsstärkeren PW-127-Triebwerken ausgestattet war. Wichtigster Kunde für diese Variante ist **American Eagle Airlines** mit einer Flotte von 43 Flugzeugen. Im deutschsprachigen Raum wird die ATR-72 nur von **Eurowings** eingesetzt, die neun Flugzeuge im Dienst haben.

Bis September 1999 wurden insgesamt 249 ATR-72 gebaut, von denen 226 abgeliefert waren.

Daten

Antrieb: 2 Pratt & Whitney Canada PW124 Propellerturbinen, je 2.160 WPS (1.588 WkW).
Spannweite: 27,05 m; Länge: 27,17 m; Höhe 7,65 m; max. Startgewicht: 19.990 kg bis 21.500 kg; ökon. Reisegeschwindigkeit: 530 km/h; Gipfelhöhe: 8.500 m; max. Reichweite: 4.390 km; Besatzung: 2+2; Passagiere: 66-74

Beech 18

USA, Baujahr: 1945

Die Entwicklungsgeschichte der **Beech 18** reicht bis ins Jahr 1937 zurück, als das leichte Verkehrsflugzeug erstmals flog. Die eigentliche Geschichte des Musters nahm aber erst im Zweiten Weltkrieg ihren Anfang, als fast 2.000 dieser Maschinen für die amerikanischen Streitkräfte gebaut wurden und nach Kriegsende den zivilen Flugzeugmarkt überschwemmten.
Einige werden heute noch von kleinen Fluggesellschaften und Lufttaxi-Unternehmen auf der ganzen Welt eingesetzt. Die wichtigsten Varianten sind die **D18, E18, G18** und **H18**. Einige H18 wurden später mit einem verlängerten Rumpf und einem Bugradfahrwerk ausgerüstet und als **Super-H18** bezeichnet.
Die Beech 18 bildete auch den Grundstock für weitere Umbauten. Beispiele hierfür sind der **Dumodliner** mit verlängertem Rumpf für bis zu 14 Passagiere und die **Pacific Tradewind** mit einfachem Seitenleitwerk. Die **Hamilton Westwind II** und **Westwind III** werden von Pratt & Whitney PT6A und die **Volpar Turbo 18** und **Turboliner** von TPE331-Propellerturbinen angetrieben. Der Turboliner kann bis zu 15 Fluggäste befördern. Ein noch weitergehender Umbau ist die **Aerocom Skyliner** - sie weist von dem Ursprungsmuster nur noch das Rumpfmittelstück mit den Tragflächenwurzeln auf.

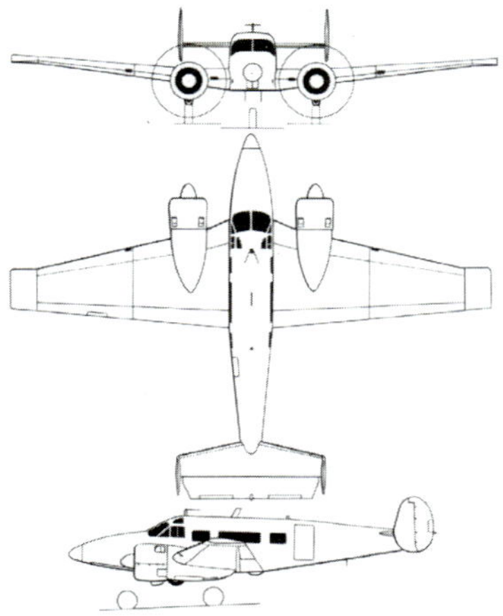

Daten

Antrieb: 2 Pratt & Whitney R-985AN-14B Wasp Junior Sternmotoren, je 330 kW
Spannweite: 15,14 m; Länge: 10,70 m; Höhe 2,84 m; max. Startgewicht: 4.490 kg; ökon. Reisegeschwindigkeit: 300 km/h; Gipfelhöhe: 6.500 m; max. Reichweite: 2.460 km; Besatzung: 1-2; Passagiere: 7-9

Nahezu alle heute noch im Einsatz stehenden Beech 18 werden als Frachtflugzeuge eingesetzt.

Eine aus dem Flugzeugmuster Beech 18 umgebaute Volpar Turboliner der Connie Kalitta Services.

In den 80er Jahren flog Wings West Airlines mit Beech 99 Zubringerdienste im Auftrag von American Eagle. N63978 (C/N U-171) ist eine C99 und stand bei der Fluggesellschaft zwischen November 1981 und Juni 1991 im Einsatz.

Beech 99

USA, Baujahr: 1965

Mit der **Beech 99** wagte sich Beechcraft erstmals auf den Markt für Commuterflugzeuge. Das Muster wurde 1965 aus der mit Kolbenmotoren angetriebenen **Queen Air** für den Einsatz im Regional-Luftverkehrsmarkt entwickelt. Die Beech 99 besitzt eine ausklappbare Bordtreppe und kann 15 Passagiere befördern. Für den gemischten Passagier- oder Frachteinsatz war die **Beech 99C** bestimmt, die neben der Passagiertür über eine zusätzliche Frachtraumtür verfügt.
Der Prototyp der Beech 99 - eine Queen Air mit verlängertem Rumpf - flog im Dezember 1965, und im Juli 1966 wurden die PT6A-20-Propellerturbinen eingebaut. Die Musterzulassung folge am 2. Mai 1968 und die Auslieferungen an die Fluggesellschaften begannen zur gleichen Zeit. Die ersten Serienmaschinen erhielten das PT6A-20 von 405 WkW, dem 1969 das **Modell 99A** mit PT6A-27 von 500 WkW folgte. 1972 erschien eine leicht modifizierte Version der Beech 99, die **B99**. Sie wird von zwei PT6A-28 angetrieben. Neben einem höheren Startgewicht wurde bei der B99 ein neues Landeklappen- und Höhenrudersystem eingeführt. Nach der Produktion von 164 Flugzeugen wurde die Produktion 1975 vorübergehend eingestellt, 1981 mit der weiter verbesserten und mit PT6A-34-Triebwerken ausgestatteten **C.99** aber wieder aufgenommen.
Die Fertigung der Beech 99 wurde nach dem Bau von 239 Maschinen im Februar 1987 endgültig eingestellt.

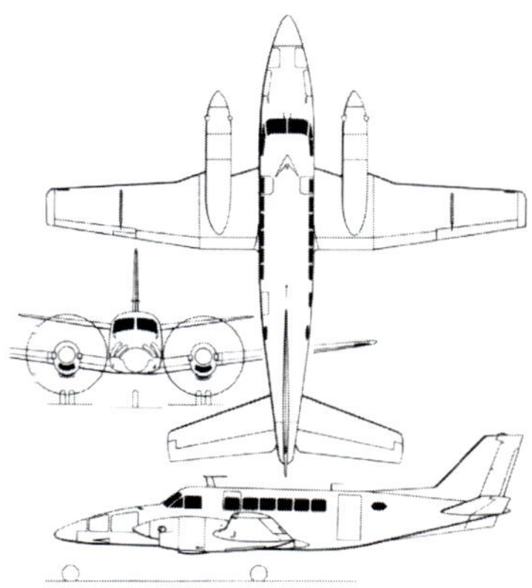

Daten (B99)

Antrieb: 2 Pratt & Whitney PT6A-28 Propellerturbinen, je 680 WPS (500 WkW).
Spannweite: 14,00 m; Länge: 13,58 m; Höhe 4,40 m; max. Startgewicht: 4.950 kg; ökon. Reisegeschwindigkeit: 450 km/h; Gipfelhöhe: 8.020 m; Reichweite: 850 km; Besatzung: 1-2; Passagiere: 15

Beech King Air 200 Airliner

USA, Baujahr: 1972

Die **King Air 200** ist das mit stärkeren Motoren und T-Leitwerk ausgerüstete Nachfolgemodell der **King Air 100**. Ebenso wie das Vorgängermuster wird auch eine gewisse Anzahl von King Air 200 als Kleinverkehrsflugzeuge von Zubringer- und Lufttaxi-Fluggesellschaften eingesetzt, die Masse jedoch als Geschäftsflugzeuge verwendet.

Daten (B99)

Antrieb: 2 Pratt & Whitney Canada PT6A-41 Propellerturbinen, je 850 WPS (625 WkW).
Spannweite: 16,60 m; Länge: 13,36 m; Höhe 4,52 m; max. Startgewicht: 5.670 kg; ökon. Reisegeschwindigkeit: 503 km/h; Gipfelhöhe: 9.450 m; max. Reichweite: 2.710 km; Besatzung: 2; Passagiere: 9-13

Für den Commutereinsatz ist die Passagierkabine mit neun bis 13 Sitzen ausgestattet. Der Prototyp der King Air 200 flog als Modell 101 erstmals am 27. Oktober 1972, dem ein zweiter am 15. Dezember desselben Jahres folgte. Die FAA-Musterzulassung wurde im Dezember 1973 erteilt. Wichtigster Betreiber der King Air 200 in Europa war die **TAT – Tourraine Air Transport**, die das Muster auf innerfranzösischen Kurzstrecken zwischen Flughäfen der sogenannten Zweiten Kategorie einsetzte.

Auf innerfranzösischen Kurzstrecken setzte die Regionalfluggesellschaft TAT das Muster King Air 200 ein.

Beech 1900 Airliner

USA, Baujahr: 1982

Das 19sitzige Commuterflugzeug **Beech 1900C** entstand Anfang der 80er Jahre aus dem Geschäftsreiseflugzeug **King Air 200**. Der Rumpf wurde um rund 5 m gestreckt und das Leitwerk vergrößert. Im Gegensatz zu ihren Vorgängermustern bietet die Beech 1900C eine geräumige Fluggastkabine und einen großen rückwärtigen Laderaum. Aufgrund ihrer exzellenten Leistungsmerkmale kann das Muster sehr flexibel eingesetzt werden, beispielsweise auf Routen mit zahlreichen Zwischenlandungen oder auf schwach ausgelasteten Strecken. Zwei Prototypen flogen am 3. September und 30. November 1982. Die FAA-Verkehrszulassung wurde am 22. November 1983 erteilt. Im Februar 1984 konnte die erste Beech 1900C von **Bar Habor Airways** in Dienst gestellt werden. Die Mehrzahl der Flugzeuge flogen in den USA, in Europa fand das Muster wegen des relativ hohen Kaufpreises und der kurzen Streckensegmente nur wenige Käufer. In Deutschland war **Interot Airways** in den Achtziger Jahren der einzige Betreiber der Beech 1900C.

Die **Beech 1900D** entspricht in den Abmessungen weitestgehend der 1900C, unterscheidet sich äußerlich von dieser aber durch einen höheren Rumpf mit einer 1,80 m-Stehhöhe in der Kabine. Der Passagierraum wurde völlig neu überarbeitet und besser schallisoliert. Das Muster hat größere Fenster und eine breitere Passagiertür mit integrierter Treppe. Zur Verbesserung der Aerodynamik erhielt die 1900D Winglets an den

Flügelspitzen. Die Propellerturbinen PT6A-67 mit je 1.280 WPS (941 WkW) Startleistung verleihen dem Flugzeug eine Reisegeschwindigkeit von 535 km/h und eine Reichweite von 1.300 km mit voller Nutzlast. Die maximale Reichweite liegt bei zirka 2.850 km. Das Bauprogramm für die Beech 1900D wurde 1989 aufgenommen und der Erstflug erfolgte am 1. März 1990. Die FAA-Musterzulassung wurde im März 1991 erteilt. Im November 1991 konnte **Mesa Airlines** als erster Betreiber das neue Flugzeugmuster im Regionalverkehr einsetzen.

Daten (1900C)

Antrieb: 2 Pratt & Whitney Canada PT6A-65B Propellerturbinen, je 1.100 WPS (809 WkW)
Spannweite: 16,60 m; Länge: 17,65 m; Höhe 4,55 m; max. Startgewicht: 7.530 kg; ökon. Reisegeschwindigkeit: 435 km/h; Gipfelhöhe: 9.144 m; max. Reichweite: 2.907 km; Besatzung: 2; Passagiere: 19

unten: Diese Beech 1900C mit der Registrierung ZS-ODR (C/N UB-74) fliegt seit dem 1. November 1997 bei Air Lesotho. Ihre Karriere begann die Maschine im August 1987 als D-CISA bei der Augsburger Fluggesellschaft Interot Air Service, heute Augsburg Airways.

ganz unten: Buddah Air fliegt mit dieser Beech 1900D (UE-286, 9N-AEE) hauptsächlich Touristen-Charterdienste innerhalb Nepals.

Diese Berijew Be-32 wurde im Sommer 1993 auf dem Pariser Aerosalon ausgestellt und trägt die Farben der Moscow Airways, stand bei dieser Gesellschaft aber nie im Einsatz.

Berijew Be-30 und Be-32

UdSSR, Baujahr: 1967/1993

Das in Taganrog ansässige *Beriev Design Bureau* ist seit seiner Gründung im Jahre 1948 für Entwicklung und Bau aller sowjetischen Amphibien-Flugboote zuständig. In den späten 60er Jahren entwickelte Berijew mit der **Be-30** für das ausgedehnte Regionalnetz der **Aeroflot** ein kleines 15sitziges Zubringerflugzeug, das in seiner Abmessung der **DHC-6 *Twin Otter*** und der **Let 410** entsprach. Der erste Prototyp (CCCP-23166) flog am 3. März 1967, während der zweite Prototyp der Öffentlichkeit erstmals am 9. Juli 1967 in Domodedowo vorgestellt wurde. Da das Muster scheinbar den von Aeroflot gestellten Anforderungen nicht genügte, entschied sich die Fluggesellschaft für die tschechische Let 410 und das Fertigungsprogramm der Be-30 wurde eingestellt. Neben den bereits erwähnten Prototypen verließen nur noch drei weitere Be-30 die Werkshallen. Nach gesicherten Aufzeichnungen fand nach November 1972 kein Flug einer Be-30 mehr statt.

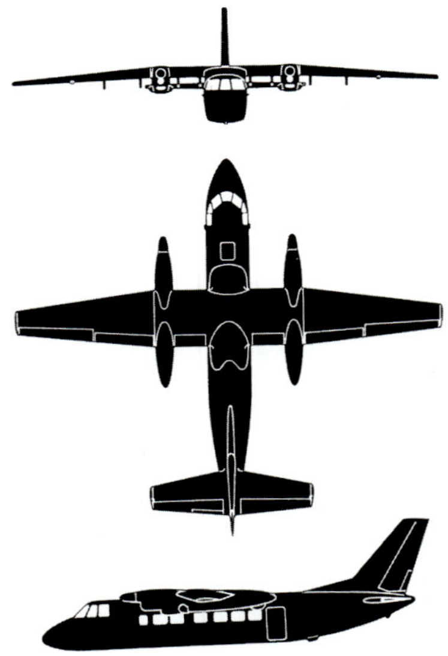

Überraschenderweise erlebte das Muster in überarbeiteter und verbesserter Form Anfang der 90er Jahre unter der Typenbezeichnung **Be-32** eine Wiedergeburt. Dieser Umstand ist darauf zurückzuführen, dass die Beschaffung neuer Let L-410 nach dem Zusammenbruch der Sowjetunion aus finanziellen Gründen nicht mehr möglich war und das russische Erzeugnis eine preisgünstige Alternative darstellte. Der westlichen Öffentlichkeit wurde die Be-32 erstmals 1993 auf dem Pariser Aerosalon und der Mosaero-Show vorgestellt. Erstbesteller mit einer Order über 50 Flugzeuge war **Moscow Airways**, doch bis zum Jahresende 1995 hatte noch keine weitere Be-32 die Montagehalle verlassen.

Daten (Be-32)

Antrieb: 2 TVD-20 Propellerturbinen, - keine Leistungsangaben. Spannweite: 17,00 m; Länge: 15,70 m; Höhe 5,20 m; max. Startgewicht: k. A.; ökon. Reisegeschwindigkeit: k. A; Gipfelhöhe: k. A. ; Reichweite: k. A.; Besatzung: 2; Passagiere: 14-23

Bombardier (Canadair) Regional Jet

Kanada, Baujahr: 1991

Mit dem **Canadair Regional Jet (CRJ)** entstand erstmals ein fünfzigsitziges strahlgetriebenes Verkehrsflugzeug für den Regionalflugverkehr, das seit Beginn der 90er Jahre die klassischen Turbopropmuster immer stärker vom Markt verdrängt. Der CRJ entstand auf der Basis des Geschäftsreiseflugzeuges **Challenger 601-3A**. Der Rumpf wurde um 3,25 m vor und 2,84 m hinter dem Flügel verlängert und in seiner Struktur verstärkt, und auch die Spannweite musste um 1,83 m vergrößert werden. Verschiedene weitere Änderungen umfassten das Fahrwerk, die Druckkabine und Klimaanlage, sowie die Avionik. Ferner erhöhte sich das Startgewicht um 2.000 kg, weswegen der Einbau stärkerer Triebwerke vom Typ CF34-3A erforderlich wurde. Die Bauentscheidung für den CRJ fiel im März 1989, nachdem rund 50 Bestellungen für das Muster vorlagen. Zu den Erstbestellern zählten die deutsche **DLT (Lufthansa CityLine), British Airways** und **Alisarda**. Mit maximaler Nutzlast kann der CRJ auf Strecken zwischen 750 und 1.600 km Länge wirtschaftlich eingesetzt werden und ist deswegen den Turbopropflugzeugen deutlich überlegen. Die Grundausführung ist die Serie **100**, während die Serie **100ER** ein höheres Startgewicht aufweist und eine größere Reichweite besitzt. Derzeitiges Spitzenmodell ist die seit 1994 angebotene **100LR** (*Long Range*) mit einem auf 23.995 kg angehobenen Startgewicht und einer maximalen Reichweite von 3.500 km. Die Varianten **200ER** und **200LR** sind mit leistungsstärkeren Triebwerken CF34-3B1 ausgerüstet und für den Betrieb von heißen und hochgelegenen Flugplätzen optimiert.

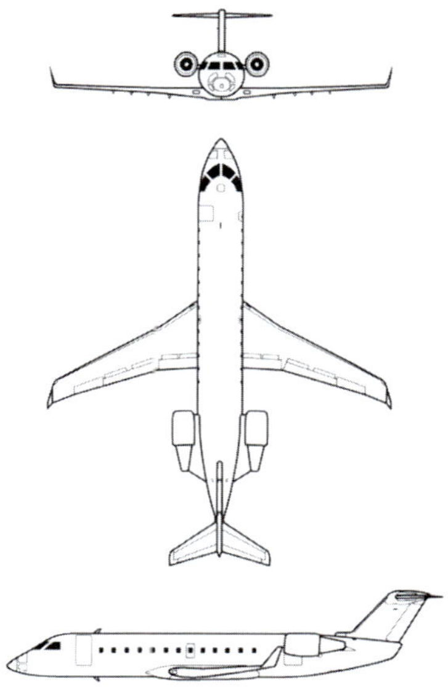

Der CRJ-Prototyp absolvierte seinen Erstflug am 10. Mai 1991. An der sich anschließenden Flugerprobung nahmen zwei weitere Flugzeuge teil, und am 31. Juli 1992 wurde dem Muster die kanadische und US-Verkehrszulassung erteilt. Die Musterzulassung der europäischen JAA folgte am 15. Januar 1993. Als erste Fluggesellschaft konnte die **Lufthansa CityLine** den RJ am 2. November 1992 auf der Route Köln/Bonn-Stockholm in Dienst stellen, nachdem die erste Maschine am 19. Oktober zur Auslieferung gelangte. Der weltweit größte Betreiber des CRJ ist die unter dem *Delta-Connection*-Banner fliegende US-Airline **Comair** mit 80 bestellten und teilweise bereits ausgelieferten Flugzeugen. In Europa steht das Muster auch noch bei **Air Littoral, Brit'Air, Lauda Air** und **Tyrolean Airways** im Einsatz.

Die Serie **CRJ-700** ist eine noch stärker gestreckte Ausführung des CRJ für 70 Fluggäste. Der Rumpf wurde auf 32,41 m und die Spannweite auf 23,01 m vergrößert. Als Antrieb kommen CF34-8C1-Triebwerke mit einem höheren Schub-/Nutzlast-Leistungsverhältnis zum Einbau. Mit dem Bauprogramm wurde am 21. Januar 1997 begonnen, nachdem die französische **Brit'Air** vier und **American Eagle** 25 Exemplare bestellt hatten. Innerhalb kurzer Zeit gingen Aufträge und Optionen für weitere 38 Flugzeuge ein. Die erste CRJ-700 absolvierte am 27. Mai 1999 in Montreal-Dorval ihren Erstflug. Die Ablieferung und Indienststellung der ersten Serienflugzeuge ist für das erste Quartal 2001 vorgesehen.

Bis September 1999 waren 647 CRJ aller Versionen gebaut, davon 317 ausgeliefert.

Daten (RJ)

Antrieb: 2 General Electric CF34-3A1 Mantelstromtriebwerke, je 3.959 KP (41 kN).
Spannweite: 21,44 m; Länge: 26,95 m; Höhe 6,30 m; max. Startgewicht: 21.635 kg; ökon. Reisegeschwindigkeit: 786km/h; Gipfelhöhe: 12.479 m; max. Reichweite: 2.628 km; Besatzung: 2+2; Passagiere: 50

Der größte europäische Betreiber des Bombardier Regional Jets (CRJ) ist die Lufthansa CityLine. D-ACLR (C/N 7086), ein Flugzeug der Serie 100LR, gelangte am 15. November 1995 zur Ablieferung.

Das robuste Kleinverkehrsflugzeug Islander kann auch im Gebirge eingesetzt werden. Diese Maschine gehört der neuseeländischen Mount Cook Airline.

Britten-Norman Islander

Großbritannien, Baujahr: 1965

Die Entwicklungsarbeiten an der ***Islander*** begannen 1965 und die Fertigung wurde im darauffolgenden Jahr aufgenommen. Das Konzept der Islander als einfaches und leichtes zweimotoriges Verkehrsflugzeug für den Zubringer- und Lufttaxi-Verkehr entstand 1964 aus dem Bedarf der **Cameron Air Transport (CAT)** für ein zweimotoriges Flugzeug mit sechs bis neun Sitzen als Ersatz für die veralteten **DH.89 *Dragon Rapide*** und **DH.104 *Dove***. Um das neue Muster möglichst als Mehrzweckflugzeug, auch in entlegenen Gebieten, einsetzen zu können, wurde die gesamte Konstruktion möglichst einfach und wartungsfreundlich gehalten. Ferner waren gute STOL-Eigenschaften zum Einsatz von kurzen und einfachen Pisten notwendig. Die Firma Britten-Norman, die 25 % des Kapitals der CAT besaß, entwarf ein passendes Flugzeug. Die Kabinenauslegung wies neue Wege. Der Mittelgang fehlte und die Sitzbänke, auf denen jeweils zwei Personen Platz fanden, reichten von Wand zu Wand. Der Zugang wurde durch wechselseitig angebrachte Kabinentüren ermöglicht. Die Sitzbänke waren am Kabinenboden auf Schienen befestigt, so dass sie binnen kurzer Zeit ausgebaut und das Flugzeug zur reinen Frachtbeförderung eingesetzt werden konnte. Der Prototyp des als **BN-2 *Islander*** bezeichneten Musters absolvierte am 13. Juni 1965 seinen Erstflug. Sein Antrieb bestand aus zwei Kolbenmotoren Rolls-Royce Continental IO-360-Motoren von je 210 PS (154 kW), die Spannweite betrug 13,70 m und das Abfluggewicht lag bei 2.155 kg. Später erfolgte die Umrüstung auf den Lycoming O-540-E-Motor mit 190 kW Leistung, die Spannweite wurde auf 14,90 m vergrößert und das Abfluggewicht stieg auf 2.585 kg. Diese Variante trug die Bezeichnung **BN-2A** und flog erstmals am 17. Dezember 1965. Ab dem 20. August desselben Jahres wurde ein weiterer Prototyp zur Flugerprobung eingesetzt. Die Serienproduktion wurde in Bembridge auf der Isle of Wight aufgenommen, und die erste Serienmaschine hob am 24. April 1967 zum Jungfernflug ab. Die britische Musterzulassung konnte am 10. August 1967 erteilt werden. Noch im gleichen Monat erhielten **Glosair** und **Loganair** ihre ersten Flugzeuge. Dem Muster wurde die FAA-Zulassung am 19. Dezember 1967 erteilt, so dass die Lieferungen in die USA ab Januar 1968 erfolgen konnten. Die laufende Weiterentwicklung des Musters führte zum Bau verschiedener Untervarianten. Die **BN-2S** hatte einen gestreckten Rumpf zur Aufnahme von zwei weiteren Passagieren und deren Gepäck und eine auf 16,15 m vergrößerte Spannweite. Sie absolvierte ihren Erstflug am 22. August 1972 und wurde 1974 zur ***Trislander* BN-2S** weiterentwickelt. Die Untervarianten der BN-2A unterscheiden sich durch verschiedene Triebwerksversionen, gesteigerte Abfluggewichte und erhöhten Tankinhalt. Diese verbesserten Ausführungen führen die Nummern -1 bis -11 hinter der Typenbezeichnung, und die -22 bis -25 besitzen den verlängerten Rumpfbug der BN-2S.

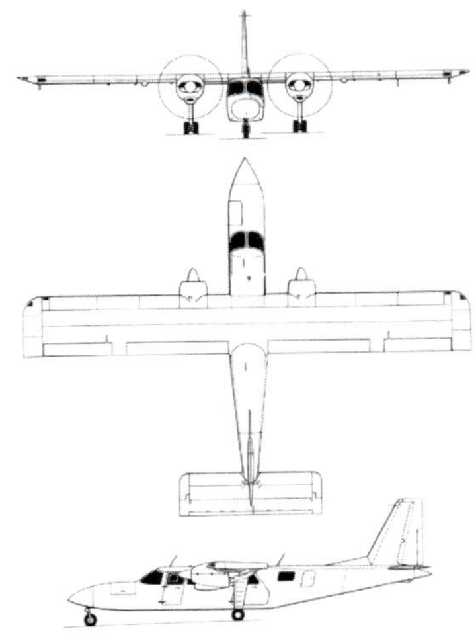

1967 schloss Britten-Norman einen Lizenzfertigungsvertrag mit der rumänischen IRMA und die erste in Rumänien gefertigte Maschine flog am 4. August 1969 in Bukarest. Die IRMA stellte im Rahmen dieses Vertrages über 200 *Islander* her, die von Britten-Norman vertrieben wurden. Im August 1972 übernahm die Fairey-Gruppe die Firma Britten-Norman und verlagerte im Verlauf des Jahres 1973 Bau und Endmontage von Großbritannien nach Gosselies in Belgien. Mit dem Konkurs der Fairey-Gruppe Ende 1977 musste die Fertigung eingestellt werden, doch wurde sie Anfang 1979 in Bembridge wieder aufgenommen, nachdem die schweizerische Flugzeugfirma Pilatus die

Daten (BN-2B)

Antrieb: 2 Lycoming O-540-E4C5 6-Zylinder Boxermotoren mit Lader, je 300 PS (223 kW).
Spannweite: 14,94 m; Länge: 12,02 m; Höhe 4,16 m; max. Startgewicht: 2.995 kg; ökon. Reisegeschwindigkeit: 264 km/h; Gipfelhöhe: 5.000 m; Reichweite: 1.290 km; Besatzung: 1-2; Passagiere: 6-9x

Fertigungsrechte der *Islander* und *Trislander* erworben hatte. Die neue **BN-2B *Islander II*** basierte auf der **BN-2A-22/-25**. Gegenüber dem Vorgängermuster bekam diese Ausführung eine verbesserte Innenausstattung für maximal neun Passagiere und ein höheres Start- und Landegewicht. In den verlängerten Flügelspitzen konnte zusätzlicher Kraftstoff untergebracht werden und die Reichweite stieg von 1.136 km auf 1.290 km. Der Serien-Prototyp der BN-2B flog erstmals am 6. April 1979.

1980 begann die Flugerprobung der Turbopropversion **BN-2T** mit zwei Allison 250-Triebwerken von je 320 WPS (235 WkW) Leistung. Die hierdurch verbesserten Flugleistungen machen sich hauptsächlich auf hochgelegenen Flugplätzen bemerkbar. Während die Produktion der zivilen *Islander* inzwischen eingestellt worden ist, wird die militärische **BN-2T-4S** unter der Typenbezeichnung ***Defender 4000*** und ***Maritime Defender*** weiterhin gebaut.

Britten-Norman Trislander

Großbritannien Baujahr: 1970

Die ***Trislander*** ist eine Weiterentwicklung der **BN.2 *Islander***, und beide Typen haben 75% aller Bauteile gemeinsam. Sie besitzt denselben Rumpfdurchmesser, denselben Flügel und dieselben Triebwerke. Zur Unterbringung von bis zu 17 Fluggästen wurde die Fluggastkabine gestreckt, der Rumpfbug verlängert und als Fracht- oder Gepäckraum ausgelegt, sowie die Spannweite um 1,21 m vergrößert. Wegen des höheren Abfluggewichtes wurde ein drittes Triebwerk notwendig, welches in das völlig neugestaltete Kreuzleitwerk integriert wurde. Am 4. Juli 1968 begann die Flugerprobung des neuen Typs mit einer *Islander* mit verlängertem Rumpf. Der Prototyp der *Trislander* konnte erst am 11. September 1970 seinen Erstflug ausführen, gefolgt vom Serienprototyp am 6. März 1971. Nach einigen Modifikationen konnte die Serienfertigung im Werk Bembridge auf der Isle of Wight parallel zur *Islander* aufgenommen werden. Das erste Serienflugzeug flog am 29. April 1971 und konnte am 29. Juni desselben Jahres an den Erstbesteller, die **Aurigny Air Services**, abgeliefert werden. Am 14. Mai und 4. August 1971 erfolgten die CAA- und FAA-Verkehrszulassungen. Ende 1972 wurde Britten-Norman von der Fairey S.A. übernommen und die Produktion im Laufe des Jahres 1973 nach Gosselies in Belgien verlegt.
Die ersten *Trislander*, noch mit kurzem Rumpfbug, wurden als **BN-2A Mk.III** bezeichnet. Sie hatten eine maximales Abfluggewicht von 4.245 kg, doch konnte das Gewicht auf 4.540 kg bei der nachfolgenden Variante **Mk.III-1** angehoben werden. Am 18. August 1974 absolvierte die erste *Trislander* **BN-2S** mit verlängertem Rumpfbug ihren Erstflug, und diese Variante wurde das Ausgangsmuster der Standardversion **BN-2A Mk.III-2**. Bis Anfang 1978 konnten 50 *Trislander* verkauft werden, doch dann ging die Firma Fairey S.A. in Konkurs und die Produktion musste eingestellt werden. Erst zum Jahresanfang 1979 wurde die Britten-Norman-Produktion von der schweizerischen Flugzeugfirma Pilatus übernommen und in Bembridge fortgesetzt. Aufgrund dieser wechselvollen Firmengeschichte stagnierte der Absatz, sodass die Produktion 1982 ausgesetzt und 1984 völlig eingestellt wurde. Einige als Bausätze eingelagerte Flugzeuge fanden ihren Weg zu International Aviation in Florida. Diese Firma hatte eine Lizenz zum Bau der Flugzeuge unter der Bezeichnung **Tri-Commutair** erworben, von denen drei Exemplare fertiggestellt werden konnten, bevor die Firma aus wirtschaftlichen Gründen das Projekt aufgeben musste. Die restlichen Bausätze wurden im Spätherbst 1995 von Anglo Normandy Aero Engineering erworben und wieder nach Großbritannien gebracht. Anfang 1999 fiel die Entscheidung zum Zusammenbau der verbliebenen Bausätze, nachdem **China Northern Airlines** eine Bestellung über drei *Trislander* abgegeben hatte. Diese Maschinen kommen zwischen September 2000 und Januar 2001 zur Ablieferung. Derzeit werden Überlegungen angestellt, ob eine Serienproduktion der *Trislander* bei der in Neuseeland ansässigen Integrity Aircraft Limited wieder aufgenommen werden soll. Die Montage der Flugzeuge soll bei Romaero in Rumänien erfolgen.

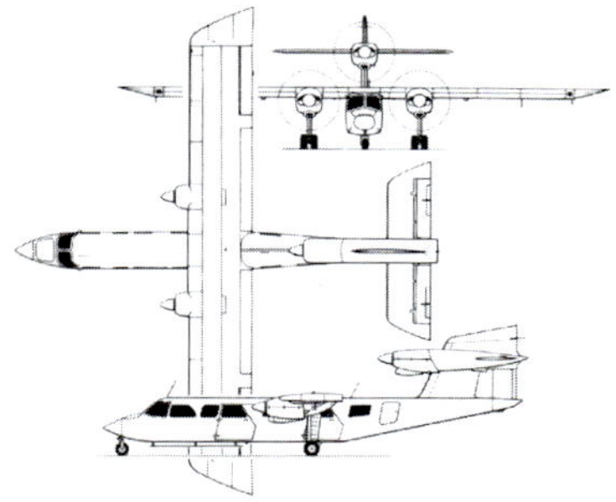

Daten

Antrieb: 3 Lycoming O-540-E4C5 6-Zylinder Boxermotoren mit Lader, je 260 PS (191 kW).
Spannweite: 16,15 m; Länge: 13,34 m; Höhe 4,11 m; max. Startgewicht: 4.536 kg; ökon. Reisegeschwindigkeit: 290 km/h; Gipfelhöhe: 4.500 m; Reichweite: 1.384 km; Besatzung: 1-2; Passagiere: 16-17

Temsco Airlines flog den Trislander N411WA (C/N 1023) zwischen März 1990 und Januar 1994.

Eines der bekanntesten Commuterflugzeuge in der Kategorie der 19-Sitzer ist die britische Jetstream J.31 / J.32.

British Aerospace Jetstream J31 / J32

Großbritannien, Baujahr: 1980 / 1988

Die **Jetstream 31** hat ihre Ursprünge in der im Herbst 1965 von Handley Page entwickelten **HP.137 *Jetstream***. Das vielversprechende HP.137-Programm musste aber nach dem Konkurs von Handley Page im Jahre 1970 eingestellt werden. Im Dezember 1978 wurde das Muster von British Aerospace unter der Typenbezeichnung Jetstream 31 gründlich überarbeitet und wieder in Fertigung genommen. Die wesentlichste Änderung war der Austausch der veralteten französischen Astazou-Propellerturbinen durch die weitverbreiteten und leistungsstarken amerikanischen Garrett TPE331-Triebwerke. Die Kabine wurde im *Wide-body*-Stil mit 18 Sitzplätzen ausgestattet. Da der hinter der Kabine liegende Frachtraum für das Passagiergepäck bei voller Auslastung zu klein ist, bestellten die meisten Kunden das Flugzeug mit einem zusätzlichen Gepäckbehälter unter dem Rumpf. Der aus einer HP.137 umgebaute J31-Prototyp flog erstmals am 28. März 1980. Die ersten beiden zur Flugerprobung herangezogene Serienmaschinen flogen am 18. März und 26. Mai 1982. Die britische und die US-Musterzulassungen für den Flugzeugtyp wurden am 29. Juni und am 30. November 1982 erteilt. Erste Abnehmer der J31 waren die deutsche **Contactair** und die britische **Peregrine Aviation**. Den eigentlichen Markterfolg hatte das Muster in den USA, wo verschiedene Regionalgesellschaften über 80 Flugzeuge bestellten.

1987 wurde die leistungsstärkere Weiterentwicklung **Super 31** vorgestellt, die primär auf den US-Markt zielte. Das Muster hat eine überarbeitete, besser schallisolierte Kabine für einen höheren Passagierkomfort. Der Mittelgang wurde etwas verbreitert und die Kopffreiheit auf 1,85 m erhöht. Neue TPE331-10UF-Triebwerke geben der Super 31, später als **Jetstream 32** bezeichnet, eine Startleistung von je 701 WkW. Auf hochgelegenen Flugplätzen zeigen sich deutlich die Kraftreserven dieser Triebwerke. Das Startgewicht wurde um zirka 400 kg angehoben. Die J32 erhielt ihre Verkehrszulassung am 7. Oktober 1988. 1997 erschien die J32EP (*Enhanced Performance*), bei der die Triebwerke der J32 in ihrer Leistung nochmals gesteigert wurden. Sie verfügt über bessere Leistungsparameter bei Start und Steigflug.

Die Produktion der J31 wurde 1993 eingestellt, und die Entscheidung zur Schließung der gesamten Jetstream-Produktion (J31, J32, J41 und J61) fiel zum Jahresende 1997. Insgesamt wurden 383 Jetstream 31 und 32 gebaut. Diese Zahl schließt auch 64 gefertigte HP.137 Jetstream ein.

Daten (J31)

Antrieb: 2 Garrett TPE331-10 Propellerturbinen, je 940 WPS (691 WkW).
Spannweite: 15,85 m; Länge: 14,37 m; Höhe 5,35 m; max. Startgewicht: 6.950 kg; ökon. Reisegeschwindigkeit: 425 km/h; Gipfelhöhe: 8.600 m; Reichweite: 1.890 km; Besatzung: 2+1; Passagiere: 18

Die Jetstream 41 beruht auf der J.31, kann aber 29 Fluggäste befördern. Diese Maschine der südafrikanischen SA Airlink (C/N 054, ZS-NRH) wurde am 25. April 1995 ausgeliefert.

British Aerospace Jetstream J41

Großbritannien, Baujahr: 1991

Auf Grundlage der **Jetstream 31** entstand die vergrößerte **Jetstream 41** für 29 Fluggäste. Gegenüber der J31 wurde der Rumpf der J41 um 4,88 m verlängert und die Spannweite der Tragflächen um 2,40 m vergrößert. Die Seitenflosse musste modifiziert und nach vorne verlängert werden. Als Antrieb kommen zwei Propellerturbinen vom Typ TPE331 mit Fünfblattpropellern zum Einbau. Damit wird die J41 schneller, leiser und wirtschaftlicher. Flügelholm und Tragflächen wurden unter den Rumpf verlegt, damit der Rumpfquerschnitt vollständig für die Passagierkabine ausgenutzt werden kann. Im Unterschied zur J31 befindet sich der Passagiereinstieg mit einer integrierten Treppe bei der J41 im Vorderrumpf. Auch die Kanzelausstattung wurde überarbeitet und das Cockpit mit einer V-förmigen Frontverglasung versehen.

Der erste von drei Prototypen wurde am 27. März 1991 fertiggestellt und startete am 25. September 1991 zum Erstflug. Die Ablieferungen der J41 begannen am 25. November 1992 an **Manx Airlines** und **Loganair**.

Die Fertigung der J41 wurde zum Jahresende 1997 nach dem Bau von 100 Maschinen eingestellt.

Daten

Antrieb: 2 Garrett TPE331-14GR/HR Propellerturbinen, je 1.650 WPS (1.230 WkW).
Spannweite: 18,29 m; Länge: 19,33 m; Höhe 5,74 m; max. Startgewicht: 11.385 kg; ökon. Reisegeschwindigkeit: 465 km/h; Gipfelhöhe: 7.620 m; Reichweite: 1.192 km; Besatzung: 2+1; Passagiere: 27-29

British Aerospace ATP

Großbritannien, Baujahr: 1986

Die Bezeichnung **ATP** steht für **A**dvanced **T**urbo**P**rop, d. h. fortschrittlicher Turboprop. Bei diesem Flugzeugmuster handelt es sich um eine gestreckte und modernisierte Weiterentwicklung der **HS.748** aus den 60er Jahren. Mit ihrem Vorgängermuster verbindet die ATP allerdings nur noch der gleiche Rumpfquerschnitt. Der Rumpf der ATP wurde gegenüber der HS.748 um 5,49 m gestreckt, erhielt neue Fenster und Türen sowie eine geänderte Rumpfnase. Neu ist auch das gepfeilte Seitenleitwerk. Zwei moderne Propellerturbinen der Firma Pratt & Whitney Canada vom Typ PW124A von je 2.182 PS (1.627 WkW) treiben langsam drehende Sechsblatt-Luftschrauben an, welche weniger Lärm als die herkömmlichen Vierblatt-Luftschrauben erzeugen. Die Tragflächenstruktur ist nahezu mit der des Typs HS.748 identisch, verfügt aber über aerodynamisch neu gestaltete Flächenenden. Auch die Triebwerksverschalungen wurden neu konzipiert. Mit einem Startgewicht von nahezu 23 Tonnen ist die ATP das schwerste Flugzeug ihrer Klasse und verfügt, im Gegensatz zu ihren direkten Konkurrenten **ATR-72** und **Fokker 50**, über zwei Passagiereinstiege. Dies setzt die Umkehrzeit am Boden um bis zu 25 % gegenüber den beiden anderen Flugzeugmustern herab.

Marktuntersuchungen für die ATP begannen im Jahre 1982 und die Entwicklungsarbeiten an dem Flugzeugmuster wurden am 1. März 1984 aufgenommen. Auf der internationalen Luftfahrtschau im englischen Farnborough wurde im September desselben Jahres erstmals eine Kabinenattrappe im Maßstab 1:1 vorgestellt. Die Rumpfmontage erfolgte im Werk Chadderton, die Endmontage im Werk Woodford. Der erste von zwei Prototypen (G-MATP) startete am 6. August 1986 in Woodford zu seinem Erstflug. Der zweite Prototyp (G-BMYM), zugleich erstes Serienflugzeug, folgte am 20. Februar 1987. Als erstes Flugzeugmuster wurde die ATP nach dem Zertifizierungsprozess gemäß der JAR 25-Richtlinien zugelassen. Diese Verkehrszulassung wurde im März 1988 erteilt und als erste Fluggesellschaft konnte **British Midland Airways** die ATP am 9. Mai 1988 im Liniendienst einsetzen. Leider war die ATP mit zahlreichen technischen Mängeln behaftet, welche ihr den wenig schmeichelhaften Spitznamen *Always Technical Problems* einbrachte und die den Markterfolg nachhaltig beeinträchtigten. Bis Ende 1991 konnten nur 44 Stück verkauft werden. Neben Airlines of Britain Holdings (**British Midland, Loganair** und **Manx Airlines**) wurde **Air Wisconsin** in den USA der größte Betreiber des Musters. Kleinere Aufträge kamen von **Bangladesh Biman, British Airways, LAR** und **SATA**. Zur Verbesserung der Flugleistungen kamen ab 1990 leistungsstärkere PW126A-Triebwerke zum Einbau, aber auch die Querruder und Landeklappen wurden überarbeitet. Mit der Gründung der BAe-Abteilung Aircraft Management Organisation – Props (AMO-P) im Jahre 1992 wurden Bau und Weiterentwicklung der ATP der Jetstream-Gruppe im schottischen Prestwick, nahe Glasgow, übertragen. Unter der neuen Bezeichnung **Jetstream 61** wurde eine Weiterentwicklung der ATP lanciert, bei der die von den Fluggesellschaften beanstandeten Mängel der ATP entscheidend verbessert werden konnten. Neben stärkeren Triebwerken wurde besonders die Flugzeugzelle einer aerodynamischen Überarbeitung unterzogen und die Inneneinrichtung der Passagierkabine nach neuesten Erfordernissen gestaltet. Aufgrund dieser Maßnahmen konnten Flugleistungen und Nutzlast gegenüber der ATP verbessert werden. Der Erstflug der Jetstream 61 (G-JLXI) fand am 9. Mai 1994 statt. Da sich der erwartete Verkaufserfolg nicht einstellte, ging BAe eine Partnerschaft mit dem französisch/italienischen Konkurrenten ATR ein, um gemeinsam die Turboprop-Flugzeuge beider Unternehmen unter dem neuen Namen AI(R) zu vermarkten. Hierbei passte die J.61 nicht mehr ins Konzept und die Produktion dieses Musters wurde noch vor Verkauf des ersten Flugzeuges eingestellt. Eine zweite J.61 wurde zwar im Juni 1995 noch fertiggestellt und probegeflogen, aber bereits im September desselben Jahres in Prestwick abgestellt und im April 1997 abgewrackt. Die für 1994 geplante Entwicklung einer gestreckten J.61 für bis zu 78 Passagiere kam nicht mehr zur Ausführung. Insgesamt wurden 65 Maschinen produziert, von denen noch 62 im Einsatz stehen. **British World Airways** erwarb 1997 die letzten fünf ATP und baute sie zum Einsatz für die Versorgung der Erdölindustrie in der Nordsee als Combi-Flugzeuge um.

Daten

Antrieb: 2 Pratt & Whitney Canada PW126A Propellerturbinen, 2.653 WPS (1.979 kW).
Spannweite: 30,63 m; Länge: 26,01 m; Höhe 7,14 m; max. Startgewicht: 22.930 kg; ökon. Reisegeschwindigkeit: 437 km/h; Gipfelhöhe: 8.100 m; Reichweite: 1.482 km; Besatzung: 2+2; Passagiere: 64-72

Bei der abgebildeten G-MAUD handelt es sich um den zweiten ATP-Prototypen. Das Flugzeug wird von British Regional Airlines im Auftrag der British Airways Express eingesetzt und trägt die neue, farbenfrohe Blue Pool-Bemalung.

CASA C.212 Aviocar

Spanien, Baujahr: 1971

Die **C.212 *Aviocar*** wurde von der spanischen Flugzeugfirma Construcciones Aeronauticas S.A. (CASA) in erster Linie als STOL-Mehrzwecktransporter für die spanische Luftwaffe entwickelt, doch auch der Bau einer reinen Zivilversion wurde von Beginn an ins Auge gefasst. Bei den Luftstreitkräften sollte das neue Muster die veralteten **Douglas C-47** und **Ju-52/3m** ersetzen. In einem ersten Baulos wurden zunächst 32 Maschinen bestellt. Wie bei allen solchen Entwürfen legte man auch bei CASA größten Wert auf eine anspruchslose und robuste Bauweise und einen großen Kastenrumpf mit Heckladerampe zum Transport großer oder sperriger Güter. Das Muster kann von kurzen und schlecht ausgebauten Pisten operieren und es stellt minimale Anforderungen an Wartung und Bodenausrüstung. Von der C.212 wurden zwei Prototypen gebaut, die am 26. März 1971 und am 23. Oktober 1971 ihre Erstflüge absolvierten. Das erste Serienflugzeug startete am 17. November 1972 zu seinem Jungfernflug. Während der vorausgegangenen Flugerprobung wurden die geforderten Flugleistungen übertroffen, so dass die spanische Luftwaffe ihre Bestellung auf 75 Flugzeuge erhöhte.

Parallel zur Militärversion wurde die Aviocar unter der Bezeichnung **C.212CA** als Zubringer-Verkehrsflugzeug für 19 bis 22 Fluggäste auf den Markt gebracht. Beim Einsatz als reines Frachtflugzeug liegt die Nutzlast bei 2.600 kg. Die ersten Maschinen wurden 1974 an den indonesischen Mineralölkonzern Pertamina zum Einsatz bei der Tochtergesellschaft **Pelita Air Transport** geliefert. Der Grundversion folgte 1975 die verbesserte **C.212-100 (C.212CB)** mit einem auf 6.300 kg gesteigerten Startgewicht, das – dank leistungsfähigerer Triebwerke – 1977 sogar auf 6.500 kg angehoben werden konnte. Die 1978 entwickelte und seit April 1979 verfügbare **C.212-200** besitzt TPE-331-10-Triebwerke mit je 635 WkW Leistung und ein Startgewicht von 7.500 kg. Eine **C.212QC** für den wahlweisen Einsatz als Passagier- oder Frachtflugzeug rundet die Produktpalette ab. Speziell für die Bedürfnisse der zivilen Fluggesellschaften entstand im Oktober 1984 die **C.212-300**, die sich von ihren Vorgängern durch einen verlängerten Rumpfbug unterscheidet. Die Laderampe im Rumpfheck entfiel und die Spannweite wurde um 1,40 m vergrößert. Aufgrund der größeren Tankkapazität und des auf 7.700 kg gesteigerten Startgewichtes sowie vieler Detailverbesserungen kann die -300 bis zu 28 Passagiere über Entfernungen von 1.450 km befördern. Die maximale Reichweite liegt bei 1.850 km.

Die neueste Version ist die **C.212-400**, die im April 1997 ihren Erstflug ausführte und sich seit Juni 1997 in der Serienproduktion befindet. Als Antrieb wurden zwei TPE-331-12RJ-Triebwerke von je 820 kW Leistung ausgewählt. Die -400 ist um zirka 400 kg schwerer als die -300, hauptsächlich wegen der geänderten Kabinenausstattung. Auch die Kanzel wurde überarbeitet und mit modernster Avionik, u. a. EFIS, ausgestattet.

CASA schloss einen Lizenzvertrag mit der indonesischen PT Nurtanio (später IPTN) in Bandung ab, der neben dem Lizenzbau auch die Verkaufsrechte der C.212 für die ASEAN-Staaten umfasst.

Bis September 1999 waren insgesamt 447 Maschinen bestellt, von denen 429 Exemplare abgeliefert sind. Davon entfällt etwas mehr als die Hälfte auf militärische Aufträge.

Daten

Antrieb: 2 Garrett AiResearch TPE-331-10R Propellerturbinen, je 900 WPS (662 WkW).
Spannweite: 19,00 m; Länge: 15,20 m; Höhe 6,32 m;
max. Startgewicht: 6.300 kg; ökon. Reisegeschwindigkeit: 315 km/h; Gipfelhöhe: 7.500 m; Reichweite: 1.200 km;
Besatzung: 2+1; Passagiere: 18-22

Die CASA 212 Aviocar erfreut sich in Südamerika einer großen Beliebtheit. SATENA, der zivile Ableger der kolumbianischen Luftwaffe, hat zwei dieser Flugzeuge im Einsatz.

Zu den frühen Betreibern der DH.104 Dove gehörte die japanische Toa Airways.

De Havilland DH.104 Dove

Großbritannien, Baujahr: 1945

Die ***Dove*** (Taube) war das erste britische Verkehrsflugzeug nach dem Zweiten Weltkrieg und Nachfolger des weitverbreiteten Vorkriegsmusters **DH.89 *Dragon Rapide***. Der Prototyp der Dove startete am 25. September 1945 zu seinem Erstflug. Bei der anschließenden Flugerprobung traten Stabilitätsprobleme am Seitenleitwerk auf, weswegen der zweite Prototyp durch Absturz verloren ging. Nach Behebung der Mängel wurde die Flugerprobung wieder aufgenommen und die Serienfertigung begann Ende 1946 mit der **Dove 1**. Ab 1948 wurde die **Dove 2** gebaut, die über eine größere Reichweite verfügte. Modifiziert und mit stärkeren Triebwerken versehen erhielten beide Muster ab Ende 1951 die Typenbezeichnungen **Dove 1B** und **Dove 2B**. Ab 1954 standen die **Dove 5** und **Dove 6** mit einem höheren Startgewicht (3.990 kg) und stärkeren Motoren von je 380 PS (279 kW) in Produktion. Das letzte Serienmodell war die **Dove 8**, die ab 1960 bis zum Produktionsende im Jahre 1966 gefertigt wurde. Einer der ersten Kunden für die Dove war die **LAN Chile**, bei der das Muster eine wichtige Rolle bei der Entwicklung der Verkehrsinfrastruktur in dem Andenstaat spielte. Mit einer Dove wurde auch der Grundstein für die heute größte niederländische Charterfluggesellschaft, die **Martinair**, gelegt.

In 20 Jahren der Serienfertigung wurden insgesamt 544 Dove aller Versionen gebaut. In den USA wurden viele Dove 8 mit zwei Boxermotoren vom Typ AVCO-Lycoming IO-720 von je 400 PS (294 kW) Startleistung versehen und wurden unter der Bezeichnung **Riley-Turbo Executive 400** vorwiegend als Geschäftsreiseflugzeuge verwendet. Diese Maschinen erhielten ein neues, gepfeiltes Leitwerk.

Die **Royal Air Force** erhielt ab 1948 30 Dove-Maschinen, die sie unter der Bezeichnung ***Devon M. Mk.1*** für Schulungs- und Transportaufgaben einsetzte. Die **Royal Navy** kaufte 13 Flugzeuge und diese Maschinen tragen die Bezeichnung ***Sea Devon***.

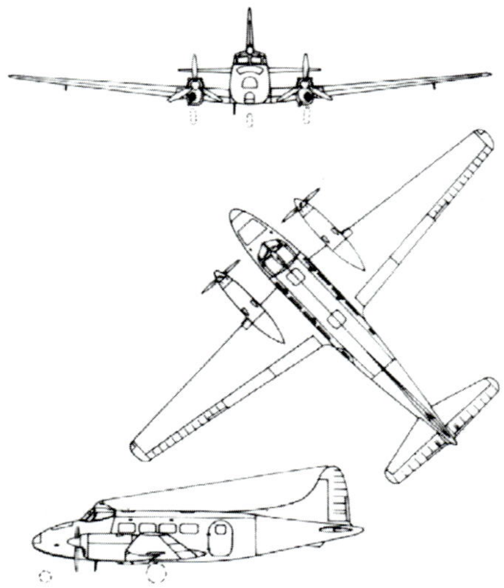

Die **CJ600** ist die Typenbezeichnung für eine stark modifizierte Version der Dove 8, die erstmals als Carstedt Jet Liner 600 am 18. Dezember 1966 flog und von der Texas Airplane Manufacturing Company vertrieben wurde. Unter Verwendung von Flügel, Leitwerk und Fahrwerk der Dove konnten in dem stark verlängerten Rumpf bis zu 18 Passagiere befördert werden. Als Antrieb dienten zwei Garrett-AiResearch-TPE331-Propellerturbinen von je 605 WPS (445 kW). Das Abfluggewicht wurde auf 4.762 kg gesteigert, und die erhöhte Kraftstoffkapazität erlaubt eine Reichweite von 805 km mit voller Nutzlast. Die CJ600 war als Zubringer-Verkehrsflugzeug ausgelegt, konnte sich am Markt aber nicht durchsetzen.

Daten (Dove 8)

Antrieb: 2 De Havilland Gipsy Queen 70 Mk.3, luftgekühlte 6-Zylinder-Reihenmotoren 400 PS (294 kW).
Spannweite: 17,40 m; Länge: 14,35 m; Höhe 4,10 m; max. Startgewicht: 4.060 kg; ökon. Reisegeschwindigkeit: 315 km/h; Gipfelhöhe: 6.600 m; Reichweite: 1.420 km; Besatzung: 2; Passagiere: 8-11

Mit einer Flotte von insgesamt 30 DH.114 Heron wurde Prinair der größte Betreiber dieses Musters. Die abgebildete Heron 2D N587PR (C/N 14148) war das letzte gebaute Flugzeug dieses Musters und gelangte am 21. Januar 1974 zur Ablieferung an die malaysische Luftwaffe. Die Maschine kam bei Prinair zwischen November 1981 und Mai 1985 zum Einsatz.

De Havilland DH.114 Heron

Großbritannien, Baujahr: 1950

Das leichte Verkehrsflugzeug ***Heron*** für 14 bis 17 Fluggäste ist als vergrößerte, viermotorige Ausführung der **DH.104** ***Dove*** anzusehen. Die Ingenieure bei De Havilland begannen bereits kurz nach 1945 mit den Projektstudien für die Heron, welche die viermotorige **DH.86** der Vorkriegszeit ablösen sollte. Da die Absatzchancen für ein solches Flugzeug aber noch nicht sehr groß waren, begann man mit den Konstruktionsarbeiten an der Heron erst im Jahre 1949 und der Prototyp (G-ALZL) startete am 10. Mai 1950 zu seinem Erstflug. Für den Bau der Heron konnten zirka 75% der Bauteile aus der Dove-Produktion verwendet werden, so dass die Entwicklungs- und Fertigungskosten für das neue Flugzeugmuster gering gehalten werden konnten. Dieser Umstand machte sich natürlich im günstigen Anschaffungspreis bemerkbar, was die Verkaufschancen der Heron verbesserte. Im Prototyp kamen anfänglich vier Gipsy Queen 30 zum Einbau, aber Versuche mit leistungsstärkeren Triebwerken des Typs führten bei der Serienversion **Heron 1** zum Einbau der Gipsy Queen Mk 2-Motoren. Um die Wartungskosten gering halten zu können, wurde die Heron 1 mit einem starren Bugfahrwerk ausgestattet. Im Sommer 1951 wurde der Heron-Prototyp von der **BEA** probeweise auf einigen Schottland-Routen eingesetzt, und später erwarb die Fluggesellschaft zwei Serienmaschinen. Als Erstkunden bestellten die **New Zealand National Airways Corporation (NZNAC)** vier und die norwegische **Braathens SAFE** drei Heron 1. Als erste wurden die Maschinen der NZNAC im April 1953 in Betrieb genommen. Insgesamt wurden 51 Heron 1 gebaut.

Fünf **Heron 1B** der japanischen **TOA Airways** erhielten anstelle der Gipsy Queen-Triebwerke vier Continental IO-470D von je 260 PS

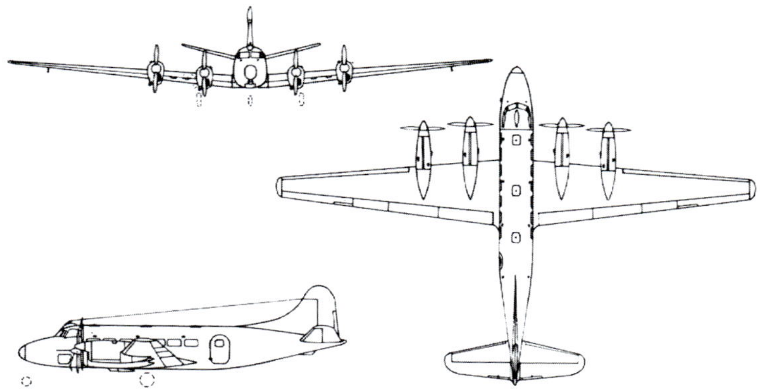

(191,3 kW). Die erste dieser umgebauten Maschinen flog am 12. November 1964 und erhielt im Frühjahr 1965 die japanische Luftverkehrszulassung.

Das siebte Serienflugzeug (G-AMTS) diente den De Havilland-Werken als Testmaschine mit einem einziehbaren Bugfahrwerk. Am 14. Dezember 1952 führte dieses als **Heron 2** bezeichnete Exemplar seinen Erstflug aus. Durch diese Modifikation stieg das Eigengewicht des

Daten

Antrieb: 4 De Havilland Gipsy Queen 30 Mk.3, luftgekühlte 6-Zylinder-Reihenmotoren 250 PS (184 kW).
Spannweite: 21,80 m; Länge: 14,80 m; Höhe 4,75 m; max. Startgewicht: 6.124 kg; ökon. Reisegeschwindigkeit: 295 km/h; Gipfelhöhe: 5.600 m; Reichweite: 1.750 km; Besatzung: 2; Passagiere: 14-17

Flugzeuges zwar um 75 kg, doch sank der Kraftstoffverbrauch erheblich und die Geschwindigkeit erhöhte sich um fast 30 km/h. Auch konnte die Reichweite merklich verbessert werden. Höchst beeindruckt entschloss man sich daraufhin bei De Havilland, die Produktion der Heron 1 zu beenden und dafür die Heron 2 serienmäßig herzustellen. Ab Frühjahr 1953 wurde die Heron 2 in größeren Stückzahlen bestellt. Größter Kunde wurde die indonesische **Garuda** mit einer Order über 15 Maschinen, gefolgt von **Indian Airlines** mit acht und **Turkish Airlines** mit sechs. Die Heron wurde für De Havilland ein großer Erfolg, denn bis zum Ende der Fertigung 1964 wurden insgesamt 148 Flugzeuge an Betreiber in 30 Ländern verkauft. Die in Puerto Rico ansässige Fluggesellschaft **Prinair (Puerto Rico International Airlines)** kaufte ab 1966 insgesamt 30 Heron 2 von diversen Vorbesitzern und wurde damit zum größten Betreiber des Musters. Die meisten Maschinen wurden später zur Verbesserung ihrer Wirtschaftlichkeit mit neuen Triebwerken vom Typ Continental IO-520 mit einer Startleistung von je 300 PS (221 kW) ausgestattet und als **Prinair-Heron** bezeichnet. Bis Ende der 80er Jahre wurden die Heron bei Prinair ausgemustert und durch moderne Commuterliner vom Typ **CASA 212** ersetzt. Eine weitere Modifikation der Heron 2 führte die Firma Riley mit dem Einbau von jeweils vier Lycoming-Boxermotoren durch, die je 290 PS (213 kW) Startleistung lieferten. Diese Maschinen führen die Typenbezeichnung **Riley-Heron 114**.

Auch als Geschäftsreiseflugzeug mit sechs bis acht Plätzen erfreute sich die Heron einer großen Beliebtheit. Zu den hochgestellten Persönlichkeiten, welche die Heron als VIP-Flugzeug benutzten, gehörten u. a. die Könige Hussein von Jordanien, Feisal von Irak und Hassan von Marokko.

In Deutschland wurde die Heron 2 von der **Luftwaffe** als VIP-Transporter eingesetzt, und die **Lufthansa** mietete zwischen April und Mai 1963 kurzfristig eine Heron 2D von der niederländischen Fluglinie **Martinair**.

Die kanadische Firma Saunders Aircraft erhielt Ende der 60er Jahre die Produktionsrechte zur Umrüstung der Heron zum Commuterliner **ST-27** (*Beschreibung siehe dort, Seite 315*).

DeHavilland Canada DHC-3 Otter

Kanada, Baujahr: 1951

Die 1928 von deHavilland in Kanada gegründete Flugzeugfabrik de-Havilland of Canada baute bis 1945 hauptsächlich Militärflugzeuge der britischen Mutterfirma für den amerikanischen Markt. Nach dem Zweiten Weltkrieg erwarb sich das Unternehmen mit Entwicklung und Bau robuster Mehrzweckflugzeuge einen hervorragenden Ruf. Den Anfang machte die **DHC-2 *Beaver***, die am 16. August 1947 erstmals flog und von der bis zum Produktionsende 1965 über 1.600 in alle Welt verkauft werden konnten. Aufgrund vielfacher Forderungen nach einem Flugzeug mit größerer Nutzlast und Passagierkapazität entstand aus der Beaver 1951 das Nachfolgemodell ***King Beaver***, das wenig später aber die Typenbezeichnung **DHC-3 *Otter*** erhielt. Der Prototyp flog erstmals am 19. Dezember 1951 und als erster Kunde kaufte die **Royal Canadian Air Force (RCAF)** insgesamt 66 Maschinen, die ab Oktober 1952 zur Auslieferung gelangten. Größter Abnehmer des Musters wurde allerdings die **US Army**, die ab 1955 225 Maschinen beschaffte und unter der militärischen Bezeichnung **U-1A** einsetzte. Weitere 174 zivile Otter fanden Abnehmer in aller Welt und das Flugzeug erwarb sich einen hervorragenden Ruf als nahezu unver-

Das robuste Mehrzweckflugzeug DHC-3 Otter wird zwar schon seit 1966 nicht mehr gebaut, erfreut sich aber immer noch großer Beliebtheit.

wüstliches Arbeitsgerät unter schwierigsten Einsatzbedingungen. In den 50er und frühen 60er Jahren gehörte die *Otter* neben der **DC-3** zu den Standard-Transportflugzeugen verschiedener Polarexpeditionen in der Arktis und Antarktis. Nach dem Bau von 465 Exemplaren wurde die Fertigung der *Otter* 1966 zugunsten der größeren und mit Propellerturbinen ausgerüsteten **DHC-6 *Twin Otter*** eingestellt. Derzeit stehen immer noch über 150 *Otter* im Einsatz. Hauptsächlich wird das Muster in Kanada von zahlreichen Lufttaxi-Unternehmen eingesetzt, die Passagiere, Güter des täglichen Bedarfs und Ausrüstungsgegenstände aller Art in abgelegene und schwer zugängliche Gebiete transportieren. Neben der Landausführung mit einem robusten Fahrwerk wird die *Otter* häufig auch mit Schneekufen oder Schwimmern ausgestattet.

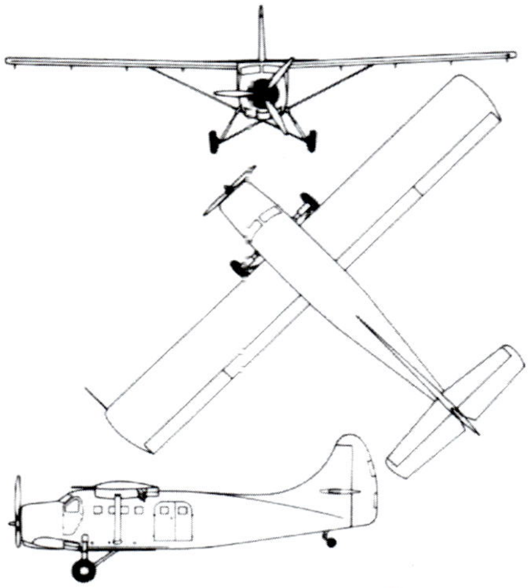

Daten

Antrieb: 1 Pratt & Whitney R-1340-S1H1-G12 Sternmotor, 600 PS (441 kW).
Spannweite: 17,70 m; Länge: 12,80 m; Höhe 3,83 m; max. Startgewicht: 3.630 kg; ökon. Reisegeschwindigkeit: 220 km/h; Gipfelhöhe: 5.730 m; max. Reichweite: 1.400 km; Besatzung: 1-2; Passagiere: 9-12

In den 80er Jahren bot die Firma Cox Air eine Umrüstung zur ***Turbo Otter*** an, die von einer Propellerturbine PT6A-27 mit 660 WPS (485 WkW) Leistung angetrieben wird. Die Resonanz war aber nicht sehr vielversprechend und das Projekt wurde ziemlich bald wieder aufgegeben.

DeHavilland Canada DHC-6 Twin Otter

Kanada, Baujahr: 1965

Die **DHC-6 *Twin Otter*** entstand 1965 als größerer Nachfolger der **DHC-3 *Otter***. Während die Vorgängermuster **DHC-3, DHC-4** und **DHC-5** vorwiegend für die militärische Nutzung vorgesehen waren, zielte das Unternehmen mit der *Twin Otter* von Beginn an auf den zivilen Markt des Regional- und Zubringerverkehrs. Die *Twin Otter* besitzt denselben Rumpfquerschnitt wie die *Otter*, ist ansonsten aber eine komplette Neukonstruktion. Bug und Leitwerk wurden neu gestaltet und der Rumpf zur Unterbringung von 20 Personen in Einzelsitzen beiderseits des Mittelgangs gestreckt. Die Innen- und Mittelflügelsektionen ähneln ebenfalls der *Otter*, doch wurde die Spannweite auf 19,81 m vergrößert. Die hervorragenden STOL-Eigenschaften der früheren Modelle erzielte man bei der *Twin Otter* auch rein aerodynamisch durch die Verwendung von Doppelspaltklappen über die gesamte Spannweite, wobei die äußeren Sektionen differenziert als Querruder aktiviert werden können. Als Fahrwerk wählte man ein robustes, starres Dreibeinfahrwerk mit Bugradsteuerung zum Einsatz von schlecht ausgebauten Flughäfen und Pisten. Als Antrieb wurden die seinerzeit neu entwickelten PT6A-Propellerturbinen ausgewählt. Mit der Fertigung der *Twin Otter* begann DHC Anfang 1964 und im November desselben Jahres wurde das erste Baulos von fünf Flugzeugen aufgelegt. Dank einer Vielzahl von baugleichen Teilen mit der *Otter* war die Bauzeit der *Twin Otter* relativ kurz, und am 20. Mai 1965 konnte die erste Maschine mit dem Kennzeichen CF-DHC in Downsview bei Toronto zum Erstflug starten. Die Musterzulassung wurde im Mai 1966 erteilt, und im Juli begannen die ersten Auslieferungen an die US-Regionalfluggesellschaft **Pilgrim Airways**. Die Grundversion **DHC-6-100** wird von zwei PT-6A-20-Propellerturbinen von je 579 WPS (426 WkW) Startleistung angetrieben, hat ein maximales Startgewicht von 4.990 kg und kann 13 bis 18 Passagiere 650 km befördern. Nach dem Bau von 115 Flugzeugen wurde im April 1968 die verbesserte **DHC-6-200** eingeführt. Sie hat gegenüber der Grundversion ein höheres Startgewicht von 5.250 kg und einen verlängerten Rumpfbug mit einem zusätzlichen Laderaum, wodurch die Gepäck- und Frachtkapazität um fast 70 % gesteigert werden konnte. Die Auslieferung der -200 begann im Mai 1968. Auch von dieser Variante wurden 115 Exemplare hergestellt. Ab dem Frühjahr 1969 wurde mit dem Bau des 231. Flugzeuges die weiter verbesserte Serie **-300** eingeführt, die auch das Endmodell darstellt. Hierbei fanden leistungsstärkere PT6A-27-Triebwerke Verwendung und das Startgewicht konnte auf 5.670 kg erhöht werden. Die Passagierkapazität stieg auf maximal 20 Personen. Durch die größeren Leistungsparameter konnte der Aktionsradius (Reichweite) gegenüber den Vorgängermodellen nochmals deutlich gesteigert werden. 1973 erschien die **DHC-6-300S** auf dem Markt, die aerodynami-

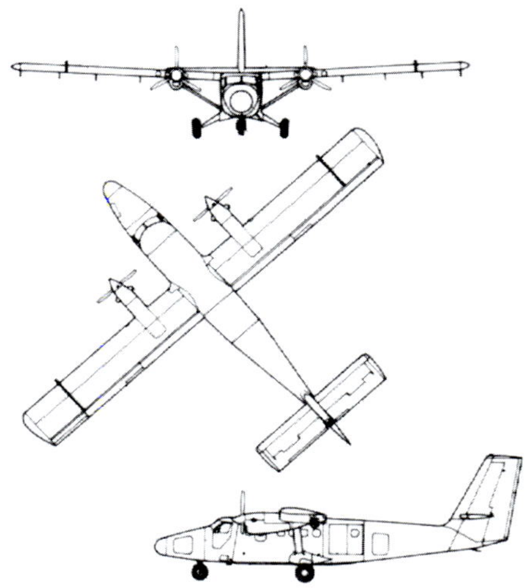

Daten (-300)

Antrieb: 2 Pratt & Whitney Canada PT6A-27 Propellerturbinen, je 620 WPS (456 WkW).
Spannweite: 19,81 m; Länge: 15,77 m; Höhe 5,66 m; max. Startgewicht: 5.670 kg; ökon. Reisegeschwindigkeit: 300 km/h; Gipfelhöhe: 8.100 m; max. Reichweite: 1.775 km; Besatzung: 1-2; Passagiere: 13-20

Die isländische Flugfelag Nordurlands / Air Iceland betreibt immer noch zwei Twin Otter auf Kurzstreckenflügen zwischen den einzelnen Inseln.

sche Verfeinerungen aufweist und mit neuer Avionik ausgestattet wurde. In den USA wurde einige Flugzeuge der Serie -300 mit Panoramafenstern ausgestattet.
Diese fliegen unter der Bezeichnung **DHC-6-300 *Vista Liner***. Derzeit größter Betreiber dieser Variante sind die **Scenic Airlines**, die ab Las Vegas Rundflüge zum Grand Canyon und Hoover Dam durchführen.
Von der Militärversion **DHC-6-300M** wurden zirka 100 Maschinen an Luftwaffen in 15 Ländern verkauft, davon fliegt die Hälfte bei den kanadischen Streitkräften.
Nach dem Bau von 844 Maschinen wurde die Produktion der *Twin Otter* im Frühjahr 1988 zugunsten des größeren Nachfolgemuster **DHC-8** eingestellt.

DeHavilland Canada DHC-7

Kanada, Baujahr: 1975

Für ein Jahrzehnt, bis zum Erscheinen der **DHC-8-300**, war die **Dash-7-100** das größte von DHC gebaute Verkehrsflugzeug. Die Entwicklung wurde 1970 mit dem Ziel aufgenommen, auch kleinere Flughäfen mit verhältnismäßig hohem Fluggastaufkommen an den Linienflugbetrieb anbinden zu können. So entstand ein viermotoriger STOL-Hochdecker mit T-Leitwerk, der in seiner im *Wide-Body*-Stil gehaltenen Kabine bis zu 50 Passagiere befördern und von Flugplätzen mit nur 700 m langen Pisten operieren kann. Die Kurzstarteigenschaften wurden durch ein Hochauftriebssystem erzielt, bei dem Doppelspaltklappen im Luftstrom von langsam drehenden Luftschrauben großen Durchmessers liegen. Hierdurch konnte außerdem die Lärmbelästigung innerhalb und außerhalb des Flugzeugs erheblich gemildert werden.
Mit dem Bau von zwei Vorserienmaschinen wurde 1972 mit Unterstützung der kanadischen Regierung begonnen und am 26. November 1974 konnte die Entscheidung für die Serienfertigung bekannt gegeben werden. Die Erstflüge erfolgten am 27. März und 26. Juni 1975. Die Flugerprobung erstreckte sich über das ganze folgende Jahr und das erste Serienflugzeug aus einem Baulos von 50 Maschinen flog am 30. Mai 1977. Im November 1977 waren 30 Bestellungen für die Dash 7 eingegangen, sodass die Monatsproduktion von zwei auf vier Flugzeuge gesteigert wurde. Im Januar 1978 wurde das Muster bei der amerikanischen Regionalfluggesellschaft **Rocky Mountain Airways** in Dienst gestellt. Erster europäischer Betreiber der Dash 7 wurde am 1. April 1980 **Tyrolean Airways**, die durch den Einsatz von zwei Flugzeugen erstmals den schwierig anzufliegenden Flughafen Innsbruck an das europäische Linienflugnetz anbinden konnte. Der nächste Kunde waren die kana-

Einer der wenigen europäischen Betreiber der Dash-7 war die jugoslawische, jetzt slowenische, Adria Airways.

dischen Streitkräfte, die zwei Transporter **DHC-7M** für die Luftwaffe und zwei Patrouillenflugzeuge **DHC-7R** für die Küstenwache beschafften. Einziger Besteller der Combi-Version **DHC-7-101** für den gemischten Passagier- und Frachttransport war die kanadische **Wardair** mit einer Bestellung über zwei Flugzeuge.

1986 wurde deHavilland Canada von Boeing übernommen. Im gleichen Jahr erschien die Endversion der Dash 7, die **DHC-7-150**. Sie hat ein maximales Startgewicht von 21.319 kg, eine größere Tankkapazität und stärkere Triebwerke. Trotz ihrer hervorragenden Leistungen erwies sich die Dash 7 als überdimensioniert für den damaligen Regionalverkehrsmarkt, so dass die Produktion des Musters nach Fertigstellung von insgesamt 113 Flugzeugen im Dezember 1988 eingestellt wurde.

Daten

Antrieb: 4 Pratt & Whitney Canada PT6A-55 Propellerturbinen, je 1.230 WPS (904 WkW).
Spannweite: 28,35 m; Länge: 24,58 m; Höhe 8,00 m; max. Startgewicht: 21.319 kg; ökon. Reisegeschwindigkeit: 390 km/h; Gipfelhöhe: 8.250 m; max. Reichweite: 2.500 km; Besatzung: 2+2; Passagiere: 48-54

Die letzte Maschine übernahm Tyrolean Airways als Eintausch für ein älteres Exemplar. In Europa kam die Dash 7 außerdem bei **Wideroe Flyveselskap, Adria Airways** und **Maersk Air** zum Einsatz.

DeHavilland Canada DHC-8-100

Kanada, Baujahr: 1983

Unter der Projektbezeichnung DHC-X begann DHC im Sommer 1978 mit Studien für ein modernes Zubringerflugzeug mit 40 Sitzplätzen als Ergänzung zur größeren **Dash 7**. Beim Entwurf des neuen Musters wurde erstmals weniger Wert auf gute STOL-Eigenschaften, sondern auf eine hohe Reisegeschwindigkeit gelegt. Durch die weitere Verwendung der traditionellen Hochauftriebshilfen kommt das als **Dash 8** bezeichnete Flugzeugmuster mit Startbahnen von rund 1.300 m Länge aus, ist aber auch zum Einsatz von weichen Schotterpisten geeignet. Der Prototyp mit der Registrierung C-GDNK wurde am 19. April 1983 fertiggestellt und absolvierte am 20. Juni desselben Jahres seinen Erstflug. Zu diesem Zeitpunkt lagen bereits Bestellungen und Optionen für 120 Flugzeuge vor. Während der Flugerprobung wurde das Flügelprofil der Dash 8 geändert, so dass das maximale Startgewicht von ursprünglich 13.835 kg auf 14.969 kg gesteigert werden konnte. Die Dash 8 erhielt ihre Verkehrszulassung im September 1984 und am 23. Oktober 1984 gelangte das Muster zur Ablieferung bei der kanadischen **NorOntair**. Im Dezember 1984 erfolgte die Indienststellung in den regulären Flugbetrieb. Erster Kunde in den USA wurde **Henson Airlines/ Piedmont Commuter**, die 32 Flugzeuge erwarb. In Europa

wurde 1986 **Tyrolean Airways** der erste und größte Betreiber des Musters, und in Deutschland kaufte die Stuttgarter **Contact Air** zwei solcher Flugzeuge. Neben der Passagierversion ist die Dash 8 auch als Combi- oder Quick-Change-Version erhältlich. Das Grundmodell **-101** wird von PW-120-Propellerturbinen angetrieben, die Ausführung **-102** hat PW-120A-Triebwerke und ein höheres Startgewicht, und die **-103** ist für den Einsatz von heißen und hochgelegenen Flugplätzen optimiert. Sie ist mit leistungsstärkeren PW-121-Triebwerken ausgerüstet. 1990 erschien die **-100A** mit verbesserter Kabinenausstattung und überarbeiteter Avionik.

Die kanadischen Streitkräfte setzen zwei als CC-142 bezeichnete **DHC-8M-100** als Passagier- und Frachtflugzeuge sowie vier CT-142 als Navigationstrainer ein. Zwei Exemplare betreibt die USAF unter der Bezeichnung E-9A zur Überwachung von Raketentests im Südpazifik.

Daten

Antrieb: 2 Pratt & Whitney Canada PW120A Propellerturbinen, je 2.000 WPS (1.470 WkW).
Spannweite: 25,90 m; Länge: 22,25 m; Höhe 7,49 m;
max. Startgewicht: 15.650 kg; ökon. Reisegeschwindigkeit: 475 km/h; Gipfelhöhe: 8.500 m; max. Reichweite: 2.200 km;
Besatzung: 2+2; Passagiere: 36-40

Mit ihrer roten Farbgebung fallen die Flugzuge der Northwest Airlink überall auf. N808AW (C/N 173) ist eine Maschine der Serie 102 und flog zuvor bei America West Airlines.

DeHavilland Canada DHC-8-300 und -400

Kanada, Baujahr: 1987

Anfang 1985 stellte DHC Überlegungen zum Bau einer größeren Variante der **Dash 8-100** als Konkurrenzmuster zur **ATR-42** und zur **Fokker 50** an. Das neue Muster sollte aber auch das Interesse der bisherigen **Dash-7**-Betreiber wecken, von denen einige den Bedarf für ein solches Flugzeug bekundet hatten. Im März 1986 gab DHC die Produktionsentscheidung für die **DHC-8-300** bekannt und mit dem Bau wurde im darauf folgenden Monat begonnen. Als Prototyp der Serie -300 diente der Prototyp der Serie -100, dessen Rumpf vor und hinter den Tragflächen um jeweils 1,75 m gestreckt wurde. Ferner wurde die Spannweite vergrößert und somit stieg auch die Tankkapazität, welche der -300 einen nahezu gleichen Aktionsradius wie der -100 bei höherer Nutzlast gewährt. Die -300 kann bis zu 50 Passagiere aufnehmen, was einer Transportsteigerung von 40 % gegenüber dem Vorgängermodell entspricht. Die zur Serie -300 umgebaute -100 flog erstmals am 15. Mai 1987, gefolgt vom ersten Serienflugzeug **DHC-8-301** im April desselben Jahres. Die Flugerprobung wurde mit der Erteilung der kanadischen und US-Verkehrszulassung am 14. Februar, bzw. 8. Juni 1989 abgeschlossen. Das erste Serienflugzeug erhielt **Time Air** (Kanada) am 27. Februar 1989.

Die Variante **-300A**, ursprünglich als **-320B** bezeichnet, verfügt über ein höheres Abfluggewicht. Auch die Kabinenauslegung, Avionik und Versorgungssysteme wurden überarbeitet. Als erste Fluggesellschaft

deHAVILLAND
DASH 8
OE-LTI

Zur neuen Generation der leisen Regionalflugzeuge gehört auch diese DHC-8Q-315B der Tyrolean Airways, die deswegen mit einer Sonderbemalung versehen wurde. OE-LTI (C/N 466) wurde am 21. Januar 1997 in Dienst gestellt.

stellte die in Stuttgart ansässige **Contact Air** die -300A am 24. August in Dienst. Zeitgleich erschien die Combi-Ausführung **-320C**.

Die **DHC-8-400** ist eine nochmals vergrößerte Ausführung des Grundmusters Dash-8 für 70 Passagiere. Gegenüber der -300 unterscheidet sie sich durch den 4,60 m längeren Rumpf, leistungsfähigere PW150-Triebwerke und ein verstärktes Flügelmittelstück. Die neuen, lärmarmen Dowty Rotol-Sechsblattpropeller in Kompositbauweise wurden um 0,20 m nach außen verlegt. Dadurch wird der Lärmpegel in der Passagierkabine auf zirka 77 dB reduziert. Die Nutzlast konnte auf 6.370 kg gesteigert werden. Die Entscheidung zum Bau der -400 fiel im Juni 1995 und der Erstflug erfolgte Ende 1997. Nach einer Flugerprobung von 1.300 Stunden erhielt das Muster die kanadische Luftverkehrszulassung im Juni 1999. Die Auslieferungen an **SAS Commuter** und **Uni-Air** (Taiwan) waren für das dritte Quartal 1999 geplant.

Bis September 1999 wurden von allen DHC-8-Baumustern insgesamt 615 Flugzeuge gebaut, von denen 522 bis dato abgeliefert wurden. Von der -400 sind bisher 63 Maschinen bestellt oder optioniert worden. Die monatliche Fertigungsrate beträgt derzeit zwei bis drei Einheiten.

Daten (-300)

Antrieb: 2 Pratt & Whitney Canada PW123 Propellerturbinen, je 2.380 WPS (1.749 WkW).
Spannweite: 27,40 m; Länge: 25,72 m; Höhe 7,62 m;
max. Startgewicht: 17.962 kg; ökon. Reisegeschwindigkeit: 465 km/h; Gipfelhöhe: 8.500 m; max. Reichweite: 1.700 km;
Besatzung: 2+2; Passagiere: 50-56

Daten (-400)

Antrieb: 2 Pratt & Whitney Canada PW150 Propellerturbinen, je 5.040 WPS (3.760 WkW).
Spannweite: 28,12 m; Länge: 32,60 m; Höhe 8,30 m;
max. Startgewicht: 27.000 kg; ökon. Reisegeschwindigkeit: 565 km/h; Gipfelhöhe: 7.620 m; max. Reichweite: 1.710 km;
Besatzung: 2+2; Passagiere: 70

Dornier Do-28D Skyservant

Bundesrepublik Deutschland, Baujahr: 1966

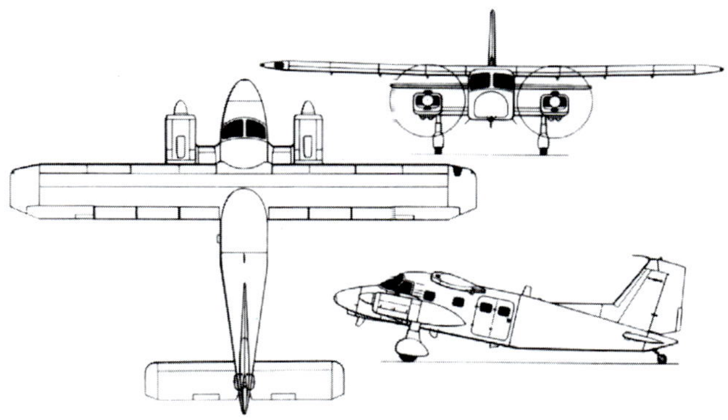

Die **Do-28D** ist das erste in Deutschland nach dem Zweiten Weltkrieg entwickelte und in Serie gebaute Zubringer-Verkehrsflugzeug. Auf der Grundlage der **Do-27**, eines sechs- bis achtsitzigen einmotorigen Reiseflugzeuges, entwickelte Dornier die **Do-28** unter Verwendung desselben Rumpfes, einem ähnlichen Flügel größerer Spannweite und zwei Motoren, die an Triebwerksträgern seitlich des Rumpfes angebracht waren. Die erste Do-28 war mit Lycoming O-360-Motoren von je 181 PS (133 kW) ausgerüstet und flog am 29. April 1959. Die nachfolgenden 60 Serienmaschinen der Version **Do-28A-1** besaßen 250 PS (184 kW) Lycoming O-540-Motoren. Die nächste Baugruppe von 60 **Do-28B** hatte Motoren mit noch größerer Leistung, ein höheres Startgewicht und wies aerodynamische Verbesserungen auf.

Das Zubringer-Verkehrsflugzeug **Do-28D** flog erstmals am 23. Februar 1966. Das Muster unterscheidet sich von den vorhergehenden Do-28 in vielerlei Hinsicht, obwohl die Grundauslegung beibehalten wurde. In dem längeren Rumpf mit größerem, nahezu rechteckigen Querschnitts können bis zu 14 Fluggäste befördert werden. Die Einsatzmöglichkeiten werden durch eine breite Ladeluke mit Doppeltüren erweitert, so dass auch ein reiner Frachtbetrieb möglich ist. Dem Grundmuster Do-28D folgten die Serienversionen **Do-28D-1** und **Do-28D-2** mit vielen weiteren Detailverbesserungen und moderner Avionik. Von den insgesamt 240 gebauten Maschinen wurden die meisten militärisch genutzt, Hauptabnehmer waren die **Bundesluftwaffe** und die **Bundesmarine**. Zu den zivilen Erstbetreibern in Europa gehörten die deutsche **General Air** und die französische **Corsair**. General Air setzte ihre Maschinen ausschließlich im Bäderdienst zu den ost- und nordfriesischen Inseln ein. Weitere Do-28D flogen anfangs bei Regionalfluggesellschaften und Lufttaxi-Unternehmen in Afrika. Um dem Muster zu weiterem Erfolg und längerer wirtschaftlicher Lebensdauer zu verhelfen, wurde eine Do-28D mit Lycoming LTP101-600 Propellerturbinen ausgerüstet und unter der Bezeichnung ***Turbo-Skyservant***

Daten

Antrieb: 2 Lycoming IGSO-540-A1E, luftgekühlte 6-Zylinder-Boxermotoren, 381 PS (280 kW).
Spannweite: 15,55 m; Länge: 11.41 m; Höhe 3,90 m; max. Startgewicht: 4.015 kg; ökon. Reisegeschwindigkeit: 275 km/h;
Gipfelhöhe: 7.680 m; Reichweite: 2.950 km; Besatzung: 2;
Passagiere: 10-14

am 9. April 1978 in die Flugerprobung genommen. Da die Flugleistungen nicht zufriedenstellend waren, war geplant, eine eventuelle Serie **Do-28D-6** mit Pratt & Whitney Canada PT6A-Propellerturbinen auszurüsten. Dieses Projekt wurde nicht verwirklicht.

Nach weitestgehender Ausmusterung bei Luftwaffe und Marine wurden einige Do-28D an zivile Betreiber veräußert, mindestens sechs Maschinen fliegen derzeit in Eritrea. Ein weiterer Betreiber ist die venezolanische Regionalfluggesellschaft **Transoriente**.

Von wenigen Ausnahmen abgesehen, wurden alle Do.28D Skyservant militärisch genutzt. Auch die D-IFZO ist ein ehemaliges Verbindungsflugzeug der deutschen Luftwaffe.

Dornier 228

Deutschland, Baujahr: 1981

Aufbauend auf den mit der **Do-28D *Skyservant*** gemachten Erfahrungen entstand Anfang der 80er Jahre die Baureihe **Dornier 228**, welche aus der 15sitzigen **-100** und der 19sitzigen **-200** besteht. Am 29. November 1979 begann man bei Dornier mit der Entwicklung dieses einfach und robust gebauten Mehrzweckflugzeugs mit STOL-Eigenschaften. Damit zielte Dornier auf den Markt der inzwischen veralteten **DHC-6 *Twin Otter***, und genau wie dieses Modell hatte auch die Do-228 keine Druckkabine. Beim Bau der Do-228 konnten viele bewährte Merkmale und Komponenten der Do-28D übernommen werden, so der Kabinenaufbau und nahezu die gesamte tragende Konstruktion. Auffälligstes Merkmal des neuen Musters ist die Verwendung eines neuen Tragflügels (*Tragflügel Neuer Technologie - TNT*), der von Dornier im Rahmen eines von der Bundesregierung geförderten Programms entwickelt wurde. Dieser Flügel verleiht der Do-228 Leistungs- und Wirtschaftlichkeitswerte, die bei Flugzeugen dieser Transportkategorie beachtenswert sind.
Der Prototyp der Do-228-100 (D-IFNS) startete am 28. März 1981 zu seinem Erstflug und bereits am 9. Mai 1981 folgte der Jungfernflug der um 1,53 m längeren Do-228-200 (D-ICDO). Als erster Abnehmer erhielt die norwegische Commuter-Airline **A/S Norving** im Januar 1982 die Do-228-100. Der erste und zugleich größte Kunde in den USA wurde **Precision Airlines**, die 16 Maschinen der Do-228-200 bestellte. Diese Flugzeuge kamen zwischen 1984 und 1985 zur Ablieferung.

1984 wurden die äußerlich gleichen Versionen **-101** und **-201** mit einer um 280 kg gesteigerten Nutzlast eingeführt. Wenig später kam noch die **-202** hinzu, die bei einem leicht erhöhtem Leergewicht nochmals 425 kg mehr Nutzlast als die -201 transportieren kann. Im Dezember 1987 erschien die reine Frachtversion **-203F** mit einem Abfluggewicht von 6.500 kg. Die Nutzlast beträgt maximal 2.300 kg bei einem Ladevolumen von 18,1 mΔ. Im Gegensatz zu den Passagierflugzeugen verfügt diese Ausführung über keine Kabinenfenster und Notausstiege. Zum Ein- und Ausstieg wurde für die Crew auf jeder Seite eine Cockpittür eingebaut. Die Serie **-212** ist in ihren Abmessungen identisch mit der -202, aber die Tankkapazität wurde durch einen zu-

Die Do.228-202 D-CHOF (C/N 8069) flog von Dezember 1985 bis Mai 1992 beim Nürnberger Flugdienst.

sätzlichen Integraltank im Flügelmittelkasten von 1.125 Liter auf 2.300 Liter erhöht Dadurch vergrößerte sich der Aktionsradius (Reichweite) von 3.040 km auf 3.400 km.
Am 29. November 1983 schloss Dornier mit der indischen Flugzeugfirma Hindustan Aeronautics Limited ein Abkommen zum Lizenzbau von 150 **HAL-228** für die indische Luftwaffe und örtliche Regionalfluggesellschaften. Die erste aus indischer Fertigung stammende Maschine absolvierte am 31. Januar 1986 ihren Erstflug und wurde im März desselben Jahres der Fluggesellschaft **Vayudoot** übergeben. Die Produktion der Do-228 wurde 1994 in Deutschland und 1996 in Indien beendet. Insgesamt wurden 271 Flugzeuge aller Versionen hergestellt.

In Deutschland flog die Do-228 in den Farben des **Nürnberger Flugdienstes (NFD)**, der **Delta Air** und der **Südavia**. In der Schweiz und in Österreich war keine Do-228 registriert.

Daten

Antrieb: 2 Garrett TPE-331-5-252D Propellerturbinen, je 715 WPS (525 WkW).
Spannweite: 16,97 m; Länge: 16,56 m; Höhe 4,85 m; max. Startgewicht: 6.200 kg; ökon. Reisegeschwindigkeit: 390 km/h; Gipfelhöhe: 9.000 m; max. Reichweite: 3.400 km; Besatzung: 2+(1); Passagiere: 15-19

Dornier 328 und 328JET

Deutschland, Baujahr: 1991

Nach dem weltweiten Erfolg der **Do-228** begann man bei Dornier im Herbst 1987 mit den Entwicklungsarbeiten an einem Zubringer-Verkehrsflugzeug der Dritten Generation. Das für 30 bis 40 Fluggäste ausgelegte Modell erhielt die Typenbezeichnung **Do-328** und zählt zu den mit neuester Technologie ausgerüsteten Turboprop-Flugzeugen. Neben dem bereits bewährten Tragflügelprofil der Do-228 erhielt die größere Schwester eine aerodynamisch fortschrittlich gestaltete, druckbelüftete Zelle, die zu rund 30 % aus nichtmetallischen Baustoffen besteht. Die Kabine hat eine Stehhöhe von 1,86 m und eine Breite von 2,18 m. Sie bietet 30 bis 33 Passagieren in Dreierreihen oder maximal 39 Personen in Viererreihen Platz. Die Fluggastsitze bieten den gleichen Sitzkomfort wie die in großen Verkehrsflugzeugen. Ein robustes Fahrwerk und STOL-Qualitäten erlauben der Do-328 den Betrieb von kurzen und schlecht ausgebauten Pisten. Bordeigene Versorgungssysteme machen das Muster weitgehend unabhängig von Bodengeräten. Am Bau der Do-328 sind als Auftragsnehmer die Firmen Aermacchi (Italien), Westland Aerospace (Großbritannien) und OGMA (Portugal) beteiligt. Die Endmontage findet in Oberpfaffenhofen statt.
Das erste von vier Vorserienflugzeugen verließ am 13. Oktober 1991 die Werkshallen und startete am 6. Dezember 1991 zu seinem Erstflug. Nach dem Ende der Flugerprobung wurde der Do-328 am 15. Oktober 1993 die JAA-Musterzulassung erteilt, das entsprechende US-Zertifikat folgte am 10. November 1993. Als erste Fluggesellschaft konnte die schweizerische **Air Engiadina** die Do-328 am 21. Oktober 1993 in Dienst stellen. Als erster Kunde in den USA bestellte **Midway Express** zwölf Maschinen zur Lieferung ab Frühjahr 1994.
Im Oktober 1994 kam die verbesserte Version **-110** auf den Markt. Diese Variante erhielt aerodynamische Verfeinerungen und weist einen um 0,10 m größeren Propellerdurchmesser auf, der bei verschiedenen Flugphasen erhebliche Leistungsverbesserungen erbringt. Die seit Mai 1995 erhältliche Ausführung **-120** erzielt aufgrund von Modifikationen des Klappensystems weitere Leistungsverbesserungen von rund 5 %, insbesondere während der Start- und Landephase. Als

Antrieb kommen die leistungsstärkeren PW119C-Triebwerke zum Einbau. Die -120 ist für den Einsatz von hochgelegenen Flughäfen optimiert worden, um die Do-328 auch für Fluggesellschaften in den Gebirgsregionen der USA und Lateinamerikas interessant zu machen. Der Erfolg ließ nicht lange auf sich warten, und **Aspen Mountain Air** (USA) sowie **Satena** (Kolumbien) bestellten zwölf bzw. sechs Exemplare der Serie -120. Die ersten Auslieferungen erfolgten im November 1996. Als letzte Turbopropversion erschien die **-130** mit zusätzlicher Tankkapazität für einen Aktionsradius von 2.900 km. Hierzu wurde ein zusätzlicher Integraltank im Flügelmittelkasten eingebaut. Auch diese Variante wird von PW119C-Triebwerken angetrieben.

Als erste Fluggesellschaft konnte **Skyway Airlines** Anfang August 1999 die ersten beiden von insgesamt fünf bestellten **Do-328JET** in Betrieb nehmen, nachdem dem Muster im Juli 1999 zeitgleich die JAA- und FAA-Musterzulassung erteilt worden war.

Dornier begann mit den Entwicklungsarbeiten an diesem Commuterjet, der weitestgehend auf dem Entwurf der Do-328 beruht, im Jahre 1996. Der *Roll-out* erfolgte in Oberpfaffenhofen am 6. Dezember 1997, und der Erstflug fand am 20. Januar 1998 statt. Der zweite Prototyp flog erstmals am 30. April 1998 und beide Flugzeuge wurden für die 1.500-stündige Flugerprobung herangezogen, die im Januar 1999 erfolgreich beendet werden konnte. Die maximale Reisegeschwindigkeit der Do-328JET liegt mit 741 km/h um 121 km/h über der der Do-328, aber der Kraftstoffverbrauch liegt um nahezu 30 % über dem des Turbopropmusters. Zum Ausgleich wurde das Fassungsvermögen der Tragflächentanks um 222 Liter auf 4.490 Liter erhöht. Zum Betrieb in einer Reiseflughöhe von 9.450 m mussten auch Verstärkungen an Zelle und Tragwerk vorgenommen werden. Das Muster wird von zwei Pratt & Whitney Canada PW306B-Mantelstromtriebwerken mit je 2.740 KP (26,89 kN) Schub angetrieben. Unter der Bezeichnung **Envoy 3** wird die Do-328JET auch als zwölf bis 20plätziges Geschäftsreiseflugzeug angeboten.

Atlantic Coast Airlines wurde im Juli 1999 zum *Launch-customer (Erstkunden)* für die verlängerte Ausführung **-428JET**, die 42 bis 44 Passagiere befördern kann. Zur Verbesserung der Flugeigenschaften und zur höheren Treibstoffaufnahme wird dieses Muster mit einem größeren Flügel ausgerüstet. Als Antrieb finden leistungsstärkere Pratt & Whitney Canada PW308-Mantelstromtriebwerke Verwendung. Der Erstflug der -428JET ist für 2001, die ersten Ablieferungen für August 2002 vorgesehen.

Daten

Antrieb: 2 Pratt & Whitney Canada PW119 Propellerturbinen, je 2.175 WPS (1.625 W/kW);
Spannweite: 20,98 m; Länge: 21,22 m; Höhe 7,23 m;
max. Startgewicht: 12.500 kg; ökon. Reisegeschwindigkeit: 590 km/h; Gipfelhöhe: 9.500 m; max. Reichweite: 2.780 km;
Besatzung: 2+1; Passagiere. 33-39

Air Engiadina war der erste Betreiber des Musters Do.328 und hat derzeit fünf solcher Maschinen im Einsatz. HB-AEH (C/N 3036) stieß als viertes Flugzeug am 27. Oktober 1995 zu Flotte.

Embraer EMB-110 Bandeirante

Brasilien, Baujahr: 1968

Mit den Entwicklungsarbeiten am Mehrzweckflugzeug **EMB-110 *Bandeirante*** (*Pionier*) begann das Forschungs- und Entwicklungsinstitut IPD im Juli 1965 aufgrund einer Forderung der brasilianischen Luftwaffe nach einem vielseitig verwendbaren Transportflugzeug. Unter der militärischen Bezeichnung **YC-95** und in Bemalung der brasilianischen Luftwaffe startete der erste von drei Prototypen am 26. Oktober 1968 zu seinem Erstflug. Die beiden anderen Maschinen folgten am 19. Oktober 1969 und am 26. Juni 1970. Diese Flugzeuge waren etwas kleiner als die späteren Serienmaschinen und konnten sieben bis neun Passagiere befördern. Der zweimotorige Tiefdecker wurde hierbei von PT6A-20-Propellerturbinen mit je 579 WPS (436 WkW) Startleistung angetrieben. Die nicht druckbelüftete Kabine hatte runde, bullaugenförmige Fenster. Das einfache und robuste Flugzeug zeichnete sich durch gutmütige Flugeigenschaften aus, die Einsätze von einfachsten Flugplätzen und Pisten ermöglichten.

Im August 1969 wurde das Projekt von dem neugegründeten, staatlichen Luftfahrtkonzern Embraer (Empresa Brasileira de Aeronautica) unter der Typenbezeichnung **EMB-110** übernommen. Zur Verbesserung der Transportkapazität wurde der Rumpf des Musters um 2,5 m gestreckt. Diese Ausführung wurde das erste Serienmodell und erhielt die Bezeichnung **EMB-110B**. Der Antrieb bestand aus zwei PT6A-27 Triebwerken und die Transportkapazität lag bei maximal 15 Personen. Neu waren auch die viereckigen Fenster und modifizierten Motorgondeln. Die EMB-110B flog erstmals am 19. August 1972 und unter der Typenbezeichnung **C-95** übernahm die brasilianische Luftwaffe als Erstkunde am 9. Februar 1973 die ersten drei Serienmaschinen. Schon bald ergab sich ein Bedarf für eine zivile Variante, die bei den inländischen Regionalfluggesellschaften veraltetes Fluggerät ersetzen sollte. Die ersten dieser **EMB-110C** wurden am 17. April 1973 von **Transbrasil** in Dienst gestellt. Diesem Modell folgte eine verbesserte Ausführung **EMB-110P** mit höherem Startgewicht (5.600 kg) für 18 Fluggäste, dessen erste Exemplare im August 1976 an **Rio-Sul** und **TABA** ausgeliefert wurden. Als nächstes Modell folgte die militärische **EMB-110K** mit einem um 0,85 m gestreckten Rumpf und großer, nach oben klappbarer, Frachttür. Das zivile Gegenstück trug die Bezeichnung **EMB-110P1**, die wahlweise als Passagier- oder Frachtflugzeug eingesetzt werden konnte. In reiner Frachtversion betrug die Nutzlast 2.000 kg bei einem Ladevolumen von 14,7 m³. Die **EMB-110P2** verfügte über keine Frachttür, konnte dafür aber bis zu 21 Passagiere befördern. Die P2 flog erstmals am 3. Mai 1977 und erhielt als erste Variante am 18. August 1978 die FAA-Musterzulassung. Erster *Bandeirante*-Betreiber in Europa wurde im Dezember 1977 die französische Regionalfluggesellschaft **Air Littoral**. Die für ein maximales Startgewicht von 5.900 kg zugelassenen Ausführungen **P1/41** und **P2/41** waren ausschließlich für den nordamerikanischen Markt bestimmt und erhielten ihre FAA-Verkehrszulassung zu Beginn des Jahres 1981. Erster Betreiber dieser Variante war im Frühjahr 1981 die **Provincetown-Boston Airline (PBA)**. Bei den letzten, ab 1983 erhältlichen, Ausführungen **P1A (P1A/41)** und **P2A (P2A/41)** wurden umfangreiche Modifikationen zur Verbesserung der Flugleistungen und des Passagierkomforts vorgenommen. Das auffälligste äußere Erkennungszeichen dieser Varianten war die geänderte Höhenflosse, die eine 10° V-Stellung aufwies.

Der Bau einer im Jahre 1981 projektierten **EMB-110P3** mit Druckkabine für 21 Fluggäste kam nicht mehr zur Ausführung, da zu diesem Zeitpunkt bereits die Fertigung des reinen Regionalverkehrsflugzeuges **EMB-120 *Brasilia*** beschlossen worden war.

Die Fertigung der *Bandeirante* wurde 1990 eingestellt, nachdem insgesamt 500 Flugzeuge gebaut worden waren. Von den 494 gefertigten Serienflugzeugen stehen noch 412 im Einsatz.

Daten (P1A)

Antrieb: 2 Pratt & Whitney Canada PT6A-34 Propellerturbinen, je 750 WPS (551 WkW).
Spannweite: 15,32 m; Länge: 15,10 m; Höhe 5,12 m; max. Startgewicht: 5.900 kg; ökon. Reisegeschwindigkeit: 360 km/h; Gipfelhöhe: 7.500 m; Reichweite: 1.000 km; Besatzung: 2; Passagiere: 19-21

Das Mehrzweckflugzeug EMB-110 Bandeirante ist zwar in Brasilien immer noch weit verbreitet, wurde aber zwischenzeitlich von der moderneren EMB-120 Brasilia abgelöst. PT-GJP (C/N 110065) gehört zur Serie EMB-110P und stand bei Rio-Sul zwischen Oktober 1981 und Januar 1993 im Einsatz.

Die deutsche Regionalfluggesellschaft DLT war in Europa mit zwölf Maschinen der größte Betreiber der EMB-120 Brasilia.

Embraer EMB-120 Brasilia

Brasilien, Baujahr: 1983

Die **EMB-120** ist eine Weiterentwicklung des Mehrzweckflugzuges **EMB-110** und eines der schnellsten Regionalverkehrsflugzeuge ihrer Klasse. Die Planungen an der ***Brasilia*** wurden 1977 aufgenommen und das Mock-up am 25. April 1980 der Öffentlichkeit vorgestellt. Am 27. Juli 1983 startete der Prototyp (PT-ZBA) zu seinem Erstflug und die Flugerprobung begann unmittelbar danach. Der zweite und dritte Prototyp, die ebenfalls zur Flugerprobung herangezogen wurden, flogen am 21. Dezember 1983 und 9. Mai 1984. Die Musterzulassung konnte am 16. Mai 1985 erteilt werden und die Ablieferungen an die Fluggesellschaften begannen im August 1985. Die Serienausführung **EMB-120RT** unterscheidet sich von den Prototypen durch den verstärkten Einsatz von Verbundwerkstoffen, so dass das Leergewicht um 390 kg verringert werden konnte. Dadurch wurde eine Steigerung der Reichweite um nahezu 400 km erreicht. **Atlantic Southeast Airlines** aus Atlanta stellte die erste Brasilia im Oktober 1985 in Dienst und diese Gesellschaft verfügt heute mit 60 Flugzeugen über die größte Brasilia-Flotte.

Das Muster fand seinen besten Absatzmarkt in den USA, wo heute über 200 Flugzeuge im Einsatz stehen. In Europa hatte die EMB-120 ihr Debüt am 3. Februar 1986 bei der **DLT**, die bis 1990 zwölf Maschinen im Einsatz hatte und die schließlich von der Fokker 50 abgelöst wurden.

Neben dem Grundmodell EMB-120RT wird seit Ende 1992 die **EMB-120ER** mit höherem Startgewicht und größerer Reichweite angeboten, deren Ersteinsatz im Mai 1993 bei **Skywest Airlines** erfolgte. Bei der seit 1994 verfügbaren **EMB-120ER *Advanced*** konnte die Nutzlast nochmals um 700 kg gesteigert werden. Weitere Änderungen umfassen einen verbesserten Kabinenschallschutz, strömungsgünstigere Flügelvorderkanten und ein verbessertes Klappensystem. Weitere Versionen sind die **EMB-120 *Cargo*** mit einer Nutzlast von 4.000 kg und die **EMB-120 *Combi*** für 19 Passagiere und 1.100 kg Frachtzuladung. Bei der ab 1994 gebauten **EMB-120QC** kann die Passagierkabine innerhalb von vier Stunden zum Frachtraum umgerüstet werden.

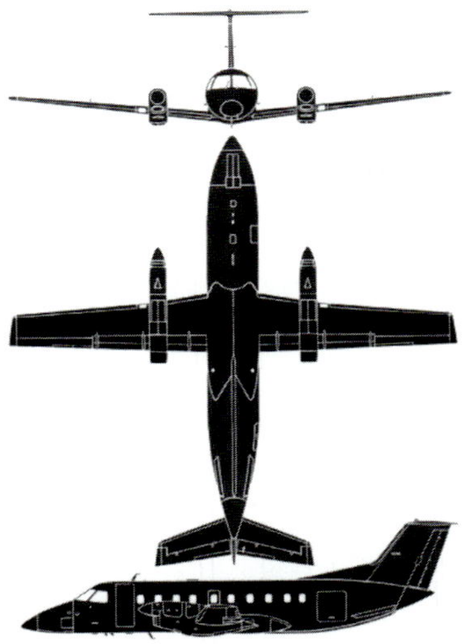

Seit September 1995 ist die Brasilia auch als Geschäftsreiseflugzeug für acht bis zwölf Personen erhältlich.

Die Endmontage der EMB-120 erfolgt in Sao José dos Campos, und der jährliche Produktionsausstoß beträgt um die zwölf Flugzeuge. Bis September 1999 waren von den 353 bestellten Maschinen bereits 348 ausgeliefert.

Daten

Antrieb: 2 Pratt & Whitney Canada PW118A Propellerturbinen, je 1.800 WPS (1.323 WkW).
Spannweite: 18,78 m; Länge: 20,00 m; Höhe 6,35 m; max. Startgewicht: 11.500 kg; ökon. Reisegeschwindigkeit: 495 km/h; Gipfelhöhe: 9.250 m; Reichweite: 2.400 km; Besatzung: 2+1; Passagiere: 28

Embraer ERJ-145 Amazon

Brasilien, Baujahr: 1995

Die bis 1997 als **EMB-145** bezeichnete **ERJ-145** ist neben dem **CRJ** von Bombardier (Canadair) das zweite strahlgetriebene Regionalverkehrsflugzeug in der Klasse für 50 Fluggäste. Im Gegensatz zu den Turboprop-Regionalflugzeugen können die Jets auch längere Streckenabschnitte schneller und komfortabler bei gleicher Wirtschaftlichkeit befliegen. Erste Überlegungen zum Bau eines solchen Flugzeuges stellte Embraer 1989 an. Der erste Entwurf sah ein Modell mit in die Tragflächen integrierten Triebwerken vor, während bei einer zweiten Variante die Flügel gepfeilt und die Triebwerke in Gondeln unter den Tragflächen angebracht werden sollten. Im Dezember 1991 wurde der ganze Entwurf überarbeitet und das Muster erhielt seine heutige Formgebung mit T-Leitwerk und zwei am Heck angeordneten Triebwerken. Während die Rumpfkonstruktion und andere Bauteile von der EMB-120 übernommen werden konnten, sind alle anderen Baugruppen völlige Neukonstruktionen. Zur Erzielung eines möglichst günstigen Kaufpreises achtete Embraer auf eine einfache und kostengünstige Auslegung dieses neuen Regio-Jets. Nicht weniger als 15 verschiedene Firmen aus Südamerika, den USA und Europa sind an der Entwicklung und am Bau der EJR-145 beteiligt.

Der ERJ-145-Prototyp flog erstmals am 11. August 1995 und begann unmittelbar darauf mit der 14monatigen Flugerprobung, die 1.300 Flugstunden umfasste. Zwei weitere Prototypen wurden zu Ermüdungs- und Bruchversuchen gebaut. Die erste von drei Vorserienmaschinen folgte am 17. November 1995. Am 29. November 1996 wurde dem Muster die brasilianische, und am 16. Dezember 1996 die amerikanische Luftverkehrszulassung erteilt. Die ersten Serienflugzeuge erhielt **Continental Express Airlines** am 18. Dezember 1996, bei der sie am 6. April 1997 in Dienst gestellt wurden.

Für größere Reichweiten werden seit April 1998 die **ERJ-145ER** (*Extended Range*) mit AE-3007-A1- Triebwerken und **ERJ-145LR** (*Long Range*) mit AE-3007-A3-Triebwerken angeboten.

Unter der Bezeichnung **ERJ-135** entwickelte Embraer 1997 eine um 3,50 m verkürzte Variante für bis zu 37 Passagiere. Der aus der ersten ERJ-145 umgebaute Prototyp der ERJ-135 führte seinen Erstflug im Juli 1998 durch. Als erste Fluggesellschaft erhielt als *Launch-Customer* **Continental Express Airlines** Ende Juli 1999 den ERJ-135.

Wie schon bei der **EMB-120** sind die USA auch für die ERJ-135/145 der größte Absatzmarkt. Hier steht das Muster bei **American Eagle Airlines, Continental Express Airlines** und **Trans States Airlines** im Einsatz. Als erste europäische Fluggesellschaft kaufte **PGA Portugalia** die ERJ-145, gefolgt von **British Regional Airlines, British Midland Airways, Regional Airlines** und **Skyways**. Größter Betreiber in Südamerika ist **Rio-Sul**. Die ERJ-135/145-Fertigung beläuft sich auf zehn Flugzeuge monatlich, kann aber, je nach Nachfrage, auf 16 bis 18 Stück gesteigert werden. Bis September 1999 waren 293 ERJ-145 und 139 ERJ-135 bestellt, davon 132 bzw. 1 abgeliefert.

Daten (P1A)

Antrieb: 2 Rolls-Royce Allison AE-3007A Mantelstromtriebwerke, je 3.193 KP (31,3 kN).
Spannweite: 20,04 m; Länge: 29,87 m; Höhe 6,71 m;
max. Startgewicht: 19.300 kg; ökon. Reisegeschwindigkeit: 740 km/h; Gipfelhöhe: 11.270 m; Reichweite: 1.612 km;
Besatzung: 2+2; Passagiere: 50

Die ERJ-145 kam nach der Canadair RJ als zweiter Regionaljet auf den Markt und verzeichnet sehr gute Verkaufserfolge. Als eine der größten brasilianischen Regionalfluggesellschaften setzt auch Rio-Sul das Muster ein. PT-SPF (C/N 145034) gehört zur Serie -145ER und gelangte im Dezember 1997 zur Ablieferung.

Die Metro III D-CABB (C/N AC-500) kam im Mai 1952 zur Flotte des NFD. Am 8. Februar 1988 stürzte das Flugzeug nach Blitzschlag, während des Landeanflugs zum Flughafen Düsseldorf, ab.

Fairchild (Swearingen) Metroliner

USA, Baujahr: 1969

Der Flugzeugkonstrukteur Edward Swearingen gründete im Jahre 1959 seine Flugzeugfirma Swearingen Aircraft Company und wurde durch die Entwicklung und Konstruktion verschiedener Geschäftsreiseflugzeuge bekannt. Das bekannteste Modell wurde die **Merlin**, die zunächst in den Versionen I, II und III gebaut wurde. Aus diesem Muster entstand das Zubringerverkehrsflugzeug **Metroliner**, dessen Entwicklung 1968 begann. In der Metro lassen sich in Einzelsitzen links und rechts des Mittelganges bis zu 22 Fluggäste unterbringen, doch in der Regel werden nur 19 Sitze eingebaut. Hierzu wurde die Zelle der Merlin III auf 18,09 m gestreckt. Unter der Bezeichnung **Merlin IV** wurde die Metro als Geschäftsreiseflugzeug für neun bis zwölf Passagiere angeboten.

Der Erstflug des Metroliner erfolgte am 26. August 1969 und am 11. Juni 1970 konnte dem Muster die FAA-Luftverkehrszulassung erteilt werden. Der Linieneinsatz begann im Frühjahr 1971 bei **Air Wisconsin**, und diese Fluggesellschaft wurde im Laufe der Zeit zu einem der wichtigsten Betreiber. Im November 1971 wurde Swearingen als Tochterfirma von Fairchild Industries übernommen. 1978 kaufte Fairchild die Mehrheitsanteile an der Firma, und seit 1983 war der Firmenname Swearingen ganz gelöscht.

1974 wurde die **Metro II** eingeführt. Sie zeichnete sich durch quadratische Fenster, einige Verbesserungen in der Kabine sowie auf Wunsch durch eine Starthilfsrakete im Rumpfheck zur Verbesserung der Startleistung auf heißen und hochgelegenen Flughäfen aus. Mitte 1977 kam der Marktdurchbruch für den Metroliner, als **Southern Airways**, eine der großen amerikanischen Regionalfluggesellschaften, sieben Flugzeuge als Ersatz für die veralteten und viel größeren **Martin 4-0-4** bestellte. Die weiter verbesserte **Metro IIA** kam am 23. Juni 1980 auf den Markt und seit Mai 1981 war das Spitzenmodell **Metro III** erhältlich.

Die **Metro III** unterscheidet sich von ihren Vorgängern durch eine vergrößerte Spannweite und leistungsstärkere Triebwerke. Bei dieser Variante konnte das maximale Startgewicht von 5.670 kg auf 7.257 kg gesteigert werden, so dass das ungenügende Nutzlast-/Reichweitenverhältnis der übrigen Metroliner ausgeglichen werden konnte. Aus der Metro III entstand das reine Frachtflugzeug **Expediter I** mit einer Nutzlast von 2.300 kg. Diese Ausführung wird vorwiegend in den USA von den Luftfrachtunternehmen **DHL** und **UPS** eingesetzt.

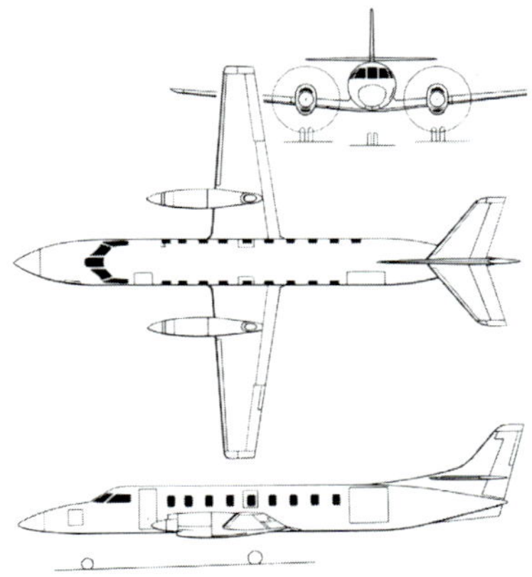

Bei der **Metro IIIA** fanden erstmals Pratt & Whitney Canada PT6A-45R-Triebwerke mit einer Leistung von 820 WkW Verwendung. Die erste Metro IIIA flog am 31. Dezember 1981 und konnte ab April 1982 kommerziell eingesetzt werden. Seit Oktober 1989 sind die **Metro 23** und **23C** auf dem Markt, die mit TPE-331-11-Triebwerken von 821 kW Leistung und Vierblatt-Propellern ausgerüstet sind. Die 23C ist eine reine Frachtversion, welche die Expediter I ablösen soll. Bei der **Metro 25** wurde der Laderaum unter den Rumpf in einen sogenannten *SkyPak* verlegt, und die ganze Kabinenlänge kann so für 25 Passagiere genutzt werden. Dieses Modell wird von TPE-331-12-Triebwerken mit 821 kW Leistung angetrieben. Alle drei Varianten haben ein Abfluggewicht von 7.500 kg.

In Deutschland wurde der Metroliner für längere Zeit von **NFD** eingesetzt, und in der Schweiz bildete dieses Flugzeugmuster die Grundlage für den Erfolg der **Crossair**. In Österreich beflog **Austrian Air Transport** mit dem Metroliner einige Regionalstrecken.

Daten

Antrieb: 2 Garrett TPE-331-11U Propellerturbinen, je 1.100 WPS (806 WkW).
Spannweite: 17,37 m; Länge: 18,09 m; Höhe 5,08 m; max. Startgewicht: 7.257 kg; ökon. Reisegeschwindigkeit: 475 km/h; Gipfelhöhe: 9.450 m; max. Reichweite: 2.131 km; Besatzung: 2; Passagiere: 19-25

DLT war einer der Erstkunden für das Regionalverkehrsflugzeug Fokker 50.

Fokker 50

Niederlande, Baujahr: 1985

Die **Fokker 50** basiert auf der **F.27-500**. Das Bauprogramm für dieses Flugzeug neuer Technologie wurde im November 1983 aufgenommen. Äußerlich unterscheidet sich die F.50 von ihrer älteren Schwester durch die 22 rechteckigen Kabinenfenster, geräuscharme Sechsblatt-Verstellpropeller der Firma Dowty Rotol, einer überarbeiteten Flächenstruktur mit Winglets und eines doppelt bereiften Bugfahrwerks. Modernste Technik kam in Form eines EFIS-Cockpits und einer zweifachen Hydraulikanlage zum Einbau, und die Passagierkabine wurde im Wide-Body-Stil ausgelegt. Im Gegensatz zur ähnlich großen britischen **ATP** verfügt die F.50 nur über einen vorderen Passagiereinstieg. Der erste von zwei Prototypen (PH-OSO) flog am 28. Dezember 1985, gefolgt vom zweiten Prototyp (PH-OSI) am 30. April 1986. Die erste Serienmaschine startete am 13. Februar 1987 zu ihrem Erstflug und die Musterzulassung wurde im Mai 1987 erteilt. Zu den Erstbestellern der F.50 zählten die australische **Ansett Airlines** und die deutsche **DLT** (später **Lufthansa CityLine**), die 16 Exemplare bestellte und am 7. August 1987 ihr erstes Flugzeug übernehmen konnte. Größter Kunde wurde die skandinavische **Scandinavian Commuter**, eine Tochtergesellschaft der **SAS**, mit einer Bestellung über 30 Flugzeuge. In Österreich flogen für die **Austrian Air Transport** vier Flugzeuge, und in der Schweiz betrieb Crossair zwei Exemplare, die als Übergangslösung bis zur Lieferung der **Saab 2000** im Einsatz standen.

Ab Frühjahr 1993 bot Fokker mit der **F.50-300** eine verbesserte Version mit einer gegenüber dem Grundmodell um 1.390 kg gesteigerten Nutzlast an. Mit den neuen PW127B-Turboprop-Triebwerken von je 2.750 WPS (2.050 WkW) Startleistung war diese Variante besonders für den Einsatz von hochgelegenen Flugplätzen aus geeignet. Als erste Fluggesellschaft stellte die kolumbianische **Avianca** zwei dieser Maschinen in Dienst, denen später weitere folgten.

Eine 1994 begonnene militärische Weiterentwicklung der F.50 ist die **Fokker 60 *Utility***, deren Rumpf um 1,60 m verlängert wurde. Ein in der linken vorderen Rumpfhälfte eingelassenes Frachttor mit den Abmessungen 3,05 x 1,78 m ermöglicht einen Einsatz als Frachter oder als kombiniertes Passagier-/Frachtflugzeug. Der Erstflug der F.60 erfolgte am 2. November 1995 und als einziger Kunde erhielt die niederländische Luftwaffe vier Maschinen.

Die Entwicklungskosten des F.50-Programms beliefen sich auf zirka US$ 150 Millionen. Insgesamt wurden bis zum Konkurs der Firma Fokker im Jahre 1997 212 Exemplare der F.50 gebaut, von denen derzeit noch 189 im weltweiten Einsatz bei Luftverkehrsgesellschaften stehen.

Daten

Antrieb: 2 Pratt & Whitney Canada PW124 Propellerturbinen, 2.400 WPS (1.764 kW).
Spannweite: 29,00 m; Länge: 25,25 m; Höhe 8,60 m; max. Startgewicht: 22.110 kg; ökon. Reisegeschwindigkeit: 495 km/h; Gipfelhöhe: 7.620 m; Reichweite: 3.000 km; Besatzung: 2+2; Passagiere: 50-58

GAF N.22 und N.24 Nomad

Australien, Baujahr: 1971

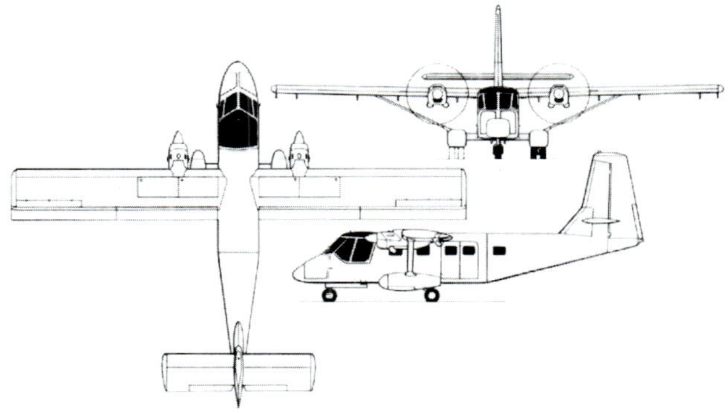

Die Government Aircraft Factories in Fisherman's Bend bei Melbourne sind die größten australischen Flugzeughersteller. Mitte der 60er Jahre begann ein Konstruktionsteam bei GAF mit dem Entwurf eines kleinen Mehrzweck-STOL-Transporters für die australischen Streitkräfte, aber auch für den zivilen Inlandsmarkt. Das Projekt erhielt die Typenbezeichnung **N.2**, und die beiden Prototypen flogen am 23. Juli und 5. Dezember 1971. Die N.2 war als konventioneller Schulterdecker ohne Druckkabine mit fast quadratischem Rumpfquerschnitt ausgelegt und besaß breite seitliche Ladetore sowie ein Einziehfahrwerk. Als Antrieb dienten zwei Allison-250-Propellerturbinen. Nach Erhalt der australischen Musterzulassung wurde das Muster in GAF **N.22** umbenannt und ab Herbst 1972 in die Serienfertigung genommen. Sie hat ein maximales Startgewicht von 3.856 kg und kann sieben bis zwölf Passagiere oder vollausgerüstete Soldaten befördern. Angetrieben wird die N.22 von zwei Allison 250-B17B mit einer Startleistung von je 400 WPS (294 kW). Durch Detailverbesserungen entstand 1975 die leistungsfähigere **N.22B**, während das Grundmuster nun als **N.22A** bezeichnet wurde. Die zivile N.22B kam am 18. Dezember 1975 bei **Aero Pelican** erstmals zum Einsatz und erhielt den Zusatznamen ***Nomad***.

Die **N.24**, die 1975 als der N.22B entwickelt wurde und 1976 erstmals flog, besitzt einen um 1,80 m verlängerten Rumpf für 14 bis 16 Passagiere. Diese Ausführung wurde speziell als ziviles Zubringerflugzeug gebaut, und einer der ersten Kunden war der **Northern Territorial Medical Service**, der sechs N.24 für medizinische Aufgaben und zum Krankentransport kaufte. Die **N.24B** weist gegenüber der N.24 zahlreiche Detailverbesserungen auf, und dieses Muster wurde auch ein Exporterfolg. Es steht bei zahlreichen kleinen Fluggesellschaften in Neuguinea und Neuseeland im Einsatz und hat sich dort im täglichen Einsatz als robustes und zuverlässiges Arbeitsflugzeug bewährt. Für den militärischen Einsatz wurden die Versionen ***Missionmaster*** und ***Searchmaster*** gebaut, die u.a. bei den Streitkräften Thailands und den Philippinen zum Einsatz kamen.

Nach dem Bau von insgesamt 175 N.22 und N.24 wurde die Fertigung der ***Nomad*** 1984 eingestellt.

Daten (N.24B)

Antrieb: 2 Allison 250-B17C Propellerturbinen, je 420 WPS (309 WkW).
Spannweite: 16,50 m; Länge: 14,35 m; Höhe 5,52 m; max. Startgewicht: 4.265 kg; ökon. Reisegeschwindigkeit: 275 km/h; Gipfelhöhe: 7.100 m; max. Reichweite: 900 km; Besatzung: 2; Passagiere: 12-16

Die GAF N.24B ist das erste in Australien entwickelte und gebaute Zubringerflugzeug.

Gulfstream American G.159 Gulfstream I

USA, Baujahr: 1958

Obwohl die 1929 gegründete Grumman Aircraft Corporation hauptsächlich durch den Bau von Militärflugzeugen bekannt wurde, gehört die Gulfstream-Geschäftsflugzeugserie zu den größten und besten Mustern auf diesem Markt. Sie wird von dem selbständigen Tochterunternehmen Gulfstream American Corporation produziert und vermarktet, wobei das neueste Erzeugnis der Interkontinental-Jet **G.V** für 24 Passagiere ist.

Den Grundstein zur Entwicklung der Gulfstream-Serie legte Grumman schon 1956. Die ersten Projektstudien beruhten auf der **TF-1 *Trader***, einer Zivilvariante des gerade in Produktion stehenden U-Boot-Jagdflugzeugs **S-2 *Tracker***, wobei die Kolbenmotoren durch Rolls-Royce Dart-Propellerturbinen ersetzt wurden. Hieraus entstand schließlich die ***Gulfstream I***, das größte auf dem damaligen Markt erhältliche Geschäftsflugzeug. Aufgrund weitergehender Marktuntersuchungen begann Grumman mit Umrüstarbeiten an der G.I für den Einsatz auf Zubringerstrecken. Hierbei wurde auf größtmögliche Unabhängigkeit von Bodendiensten geachtet. Die typische Kabinenauslegung der Verkehrsflugzeugvariante lag zwischen 19 und 24 Sitzplätzen und der Aktionsradius mit voller Nutzlast bei respektablen 2.400 km. Die erste **G.I** flog am 14. August 1958. An der Flugerprobung, die im Mai 1959 mit der FAA-Musterzulassung abschloss, beteiligten sich noch zwei weitere Maschinen. Während der Geschäftsflugzeugvariante ein beachtenswerter Verkaufserfolg gelang, blieb der Verkauf der Commuter-Version weit hinter den Erwartungen zurück. Erst Mitte der 70er Jahre kauften einige US-Regionalfluggesellschaften die G.I auf dem Gebrauchtmarkt und bauten sie für den Einsatz im Zubringerverkehr um. Obwohl zu diesem Zeitpunkt bereits modernere Commuterflugzeuge den Markt beherrschten, war die G.I wegen ihres günstigen Anschaffungspreises und ihrer hervorragenden Leistungsdaten für die Fluggesellschaften immer noch interessant. Um die Wirtschaftlichkeit der G.I im Regionalverkehr zu verbessern, schlug Grumman 1978 eine um 3,25 m verlängerte Ausführung für 37 Passagiere vor. Diese als **G.I-C** bezeichnete Version begann mit der Flugerprobung am 25. Oktober 1979 und im November 1980 erhielt **Air North** die ersten beiden Flugzeuge. Weitere drei Maschinen gingen 1982 an die texanische **Chaparral Air**. Nach weiteren drei Umrüstungen wurde das Programm mangels Nachfrage eingestellt. Heute stehen nur noch wenige G.I im Linienflugbetrieb. In Europa wurde das Muster in den 80er Jahren in Frankreich und in Großbritannien eingesetzt.

Bis zum Produktionsende 1969 wurden insgesamt 200 Maschinen gebaut.

Daten (G.I)

Antrieb: 2 Rolls-Royce R.Da.529-8E Propellerturbinen, je 1.990 WPS (1.463 WkW).
Spannweite: 23,93 m; Länge: 19,43 m; Höhe 6,94 m; max. Startgewicht: 15.920 kg; ökon. Reisegeschwindigkeit: 490 km/h; Gipfelhöhe: 10.200 m; max. Reichweite: 4.060 km; Besatzung: 2+1; Passagiere: 24

Daten (G.I-C)

Antrieb: 2 Rolls-Royce R.Da.529-8X Propellerturbinen, je 2.200 WPS (1.617 WkW).
Spannweite: 23,93 m; Länge: 22,96 m; Höhe 6,94 m; max. Startgewicht: 16.325 kg; ökon. Reisegeschwindigkeit: 490 km/h; Gipfelhöhe: 10.200 m; max. Reichweite: 3.700 km; Besatzung: 2+1; Passagiere: 37

Die Gulfstream G.1-C ist die verlängerte Commutervariante der Gulfstream I. N159AN (C/N 116). Sie wurde im November 1979 umgebaut und flog zwischen Januar 1981 und Februar 1982 bei Air North. Seit dem 27. Juli 1991 ist das Flugzeug abgestellt.

Lao Aviation betreibt eine Flotte von sechs Flugzeugen des Musters Yun-12-II. Als erste Maschine wurde im Februar 1990 RPDL-34115 (C/N 0033) abgeliefert.

Harbin Yunshuij Y-12

China, (VR), Baujahr: 1982

Das TPL-Mehrzwecktransportflugzeug **Yun-12** wurde 1982 als Nachfolgemuster der mit Kolbenmotoren ausgerüsteten **Yun-11** entwickelt und zunächst als **Y-11T** bezeichnet. Erstflug und Flugerprobung fanden im Laufe des Jahres 1982 statt. Gleichzeitig entstand die vergrößerte Ausführung Y-12 mit einem um 2,90 m verlängerten Rumpf für 17 Passagiere. Der Serienbau begann 1985. Die Y-12 wird in zwei Versionen angeboten: Die **Y-12I** hat eine einfache Ausrüstung und ist für den chinesischen Inlandmarkt bestimmt, während die **Y-12II** nach westlichem Standard ausgerüstet ist und in erster Linie Commutergesellschaften im südost-asiatischen Raum ansprechen soll. Diese Version wird von der Hongkonger Firma HAECO mit moderner Avionik und einer dem westlichen Standard entsprechenden Kabinenausstattung ausgerüstet und verfügt gegenüber der Y-12I über stärkere Propellerturbinen vom Typ PT6A-27 von je 620 WPS (456 WkW).

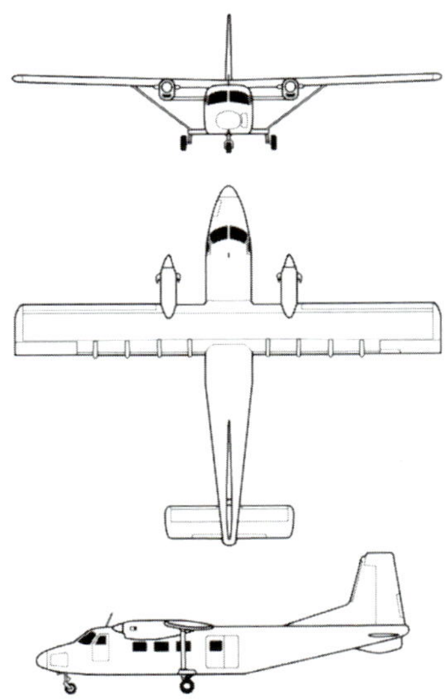

Die neueste Version ist die **Y-12IV**, die am 30. August 1993 ihren Erstflug absolvierte und am 3. Juli 1994 ihre Verkehrszulassung erhielt. Die FAA-Zulassung wurde am 26. März 1995 erteilt. Verbesserungen wurden an Fahrwerk, Rudersystemen und Bremsen vorgenommen. Neugestaltete Flächenenden des Flügels liefern eine bessere aerodynamische Anströmung. In der Passagierkabine können jetzt bis zu 19 Fluggäste untergebracht werden. Das Startgewicht wurde auf 5.670 kg angehoben. Die PT6A-27 liefern jetzt eine Startleistung von 570 kW.

Von den verschiedenen Varianten der Y-12 stehen derzeit über 100 Flugzeuge im Einsatz, davon die Mehrzahl bei chinesischen Regionalfluggesellschaften. Bei ausländischen Fluggesellschaften ist das Muster in der Südsee, Nepal, Laos und Sri Lanka anzutreffen.

Daten

Antrieb: 2 Pratt & Whitney Canada PT6A-27 Propellerturbinen, je 620 WPS (456 WkW).
Spannweite: 17,24 m; Länge: 14,86 m; Höhe 5,76 m; max. Startgewicht: 5.000 kg; ökon. Reisegeschwindigkeit: 270 km/h; Gipfelhöhe: 7.000 m; Reichweite: 1.500 km; Besatzung: 2+1; Passagiere: 17

Die Arava 102 LV-MRS (C/N 053) fliegt im Auftrag des argentinischen Luftfahrtministeriums.

Israel Aircraft Industries IAI.101B Arava

Israel, Baujahr: 1969

IAI wurde in den 60er Jahren durch Modifikationsarbeiten von Militärflugzeugen für die israelische Luftwaffe bekannt. Das bekannteste Produkt ist das in den 70er Jahren aus der ***Mirage III*** abgeleitete Mach-2-Jagdflugzeug ***Kfir***. Zu den bedeutendsten zivilen Flugzeugentwicklungen zählen die Geschäftsreise-Strahlflugzeuge ***Astra*** und ***Westwind***. Weniger bekannt ist das zivile und militärische STOL-Mehrzweckflugzeug ***Arava***, mit deren Entwicklungsarbeiten 1966 begonnen wurde. Das Muster ist in Ganzmetall-Bauweise als Doppelrumpf-Flugzeug ausgelegt. Aufgrund des klappbaren Rumpfhecks können in der voluminösen, nicht druckbelüfteten Kabine auch sperrige Güter oder ein Standard-LD3-Container bis zu einer maximalen Nutzlast von 2.340 kg befördert werden. Für den Passagierverkehr ist die Kabinenausstattung mit 19 Sitzen möglich und das maximale Startgewicht für diese Ausführung liegt bei 1.800 kg. Das robust gebaute, starre Fahrwerk ist für den Einsatz von schlecht ausgebauten Pisten des »Gelobten Landes« oder für Flugoperationen im freien Feld ausgelegt. Der Arava-Prototyp flog erstmals am 27. November 1969 und die ersten Serienmaschinen gelangten im April 1972 zur Ablieferung. Den größten Verkaufserfolg erzielte die Militärversion **IAI.201**, die am 7. März 1972 erstmals vorgestellt wurde und von der die israelische Luftwaffe 14 Exemplare beschaffte. Weitere 60 dieser Flugzeuge wurden nach Mittel- und Südamerika verkauft. Dagegen fanden sich für die zivile **IAI.101B** nur wenige Kunden, die sieben dieser Flugzeuge kauften. Später fanden noch einige der militärischen IAI.201 Verwendung in der zivilen Luftfahrt.
Insgesamt wurden bis zum Produktionsende 1992 103 Arava aller Ausführungen hergestellt.

Daten

Antrieb: 2 Pratt & Whitney Canada PT6A-36 Propellerturbinen, je 750 WPS (551 WkW).
Spannweite: 20,88 m; Länge: 12,95 m; Höhe 5,21 m; max. Startgewicht: 6.804 kg; ökon. Reisegeschwindigkeit: 260 km/h; Gipfelhöhe: 7.300 m; max. Reichweite: 1.450 km; Besatzung: 2; Passagiere: 19

Iljuschin IL-114

UdSSR, Baujahr: 1990

Mitte der 80er Jahre wurde in der UdSSR mit der Entwicklung von drei neuen Verkehrsflugzeugen mit dem Ziel begonnen, die dringend erforderliche Flottenmodernisierung bei der Aeroflot voranzubringen. Es handelte sich dabei um das Langstreckenmuster **IL-96-300**, das Mittelstreckenmodell **Tu-204** und das Regionalflugzeug **IL-114** mit Propellerturbinenantrieb. Dieses Nachfolgemuster der **AN-24** ähnelt in seiner äußeren Form und seinem Leistungsspektrum der britischen **ATP**. Das Flugzeug sollte ausschließlich auf Regionalstrecken der **Aeroflot** mit einer Länge zwischen 540 km und 1.000 km zum Einsatz kommen, wobei auch schlecht ausgebaute Flughäfen und Landebahnen in abgelegenen Gebieten angeflogen werden müssen. Deswegen ist es interessant, dass die IL-114, im Unterschied zur AN-24, als Tiefdecker ausgelegt wurde. Erstmals wurde bei einem Flugzeug dieser Größe im russischen Flugzeugbau eine erhebliche Anzahl von Bauteilen aus Verbundwerkstoffen und neuartigen Aluminiumlegierungen gefertigt. Die komplette Zelle entstand in Kompositbauweise und auch das völlig neu entwickelte Triebwerk weist einen geringen spezifischen Treibstoffverbrauch auf. Im Zusammenwirken mit einem Sechsblatt-Propeller fortschrittlicher Technologie konnte die Lärmentwicklung stark vermindert werden. Avionik und andere elektronische Bordsysteme erlauben einen Flugbetrieb nach ICAO Cat.II-Standard.

Der erste von fünf Prototypen absolvierte am 29. März 1990 seinen Erstflug, ging aber während der Flugerprobung am 5. Juli 1993 durch Absturz verloren. Daraufhin musste die weitergehende Erprobung vorübergehend eingestellt werden, so dass sich die Auslieferungen der ersten Serienmaschinen bis zum 10. Januar 1994 verzögerten. Während die Entwicklung der IL-114 in Moskau erfolgte, wurde der Bau des Musters in Taschkent bei der Tashkent Aircraft Production Organisation (TAPO) durchgeführt. Ein zweites Produktionsband sollte in Kodinka bei Moskau eingerichtet werden. Nach einer Übereinkunft zwischen Russland und Usbekistan im Jahre 1997 zur gemeinsamen Vermarktung der IL-114, stellte die russische Incombank der TAPO finanzielle Mittel für die Serienproduktion bereit. Bei einem geschätzten Absatzmarkt von bis zu 1.000 Flugzeugen beabsichtigte man eine jährliche Fertigung von 100 Maschinen. Im Dezember 1997 erteilte **Aeroflot** eine Absichtserklärung zur Beschaffung von 20 Exemplaren der IL-114 zur

Daten (IL-114)

Antrieb: 2 Klimow TV7-117C Propellerturbinen, je 2.370 WPS (1.765 WkW).
Spannweite: 30,00 m; Länge: 26,88 m; Höhe 9,32 m; max. Startgewicht: 21.000 kg; ökon. Reisegeschwindigkeit: 500 km/h; Gipfelhöhe: 8.000 m; Reichweite: 2.850 km; Besatzung: 2+2; Passagiere: 60

Daten (IL-114T)

Antrieb: 2 Klimow TV7-117S Propellerturbinen, je 2.500 WPS (1.860 W kW).
Spannweite: 30,00 m; Länge: 26,88 m; Höhe 9,32 m; max. Startgewicht: 23.500 kg; ökon. Reisegeschwindigkeit: 500 km/h; Gipfelhöhe: 8.150 m; Reichweite: 1.000 km; Besatzung: 2; Nutzlast: 6.500 kg

Als einzige Fluggesellschaft betreibt Uzbekistan Airways das schnelle Zubringerflugzeug IL-114.

Lieferung zwischen 1998 und 2000, die allerdings bislang nicht in eine Festbestellung umgewandelt wurde. Als einzige Fluggesellschaft erhielt **Uzbekistan Airways** im Juli 1998 eine IL-114 für Testzwecke unter Einsatzbedingungen. Der Haupthinderungsgrund des Verkaufserfolgs liegt in dem kurzen Wartungsintervall von nur 800 Stunden für die TV7-117-Triebwerke. Um die Marktreife zu erlangen, müsste dieser Wert auf 6.000 Stunden angehoben werden.
Inzwischen wird auch eine mit westlichen Allison AE2100-Triebwerken ausgerüstete Variante angeboten, doch Zulassungsprobleme verhindern auch hier eine erfolgreiche Markteinführung. Anfang 1999 kam die verbesserte **IL-114-100** mit Pratt & Whitney PW127F-Triebwerken auf den Markt, doch auch dieses Modell hat noch nicht seine Marktreife erreicht. Potentielle Kunden der -100 sind verschiedene Fluggesellschaften im Iran und der GUS, aber auch solche in Südost-Asien. Die Frachtausführung **IL-114T** verfügt über ein Ladetor von 3,31 m x 1,78 m in der linken hinteren Rumpfhälfte. Als Ersatz für die veraltete Antonow **AN-30** entwickelt Iljuschin die **IL-114FK** für Kartographie- und Vermessungsaufgaben. Hierzu wird das Muster mit einem völlig überarbeiteten und verglasten Rumpfbug ausgestattet und ein Seitensichtradar installiert.

Let L-410 Turbolet

CSSR (Slowakei), Baujahr: 1969

Mit 1.109 gebauten Exemplaren ist die slowakische **Let L-410** das erfolgreichste Zubringerflugzeug der Welt. Mit den Entwicklungsarbeiten an diesem zweimotorigen Hochdecker mit dem für damalige Verhältnisse revolutionären Design wurde Mitte der 60er Jahre begonnen. Zeitgleich begann auch die Entwicklung eines tschechoslowakischen Turboprop-Triebwerks unter der Bezeichnung M-601, das bei dem neuen Flugzeugmuster zum Einbau kommen sollte. Der erste von drei als XL-410 bezeichnete Prototypen flog am 16. April 1969. Der Antrieb dieser Flugzeuge bestand aus zwei Pratt & Whitney Canada PT6A-27 von je 715 WPS (526 WkW), da das M-601-Triebwerk noch nicht seine Einsatzreife erreicht hatte. Die Passagierkapazität lag bei zehn bis zwölf Personen und die Kabine war nicht druckbelüftet. 1970 folgten vier Vorserienflugzeuge, die sich von den Prototypen durch eine Vergrößerung der Spannweite von 2,50 m und einen um 0,81 m verlängerten Rumpf unterschieden. In der neu gestalteten Passagierkabine, ebenfalls ohne Druckkabine, konnten jetzt 15 Fluggäste befördert werden. Die erste Serienmaschine der Grundversion **L-410A** wurde 1971 an die **Slov-Air** geliefert. 1972 erfolgten die ersten Ablieferungen an **CSA**. Von der L-410A wurden 30 Exemplare gebaut, die alle mit PT6A-Triebwerken ausgerüstet waren, bevor 1974 das M-601-Aggregat ein-

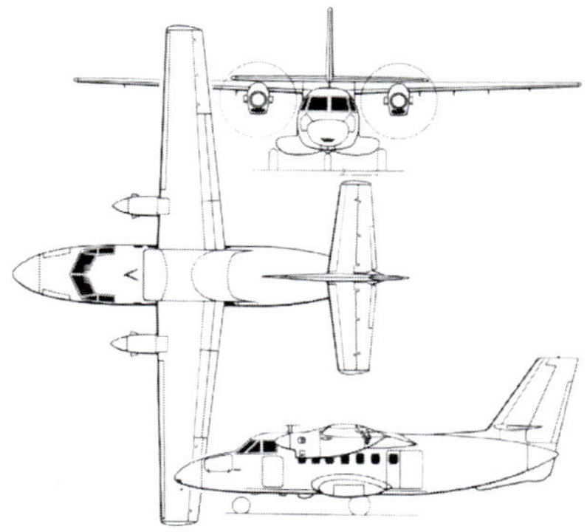

Der weltweit größte Betreiber der tschechoslowakischen Let 410 war bis zum Zusammenbruch der Sowjetunion die Aeroflot. Zwischen 1974 und 1994 erhielt die Fluggesellschaft 652 dieser Flugzeuge.

satzreif war. Von der nächsten, mit diesem Triebwerk ausgestatteten Serie **L-410M** wurden 112 Exemplare gebaut, die ab 1978 von der leistungsfähigeren **L-410UVP** abgelöst wurden. Von dieser zwischen 1977 und 1996 produzierten Hauptserie wurden 976 Exemplare gefertigt, plus 18 militärische Transporter **L-410T** für die tschechoslowakische und die libysche Luftwaffe. Als letzte Version erschien 1985 die **L-410UVP-E**. Sie hat ein auf 6.400 kg angehobenes Startgewicht, Tiptanks an den Flügelenden und stärkere M-601E-Triebwerke mit Fünfblatt-Luftschrauben. Die Flugleistungen konnten deutlich verbessert werden, so stieg die Reichweite von 1.200 km auf 1.900 km bei einer maximalen Transportkapazität von 19 Passagieren.

1974 entschied sich **Aeroflot** gegen die einheimische **Berijew Be-30** und für die L-410 als Nachfolgemuster der veralteten **AN-2** und **IL-14** für ihr ausgedehntes Regionalnetz. Bis 1994 erhielt die russische Fluggesellschaft 652 dieser Flugzeuge in den Abarten **L-410MU** und **L-410UVP**. 210 L-410 wurden für militärische Zwecke gebaut und 203 Flugzeuge gingen an Fluggesellschaften im ehemaligen Ostblock, aber auch nach Lateinamerika, Afrika und Asien. Nach dem Zusammenbruch der Sowjetunion konnten wegen unzureichender Finanzen zwischen 1994 und 1996 44 Flugzeuge nicht mehr von der Aeroflot oder einer ihrer Nachfolgegesellschaften übernommen werden, so dass 33 bereits fertiggestellte Maschinen vom Hersteller eingemottet wurden. Als auch die CSSR in die Tschechische Republik und die Slowakei zerbrach, konnte der von **CSA** durchgeführte Inlandflugverkehr nicht mehr wirtschaftlich betrieben werden und die meisten der 15 L-410 dieser Gesellschaft wurden außer Dienst gestellt.

Der Erstflug der 19-sitzigen **L-420**, auch als **L-410UVP-E20** bezeichnet, erfolgte im November 1992. Die früheren M-601-Triebwerke wurden durch leistungsstärkere M-601F-Aggregate ersetzt, die eine Leistung von 580 WkW erbringen. Von dieser Variante konnten zwischen 1992 und 1996 nur zehn Exemplare gebaut und verkauft werden. Größter ziviler Betreiber wurde die indische **Archana Airways** mit drei Flugzeugen, gefolgt von **Metavia Airlines** aus der Republik Südafrika mit zwei Maschinen.

Seit 1988 fliegt das Nachfolgemodell L-610, das einen gestreckten Rumpf mit Druckkabine zur Aufnahme von bis zu 40 Passagieren aufweist. Als Antrieb wählte man das M-602-Triebwerk mit einer Startleistung von 1.360 WkW. Der Erstflug des ersten von zwei Prototypen (OK-TZA, OK-TZE) dieser als **L-610M** bezeichneten Variante erfolgte am 28. Dezember 1988. Wegen mangelnder Nachfrage wurden von der L-610M nur insgesamt neun Flugzeuge gebaut, die alle von der tschechischen Luftwaffe übernommen wurden. Einen größeren Erfolg versprach man sich bei Let von der für den westlichen Markt entwickelten **L-610G**, die mit General Electric CT7-9D-Triebwerken von 1.300 WkW angetrieben wurde. Das Cockpit wurde mit Avionik von Rockwell Collins, einem EFIS-System, Wetterradar und Autopilot ausgestattet. Die erste Maschine (OK-CZD) startete am 18. Dezember 1992 zu ihrem Jungfernflug, aber auch für die L-610G konnte kein Absatzmarkt gefunden werden, so dass keine weiteren Flugzeuge mehr gebaut wurden.

Daten (E-2)

Antrieb: 2 Motorlet (Walter) M601E Propellerturbinen, je 762 WPS (560 WkW).
Spannweite: 19,98 m; Länge: 14,42 m; Höhe 5,83 m; max. Startgewicht: 6.400 kg; ökon. Reisegeschwindigkeit: 310 km/h; Gipfelhöhe: 6.000 m; Reichweite: 1.900 km; Besatzung: 2; Passagiere: 15-19

Nord 262

Frankreich, Baujahr: 1962

Dieses Zubringerflugzeug wird manchmal als **Aérospatiale *Frégate*** bezeichnet, ist aber als **Nord 262** besser bekannt. Der Entwurf stammt von dem bekannten französischen Konstrukteur *Max Holste*, dessen Firma unter der Bezeichnung **MH-250 *Super Broussard*** ein von zwei Pratt & Whitney Wasp-Sternmotoren angetriebenes Kleinverkehrs- und Nutzflugzeug baute, dessen erster Prototyp (F-WJDV) am 20. Mai 1959 erstmals flog. Der zweite Prototyp folgte am 29. Juli 1960. Nord Aviation, später mit Sud Aviation zur Aérospatiale zusammengeschlossen, beteiligte sich an der Produktion des ersten Loses von zehn Serienflugzeugen, welche die Bezeichnung **MH-260** erhielten. Dessen erstes Serienflugzeug mit der Registrierung F-WJSN flog erstmals am 29. Januar 1962. Airline-Kunden für dieses Muster waren die französische **Air Inter** und die norwegische **Wideroe's Flyveselskap**. Unterdessen entwickelte Nord das erheblich modernisierte und vergrößerte Nachfolgemusters **MH-262** für 26 bis 29 Passagiere zur Baureife. Das schließlich als **Nord 262** bezeichnete Flugzeug hatte einen neuen Rumpf mit kreisförmigem Querschnitt und einer Druckkabine anstelle des viereckigen, nicht druckbelüfteten Rumpfes der MH-260.

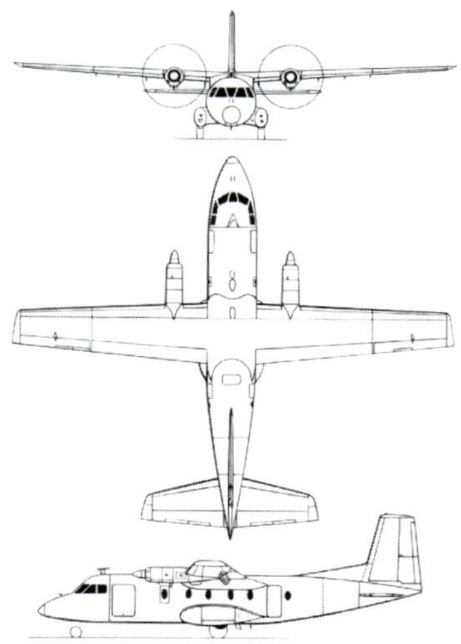

Die Nord 262 zielte auf den Markt der Regionalfluggesellschaften, die nur kurze Strecken (bis zu 950 km) zu bedienen hatten und großenteils noch veraltetes Fluggerät einsetzten. Der Prototyp (F-WJDV) flog erstmals am 24. Oktober 1962, und schließlich nahmen drei Vorserienmaschinen an den Flügen für die Verkehrszulassung teil. Die Musterzulassung erfolgte am 16. Juli 1964, doch schon acht Tage zuvor hatte **Air Inter** das erste von drei bestellten Flugzeugen erhalten. Der Linienflugbetrieb begann im September des gleichen Jahres. Ab dem fünften Flugzeug war der Serienstandard nach kleinen Änderungen erreicht, dabei erhielten die ersten vier Maschinen die Bezeichnung **N262B**; die Serie von 67 Flugzeugen die Bezeichnung **N262A**. Die A-Variante flog erstmals Anfang 1965, wurde im März zugelassen und im August erstmals im Liniendienst eingesetzt.

Bei der dänischen Cimber Air bildete das Flugzeugmuster Nord 262 für lange Jahre das Rückgrat der Flotte.

Ein früher Kunde war eine der führenden japanischen Inland-Fluggesellschaften, **Japan Domestic Airlines**, die ab November 1965 ihre bestellten N262A erhielt. Der größte Einzelkunde der Nord 262A war **Lake Central Airways** in den USA mit einer Bestellung von über zwölf Maschinen, von denen die erste im August 1965 zum Einsatz gelangte. Mit der Übernahme von Lake Central durch **Allegheny Airlines** am 1. Juli 1968 blieb das Muster weiterhin im Dienst. Zwischen 1974 und 1976 wurden an neun Flugzeugen die ursprünglichen Triebwerke durch Pratt & Whitney Canada PT6A-45-Propellerturbinen ersetzt. Diese Modifikationen führte Mohawk Air Services durch und die Flugzeuge erhielten anschließend die Bezeichnung **Mohawk 298**, da sie gemäß der FAA-Luftfahrtvorschrift FAR-298 neu zugelassen werden mussten. Die erste Mohawk flog am 7. Januar 1975 und erhielt die Musterzulassung am 19. Oktober 1976. Ab Anfang 1977 wurden die Maschinen wieder von Allegheny im Regionaldienst eingesetzt. Über weitere größere Flottenbestände der N262 verfügten **TOA Airways, Air Ceylon, Alisarda** und **Cimber Air**. Die deutsche **IFG Regionalfluggesellschaft** setzte zwischen März 1969 und März 1972 eine N262A auf innerdeutschen Strecken ein. In der Schweiz standen zwischen 1980 und 1982 zwei N262 bei der **Rhine Air** im Einsatz.

Nach dem Zusammenschluß von Nord und Sud Aviation zur Aérospatiale wurde eine Variante der N262 mit Bastan VII-Triebwerken von 840 kW anstelle der Bastan VIC mit nur 794 kW entwickelt. Änderungen wurden auch an den Flügelspitzen vorgenommen, wodurch sich die Spannweite um 0,70 m vergrößerte. Diese Version erhielt die Typenbezeichnung **N262C *Frégate*** und absolvierte im Juli 1968 ihren Erstflug. Ihr militärisches Gegenstück trug die Bezeichnung **N262D**, von der die französische Luftwaffe (Armee de l'Air) und Marine (Aeronavale) 40 beschafften. Bis zum Ende der Fertigung 1975 wurden insgesamt 110 Maschinen aller Serien hergestellt. Damit gehört die N262 zwar nicht zu den Verkaufsschlagern, doch für europäische Verhältnisse war dies schon ein beachtlicher Erfolg in dem sehr schwierigen Regionalverkehrsmarkt.

Daten (N.262D)

Antrieb: 2 Turbomeca Bastan VII Propellerturbinen, 1.145 WPS (842 kW).
Spannweite: 22,60 m; Länge: 19,30 m; Höhe 6,40 m; max. Startgewicht: 10.800 kg; ökon. Reisegeschwindigkeit: 375 km/h; Gipfelhöhe: 7.600 m; Reichweite: 1.500 km; Besatzung: 2+1; Passagiere: 26-29

Potez 840

Frankreich, Baujahr: 1961

Die beiden Versionen 841 und 842 der ursprünglichen **Potez 840** waren für den Kurzstrecken-Zubringerdienst bestimmt, konnten sich aber, im Gegensatz zum Konkurrenzmuster **DH.114 *Heron***, am Markt nicht durchsetzen. Die ersten Arbeiten an der Potez 840 begannen 1959 und als im Februar 1960 die ersten Angaben über das neue Flugzeugmuster verfügbar waren, bestand bereits ein aus Holz gefertigtes Modell im Maßstab 1:1. Mit dem Bau der beiden Prototypen wurde kurz darauf begonnen und das erste, von vier Astazou II-Propellerturbinen (je 530 WPS/389,8 WkW) angetriebene Flugzeug absolvierte am 29. April 1961 seinen Erstflug. Der zweite Prototyp, der sich durch größere Cockpitfenster, einen verlängerten Rumpfbug und einem höheren Startgewicht von der ersten Maschine unterschied, folgt am 17. Juni 1962. Anschließend gingen zwei Versionen in die Serienfertigung: Die **Potez 841** wurde von vier Pratt & Whitney Canada PT6A-Propellerturbinen angetrieben, während die **Potez 842** über die bedeutend leistungsfähigeren Astazou XII von je 640 WPS (470,7

WkW) verfügt. Beide Unterarten konnten neben einer zweiköpfigen Besatzung in ihrem druckbelüfteten Rumpf 16 bis 24 Passagiere befördern. Ferner wurden sie auch als acht- bis zwölfplätzige Geschäftsreiseflugzeuge angeboten.

Die ersten beiden Potez 841 wurden 1965 an die deutsche **Aero-Dienst GmbH**, die ersten zwei Potez 842 im September und November 1966 an die französische **S.G.A.C.C.** und die marokkanische Regierung geliefert. Für beide Ausführungen wurde eine Produktionslinie für 25 Maschinen eingerichtet, doch ein zweites Fertigungslos wurde aufgrund mangelnder Nachfrage nicht aufgelegt. Eine Potez 842 blieb der Nachwelt erhalten, sie ist derzeit im Musée de l'Air auf dem Flughafen Le Bourget in Paris ausgestellt.

Unter den Bezeichnungen **841L** und **842L** waren außerdem noch größere Versionen projektiert, und auch das nochmals gestreckte Modell **Potez 843** für den gemischten Passagier- und Frachtverkehr kam über das Projektstadium nicht hinaus.

Die für den Kurzstreckendienst vorgesehene Potez 840 konnte sich am Markt nicht durchsetzten. Diese Maschine der Serie 842 ist im Musée de l'Air auf dem Flughafen Paris-Le Bourget ausgestellt.

Piper PA-31 Navajo

USA, Baujahr: 1972

Piper ergänzte seine Angebotspalette an zweimotorigen Geschäftsreiseflugzeugen 1964 durch die **PA-31**, deren Prototyp am 30. September 1964 erstmals flog. Unter der Bezeichnung ***Navajo*** wurde die Maschine ab 1967 als sechs- bis achtsitziges Kleinverkehrsflugzeug für den Zubringer- und Lufttaxidienst angeboten. Als Antrieb fanden zwei IO-540-M1A5-Motoren von je 220 kW Verwendung. Eine andere Unterart der *Navajo* mit aufgeladenen TIO-540-A-Motoren von je 228 kW Leistung wurde als ***Turbo Navajo*** bezeichnet. 1970 kam die **PA-31P** mit Druckkabine hinzu, deren Prototyp im März 1968 die Flugerprobung aufgenommen hatte. Bei diesem Modell kamen leistungsstärkere TIGO-541-E1A-Sechszylinder-Boxermotoren von je 312 kW zum Einbau.

Als weitere Ergänzung der *Navajo*-Familie kam im Herbst 1972 das Zubringer- und Kleinverkehrsflugzeug **PA-31-350 *Navajo Chieftain*** in den Einsatz. Gegenüber den Grundmodellen wurde der Rumpf um 0,61 m verlängert, so dass sieben bis zehn Passagiere befördert werden konnten. Das Modell war mit zwei gegenläufigen LTIO-540-J2BD-Triebwerken mit Ladern ausgerüstet und benötigte mit voller Nutzlast eine Startstrecke von nur 759 m. Die Mehrzahl dieser Flugzeuge wurde in den

USA und Kanada verkauft und stehen dort teilweise noch im Einsatz, aber einige fanden ihren Weg auch nach Australien und Europa. Hier wurden die meisten dieser Flugzeuge in Frankreich und Großbritannien registriert. Der Bau der *Navajo Chieftain* wurde 1976 eingestellt.

Das Kleinverkehrsflugzeug Navajo Chieftain ist wegen seiner Geräumigkeit und seines Komforts besonders bei Lufttaxi-Unternehmen beliebt.

Daten (PA-31-350)

Antrieb: 2 Avco Lycoming LTIO-540-J2BD Boxermotoren mit Lader, je 350 PS (258 kW).
Spannweite: 12,40 m; Länge: 10,60 m; Höhe 3,96 m; max. Startgewicht: 3.170 kg; ökon. Reisegeschwindigkeit: 418 km/h; Gipfelhöhe: 8.290 m; Reichweite: 1.770 km; Besatzung: 1-2; Passagiere: 7-10

Saab 340

Schweden, Baujahr: 1983

Das 33plätzige Turboprop-Regionalverkehrsflugzeug **SF.340** wurde ab Sommer 1979 in Zusammenarbeit zwischen Saab-Scania A/B und Fairchild Industries entwickelt. Beide Partner trugen jeweils 50 % des Entwicklungs- und Produktionsrisikos. Der Bau des Flügels, des Leitwerks und der Inneneinrichtung fiel in den Zuständigkeitsbereich von Fairchild, während Saab für den Rumpf und die Endmontage zuständig zeichnete. Die Bauteile aus der Fairchild-Produktion wurden nach Schweden verschifft. Im September 1980 war der endgültige Entwurf festgelegt und als erster Abnehmer bestellte die schweizerische Regionalgesellschaft **Crossair** im November 1980 zehn Maschinen als Ersatz für ihre ***Metro III***-Flotte und optionierte auf fünf weitere Flugzeuge. Der *Roll-out* des SF.340-Prototyps (SE-ISF) erfolgte am 27. Oktober 1982 und am 25. Januar 1983 konnte der Erstflug durchgeführt werden. Insgesamt wurden drei Prototypen gebaut. Den dritten Prototyp (SE-ISB) erhielt Fairchild Industries. Mit diesem als N9668N registrierten Flugzeug wurden Demonstrations- und Verkaufstouren in Nord- und Südamerika durchgeführt. Das erste Serienflugzeug startete erstmals am 5. März 1984 und die Erteilung der Musterzulassung erfolgte am 30. Mai 1984. Am 6. Juni desselben Jahres erhielt Crossair ihre erste SF340 (HB-AHA), die ab dem 15. Juni in den Liniendienst gestellt wurde. Kurz nach der Indienststellung, im September 1984, traten an den CT7-5A-Propellerturbinen Vereisungsprobleme auf. Infolge dessen wurde das Muster kurzfristig aus dem Verkehr gezogen und die Triebwerke aller bereits ausgelieferten Flugzeuge modifiziert. Die Umrüstungen an den noch nicht fertiggestellten Maschinen führte zu erheblichen Lieferverzögerungen, wovon besonders Crossair als Erstabnehmer betroffen war.

Am 1. November 1985 schied Fairchild aus dem gemeinsamen Projekt, um seine eigenen Finanzprobleme zu lösen. Ab diesem Zeitpunkt trug Saab die alleinige Verantwortung für die Produktion. Zwar lieferte Fairchild noch die Bauteile bis zum Flugzeug mit der Baunummer 109,

aber ab 1988 wurde das Muster komplett in Schweden gebaut und der Produktionstransfer verursachte eine weitere Lieferverzögerung. Kurz zuvor hatte man sich für den Bau der schnell umrüstbaren Version **SF.340QC** entschieden, nachdem **Finnaviation** eine entsprechende Bestellung für drei Flugzeuge erteilt hatte. Die erste Maschine kam am 8. September 1986 zur Ablieferung. Nach 160 Maschinen der Basisversion wurde im August 1989 die Fertigung auf die **Saab 340B** umgestellt. Ab diesem Zeitpunkt erhielt das Grundmuster die Typenbezeichnung **Saab 340A**.

Die Entwicklung der **Saab 340B** wurde am 9. September 1987 bekannt gegeben, und der Erstflug erfolgte am 21. April 1989. Zu diesem Zweck war der zweite Prototyp (SE-ISA) zur Saab 340B umgebaut worden. Das neue Muster weist gegenüber der Saab 340A eine Anzahl von Verbesserungen auf. Leistungsstärkere CT7-9B-Triebwerke mit einem geringeren Treibstoffverbrauch gestatten ein höheres Abfluggewicht bei einer gleichzeitigen Vergrößerung des Aktionsradius. Ferner wurde das Fahrwerk überarbeitet und die Passagierkabine mit einem neuen Schallschutzsystem ausgerüstet. Die auffälligste Veränderung ist aber die Vergrößerung des Höhenleitwerks um 1,01 m. Wiederum war **Crossair** der Erstkunde für die Saab 340B und bestellte 15 Maschinen plus zehn Optionen. Den größten Einzelauftrag erhielt Saab 1989 von **American Eagle** mit einer Bestellung von über 50 Flugzeugen, plus 50 Optionen. Im Februar 1994 erschien mit der **Saab 340Bplus** die letzte Variante dieses Flugzeugtyps, bei der die Leistungsparameter weiter angehoben werden konnten. Seit Jahresende 1995 ist die Saab 340BP auch mit vergrößerten Flächenenden erhältlich, was zu Leistungsverbesserungen während der Start- und Landephase führte. Bereits gebaute Flugzeuge der Serie konnten aber nicht nachgerüstet werden.

Nachdem Saab durch den großartigen Erfolg der Regionaljets für Regionalverkehrsflugzeuge mit Turbopropantrieb keine Zukunftsperspektiven mehr sah, fiel 1997 die Entscheidung zur Produktionseinstellung der Saab 340 und **Saab 2000**. Die letzten von insgesamt 456 Saab 340 wurden Mitte 1999 abgeliefert.

Daten (340B)

Antrieb: 2 General Electric CT7-9B Propellerturbinen, je 1.870 WPS (1.395 KW).
Spannweite: 21,44 m; Länge: 19,73 m; Höhe 6,87 m;
max. Startgewicht: 12.930 kg; ökon. Reisegeschwindigkeit: 485 km/h; Gipfelhöhe: 8.200 m; max. Reichweite: 2.400 km;
Besatzung: 2+1; Passagiere: 33-37

Launch-Customer für die Saab 340 wurde im November 1980 die Crossair. Als drittes Flugzeug gelangte die HB-AHC (C/N 009) am 28. Oktober 1984 zur Ablieferung. Die Maschine wurde am 29. April 1996 an den Hersteller zurückverkauft.

Saab 2000

Schweden, Baujahr: 1992

Die Überlegungen zum Bau eines größeren und schnelleren Nachfolgemodells der **Saab 340** wurden schon 1985 angestrengt. Das neue Muster sollte auf langen Regionalstrecken von bis zu 1.800 km zum Einsatz kommen. Eine überzeugende Wirtschaftlichkeit konnte durch die Kombination von kostengünstigem Turbopropantrieb und hoher Geschwindigkeit erzielt werden. Im Hinblick auf die Zukunft wählte man die Typenbezeichnung **Saab 2000**. Aufgrund der hohen Steigrate benötigt die Saab 2000 auf diesen langen Streckensegmenten 30 % weniger Treibstoff wie ein Regionaljet bei einer nahezu gleich hohen Durchschnittsgeschwindigkeit. Diese Vorteile wurden durch den Einbau besonders leistungsfähiger Triebwerke vom Typ Allison AE-2100A und der Verwendung eines Tragflügels neuer Technologie erzielt. Diese Tragfläche hat ein dünneres Flügelprofil als alle anderen vergleichbaren Commuterflugzeuge und ist genau auf den anvisierten Geschwindigkeitsbereich der Saab 2000 zugeschnitten. Die Flügelstreckung der Saab 340 wurde zwar beibehalten, Spannweite und Flügeltiefe aber vergrößert, wodurch eine um 33 % größere Flügelfläche erzielt werden konnte. Die langsam drehenden Sechsblatt-Propeller von Dowty Rotol Aerospace sind geräuschärmer als die der übrigen Turbopropflugzeuge. Die Triebwerke wurden weiter nach außen verlegt, so dass der Lärm- und Schallpegel innerhalb der Passagierkabine gegenüber der **Saab 340BP** weiter gesenkt werden konnte. Weitere Neuheiten an der Saab 2000 sind eine voll digitalisierte Kanzel mit neuester Avionik und eine völlig neugestaltete Innenausstattung der Passagierkabine im *Wide-body*-Stil.

1988 unterzeichnete **Crossair** eine Absichtserklärung zum Kauf von 25 Flugzeugen, plus 25 Optionen. Die Aussicht auf diesen Auftrag führte im Mai 1989 zum Programmstart der Saab 2000. Mit dem Bau des Prototypen konnte im Februar 1990 begonnen werden. Für die dynamischen und statischen Belastungstests wurden zwei Bruchzellen gefertigt. Von der Saab 2000 wurden vier Prototypen gebaut, die alle zur Flugerprobung eingesetzt wurden. Ihre jeweiligen Erstflüge absolvierten sie am 26. März, 4. Juli und 28. August 1992, sowie am 17. März 1993. Die während der Flugerprobung auftretenden Probleme mit dem mechanisch angetriebenen Höhenruder und der *Fly-by-wire*-Steuerung verzögerten die Musterzulassung bis Ende Juli 1994. Am 30. August 1994 konnte der Crossair ihre erste Saab 2000 (C/N 006, HB-IZC) übergeben werden, mit einer Verspätung von einem Jahr. Da die der Fluggesellschaft zugesagten Leistungsdaten nicht oder nur unzureichend erzielt wurden, übernahm Crossair zunächst einmal nur zehn Flugzeuge, von denen das letzte am 29. Juni 1995 zur Ablieferung gelangte. Nach den anfänglichen Schwierigkeiten bewährte sich das Muster im Einsatz, so dass Crossair einen Teil ihrer Optionen in Festbestellungen umwandelte und heute mit einer Flotte von 34 Maschinen der größte Betreiber der Saab 2000 ist. Als weiterer Kunde konnte die **Deutsche BA** gewonnen werden, die fünf kaufte. Schließlich entschieden sich auch die französische **Regional Airlines** und **Scandinavian Commuter** für die Saab 2000 und bestellten jeweils sechs Flugzeuge. Im Rahmen einer Flotten-Restrukturierungsmaßnahme verkaufte die Deutsche BA ihre Maschinen an Regional Airlines, die damit zum zweitgrößten Betreiber der Saab 2000 wurde.

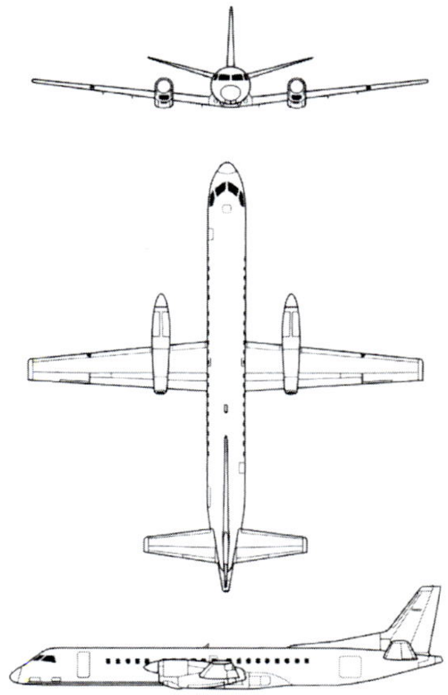

Aufgrund mangelnder Kundenakzeptanz und des einsetzenden Konkurrenzdrucks der neuen Regionaljets entschied sich Saab 1997 für den Rückzug vom Flugzeugmarkt und kündigte Anfang 1998 die Produktionseinstellung der Saab 340 und Saab 2000 zum Jahresende 1999 an. Crossair erhielt ihre letzte Saab 2000 im Juli 1999. Insgesamt wurden nur 60 Maschinen dieses schnellsten Turboprop-Verkehrsflugzeuges aller Zeiten gebaut.

Daten

Antrieb: 2 Allison GMA-2100A Propellerturbinen, je 4.152 WPS (3.096 WkW).
Spannweite: 24,76 m; Länge: 27,03 m; Höhe 7,73 m; max. Startgewicht: 22.800 kg; ökon. Reisegeschwindigkeit: 556 km/h; max. Reisegeschwindigkeit: 667 km/h; Gipfelhöhe: 9.450 m; max. Reichweite: 2.300 km; Besatzung: 2+2; Passagiere: 50-58

Die Saab 2000 gab bei der Deutsche BA nur ein kurzes Intermezzo, bevor die fünf Maschinen an die französische Regional Air abgegeben wurden.

Letzter und größter Betreiber der ST-27 war die kanadische Regional-Airline City Express.

Saunders Aircraft Ltd. ST-27

Kanada, Baujahr: 1969

Die **ST-27** wurde aus der von deHavilland im Jahre 1950 gebauten **DH.114 *Heron*** abgeleitet. Ende der 60er Jahre erwarben Saunders Aircraft die Rechte zum Umbau der Heron zur ST-27. Die wesentlichen Änderungen bestanden in der Verlängerung des Rumpfes zur Erhöhung der Passagierkapazität von 17 auf 23 Plätze und der Austausch der vier Gipsy-Queen-Kolbenmotoren durch zwei Pratt & Whitney Canada PT6A-34-Propellerturbinen.
Der ST-27-Prototyp folg erstmals am 28. Mai 1969 und begann unmittelbar darauf mit der Flugerprobung, in deren Verlauf das Muster in Nord- und Südamerika und auch in Europa vorgestellt wurde. Leider fand das recht vielversprechende und preisgünstige Zubringerflugzeug kein großes Kaufinteresse und sein Einsatzgebiet blieb weitgehend auf Kanada beschränkt. Im Frühjahr 1971 wurde der ST-27 die kanadische Musterzulassung erteilt, und bis 1975 rüstete Saunders 13 Heron-Flugzeuge zur ST-27 um. Neun Maschinen gingen an kanadische Regionalfluggesellschaften, drei nach Kolumbien, und das letzte Flugzeug in die Karibik.
1974 entwickelte Saunders aus der ST-27 das weiter verbesserte Modell **ST-28**, das mit einer Druckkabine und vielen Detailverbesserungen ausgestattet wurde und den US-Lufttüchtigkeitsanforderungen nach FAR Part 25 entsprach. Die ST-28 besaß eine größere Treibstoffkapazität, ein modifiziertes Seitenleitwerk, eine verbesserte Inneneinrichtung. Zum Umbau wurde die fünfte ST-27 herangezogen und entsprechend modifiziert. Ihr Erstflug als ST-28 erfolgte am 17. Juli 1974.

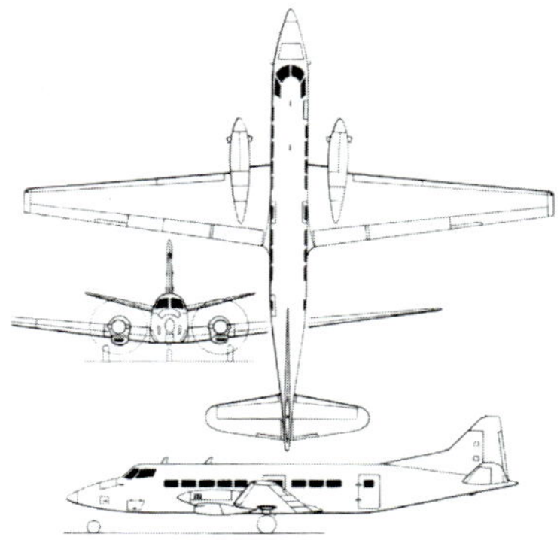

Saunders legte dann ein Fertigungslos von zehn Flugzeugen auf. Die erste Maschine (C/N 101, C-GYAP-X) startete am 12. Dezember 1975. Damals lagen Aufträge und Optionen für 34 ST-28 vor, doch Anfang 1976 zog die Regierung von Manitoba ihre Unterstützung für das Projekt zurück, und nachdem Saunders Aircraft seine finanziellen Mittel aufgezehrt hatte, musste das Unternehmen Ende April 1976 seine Tätigkeiten einstellen. So wurde nur eine ST-28 gebaut, die am 28. April 1976 ihren letzten Flug unternahm.
Von den 13 zwischen 1969 und 1975 gebauten ST-27 steht kein Flugzeug mehr im Einsatz. Letzter Betreiber des Musters war **City Express** mit einer Flotte von fünf Maschinen, die nach dem Konkurs der Firma im August 1988 abgestellt und später abgewrackt wurden.

Daten

Antrieb: 2 Pratt & Whitney Canada PT6A-34 Propellerturbinen, je 783 WPS (576 WkW).
Spannweite: 21,79 m; Länge: 17,95 m; Höhe 4,75 m; max. Startgewicht: 6.576 kg; ökon. Reisegeschwindigkeit: 338 km/h; Gipfelhöhe: 7.620 m; max. Reichweite: 1.560 km; Besatzung: 2+1; Passagiere: 23

Scottish Aviation Twin Pioneer

Großbritannien, Baujahr: 1955

Die 1935 im schottischen Prestwick gegründete Flugzeugfabrik Scottish Aviation Ltd. stellte ihr erstes STOL-Flugzeug, die einmotorige ***Pioneer***, im Herbst 1947 vor. Gegen Mitte der 50er Jahre entstand die größere und von zwei Motoren angetriebene ***Twin Pioneer***, ein Arbeits- und Kleinverkehrsflugzeug für kurze Pisten. Das Muster ist ein abgestrebter Ganzmetall-Schulterdecker mit rechteckigem Rumpfquerschnitt und einer Kabine ohne Druckausgleich. Besonders auffallend ist das dreifache Seitenleitwerk und das starre Fahrwerk mit Spornrad. Der Prototyp absolvierte am 25. Juni 1955 seinen Erstflug und die Auslieferung der ersten Serienflugzeuge begann im Sommer 1956. Die erste Serienversion ***Twin Pioneer 1*** wurde von zwei Sternmotoren Alvis Leonides 504 von je 560 PS (412 kW) angetrieben und

Die Twin Pioneer war eines der ersten STOL-Verkehrsflugzeuge.
Die Konstruktion galt aber schon bei der Markteinführung als veraltet,
so dass dem Muster nur ein kleiner Verkaufserfolg beschieden war.

das Abfluggewicht lag bei 6.125 kg. Als Nutzlast konnten 1.500 kg Fracht oder bis zu 16 Passagiere befördert werden. Für einen möglichen Exportmarkt in Kanada, Südamerika und Südostasien wurde im Frühjahr 1959 die von zwei Pratt & Whitney R-1340 (je 600 PS / 441 kW) angetriebene ***Twin Pioneer 2*** vorgestellt. Dieses Modell erhielt am 11. November 1959 die FAA-Musterzulassung.

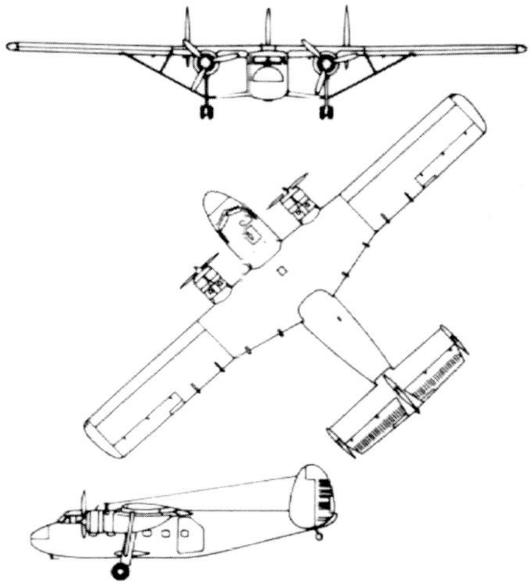

Ebenfalls 1959 kam die leistungsstärkste Ausführung, die ***Twin Pioneer 3***, auf den Markt. Als Antrieb dienten zwei Alvis Leonides 531/8b-Motoren von je 640 PS (470 kW) Startleistung. Das Abfluggewicht konnte somit auf 6.804 kg angehoben werden. Zahlreiche Flugzeuge der Srs. 1 wurden später auf den Standard der Srs. 3 umgerüstet, so auch alle 36 Maschinen der **Royal Air Force**. Nach dem Markteintritt der moderneren und leistungsstärkeren **DHC-6 *Twin Otter*** mit TPL-Antrieb gegen Mitte der 60er Jahre war die Twin Pioneer nicht mehr wettbewerbsfähig und wurde aus dem Verkehr gezogen. Nach 130 zivilen und militärischen Flugzeugen wurde der Bau des Musters im Jahre 1965 eingestellt. Bis heute sind nur wenige flugtüchtige Exemplare der Twin Pioneer erhalten geblieben, die regelmäßig bei Flugveranstaltungen für Rundflüge eingesetzt werden.

Daten (Srs. 3)

Antrieb: 2 Alvis Leonides 531/8b luftgekühlte 9-Zyliner-Sternmotoren, 640 PS (470 kW).
Spannweite: 23,35 m; Länge: 13,80 m; Höhe 3,70 m; max. Startgewicht: 6.804 kg; ökon. Reisegeschwindigkeit: 225 km/h; Gipfelhöhe: 6.100 m; Reichweite: 1.200 km; Besatzung: 2; Passagiere: 16

Shorts SC.7 Skyvan und SC.10 Skyliner

Großbritannien, Baujahr: 1963

Mit der Entwicklung der **SC.7 *Skyvan*** legte Shorts 1963 den Grundstein für eine ganze Familie robuster und vielseitig verwendbarer Kleinverkehrs- und Nutzflugzeuge. Die Skyvan ist, wie auch die nachfolgenden Modelle **SH.330** und **SH.360**, ein abgestrebter Ganzmetall-Schulterdecker mit einem starren, einzelbereiften Dreipunktfahrwerk. Der geräumige kastenförmige Rumpf hat keine Druckkabine. In das hochgezogene Rumpfheck wurde ein großes Ladetor eingelassen, das heruntergeklappt als Laderampe dient und somit auch die Beförderung sperriger Güter oder eines Standard-LD-3-Containers erlaubt. Der mit zwei Kolbenmotoren vom Typ Continental GTSIO-520 (390 PS/ 287 kW) ausgestattete Prototyp der Skyvan absolvierte am 17. Januar 1963 seinen Erstflug. Schon bei der Auswertung der Leistungsdaten kamen die Ingenieure bei Shorts zu dem Ergebnis, dass ein Markterfolg nur durch die Verwendung leistungsstarker Propellerturbinen zu erzielen sei. Deswegen wurde der Prototyp im Herbst 1963 mit den französischen Turboméca Astazou-X-Triebwerken von je 638 WPS (469 WkW) ausgerüstet und die Flugerprobung ab dem 2. Oktober desselben Jahres mit dem neuen Antrieb fortgesetzt. Mit der Auslieferung der ersten **Skyvan IA** wurde im Dezember 1965 begonnen. Mit demselben Triebwerkstyp der Unterserie Astazou-XII folgten dann 19 **Skyvan II**. Die erste Maschine flog am 29. Oktober 1965 erstmals. 1968 wurde die Produktion auf die **Skyvan 3** umgestellt, welche als Antrieb zwei Propellerturbinen vom Typ Garrett AiResearch TPE-331 erhielt. Die erste Skyvan 3 flog am 15. Dezember 1967 und wurde das erfolgreichste Skyvan-Modell. Auch einige Skyvan II wurden entsprechend umgerüstet. Die Skyvan 3 besaß ein maximales Abfluggewicht von 5.670 kg und wurde zur Personenbeförderung, zum Krankentransport, zur Luftbildaufnahme, als Frachter und zur See- und Küstenüberwachung eingesetzt. Die **Skyvan 3A**, die 1970 auf den Markt kam, hat ein weiter gesteigertes Abfluggewicht von 6.215 kg und entspricht den Lufttüchtigkeitsanforderungen für Verkehrsflugzeuge. Ebenfalls 1970 begann die Auslieferung der speziell für den Passagiereinsatz ausgelegten **SC.10 *Skyliner***. Sie kann in einer Kabine ohne Druckausgleich mit Airlinerkomfort 18 bis 22 Fluggäste über eine Entfernung von 550 km befördern. Von dieser vielversprechenden Variante konnten aber nur 15 verkauft werden, da sich die meisten Abnehmer für die Mehrzweckversion Skyvan 3 entschieden.

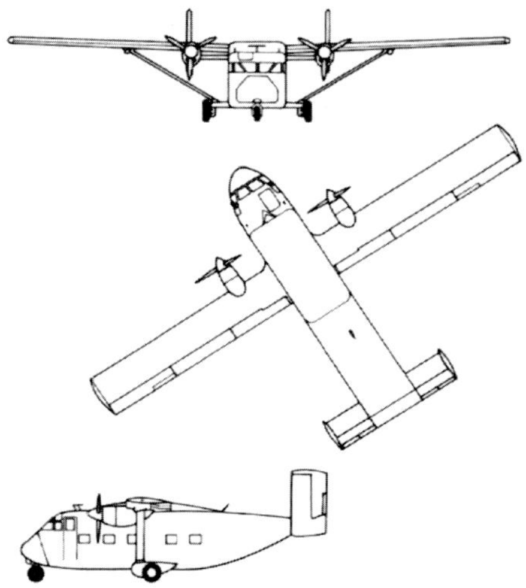

Von der Militärvariante **Skyvan 3M** wurden rund 60 Flugzeuge weltweit an verschiedene Streitkräfte geliefert. Größter Abnehmer wurde die Luftwaffe von Oman mit 16 Maschinen. Die Fertigung der Skyvan endete 1987 nach dem Bau von 155 Flugzeugen aller Versionen.

Daten

Antrieb: 2 Garrett AiResearch TPE-331-2-201A Propellerturbinen, je 715 WPS (526 WkW).
Spannweite: 19,78 m; Länge: 12,20 m; Höhe 4,60 m; max. Startgewicht: 6.215 kg; ökon. Reisegeschwindigkeit: 280 km/h; Gipfelhöhe: 8.100 m; max. Reichweite: 900 km; Besatzung: 2; Passagiere: 18-22

Mit der Entwicklung der Skyvan wurde 1963 der Grundstein für eine ganze Flugzeugfamilie gelegt. Das vielseitig verwendbare Nutzflugzeug wird auch für Vermessungs- und Kartographiedienste eingesetzt.

Shorts 330

Großbritannien, Baujahr: 1974

Die **Shorts 330** ist ein aus der **SC.7 *Skyvan*** weiterentwickeltes Zubringerflugzeug für 30 Passagiere. Sie besitzt den gleichen Aussenflügel mit einer neuen Mittelsektion und einem um 5,50 m verlängerten Rumpf vom selben Querschnitt wie die *Skyvan*. Die Zelle hat keinen Druckausgleich. Anstelle der Garrett AiResearch-Propellerturbinen kamen solche vom Typ Pratt & Whitney PT6A-45 zum Einbau, die langsamdrehende Fünfblatt-Luftschrauben antreiben. Die Entwicklungsarbeiten konnten am 23. Mai 1973 aufgenommen werden, nachdem die britische Regierung ihre Bereitschaft erklärte, sich finanziell an den Vorlaufkosten des Programms zu beteiligen. Ein wesentlicher Gesichtspunkt bei der Konstruktion war das Ziel, den Verkaufspreis unter US$ 1 Million nach dem Preisstand von 1973 zu halten. Durch die Verwendung von zahlreichen Bauteilen aus der Skyvan-Fertigung war die Entwicklungszeit für das neue Flugzeugmuster relativ kurz und der Bau des Prototypen konnte zügig durchgeführt werden. Der Erstflug erfolgte am 22. August 1974 unter der Typenbezeichnung **SD3**. Ein zweiter Prototyp beteiligte sich vom 8. Juli 1975 an der Flugerprobung, die bald nach dem Erstflug der ersten Serienmaschine am 15. Dezember 1975 mit der CAA-Musterzulassung beendet werden konnte. Das erste Serienflugzeug mit der neuen Typenbezeichnung **SD3-30** begann am 27. Juli 1976 seinen Liniendienst bei der US-Regionalfluggesellschaft **Command Airways**. Zu den ersten Betreibern der SD3-30 gehörte auch die deutsche Fluggesellschaft **DLT**, die zwischen 1977 und 1984 insgesamt sechs dieser Flugzeuge im Einsatz hatte.

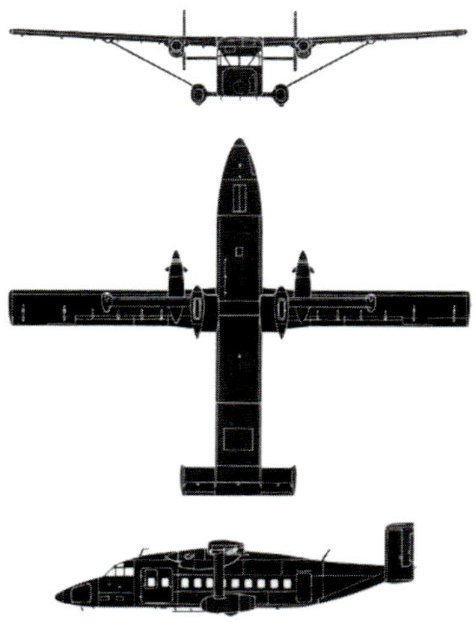

Ab 1979 erhielt das Muster eine neue Typenbezeichnung, Shorts **SH.330**, und gleichzeitig entstand die verbesserte Ausführung **-100** mit einem höheren Startgewicht (10.160 kg) und stärkeren PT6A-45R Propellerturbinen. 1980 erschien die nochmals im Detail verbesserte Serie **-200**. Sie verfügt über PT6A-45R-Triebwerke ohne Wassereinspritzung und das maximale Startgewicht konnte auf 10.378 kg gesteigert werden. Einige ältere Versionen wurde bis 1982 auf den Standard der Serie -200 umgerüstet. Am 23. November 1982 flog erstmals die reine ***Sherpa***-Frachtvariante. In der 42,6 m∆ großen Kabine können vier LD-3-Container oder andere Güter mit einer maximalen Nutzlast von

Mit der SH.330 gelang Shorts der Durchbruch auf dem Markt der Regionalverkehrsflugzeuge.

3.600 kg befördert werden. Zur Verladung sperriger Güter erhielt die *Sherpa* eine große Laderampe im Rumpfheck. Unter der Typenbezeichnung **C-23A** kaufte die USAF 1984 für den Einsatz in Europa 18 dieser Maschinen. Zwei zivile *Sherpa* werden derzeit in Venezuela eingesetzt.
Seit 1985 wurde die Passagiervariante der SH.330 durch die größere Schwestermaschine **SH.360** ersetzt. Von den insgesamt 136 Flugzeugen standen im November 1999 noch 77 im Einsatz.

Daten

Antrieb: 2 Pratt & Whitney Canada PT6A-45R Propellerturbinen, je 1.198 WPS (881 WkW).
Spannweite: 22,75 m; Länge: 17,70 m; Höhe 4,95 m;
max. Startgewicht: 10.387 kg; ökon. Reisegeschwindigkeit: 310 km/h; Gipfelhöhe: 8.000 m; max. Reichweite: 1.250 km; Besatzung: 2+1; Passagiere: 30

Shorts 360

Großbritannien, Baujahr: 1981

Die **Shorts SH.360** ist das größte Muster der Shorts Commuter-Familie. Sie unterscheidet sich von dem Vorgängermuster **SH.330** durch ein neues Rumpfheck mit einem einfachen, gepfeilten Seitenleitwerk und einen um 2,20 m verlängerten Rumpf für 36 Passagiere. Zur Bewältigung des höheren Startgewichtes kamen leistungsstärkere Motoren vom Typ PT6A-65R von je 1.327 WPS (975 WkW) zum Einbau.
Der Prototyp der SH.360 absolvierte am 1. Juni 1981 seinen Erstflug, nur knapp elf Monate, nachdem die Projektarbeiten an dem Muster im Juni 1980 aufgenommen worden waren. Auch für dieses Modell wurden die US-Regionalfluggesellschaften die besten Abnehmer. Nach der Musterzulassung am 29. Oktober 1982 erhielt **Suburban Airways** am 1. Dezember 1982 ihr erstes Flugzeug. Während der zehnjährigen Produktionszeit erfuhr das Muster laufende Verbesserungen. Im Februar 1987 kam als letzte Abart die Serie **-300** auf den Markt, die erstmals im Mai 1987 bei **Philippine Airlines** in den Liniendienst gestellt wurde. Die -300 ist äußerlich von den älteren Varianten an den Sechsblatt-Luftschrauben zu erkennen. Weitere Detailverbesserungen umfassen eine neue Kabineneinrichtung, modernere Avionik und leistungsstärkere PT6A-67R-Trieb-

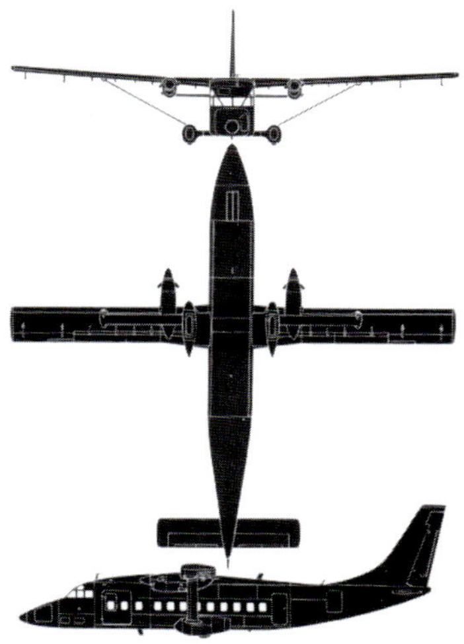

werke. Wegen der kurzen Einsatzstrecken und der geringen Flughöhen verzichtete Shorts auch bei der SH.360 auf eine Druckkabine. Die Fertigung lief 1991 nach 164 Flugzeugen aus.
Derzeit befinden sich noch 153 Exemplare im Einsatz, darunter bei **American Eagle Airlines** und **US Airways Express**. Einziger deutscher Betreiber der SH.360 ist **RAS Airlines**. Inzwischen gilt die SH.360 als veraltet und wird zügig von neuen Turboprop- und Regiojet-Mustern abgelöst.

Daten (Srs.300)

Antrieb: 2 Pratt & Whitney Canada PT6A-67R Propellerturbinen, je 1.424 WPS (1.047 kW).
Spannweite: 22,81 m; Länge: 21,69 m; Höhe 7,26 m; max. Startgewicht: 12.292 kg; ökon. Reisegeschwindigkeit: 340 km/h; Gipfelhöhe: 7.600 m; max. Reichweite: 1.400 km; Besatzung: 2+1; Passagiere: 36

Einer der größten Betreiber der SH.360 ist American Eagle Airlines, die das Muster aber inzwischen durch den Regionaljet ERJ-145 ablösen lässt.

Aerospatiale AS.332 Super Puma

Frankreich, Baujahr: 1978

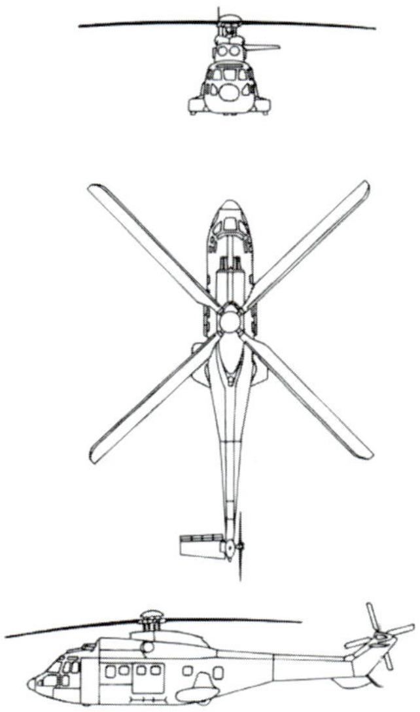

Der ***Super Puma*** entstand 1978 aus dem Mehrzweckhelikopter ***Puma***, der erstmals am 15. April 1965 flog und in der Zivilausführung 16 bis 18 Passagiere befördern konnte. Dank der leistungsstärkeren und wirtschaftlicheren Makila-Turbinen konnte die Transportleistung des *Super Puma* erheblich gesteigert werden. Diese neue Version erhielt im April 1981 ihre Musterzulassung und löste gleichzeitig den *Puma* in der Serienfertigung ab. Der *Super Puma* wird, wie sein Vorgänger, als Militär- und Zivilmaschine angeboten, und die zivile Version trägt die Typenbezeichnung **AS.332C**.
Bei der nachfolgenden Ausführung **AS.332L** wurde der Rumpf um 0,75 m verlängert, so dass bis zu 24 Passagiere befördert werden können. Die AS.332C und AS.332L werden vorwiegend in Europa bei der Versorgung von Ölbohrinseln in der Nordsee verwendet. Größter Betreiber des Musters ist die norwegische **Helikopter Service A/S**.

Daten (AS.332L)

Antrieb: 2 Turbomeca Makila 1A1 Wellenturbinen, je 1.877 WPS (1.380 kW).
Hauptrotordurchmesser: 15,60 m; Gesamtlänge: 16,30 m; Höhe 4,90 m; max. Startgewicht: 8.600 kg; ökon. Reisegeschwindigkeit: 266 km/h; Gipfelhöhe: 4.600 m; max. Reichweite: 1.800 km; Besatzung: 2; Passagiere: 17-24

Die schweizerische Helog AG verfügt über eine Flotte von zwei Super Puma sowie anderen Hubschraubern.

Boeing Vertol BV-234 Civil Chinook

USA, Baujahr: 1980

Der **BV-234** ist der größte Zivilhubschrauber außerhalb Russlands und hat sich seit seiner Indienststellung im Jahre 1981 hauptsächlich beim Passagierverkehr im Offshore-Einsatz bewährt. Das Muster hat seinen Ursprung in der seit 1963 in Produktion befindlichen militärischen **CH-47 *Chinook***, mit der sie aber nur wenige Gemeinsamkeiten hat. Äußerlich unterscheidet sich die BV-234 von der CH-47 durch die große Fensterreihe auf jeder Rumpfseite, die von der **Boeing 727** stammen. Aufgrund der strengen Zulassungsbestimmungen für den kommerziellen Einsatz musste aber im Prinzip ein völlig neuer Helikoptertyp gebaut werden. Wie alle Hubschrauber verfügt auch der BV-234 über keine Druckkabine, die wegen der niedrigen Einsatzhöhe auch nicht erforderlich ist. Der Rumpf hat einen rechteckigen Querschnitt und die Kabine eine Länge von 9,20 m. Sie ist 2,30 m breit und 2,0 m hoch. Die BV-234 kann wahlweise 44 Passagiere oder, mit einer Kabinentrennwand, 18 Personen plus Fracht befördern. Nach dem Ausbau aller Sitze können maximal 9.072 kg Fracht transportiert werden. In das hochgezogene Rumpfheck wurde ein großes Frachttor eingelassen, das gleichzeitig als Laderampe dient und die Verladung sperriger Güter gestattet. Der Treibstoffvorrat von 8.355 Litern wurde in den Rumpfwülsten untergebracht, die gleichzeitig als Stabilisierungs- und Schwimmhilfe bei Wasserlandungen dienen. Für extreme Langstreckenflüge können optional nochmals je zwei 2.000-Liter-Tanks im Rumpf eingebaut werden.

Mit den Entwicklungsarbeiten an der BV-234 wurde im November 1978 begonnen, nachdem **British Airways Helicopters** drei Maschinen fest bestellte und Optionen für drei weitere erteilte. Die BV-234 flog erstmals am 19. August 1980 und erhielt am 19. Juni 1981 die Musterzulassung. Die Indienststellung erfolgte am 1. Juli 1981 bei British Airways Helicopters, die alle sechs bestellten Maschinen übernahm. Als zweiter Betreiber stellte die norwegische **Helikopter Service A/S** im Juli 1982 drei BV-234 in Dienst. Beide Unternehmen setzten ihre Maschinen zur Versorgung von Ölbohrinseln in der Nordsee ein. In den USA kauften **Columbia Helicopters** und **ERA Helicopters** je eine BV-234. Nachdem am 6. November 1986 eine BV-234 aufgrund eines technischen Defektes in der Nähe der Shetlandinseln abgestürzt war, konnte das Muster nur noch unter Beachtung bestimmter Auf-

Mit einer Flotte von drei BV-234 zählte Helikopter Service A/S zu den wichtigsten Betreibern des Musters.

lagen betrieben werden, was einen wirtschaftlichen Flugbetrieb sehr schwierig machte. Letztendlich erwies sich das Muster für den Nordsee-Einsatz als unwirtschaftlich und die Maschinen kamen nur noch sporadisch zum Einsatz.
Die längste Helikopterroute der Welt befliegt ERA Helicopters im Auftrag eines Ölkonzerns in Alaska zwischen ihrem Versorgungszentrum auf der Insel St. Paul und dem Navarin-Ölfördergebiet in der Beringsee. Hierbei hat der BV-234 eine Entfernung von 1.200 km nonstop zu bewältigen.

Daten

*Antrieb: 2 Avco-Lycoming AL-5512 Wellenturbinen, je 4.355 WPS (3.201 WkW).
Rotordurchmesser: 18,30 m; Gesamtlänge: 15,85 m; Höhe 5,65 m; max. Startgewicht: 23.134 kg; ökon. Reisegeschwindigkeit: 245 km/h; Gipfelhöhe: 4.800 m; max. Reichweite: 1.600 km; Besatzung: 2+1; Passagiere: 44; Nutzlast: 9.072 kg, mit Außenlasthaken 12.700 kg.*

MIL MI-8

UdSSR, Baujahr: 1961

Die mittelschwere **MI-8** steht seit 1961 in Produktion und ist der meistverwendete russische Mehrzweckhubschrauber. Das Muster kann wahlweise 28 bis 32 Passagiere oder 4.000 kg Fracht befördern. Der Antrieb der ersten Serienmaschinen bestand aus zwei Wellenturbinen Isotow TW2 von je 1.500 WPS (1.103 WkW) Startleistung. Der westlichen Öffentlichkeit wurde die MI-8 erstmals auf dem Pariser Aerosalon im Juni 1965 vorgestellt, und ab 1967 wurde das Muster bei **Aeroflot** in Dienst gestellt. Neben dem Passagiereinsatz wird die MI-8 auch für zahlreiche andere Aufgaben verwendet. Von der militärischen Transportversion **MI-8T** stehen bei den russischen Streitkräften einige Tausend im Einsatz. Insgesamt wurden wahrscheinlich um die 15.000 Maschinen dieses robusten Drehflüglers gebaut.

Daten

*Antrieb: 2 Isotow TW3-117MT Wellenturbinen, je 2.200 WPS (1.617 WkW).
Hauptrotordurchmesser: 21,30 m; Gesamtlänge: 25,24 m; Höhe 5,65 m; max. Startgewicht: 12.000 kg; ökon. Reisegeschwindigkeit: 225 km/h; Gipfelhöhe: 4.500 m; max. Reichweite: 550 km; Besatzung: 3; Passagiere: 28-32*

Bei Lufttaxi-Unternehmen erfreut sich die MIL Mi-8 großer Beliebtheit. Gozo Wings betreibt mit drei MI-8P einen Pendeldienst zwischen Gozo und der Hauptinsel Malta.

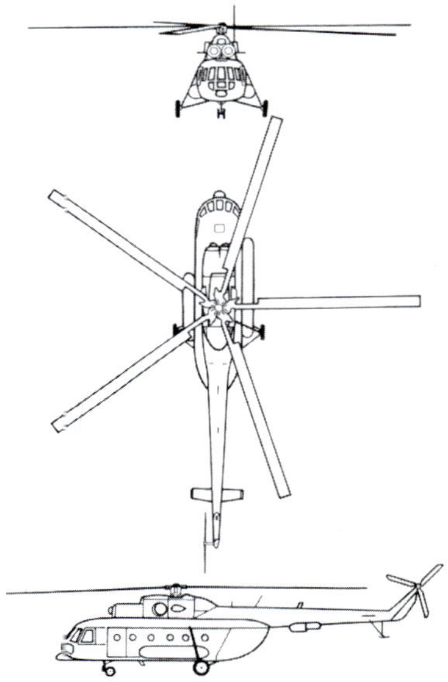

Seit dem Zusammenbruch der Sowjetunion kommen MI-8 auch in verstärktem Maße außerhalb der GUS-Staaten zum Einsatz. Beliebt ist das Muster für Lufttaxidienste über Entfernungen bis 250 Kilometer.
1982 wurde das stärkere Nachfolgemuster **MI-17** vorgestellt, das sich äußerlich vom MI-8 kaum unterscheidet. Das maximale Startgewicht konnte auf 13.000 kg angehoben werden und durch die Verwendung leistungsstärkerer und treibstoffsparender Triebwerke erhöhte sich die Reichweite um rund 50 Prozent.

Sikorsky S-61L/S-61N

USA, Baujahr: 1960

Bei Fluggesellschaften hat sich der Hubschrauber nur in wenigen Fällen bewährt, obwohl sein Einsatz in anderen Bereichen des Luftverkehrs oftmals von revolutionärem Einfluss war. Der kommerzielle Helikoptereinsatz hat sich besonders bei der Versorgung von Ölbohrinseln durchgesetzt. Hierfür sind in der Regel Fluggeräte mit einer hohen Transportkapazität erforderlich. Weitere typische Einsatzgebiete sind die Versorgung abgelegener Gebiete und die Verbindung von Ballungszentren mit deren Flughäfen. Zu den wenigen Mustern, die im planmäßigen Linendienst verwendet werden, gehört seit Jahrzehnten die **Sikorsky S-61**.
Die Grundausführung der S-61 wurde als U-Jagd- und Kampfhubschrauber für die US-Navy entwickelt und wird unter der Bezeichnung SH-3 / SH-3A *Sea King* weltweit eingesetzt. Die zivilen Ausführungen des Musters sind die **S-61N** mit denselben amphibischen Eigenschaften wie die *Sea King* und die **S-61L** als reine Landversion, die erstmals 1961 zum Einsatz gelangte. Gegenüber der *Sea King* wurde der Rumpf der beiden zivilen Varianten um 1,30 m gestreckt und auf jeder Rumpfseite elf Kabinenfenster eingebaut.

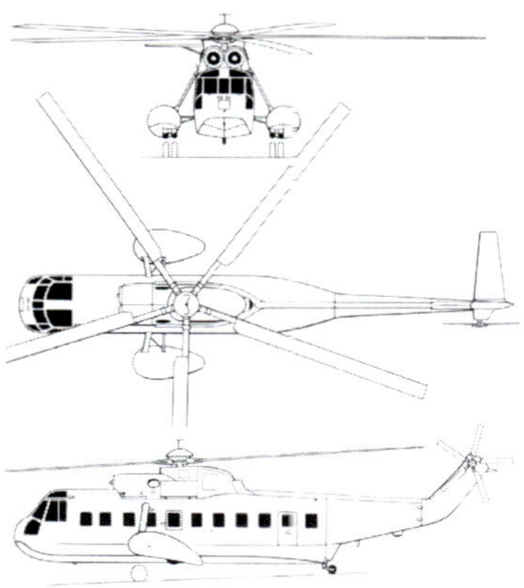

Der Prototyp **S-61L** begann am 6. Dezember 1960 mit der Flugerprobung, und im November 1961 wurde dem Muster die FAA-Verkehrszulassung erteilt. Noch im gleichen Monat übernahm **Los Angeles Airways** (L.A. Airways) die erste von vier bestellten Maschinen und setzte den Typ im Ballungsgebiet von Los Angeles erfolgreich ein. Bis 1979 stand die S-61L bei **New York Airways** im Einsatz, die das Muster im Pendeldienst zwischen Manhattan und den einzelnen New Yorker Flughäfen einsetzte.
Ende 1962 erschien der amphibische **S-61N** auf dem Markt, der wesentlich erfolgreicher werden sollte als die S-61L. Im Gegensatz zur Landversion erhielt er einen abgedichteten Rumpf gegen Wassereinbruch sowie Stützschwimmer an beiden Rumpfseiten.
Die weitaus größte Zahl der S-61N steht im weltweiten Offshore-Geschäft zur Versorgung von Ölbohrinseln im Einsatz. Größte Betreiber in Europa sind hier die norwegische **Helikopter Service A/S** und die **British International Helicopters** mit jeweils neun Exemplaren. **Schreiner Northsea Helicopters**, vormals **KLM Helicopters**, hat noch drei S-61N im Einsatz, die aber in Kürze außer Dienst gestellt und durch das Muster **Sikorsky S-76B** ersetzt werden. Auf Grönland bedient **Greenlandair** mit vier S-61N regelmäßig abgelegene Siedlungen.
Unter der Bezeichnung **AS-61N1** wird seit Sommer 1984 eine verkürzte Ausführung der S-61N für 22 bis 25 Passagiere angeboten. Dieser Helikopter konnte sich bislang am Markt aber nicht durchsetzen.
Bis zum Ende der Fertigung 1980 wurden von beiden Versionen S-61L und S-61N insgesamt 136 Maschinen gebaut.

Daten (S-61N Mk.II)

Antrieb: 2 General Electric CT58-140-2 Wellenturbinen, je 1.500 WPS (1.103 WkW).
Hauptrotordurchmesser: 18,90 m; Gesamtlänge: 17,96 m; Höhe 5,63 m; max. Startgewicht: 8.620 kg; ökon. Reisegeschwindigkeit: 225 km; Besatzung: 2+1; Passagiere: 28

Trotz ihres Alters ist die S-61N ist immer noch das Arbeitspferd im Offshore-Einsatz zu den Ölbohrinseln in der Nordsee.

Bei der N116AZ der CARSON HELICOPTERS INC. handelt es sich um eine zur S-61L umgebaute S-61N. Die Maschine mit der Seriennummer 61242 wurde 1964 gebaut und flog bis zu ihrem Erwerb durch Carson im April 1988 als VH-BHO bei Ansett Industries in Australien.

5. Kapitel

Die große Zeit der Flugboote

Als eigene Gattung erschienen Seeflugzeuge schon bald nach der Entwicklung des Landflugzeugs, waren aber nicht allzu erfolgreich. Das größte Verdienst um die Seefliegerei erwarb sich der Amerikaner *Glenn Curtiss*, der 1911 das erste echte Flugboot der Welt baute und es Anfang des folgenden Jahres auch flog. Am Ende des Ersten Weltkriegs hatten sich Flugboote und Wasserflugzeuge als fester Bestandteil der Luftfahrt bestätigt.

Der Konstrukteur von Wasserflugzeugen hat zwei grundlegende Probleme, die seinen Kollegen beim Bau von Landflugzeugen nicht berühren. Zuerst muss er für die Schwimmfähigkeit auf dem Wasser sorgen. Entweder versieht er ein konventionelles Flugzeug mit Schwimmern, oder er entwirft den Flugzeugrumpf als Boot. In beiden Fällen müssen die wasserdichten Auftriebskörper im Schwerpunkt so aufeinander abgestimmt sein, dass in Ruhestellung das Flugzeug im Gleichgewicht liegt. Zweitens haben Schwimmer und Bootsrumpf, wenn sie eine vorbildliche aerodynamische Form besitzen, keine gute hydrodynamische Form. Dies sind aber nicht die einzigen Probleme, über die sich der Konstrukteur eines Wasserflugzeuges den Kopf zerbrechen muss. Der Querschnitt des Rumpfes, über und unter der Wasserlinie, muss ein Mittelweg sein zwischen der zu fordernden Leistung in der Luft oder im Wasser. Triebwerk(e) und Leitwerk müssen vor Berührung mit Spritzwasser oder rauer See geschützt werden, und Schwerpunkt-Berechnungen werden durch zusätzliche Faktoren von Längs- und Querstabilität sowie Wasserverdrängung erschwert.

Schwimmerflugzeuge und Flugboote folgten verschiedenen Entwicklungsrichtungen. Vom Grundsatz her unterscheidet sich ein Schwimmerflugzeug von heute nur wenig von einem Modell der 20er Jahre. Einschwimmer-Flugzeuge mit kleinen Stützschwimmern unter den Tragflächen zur Querstabilisierung waren in den 30er Jahren besonders in den USA beliebt, kamen aber ausschließlich bei Militärflugzeugen zur Anwendung. Die gebräuchlichere Form wurde jedoch mit zwei Hauptschwimmern ausgerüstet und erreichte ihren Höhepunkt mit den hervorragenden Renn-Eindeckern, die für die Schneider-Pokal-Rennen entwickelt worden waren. Als Verkehrsflugzeug waren und sind Wasserflugzeuge jedoch zumeist Umrüstungen von bereits gebauten Landflugzeug-Entwürfen. Für solche Flugzeugtypen gibt es laufenden Bedarf dort, wo Küsten- oder Binnengewässer die beste oder gar einzige Einsatzmöglichkeit bieten. Alaska und Kanada sind klassische Beispiele. Neben umgerüsteten Landflugzeugen neuerer Bauart, wie die **Cessna Caravan**, werden in großer Zahl noch Originalentwürfe aus den 50er und 60er Jahren eingesetzt, namentlich die robusten Typen deHavilland-Canada **DHC-2 *Beaver*, DHC-3 *Otter*** und **DHC-6 *Twin Otter***.

Der Bau von Flugbooten war immer vom jeweiligen Stand der Luftfahrttechnik abhängig. Der Entwurf geeigneter Bootskörper wurde während des Ersten Weltkriegs sehr verbessert. In den 20er und frühen 30er Jahren war die vorherrschende Form des Langstrecken-Flugbootes noch der mehrmotorige Doppeldecker. Dies stellte die Konstrukteure solcher Maschinen vor die schwierige Aufgabe, einen kopflastigen Doppeldecker mit flachem Rumpfteil im Wasser stabil zu halten, wozu aber ein tiefer Schwerpunkt notwendig war. Ein Flugboot hundertprozentig zu stabilisieren ist nahezu unlösbar, und beide möglichen Methoden zur Erhöhung der Querstabilität haben Nachteile. Stabilisierungs-Schwimmer an den Flächenenden oder unter dem äußeren Tragflügel können zu Ermüdungserscheinungen der gesamten Tragflächenstruktur führen, besonders durch Wellengang in rauer See. Auf den ersten Blick haben Stummelflossen viel für sich, denn weder Tragflächen- noch Rumpfstruktur werden übermäßig stark beansprucht. Zwangsläufig müssen sie aber relativ breit und kräftig gebaut sein, sind infolgedessen schwer und erzeugen zusätzlichen Luftwiderstand. In den anfänglichen Entwicklungsstadien des Flugbootbaus fanden hölzerne Bootsrümpfe Verwendung, saugten sich aber, auch wenn sie gut geschützt waren, nach einer gewissen Zeit voll Wasser. Das dadurch erhöhte Startgewicht der Konstruktion verminderte die Flugleistung. Die Einführung der Ganzmetallbauweise trug wesentlich zur Leistungsverbesserung der Flugboote bei, nachdem anfängliche Korrosionsprobleme überwunden werden konnten.

In den Anfängen der Verkehrsfliegerei waren Flugboote den Landflugzeugen weit überlegen und wegen ihrer Fähigkeit erfolgreich, große Entfernungen zu überbrücken oder auf Kurzstrecken hohe Nutzlasten befördern zu können. Dazu kam, dass ausreichend große Flughäfen in den meisten Teilen der Welt noch nicht zur Verfügung standen, Ankerplätze in Häfen, Seen oder Meeresbuchten aber ausreichend vorhanden waren. Im Vergleich zu den Landflugzeugen waren Flugboote aber auch sicherer und bequemer, Gesichtspunkte, welche für die Fluggesellschaften der damaligen Zeit ausschlaggebend waren. Allerdings könnte es sich heute keine Gesellschaft mehr leisten, ein viermotoriges Flugboot mit einer Einrichtung für nur 20 Fluggäste über Ozeane zu schicken. Gerade diese waren aber vor dem Zweiten Weltkrieg die Haupteinsatzgebiete der Flugboote, und **Pan American World Airways** gereichten vor allem ihre Transpazifik-Verbindungen zum Weltruhm. Auch das Handelswachstum des britischen Weltreiches beruhte nicht zuletzt auf den erfolgreichen Flugboottypen der **Imperial Airways**, welche ausschließlich von Short Brothers in Belfast gebaut wurden. Den Anfang machten die **Calcutta** und die **Kent**, den Höhepunkt bildeten aber die majestätischen ***C-Class*** *Empire*-Flugboote gegen Ende der 30er Jahre. Der Linienverkehr mit Transozean-Flugbooten erlebte in den Jahren 1937-1939 seine Blüte, und die Krönung dieser Entwicklung stellte die amerikanische **Boeing 314 *Clipper*** dar. Ein herausragender deutscher Entwurf war die **Dornier *Do X***, die zur Beförderung von Fracht und zusätzlich 72 Passagieren im Transozean-Verkehr vorgesehen war. Es wurden jedoch nur drei Exemplare gebaut. Die *Do X1* startete 1929 zum Erstflug; sie war das größte Flugzeug der Welt. Die maximale Treibstoffzuladung von 16.000 Litern gibt einen Begriff von der Reichweite. Die deutsche Flugboot-Entwicklung wurde vor allem durch die einschneidenden Verbote des Versailler Vertrages behindert. Trotzdem entstanden – teilweise auf abenteuerlichen Wegen – neue deutsche Flugboote, die sich vor allem als Frachter, transozeanische Postzubringer (z. B. Südamerika-Route) und Forschungsflugzeuge einen Namen machten, der sie schon während ihrer Einsatzzeiten zu Legenden werden ließ. Mitte bis Ende der 30er Jahre brachte die **Lufthansa** dann neue Großflugboot-Projekte für den überseeischen Passagier-und Frachtverkehr ins Rollen, darunter die Muster **Dornier *Do 214***, **Heinkel *He 220*** und **Weser Flugzeugbau *WFG P 2136***. Sie befanden sich bei Kriegsausbruch noch im Entwickungsstadium.

1939 war es mit der internationalen Verkehrsfliegerei in den meisten Teilen der Welt erst einmal vorbei. Obwohl der Krieg den Flugbooten vorübergehend noch mehr Bedeutung verlieh, war er doch mitentscheidend für deren Ablösung. Die Entwicklung von leistungsstarken Landflugzeugen, die schon in der Vorkriegszeit begonnen hatte, wurde beschleunigt, so dass sie Nutzlast und Reichweite der Flugboote erreichten oder gar übertrafen. Auch war die Massenproduktion von Landflugzeugen einfacher und weniger kostenintensiv. Während des

Krieges entstanden überall in der Welt neue Flugplätze mit langen Start- und Landebahnen, aus denen sich ab den späten 40er Jahren oftmals große Flughäfen entwickelten.
Aus dem Krieg stammende militärische Amphibienflugboote wurden teilweise mit beachtlichem Erfolg zu Verkehrsflugzeugen umgebaut. Hier sind besonders die **Consolidated *Catalina*** und **Grumman *Goose*** zu erwähnen. Diese Muster blieben bei manchen größeren Fluggesellschaften noch einige Jahre im Dienst. In für Landflugzeuge unzugänglichen Gebieten wurden sie für regionale Passagierdienste und leichte Transporte verwendet. Doch die große Zeit der Transozeanflugboote war vorbei. **Pan American** und **BOAC** erkannten die Vorzüge der großen Landflugzeuge vom Typ **Douglas DC-4**, der **Lockheed *Constellation*** oder der **Boeing 377 *Stratocruiser***. Es gab aber auch noch viele Menschen, die an eine Wiedergeburt der großen Flugboote glaubten. Einer der eifrigsten Verfechter dieser Theorie war kein Geringerer als der Vorsitzende des Kriegs- und späteren Brabazon-Komitees, *Lord Brabazon of Tara*. Im Vorwort des Buches mit dem Titel *Wings Of Tomorrow* schrieb er folgende Zeilen: *»Es wird nicht lange dauern, bis das Flugboot wieder eine wichtige und bleibende Rolle einnehmen wird.«*

Die Dornier Do-18 war ein Nachfolger der ‚Wal'-Flugboote und kam auf der Südatlantik-Poststrecke zum Einsatz. Das Flugzeug fiel durch seine schlanke Form auf.

Boeing 314 Clipper

USA, Baujahr: 1938

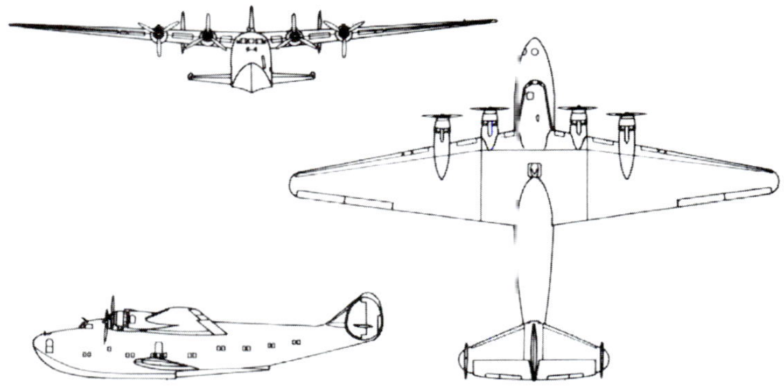

Die **Boeing 314** ist als das Flugzeug in die Luftfahrtgeschichte eingegangen, mit dem erstmals ein planmäßiger Passagierverkehr über den Nordatlantik durchgeführt wurde. Dieser begann am 28. Juni 1939 auf der Route New York-Lissabon-Marseille mit den Maschinen der **Pan American World Airways**, nachdem schon seit dem 28. Mai 1939 der planmäßige Transatlantik-Postdienst auf derselben Route durchgeführt wurde. Ab dem 8. Juli 1939 führte Pan American einen planmäßigen Passagierverkehr zwischen New York und Southampton durch. Der Beginn des Zweiten Weltkrieges bedeutete das Ende dieser Liniendienste, doch alle zwölf gebauten ***Clipper*** - neun flogen bei **Pan American**, drei bei **BOAC** - blieben während des gesamten Krieges im Einsatz.

Der Entwurf des Modells 314 begann 1935, als Pan American auf der Suche nach einem Transatlantik-Flugboot war und die Boeing Company sich als kompetenter Hersteller für ein solches Projekt anbot. Grundlage des Entwurfs waren Tragfläche und Höhenleitwerk des projektierten Boeing-Langstreckenbombers **XB-15**. Das **Modell 314** erhielt als Antrieb vier 1.500 PS (1.103,2 kW) Wright Double Cyclone-Triebwerke und bot in seinem geräumigen Bootsrumpf einer Besatzung von zehn Personen und 74 Tagespassagieren, bzw. 40 Trans-

Pan American bestellte im Juli 1936 sechs Flugboote des Typs Boeing 314 Clipper für ihre Transatlantik- und Transpazifikrouten. Diese Maschinen wurden alle 1939 ausgeliefert. Ihre Namen waren: American Clipper, Anzac Clipper, Atlantic Clipper, Dixie Clipper, Honolulu Clipper und Yankee Clipper. Der zivile Flugbetrieb mit den Boeing-Clippern wurde Ende 1943 eingestellt, als die Flugboote für Transportaufgaben an die US-Navy abgegeben werden mussten.

atlantik-Passagieren in Schlafkojen und Schlafsesseln Platz. Ein Teil der Treibstoffzuladung wurde in den großen Stummelschwimmern untergebracht, die das Flugboot auf dem Wasser stabilisierten und die auch als Plattform für die Beladung dienten. Pan American nahm das Flugboot-Projekt an und drängte auf schnellste Verwirklichung, weshalb auf den Bau eines Prototypen verzichtet wurde. Die erste von sechs bestellten Maschinen flog am 7. Juni 1938. Das Problem der mangelhaften Richtungsstabilität wurde zunächst durch ein doppeltes Seitenleitwerk und dann durch ein dreifaches Seitenleitwerk gelöst, dessen mittlere Flosse (Rumpfflosse) in Umriß und Abmessung dem ursprünglichen, einfachen Seitenleitwerk entsprach. Alle sechs Flugboote gelangten in der ersten Hälfte des Jahres 1939 zur Ablieferung und erhielten folgende Namen: *American Clipper, Anzac Clipper, Atlantic Clipper, Dixie Clipper, Honolulu Clipper* und *Yankee Clipper*. Im Verlauf des Jahres 1939 bestellte **Pan American** sechs weiter Flugboote mit verbesserter Reichweite und Nutzlast. Diese wurden als **Boeing 314A** bezeichnet und wurden von stärkeren Double Cyclone-Motoren angetrieben. Durch Zusatztanks konnte die Treibstoffkapazität um 4.542 Liter erhöht werden. Die Passagierkabine war durch eine veränderte Raumaufteilung zur Beförderung von 77 Tagespassagieren ausgelegt. Die erste 314A flog am 20.März 1941. Im folgenden Jahr wurden fünf der ursprünglichen 314-Modell auf 314A-Standard umgerüstet und entsprechend neu bezeichnet. Drei der sechs neubestellten 314A gelangten nicht zur Ablieferung an Pan American, sondern wurden aufgrund einer Regierungsvereinbarung an die britische Regierung verkauft, die sie der **BOAC** für Sonderaufgaben zur Verfügung stellte. Diese Flugboote (G-AGBZ *Bristol*, G-AGCA *Berwick* und G-AGCB *Bangor*) wurden vorwiegend im Transatlantik-Pendeldienst eingesetzt, nachdem sie zuvor für kurze Zeit auf der Teilstrecke Foynes (Irland)-Lagos (Nigeria) der sogenannten BOAC ‚Hufeisen-Route' nach Australien geflogen waren. Die drei 314A und eine der modifizierten 314 der Pan American wurden 1942 von der **USAAF** übernommen und erhielten die Bezeichnung **C-98**. Die übrigen 314/314A standen bei der Fluggesellschaft bis Ende 1943 im Einsatz, als sie für Transportaufgaben an die **US-Navy** abgegeben werden mußten. Diese Maschinen behielten während des Krieges ihre zivilen Kennungen.

Während des Krieges ging als einzige Maschine *Yankee Clipper* im Februar 1943 in Lissabon bei einem Landeunfall verloren. Nach dem Krieg setzte **Pan American** noch sechs Exemplare ihrer Boeing 314 ein, bevor sie außer Dienst gestellt und an Charterfluggesellschaften verkauft wurden. Auch die drei britischen 314A kehrten 1948 in die USA zurück und wurden verkauft. Mindestens drei Boeing 314/314A wurden im Verlauf des Jahres 1950 abgewrackt.

Nach dem Krieg, im November 1945 und im Oktober 1947, gingen noch zwei dieser großen Flugboote durch Notwasserung verloren, ohne daß jedoch Menschenleben zu beklagen gewesen wären.

Daten (Modell 314A)

Antrieb: 4 Wright GR-2600 Double Cyclone, luftgekühlte 14-Zylinder-Doppelsternmotoren, 1.600 PS (1.176,8 kW). Spannweite: 46,33 m; Länge: 32,31 m; Höhe 8,41 m; max. Startgewicht: 38.100 kg; ökon. Reisegeschwindigkeit: 300 km/h; Gipfelhöhe: 4.000 m; Reichweite: 6.700 km; Besatzung: 10; Passagiere: 77

Breguet 530 Saigon

Frankreich, Baujahr: 1924

Die **Breguet 521 *Bizerte*** und **Bre. 530 *Saigon*** waren militärische bzw. zivile Weiterentwicklungen der **Short S.8 *Calcutta***, von der die Firma Breguet 1931/1932 vier Exemplare in Lizenz gebaut hatte.

Die Bre.530 Saigon war auf Bestellung der französischen Fluggesellschaft **Air Union** gebaut worden, doch war das Unternehmen zum Zeitpunkt der Fertigstellung der Flugboote bereits in der **Air France** aufgegangen.

Nur zwei ***Saigon*** wurden gebaut, wovon die erste, F-AMSV *Algérie*, im Mai 1934 erstmals flog. Die Besatzung bestand aus zwei Flugzeugführern und einem Steward. 20 Passagiere wurden in drei Kabinen-

Von der Breguet 530 Saigon wurden nur zwei Exemplare gebaut, die 1934 an AIR FRANCE geliefert wurden. Der Linienbetrieb über das Mittelmeer begann am 2. Januar 1935.

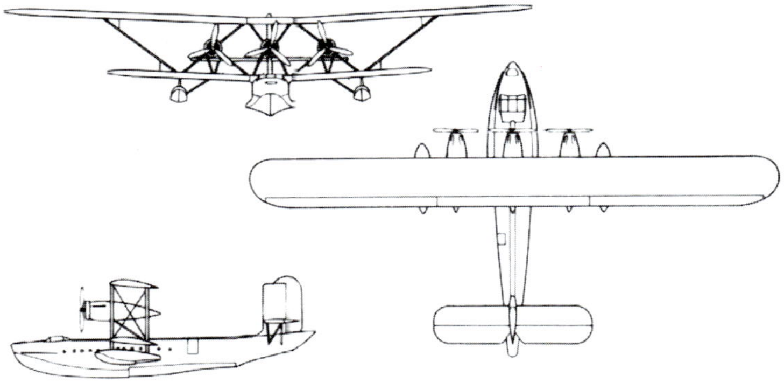

sektionen untergebracht, die aus Luxusklasse (hintere Kabine), 1. Klasse (mittlere Kabine) und 2. Klasse (vordere Kabine) bestanden. Im hinteren Rumpfteil befanden sich Toilette und Gepäckraum. Gegen Ende 1934 kam auch die zweite Maschine, F-AMSX *Tunisie*, zur Ablieferung und der Liniendienst über das Mittelmeer zwischen der Côte d'Azur und Nordafrika begann am 2. Januar 1935.

Für die Südamerika-Dienste der Air France wurden 1937 mit den Entwurfsarbeiten an dem Langstreckenflugboot **Bre 531 *Dakar*** begonnen, aber diese Version wurde wegen des Kriegsbeginns nicht mehr gebaut.

Daten

Antrieb: 3 Hispano-Suiza 12Ybr, flüssigkeitsgekühlte 12-Zylinder-Reihenmotoren, 785 PS (577,3 kW).
Spannweite: 35,06 m; Länge: 20,30 m; Höhe 7,51 m; max. Startgewicht: 15.000 kg; ökon. Reisegeschwindigkeit: 200 km/h; Gipfelhöhe: 5.000 m; Reichweite: 1.100 km; Besatzung: 2; Passagiere: 20

Blohm & Voss Ha.139

Deutschland, Baujahr: 1936

Schon seit Ende der 20er Jahre sah man in den USA und in Europa die Notwendigkeit einer regulären Luftpostverbindung über den Nordatlantik. Die Verwirklichung eines solchen Projektes stieß aber auf erhebliche Schwierigkeiten hinsichtlich der großen Entfernungen und der starken, überwiegend aus westlichen Richtungen wehenden Winde. Erst in der zweiten Hälfte der 30er Jahre eröffneten sich mit zunehmendem technischem Fortschritt Möglichkeiten, diese Probleme zu überwinden. 1935 meldete die **Deutsche Lufthansa** ihren Bedarf für ein Verkehrs-Schwimmerflugzeug zum Transport von 500 kg Post mit einer Reichweite von 5.000 km an, welches in der Lage sein mußte, auch in rauer See zu starten und zu wassern. Schon zwei Jahre zuvor hatte die Schiffswerft Blohm & Voss zur Flugzeugproduktion die Tochtergesellschaft Hamburger Flugzeugbau GmbH gegründet. Unter der Leitung von Dr.-Ing. *Richard Vogt* wurde hier unter der Projektbezeichnung **Ha.139** mit der Konstruktion eines solchen Flugzeuges begonnen. Hinsichtlich der damaligen Fertigungsmöglichkeiten stellte die Ha.139 den bestmöglichen Mittelweg hinsichtlich Wirtschaftlichkeit und Technik dar. Der Rumpf erhielt eine saubere aerodynamische Form und trotz brettartiger Knickflügel und einem abgestrebten Doppelleitwerk sah dieses große viermotorige Flugzeug recht elegant aus. Der Prototyp **Ha.139V1** D-AMIE *Nordmeer* wurde Ende 1936 fertiggestellt und der **Lufthansa** im März 1937 zusammen mit dem zweiten Prototypen **Ha.139V2** D-AJEY *Nordwind* für die Streckenerprobung übergeben. Von Mitte August bis Ende November 1937 waren die beiden Flugzeuge an Bord der Katapultschiffe *Schwabenland* vor den Azoren und *Friesland* vor Long Island stationiert und führten versuchsweise sieben Nordatlantiküberquerungen zwischen Horta (Azoren) und New York durch. Dabei konnten sie eine Nutzlast von 480 kg befördern. Die kürzeste Flugzeit in Ost-West-Richtung betrug 13 Stunden 40 Minuten, in West-Ost-Richtung 11 Stunden 53 Minuten. Die Versuchsflüge enthüllten einige Unzulänglichkeiten des Entwurfs, be-

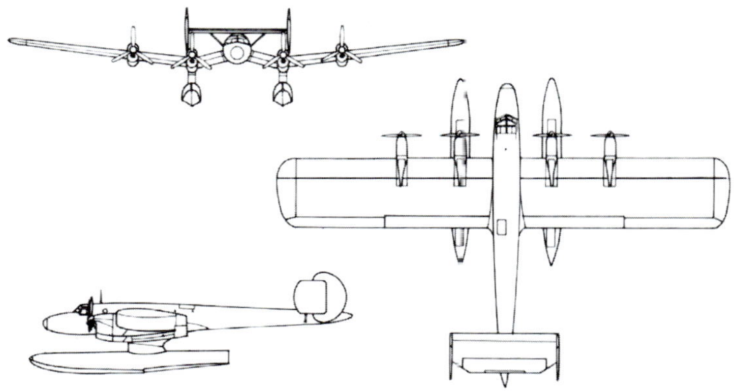

sonders bei der Motorkühlung und der Richtungsstabilität. Während der Wintermonate 1937/1938 wurden diese Mängel weitestgehend behoben. Dabei erhielten beide Maschinen neue, vergrößerte und in der Form veränderte Seitenleitwerke. Die dritte und letzte Maschine, **Ha.139V3** D-ASTA *Nordstern*, wurde 1938 in entsprechend modifizierter Form an die Lufthansa abgeliefert. Bei diesem Flugzeug waren die Motoren tiefer angesetzt und die Holmverkleidung zwischen Tragflächen und Schwimmern war aerodynamisch ausgefeilter. D-AMIE und D-AJEY wurden als **Ha.139A**, D-ASTA als **Ha.139B** bezeichnet. Ende 1938 standen alle drei Maschinen im Einsatz, zuerst noch für weitere Versuchsflüge auf der Strecke Horta-New York, später aber im planmäßigen Postdienst der Südatlantikroute zwischen Bathurst

Daten

Antrieb: 4 Junkers Jumo 205C, flüssigkeitsgekühlte 6-Zylinder-Reihen-Dieselmotoren, 600 PS (441,3 kW).
Spannweite: 27,00 m; Länge: 19,50 m; Höhe 4,50 m; max. Startgewicht: 17.500 kg; ökon. Reisegeschwindigkeit: 260 km/h; Gipfelhöhe: 3.500 m; Reichweite: 5.300 km; Besatzung: 4; Nutzlast: 480 kg

Der dritte Prototyp des Langstrecken-Postflugzeuges Ha.139V3 D-ASTA Nordstern wurde 1938 an die Deutsche Lufthansa geliefert. Gegenüber den Versuchsmaschinen Ha.139V1 und V2 wies er einige konstruktive Veränderungen auf. Im Laufe ihrer Betriebszeit überquerte das Flugzeug über 100 mal den Atlantik. Nach Kriegsausbruch wurden alle drei Exemplare von der Luftwaffe übernommen und die Nordstern zum Minensuchflugzeug umgebaut.

(Gambia) über Natal (Brasilien) bis Recife (Brasilien). Im Juni 1939 erfolgte die 100. Atlantiküberquerung mit diesem Flugzeugtyp, davon 40 über den Nordatlantik und 60 über den Südatlantik. Bei Ausbruch des Zweiten Weltkriegs wurden alle drei Ha.139, zusammen mit ihren Besatzungen, von der Luftwaffe übernommen. **V1** und **V2** wurden zu Aufklärern, **V3** zu einem Minensuchflugzeug umgebaut, doch wurden die Maschinen während der Besetzung Norwegens im Jahre 1940 als Behelfstransporter verwendet.

Consolidated Model 28 und PBY-5 Catalina

USA, Baujahr: 1937

Die ***Catalina*** entstand aufgrund eines von der **US-Navy** herausgegeben Pflichtenheftes für einen Langstrecken-Amphibien-Patrouillenbomber. Die beiden Prototypen **XP3Y-1** und **XP3D-1** wurden im Oktober 1933 Testflügen unterzogen, bevor die Serienfertigung anlief. Das Muster zeichnete sich durch eine außerordentlich saubere Aerodynamik aus, besonders am fast freitragenden, leicht abgestrebten Flügel, der auf einem Pylon über dem Bootsrumpf ruhte. Die Stützschwimmer ließen sich einziehen und bildeten im Flug die Flächenspitzen. Die erste Serienmaschine XP3Y-1 (Seriennummer 9459) flog erstmals am 21. März 1935. Noch im selben Jahr bestellte die US-Navy von dem jetzt als **PBY-1** bezeichneten Amphibien-Flugboot 60 Exemplare, deren Auslieferung im Oktober 1936 begann. Von der weiterentwickelten **PBY-2** wurden zwischen 1937 und 1938 50 Exemplare beschafft.

Aus der **PBY-2** wurde 1937 eine Zivilversion entwickelt, die unter der Bezeichnung **Model 28** angeboten wurde, am Markt jedoch nur geringen Widerhall fand.

Die ***Catalina*** wurde das am häufigsten verwendete Flugboot während des Zweiten Weltkriegs. Bis zum Ende der Fertigung 1945 wurden

Flugfelag Islands – Icelandair war eine der größeren Fluggesellschaften, bei der in der unmittelbaren Nachkriegszeit umgebaute PBY5/5A Catalina als Verkehrsflugboote im Einsatz standen. In der Passagierversion konnten zwischen 18 und 22 Fluggäste befördert werden. Die Catalina zeichnete sich durch Seefestigkeit – auch bei rauhem Wellengang – aus, und verfügte über eine große Reichweite.

zirka 3.600 Catalina gebaut. Die erfolgreichsten Versionen waren die **PBY-5** (753 Maschinen) und **PBY-5A** (794 Maschinen), von denen nach Kriegsende viele Exemplare auf dem zivilen Flugzeugmarkt verkauft wurden.

Obwohl die ***Catalina*** als Verkehrsflugzeug nicht sehr wirtschaftlich war, überwogen ihre anderen Vorzüge beim Einsatz in topographisch schwierigen Gebieten wie der Südsee, den Inselgruppen Südost-Asiens, oder dem Amazonasbecken. Hier setzte die **Panair do Brasil** sechs ***Catalina*** mit 22 Sitzplätzen bis zum Februar 1965 sehr erfolgreich im Liniendienst ein. Die Fluggesellschaft wurde zu diesem Zeitpunkt von der größeren **VARIG** übernommen und der Flugboot-Dienst eingestellt. Die ***Catalina*** waren die einzigen Flugzeuge, welche die abgelegenen Siedlungen entlang des Amazonas und seiner Nebenflüsse untereinander und mit der Provinzhauptstadt Manaus verbinden konnten. Bei der australischen Fluggesellschaft **Qantas** standen seit 1943 fünf PBY-5 und zwei PBY-5A im Passagiereinsatz. Während die PBY-5A vorwiegend in Nordaustralien zum Einsatz kamen, flogen die anderen ***Catalina*** die 5.600 km lange Teilstrecke zwischen Westaustralien (Perth) und Ceylon (Koggala) der sogenannten ‚Hufeisen-Route' (Australien-Ceylon-Afrika-Irland-Großbritannien) der **BOAC** im Ohnehaltflug. Um diese gewaltige Entfernung überbrücken zu können, mußten die Flugboote mit Zusatztanks ausgerüstet werden. Deshalb war die Passagierkapazität pro Flug auf zehn bis zwölf Personen begrenzt. Zwischen Juli 1943 und Juli 1945 wurden auf dieser Route 271 Flüge durchgeführt.

Weitere größere Catalina-Betreiber waren kurz nach Kriegsende die **Air France, Cathay Pacific Airways, Flugfelag Islands/Icelandair, Trans Australia Airlines** und die neuseeländische **TEAL**. Nach 1970 stand keine ***Catalina*** mehr im regulären Liniendienst. Vereinzelte Exemplare fliegen aber auch heute noch (1999) als Beobachtungs- und Sprühflugzeuge zur Waldbrandbekämpfung.

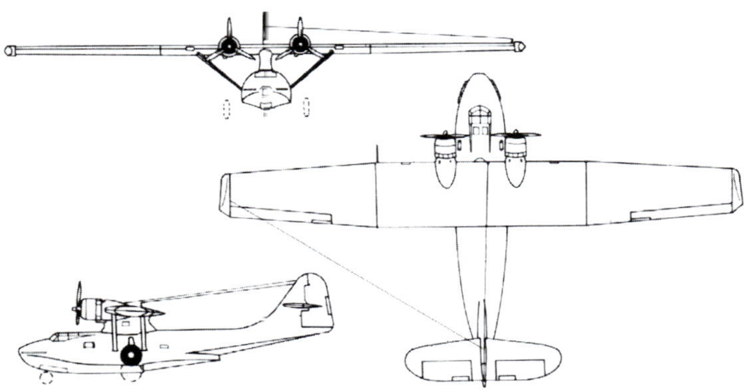

Daten (PBY-5A)

Antrieb: 2 Pratt & Whitney R-1830-92 Twin Wasp, luftgekühlte 14-Zylinder-Doppelsternmotoren, 1.200 PS (882,6 kW). Spannweite: 31,70 m; Länge: 19,45 m; Höhe 6,14 m; max. Startgewicht: 16.066 kg; ökon. Reisegeschwindigkeit: 209 km/h; Gipfelhöhe: 4.000 m; Reichweite: 3.780 km; Besatzung: 2-4; Passagiere: 18-24

Dornier Do J Wal / Do R Super-Wal

Deutschland, Baujahr: 1922/1926

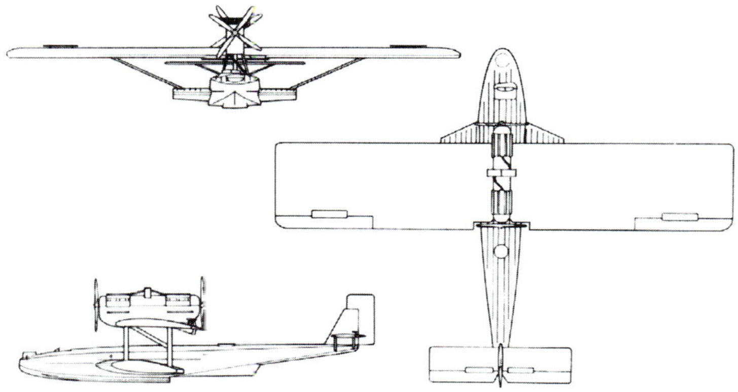

Deutschland war eines der ersten Länder, in denen Flugboote für die Verkehrsfliegerei eingesetzt wurden. Die von Dornier zwischen 1919 und 1920 gebauten Modelle **Gs-I** und **Gs-II** waren die Vorläufer jener Serie von Flugbooten, die ab 1922 über einen Zeitraum von 15 Jahren weltweit erfolgreich eingesetzt wurde: der **Dornier Wal**.
Der Prototyp dieses seetüchtigen zweimotorigen Hochdecker-Flugbootes mit der Bezeichnung **Do J** oder **Wal** flog erstmals am 6. November 1922. Um die Begriffsbestimmungen des Versailler Vertrages zu umgehen, wurde die Fertigung nach Italien verlegt und dort von der eigens für diesen Zweck gegründeten Firma Construzioni Meccaniche Aeronautiche S.A. (CMASA) in Marina di Pisa übernommen. Erster Käufer für den Wal war die spanische Marine. Die Bestellung von sechs Maschinen mit 300 PS (220,64 kW) Hispano-Suiza-Motoren wurde 1923 geliefert. Mehr als die Hälfte der schätzungsweise 300 in verschiedenen Ausführungen gebauten Dornier Wal wurden in Italien gebaut. Ab 1928 fertigten auch CASA in Spanien und Aviolanda in den Niederlanden militärische Versionen des Wal, und ab 1932 begannen die Dornier-Werke in Friedrichshafen am Bodensee mit dem Bau von zwei größeren und stärkeren Baumustern unter der Bezeichnung **JIII**. Entsprechend ihrem jeweiligen Gesamtfluggewicht wurden sie als **8,5t-** oder **10t-Wal** bekannt. Im Unterschied zum 8,5t-Wal verfügte der größere 10t-Wal über eine geschlossene Kanzel. Eine militärische Version des 8,5t-Wal war die **Do-15**, die 1933 von der **Luftwaffe** bestellt wurde. Zivile Aufträge kamen aus Deutschland, Italien, Brasilien, Kolumbien und Japan. 1930 bis 1933 setzte die **Deutsche Luft Hansa** zunächst die 8,5t Wal auf Versuchsflügen für die geplanten Transatlantikstrecken ein. Ab Februar 1934 wurden beide Wal-Versionen im regulären Südatlantik-Postdienst zwischen Bathurst (Gambia) und Natal (Brasilien) eingesetzt. Hierzu wurden die Flugzeuge von ihren stationären Sicherungs-Mutterschiffen *Westfalen* und *Schwabenland* katapultiert. Bis zur Einstellung des Postdienstes hatten die eingesetzten Maschinen 328 Transatlantiküberquerungen durchgeführt.
Einige Wale fielen zwischen den Kriegen durch bemerkenswerte Flüge auf. Mit zwei bei der CMASA gebauten Flugzeugen, registriert als N24 und N25, versuchte der norwegische Polarforscher *Roald Amundsen* 1925 den Nordpol auf dem Luftweg zu erreichen. N25 kehrte nach einigen Jahren nach Deutschland zurück, erhielt 600 PS (441,3 kW) BMW-VI-Motoren und wurde als D-1422 registriert. Mit diesem *‚Amundsen-Wal'* flog *Wolfgang von Gronau* vom 20.-26. August 1930 über Island, Grönland und New York nach Chicago. Dies war die erste Ost-West-Überquerung des Atlantik mit einem Flugboot. 1931 führte *von Gronau* mit dem *‚Grönland-Wal'* D-2053 einen ähnlichen Flug durch und im darauffolgenden Jahr sogar einen Flug rund um die Welt.
Am 30. September 1926 flog der Prototyp einer größeren Weiterentwicklung, die **Do R Super-Wal** mit zwei 650 PS (478 kW) Rolls-Royce Condor-Triebwerken. Nur wenige der zweimotorigen R-Wale wurden gebaut, die Mehrzahl der Serienflugboote verfügten über vier Trieb-

Der 8,5t-Wal D-2068 Passat der Luft-Hansa war eines der ersten Flugboote dieses Typs, welches ab 1930 zur Postbeförderung über den Südatlantik im Einsatz stand.

werke, eingebaut in Tandembauweise über den Tragflächen. Der Erstflug der viermotorigen Version erfolgte am 15. September 1928. Die geräumige Passagierkabine war in der Regel für die Unterbringung von 19 Fluggästen eingerichtet. 16 Super-Wal wurden in Friedrichshafen gebaut, von denen sechs Flugboote an die **Deutsche Luft Hansa** geliefert wurden. Diese Maschinen kamen ausschließlich auf Ostseestrecken entlang der deutschen Küste und ins Baltikum zum Einsatz. Eines der Luft Hansa-Flugzeuge war eine zweimotorige Maschine mit Condor-Triebwerken, eine weitere war mit vier 450 PS (331 kW) ausgerüstet und die vier anderen Exemplare wurden von in Lizenz gefertigten Jupiter-Motoren angetrieben. Neben der Luft Hansa erhielt auch die italienische Fluggesellschaft **SANA** sechs R-Wal. Zwei weitere dieser Flugboote flogen bei **Stout D & C Air Lines** und waren mit 525 PS (386,12 kW) Pratt & Whitney Hornet-Sternmotoren ausgerüstet. Die letzten beiden R-Wal wurden an die Severa GmbH geliefert.

Daten (Do J Wal)

Antrieb: 2 Rolls-Royce Eagle IX, flüssigkeitsgekühlte V12-Zylinder-Reihenmotoren, 360 PS (264,7 kW). Spannweite: 22,50 m; Länge: 17,25 m; Höhe 5,20 m; max. Startgewicht: 5.700 kg; ökon. Reisegeschwindigkeit: 140 km/h; Gipfelhöhe: 3.500 m; Reichweite: 2.200 km; Besatzung: 2; Passagiere: 8

Dornier Do-18 und Do-26

Deutschland, Baujahr: 1938

1934 erteilte die **Deutsche Lufthansa** den Dornier-Werken einen Entwicklungsauftrag für ein neues Post-Flugboot, um die **8,5t** und **10t-Wale** auf der Südatlantikstrecke zu ersetzen. Auf der Basis des bewährten Grundaufbaus des Wals entstand die **Do-18**. Der erste von drei Prototypen (D-AHIS *Monsun*, D-AANE *Zyklon* und D-ABYM *Aeolus*) flog erstmals am 15. März 1935. Sie wurden mit zwei baugleichen Vorserien-Maschinen (D-AROZ *Pampero* und D-ARUN *Zephir*) 1936 der Fluggesellschaft unter der Sammelbezeichnung **Do-18E** übergeben. Der Antrieb bestand aus zwei 600 PS (441,3 kW) Junkers Jumo 205C-Motoren in Tandembauweise. Im Herbst 1936 setzte die Lufthansa mindestens zwei dieser Flugboote von ihren Katapultschiffen aus zwischen den Azoren und New York ein. Ab Winter 1936 standen alle Exemplare auf der Südamerika-Postlinie im Dienst, die sie

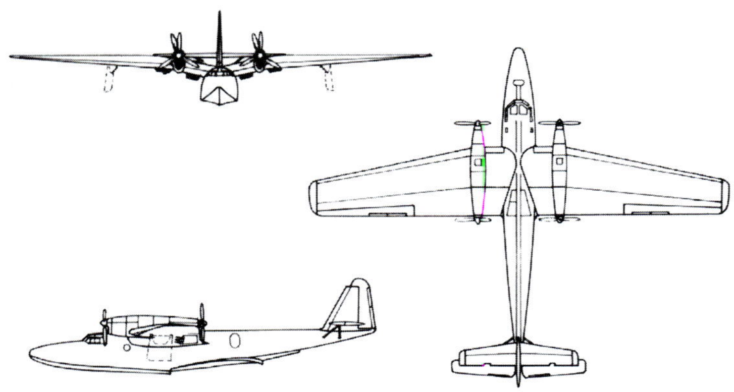

bis zum Kriegsausbruch 1939 beflogen. Im Oktober 1938 ging D-AROZ durch Unfall verloren und wurde zeitweise durch D-ANHR (ohne Namen) ersetzt. Diese Maschine flog erstmals im Juni 1937 und war

Dornier Do-26A D-AWDS Seefalke war der zweite von insgesamt drei Prototypen dieses für die Deutsche Lufthansa entwickelten Nordatlantik-Postflugbootes. Zusammen mit zwei weiteren Vorserienmaschinen kamen sie ab Mitte 1938 auf der Südatlantik-Poststrecke zwischen Bathurst in Gambia und den brasilianischen Häfen Natal und Recife zum Einsatz.

nicht für den Linienverkehr, sondern zur Erprobung bestimmt. Das Flugboot führte die Bezeichnung **Do-18F** und verfügte über eine größere Spannweite von 26,30 m. Es stellte vom 27. bis 29. März 1938 bei einem Flug vom Englischen Kanal nach Caravellas in Brasilien mit 8.392 km einen neuen Langstreckenrekord für Seeflugzeuge auf. D-ANHR erhielt Mitte 1939 eine neue Triebwerksanlage, bestehend aus zwei 880 PS (647,21 kW) BMW 132N Sternmotoren und absolvierte als **Do-18L** am 21. November 1939 den Erstflug. Die Hauptfertigung der Do-18 erfolgte jedoch für die **Luftwaffe**, die das erste Serienmodell **Do-18D** im Verlauf des Jahres 1938 in Dienst stellte. Insgesamt wurden an zivilen und militärischen Do-18, einschließlich der Prototypen, 107 Exemplare hergestellt.
Gestützt auf die mit der **Do-18** gesammelten Erfahrungen bestellte die **Deutsche Lufthansa** 1937 bei Dornier ein Transatlantik-Postflugboot für 1.000 kg Nutzlast, das Entfernungen von mindestens 5.500 km bewältigen konnte. Die Rumpfkonstruktion des als **Do-26** bezeichneten Flugbootes beruhte weitestgehend auf dem Vorgängermuster Do-18, doch hatte sie freitragende Knickflügel in die vier 600 PS (441,3 kW) Junkers Jumo 205E-Motoren in Tandembauweise zum Einbau kamen. Die Fernwellen, welche die beiden Druckschrauben antrieben, konnten während des Startvorgangs um 10 Grad angehoben werden, um die Propellerblätter von Spritzwassereinwirkung freizuhalten. Statt der Flossenstummel der Vorgängermuster hatte die Do-26 etwa in der jeweiligen Flächenmitte einziehbare Stabilisierungsschwimmer. Der erste von drei Prototypen (D-AGNT *Seeadler*, D-AWDS *Seefalke* und D-ASRA *Seemöwe*) flog erstmals am 21. Mai 1938. Die beiden ersten Maschinen wurden von der Lufthansa als reine Postflugboote unter der Sammelbezeichnung **Do-26A** auf der Südatlantikstrecke eingesetzt. Die dritte Maschine bot vier Passagieren Platz und war als Prototyp der **Do-26B** vorgesehen, die aber wegen des Kriegsausbruchs 1939 nicht mehr gebaut wurde. Alle Maschinen wurden zu Transport- und Aufklärungsflugboote umgebaut und 1940 der Luftwaffe übergeben.
Insgesamt überquerten die beiden Do-26A 18mal den Südatlantik und legten dabei 26.400 km zurück. Auf der für sie vorgesehenen Nordatlantik-Poststrecke kamen die Do-26-Flugboote jedoch nie zum Einsatz.

Daten (Do-26)

Antrieb: 4 Junkers Jumo 205E, flüssigkeitsgekühlte 6-Zylinder-Reihen-Dieselmotoren, 600 PS (441,3 kW).
Spannweite: 30,00 m; Länge: 24,60 m; Höhe 6,85 m; max. Startgewicht: 19.000 kg; ökon. Reisegeschwindigkeit: 310 km/h; Gipfelhöhe: 4.800 m; Reichweite: 6.000 km; Besatzung: 4; Nutzlast: 760 kg

Dornier Do X

Deutschland, Baujahr: 1929

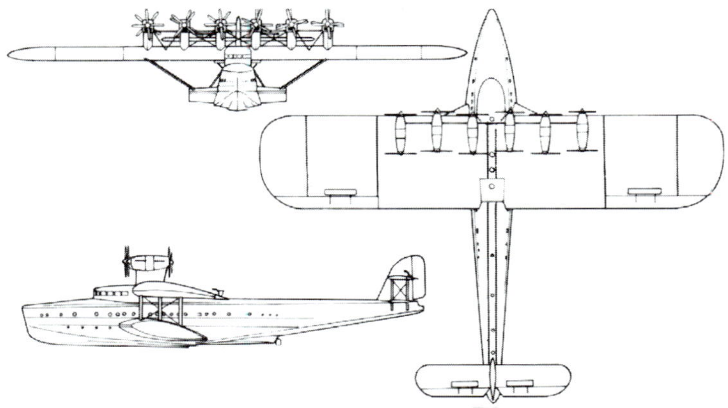

Obwohl die Beförderung von 150 oder mehr Passagieren erst nach dem Zweiten Weltkrieg üblich wurde, flog eine Maschine mit derartiger Kapazität schon im Jahre 1929. Zugegeben, das Flugzeug war kein ausgesprochener Erfolg, doch war es für die damalige Zeit eine große technische Leistung. Die Entwicklung der Do X begann 1916 unter der Führung von Professor *Claude Dornier* (1884-1969). Geplant war ein Transportflugzeug, das in der Lage sein sollte, große Nutzlasten über transozeanische Distanzen zu befördern. Trotz großer öffentlicher Skepsis dem Projekt gegenüber, erstellte das Team um Professor Dornier eine Attrappe des riesigen Flugbootes in Originalgröße und führten statische Versuche der geplanten Triebwerksinstallation durch. Zunächst waren zwölf von Siemens in Lizenz hergestellte 525 PS luftgekühlte Bristol Jupiter-Sternmotoren vorgesehen, die in Tandemeinbau auf einem schmalen Überflügel in sechs Gondeln angeordnet waren und Vierblatt-Luftschrauben antrieben. Der Hilfsflügel ruhte auf sechs stromlinienförmig verkleideten Pylonen über der Tragfläche. Die Do X war im wesentlichen eine Metallkonstruktion, obwohl große Teile des Flügels,

Die Do X1, D-1929, war der Prototyp dieses Großflugbootes, von dem insgesamt nur drei Exemplare gebaut wurden. Es startete am 25. Juli 1929 zum Erstflug und fiel im Zweiten Weltkrieg einem Bombenangriff zum Opfer.

Die neuseeländische Sea Bee Air hatte bis Ende der 80er Jahre zwei Grumman G-21A Goose im Flottenbestand, die regelmäßig zum Einsatz kamen. ZK-DFC (C/N B-104) wurde 1938 gebaut und flog vor ihrem Verkauf nach Neuseeland in den USA als N19DF.

SEA BEE AIR

sowie der Steuerflächen mit Leinenbahnen bespannt waren. Kleine Hilfsruder aus Metall waren über Quer- und Höhenrudern befestigt.
Die erste Do X, auch als Do X1 bezeichnet, führte am 25. Juli 1929 mit der Registrierung D-1929 ihren Erstflug aus und war das größte Flugzeug der Welt. Am 21. Oktober 1929 wurde ihre Tragfähigkeit bewiesen, als sie mit 169 Personen an Bord einen einstündigen Testflug unternahm. Als Langstrecken-Ausführung war allerdings nur eine Einrichtung für den Transport von bis zu 72 Passagiere vorgesehen, untergebracht in drei separaten Decks. Allerdings gibt die maximale Treibstoffzuladung von 16.000 Litern einen Begriff von der Reichweite dieses Flugbootes. Aufgrund von Kühlungsproblemen mit den Jupiter-Motoren kamen schon bald zwölf wassergekühlte Curtiss Conqueror Reihenmotoren von je 600 PS (441,3 kW)zum Einbau. Zur gleichen Zeit entfiel der Hilfsflügel, und die verkleideten Pylone wurden durch einen offenen, verstrebten Aufbau ersetzt, und dadurch die Gesamtflügelfläche erheblich verringert. Am 2. November 1930 verließ die Do X Friedrichshafen zu einer weltweiten Demonstrationsreise, die sie über Amsterdam, Calshot, Bordeaux, Lissabon, die Kanarischen Inseln, Bolama, die Kapverdischen Inseln, Fernando de Noronha, Natal, Rio de Janeiro, Antigua und Miami nach New York führte, wo das Flugboot am 27. August 1931 eintraf. Nach ihrer Rückkehr nach Deutschland flog die Do X für kurze Zeit für die **Deutsche Lufthansa**, bevor sie der DVL (Deutsche Versuchsanstalt für Luftfahrt) für Versuche übergeben wurde. Schließlich kam sie in das Luftfahrt-Museum in Berlin, wo sie bei einem alliierten Luftangriff im 2. Weltkrieg zerstört wurde.
Während die Do X1 auf ihrer Weltreise war, wurden für Italien zwei Einheiten der Do X2 fertiggestellt. Diese entsprachen im Aufbau der Do X1, erhielten jedoch wassergekühlte 550 PS Fiat A.22R-Triebwerke auf verkleideten Pylonen. Sie erhielten die Kennzeichen I-REDI *Umberto Maddalena* und I-ABBN *Alessandro Guidoni*. Ursprünglich von der Fluggesellschaft **Navigazione Aerea** für den Einsatz im Mittelmeerraum bestellt, wurden sie jedoch nie abgeliefert und der Regia Aeronautica übergeben, die sie für Versuchsflüge einsetzte. Beide Maschinen wurden schließlich abgewrackt.

Daten

Spannweite: 48,00 m; Länge: 40,05 m; Höhe: 10,10 m; max. Startgewicht: 52.000 kg; Reisegeschwindigkeit: 175 km/h; Gipfelhöhe: 3.200 m; Reichweite: 2.800 km.

Grumman G-21 Goose

USA , Baujahr: 1937

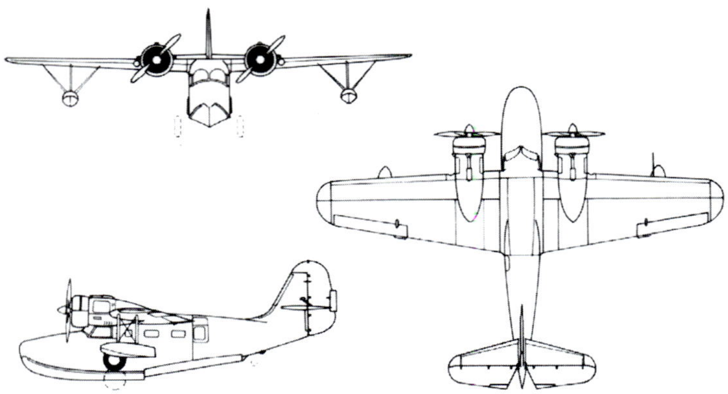

Die Grumman **G-21 *Goose*** wurde 1936 als sechssitziges Amphibien-Flugboot zur zivilen und militärischen Verwendung entwickelt. Der Prototyp flog erstmals im Juni 1937 und erhielt am 29. September desselben Jahres des Lufttüchtigkeitszeugnis. Der Erstflug der ersten Serienmaschine erfolgte am 5. Februar 1938. Noch vor Ausbruch des Zweiten Weltkrieges erschien die verbesserte Version **G-21A** mit höherem Startgewicht und einer Zuladung von maximal acht Passagieren. Dieses Muster wurde von stärkeren P & W R-985-SB2-Motoren angetrieben. Von der G-21A wurden zirka 20 Maschinen als Transportflugzeuge an kleinere Fluggesellschaften und an Privatpersonen verkauft. Bei Kriegsausbruch wurden fünf zivile G-21 von der **USAAF** beschlagnahmt und unter der Bezeichnung **OA-9** für militärische Transportaufgaben verwendet. Die Fertigung der G-21/G-21A lief im September 1945 aus, nachdem mehr als 250 Stück gebaut wurden. Zwischen Kriegsende und Februar 1946 wurde die Mehrzahl der militärischen Versionen (**JRF-1/1A** bis **JRF-6**) auf dem zivilen Markt verkauft, wo sie zumeist bei örtlichen Fluggesellschaften in Alaska, Kanada und der Karibik weitere Verwendung fanden.
Wegen des Mangels eines neuen Amphibienflugzeugs als Ersatz für die ***Goose***, entwickelte sich ein Markt für modifizierte Ausführungen dieses Musters. Die von der Firma McKinnon Enterprises erstmals im Jahre 1958 angebotenen **G-21C** und **G-21D** waren mit vier Lycoming-Motoren von je 250 kW anstelle der beiden Wasp Junior-Motoren ausgerüstet, wobei sich die G-21D durch einen verlängerten Rumpf von der G-21C unterschied und bis zu 13 Passagiere befördern konnte. Die bekannteste Umrüstung war die erstmals 1970 angebotene **G-21E** mit zwei 579 PS (425,8 kW) Pratt & Whitney PT6A-20 Propellerturbinen, gefolgt von der **G-21G** mit 715 PS (525,9 kW) PT6A-27 Turboprops. Beide Versionen hatten einziehbare Stützschwimmer an den Flügelspitzen und eine verlängerte Bugnase mit Radargerät. In der Kabine fanden bis zu elf Personen Platz.
Mit einem anderen Änderungsprogramm befaßte sich die Firma Volpar, die Garrett-AiResearch TPE331-2U-203 Propellerturbinen in der ***Goose*** einbaute und damit dasselbe Antriebsaggregat installierte, welches auch in der **Volpar Turboliner** und der **Texas Aeroplane CJ-600** Verwendung fand. Beide Versionen erhielten die Typenzulassung der US-Zulassungsbehörde FAA (Federal Aviation Agency).

Daten (G-21)

Antrieb: 2 Pratt & Whitney R-985-AN6 Wasp Junior, luftgekühlte 9-Zylinder-Sternmotoren, 450 PS (330,9 kW). Spannweite: 14,95 m; Länge: 11,68 m; Höhe 3,66 m; max. Startgewicht: 3.629 kg; ökon. Reisegeschwindigkeit: 310 km/h; Gipfelhöhe: 4.800 m; Reichweite: 1.287 km; Besatzung: 1-2; Passagiere: 4-6

Grumman G-111 Albatross N118FB (C/N 9304) der Chalk's International Airline, Inc. Die Maschine wurde 1960 als HU-16D für die US-Navy gebaut und später bei Grumman zum Verkehrsflugzeug umgerüstet. Als Antrieb kamen zwei Wright R-1820-C9HE3 zum Einbau. N118FB wurde mit Ende des Sommerflugplans 1987 außer Dienst gestellt und später in Marana, Arizona, abgewrackt.

Grumman HU-16 / G-111 Albatross

USA , Baujahr: 1956

Das Amphibienflugboot Grumman ***Albatross*** entstand aufgrund einer Spezifikation der **US Air Force (USAF)** für ein Patrouillen- und Seenotrettungsfluzgzeug und startete am 24. Oktober 1947 zu seinem Erstflug. Dieses Grundmodell führte die Bezeichnung **Grumman G-64** und wurde von der **USAF** als **SA-16A** ***Albatross*** ab Juni 1949 in Dienst gestellt.

Am 16. Januar 1956 flog erstmals die vergrößerte Version **Grumman G-111**, die im gleichen Jahr von der USAF als **SA-16B** für den SAR-Dienst (Seenotrettung) übernommen wurde. Sie hatte eine um 5,10 m vergrößerte Tragfläche mit Vorderkanten-Enteisungsanlage und verfügte über verbesserte Flugleistungen. Ab 1957 ließ die USAF alle noch im Dienst stehenden SA-16A auf SA-16B-Standard ändern. Insgesamt beschaffte die USAF 297 Albatross-Flugzeuge. 1962 wurde der Typ neu klassifiziert und als **HU-16B** bezeichnet. Auch die **US-Navy** erwarb die *Albatross*, wo sie unter der Bezeichnung **HU-16C** und **HU-16D** zum Einsatz kam. An die 150 *Albatross* wurden an fremde Luftwaffen verkauft, und auch die **Bundesmarine** setzte dieses Muster ein, bevor es vom Helicopter **Sikorsky S-61N** ***Sea King*** abgelöst wurde. Bei den amerikanischen Streitkräften stand die HU-16 bis 1973 im Einsatz, bevor einige Exemplare an die US-Küstenwache (USCG) abgegeben wurden.

Nach der Ausmusterung der *Albatross* beim USCG erwarb Grumman Anfang der 80er Jahre zirka 70 Maschinen und baute sie für den zivilen Einsatz um. Die Modernisierung für den Passagiereinsatz umfaßte eine komplette Überholung der Zelle, des Flügels und der Triebwerke. Ferner wurde die Cockpitinstrumentierung auf den neuesten technischen Stand gebracht und die Kabineneinrichtung wurde im sogenannten *Wide-body-look* gehalten. Als erste Fluggesellschaft setzte ab August 1981 die **Chalk's International Airline, Inc.** zunächst vier G-111 zwischen Miami, Fort Lauderdale und den Bahamas ein. Für das Einsatzspektrum erwies sich der Typ aber zu groß und wurde deshalb ab 1987 von der kleineren **Grumman G-73** ***Turbo Mallard*** abgelöst. Der letzte zivile Betreiber einer G-111 im Linieneinsatz war Ende der 80er Jahre die thailändische **Tropical Bird Air**.

Eine PTL-Version (Turbopropantrieb) der G-111 mit Garrett TPE331-15UAR Turbinen wurde ab 1986 angeboten, fand aber aufgrund der hohen Anschaffungskosten keinen ausreichenden Absatzmarkt, so daß das Programm schon bald wieder eingestellt werden mußte.

Daten (G-111)

Antrieb: 2 Wright R-982-CH9, luftgekühlte 9-Zylinder-Sternmotoren, 1.475 PS (1.084 kW).
Spannweite: 29,45 m; Länge: 18,80 m; Höhe 7,88 m; max. Startgewicht: 14.227 kg; ökon. Reisegeschwindigkeit: 300 km/h; Gipfelhöhe: 6.600 m; Reichweite: 1.200 km; Besatzung: 2-3; Passagiere: 22-28; Nutzlast: 3.470 kg

Für ihre geplanten Transpazifik-Strecke von San Francisco über die Hawaii-Inseln nach Manila und Hongkong bestellte die Pan American drei Flugboote Martin M-130. Die erste Maschine absolvierte am 30. Dezember 1934 ihren Erstflug. Der Passagier-Liniendienst über den Pazifik begann am 21. Oktober 1936.

Martin M-130

USA, Baujahr: 1935

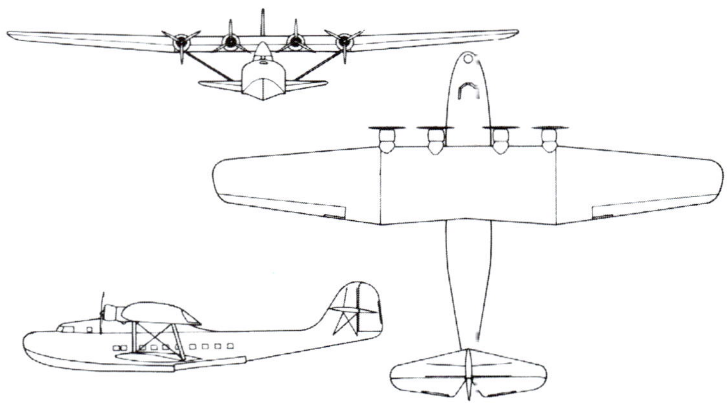

Die **Martin M-130** war das zweite große Transozean-Flugboot, das **Pan American World Airways** zwischen den Weltkriegen einsetzte. Sie entstand nach der gleichen Vorschrift und nahezu zeitgleich wie die Sikorsky **S-42**. Im Unterschied zum Sikorsky-Entwurf verfügte die M-130 aber tatsächlich über die von der Fluggesellschaft geforderte Reichweite. Die von Pan American geplante Transpazifik-Route führte in fünf Teilstrecken von San Francisco über Honolulu (3.380 km), Midway (2.220 km), Wake (2.030 km), Guam (2.335 km) nach Manila (3.220 km). Um diese Strecke zu bewältigen, wurde ein Flugboot mit einer Nonstop-Reichweite von mindestens 4.025 km benötigt. Während die einzelnen Teilstrecken 1935 von **S-42B**-Flugbooten vermessen wurden, baute Martin drei Exemplare (*China Clipper, Philippine Clipper, Hawaii Clipper*) seiner **M-130**. Das Flugboot war eine Ganzmetall-Konstruktion, der Bootsrumpf hatte zwei Stufen und seine Oberseite war mit gewelltem Aluminiumblech verkleidet. Im Gegensatz zur S-42 verfügte die M-130 über Stummelschwimmer mit Tragflächenprofil, die eine doppelte Funktion hatten: sie stabilisierten das Flugboot im Wasser und dienten als Tanks für nahezu die Hälfte der Kraftstoffzuladung, insgesamt 14.383 Liter. An der Vorderkante der Tragfläche befanden sich auf beiden Seiten jedes Motors einziehbare Plattformen, die eine Triebwerkswartung ermöglichten. Die fünfköpfige Besatzung bestand aus zwei Piloten, Funkoffizier, Flugingenieur und Steward. An das Flugdeck schlossen sich der vordere Passagierraum, der Gesellschaftsraum und zwei hintere Passagierkabinen an. Jede Passagierkabine enthielt acht Sitze oder sechs Schlafkojen, im Gesellschaftsraum fanden zwölf Personen Platz. Auf der Transpazifikstrecke, zumindest auf den Teilstücken zwischen Honolulu und Manila, wurden nur zwölf Fluggäste befördert. Die erste **M-130**, das Flaggschiff NC14716 *China Clipper*, absolvierte den Erstflug am 30. Dezember 1934 und bis Ende 1935 waren auch die übrigen beiden Maschinen abgeliefert. Die ersten planmäßigen Postflüge begannen am 22. Oktober 1935, und der volle planmäßige Passagier-Liniendienst wurde am 21. Oktober 1936 eröffnet. Die gesamte Reise San Francisco-Manila nahm fünf Tage in Anspruch, die reine Flugzeit betrug 60 Stunden. Ab April 1937 wurde die Route bis Hongkong ausgedehnt. Bis 1940 hatten *China Clipper* und *Philippine Clipper* – *Hawaii Clipper* war inzwischen auf See verloren gegangen – 20.467.930 Passagier-Kilometer zurückgelegt. 1942 wurden beide M-130 der US Navy überstellt und dienten als Militärtransporter, erhielten jedoch keine militärische Bezeichnung. Kurz nach den zehnjährigen Jubiläum seines Erstfluges wurde Anfang 1945 *China Clipper* irreparabel beschädigt, als das Flugzeug bei einer Nachtwasserung ein unbeleuchtetes Boot rammte.

Daten

Antrieb: 4 Pratt & Whitney Twin Wasp, luftgekühlte 14-Zylinder-Doppelsternmotoren, 830 PS (610,4 kW).
Spannweite: 39,70 m; Länge: 27,60 m; Höhe 7,30 m;
max. Startgewicht: 23.587 kg; ökon. Reisegeschwindigkeit: 266 km/h; Gipfelhöhe: 5.200 m; Reichweite: 5.150 km;
Besatzung: 5; Passagiere: 12 (maximal 41)

Short S.8 Calcutta / S.17 Kent

Großbritannien, Baujahr: 1928 / 1931

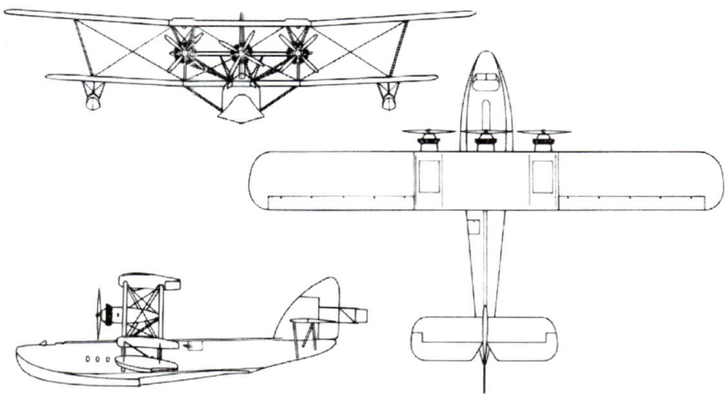

Zwischen den Weltkriegen war die britische Firma Short Brothers führend bei der Entwicklung schwerer Seeflugboote. Einer der ersten Entwürfe für die **Imperial Airways** war das Doppeldecker-Flugboot **S.8 *Calcutta***, eine direkte Weiterentwicklung der militärischen ***Singapore I***. Die S.8 wurde aufgrund einer Spezifikation der Imperial Airways für deren Liniendienst zwischen dem britischen Mutterland und Indien gebaut und flog erstmals am 14. Februar 1928. Die Fluggesellschaft bestellte zunächst zwei Maschinen, G-EBVG *City of Alexandria* und G-EBVH *City of Athens*, welche für die Beförderung von 15 Passagieren ausgelegt waren. Als erstes großes Verkehrsflugboot hatte die S.8 einen metallbeplanken Bootsrumpf. Im weiteren Verlauf des Jahres 1928 bestellte Imperial Airways drei weitere S.8, so daß Ende 1928 fünf Maschinen im Einsatz standen. Ein Exemplar ging 1929 verloren, aber die vier übrigen ***Calcutta*** blieben bis in die zweite Hälfte der 30er Jahre hinein im aktiven Liniendienst und pendelten zumeist auf dem Mittelmeer-Teilstück bis Alexandria.

Short Bros. baute eine weitere S.8 für die französische Regierung, welche sie zu Versuchszwecken einsetzte. Die Firma Breguet erwarb die Lizenzrechte für das Muster und baute vier dieser Flugboote, aus denen sie später ihr eigenes Modell **Breguet 521 *Bizerte*** entwickelte. Eine sechste ***Calcutta*** wurde gemäß der Vorschrift R.18/29 des Luftfahrtministeriums unter der Bezeichnung **S.8/8** für die **Royal Air Force** gebaut und führte mit der Registrierung S1433 am 24. September 1930 ihren Erstflug durch. Dieses Flugzeug war der Prototyp des Patrouillenbombers ***Rangoon***.

Die **S.17 *Kent*** war eine vergrößerte, von vier 555 PS (408,2 kW) Bristol Jupiter X-FMB Sternmotoren angetriebene, Weiterentwicklung der **S.8 *Calcutta***. **Imperial Airways** bestellte drei Maschinen für ihre Indien-Dienste, welche die S.8 auf diesen Strecken ablösen sollten. Als erstes flog am 24. Februar 1931 G-ABFA *Scipio*, gefolgt von G-ABFB *Sylvanus* und G-ABFC *Satyrus*. Diese Flugboote boten den höchsten damals möglichen Passagierkomfort. Der erste Linieneinsatz erfolgte Mitte 1931 und innerhalb eines Jahres hatte das Trio ohne jede technische Panne bereits eine Flugleistung von 428.600 km erbracht. Das Nachfolgemodell der S.17, die berühmte Short ***C-Class***, wurde im Juli 1936 in Dienst gestellt und löste bis Juni 1937 die **S.8 *Calcutta*** und die **S.17 *Kent*** im Liniendienst ab.

Daten (S.8 Calcutta)

Antrieb: 3 Bristol Jupiter XI-F, luftgekühlte 9-Zylinder-Sternmotoren, 540 PS (397,1 kW).
Spannweite: 28,34 m; Länge: 20,34 m; Höhe 7,24 m; max. Startgewicht: 10.190 kg; ökon. Reisegeschwindigkeit: 156 km/h; Gipfelhöhe: 4.100 m; Reichweite: 1.050 km; Besatzung: 3; Passagiere: 12

Short S.8 Calcutta G-EBVG City of Alexandria der Imperial Airways in Alexandria, Ägypten, ca. 1928.

Short C-Class (Empire-Class)

Großbritannien, Baujahr: 1936

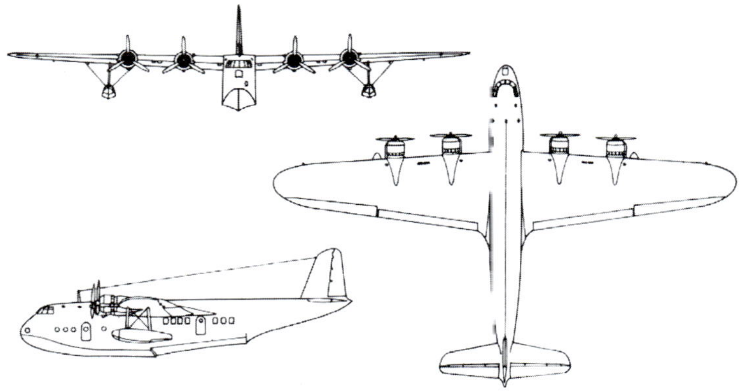

Die 42 Flugboote der **C-Class** waren die erfolgreichsten aller von **Imperial Airways** eingesetzten Flugzeuge. Den Anstoß ihrer Entwicklung gab die britische Regierung. Sie erließ 1935 den *Empire-Luftpostplan* mit der Bestimmung, wonach alle Post zwischen den Ländern des britischen Weltreichs zuschlagfrei auf dem Luftwege zu befördern sei. Um diese Politik zu verwirklichen, wurden der Fluggesellschaft finanzielle Mittel mit der Maßgabe zur Verfügung gestellt, umgehend mit dem Aufbau einer Flotte von Langstreckenmaschinen für den Passagier- und Post/Frachtdienst zu beginnen. Hierfür wurden drei neue Flugzeugmuster konstruiert, bei denen es sich um die Landflugzeuge der Typen **AW.27** ***Ensign***, **DH.91** ***Albatross*** und das Flugboot Short **S.23** handelte. Als erstes Muster schaffte es die **S.23** zur Entwicklungsreife. Vom Reißbrett weg bestellte **Imperial Airways** 28 Maschinen des neuen Typs. Aufgrund der Dringlichkeit des Vorhabens ging die S.23 in Serienproduktion, ohne daß zuvor ein Prototyp entwickelt wurde. Als anfängliche Testmodelle dienten zwei Flugboote des Typs **S.16** ***Scion***. Der Erstflug der **S.23** G-ADHL *Canopus*, die zum Flaggschiff der Flotte wurde, erfolgte am 4. Juli 1936. Das Lufttüchtigkeitszeugnis für das Muster wurde am 20.Oktober desselben Jahres erteilt und der planmäßige Einsatz begann bereits am 30. Oktober 1936 auf der Strecke Alexandria-Athen. Sämtliche Flugboote trugen Namen mit den Anfangsbuchstaben **‚C'**, was ihnen die Bezeichnung **C-Class** einbrachte. Das neue Flugboot verfügte über zwei Decks. Im oberen Deck konnten 1.361 kg Post oder Fracht befördert werden, das untere Deck konnte 24 Tagespassagiere oder 19 Fluggäste in Schlafkojen/Schlafsesseln aufnehmen. Pro Monat wurden durchschnittlich zwei Maschinen an Imperial Airways ausgeliefert. Die planmäßigen Dienste zwischen

Short C-Class Flugboot G-AFCZ Australia der Imperial Airways während der Ausrüstungsarbeiten bei Short Bros.

Southampton und Alexandria begannen am 8. Februar 1937. Ab Mai 1937 flogen die S.23 auf der Südafrika-Strecke bereits bis Kisumu am Victoria-See, ab 2. Juni bis Durban. Am 16. Juni 1937 wurde mit dem Flugboot *Cavalier* die Verbindung Bermuda-New York aufgenommen und ab 3. Oktober Karatschi angeflogen. Am 26. Juni 1938 erfolgte die Eröffnung der durchgehenden Flugverbindung mit Australien (Southampton-Darwin). Bereits am 5. Juli 1937 startete die S.23 *Caledonia* unter Führung von Captain *A.S. Wilcockson* ohne Nutzlast zu einem Testflug über den Nordatlantik von Foynes (Irland) mit dem Ziel New York, das sie am 9. Juli erreichte. Der wirtschaftliche Erfolg der S.23 veranlaßte Imperial Airways zur Vergrößerung ihrer Flugboot-Flotte, was im Verlauf des Jahres 1937 zur Bestellung von zunächst weiteren neun Maschinen der Ausführung **S.32** führte. Anfang 1938 wurden sechs Exemplare dieser Version an die australische Fluggesellschaft **Qantas** geliefert. Dieses Muster ähnelte der S.23, verfügte aber über stärkere Triebwerke, ein höheres Abfluggewicht und konnte eine höhere Nutzlast transportieren. Die nächste Version der C-Class-Flugboote war die für den Nonstop-Nordatlantikdienst vorgesehene **S.30**, von der neun Maschinen gebaut wurden. Acht dieser Flugboote waren mit 890 PS (654,57 kW) Bristol Perseus XIIc-Motoren ausgerüstet, die letzte Maschine erhielt Pegasus-Motoren (S.30 *Cabot*). Am 5. August 1939 wurde mit einem dieser Flugboote probeweise die Nordatlantik-Postroute erfolgreich eröffnet, so daß bereits ab dem 8. August ein regulärer Transatlantik-Dienst betrieben werden konnte. Auf dieser Route pendelten die beiden S.30 *Cabot* und *Caribou*. Der erfolgreiche Einsatz der C-Class-Flugboote geschah aber nicht ohne Rückschläge, denn bis zum Kriegsausbruch gingen bei schweren Unfällen acht Maschinen verloren. Die Fertigung der **C-Class** schloss 1939 mit zwei Maschinen ab, welche die Bezeichnung **S.33** erhielten und im wesentlichen der S.23 entsprachen. Die Fertigstellung einer dritten S.33 wurde wegen des Krieges aufgegeben. 1940 wurden alle C-Class-Flugboote der neugegründeten **BOAC** übergeben. Der Krieg bedeutete aber nicht das Ende dieser Flugboote. Vielmehr leisteten sie sowohl im Mittelmeer als auch im Südwestpazifik wertvolle Dienste. Nur 13 Exemplare der C-Class überlebten den Zweiten Weltkrieg und wurden mit 1.010 PS (742,83 kW) Bristol Pegasus-22-Motoren ausgerüstet. Sie blieben noch zwei weitere Jahre, in abnehmender Zahl, im Einsatz. Den letzten Flug absolvierte die in Diensten der **Qantas** fliegende *Coriolanus* am 20. November 1947 auf der Strecke von Noumea (Neukaledonien) nach Sydney.

Das Flugboot **S.21** ***Maia*** wurde nach demselben Entwurf wie die S.23 gebaut und war das Trägerflugzeug des **Short-Mayo-Gespanns** (Beschreibung siehe unten).

Daten (S.23)

Antrieb: 4 Bristol Pegasus Xc, luftgekühlte 9-Zylinder-Sternmotoren, 910 PS (669,3 kW).
Spannweite: 34,75 m; Länge: 26,82 m; Höhe 9,70 m; max. Startgewicht: 18.370 kg; ökon. Reisegeschwindigkeit: 265 km/h; Gipfelhöhe: 6.100 m; Reichweite: 1.225 km; Besatzung: 5; Passagiere: 24

Short-Mayo S.20 / S.21

Großbritannien, Baujahr: 1937

Der Langstrecken-Flugbetrieb erfordert Triebwerke mit mäßigen Kraftstoffverbrauch und Flugzeugmuster mit hoher Tankkapazität und hohem Abfluggewicht bei gleichzeitig großer Nutzlastkapazität. Solche Flugzeuge standen Mitte der 30er Jahren noch nicht zur Verfügung. Zur Lösung dieses ständigen Problems entwarf der technische Berater der **Imperial Airways**, *Major R.H. Mayo*, ein Flugzeuggespann nach dem Huckepack-Prinzip. Ein verhältnismäßig kleines, voll beladenes viermotoriges Flugzeug sollte hierzu auf einem großen Flugboot befestigt werden. Beim Start des Gespanns sollten die Auftriebskräfte der Tragflächen beider Flugzeuge und die vereinte Triebwerksleistung von acht Motoren zusammenwirken. In möglichst großer Entfernung vom Startpunkt und nach Erreichen einer bestimmten Flughöhe sollten sich beide Maschinen trennen, das Mutterflugzeug zur Basis zurückkehren und das Tochterflugzeug den Langstreckenflug fortsetzen, bzw. in der Luft beginnen. Das britische Luftfahrtministerium fand Gefallen an diesem Projekt und erteilte einen entsprechenden Entwicklungsauftrag. Hierzu wurde eigens die Mayo Composite Aircraft Co. Ltd. gegründet, die für die Programmüberwachung und Projektrealisierung zuständig war. Die Konstruktionsarbeiten wurden der Firma Short Bros. übertragen. Die Gespannentwürfe wurden als **S.20** und **S.21** bezeichnet. Sie bestanden aus einem verhältnismäßig kleinen viermotorigen Schwimmerflugzeug (G-ADHJ *Mercury*) in Schulterdecker-Auslegung und einem aus dem Modell **S.23** abgeleiteten viermotorigen Flugboot (G-ADHK *Maia*). Hier bestanden die Hauptunterschiede in einem breiteren Bootsrumpf, nach außen versetzten Motoren und vergrößerten Flächen an Flügel und Seitenleitwerk. Um eine höhere Festigkeit und Tragfähigkeit der Konstruktion zu erzielen, wurden die tragende Rumpfstruktur und die Flügelholme verstärkt. Über dem Flächenmittelstück war ein trapezförmiger Aufbau angebracht, auf dem das – mittels eines Kranes aufgesetzte –

Schwimmerflugzeug ruhte. Beide Flugzeuge wurden zunächst getrennt geflogen. Der Erstflug der S.21 erfolgte am 27. Juli 1937, gefolgt von der S.20 am 5. September desselben Jahres. Als Einheit flogen die beiden Maschinen erstmals am 20. Januar 1938 und am 6. Februar fand die erste Trennung in der Luft statt. Der erste Postflug des Gespanns fand am 21. Juli 1938 statt, als *Mercury* sich über Foynes (Irland) von *Maia* löste und mit einer Nutzlast von 272 kg nonstop nach Montreal (Boucherville) flog, das nach einer Flugzeit von 20 Stunden 20 Minuten erreicht wurde. Die Gesamtstreckenlänge betrug 4.715 km und es war die erste kommerzielle Überquerung des Nordatlantiks mit einem Verkehrsflugzeug. Bei Start und Steigflug liefen alle Motoren beider Flugzeuge, die Steuerung der *Mercury* blieb während dieser Phase aber blockiert. Ein noch ehrgeizigerer Erprobungsflug wurde am 6. Oktober 1938 in Dundee begonnen. Das Ziel war Kapstadt in Südafrika, was allerdings nicht erreicht wurde, da *Mercury* nach einer Flugzeit von 42 Stunden 5 Minuten und einer dabei zurückgelegten Entfernung von 9.728 km wegen Treibstoffmangel in der Mündung des Orange-River (Oranje) landen und den Flug abbrechen mußte. Trotzdem stellte diese Leistung einen neuen Streckenrekord für Seeflugzeuge dar. Im Verlauf des Jahres 1939 wurden noch mehrere Transatlantik-Postflüge durchgeführt, bevor diese durch den Kriegsbeginn unterbrochen wurden. Inzwischen befanden sich aber auch vielversprechende Langstrecken-Flugzeugprojekte in der Entwicklung, die eine Weiterverfolgung des Huckepack-Prinzips unnötig machten.

Short-Mayo Gespann

Max. Startgewicht: 22.000 kg; Höchstgeschwindigkeit: 314 km/h; ökon. Reisegeschwindigkeit: 267 km/h; Gipfelhöhe: 4.000 m; Reichweite: 6.276 km; Nutzlast: 450 kg

Daten (S.21 Maia)

Antrieb: 4 Bristol Pegasus Xc, luftgekühlte 9-Zylinder-Sternmotoren, 920 PS (676,6 kW).
Spannweite: 34,75 m; Länge: 25,88 m; Höhe 9,95 m; max. Startgewicht: 17.237 kg; ökon. Reisegeschwindigkeit: 265 km/h; Gipfelhöhe: 6.100 m; Reichweite: 1.368 km; Besatzung: 5; Passagiere: -/-

Daten (S.20 Mercury)

Antrieb: 4 Napier Rapier VI, luftgekühlte H16-Zylinder-Reihenmotoren, 370 PS (272,1 kW).
Spannweite: 22,25 m; Länge: 15,53 m; Höhe 6,17 m; max. Startgewicht: 6.600 kg; ökon. Reisegeschwindigkeit: 290 km/h; Gipfelhöhe: 4.000 m (Selbststart); Reichweite: 560 km (Selbststart); Besatzung: 2; Nutzlast: 450 kg

Das Short-Mayo-Gespann S.20 Maia / S.21 Mercury kurz vor seinem Erstflug am 20. Januar 1938.

Die in den US-Virgin Islands beheimatete Antilles Air Boats war der größte Betreiber der S.25 Sandringham und der S.45 Solent. Die Sandringham-Flugboote standen bei der Fluglinie bis zum Jahre 1986 im Einsatz.

Short S.25 Sandringham

Großbritannien, Baujahr: 1946

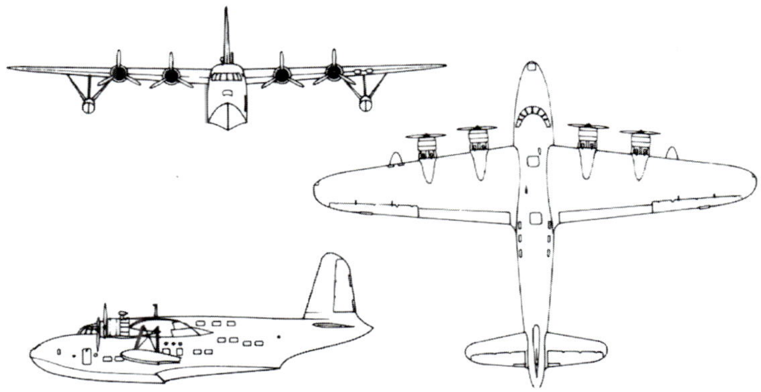

Das Flugboot **S.25 *Sandringham*** entstand 1946 aus der militärischen **S.25 *Sunderland***, eines der bekanntesten Flugboote des Zweiten Weltkriegs. Schon ab 1942 erhielt die **BOAC** einige *Sunderland III* der **Royal Air Force (RAF)** zur Aufrechterhaltung der *'Hufeisen-Route'* zwischen Großbritannien und Australien, sowie nach Südafrika. Mit ausgebauten MG-Türmen und primitiver Kabineneinrichtung flogen etwa 30 dieser Flugboote mit zivilen Kennzeichen. 22 besser umgerüstete und von leistungsstärkeren Pegasus-Motoren angetriebene Sunderland bildeten die *Hythe-Class* der BOAC und begannen im Januar 1946 den Liniendienst zwischen Großbritannien und Südafrika. In ihrer Kabine fanden 24 Passagiere Platz.
Bereits 1945 war eine *Sunderland V* zur ersten – und einzigen – ***Sandringham I*** G-AGKX *Himalaya* umgebaut worden. Die Hauptunterschiede bestanden in aerodynamisch verkleideten Übergängen im Bug- und Heckbereich und einer neuen Einrichtung in zwei Decks für 16 oder 24 Passagiere. 1946 wurden weitere *Sunderland V* zur **S.25/V *Sandringham*** umgebaut und an **BOAC** geliefert. Die ersten echten zivilen *Sandringham* waren drei für **Dodero of Argentina** hergestellte 45sitzige ***Sandringham 2***, sowie zwei 21sitzige ***Sandringham 3*** für die argentinische **Aerofletes** (später **Aerolineas Argentinas**). Für die neuseeländische **TEAL (Tasman Empire Air Lines)** wurden drei ***Sandringham Mk.4*** gebaut. **BOAC** erhielt neun **Mk.5** als *Plymouth-Class* und drei **Mk.7** als *Bermuda-Class* mit Passagiereinrichtungen für 22, bzw. 30 Fluggäste. Diese Flugboote wurden bis zu ihrer Außerdienststellung im Jahre 1949 auf den Strecken nach Fernost und Australien geflogen. 1950 wurden sie an andere Fluggesellschaften verkauft. Allein fünf Maschinen gingen an die **Qantas**, bei der sie bis 1955 auf Routen zwischen Australien, Tasmanien, Neuseeland und einigen Inseln im Südwest-Pazifik im Einsatz standen. Vier weitere Maschinen kaufte die **TEAL**, die dort bis 1960 eingesetzt waren. Zwei dieser Flugboote kamen anschließend in den Besitz der **Reseau Aérien Interinsulaire** auf Tahiti. Die drei letzten BOAC-Exemplare erwarb **Ansett-ANA** und setzte sie bis 1974 auf ihren Tasman-Sea-Routen ein, dann wurden die Maschinen an **Antilles Air Boats** veräußert, bei der sie bis 1986 auf Strecken innerhalb der Karibik im Dienst standen.
Die ***Sandringham* Mk.6** war die letzte Ausführung dieses Flugbootes. Fünf Exemplare standen bei der norwegischen **DNL** (später **SAS**) zwischen Oslo und Tromsö bis in die 50er Jahre hinein im Einsatz.

Daten (S.25/V)

Antrieb: 4 Pratt & Whitney R-1830-92C Twin Wasp, luftgekühlte 14-Zylinder-Doppelsternmotoren, 1.200 PS (882,6 kW). Spannweite: 34,37 m; Länge: 26,29 m; Höhe 6,97 m; max. Startgewicht: 25.400 kg; ökon. Reisegeschwindigkeit: 356 km/h; Gipfelhöhe: 6.500 m; Reichweite: 3.880 km; Besatzung: 5; Passagiere: 24-45

Die britische Aquila Airways kaufte 1955 mehrere S.45 Solent-Flugboote von der BOAC. Hier flogen sie bis zum Konkurs der Fluggesellschaft am 30. September 1958 zwischen Großbritannien und Madeira.

Short S.45 Solent

Großbritannien, Baujahr: 1946

Die **S.45 *Solent*** entsprach im Aufbau weitgehend der **S.25/V *Sandringham***. Die *Solent* entstand aus der 1944 für die **Royal Navy** entwickelte Short **S.45 *Seaford***. Sie unterschied sich von der S.25 hauptsächlich durch einen etwas längeren und breiteren Bootsrumpf, leistungsstärkeren Bristol Hercules-Motoren, der langen Auslaufkante der Seitenflosse und den 4-Blatt-Luftschrauben. Bis zum Kriegsende wurden nur 31 *Seaford* fertiggestellt, die für den operativen Einsatz aber zu spät kamen. Deshalb annullierte die Royal Navy das Projekt. 1946 erwarb **BOAC** 17 *Seaford* als Ergänzung ihrer Sandringham-Flotte. Eine weitere *Seaford* (NJ201) stellte die Royal Navy für die Flugerprobung zur Verfügung. Diese Maschine erhielt die zivile Registrierung G-AGWU, behielt aber ihre aus Bristol Hercules 130-Motoren bestehende Triebwerkanlage. Zwischen 1946 und 1948 wurden zwölf Flugboote bei Short Bros. zur **S.45 *Solent*** umgebaut und erhielten die Bezeichnung ***Solent 2***. Die Passagierkabine war zur Unterbringung von 30 Passagieren ausgelegt. Die erste *Solent 2* wurde im November 1946 fertiggestellt und startete am 1. Dezember 1946 zum Erstflug. Das Muster wurde erst nach Fertigstellung der zwölften Maschine von **BOAC** in Dienst gestellt und begann am 4. Mai 1948 seinen Passagiereinsatz auf der Südafrika-Strecke, auf der es das langsame Landflugzeug **Avro 685 *York*** ablöste. Die Route führte von Portsmouth über Marseille, Kairo und Port Bell (Victoriasee) nach Kapstadt.

Fünf weitere *Seaford* wurden im Frühsommer 1949 zur ***Solent 3*** umgebaut, die 1950 in Dienst gestellt wurde und auf der Indien-Route bis Karatschi flog. Zu diesem Zeitpunkt standen der BOAC bereits leistungsfähige Landflugzeuge vom Typ **Canadair C-4 *Argonaut*** zur Verfügung und andere vielversprechende Flugzeugprojekte befanden sich in der Entwicklungsphase, so daß die luxuriösen, aber schwerfälligen und langsamen Flugboote unwirtschaftlich wurden. Da die S.45 gegenüber der S.25 wesentlich höhere Betriebskosten verursachte, wurde das Muster bereits 1950 ausgemustert. Am 10. November 1950 führte G-AHIO *Somerset*, eine *Solent 2*, auf der Südafrika-Strecke den letzten Flug für die BOAC durch. **TEAL** kaufte im Dezember 1950 vier *Solent 2* und eine *Solent 3* von **BOAC**, und setzte diese fünf Flugboote (mit einer Einrichtung für 44 Fluggäste) bis 1955 auf den Tasman-Sea-Routen und auf Strecken in den Südwest-Pazifik ein. Die übrigen Solent-Maschinen verkaufte BOAC an **Antilles Air Boats** und an die britische **Aquila Airways**. Hier flogen sie bis zum Konkurs der Fluggesellschaft am 30. September 1958 zwischen Großbritannien und Madeira.

Daten

Antrieb: 4 Bristol Hercules 637, luftgekühlte 14-Zylinder-Doppelsternmotoren, 1.690 PS (1.242,9 kW)).
Spannweite: 34,37 m; Länge: 27,10 m; Höhe 10,44 m; max. Startgewicht: 35.380 kg; ökon. Reisegeschwindigkeit: 392 km/h; Gipfelhöhe: 5.000 m; Reichweite: 2.900 km; Besatzung: 7; Passagiere: 32-44

Sikorsky S-42 und S-43

USA, Baujahr: 1935

Das Ende der 20er Jahre einsetzende, von den USA ausgehende Wachstum des interkontinentalen Flugverkehrs war eng mit der Initiative von *Juan Trippe* und seiner **Pan American World Airways** verknüpft, die sich Ende 1929 einer Flotte von 44 Flugzeugen rühmen konnte. Der komentenhafte Aufstieg dieser Fluggesellschaft begann in den mittdreißiger Jahren, nachdem sie bei der Firma Sikorsky die ersten riesigen viermotorigen Flugboote, die berühmten ***Clipper***, in Auftrag gegeben hatte. Sie sollten eines der faszinierendsten Kapitel der Luftfahrtgeschichte, die Eroberung des Pazifischen Ozeans, symbolisieren. Erstes Modell war die **S-40**, von der 1930 drei Exemplare bestellt wurden. Das für 32 Fluggäste ausgelegte Amphibien-Flugboot flog erstmals im August 1931 und erhielt den Namen *American Clipper.* Die S-40 ging im darauffolgenden Jahr auf den Karibik-Strecken in den Liniendienst. Das Zeitalter luxuriöser Luftreisen über die Weltmeere hatte begonnen.

Die S-40 war noch nicht lange im Einsatz, als die Pan American ein größeres und schnelleres Flugboot mit größerer Reichweite forderte. Zwei Hersteller machten Entwurfsvorschläge: Martin und Sikorsky. Die Fluggesellschaft entschied sich für beide Modelle. Sikorsky's Entwurf stützte sich auf die vorangegangene S-40. Unter der Typenbezeichnung **S-42** absolvierte der Prototyp am 29. März 1934 seinen erfolgreichen Erstflug. Zu diesem Zeitpunkt war die S-42 das größte je in den USA gebaute Flugzeug. Obwohl das Muster nicht die von Pan American geforderte Reichweite von 4.000 km erzielte, wurde es aufgrund seiner außergewöhnlichen Flugleistungen dennoch akzeptiert. Die S-42 stellte im Verlauf der Flugerprobung nicht weniger als zehn Höhenrekorde mit unterschiedlicher Zuladung auf. Pan American gab insgesamt zehn S-42 in Auftrag, von denen drei – als Typ **S.42B** bezeichnet – mit Zusatztanks ausgestattet waren. Die drei Prototypen benannte man **S-42**, die vier Boote der ersten Serie **S-42A**. Abgesehen von kleinen Bereichen auf Tragfläche und Leitwerk war der Entwurf eine Ganzmetall-Konstruktion; die Beplankung war versenkt vernietet, der Bootsrumpf hatte zwei Stufen und die Hornet-Sternmotoren mit Dreiblatt-Verstell-Luftschrauben waren in der Tragfläche verankert. Zwischen den Querrudern hatte die Tragfläche eine durchgehende Wölbungsklappe. Die Tragfläche saß auf einem verkleideten Pylon über dem Bootsrumpf und war auf beiden Seiten mit je zwei Streben abgestützt. Statt der zu dieser Zeit im Flugboot-Bau üblichen Rumpfstummelschwimmern wurden bei der S-42 Stützschwimmer unter den Außenflächen verwendet. Ab April 1935 stellte **Pan American** ihre neuen S-42 in Dienst, zunächst zwischen Miami und Südamerika, sowie auf dem ersten Teilstück der neuen Transpazifik-Route von San Francisco nach Honolulu auf den Hawaii-Inseln (3.853 km). Aufgrund ihrer eingeschränkten Reichweite kamen die S-42-Flugboote später

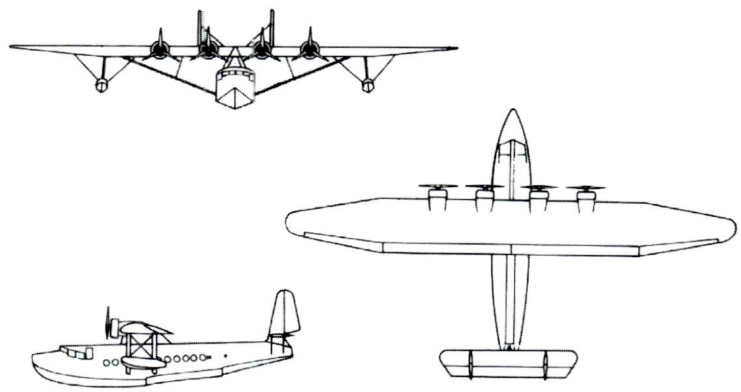

Die Sikorsky S-42A NR-823M der Pan American im Hafen von Seattle, ca. 1938.

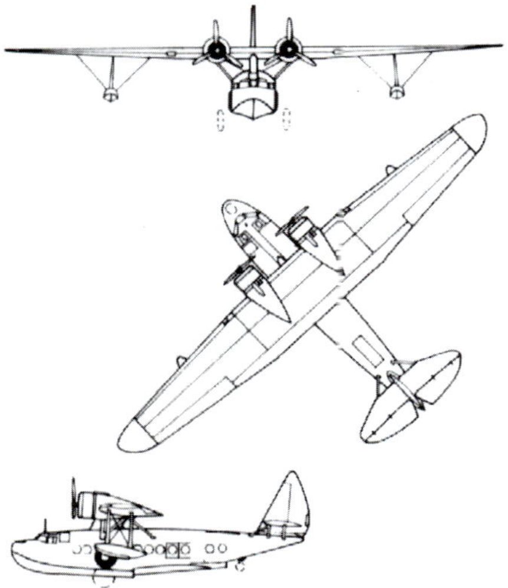

vornehmlich zwischen Manila und Hongkong, New York-Bermuda, und Seattle-Alaska zum Einsatz. Nach Verfügbarkeit der S-42B wurden diese Maschinen zwischen San Francisco und Hawaii, sowie zu Versuchs- und Erkundungsflügen im pazifischen Raum verwendet. Mitte 1935 erfolgte die Vermessung der Transpazifik-Route von Honolulu nach Manila, die ab November 1935 von den Langstrecken-Flugbooten Martin **M-130** ***China Clipper*** beflogen werden sollte. Die S-42B mit der Registrierung NC16736 und dem Namen *Pan American Clipper III*, unternahm im Sommer 1937 drei Vermessungsflüge im Nordatlantik. Die Pan American begann den regulären Transatlantik-Liniendienst am 23. Mai 1939 mit Großflugbooten vom Typ **Boeing 314** ***Clipper***.

Einen gleich großen Erfolg wie die S-42 erzielte das kleinere zweimotorige Amphibien-Flugboot **S-43**. Im Unterschied zur **S-42**, aus der sie abgeleitet wurde, verfügte die S-43 über ein hohes Leitwerk konventioneller Bauweise und die Tragflächen waren nicht mehr durch Streben abgestützt.
In der übrigen Konstruktionsauslegung ähnelten sich beide Modelle. In der Kabine der S-43 fanden bis zu 24 Fluggäste Platz. Das Flugzeugmuster wurde 1935 vorgestellt und in zwei Versionen gebaut, von denen die Serie **S-43B** am erfolgreichsten war. Von ihr bestellte **Pan American** 14 Exemplare, die insbesondere auf den Routen in der Karibik und nach Mittelamerika zum Einsatz kamen. Auf den Strecken in die südliche Karibik und ins nördliche Südamerika ergänzten die S-43 die größere S-42.

Daten (S-42)

Antrieb: 4 Pratt & Whitney Hornet, luftgekühlte 9-Zylinder-Sternmotoren, 750 PS (551,6 kW).
Spannweite: 36,02 m; Länge: 20,73 m; Höhe 5,28 m; max. Startgewicht: 19.051 kg; ökon. Reisegeschwindigkeit: 275 km/h; Gipfelhöhe: 4.572 m; Reichweite: 1.930 km; Besatzung: 5; Passagiere: 32

Das Amphibien-Flugboot Sikorsky S-43 wurde 1935 vorgestellt. Als einzige Fluggesellschaft betrieb die Pan American eine Flotte von 14 Maschinen der Ausführung S-43B auf ihren Karibik-Strecken.

Faszination
Luftfahrt
monatlich
neu
am Kiosk
HISTORIE: GANNET – RADARAUGEN FÜR DIE FLOTTE
DM 8,-
E 2881 E
FLUG REVUE
Mit LUFTWAFFEN-FORUM
Das Urteil der Testpiloten
EURO FIGHTER
HYPERSOAR
Flugreisen mit Mach 10?
REKORD
Mit dem Ballon um die Welt
PROTEUS
Rutans neuer Höhenflieger
FLUG REVUE zeigt Ihnen monatlich die ganze Welt der Militär- und Zivil-Luftfahrt mit den Top-News, aktuellen Hintergrundberichten und Reportagen über Raumfahrt, Luftfahrt-Wirtschaft und Technik. Dazu die faszinierende Serie „Superlative der Luftfahrt“, Portraits legendärer historischer Flugzeuge plus Tips und Infos für Modellbauer.
http://www.flug-revue.rotor.com
Europas große Luft- und Raumfahrt-Zeitschrift
Sparen Sie beim FLUG REVUE-Abo – gleich bestellen beim FLUG REVUE Leserservice, Postfach, 20080 Hamburg
Tel. 040/3703-3803 • Fax 040/3703-5657 • E-Mail mps-service@guj.de

KLM
KLM